Sobotta/Hammersen
Histologie

Farbatlas der Mikroskopischen Anatomie

neubearbeitet von
Ulrich Welsch

Sobotta/Hammersen

Histologie

Farbatlas der Mikroskopischen Anatomie

Neubearbeitet von
Prof. Dr. Dr. Ulrich Welsch

Vierte, neubearbeitete Auflage
mit 553 meist mehrfarbigen Abbildungen

Urban & Schwarzenberg · München–Wien–Baltimore 1994

Anschrift des Verfassers:

Professor Dr. rer. nat. Dr. med. Ulrich Welsch
Vorstand der Anatomischen Anstalt
der Ludwig-Maximilians-Universität
Pettenkoferstraße 11
80336 München

Quellenhinweise:

Die Abbildungen 116, 209, 210, 250, 256, 261, 265, 266, 284, 286, 288, 294–296, 304–306, 310, 317, 328, 329, 337, 338, 347–349, 354, 367, 387, 388, 396, 398, 410, 411, 417, 422, 428, 472, 473, 483–486, 501–503, 506–510, 515, 516, 531, 533, 538 und 539 wurden aus Johannes Sobotta, Atlas und Lehrbuch der Histologie und Mikroskopischen Anatomie, übernommen.

Die Abbildungen 152, 153, 158, 272, 273, 289, 344, 439, 440, 449 und 452 wurden aus Josef Wallraff, Leitfaden der Histologie des Menschen, 8. Auflage, Urban & Schwarzenberg, München–Berlin–Wien 1972, übernommen.

Die Abbildungen 248 und 422 wurden aus Viktor Patzelt, Histologie, 3. Auflage, Urban & Schwarzenberg, Wien 1948, übernommen.

Abbildungen 182 und 366: Barbara Ruppel, München

Abbildungen 23, 257, 259, 274 und 551: Michael Budowick, München

Lektorat: Dr. med. Dorothea Schneiderbanger, München
Redaktion: Alexander Gattnarzik, München
Herstellung: Peter Sutterlitte, München

Die Deutsche Bibliothek – CIP-Einheitsaufnahme

Welsch, Ulrich:
Histologie : Farbatlas der mikroskopischen Anatomie / Sobotta ; Hammersen. – 4., neubearb. Aufl. / bearb. von Ulrich Welsch. – München ; Wien ; Baltimore : Urban und Schwarzenberg, 1994
ISBN 3-541-07374-8
NE: Sobotta, Johannes [Begr.]

1. Auflage 1975 ISBN 3-541-07371-3
2. Auflage 1979 ISBN 3-541-07372-1
3. Auflage 1985 ISBN 3-541-07373-X
4. Auflage 1994 ISBN 3-541-07374-8

Printed in Germany. Satz und Druck: Kastner & Callwey, Forstinning.

96 95 94
4 3 2 1 0

ISBN 3-541-07374-8

Vorwort zur vierten Auflage

Der vorliegende Atlas der Zytologie, Histologie und Mikroskopischen Anatomie für Medizinstudenten hat eine lange und wechselvolle Geschichte. Er geht auf Johannes Sobotta (1869–1945, Anatomie Bonn) zurück, der 1902 seinen „Atlas und Grundriß der Histologie und Mikroskopischen Anatomie des Menschen" veröffentlichte. Dieses Werk erlebte fünf ständig um Text und Abbildungen vermehrte Auflagen, die letzte 1938; es war vor allem durch seine sehr klaren und schönen farbigen Abbildungen ausgezeichnet und wurde schon in den 20er Jahren ins Amerikanische übertragen. Nach dem 2. Weltkrieg wurde es in stark veränderter Form als Grundriß der Histologie und Mikroskopischen Anatomie von Josef Wallraff (1904–1992, Anatomie München) fortgeführt. In dieser Form erlebte das Werk acht Auflagen. Ab 1975 betreute Frithjof Hammersen (Anatomie der Technischen Universität München) das Werk, das er jetzt nicht mehr als Lehrbuch, sondern allein als Atlas konzipierte und mit zahlreichen licht- und elektronenmikroskopischen Photos ausstattete. Die dritte Auflage des Sobotta-Hammersen-Atlasses erschien 1985. Prof. Hammersen starb über den Vorbereitungen zur 4. Auflage.

In der jetzt vorliegenden 4. Auflage wurde der Atlascharakter des Buches beibehalten. Die 553 Abbildungen mit ihren z. T. ausführlichen Legenden sowie kurze Zusammenfassungen und verschiedene Tabellen bieten dem Medizinstudenten im Rahmen seiner Berufsausbildung das Wesentliche der Histologie und Mikroskopischen Anatomie des Menschen, so daß er mit diesem Buch und einer guten Vorlesung ohne Schwierigkeiten die erforderlichen Prüfungen bestehen können sollte.

Die Neubearbeitung bot die Möglichkeit, den stetig fortschreitenden Kenntnisstand zu berücksichtigen, was Veränderungen in der großen Mehrzahl der Legenden und den Austausch von vielen Abbildungen mit sich brachte. Bei den neuen Abbildungen wurde Wert darauf gelegt, daß das Bildmaterial Gewebe und Organe vom Menschen zeigt und daß bei der Lichtmikroskopie einerseits die in Kursen dominierende Hämatoxylin-Eosin (H.E.)-Färbung berücksichtigt wurde, aber andererseits auch immun- und substrathistochemische Färbungen, wie sie in Pathologie und klinischer Forschung heute üblich sind, wenigstens exemplarisch gezeigt werden. Für die neuen elektronenmikroskopischen Abbildungen konnten auch überwiegend Gewebe und Zellen vom Menschen herangezogen werden, und es konnten einige Gefrierbruchpräparate aufgenommen werden.

Bei der Arbeit für diese Neuauflage ist mir vielfältige tatkräftige Hilfe zuteil geworden. Präparate und Abbildungen stellten dankenswerterweise Prof. E. Kayserling (Pathologie Tübingen), Prof. G. Rehkämper (Inst. f. Hirnforschung, Universität Düsseldorf) und PD Dr. med. H. Bartels (Anatomie Hannover) zur Verfügung. Bei der Gewinnung von neuen Gewebeproben unterstützten mich vor allem Kollegen aus Münchner Kliniken, insbesondere möchte ich Herrn Prof. Wöckel und Frau Dr. Moresi (Pathologie Gauting), Herrn Prof. Hofstetter und Herrn Dr. Vahlensieck (Urologische Klinik München), Herrn Prof. W. Hecker (Kinderchirurgie Universität München) und Herrn Chefarzt PD H. J. Gent (Gießen) nennen.

Im eigenen Lehrstuhl gebührt mein Dank Prof. R. Hebel, Dr. R. Erlinger und Dipl.-Biol. A. Lange, Frau S. Herzmann und Frau B. Reyerman, die auf verschiedenen Feldern an dieser Auflage mitgearbeitet haben.

Besonders danken möchte ich abschließend dem Verlag Urban & Schwarzenberg, und hier insbesondere Herrn Dr. med. h. c. M. Urban, daß er die Fortführung dieses Buches ermöglicht hat. Über die Gestaltung des Buches wurde in vielen Diskussionen mit Frau Dr. med. D. Schneiderbanger und Herrn A. Gattnarzik gesprochen. Herr M. Budowick fertigte die neuen Abbildungen an. Frau Zschorn und Herr Sutterlitte standen mir bei herstellerischen Fragen zur Seite.

Der Atlas ist für Medizinstudenten ein nützlicher Begleiter im Histologiekurs. Zytologie, Histologie und Mikroskopische Anatomie liegen am Schnittpunkt zu Biochemie und Physiologie. Die wissenschaftliche Arbeit in all diesen Fächern nähert sich zunehmend an und kann heute oft im Rahmen der Zellbiologie gesehen werden. In der Klinischen Medizin bestehen natürlich besonders enge Beziehungen zur Pathologie, aber auch zur Forschung in der Inneren Medizin und aus ihr hervorgegangenen Fächern wie Dermatologie und Pädiatrie. Das Bemühen um Klarheit in den Vorstellungen von mikroskopischer Struktur und Ultrastruktur von Geweben und Organen fördert ganz wesentlich das funktionelle Verständnis des Organismus und kommt so wesentlich der Qualität ärztlichen Handelns zugute.

Für konstruktive Kritik, Hinweise auf Fehler oder Schwachstellen, fehlende oder u. U. überflüssig erscheinende Abbildungen bin ich jederzeit dankbar.

München, September 1993 *Ulrich Welsch*

Inhalt

Praktische Hinweise VIII

Grundzüge der histologischen Technik

Fixation 1
Einbettung 1
Schnitte und Färbung 1
Hinweise zum besseren Verständnis histologischer Schnittpräparate und ihrer Differentialdiagnose 4

Lichtmikroskopie 8
Färbungen 8
Artefakte 10

Zytologie

Zellformen 12
Zellschema 13
Transmissionselektronenmikroskopie einer Zelle 14
Zellmembran und ihre Differenzierungen 15
Organellen
Ergastoplasma und Golgi-Apparat 18
Endoplasmatisches Retikulum 20
Golgi-Apparat 22
Mitochondrien 24
Lysosomen 26
Peroxisomen, Lysosomen und multivesikuläre Körper 27
Zentriol 28
Mikrotubuli und Filamente 29
Paraplasmatische Einschlüsse 32
Interzelluläre Kontaktstrukturen 36
Zellkern 38
Sexchromatin und Mitose 44

Histologie (Die vier Grundgewebe des Körpers)

Epithelgewebe 50
Oberflächenepithelien
einschichtige 50
mehrschichtige 51
mehrreihige 52
Oberflächendifferenzierungen 53
Elektronenmikroskopie 55
Drüsenepithelien
Gliederungsprinzipien und intraepitheliale Drüsen 58
Verschiedene Endstück- und Wuchsformen 59
Ein- und mehrzellige Drüsen 61

Binde- und Stützgewebe 62
Lockere Binde- und Stützgewebsformen
Mesenchym, gallertiges und retikuläres Bindegewebe 62
Faserarten 63
Zelltypen 64
Fettgewebe 65
Elektronenmikroskopie der Bindegewebsfasern und -zellen 66
Parallelfaseriges Bindegewebe (Sehne und elastisches Band) 72
Knorpelgewebe 73
Knochengewebe
Knochenentwicklung 75
Lamellenknochen 79

Muskelgewebe 80
Vergleichende Gegenüberstellung der drei verschiedenen Arten von Muskelgewebe (glatte Muskulatur, Skelettmuskulatur, Herzmuskulatur) 80
Elektronenmikroskopie 86
Glatte Muskulatur 86
Herzmuskulatur 88
Skelettmuskulatur 92
Erregungsleitende Strukturen 94

Nerven- und Gliagewebe 96
Nervenzellen 96
Nervenfasern 97
Periphere Nerven 99
Elektronenmikroskopie 100
Gliagewebe 108

Mikroskopische Anatomie

Blut 112
Blutzellen 112
Elektronenmikroskopie 114
Rotes Knochenmark und Retikulozyten 118

Lymphatische Organe 120
Tonsillen 120
Milz 122
Lymphknoten 124
Thymus 125

Gefäßsystem 126
Arterien elastischen Typs und untere Hohlvene 126

Arterien muskulären Typs mit Begleitvenen 128
Terminale Blut- und Lymphgefäße 129
Elektronenmikroskopie 130

Verdauungsapparat 134
Mundhöhle
Lippe 134
Zähne 135
Zunge 138
Uvula 140
Speicheldrüsen (Glandula parotis, submandibularis, sublingualis) 141
Seröse Drüsen – Differentialdiagnose 144
Magen-Darm-Kanal
Oesophagus 145
Magen 146
Dünn- und Dickdarm einschl. Wurmfortsatz und Gallenblase 147
Leber (einschl. Elektronenmikroskopie) 152
Pankreas 158

Respirationstrakt 159
Nasenhöhle 159
Epiglottis 160
Kehlkopf 161
Trachea, Bronchien, Bronchiolen 162
Lunge 164
Elektronenmikroskopie 166

Niere und ableitende Harnwege 168
Niere
Nephron, Gefäße, allgemeine Gliederung 168
Lichtmikroskopie, Tubuli, Nierenkörperchen 171
Elektronenmikroskopie 174
Ableitende Harnwege
Ureter und Harnblase 176
Urethra 178

Männliche Geschlechtsorgane 179
Hoden
Fetaler Hoden 179
Reifer Hoden 180
Spermatogenese 181
Rete testis und Nebenhoden 182
Samenstrang und Samenleiter 183
Vesicula seminalis und Prostata 184
Penis 186

Differentialdiagnose verschiedener alveolärer Drüsen 187

Weibliche Geschlechtsorgane 188
Ovar 188
Tuba uterina 190
Uterus 191
Plazenta und Nabelschnur 193
Vagina und Labium minus 196

Endokrine Drüsen 197
Hypophyse 197
Epiphysis cerebri 200
Schilddrüse 201
Epithelkörperchen 202
Nebenniere 203

Haut und Anhangsgebilde 205
Haut
Epidermis 205
Verschiedene Hautregionen 208
Haare 209
Nägel 211
Hautdrüsen (einschl. Milchdrüse) 212

Sinnesorgane 214
Rezeptoren in Haut und Skelettmuskulatur 214
Geschmacksknospen und Riechepithel 215
Auge
Übersicht 216
Retina 217
Cornea 218
Vorderer Bulbusabschnitt 219
Nervus opticus 220
Augenlid 221
Tränendrüse 222
Ohr
Äußeres Ohr 223
Mittelohr 224
Innenohr 225

Nervensystem 226
Peripheres Nervensystem
Spinalganglion 226
Vegetatives Nervensystem 227
Zentralnervensystem
Rückenmark und Medulla oblongata 228
Kleinhirn 231
Großhirn 233
Plexus choroideus 235
Elektronenmikroskopie 236

Tabellen 239
Sachverzeichnis 253

Praktische Hinweise

1. Das Vorwort gibt zu Anfang einen kurzen historischen Überblick über die Entstehung dieses Atlasses und legt im übrigen die allgemeine Konzeption dieses Buches und seine Intentionen dar.
2. Am Ende des Atlasses finden sich 15 Tabellen, die so verschiedene Themen wie Eigenschaften der gebräuchlichsten histologischen Färbungen, eine Klassifizierung der unterschiedlichen Formen der Binde- und Stützgewebe oder eine Zusammenstellung der mit dem Begriff »Faser« bezeichneten histologischen Strukturen behandeln.
3. Vor dem Betrachten der licht- oder elektronenmikroskopischen Abbildungen sollte die dazugehörige Legende sorgfältig gelesen werden, da sie alle erkennbaren Strukturen so genau wie möglich beschreibt. Um den Leser dazu anzuhalten, ist auch die Zahl der Hinweislinien auf ein Minimum begrenzt worden. Die Legenden geben dem Studenten alle nötigen Informationen, um die jeweiligen Formbestandteile von Zellen und Geweben an ihren charakteristischen Strukturmerkmalen identifizieren zu können, anstatt einfach einer Hinweislinie zu folgen.
4. Dieser Atlas ist nicht dazu gedacht, ein umfassendes Lehrbuch zu ersetzen, sondern er soll dessen Gebrauch fördern und erleichtern.
5. Dieser Atlas ist als ein optisches Hilfsmittel konzipiert worden, das den Studenten sicher durch die anfänglich verwirrende Fülle von zyto- und histologischen Details geleiten soll, die ihm in der großen Zahl von Präparaten eines Kurses der normalen Histologie begegnen. Deswegen wurde größter Wert auf eine möglichst genaue Beschreibung der jeweils sichtbaren Strukturen gelegt und demgegenüber die Darstellung funktioneller Zusammenhänge weitgehend zurückgedrängt.
6. In den Legenden werden aber auch jene strukturellen Besonderheiten beschrieben, die für die histologische Differentialdiagnose die jeweils entscheidenden Kriterien sind, um histologisch ähnliche und daher leicht miteinander verwechselbare Organe, wie z. B. laktierende Mamma und Prostata, voneinander unterscheiden zu können (vgl. S. 187). Diese Kriterien sind, nach Geweben und Organen gegliedert, auch nochmals in den Tabellen am Ende des Atlasses zusammengefaßt (Tab. 9–15).
7. Zur leichteren Erkennung struktureller Details empfiehlt sich das Betrachten der Abbildungen mit einem einfachen Vergrößerungsglas, wobei sich vor allem aus den elektronenmikroskopischen Bildern oft mehr Einzelheiten klarer »herausholen« lassen.
8. Außerdem wurde absichtlich auf technische Perfektion in manchen Fällen verzichtet, da dem Studenten nach unserer Auffassung seine Kenntnisse der Histologie und mikroskopischen Anatomie nicht nur anhand der vollkommensten, oft aus Speziallabors stammenden Präparate vermittelt werden sollten, da er sich andernfalls mit den später auf ihn zukommenden Schnitten der Routinehistologie sehr schwertun dürfte. Die Studenten sollten vielmehr mit einer Bildqualität konfrontiert werden, wie sie von einem Institutslabor für Licht- und Elektronenmikroskopie heute erwartet werden kann.
9. Die unten aufgetragenen Maßstäbe beziehen sich auf die am häufigsten in den lichtmikroskopischen Abbildungen verwendeten Vergrößerungen. Wenn Sie diese Maßstäbe auf Klarsichtfolie übertragen und diese auf das entsprechende Bild legen, können Sie sich leicht zumindest einen Eindruck von der Größenordnung der erkennbaren Strukturen verschaffen.

10×	1 mm	240×	100 µm
50×	0,5 mm	360×	100 µm
100×	100 µm	600×	50 µm
150×	100 µm	960×	50 µm

Grundzüge der histologischen Technik

In der überwiegenden Mehrzahl der Fälle wird der Student in den Kursen der „Mikroskopischen Anatomie" und der „Pathologischen Histologie" mit sog. Dauerpräparaten konfrontiert, deren kritische Beurteilung, z. B. bei der Erkennung möglicher Kunstprodukte (Artefakte), zumindest Grundkenntnisse über die Herstellungsverfahren derartiger Untersuchungsobjekte voraussetzt.

Da das mikroskopische Bild lebender Gewebe ohne Einsatz spezieller optischer Verfahren, wie z. B. des Phasen- oder Interferenzkontrastes, wegen der nur geringen Lichtbrechungsunterschiede zwischen den einzelnen Bauelementen von Zellen und Geweben auffallend kontrastarm ist, bemüht man sich, diesen Mangel durch eine geeignete Vorbehandlung des lebenden Objektes zu beseitigen, indem man von diesem gut färbbare und damit kontrastreiche Schnittpräparate zu gewinnen versucht. Dabei geschieht im wesentlichen folgendes (vgl. auch Abb. 1 und 2):

Fixation

Diese hat verschiedene Aufgaben und soll
1. das Gewebe und seine Bestandteile in möglichst naturgetreuem Zustand erhalten und stabilisieren, um Fäulnis und Verwesung zu verhindern. Dies ist aber u. a. wegen des hohen Wassergehalts der lebendigen Masse nur innerhalb gewisser Grenzen möglich, so daß es ein ideales chemisches Fixationsmittel bislang nicht gibt;
2. eine Härtung des Materials und damit eine bessere Schneidbarkeit bewirken;
3. eventuell vorhandene Bakterien oder andere Krankheitserreger im Untersuchungsgut abtöten.

Viele unserer Fixationsmittel, von denen das gebräuchlichste eine 5%ige neutrale Formaldehydlösung ist, sind drastische Eiweißfäller, wie z. B. die Pikrinsäure, Sublimat und Alkohol. Eine wesentlich bessere, d. h. wahrheitsgetreuere Fixierung gelingt mit Hilfe einer 3,5%igen Glutaraldehydlösung in einem definierten Puffer (pH 7,4), mit der – wenn irgend möglich – das zu fixierende Organ über sein eigenes Gefäßsystem durchspült wird. Dies ist die gebräuchlichste Fixierung für die Elektronenmikroskopie (vgl. Abb. 2).

Einbettung

Um hinreichend dünne Schnitte (ca. 8 µm bei den lichtmikroskopischen Routinepräparaten, ca. 50 nm [= 500 Å] für die Elektronenmikroskopie) mit Hilfe spezieller Maschinen (Mikrotome für die Lichtmikroskopie, Ultramikrotome für die Elektronenmikroskopie) von den fixierten und schon dadurch gehärteten Organ- oder Gewebsstücken herstellen zu können, werden diese in geeignete Lösungsmittel (= Intermedien) gebracht, um schließlich in erstarrende Massen „eingebettet" und zusammen mit diesen geschnitten zu werden. Als Lösungsmittel dient eine schrittweise, in der Konzentration ansteigende Alkoholreihe (oder Azeton), die nicht nur zum völligen, aber möglichst schonenden Wasserentzug und damit zu einer weiteren Härtung des Objektes führt, sondern zugleich auch alle Fette und Lipide aus den Zellen und Geweben herauslöst (vgl. Abb. 55, 127). In dieser Phase der Präparatherstellung gibt es besonders vielseitige Möglichkeiten für die Entstehung von Artefakten, wie Schrumpfungen (vgl. Abb. 16), Zerreißungen des Gewebes infolge zu starker Härtung (vgl. Abb. 18) u. ä. m. Als Einbettungsmedium ist in der Lichtmikroskopie das Paraffin noch immer das gebräuchlichste, während in der Elektronenmikroskopie polymerisierbare Polyesterharze wie Epon, Mikropal, Araldit u. a. verwendet werden. Durch Einbringen von frischen Organstücken in flüssigen Stickstoff und anschließendes Schneiden auf einem speziellen Gefriermikrotom vermeidet man sowohl den Wasserentzug mit der Gefahr der Gewebsschrumpfung als auch die fettlösenden Intermedien (vgl. Abb. 126).

Schnitte und Färbung

Die mit Hilfe eines Mikrotoms dünn geschnittenen und auf Objektträgern fest montierten Präparate müssen zur besseren Kontrastierung der einzelnen Zell- und Gewebsbestandteile gefärbt werden. Die meisten der gebräuchlichen Farblösungen sind aber „wäßrige" Lösungen, und infolgedessen muß dem Schnitt zunächst durch ein geeignetes Lösungsmittel (Xylol) das Paraffin wieder vollständig entzogen und anschließend das Lösungsmittel entfernt werden (durch Alkohol), und schließlich

Präparationsschritte für Lichtmikroskopie

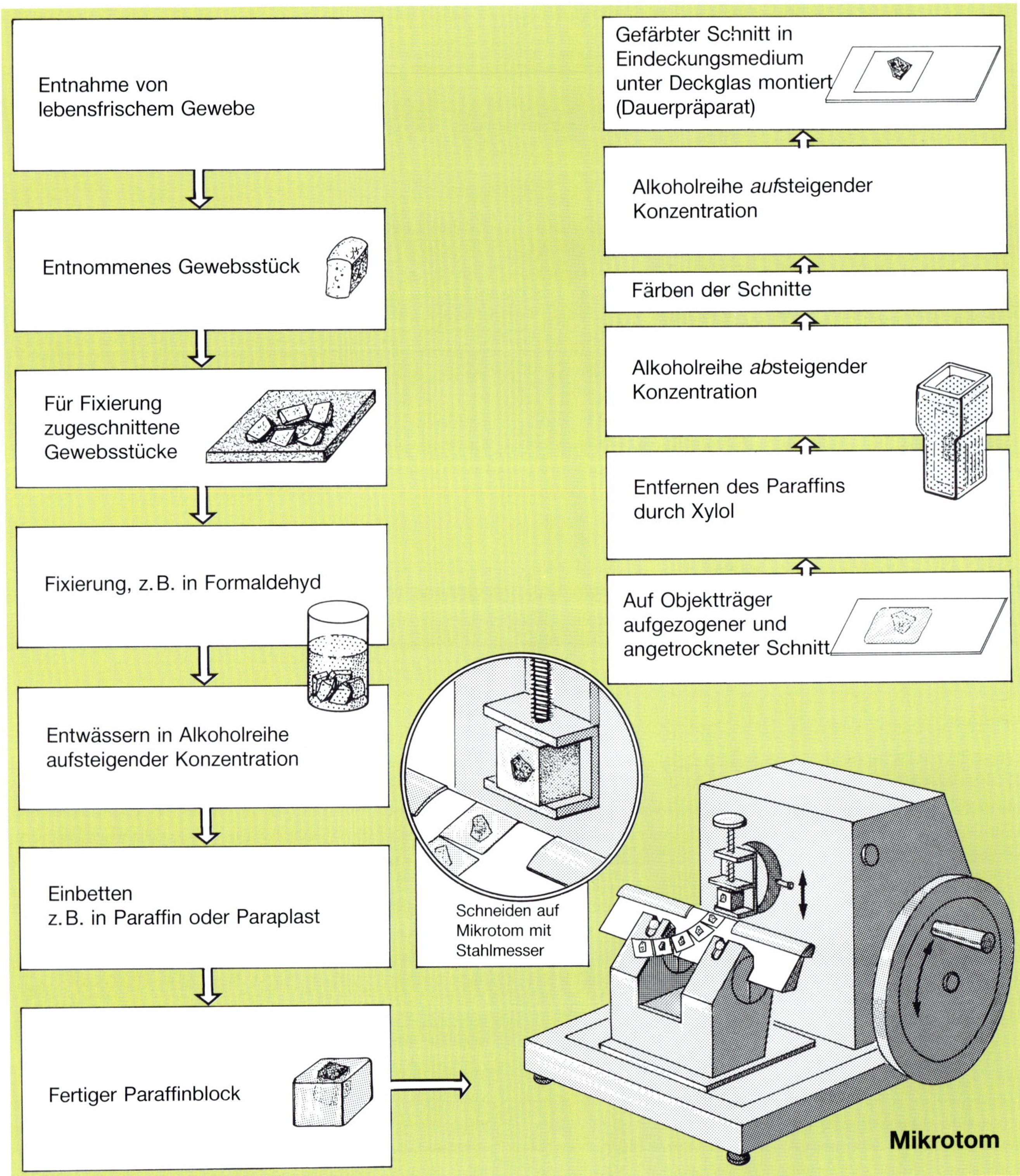

Abb. 1. Blockschema und zeichnerische Darstellung der aufeinanderfolgenden Präparationsschritte, die erforderlich sind, um von frisch entnommenem Gewebe einen gefärbten und für die lichtmikroskopische Untersuchung geeigneten histologischen Schnitt (Dicke: 10 µm) zu erhalten.

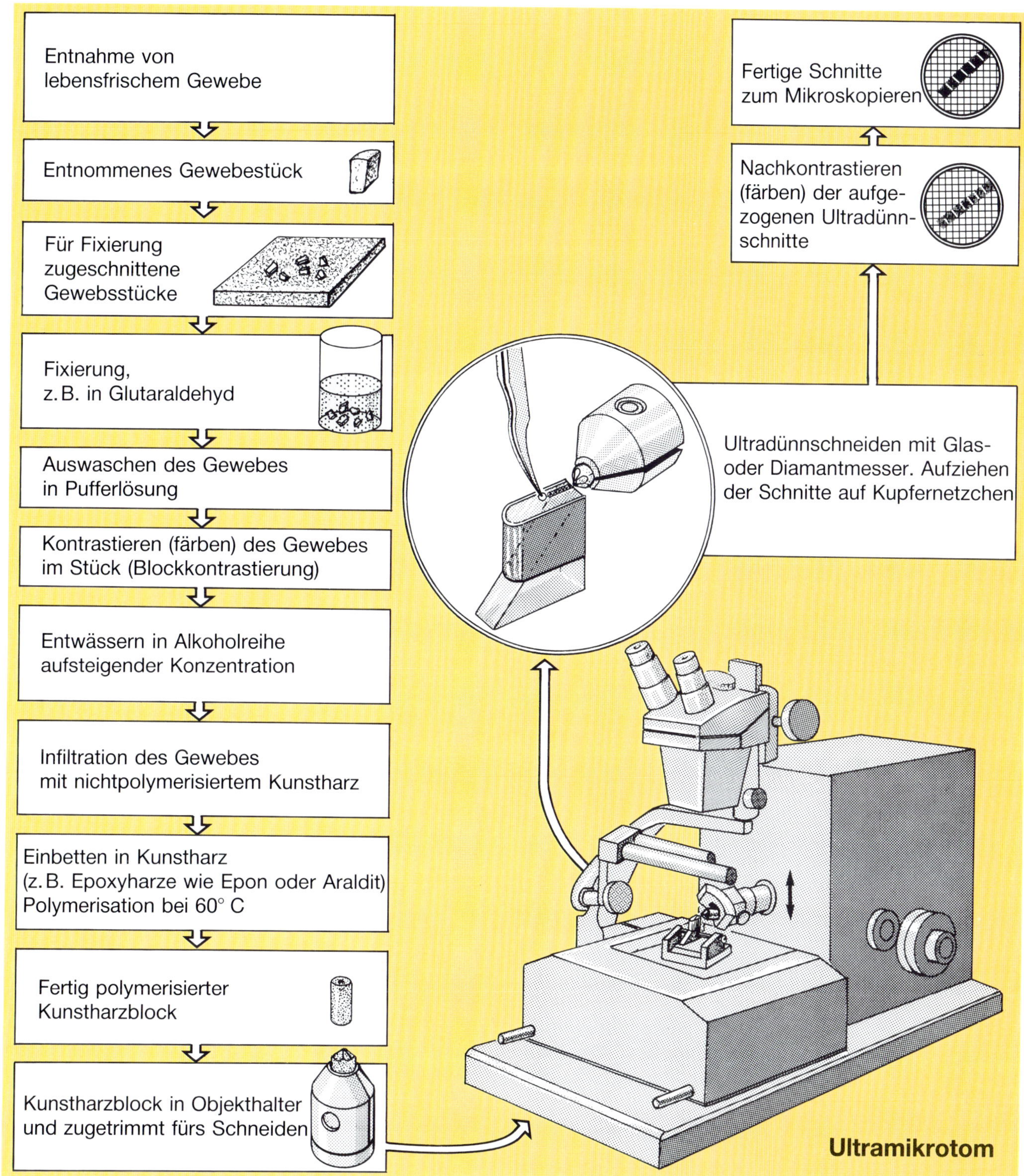

Abb. 2. Blockschema und zeichnerische Darstellung der aufeinanderfolgenden Präparationsschritte, die erforderlich sind, um von frisch entnommenem Gewebe ultradünne und für die elektronenmikroskopische Untersuchung fertig zubereitete Schnitte (Dicke: 50 nm) zu erhalten.

Grundzüge der histologischen Technik

muß dieses wiederum durch Wasser vollständig ersetzt werden. Die verschiedenen Zell- und Gewebselemente nehmen jetzt aus den Farblösungen oder Gemischen von solchen die Farbstoffe in sehr unterschiedlichen Mengen auf, wobei u. a. auch der pH der Farblösung eine wichtige Rolle spielt. Dabei gibt es neben einigen wenigen Routinefärbungen (vgl. dazu die Abb. 5–12) eine Unzahl von Spezialfärbungen, unter denen die sog. histo(topo)chemischen Methoden heute eine vorrangige Stellung einnehmen. Mit ihrer Hilfe gelingt es, eine Fülle der verschiedensten definierten chemischen Substanzen, wie zahlreiche Enzyme, Glykogen, Ribo- und Desoxyribonucleinsäuren, Proteine, Proteoglykane, Lipide etc., am Ort ihres natürlichen Vorkommens in Zellen und Geweben nachzuweisen, wodurch man einen sehr viel besseren Einblick in das dynamische Zellgeschehen erhält.

Für die *Transmissionselektronenmikroskopie* werden ca. 50 nm dünne Schnitte (mittlere Kantenlänge: 1–2 mm) auf runde Kupfernetze eines Durchmessers von 3 mm gebracht und mit Hilfe spezieller Objekthalter in den Strahlengang eines Elektronenmikroskops eingeschleust. Das elektronenmikroskopische Bild eines solchen Schnittes kann auf einem fluoreszierenden Leuchtschirm betrachtet werden. Die Befunddokumentation erfolgt mit Hilfe der Fotografie.

Bei der *Gefrierbruchmethode* werden kleine Gewebeproben nach Vorbehandlung mit einem Gefrierschutzmittel rasch tiefgefroren. Danach wird bei ca. – 100 Grad Celsius mit einem Spezialmesser ein Teil des Gewebeblocks abgebrochen, und die freigelegte Bruchfläche wird mit einem hauchdünnen Metallfilm bedampft. Der so gewonnene Abdruck wird im Transmissionselektronenmikroskop betrachtet. Zelluläre Membranen brechen i. a. entlang der hydrophoben Mittelschicht, so daß die Innenansichten der äußeren und inneren Membranhälften freiliegen und analysiert werden. Die *Rasterelektronenmikroskopie* beruht auf eigenen Prinzipien und erlaubt die Analyse von echten zellulären Oberflächen.

Hinweise zum besseren Verständnis histologischer Schnittpräparate und ihrer Differentialdiagnose

Um die Aussage und Beweiskraft histologischer Schnittpräparate kritischer beurteilen zu können, sollte man sich immer eine Reihe sehr einfacher, aber oft in Vergessenheit geratener Tatsachen vor Augen halten:

1. Das histologische Schnittpräparat liefert stets nur ein durch den Fixierungsprozeß entstandenes Momentbild von einem in ständigem Wandel befindlichen lebendigen Ganzen.

2. Die überwiegende Mehrzahl aller Schnittpräparate stellt nur eine hauchdünne Scheibe von einem meist noch kleinen Teil eines u. U. sehr großen Organs, wie z. B. der Leber, dar. Inhomogenität in der Verteilung bestimmter Strukturen oder krankhafter Prozesse kann dazu führen, daß diese nicht zwanghaft in jedem Schnitt vorhanden sein müssen.

3. Das Schnittpräparat entwirft ein flächenhaftes, zweidimensionales Bild von den immer dreidimensionalen Zellen und Geweben, von deren „Räumlichkeit" man sich nur bei Einsatz bestimmter Techniken (wie z. B. der Verwendung einer Schnittdicke, die größer ist als die zu erfassende dritte Dimension) einen Eindruck verschaffen kann, in diesem Fall durch das sog. „Durch"fokusieren der Schnitte. Unmittelbare Rückschlüsse auf die „wahre" Gestalt der Bauelemente von Zellen und Geweben oder höher organisierter Formationen sind aber am Einzelschnitt nur in Ausnahmefällen möglich und nur mit Vorsicht zu ziehen. Das sollen einige einfache Beispiele erläutern:

a) Kreisförmige Schnittprofile, ganz gleich, ob in der licht- oder elektronenmikroskopischen Dimension, könnten z. B. durch Querschnitte von Zylindern, Kugeln, Ellipsoiden oder Kegeln zustande kommen. Sind alle Profile gleich groß, so spräche dies am ehesten für das Vorliegen von Zylindern des gleichen Durchmessers, da es unwahrscheinlich ist, daß die anderen möglichen Gebilde, wie z. B. Kugeln oder Kegel, alle vom Schnitt an der gleichen Stelle ihres Umfanges getroffen werden.

b) Das Vorkommen von zwei Kernanschnitten in einer Zelle (vgl. Abb. 24, 233) ist noch lange kein Beweis für eine Zweikernigkeit, sondern kommt fast immer durch einen gekrümmten Kern zustande, der zweimal vom Schnitt getroffen wurde.

c) Zur Erleichterung des Verständnisses stelle man sich Schnitte in verschiedenen Ebenen durch gut bekannte Gegenstände vor oder führe solche sogar praktisch durch (Abb. 3). Schneiden Sie z. B. ein hartgekochtes Ei (vgl. Abb. 3c) im Bereich eines seiner beiden Pole quer, oder legen Sie einen sehr peripheren Längsschnitt durch dasselbe, so wird in keinem dieser Schnitte der zentrale Dotter enthalten sein, was aber nicht gegen seine Existenz spricht (vgl. Abb. 3c). Auch Längs- und Querschnitte durch einen geraden oder gekrümmten Schlauch (Abb. 3a u. b) ergeben sehr unterschiedliche

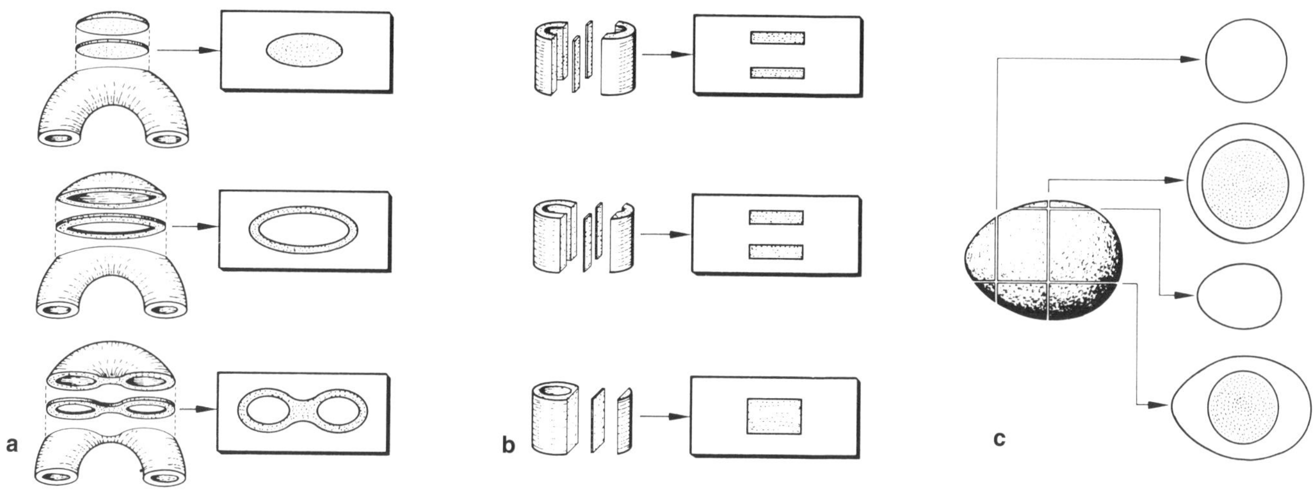

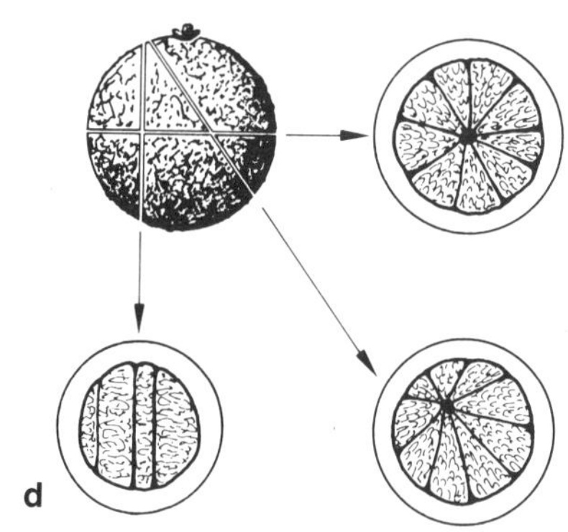

Abb. 3. Quer- und Längsschnitte durch ein gekrümmtes (a) oder gerades Rohr (b), durch ein Hühnerei (c) oder eine Orange (d) können Schnittbilder liefern, die – für sich allein genommen – weder einen Rückschluß auf die räumliche Gestalt noch auf die Zusammensetzung des jeweils vorliegenden Gebildes erlauben (nach Ham und Leeson 1961).

Bilder in Abhängigkeit davon, wo und wie diese das Rohr treffen (vgl. Abb. 3a u. b). Ganz ähnliche Schnittbilder müssen Sie erwarten, wenn es um biologische „Röhren", wie z. B. die Blutgefäße oder die Harnkanälchen, geht (vgl. dazu die Abb. 366, 376–378). Auch eine mit den sezernierenden Endstücken von Drüsen grob vergleichbare Orange ergibt je nach der Schnittrichtung genau wie jene (vgl. Abb. 3d) sehr unterschiedliche Bilder.

4. Um ein unbekanntes histologisches Schnittpräparat mit Sicherheit erkennen und dessen fundierte Differentialdiagnose erstellen zu können, sollten einige Grundregeln beachtet werden, die ein systematisches Vorgehen in jedem Fall garantieren:

a) Das Präparat sollte immer makroskopisch betrachtet werden, da sich bestimmte Organe bei typischer Schnittrichtung schon jetzt mit hohem Wahrscheinlichkeitsgrad diagnostizieren lassen, wie z. B. ein Medianschnitt durch die Hypophyse (vgl. Abb. 449) oder ein Querschnitt durch die Nebenniere (vgl. Abb. 465).

b) Anschließend Betrachtung mit einer Handlupe oder – falls eine solche nicht zur Verfügung steht – mit der schwächsten Vergrößerung des Mikroskops. Dabei besonders darauf achten, ob das Schnittpräparat u. a. eine bestimmte Gliederung, wie z. B. in eine Innen- und Außenzone (entsprechend: „Mark" und „Rinde"), oder eine Kapsel oder sich färberisch ganz unterschiedlich verhaltende Bezirke oder aber eine Lichtung oder regelmäßige Erhebungen seiner Oberfläche, wie z. B. Falten, erkennen läßt.

c) Bei schwächster Vergrößerung den gesamten Schnitt durchmustern, d. h., man muß alle seine freien Ränder gesehen haben, denn nur dann ist eine der wichtigsten Fragen zur Differentialdiagnose mit Sicherheit zu entscheiden, nämlich: „Ist irgendwo in dem Präparat ein Epithel vorhanden?" Wird diese Frage bejaht, so wird als erstes das Epithel genau diagnostiziert, da sich daraus schon eine bestimmte Zielrichtung der Differentialdiagnose ergibt. Das sei an einem Beispiel erläutert: Findet sich ein „einschichtiges, prismatisches Epithel", so wäre theoretisch entweder ein Schnitt durch einen Teil des Magen-Darm-Kanals oder durch die Tuba uterina bzw. durch die Gebärmutter denkbar. Um die erste dieser beiden Verdachtsdiagnosen zu erhärten, wird nach der typischen Schichtengliederung des Darmrohres gesucht (vgl. Abb. 310), und bei Nachweis derselben kann

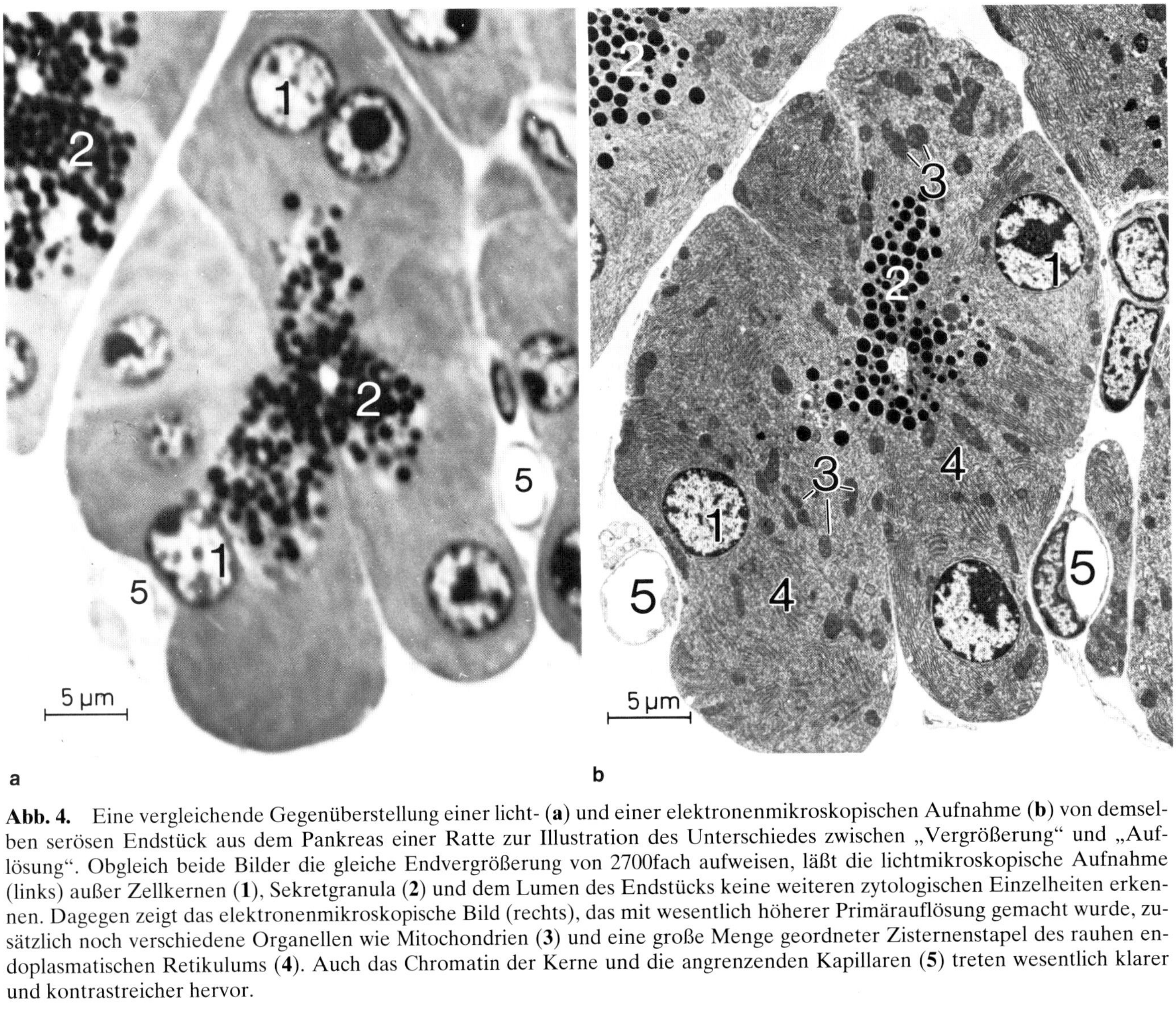

Abb. 4. Eine vergleichende Gegenüberstellung einer licht- (**a**) und einer elektronenmikroskopischen Aufnahme (**b**) von demselben serösen Endstück aus dem Pankreas einer Ratte zur Illustration des Unterschiedes zwischen „Vergrößerung" und „Auflösung". Obgleich beide Bilder die gleiche Endvergrößerung von 2700fach aufweisen, läßt die lichtmikroskopische Aufnahme (links) außer Zellkernen (**1**), Sekretgranula (**2**) und dem Lumen des Endstücks keine weiteren zytologischen Einzelheiten erkennen. Dagegen zeigt das elektronenmikroskopische Bild (rechts), das mit wesentlich höherer Primärauflösung gemacht wurde, zusätzlich noch verschiedene Organellen wie Mitochondrien (**3**) und eine große Menge geordneter Zisternenstapel des rauhen endoplasmatischen Retikulums (**4**). Auch das Chromatin der Kerne und die angrenzenden Kapillaren (**5**) treten wesentlich klarer und kontrastreicher hervor.

das Präparat mit Sicherheit als aus dem Magen-Darm-Kanal im engeren Sinne stammend eingestuft werden (dessen weitere Differentialdiagnose vgl. Tabelle 13). Fehlt hingegen die Schichtengliederung, so handelt es sich entweder um die Gallenblase, oder die zweite der beiden Verdachtsdiagnosen trifft zu. Um dies zu entscheiden, wird das Epithel (1.) nach möglichen Kinozilien abgesucht – typisch für die Tuba uterina und die Gebärmutterschleimhaut in bestimmten Zyklusphasen –, und damit werden (2.) die übrigen Bauelemente des Schnittpräparats in Beziehung gesetzt, wie z. B. reichverzweigte Falten (Tuba uterina, Abb. 428), das Einsenken des Epithels zu Drüsenschläuchen (Uterusschleimhaut, Abb. 434) oder niedrige, miteinander anastomosierende Falten (Gallenblase, Abb. 326).

d) Die Diagnose eines histologischen Schnittpräparats kann fast immer – mindestens in 95% aller Fälle – mit schwächster, höchstens aber einer mittleren Vergrößerung gestellt werden. Fällt die Diagnose *dann* nicht, so fällt sie nie! Auch das mag ein Beispiel erläutern: Bei der Differentialdiagnose der „serösen" Drüsen (vgl. Abb. 307–309 und Tabelle 12) muß auch das Pankreas in die Überlegungen einbezogen werden. Da aber die sonst als differentialdiagnostisches Kriterium so zuver-

lässigen „Inseln“ im Kopfbereich des Pankreas und dessen Processus uncinatus sehr selten sind oder gar vollends fehlen, wird von den Unerfahreneren meist das Vorkommen der sog. „zentroazinären“ Zellen als sicherstes Unterscheidungsmerkmal gegen alle übrigen serösen Drüsen genannt. Gerade aber diese Zellen als solche zu erkennen, und dazu bedarf es einer relativ hohen Auflösung, fällt dem Anfänger meist sehr viel schwerer, als das einfachste und noch viel zuverlässigere differentialdiagnostische Kriterium zu beurteilen, nämlich das völlige Fehlen von Streifenstücken im Pankreas. Das wird aber bei der Verwendung hoher Vergrößerungen wegen des zu kleinen Präparateausschnitts übersehen, und das Präparat wird fehldiagnostiziert.
Auf den folgenden Seiten werden gebräuchliche histologische und histochemische Färbungen sowie häufige Kunstprodukte (Artefakte) in den Präparaten vorgestellt, deren Kenntnis notwendig erscheint. Es folgen dann die drei großen Abschnitte: Zytologie, Histologie und Mikroskopische Anatomie. Die *Zytologie* erforscht Struktur und Funktionen von Zellen. Der Begriff Zytologie wird leider nicht nur in diesem Sinne gebraucht. In der klinischen Medizin wird darunter auch die Untersuchung und Diagnostik von Zellen in Abstrichen, Punktionen u.ä. verstanden. Die *Histologie* hat die Vielfalt zellulärer Verbände und interzellulärer Substanzen geordnet, erkannte eine Anzahl typischer Formen solcher Verbände und nennt diese Gewebe. Heute werden i.a. vier Grundgewebe unterschieden. Diese Einteilung ist praktikabel und geht auf A. v. Kölliker (1817–1905) zurück. Andere Einteilungsmöglichkeiten sind aufgrund modernerer zellbiologischer und entwicklungsgeschichtlicher Tatsachen möglich. Die *Mikroskopische Anatomie* studiert die spezifische Verteilung, Anordnung und Ausprägung der vier Grundgewebe in den einzelnen Organen des Körpers.

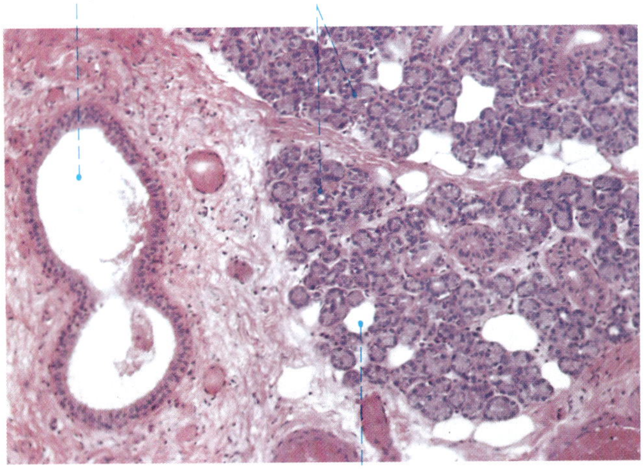

5

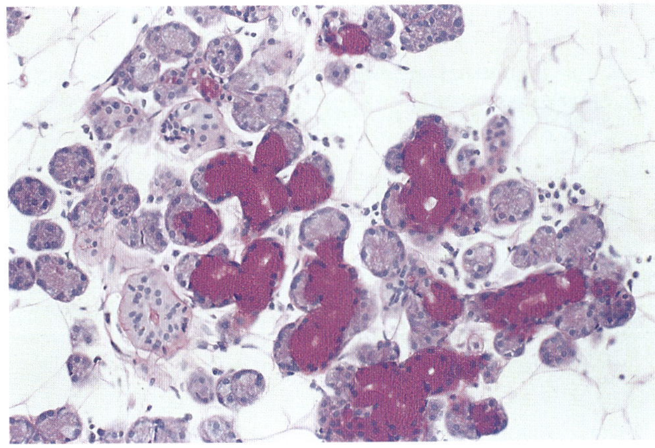

8

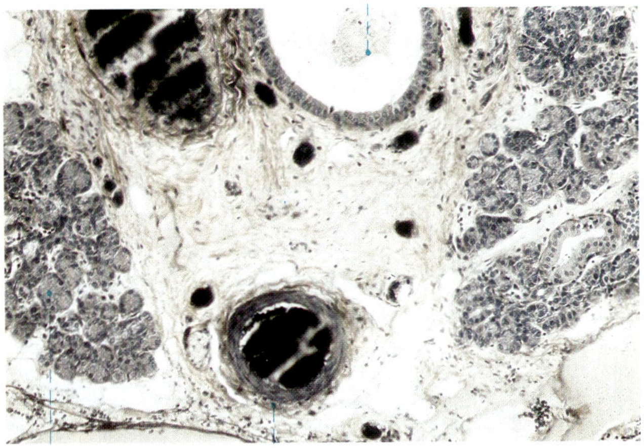

6

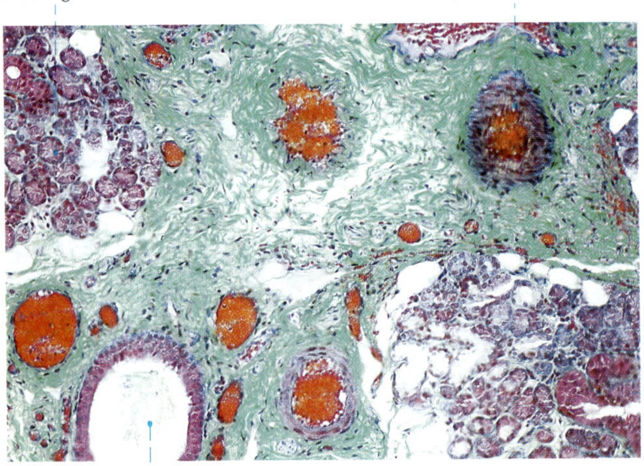

7

Die Abbildungen 5 bis 12 zeigen bei oft gleicher Vergrößerung (100fach) am selben Untersuchungsmaterial, einem Ausschnitt mit einem Bindegewebsstrang aus einer menschlichen Speicheldrüse (Gl. submandibularis), eine Gegenüberstellung von acht der gebräuchlichsten histologischen Färbungen (weitere Einzelheiten zur Anfärbung der verschiedenen Zell- und Gewebsbestandteile s. Tabelle 1).

Abb. 5. Die sehr häufig verwendete Hämatoxylin-Eosin- („H. E.“)-Färbung enthält zwei Farbstoffe: das Hämatoxylin, das saure Gewebebestandteile (z. B. Nukleinsäuren, wie sie im Zellkern und in den Ribosomen vorkommen) blau-violett färbt, und das Eosin, das zahlreiche Strukturen (z. B. Kollagenfasern, Muskelfibrillen, Erythrozyten) rot anfärbt.

Abb. 6. Die Eisenhämatoxylin-Färbung nach Heidenhain, kurz „EH“ genannt, ist eine früher häufig benutzte Methode zur lichtmikroskopischen Darstellung zytologischer Details, wie Mitochondrien, Zentriolen und Tonofibrillen (vgl. dazu auch die Abb. 40, 88).

Abb. 7. Die Trichromfärbung nach Goldner enthält mehrere Farbstoffe, darunter Lichtgrün, das die Kollagenfasern im Bindegewebe durch einen grünen Farbton gegen zelluläre Anteile (rot-violett bis rotbraun) hervorhebt.

Abb. 8. Die PAS-Färbung (periodic acid Schiff reaction) stellt neutrale Glykoproteine und Schleime sowie Glykogen dar. Hier ist der Schleim in den mukösen Drüsenzellen sehr intensiv rot angefärbt, andere glykoproteinhaltige Strukturen, darunter Basalmembranen, treten schwächer hervor. Gegenfärbung mit Hämalaun. Gesamtvergr. 200fach.

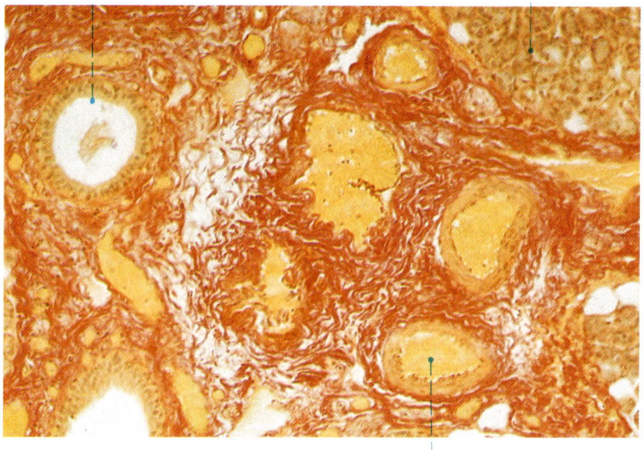

9

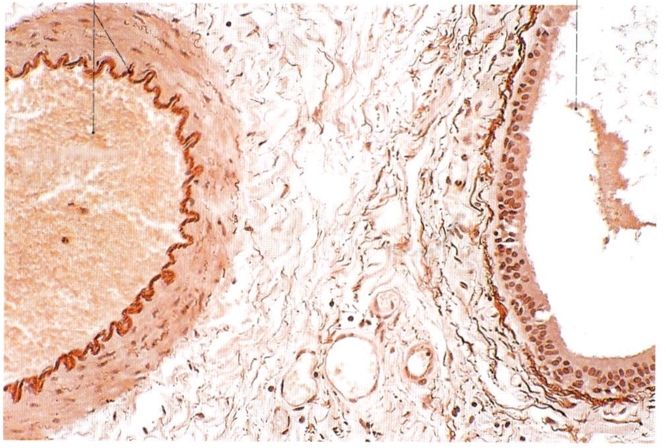

10

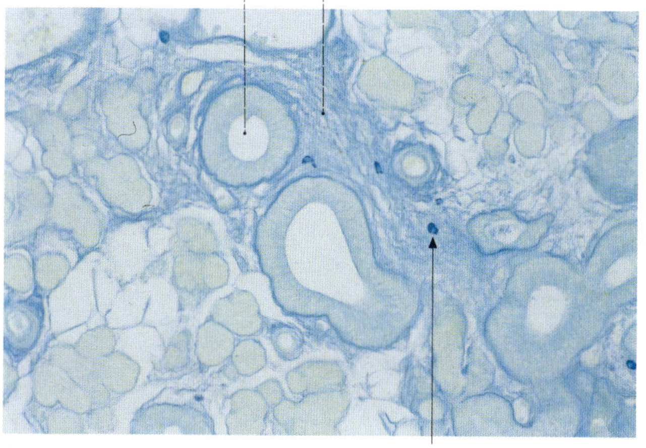

11

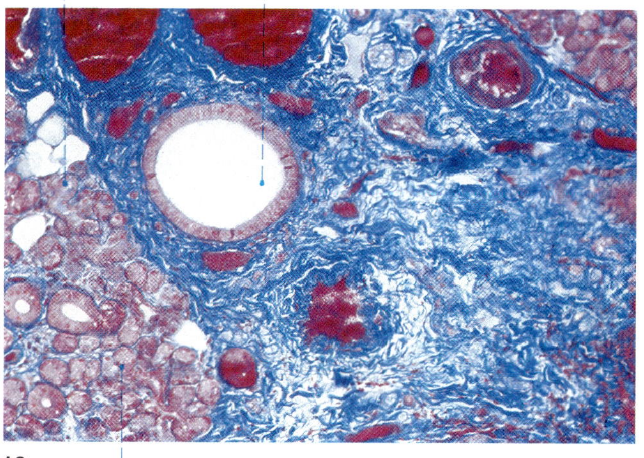

12

Abb. 9. Die Färbung nach van Giesson ist eine Trichromfärbung und gehört zu den häufig verwendeten Färbungen der Pathohistologie, da sie durch die klare Rotfärbung der Kollagenfasern eine schnelle Erfassung dieser bei vielen krankhaften Prozessen vermehrt auftretenden Faserart (Fibrosierung, Sklerosierung) erlaubt.

Abb. 10. Mit Orcein, einer Elastikafärbung, werden elastische Fasern kräftig rotbraun dargestellt, andere Gewebestrukturen färben sich blasser bräunlich. Außer der Elastica interna in einer kleinen Arterie sind hier elastische Fasern, die einen Ausführungsgang begleiten, hervorgehoben. Gesamtvergr. 200fach.

Abb. 11. Mit Alcianblau färben sich Polyanionen spezifisch an. Hier sind in Anwesenheit von 0,3 M $MgCl_2$ sulfatierte Proteoglykane im Bindegewebe dargestellt. Kritische-Elektrolyt-Methode nach Scott. Gesamtvergr. 200fach.

Abb. 12. Die Azanfärbung nach Heidenhain (*Az*okarmin-*An*ilinblau) ist eine gebräuchliche Trichromfärbung (Azokarmin, Orange G, Anilinblau), die Kollagenfasern leuchtend blau und zelluläre Bestandteile in verschiedenen Rottönen darstellt; Schleime haben oft einen grau-bläulichen Farbton.

Zusammenstellung einiger besonders häufig durch verschiedene technische Mängel bei der Präparatherstellung verursachter Kunstprodukte, sog. Artefakte. Am häufigsten sind dabei die sog. Schrumpfspalten, die durch den Wasserentzug (vgl. S. 1–3) vor allem zwischen Geweben mit sehr unterschiedlichem Flüssigkeitsgehalt auftreten.

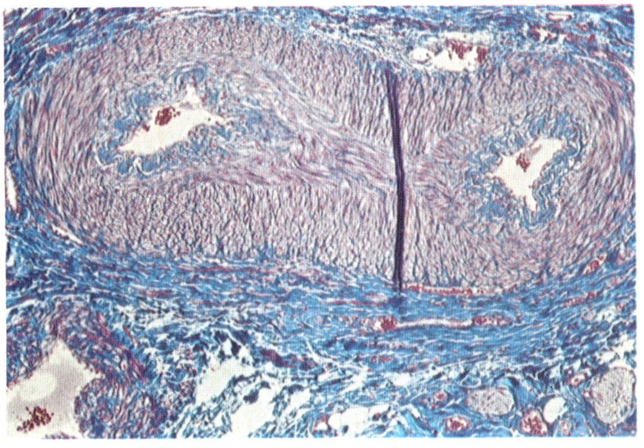

13

Abb. 13. Infolge ungenügender „Streckung" des Schnittes auf dem Objektträger (durch vorsichtiges Erwärmen der Paraffinschnitte) können beim Schneiden entstandene Falten zurückbleiben, die stets durch ihre intensivere Färbung auffallen und einen Eindruck von der Schnittdicke vermitteln können (größere Arterie aus der Kapsel der Vesicula seminalis, Mensch). Am unteren Bildrand deutliche Schrumpfräume und Risse im Bindegewebe. Färbung: Azan; Vergr. 75fach.

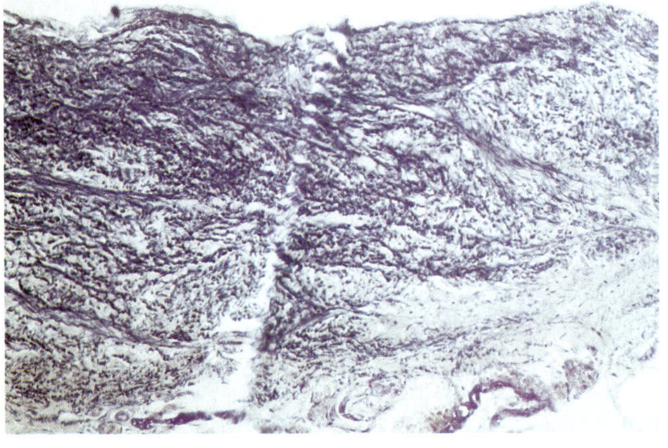

14

Abb. 14. Durch eine Scharte im Mikrotommesser hervorgerufener Schnittdefekt, der deutlich kleinere Zerreißungen des Gewebes in diesem Bereich erkennen läßt (Aortenklappe, Mensch). Färbung: Resorcin-Fuchsin; Vergr. 100fach.

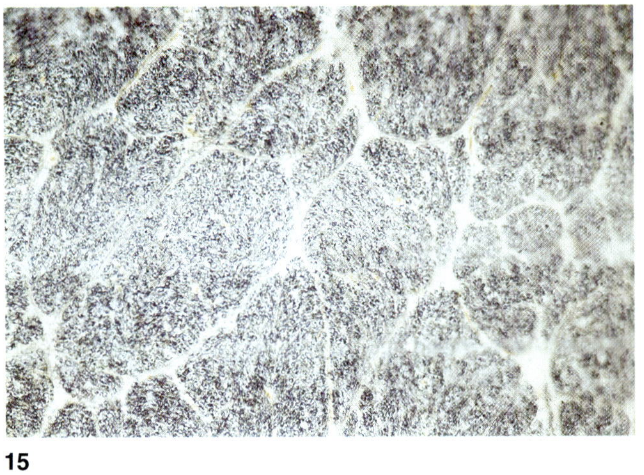

15

Abb. 15. Durch „Springen" des Messers kommt es zu einer ungleichmäßigen Schnittdicke, die sich am fertigen Präparat in einer unterschiedlichen Intensität der Färbung zu erkennen gibt. Der dünnere, farbschwächere Bereich des Schnittes zieht hier als eine bandartige Aufhellung quer über das gesamte Bild (Rückenmark, Mensch). Färbung: Markscheidenfärbung nach Weigert; Vergr. 60fach.

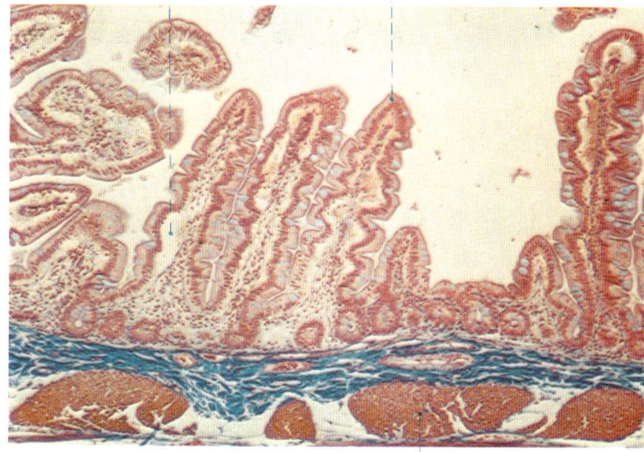

16

Abb. 16. Ausgedehnte Schrumpfräume sowohl zwischen Epithelbasis und Bindegewebssockel der Dünndarmzotten, sog. Grünhagensche Räume, als auch zwischen den Muskelbündeln der Tunica muscularis und dem angrenzenden Bindegewebe (Jejunum, Mensch). Färbung: Azan; Vergr. 75fach.

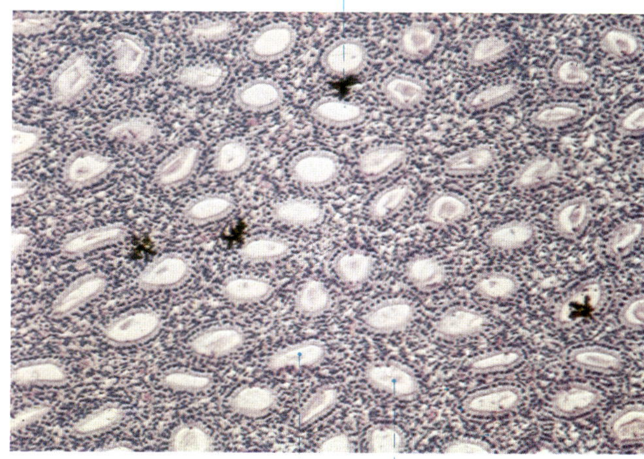

17

Abb. 17. Gar nicht selten kommt es bei verschiedenen Fixierungsmitteln (Formol, Sublimat u. a.) zu unterschiedlich gestalteten, kristallartigen Niederschlägen, die hier in Form schwarzer, drusenförmiger Bildungen dem Schnitt aufliegen (Nierenpapille quer, Kaninchen). Färbung: H. E.; Vergr. 75fach.

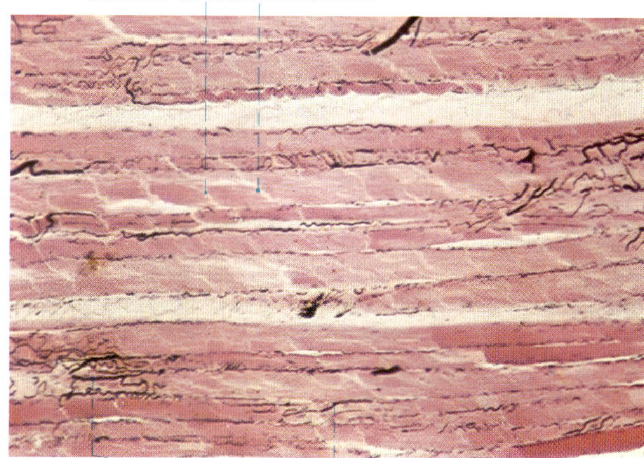

18

Abb. 18. Eine starke Härtung des Materials (z. B. durch zu langes Verweilen in Benzol oder Benzol-Paraffin) läßt dieses spröde werden, so daß es beim Schneiden zu Brüchen oder Zerreißungen kommt, die hier als Querrisse der Muskelfasern imponieren (M. rectus femoris, Gefäßinjektion mit Tusche, Hund). Färbung: H. E.; Vergr. 75fach.

Zytologie

Lichtmikroskopie – Zellformen

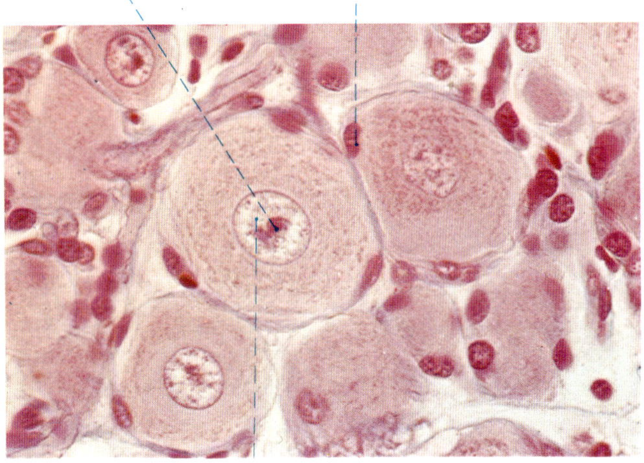

19

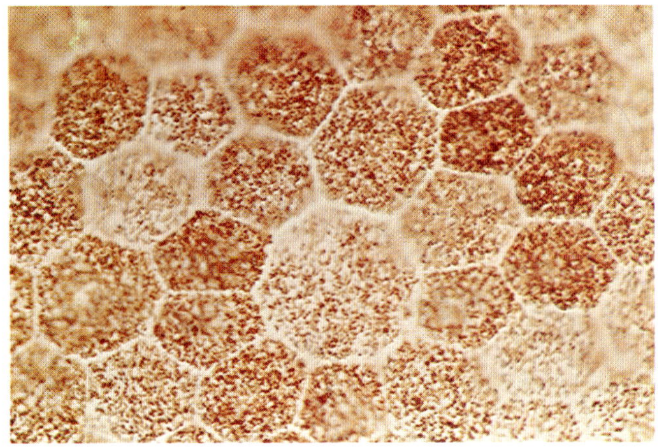

22

Abb. 19. Zellkörper (Perikaryon) von Spinalganglienzellen, die im Schnittpräparat rundlich bis oval erscheinen; der helle Zellkern ist auch rundlich und glattrandig, er enthält einen kräftig gefärbten Nukleolus. Den Ganglienzellen liegen flache Mantelzellen an, die den Schwannschen Zellen der Nervenzellfortsätze entsprechen. Die Kerne der Mantelzellen (= Satellitenzellen) sind abgeflacht und relativ dunkel. Färbung: Azan, Vergr. 600fach.

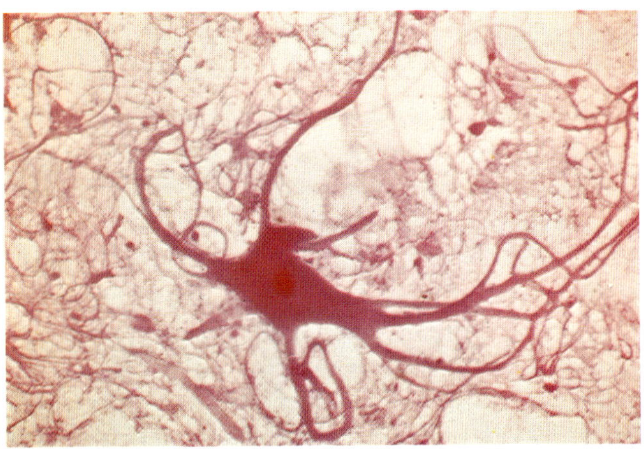

20

Abb. 20. Motorische Vorderhornzelle aus dem Rückenmark (Rind). Die Zelle wurde durch Mazeration isoliert und mit der Mehrzahl der Fortsätze als sog. Quetschpräparat als Ganzes gefärbt. Färbung: Säurefuchsin, Vergr. 240fach.

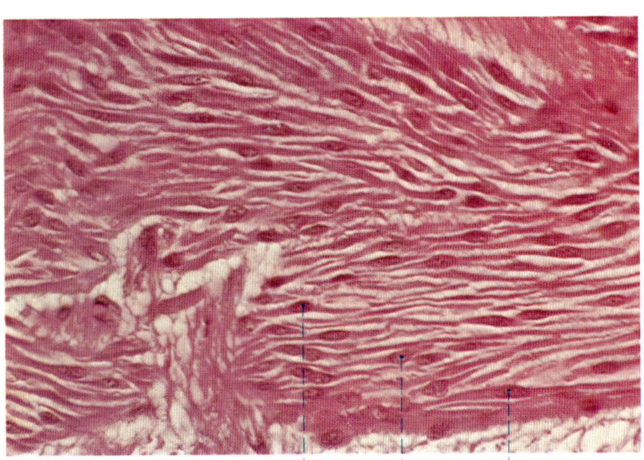

21

Abb. 21. Spindel- bis faserförmige, eng beieinanderliegende glatte Muskelzellen aus der Wand der Gallenblase eines Kaninchens. Die Zellkerne sind abgeflacht, z.T. zigarrenförmig. Schnittpräparat. Färbung: Haem.-Chromotrop (ähnlich H. E.-Färbung); Vergr. 380fach.

Abb. 22. Aufsicht auf ein ungefärbtes Häutchenpräparat (kein Schnitt) des isolierten Pigmentepithels des Auges (Pferd) zur Demonstration der oft fünf- oder sechseckigen Zellumrisse. Das Pigment (Melanin) ist in kleinen Körnchen lokalisiert. Vergr. 600fach.

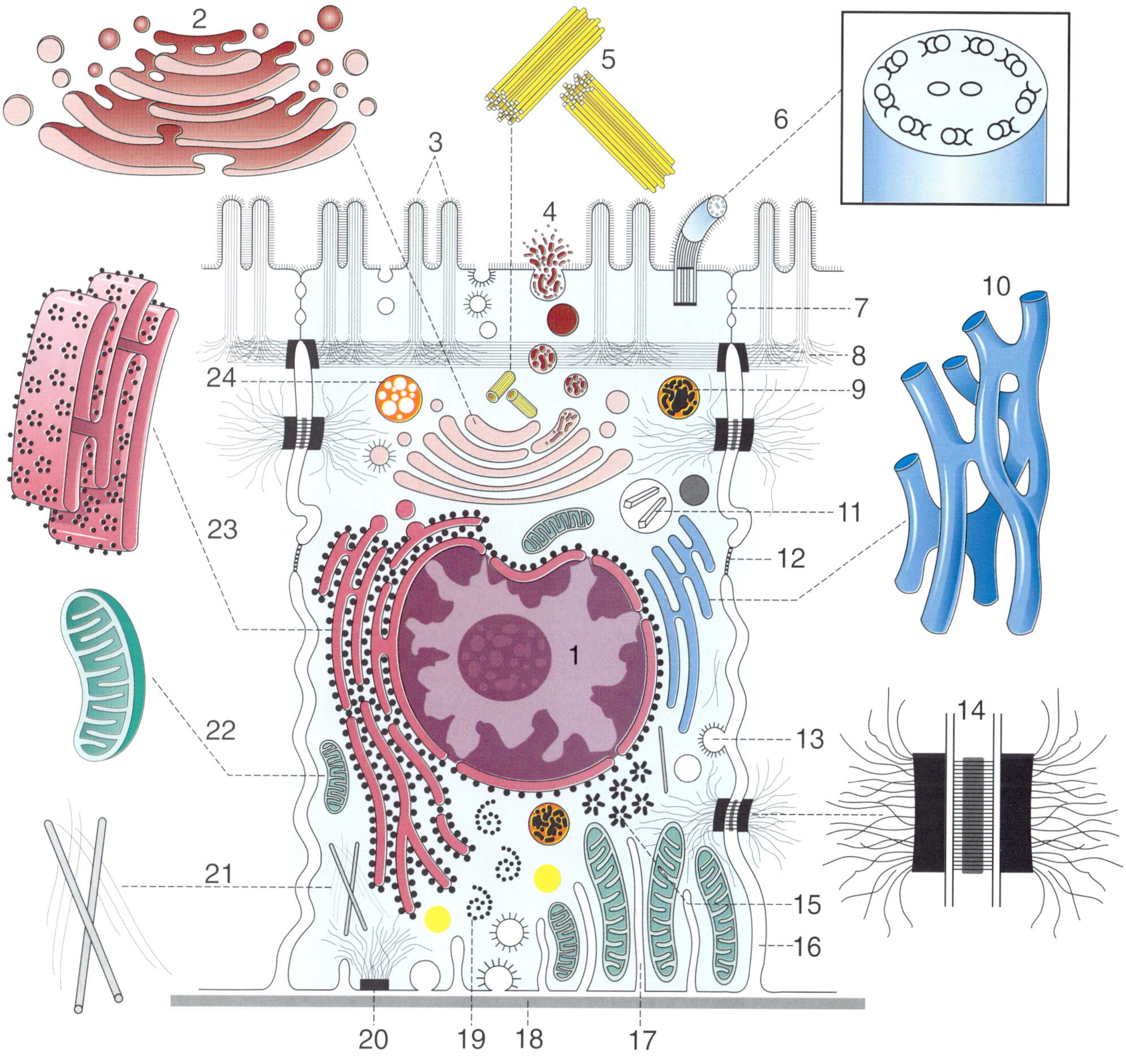

Abb. 23. Schematische Darstellung einer Epithelzelle mit den wichtigsten Organellen und typischen Oberflächendifferenzierungen. Einige der Zellbestandteile, die im Schnittpräparat zweidimensional erscheinen, sind zum besseren Verständnis dreidimensional und vergrößert herausgezeichnet. **1** Kern mit Hetero- (dunkel) und Euchromatin (heller) sowie Nukleolus; **2** Golgi-Apparat; **3** Mikrovilli (mit Glykokalix); **4** Sekretgranulum; **5** Zentriolen; **6** Kinozilie; **7** Zonula occludens; **8** terminales Netz mit Zonula adhaerens; **9** Lysosom; **10** glattes endoplasmatisches Retikulum (glattes ER); **11** Peroxisom; **12** gap junction (Nexus); **13** klathrinbedeckte Endozytosefigur; **14** Desmosom; **15** Glykogen; **16** Interzellularspalt; **17** Einfaltung des basalen Labyrinths; **18** Lamina densa der Basalmembran; **19** Polysomen; **20** Hemidesmosom; **21** Mikrotubuli und Keratinfilamente; **22** Mitochondrium; **23** rauhes endoplasmatisches Retikulum (rauhes ER); **24** multivesikulärer Körper.

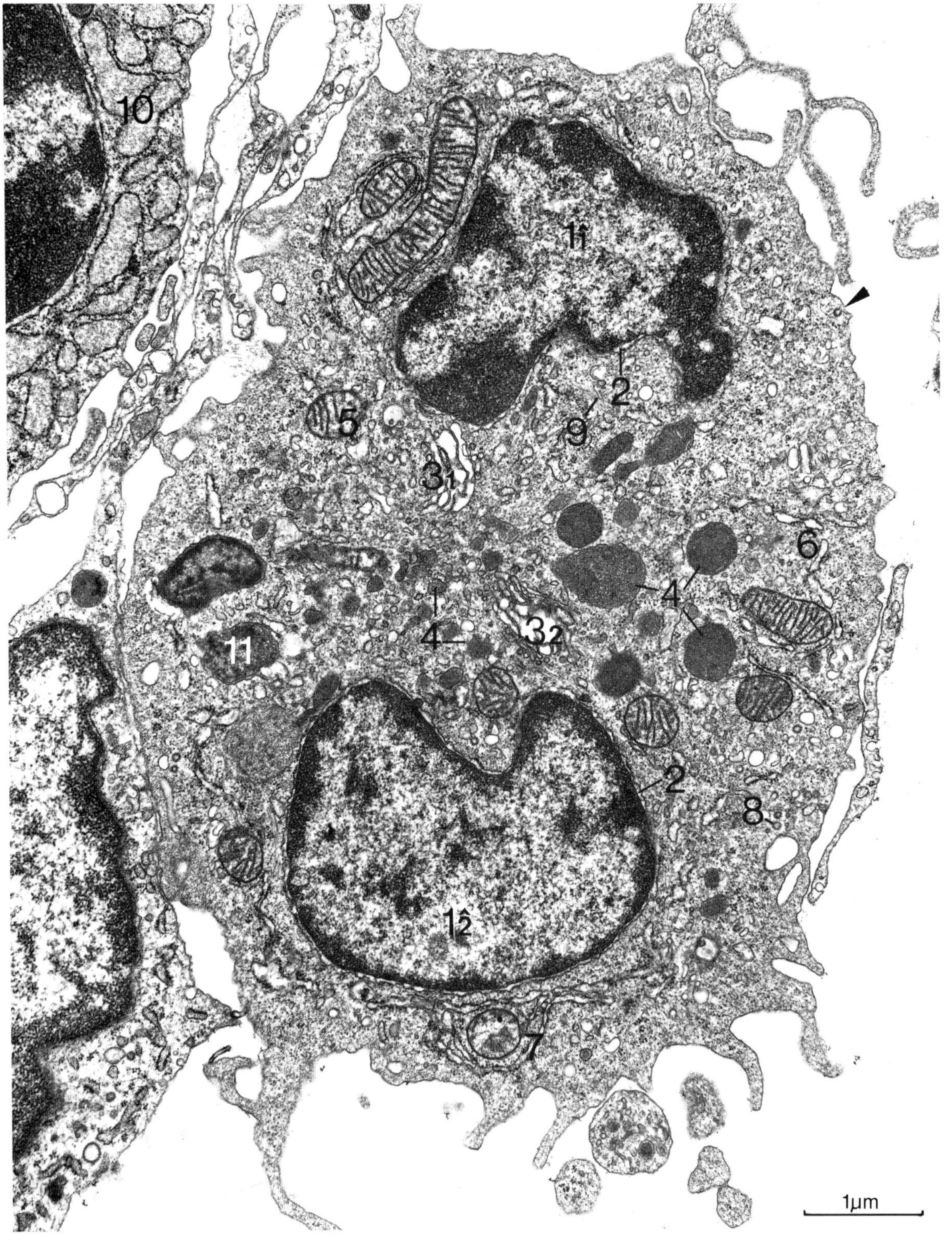

24

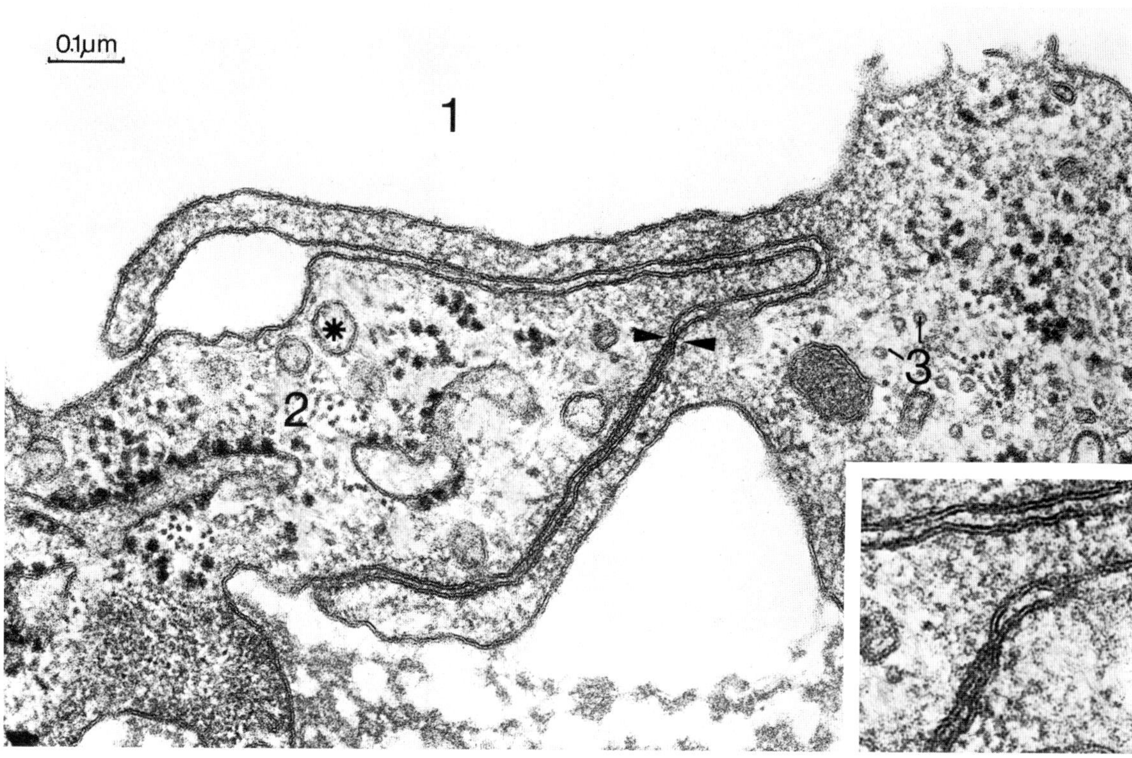

25

Abb. 25. Bei hoher Auflösung läßt sich die typische Dreischichtung der Zellmembran (= Plasmamembran = Plasmalemm) und der Membran anderer Organellen erkennen (laterale Grenzregion mit schmalem Interzellularraum zweier Endothelzellen einer A. coronaria des Minischweins). Bei ▶ ◀ ist erkennbar, daß die äußeren Blätter der sich gegenüberliegenden Zellmembranen benachbarter Zellen verschmelzen können und so den Interzellularraum verschließen. Eine solche Struktur kennzeichnet die Existenz einer Zonula occludens, die hier im Endothel relativ einfach strukturiert ist. Im Bildeinsatz ist die gekennzeichnete Stelle noch einmal vergrößert wiedergegeben. **1** Gefäßlichtung, **2** quergeschnittene Intermediärfilamente, **3** quergeschnittene Mikrotubuli, ★ Pinozytosevesikel. Gesamtvergr. 100 000- und 185 000fach.

Abb. 24. Von Blutmonozyten abstammender Makrophage der Maus zur Demonstration des typischen Inventars einer Zelle. Der bogenförmige Kern ist zweimal angeschnitten (**1_1**, **1_2**) und läßt die äußere seiner beiden Membranen sowie die perinukleäre Zisterne (**2**) klar erkennen. In der Nähe zweier Golgi-Felder (**3_1**, **3_2**) finden sich Primärlysosomen (**4**) unterschiedlicher Größe mit homogenem Inhalt und im übrigen Zytoplasma Mitochondrien (**5**) sowie Membranschläuche und Zisternen des glatten (**6**) und rauhen (**7**) endoplasmatischen Retikulums; letzteres ist außen mit Ribosomen besetzt. Bei ▶ sieht man ein mit Clathrin bedecktes Vesikel („coated vesicle"), das sich von der Plasmamembran abgeschnürt hat. **8** „coated vesicles" im Zytoplasma; **9** intrazytoplasmatische Filamente des Zellskeletts; **10** erweiterte Zisternen des rauhen endoplasmatischen Retikulums in einer benachbarten Plasmazelle; **11** größere Sekundärlysosomen mit heterogenem Inhalt. Gesamtvergr. 20 000fach.

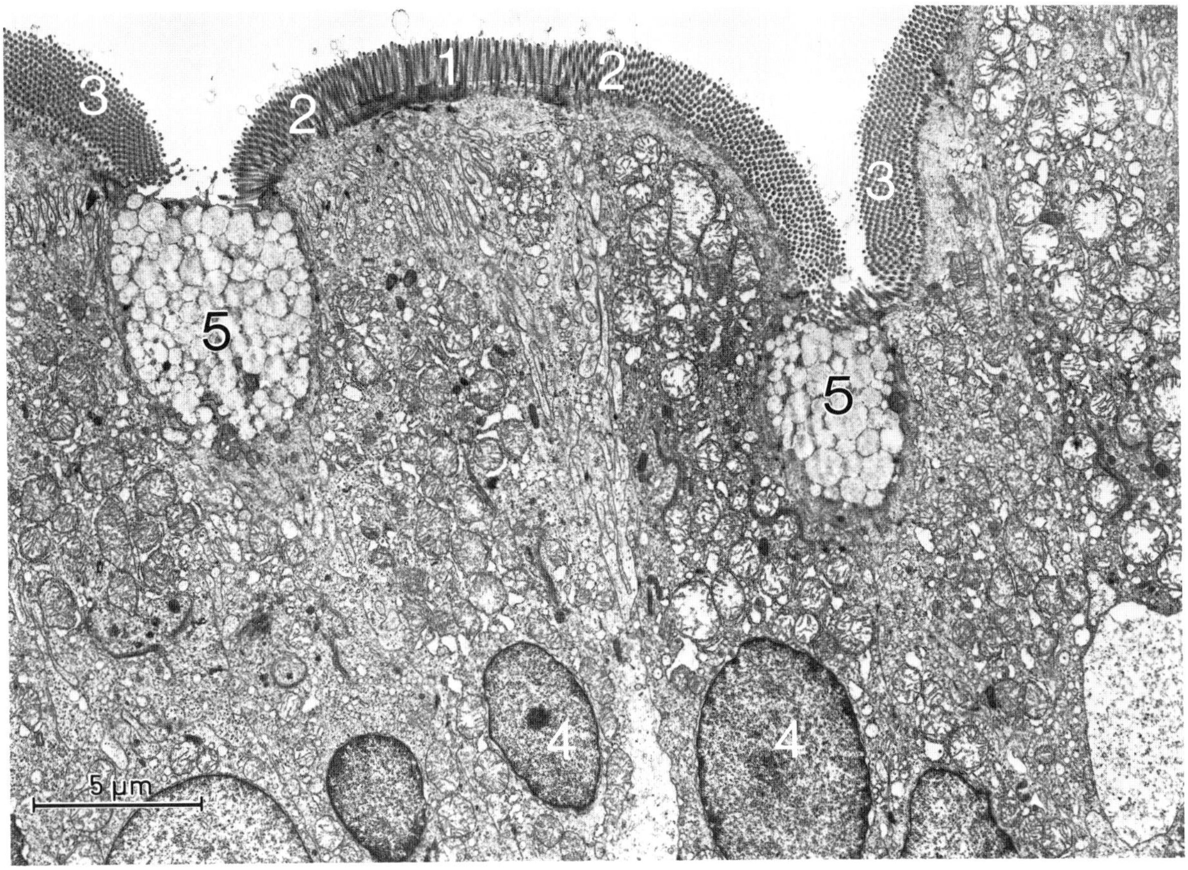

26

Abb. 26. Eine der permanenten Oberflächendifferenzierungen von Zellmembranen sind die Mikrovilli, hier gezeigt an einer elektronenmikroskopischen Übersichtsaufnahme vom Duodenum der Ratte im Längs- (**1**), Schräg- (**2**) und Querschnitt (**3**). Für weitere Einzelheiten siehe Abb. 27. **4** Zellkern; **5** Massen apikal gelegener heller Schleimgranula von Becherzellen. Gesamtvergr. 4500fach.

Abb. 27a, b. Mikrovilli des Dünndarmepithels (Jejunum, Ratte) im Längs- und Querschnitt. Diese nicht nur sehr regelmäßig gestalteten, sondern auch in sehr regelmäßigen, kurzen Abständen angeordneten, fingerförmigen Ausstülpungen der Zelloberfläche (mittlere Länge: 0,9 µm; mittlerer Durchmesser: 0,1 µm) bilden in ihrer Gesamtheit den auch lichtmikroskopisch erkennbaren Bürstensaum (vgl. Abb. 91, 318). Bei der hier vorliegenden relativ hohen Auflösung sind neben der Dreischichtigkeit des Plasmalemms auch die feinen, parallelisierten Aktinfilamente im Inneren der Mikrovilli deutlich erkennbar; sie dienen zur Versteifung der Mikrovilli und strahlen in eine senkrecht zu ihnen, also oberflächenparallel orientierte, ebenfalls filamentöse Plasmarandzone (**1**) ein, das terminale Netz (Terminalgespinst), das vor allem aus Aktin, Spectrin, Myosin und – vor allem basal – Keratin besteht. Gesamtvergr. 78 000- (a) und 72 000fach (b).

Abb. 28. Besonders gut entwickeltes, sog. basales Labyrinth in einer Epithelzelle aus der Pars contorta des Hauptstückes der Niere (Ratte). Die tiefen Plasmalemmeinfaltungen begrenzen ein kompliziertes Spaltensystem und gliedern zugleich das Zytoplasma in schmale, heizungsrippenähnliche „Septen", die zahlreiche, meist langgestreckte, schlanke Mitochondrien (**1**) enthalten. Entlang der die Epithelzellen unterlagernden Basalmembran (**2**) zeigen die Zytoplasma-„Rippen" diffuse Verdichtungen (▶), die wenig differenzierten Halbdesmosomen entsprechen (vgl. auch Abb. 62d). Gesamtvergr. 18 000fach.

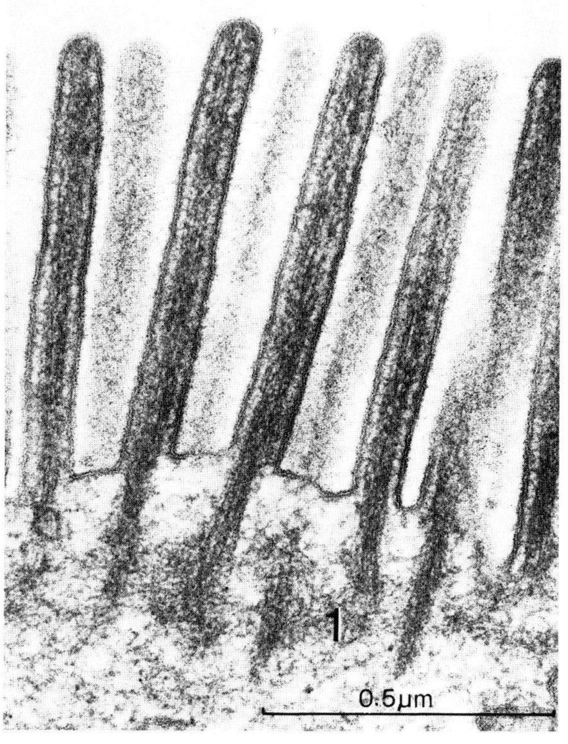

27a

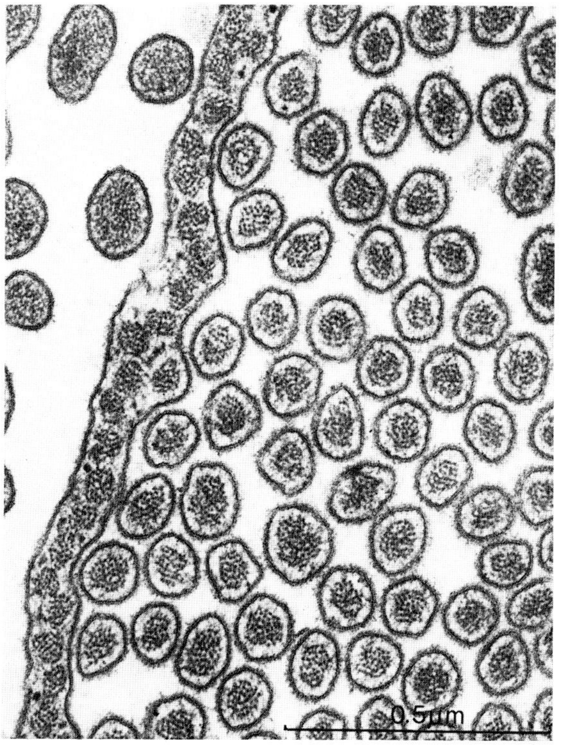

b

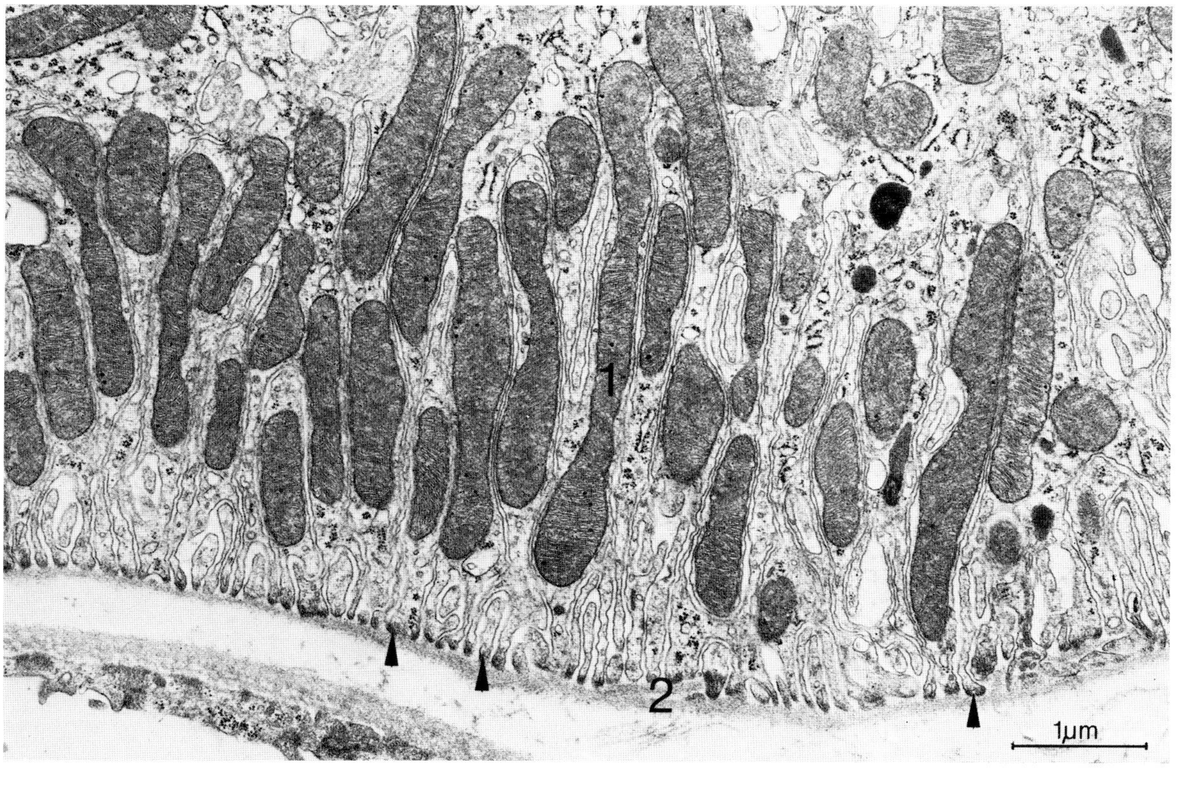

28

Ergastoplasmabezirk

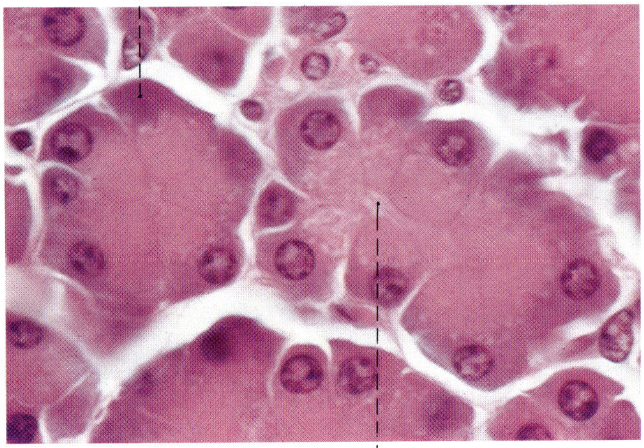

29 Lichtung eines azinösen Endstücks

Kern einer Ganglienzelle mit deutlichem Nukleolus

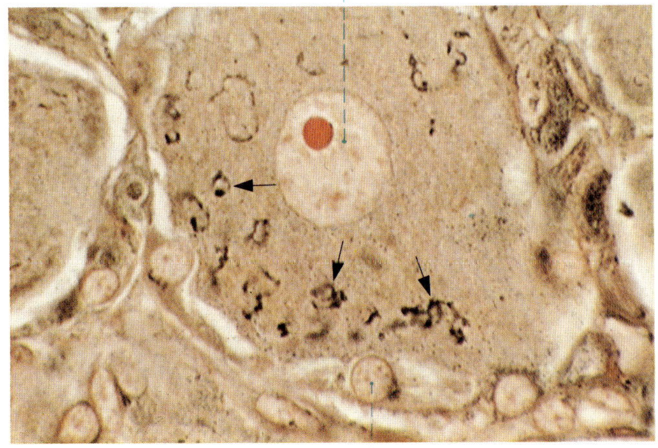

30 Kern einer Mantelzelle

Abb. 29. Azinöse Endstücke aus dem exokrinen Pankreas (Hund), deren Zellen stellenweise eine deutliche, vor allem an ihrer Basis lokalisierte Basophilie erkennen lassen. Dieses färberische Verhalten ist Ausdruck einer ungewöhnlich großen und auf engstem Raum konzentrierten Menge von Ribonukleinsäuren (RNS), die in diesem Fall in Form gebundener Ribosomen des rauhen endoplasmatischen Retikulums vorliegen. Lichtmikroskopisch wird dieser umfangreiche Zellbezirk, in dem die Proteinbiosynthese erfolgt, auch Ergastoplasma („Arbeitsplasma") genannt (vgl. auch Abb. 31, 35). Färbung H. E. Vergr. 960fach.

Abb. 30. Spinalganglienzelle (Katze), deren Golgi-Apparat durch Osmiumsäure (Nachosmierung des bereits fixierten Materials) in Form schwärzlicher ösen-, haken- und schleifenförmiger Figuren hervortritt (→). Färbung: Osmierung nach Kolatschev und Gegenfärbung mit Safranin; Vergr. 960fach.

Abb. 31. Anschnitt zweier Zellen eines Azinus (Endstücks) aus dem exokrinen Pankreas einer Ratte. Das rauhe endoplasmatische Retikulum (RER) (**1**) entspricht dem basophilen Ergastoplasma der Lichtmikroskopie und besteht aus zahlreichen dichtgelagerten, außen mit Ribosomen besetzten Membranen, die schmale Räume (Zisternen) begrenzen, die die in den Ribosomen gebildeten Proteine aufnehmen. **2** Kernanschnitt; **3** Sekretgranula. Gesamtvergr. 12 500fach.

Abb. 32. Übersicht über zwei Golgi-Felder (**1**) in einer Epithelzelle des ausführenden Gangsystems (Isthmus) der Gl. submandibularis der Katze. Jedes dieser Golgi-Felder entspricht in etwa einer der lichtmikroskopisch durch Osmierung darstellbaren schleifen- oder hakenförmigen Strukturen der Abb. 30. **2** Kernanschnitt; **3** Mitochondrium; **4** Interzellularspalt mit Desmosomen (▶). Gesamtvergr. 32 000fach.

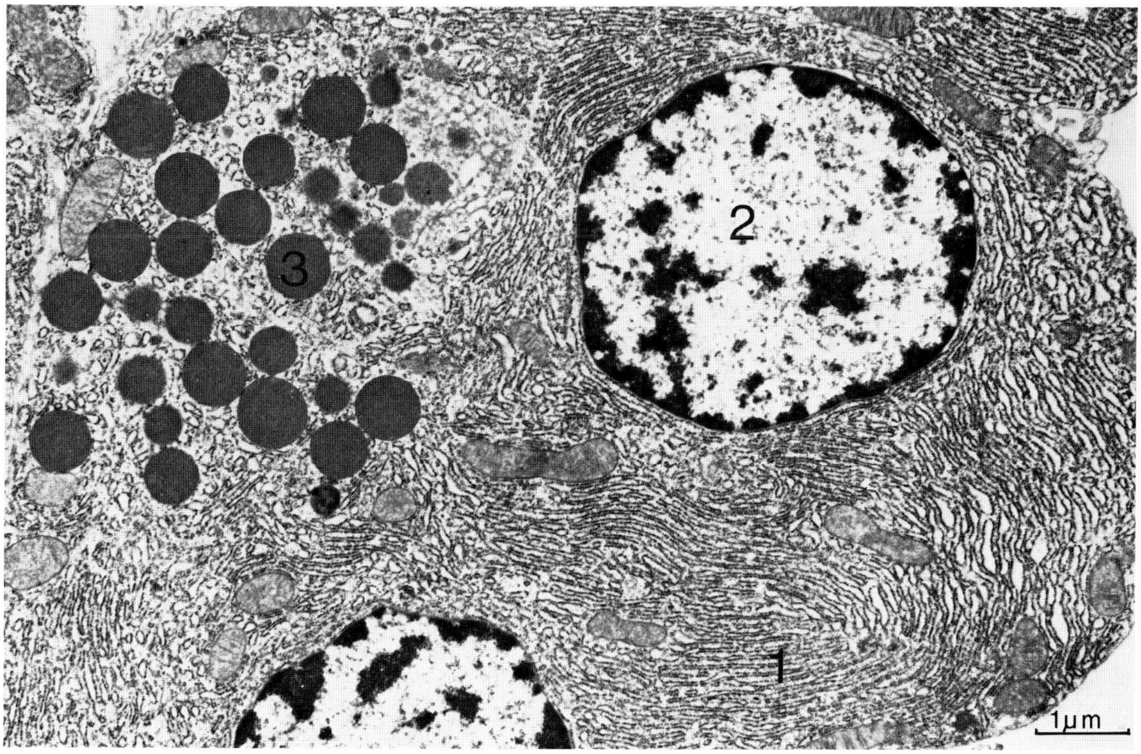

31

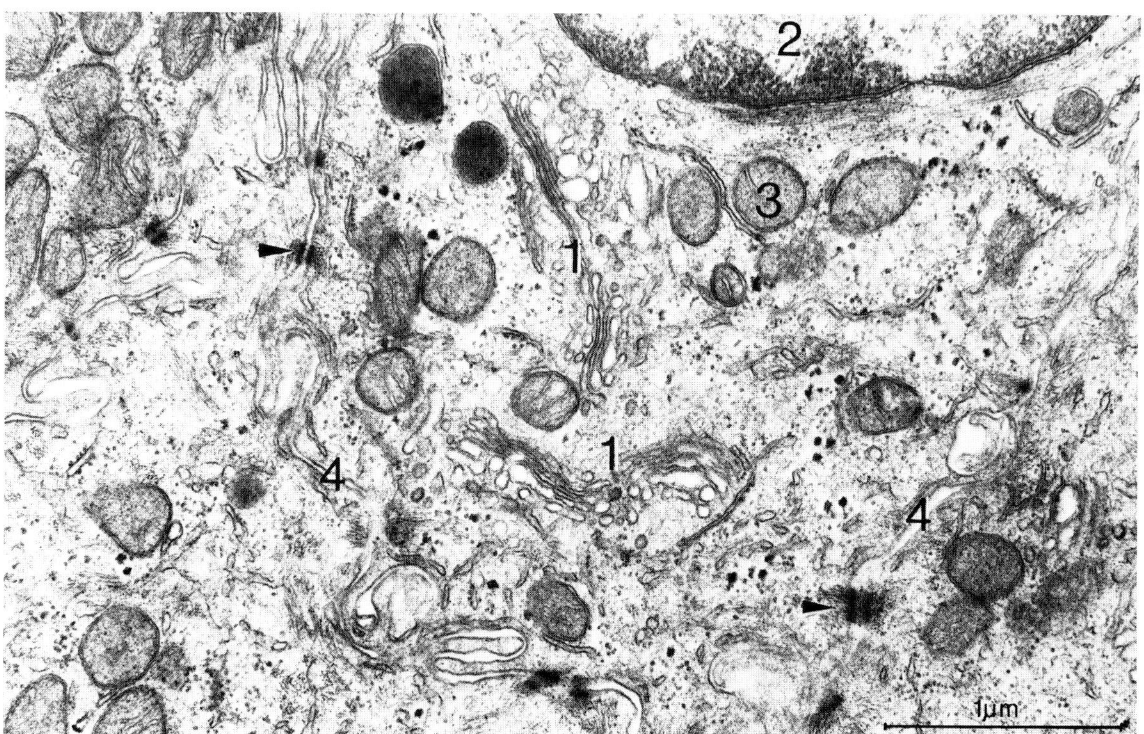

32

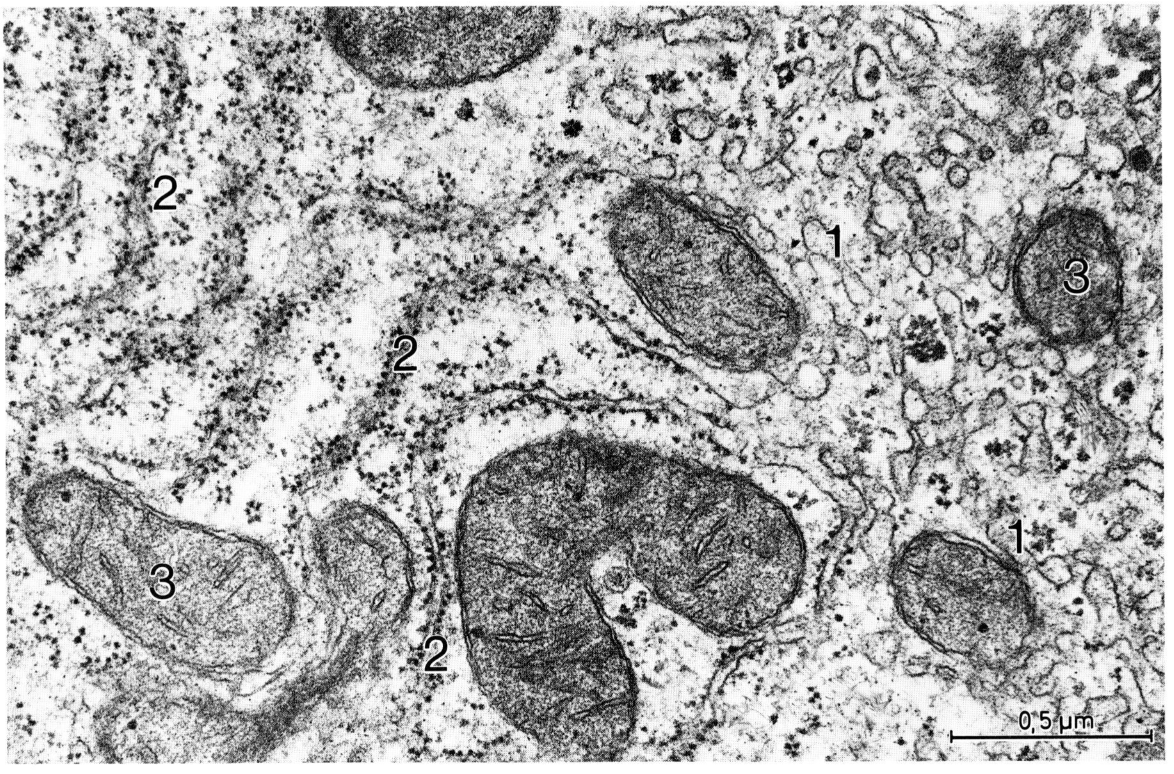

33

Abb. 33. Ausschnitt aus einer Leberzelle der Ratte, in dem links rauhes (= granuläres) und rechts glattes (= agranuläres) endoplasmatisches Retikulum (= ER) zu erkennen ist. Das nicht mit Ribosomen besetzte glatte ER (**1**) erscheint hier in Form länglich-ovaler Schnittprofile. **2** rauhes ER, das in der Leber nicht so dicht gelagert ist wie im Pankreas; bei der gewählten Vergrößerung sind die charakteristischen Ribosomen als kleine dunkle Punkte gut erkennbar; die Ribosomen bilden am ER spiralförmige Ketten (Polysomen) und können auch frei im Zytoplasma vorkommen; **3** Mitochondrien. Gesamtvergr. 53 000fach.

Abb. 34. Gut entwickeltes glattes endoplasmatisches Retikulum im apikalen Bereich einer Epithelzelle (Clara-Zelle, Trachea, Maus), das stellenweise deutlich röhrenförmige Bauelemente (→) erkennen läßt. **1** Mitochondrium; **2** Mikroperoxisom. Gesamtvergr. 44 000fach.

Abb. 35. Streng parallel geordnete und dicht mit Ribosomen besetzte Membranen begrenzen die schmalen, nur an ihren Enden (★) gelegentlich aufgetriebenen Zisternen des rauhen ER einer exokrinen Drüsenzelle aus dem Pankreas der Ratte. Ein derartig gut entwickeltes rauhes ER ist immer der morphologische Ausdruck einer erheblichen Proteinsynthese, deren Produkte jedoch meist nicht für den zelleigenen Stoffwechsel benötigt werden, sondern die als Exportproteine ihre Funktion außerhalb der Drüsen erfüllen. Im Pankreas sind diese Proteine wesentliche Verdauungsenzyme. **1** Kernanschnitt. Gesamtvergr. 38 000fach.

34
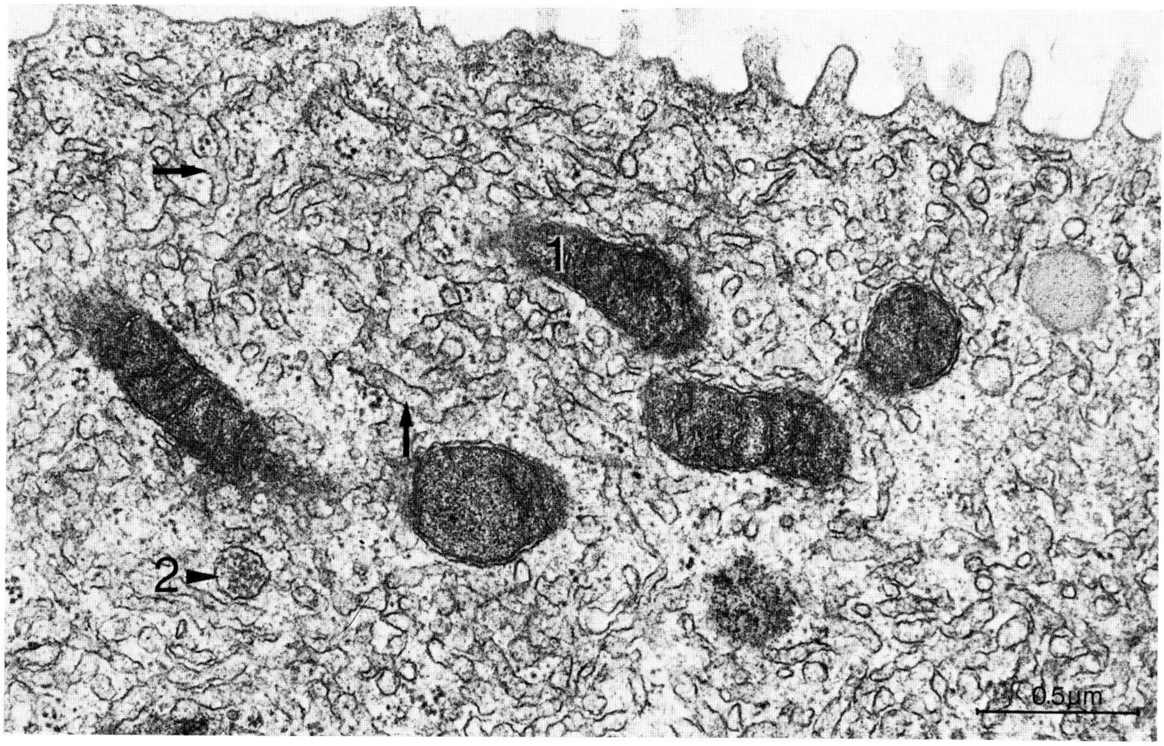

35
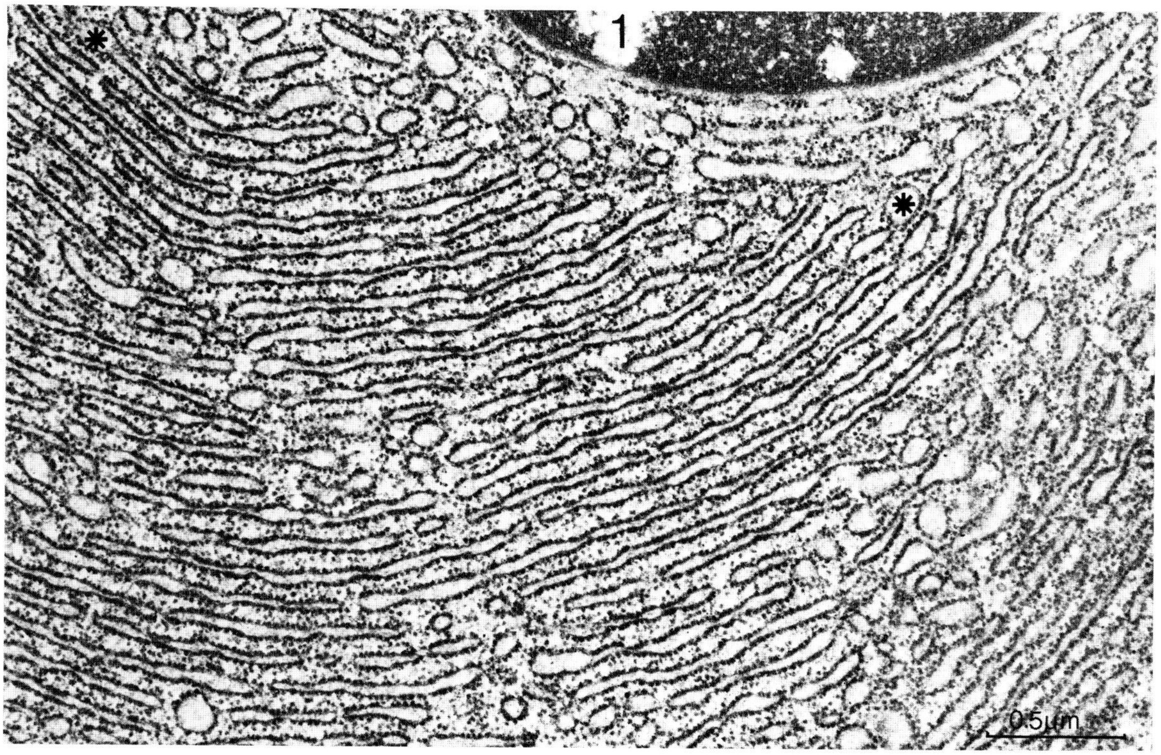

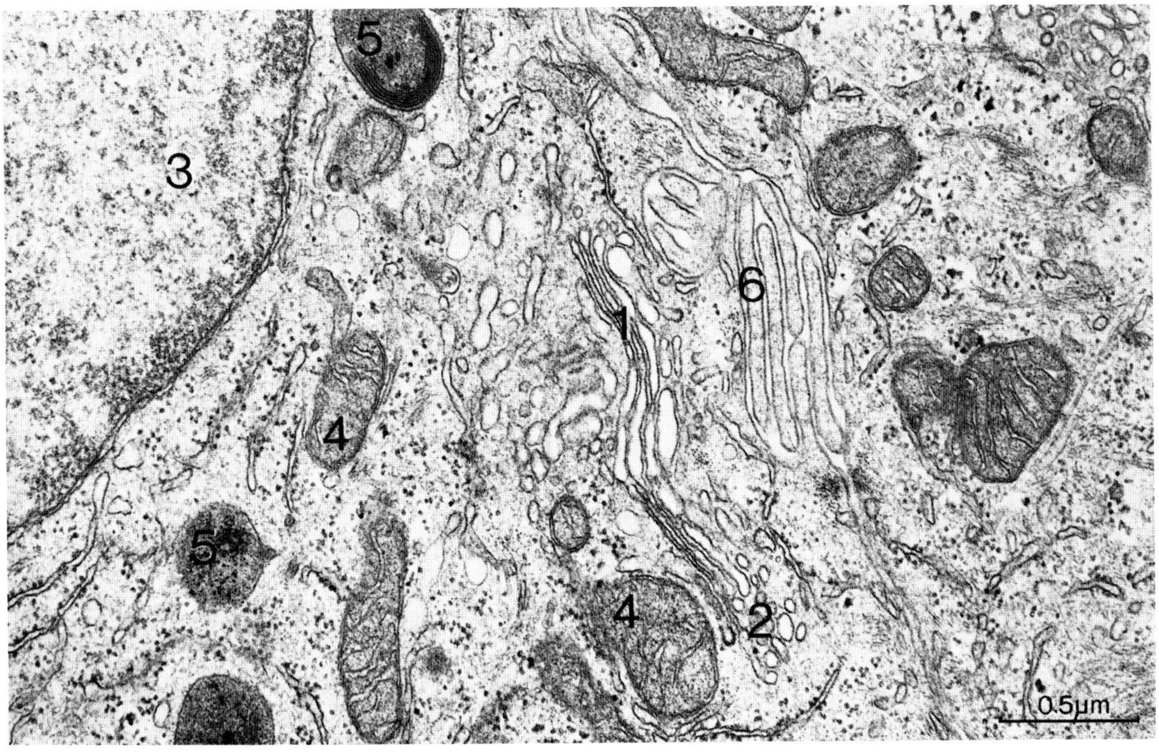

36

Abb. 36. Epithelzelle aus einem kleinen Ausführungsgang (Gl. submandibularis, Katze) mit einem normal entwickelten Golgi-Apparat. Dieser besitzt polaren Aufbau: Die Cis-Seite besteht aus flachen Membran-Zisternen (**1**), die Material aus dem rauhen ER aufnehmen können, die Trans-Seite besteht aus z. T. aufgetriebenen Zisternen und angrenzenden Vesikeln und Vakuolen (**2**), die durch Abschnürungsprozesse an den Rändern der Zisternen gebildet werden. Diese Vesikel enthalten u. a. Produkte, die als Sekrete aus der Zelle ausgeschleust werden oder als primäre Lysosomen oder deren Vorstufen hydrolytische Enzyme enthalten. **3** Kernanschnitt, **4** Mitochondrien, **5** Lysosomen, **6** miteinander verzahnte Fortsätze benachbarter Zellen. Gesamtvergr. 38 000fach.

Abb. 37. Ungewöhnlich reich entfalteter Golgi-Apparat, der aus mindestens 10 einzelnen Stapeln (= Diktysomen **1**) von Golgi-Zisternen (Sacculi) besteht, die jedoch miteinander kommunizieren (kultivierte Endothelzelle aus der menschlichen V. umbilicalis). Beachte auch die zahlreichen sekundären Lysosomen (**2**) in unmittelbarer Nachbarschaft dieses Golgi-Apparates. Gesamtvergr. 16 000fach.

Abb. 38. Golgi-Apparat (**1**) in einer Panethschen Körnerzelle im Jejunum des Menschen. Beachte das Auftreten elektronendichten Materials in den Golgi-Zisternen und die Entwicklung von Sekretionsgranula (**2**) aus den trans-Zisternen des Golgi-Apparates. **3** rauhes ER; **4** Mitochondrien; **5** Zellkern. Gesamtvergr. 23 000fach.

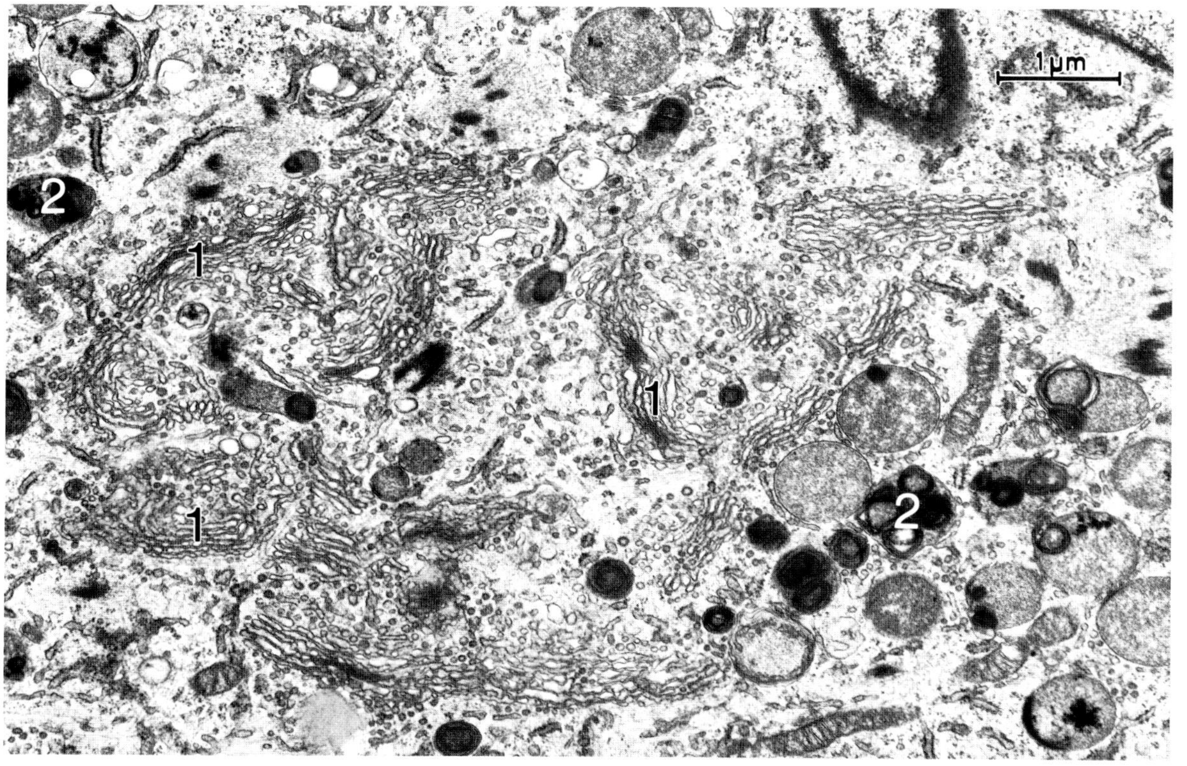

37

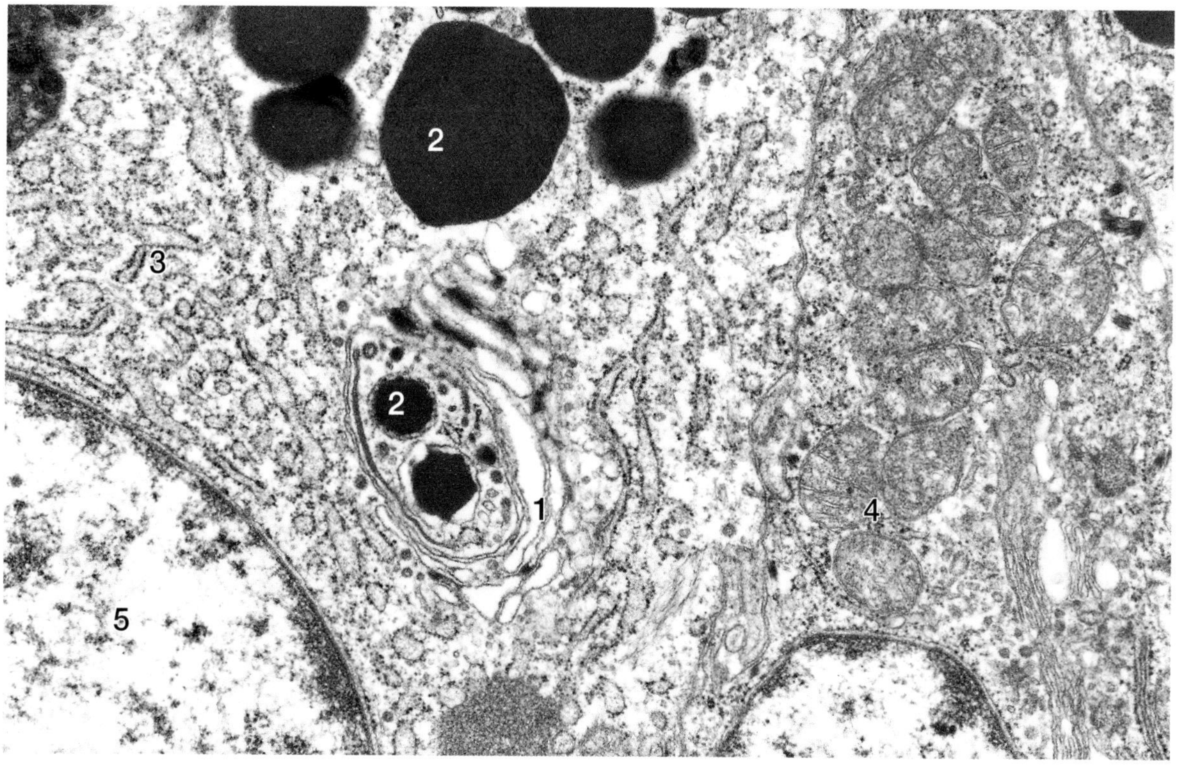

38

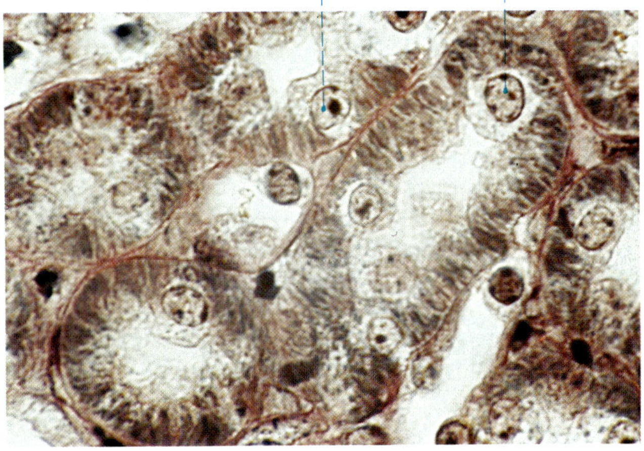

39

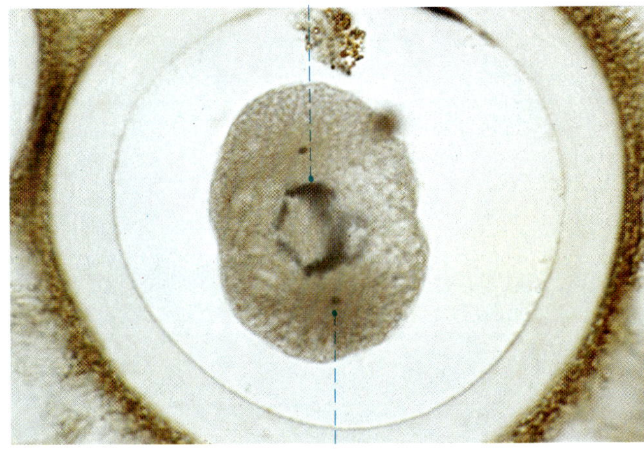

40

Abb. 39. Lichtmikroskopische Darstellung von Mitochondrien mit einer Spezialfärbung (Technik nach Fernandez-Galiano) in den Epithelzellen der Nierenkanälchen (Pars contorta der Hauptstücke, Einzelheiten dazu s. S. 171). Die Mitochondrien imponieren als unterschiedlich lange, schwärzlich-braune Fäden oder Stäbe, die vor allem im basalen Zytoplasma in annähernd parallelen Reihen geordnet sind (vgl. dazu die elektronenmikroskopische Aufnahme der Abb. 28). Vergr. 960fach.

Abb. 40. Lichtmikroskopisches Bild von zwei sich gegenüberliegenden Zentriolen, die von der sog. Polstrahlung des Spindelapparates umgeben sind. Aus einer sich meiotisch teilenden Eizelle (Oozyte) des Pferdespulwurms, Ascaris megalocephala. Färbung: Eisenhämatoxylin; Vergr. 960fach.

Abb. 41. a) Randbezirk einer Skelettmuskelzelle (Zunge, Katze) mit dicht zusammengelagerten Mitochondrien, deren unterschiedliche Gestalt und Größe sicher nicht nur durch die Zufälligkeit der Schnittebene bedingt sind. Auch wenn die Doppelung der Mitochondrienmembran nur stellenweise erkennbar ist, heben sich die Granula intramitochondrialia (▶) und die von der inneren Mitochondrienmembran entspringenden leistenförmigen Membranfalten (Cristae) deutlich von der enzymreichen Mitochondrienmatrix ab. Die Matrix füllt den Raum zwischen den Cristae aus (vgl. auch Abb. 61 b). Gesamtvergr. 34 000fach.
b) Mitochondrium bei höherer Primärauflösung; die Außenbegrenzung wird von zwei eng benachbarten Membranen (äußere und innere Mitochondrienmembran) gebildet. Von der inneren Mitochondrienmembran entspringen (▶) die Cristae, die im abgebildeten Mitochondrium den Binnenraum weitgehend ausfüllen. Der Raum zwischen innerer und äußerer Mitochondrienmembran, der auch das Innere der Cristae bildet, heißt intermembranöser Raum. Mitochondrien erfüllen zahlreiche Funktionen, unter denen Oxydationsprozesse und ATP-Bildung besonders wichtig sind (Energiebildung). Die Atmungskette ist an der inneren Mitochondrienmembran lokalisiert. Zellen, die viel Energie verbrauchen (z. B. Herzmuskelzellen), besitzen Mitochondrien mit vielen Cristae. Gesamtvergr. 58 000.
c) Langgestreckte Mitochondrien aus einer Leberzelle der Ratte, deren Cristae nicht nur parallel zueinander, sondern auch parallel zur Längsachse dieser Organellen verlaufen. Gesamtvergr. 54 000fach.
d) Mitochondrien vom tubulären Typ aus der Nebennierenrinde der Katze. Von der Innenmembran der Mitochondrien entspringen hier röhren- oder schlauchartige oder auch bläschenförmige Strukturen, die gewunden verlaufen und daher oft nur als ovale oder rundliche Schnittprofile erscheinen. Solche Mitochondrien sind für alle steroidhormonbildenden Zellen besonders typisch. **1** Kernanschnitt; **2** Lipidvakuole. Gesamtvergr. 38 000fach.

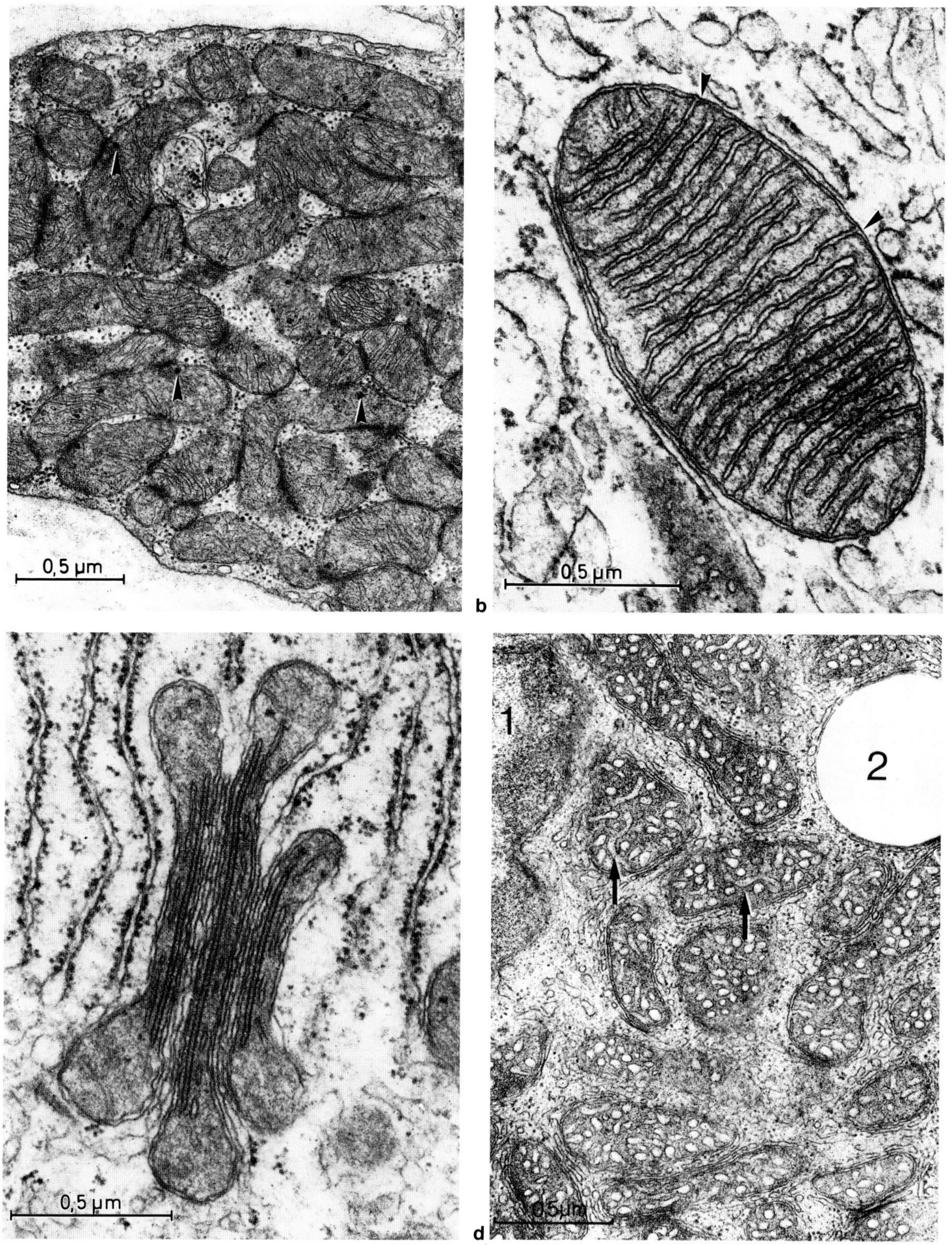

41a b c d

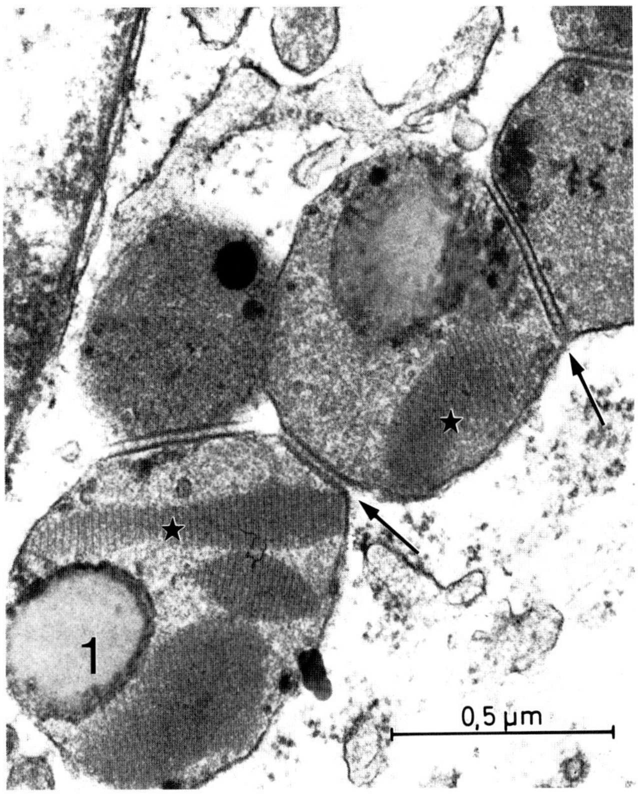

42a

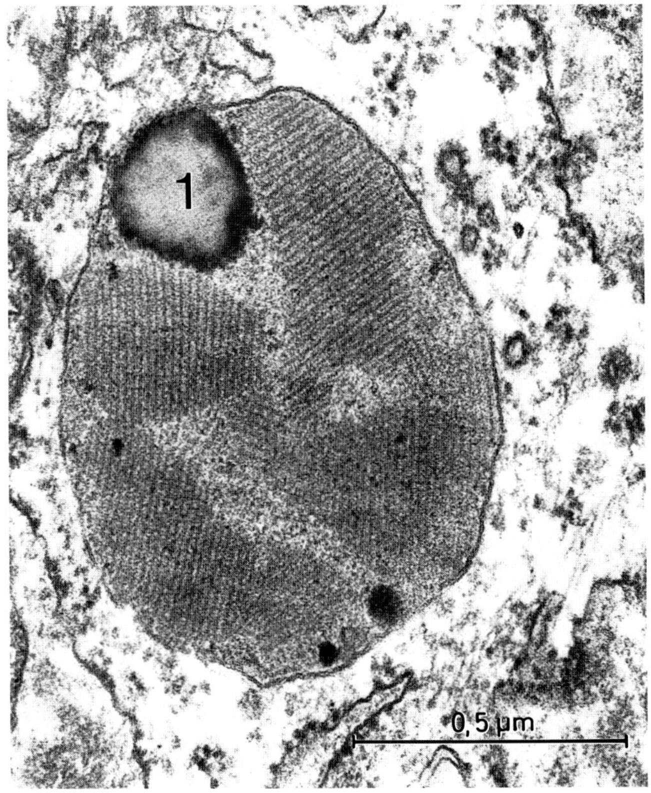

42b

Lysosomen sind membranbegrenzte Organellen, die kennzeichnende hydrolytische Enzyme enthalten, deren Wirkungsoptimum oft im sauren pH-Bereich liegt. Sie haben abbauende und verdauende Funktionen. Im Elektronenmikroskop haben neugebildete, sog. primäre Lysosomen i. a. einen homogenen, oft dichten Inhalt, während der Inhalt sekundärer Lysosomen, die bereits zelleigenes oder fremdes Material inkorporiert und abgebaut haben, i. a. heterogen ist.

Abb. 42. a) Sekundäre Lysosomen im Endothel der menschlichen V. umbilicalis lassen in einer mäßig elektronendichten Matrix u. a. auch kristallinen Inhalt (★) erkennen. Dort, wo diese Korpuskeln direkt aneinanderstoßen, platten sie sich gegenseitig ab, und ihre dann exakt parallel zueinander verlaufenden Hüllmembranen werden durch zickzackförmig angeordnetes elektronendichtes Material (→) verbunden. Auch diese speziellen heteromorphen sekundären Lysosomen enthalten die saure Phosphatase. Gesamtvergr. 60 000fach.
b) Starke Vergrößerung eines solchen Lysosoms, dessen kristallin geordnetes Binnenmaterial gut erkennbar ist. **1** lipidhaltige Komponente in den Lysosomen. Gesamtvergr. 72 000fach.

Abb. 43. Peroxisomen (**1**) in der Leberzelle einer Ratte. Sie bestehen aus einer homogenen, feingranulären Matrix, in der ein unregelmäßig begrenzter, elektronendichter kristallin gebauter Einschlußkörper aus Protein (★), das sog. Nukleoid, erkennbar ist. Typische Enzyme dieser Organellen sind Katalase, Peroxidase und andere Oxidasen. Nukleoide kommen nicht in allen Peroxisomen vor. **2** Glykogengranula. Gesamtvergr. 31 000fach.

Abb. 44. Die beiden deutlich membranbegrenzten und dicht mit Vesikeln gefüllten Korpuskeln (**1**) sind typische Vertreter multivesikulärer Körper (MVK), die den Lysosomen nahestehen. Die Elektronendichte des Binnenraumes variiert von dunkel (**1**) zu hell (**2**), was u. U. unterschiedlichen Funktionsstadien entspricht. Endothelzelle der V. jugularis eines Pavians. Gesamtvergr. 44 000fach.

Abb. 45. a) Spezielles sekundäres Lysosom in der Leberzelle einer Ratte mit zelleigenem Material (autophagische Vakuole, Zytolysosom, Autolysosom). Es enthält Anteile des ER (**1**) und ein Mitochondrium (**2**). Gesamtvergr. 48 000fach.
b) Große vielgestaltige Sekundärlysosomen (**1**, $\mathbf{1_1}$) in einer retikulären Epithelzelle des Thymus einer Ratte. Gesamtvergr. 25 000fach.

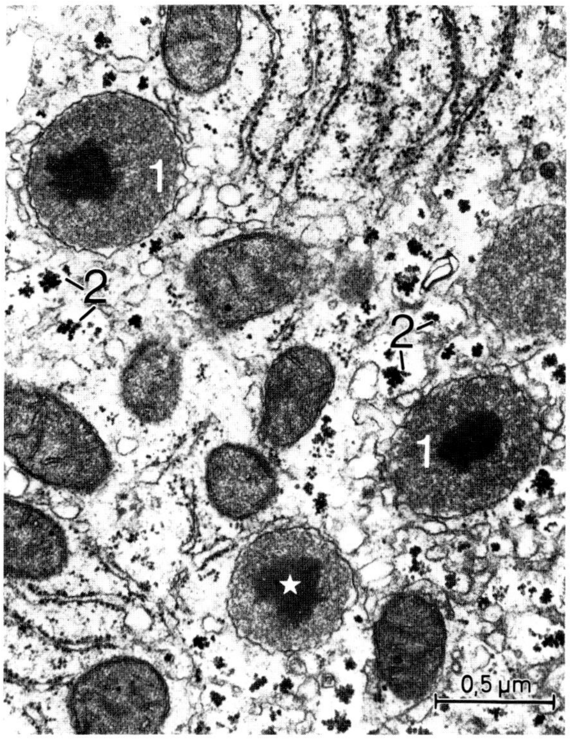

43

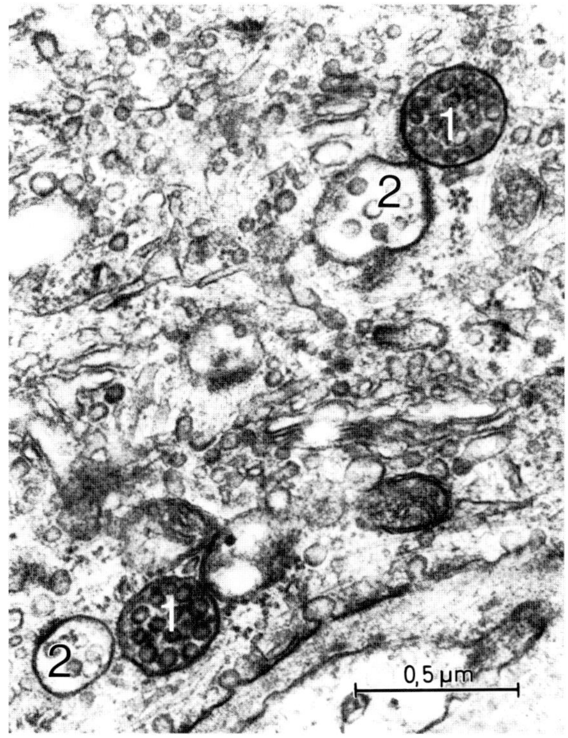

44

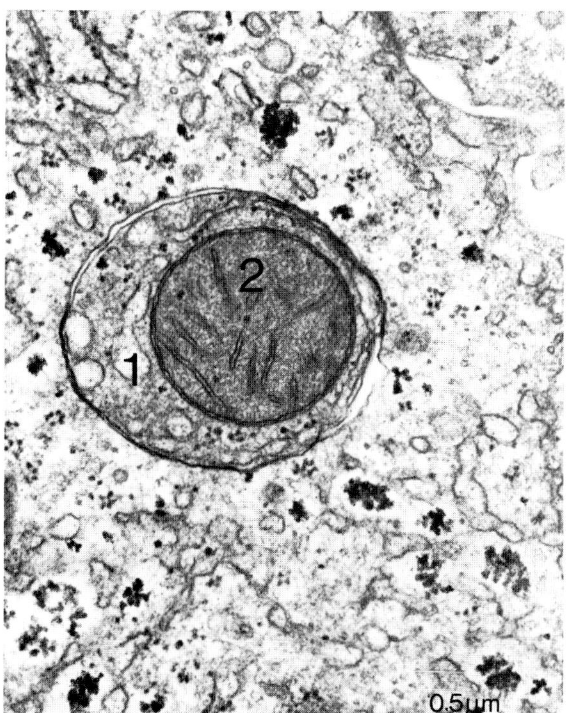

45a

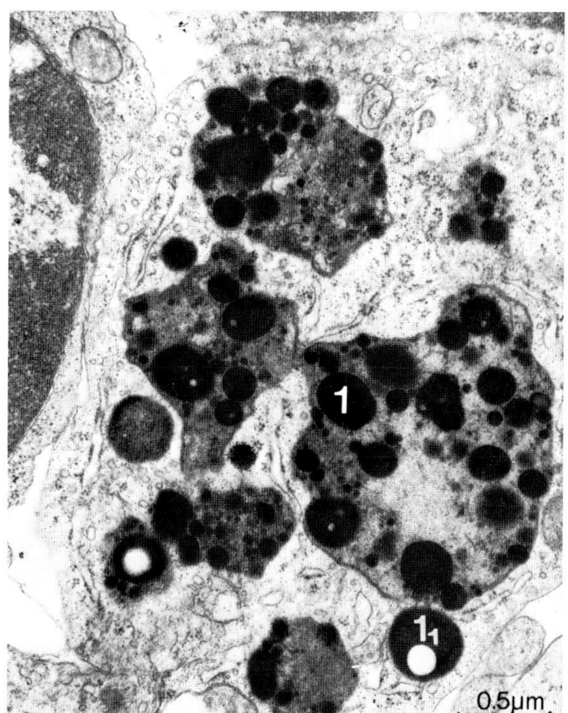

b

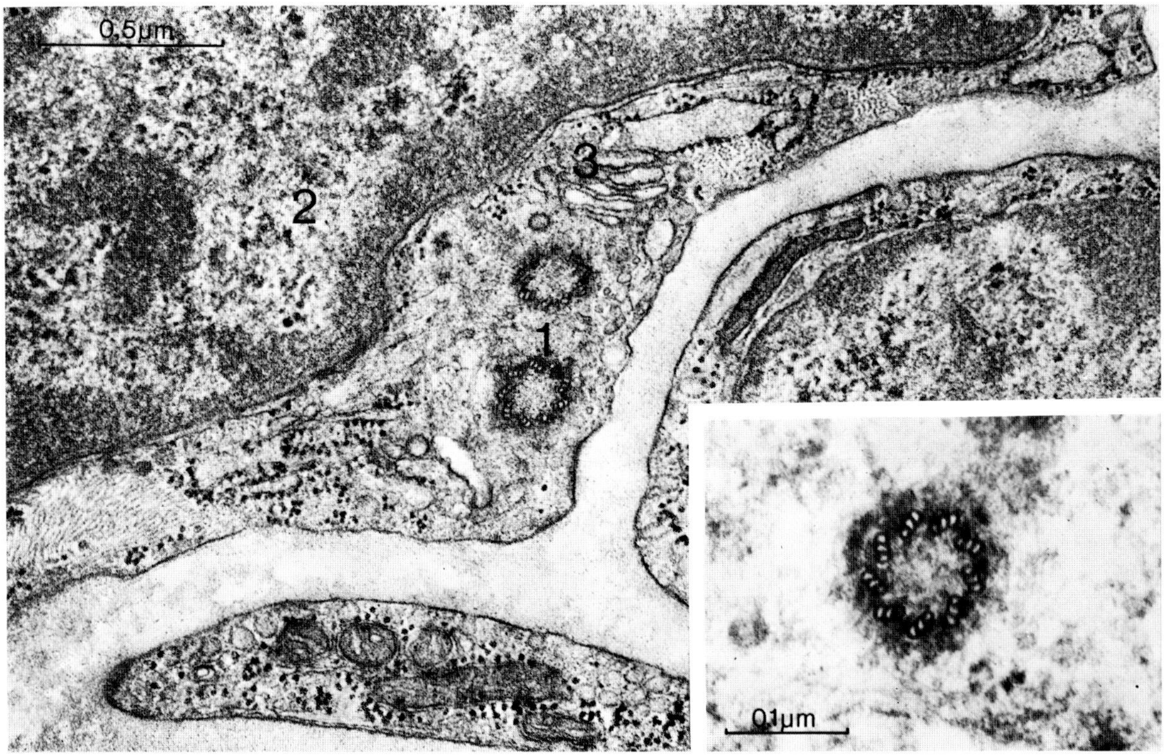

46

Zentriolen sind der Mittelpunkt des Zellzentrums (Zentrosoms), von dem aus Aufbau und Anordnung der Mikrotubuli organisiert werden; sie bilden weiterhin die Basalkörper der Kinozilien.
Dem Zytoskelett werden i. a. folgende Strukturen zugerechnet: Mikrotubuli, Intermediärfilamente, Mikrofilamente, gelegentlich auch Myosinfilamente.

Abb. 46. Quer- und schräggeschnittenes Zentriol (**1**) (zusammen Diplosom) eines Fibroblasten (interstitielles Bindegewebe der Zungenmuskulatur, Katze). Wie in den meisten Fällen ist auch hier keines der beiden Zentriolen ideal parallel oder senkrecht zu den seine Wand aufbauenden Tubuli getroffen worden. Beachte, daß die Längsachsen der beiden Zentriolen nicht – wie meist üblich – senkrecht aufeinander stehen. **2** Kernanschnitt; **3** Anschnitt eines Golgi-Apparates. Gesamtvergr. 50 000fach.
Im Bildeinsatz ist ein fast idealer Querschnitt eines Zentriols wiedergegeben, an dem der Aufbau der Zentriolenwand aus neun Dreiergruppen (= Triplets) von Mikrotubuli deutlich erkennbar ist. Gesamtvergr. 160 000fach.

Abb. 47. Mikrotubuli (→) konvergieren auf ein längsgeschnittenes Zentriol in einem Thymuslymphozyten der Ratte. Die Wand der Tubuli (innerer Durchmesser oft 6–14 nm; äußerer Durchmesser 20–26 nm) besteht i. a. aus 13 parallel zueinander angeordneten Protofilamenten, die ihrerseits aus Ketten von Tubulinmolekülen bestehen. Die Mikrotubuli entstehen durch einen komplexen Polymerisationsprozeß der Tubulimoleküle, wobei die Polymere polare Ausrichtung aufweisen (Plus-Ende: wächst rasch, Minus-Ende: wächst langsam). Mikrotubuli können rasch auf- und abgebaut werden. Gesamtvergr. 69 000fach.

Abb. 48. a) Schmale Bündel (**1**) aus parallelisierten Intermediärfilamenten (Durchmesser ca. 10 nm), die aus Keratinen bestehen, in einer Epithelzelle des Dünndarms (Ratte). Gesamtvergr. 56 000fach.
b) Deutliche Bündelung von Intermediärfilamenten zu den noch lichtmikroskopisch erkennbaren Tonofibrillen (**1**) in einer Epidermiszelle der menschlichen Haut (vgl. auch Abb. 36d). **2** Kernabschnitt; **3** Melaningranula. Gesamtvergr. 32 000fach.

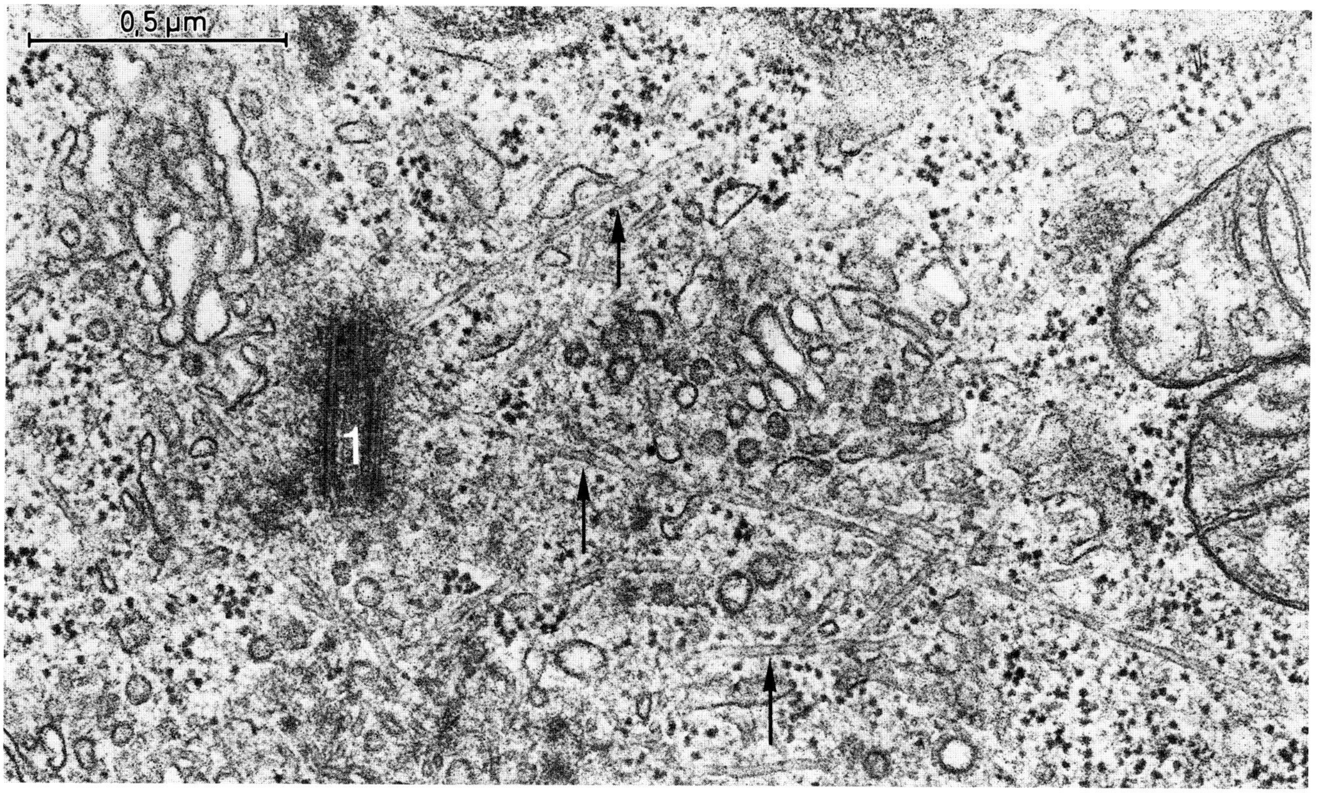

47

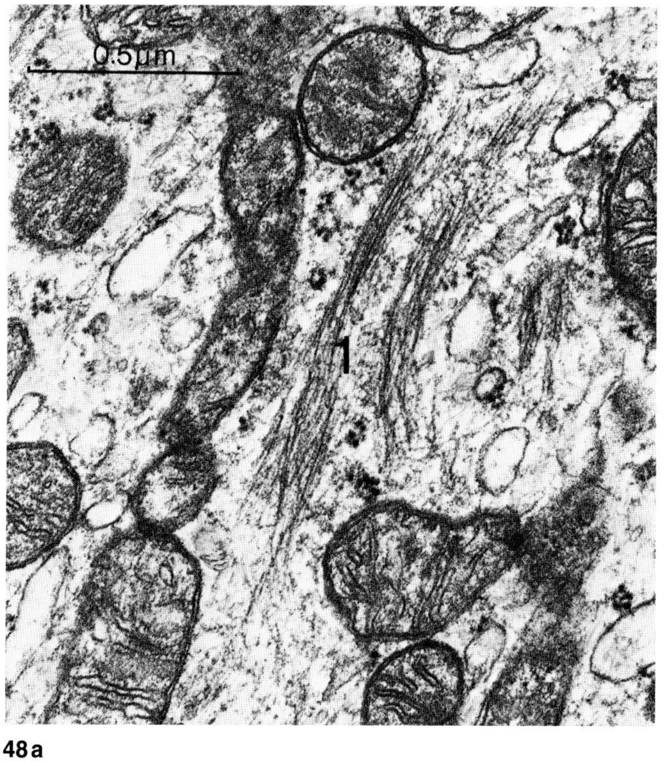

48a

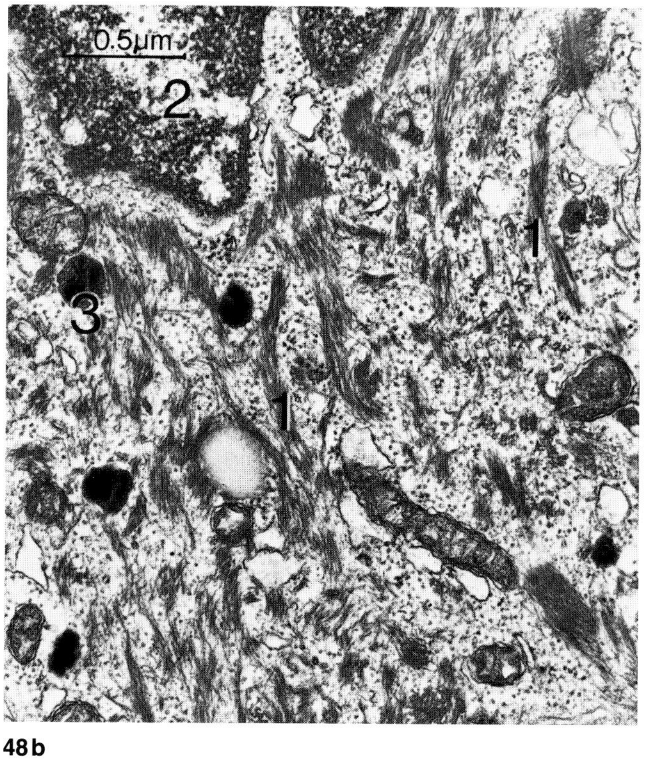

48b

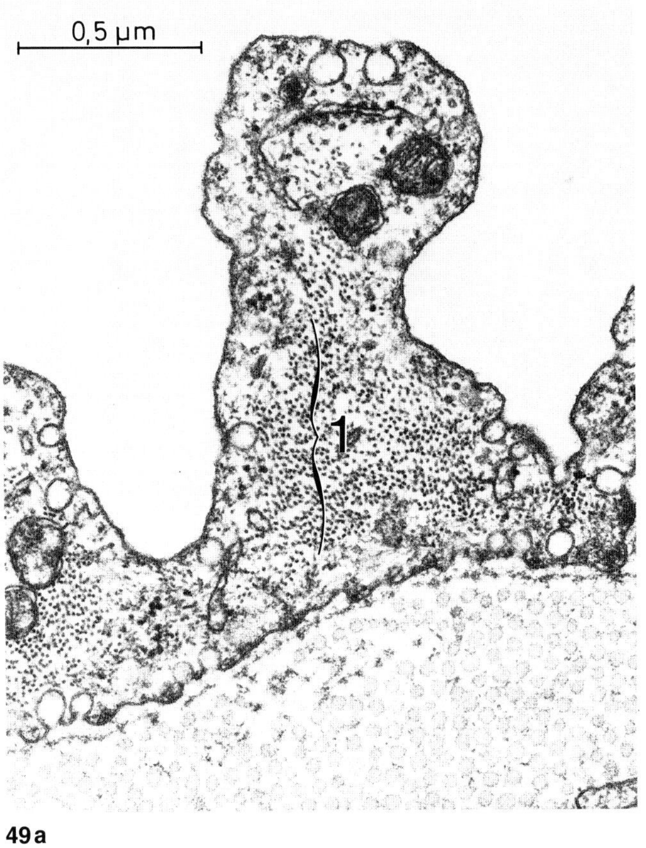

49a

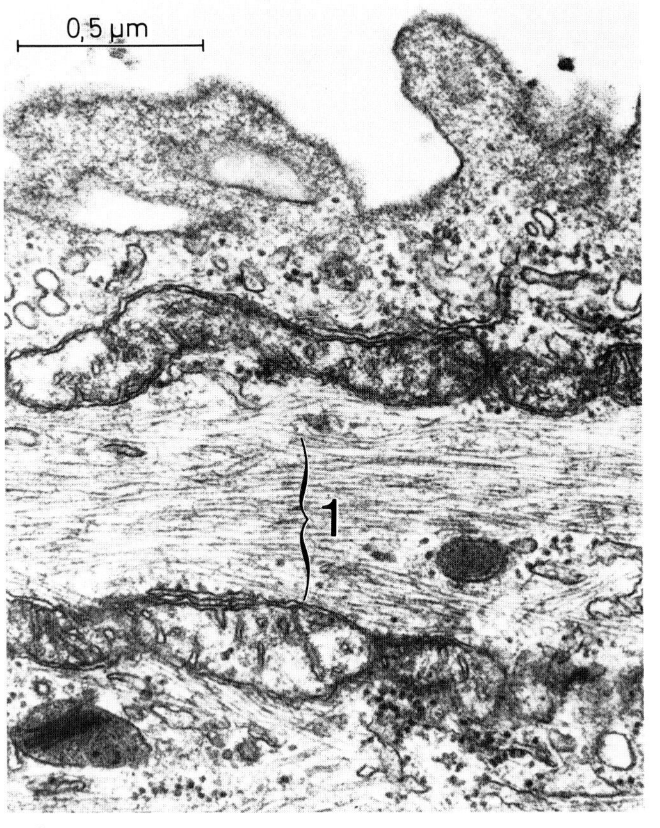

49b

Abb. 49. a, b) Intermediärfilamente (**1**) im Quer- (**a**) und Längsschnitt (**b**) im Endothel einer Venenklappe vom Kaninchen (**a**) und der A. meningea media eines Pavians (**b**). Im Endothel von Blutgefäßen bestehen die Intermediärfilamente i. a. aus dem Protein Vimentin. Seine Funktion im Rahmen des Zytoskeletts wird aus der strömungsparallelen Ausrichtung der Filamentbündel (⏜) deutlich. Gesamtvergr. beide 49 000fach.

Abb. 50. a, b) Beide Abbildungen stammen vom Endothel der A. meningea media eines Pavians und zeigen Bündel von Mikro- (= Aktin-)Filamenten (**1**), die in kultivierten Fibroblasten auch „Streß-Fasern" genannt werden, in Quer- (**a**) und Längsschnitt (**b**). In diesen Bündeln können diffuse Verdichtungen auftreten (▶), sog. „dense bodies", die wohl der Verknüpfung und als Ansatzstruktur der Aktinfilamente dienen. Beachte die Ähnlichkeit der Mikrofilamentbündel in den Endothelzellen (**1**) und in den benachbarten glatten Muskelzellen (**2**). → „dense bodies" in den glatten Muskelzellen (L = Gefäßlumen). Beachte die Füßchen der Endothelzellen, die mit den glatten Muskelzellen Kontakt aufnehmen. Gesamtvergr. beide 55 000fach.

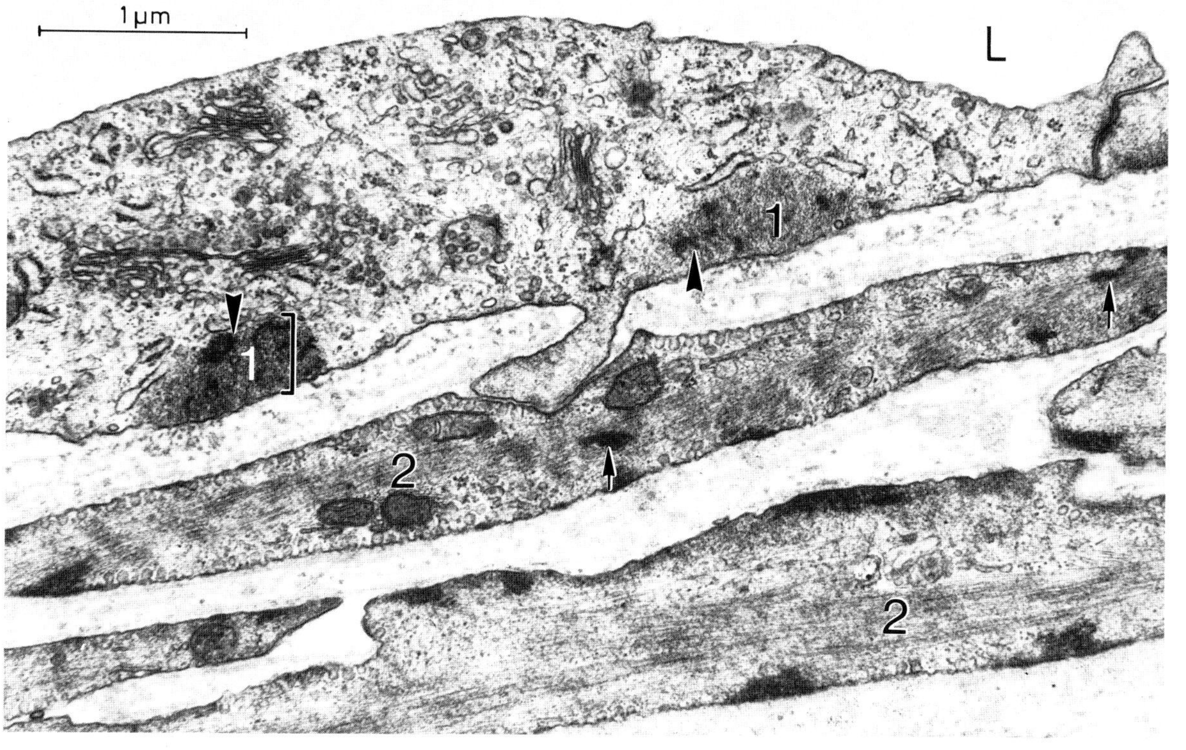

50a

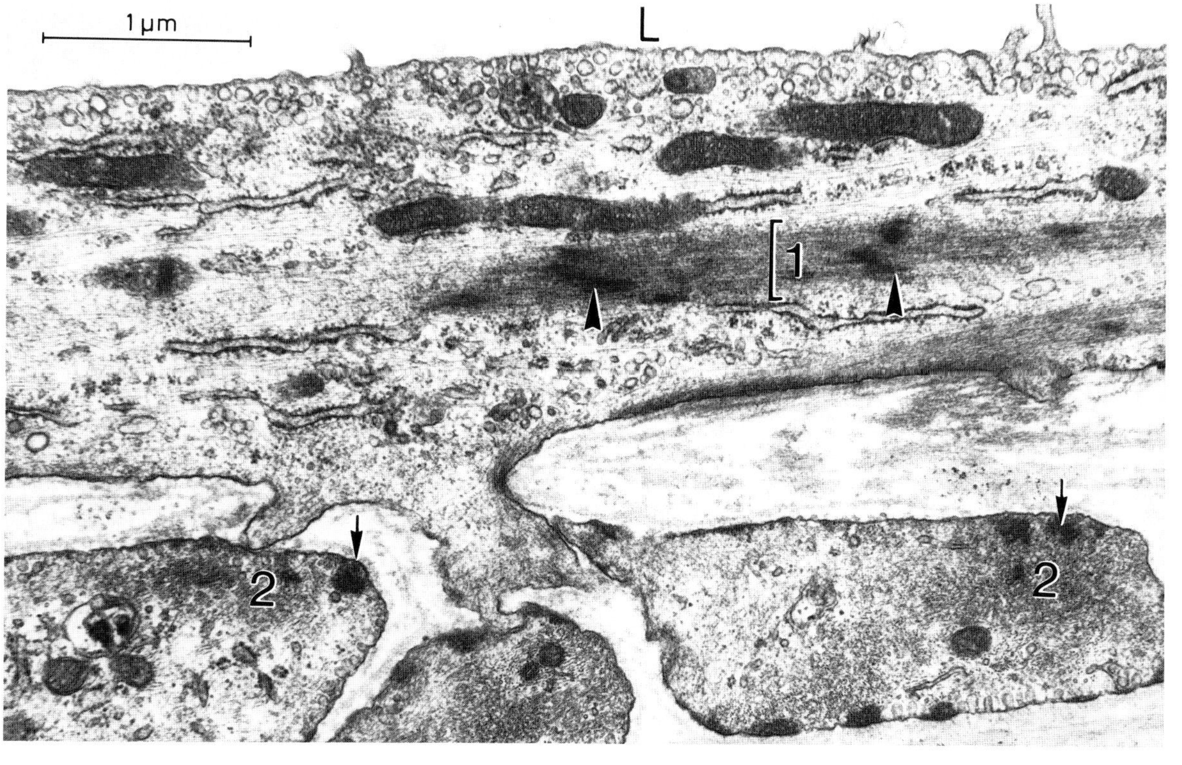

50b

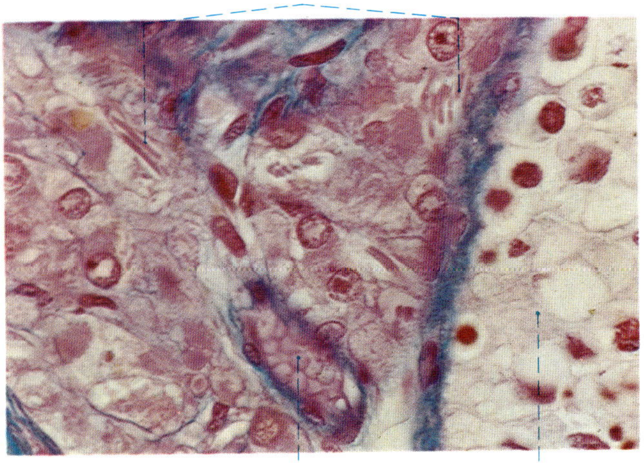

51

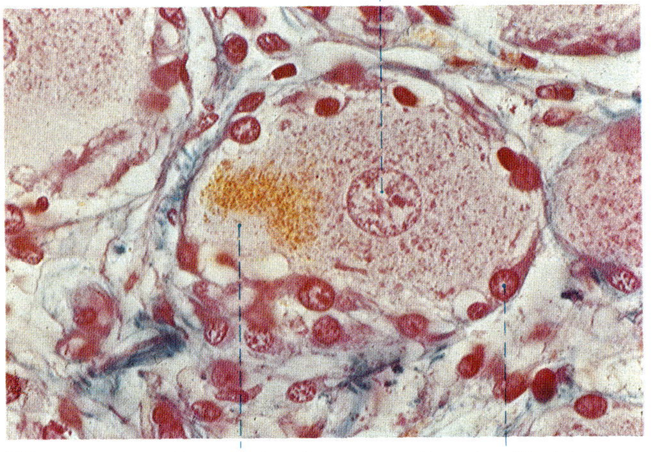

52

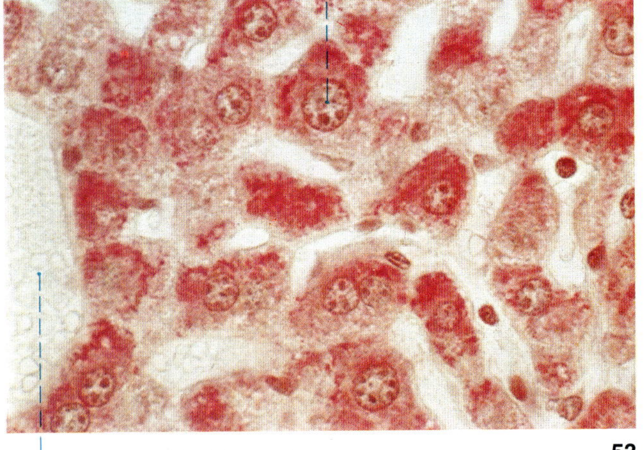

53

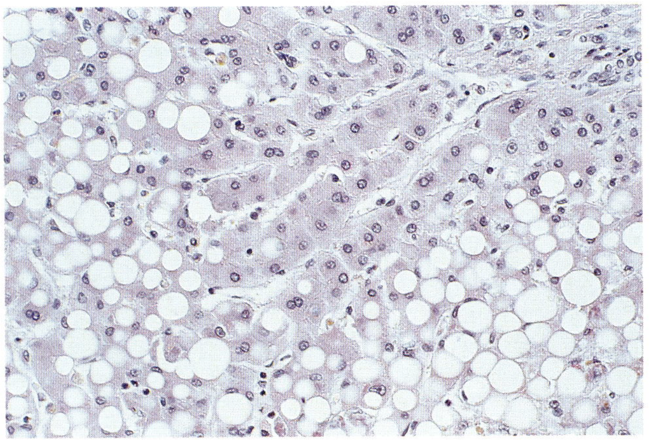

54

Abb. 51. Neben dem Anschnitt eines Hodenkanälchens liegt eine Gruppe interstitieller (= Leydigscher) Zellen, von denen einige die für diese Zellart charakteristischen, aus Proteinen bestehenden, nadelförmigen Einschlüsse, die sog. Reinkeschen Kristalle, erkennen lassen. Zu Begriff und Gliederung des Paraplasmas s. Tabelle 2. Färbung: Azan; Vergr. 600fach.

Abb. 52. Spinalganglienzelle (Mensch) mit einer kappenartig dem Ursprungskegel des Neuriten (s. dazu Abb. 199) aufsitzenden, großen Ansammlung von Lipofuszin-Granula. Dieses gelbbraune endogene Pigment gehört zur Gruppe der sog. Restkörper (= Endstufen von lysosomal nicht weiter abbaubaren Substanzen) und wird gelegentlich auch „Abnutzungspigment" genannt. Färbung: Azan; Vergr. 600fach.

Abb. 53. Leberzellen (Ratte) mit selektiver Darstellung des intrazellulären Glykogens in Form hier rot gefärbter, granulärer bis kleinscholliger Partikel (Präparat: Prof. Dr. H. J. Clemens, München). Färbung: PAS-Hämalaun; Vergr. 600fach.

Abb. 54. Krankhafte Einlagerung von Lipidtropfen in Leberzellen des Menschen, wie bei toxisch nutritivem Leberschaden; Fettzirrhose. Färbung H. E.; Gesamtvergr. 200fach.

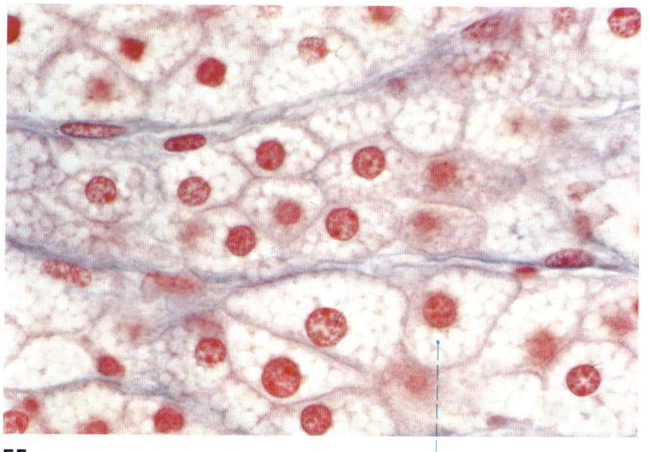

55

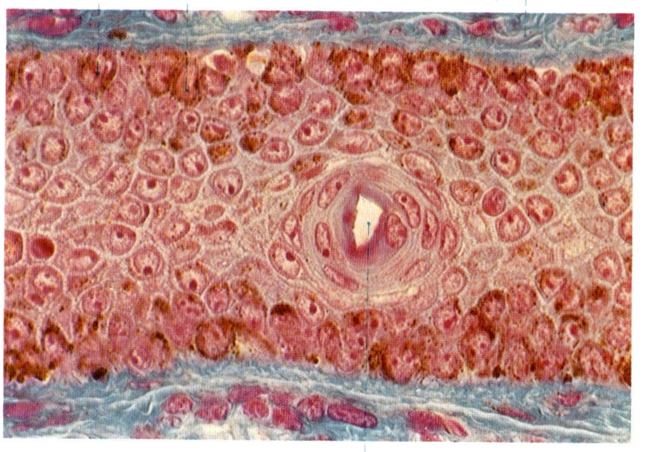

56

Abb. 55. Dicht mit optisch leeren Vakuolen angefüllte Zellen aus der Zona fasciculata der Nebennierenrinde (Mensch). Dabei handelt es sich um Fettvakuolen, deren Inhalt durch die Materialbehandlung (vgl. S. 1) herausgelöst wurde. Färbung: Azan; Vergr. 600fach.

Abb. 56. Flachschnitt entlang der Epithel-Bindegewebs-Grenze durch die äußere Haut (Rhesusaffe). Die basalen Epithelzellen der Epidermis enthalten braunschwarze Pigmentgranula (Melanin), die nicht in diesen Zellen aufgebaut werden, sondern den Melanozyten entstammen. Zu einer Systematik der Pigmente s. Tabelle 2. Färbung: Azan; Vergr. 600fach.

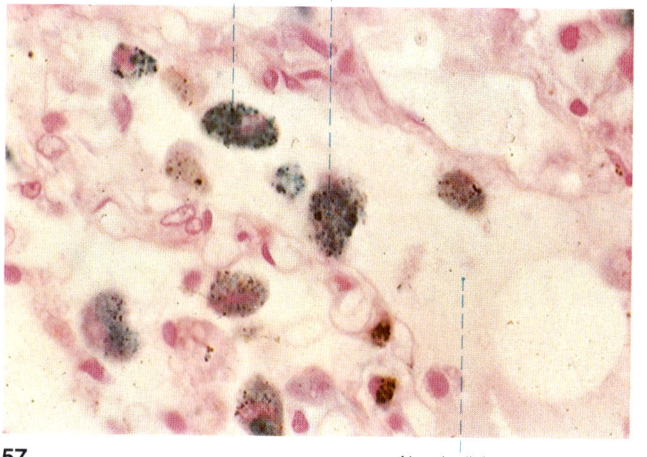

57

Abb. 57. Makrophagen in der Lichtung von Lungenalveolen des Menschen. Die Zellen enthalten hier eisenreiches Hämosiderin, ein Pigment, das von Hämoglobin abgeleitet wird. Hämoglobin kann mit Erythrozyten in die Lungenalveolen gelangen, wenn es bei Herzerkrankungen zu Stau im Lungenkreislauf kommt; die Alveolarmakrophagen, die dann die Erythrozyten abbauen, heißen daher auch Herzfehlerzellen. Turnbullblau-Reaktion zur Eisendarstellung. Vergr. 600fach.

Abb. 58. Ausschnitt aus den Marksinus eines Hilus-Lymphknotens (Lunge, Mensch), die zahlreiche mit Rußpartikeln (einem exogenen Pigment) beladene Makrophagen enthalten. Man spricht von Anthrakose (anthrax = Kohle). Färbung: Azan; Vergr. 380fach.

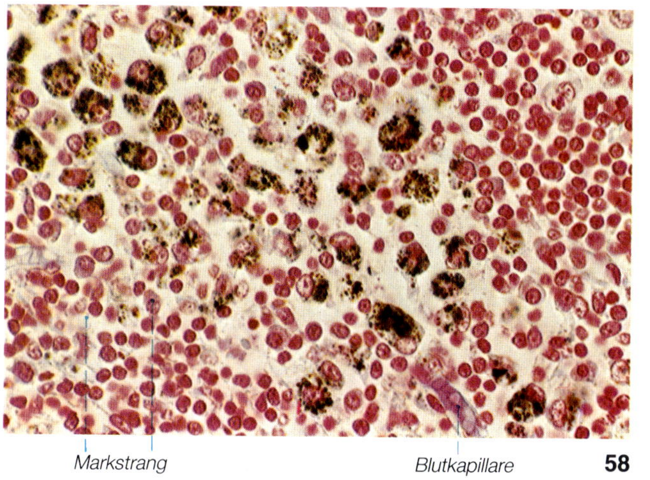

58

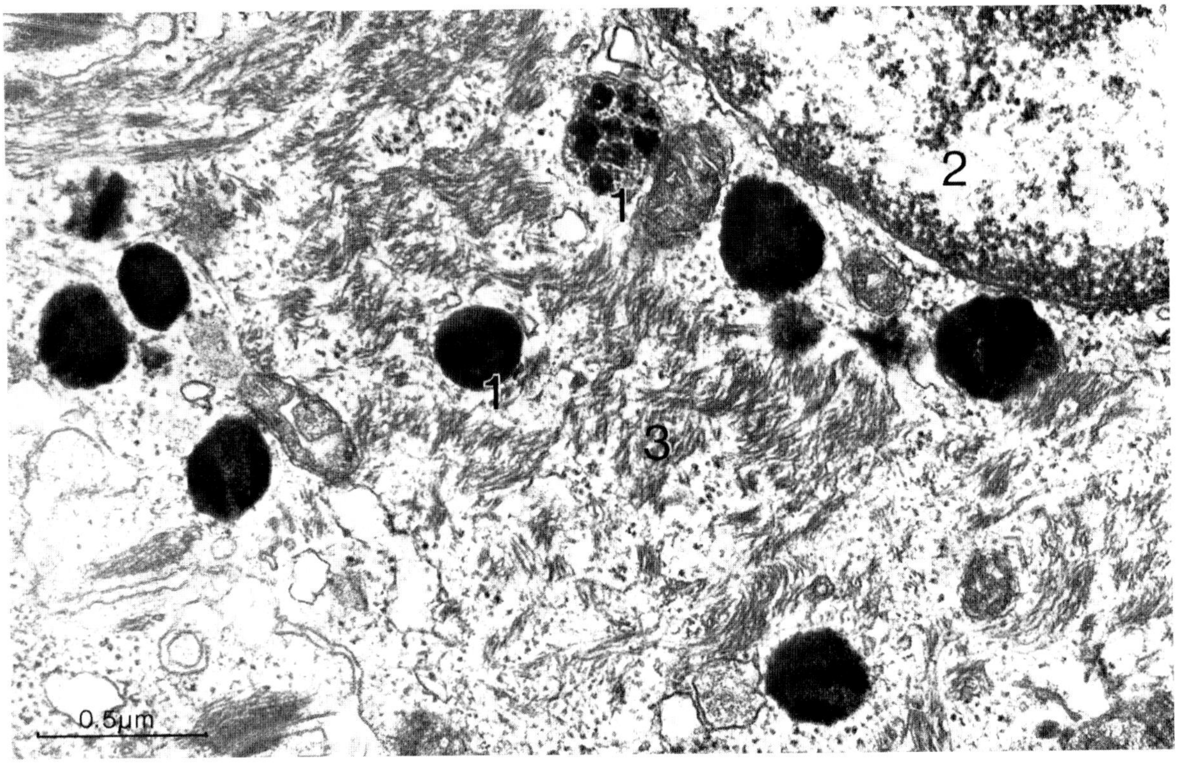

59

Abb. 59. Melaningranula, Melanosomen (**1**) verschiedener Reifestadien in einer Epidermiszelle der menschlichen Haut. **2** Kernanschnitt; **3** intrazytoplasmatische Filamente, Tonofilamente. Gesamtvergr. 45 500fach.

Abb. 60. Talgdrüsenepithelzellen des Menschen mit zahlreichen hell erscheinenden Lipideinschlüssen (**1**); **2** Zellkern. Gesamtvergr. 2840fach.

Abb. 61. a) Verschieden große Fetttropfen (**1**) in einer Tubulusepithelzelle (Ratte). Lipideinschlüsse, die hier auffallend elektronendicht sind, sind nicht mit einer biologischen Einheitsmembran umgeben. Gesamtvergr. 17 500fach.
b) Glykogenpartikel (-granula), die hier vielfach sog. α-Partikel bilden; α-Partikel sind rosettenförmige Aggregate kleinerer, sog. β-Partikel. Gesamtvergr. 50 000fach.

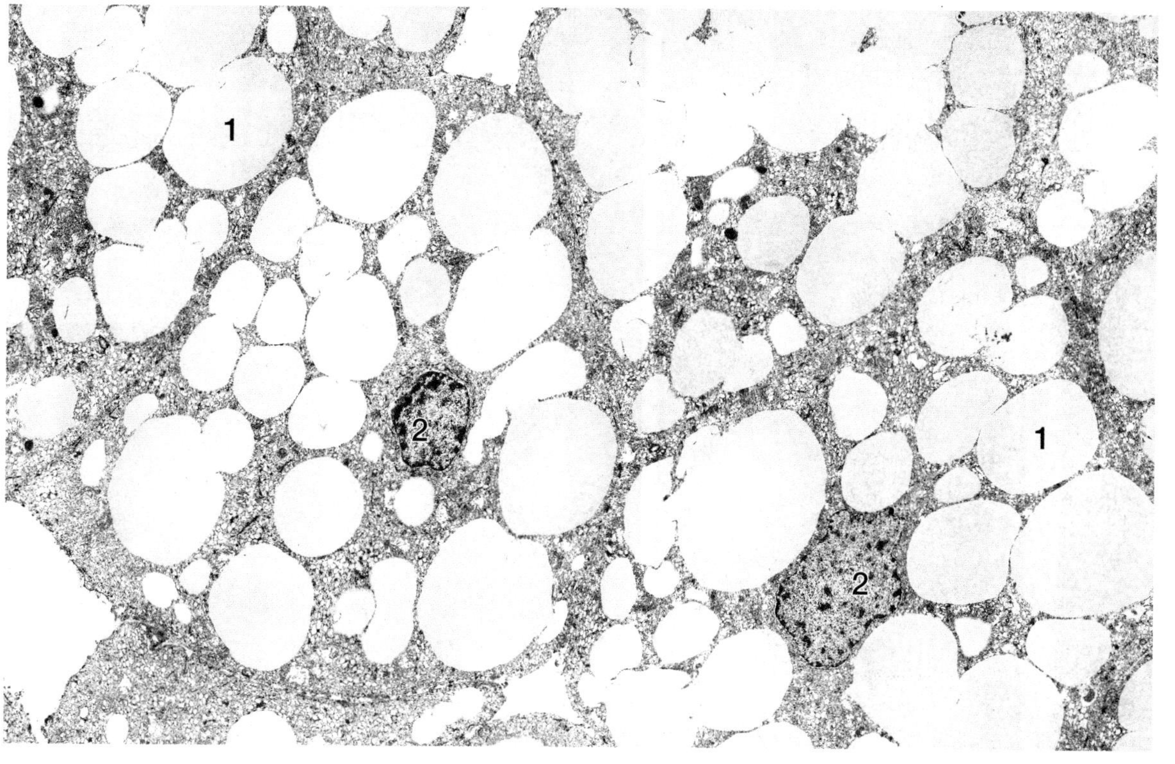

60

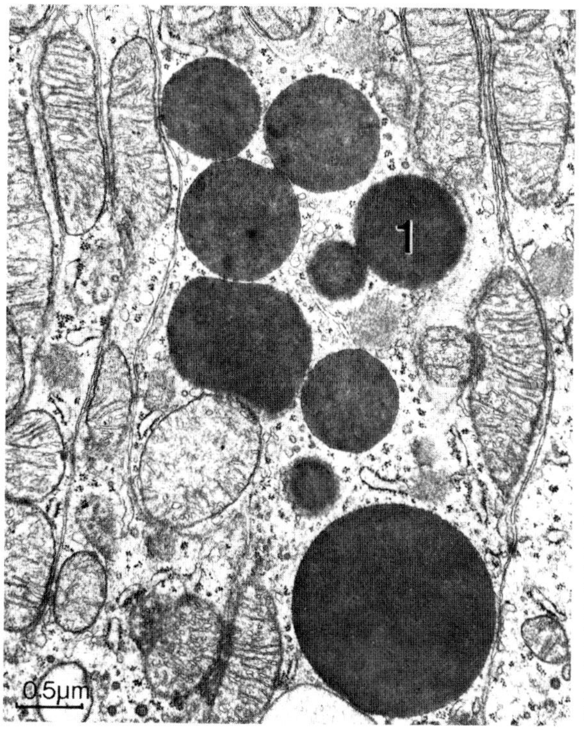

61a

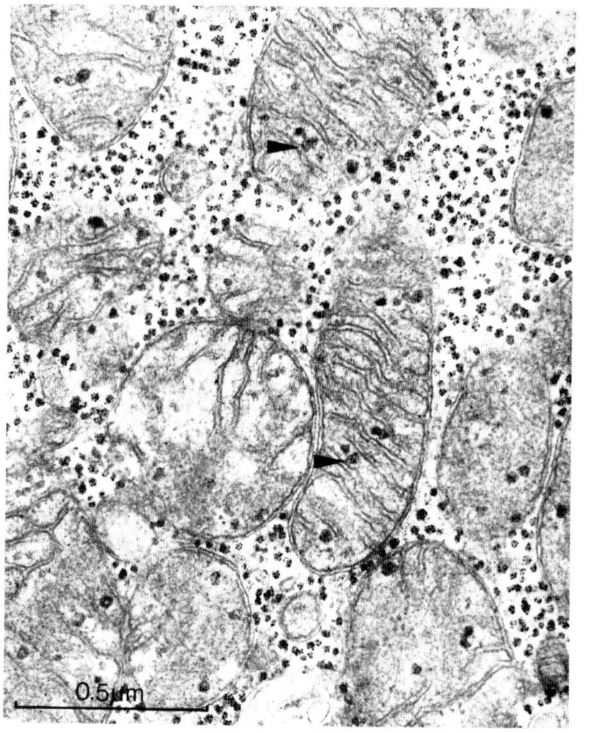

61b

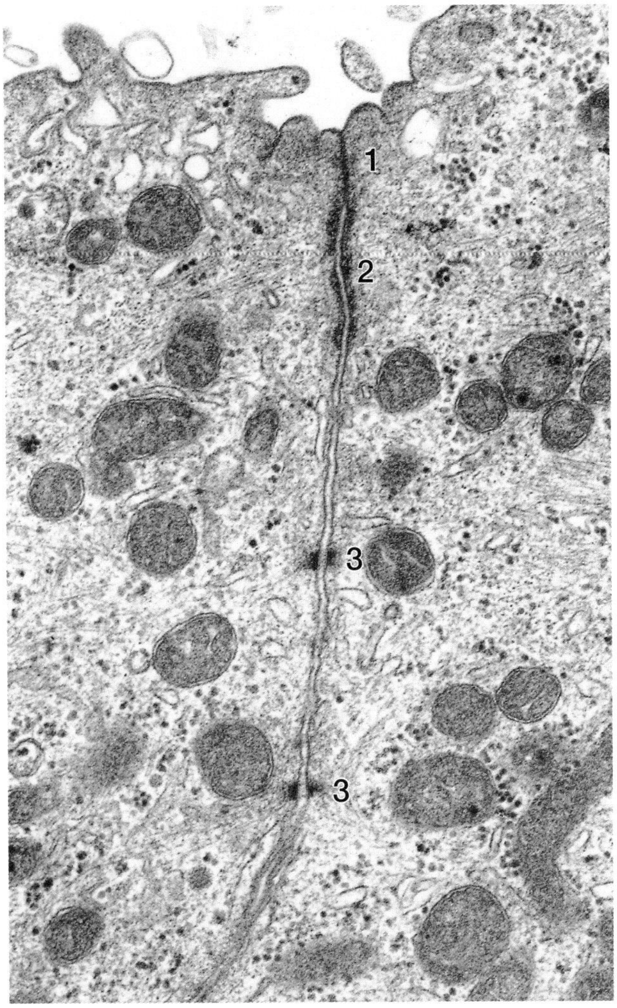

62a

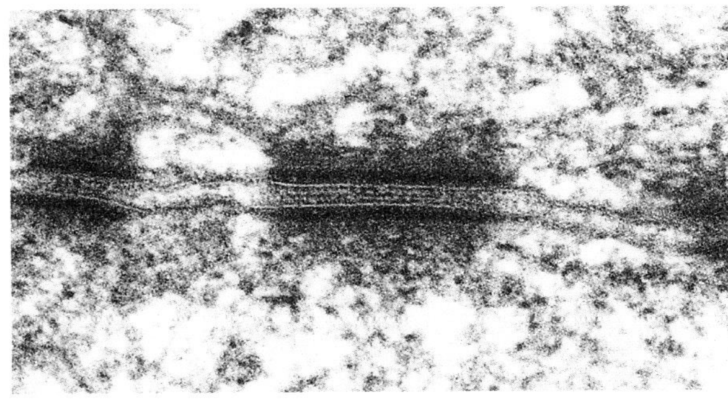

b

c

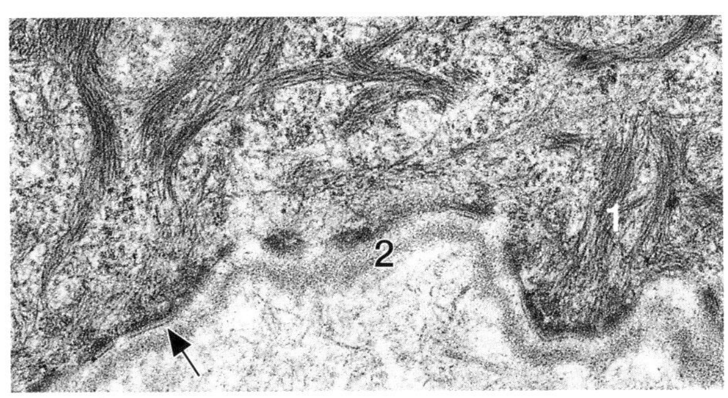

d

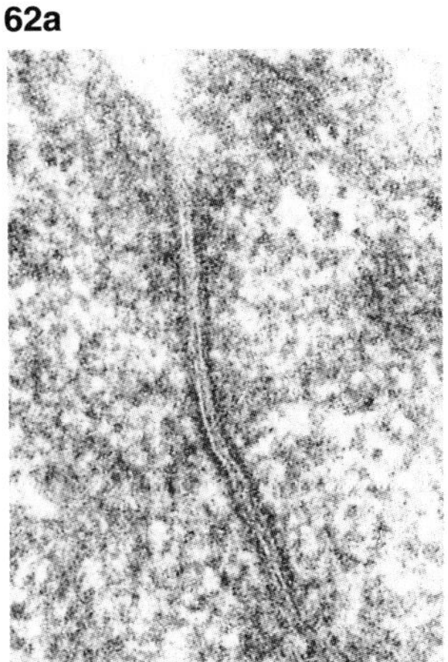

e

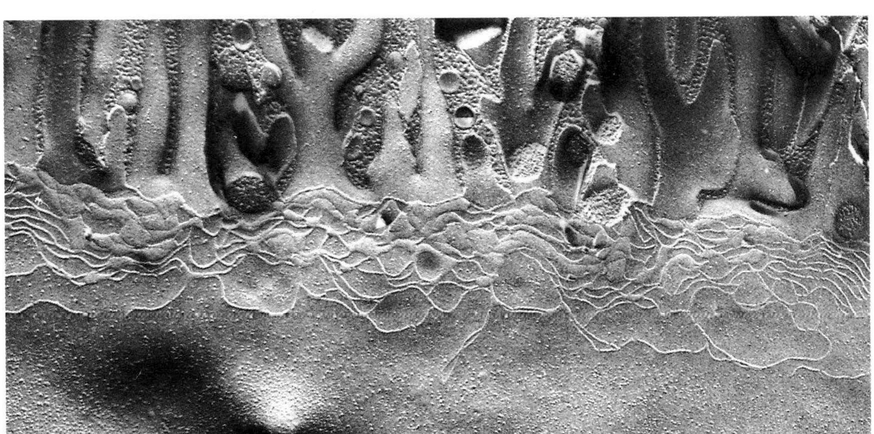

f

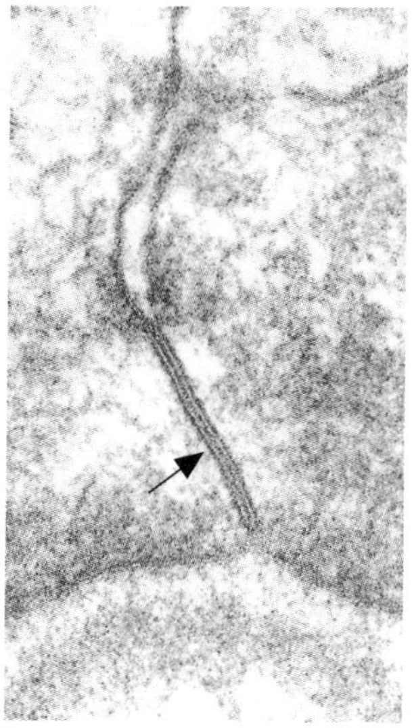

63a

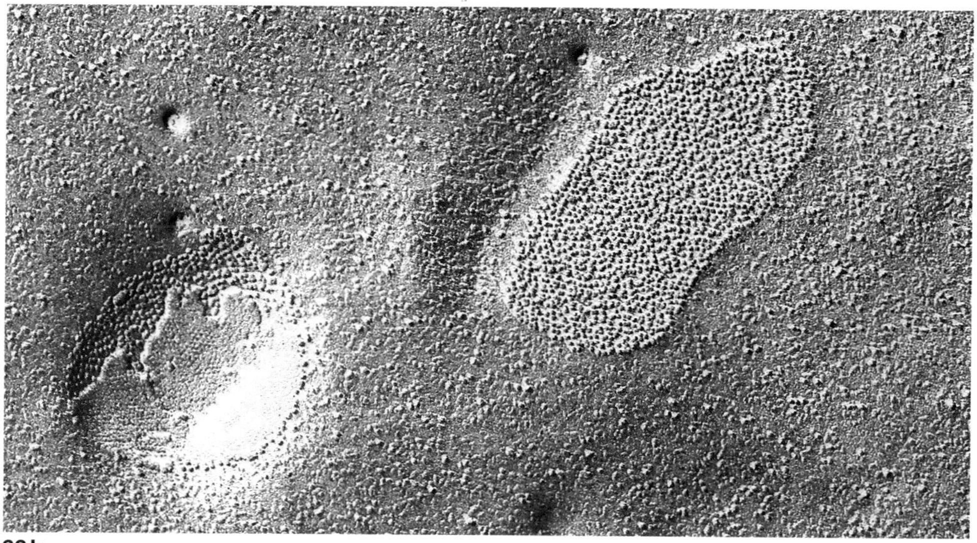

63b

Abb. 62. a–f: Zellkontakte im elektronenmikroskopischen Schnitt (a, b, d, e) und Gefrierbruchpräparat (c, f).
a) Haftkomplex (junctional complex) zwischen zwei Deckzellen im Epithel des Harnleiters des Menschen. Dieser Komplex besteht aus einer zuoberst liegenden Zonula occludens (**1**), einer darunter gelegenen Zonula adhaerens (**2**) und an unterster Stelle Desmosomen (**3**). Gesamtvergr. 36500fach.
b) Desmosomen (Maculae adhaerentes), Dünndarmepithel, Mensch; im Interzellularraum strukturiertes glykoproteinreiches Material („Kittsubstanz"); der Zellmembran ist auf der zytoplasmatischen Seite dichtes proteinhaltiges Material angelagert, in dem Keratinfilamente verankert sind. Gesamtvergr. 92000fach.
c) Im Gefrierbruchpräparat ist ein Desmosom an umschrieben dicht gelagerten proteinhaltigen Membranpartikeln in der Zellmembran zu erkennen (→). Nabelschnurepithel (Amnionepithel), Mensch. Gesamtvergr. 48000fach.
d) Hemidesmosomen an der basalen Zellmembran der Basalzellen in der Epidermis des Menschen. In die Membranverdichtungen der Hemidesmosomen strahlen Keratinfilamentbündel (**1**) ein. Zwischen basaler Zellmembran und Lamina densa der Basalmembran (**2**) befindet sich hier elektronendichtes Material (→). Gesamtvergr. 36600fach.
e) Zonula occludens (tight junction) zwischen zwei Kolonepithelzellen des Menschen. Die äußeren Blätter der Zellmembran verschmelzen in Form von anastomosierenden Leisten (im Schnittpräparat oft schwer zu erkennen) und versiegeln den Interzellularraum. Gesamtvergr. 115000fach.
f) Im Gefrierbruchpräparat tritt das netzartige Leistenmuster der Zonula occludens in der Zellmembran deutlich hervor. Anordnung und Ausdehnung der Leistensysteme bestimmen i. a. die funktionellen Eigenschaften – v. a. die Durchlässigkeit – der Zonula occludens. Trachealepithel, Mensch. Gesamtvergr. 32000fach.

Abb. 63. a, b. Nexus (gap junctions) im elektronenmikroskopischen Schnitt (a) und Gefrierbruchpräparat (b).
a) Nexus (→) zwischen zwei Myoepithelzellen der laktierenden Milchdrüse des Menschen; die Zellen nähern sich hier stark, der Interzellularraum wird von Tunnelproteinen überbrückt. Gesamtvergr. 96000fach.
b) Im Gefrierbruchpräparat besteht die gap junction aus einem Feld sehr dicht gelagerter großer Membranpartikel in der Zellmembran, die den Tunnelproteinen entsprechen, über die ein Stoffaustausch erfolgen kann („communicating junctions"), in den anderen Membranarealen locker verteilte Membranpartikel. Zwei Nexus in der Membran einer Herzmuskelzelle einer foetalen Ratte (16. Trächtigkeitstag). (Gefrierbruchpräparate der Abb. 62 u. 63 PD Dr. med. H. Bartels, Hannover.) Gesamtvergr. 80000fach.

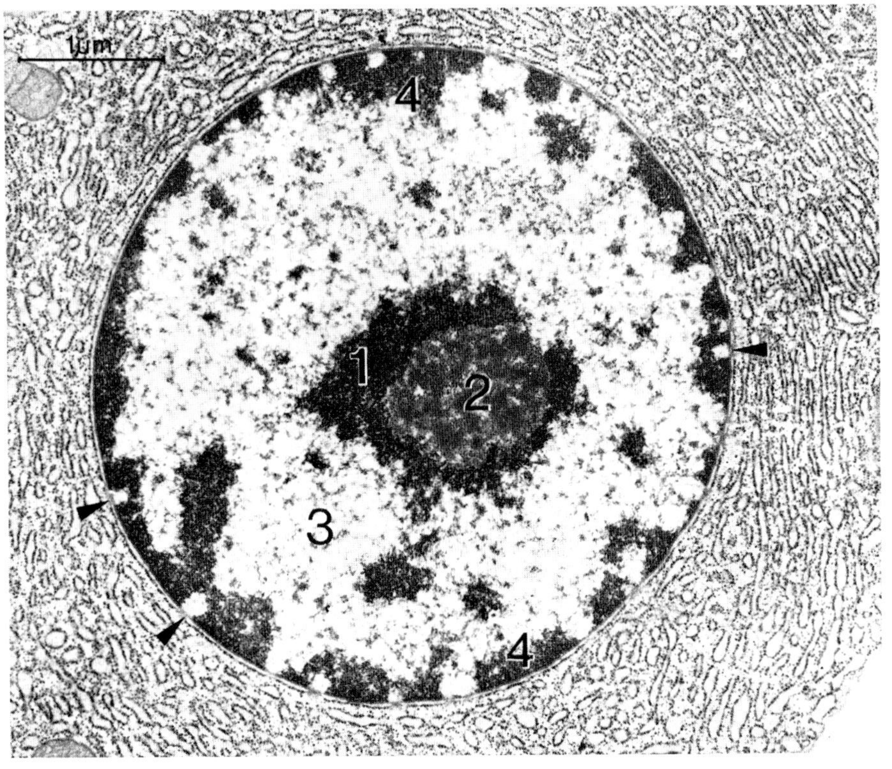

64

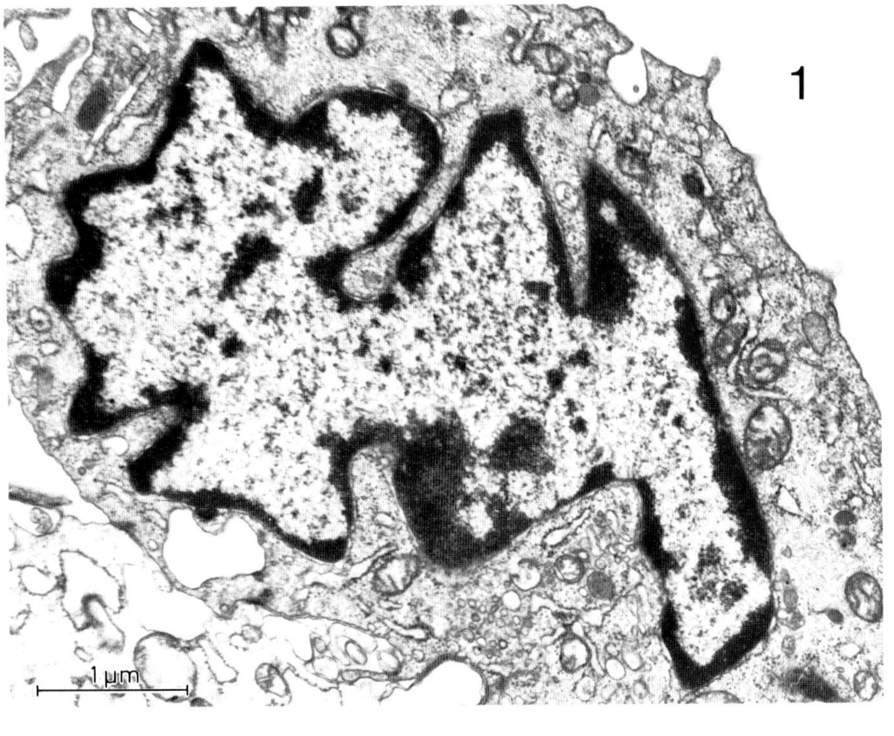

65

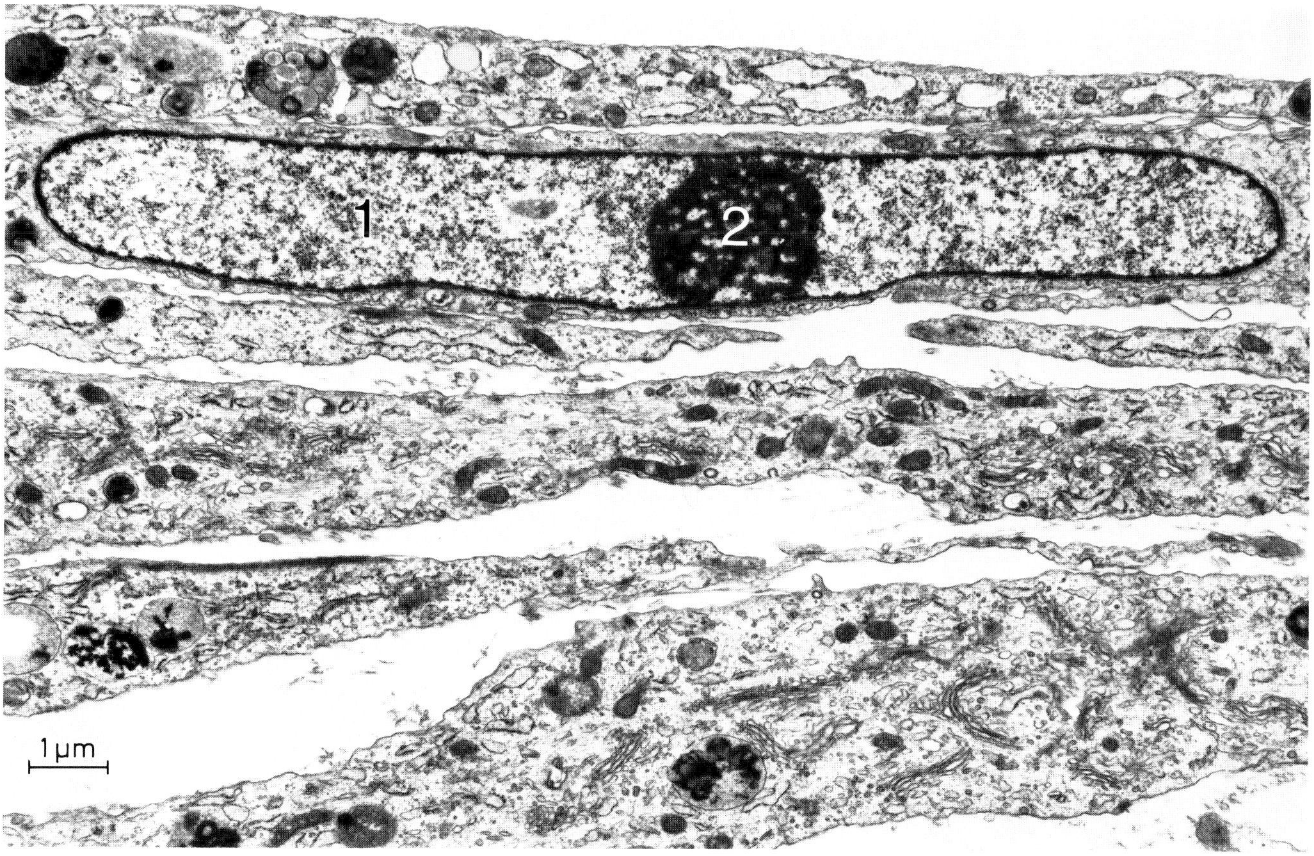

66

Abb. 64. Kugelförmiger Zellkern mit glatter Oberfläche und deutlichem Kernkörperchen (= Nukleolus, **2**) aus einer exokrinen Zelle des Pankreas der Ratte. Das elektronendichte, granuläre Material entspricht kondensiertem, inaktivem Chromatin (= Heterochromatin), das sowohl als nukleolusassoziiertes Heterochromatin (**1**) als auch der Kernhülle innen angelagert vorkommt und hier wie auch im übrigen Kern unregelmäßig gestaltete Körper bildet. Das dichte Heterochromatin entspricht inaktivem Genmaterial, wohingegen aufgelockerte, helle Kernbezirke (Euchromatin, **3**) aktivem Genmaterial entsprechen. Das randliche Heterochromatin ist im Bereich der Kernporen (▶) unterbrochen (vgl. Abb. 70, 71). Die äußere Membran der Kernhülle trägt sehr oft Ribosomen, der inneren Kernmembran liegt (innen) das Heterochromatin (**4**) an, weswegen sie oft schwer zu erkennen ist. Zwischen innerer und äußerer Kernmembran befindet sich die Perinukleärzisterne, die mit dem rauhen ER kommunizieren kann. Gesamtvergr. 19 000fach.

Abb. 65. Kern mit stark gefalteter Oberfläche in einer Endothelzelle der menschlichen V. umbilicalis, die durch Perfusion unter physiologischem und konstantem Druck fixiert wurde. Das Chromatinmuster ähnelt weitgehend dem in der vorhergehenden Abbildung, jedoch ist das Kernkörperchen nicht vom Schnitt getroffen. 1 Gefäßlichtung. Gesamtvergr. 20 000fach.

Abb. 66. Langgestreckter stabförmiger Kern in einer Endothelzelle vom Meerschweinchen, die 7 Tage in Kultur gewachsen ist. Ein Vergleich mit den beiden vorhergehenden Abbildungen läßt erkennen, daß dieser Kern kaum Heterochromatin enthält, sondern weitgehend aus Euchromatin (**1**) besteht. Der Nukleolus (**2**) ist gut entwickelt. Viel Euchromatin und großer Nukleolus deuten auf intensive Proteinsynthese in dieser Zelle. Dieses Bild ist außerdem gut geeignet, um die eigenen Fähigkeiten im Erkennen der in diesen Zellen in großer Zahl vorkommenden Organellen zu überprüfen. Gesamtvergr. 10 000fach.

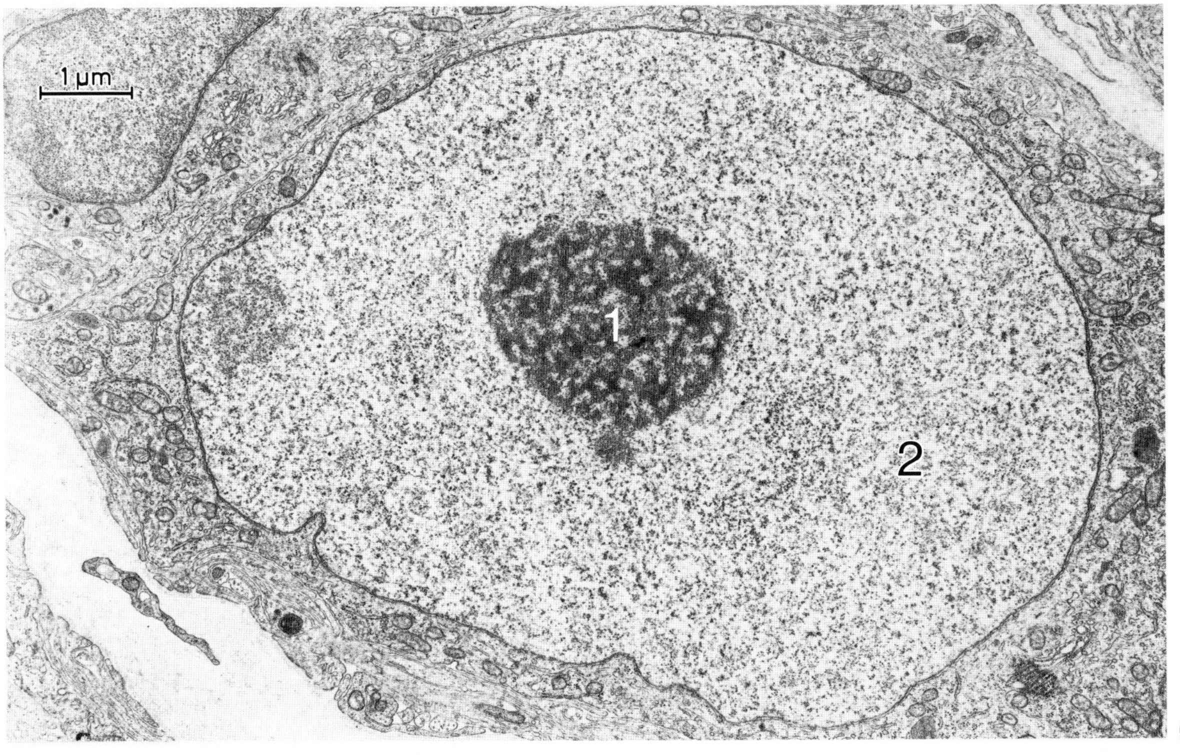

67

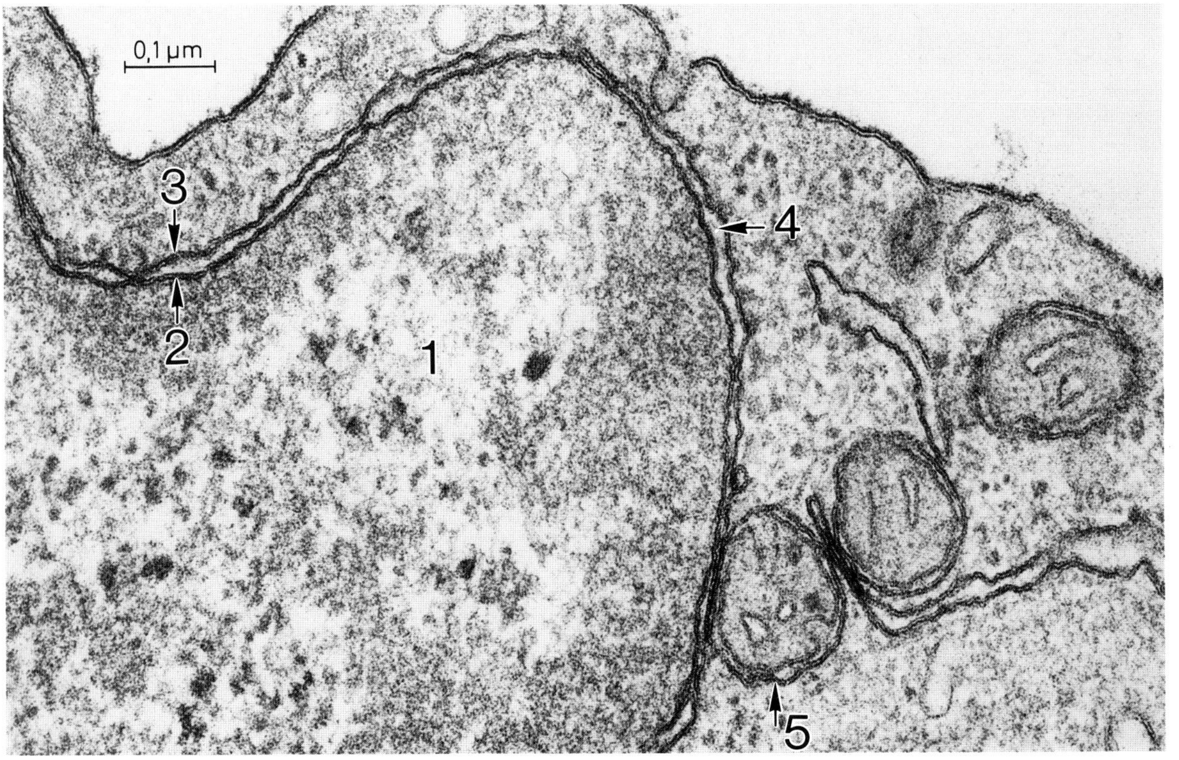

68

69

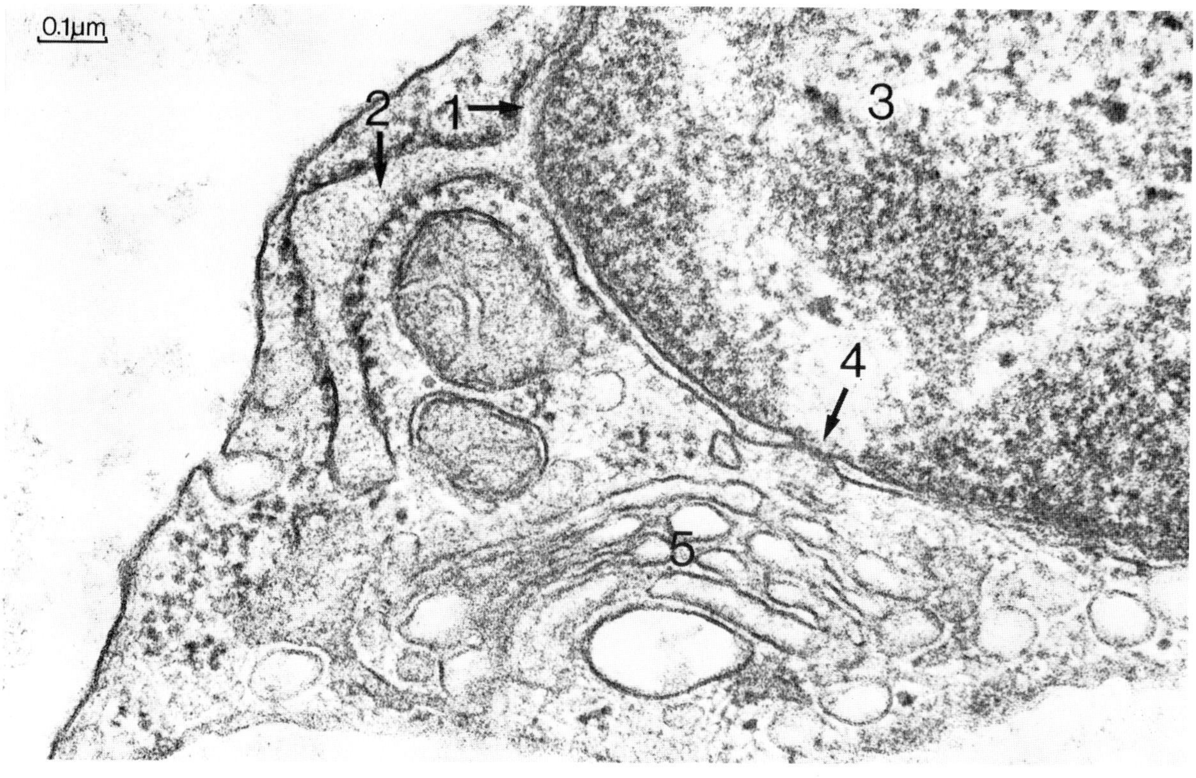

Abb. 69. Deutliche Kommunikation zwischen perinukleärer Zisterne (**1**) und dem rauhen endoplasmatischen Retikulum (**2**) an einem Fibroblastenkern (**3**). **4** Kernpore; **5** Golgi-Zisternen (-Sacculi). Gesamtvergr. 90 000fach.

Abb. 67. Großer, glattkonturierter, heller Kern einer Nervenzelle aus einem vegetativen Ganglion im Pankreas der Katze. Der auffallend große Nukleolus (**1**) läßt eine komplizierte netzige Struktur (Nukleolonema) erkennen. Der Kern ist ansonsten weitgehend mit Euchromatin (**2**) ausgefüllt. Helle, d. h. euchromatinreiche Kerne sind für Nervenzellen typisch und werden manchmal bläschenförmige Kerne genannt. Die Zweischichtigkeit der Kernhülle ist deutlich erkennbar (z. B. bei 3 und 7 Uhr). Gesamtvergr. 12 000fach.

Abb. 68. Anschnitt des Kerns (**1**) einer Endothelzelle (Herzmuskelkapillare, Katze) mit klar erkennbarer Dreischichtung jeder der beiden (inneren und äußeren) Membranen (**2** und **3**), die gemeinsam mit dem von ihnen begrenzten Spaltraum (perinukleäre Zisterne, **4**) die Kernhülle bilden. Beachte die hier ebenfalls deutliche Dreischichtung der inneren und äußeren Mitochondrienmembran (**5**). Gesamtvergr. 120 000fach.

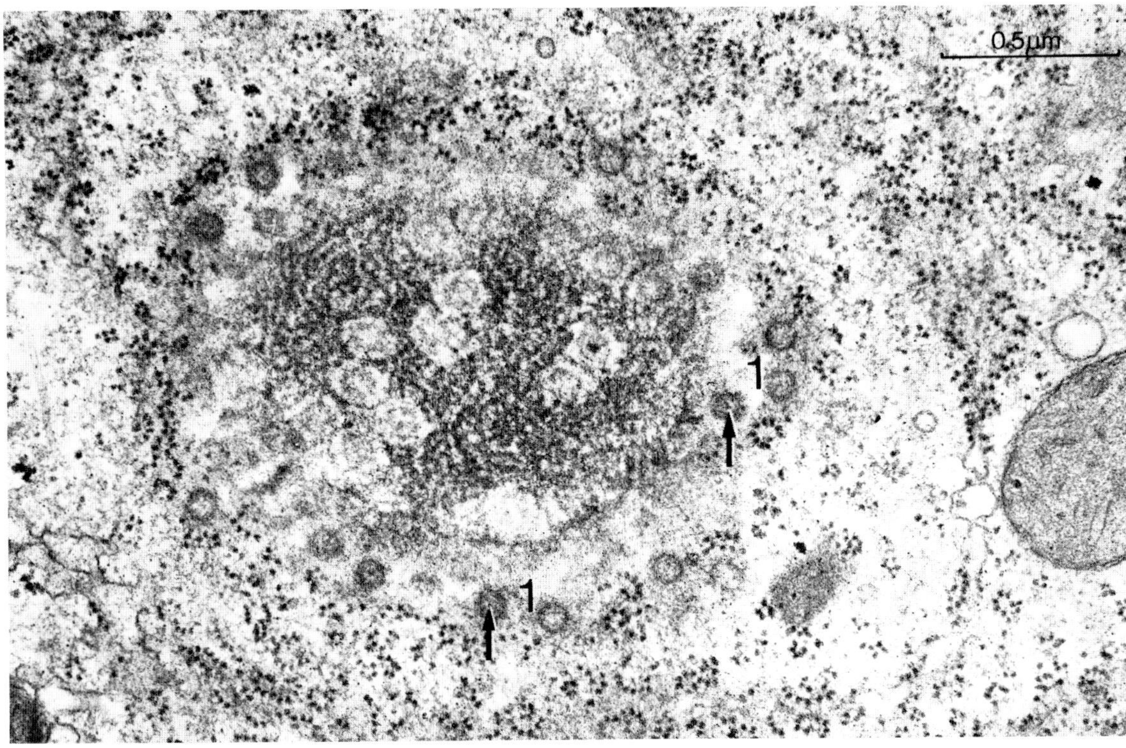

70

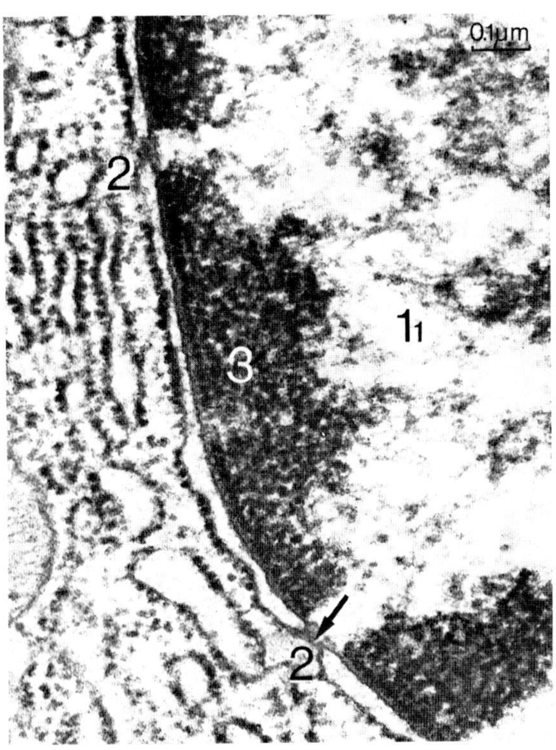

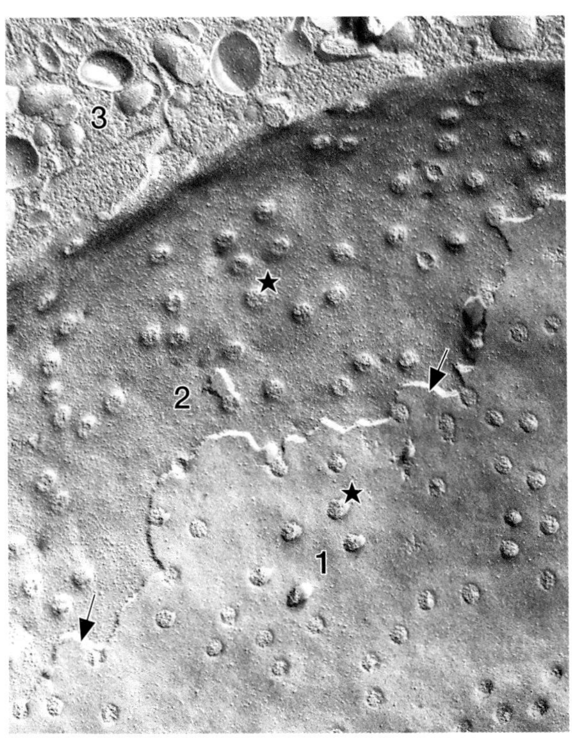

71

a

b

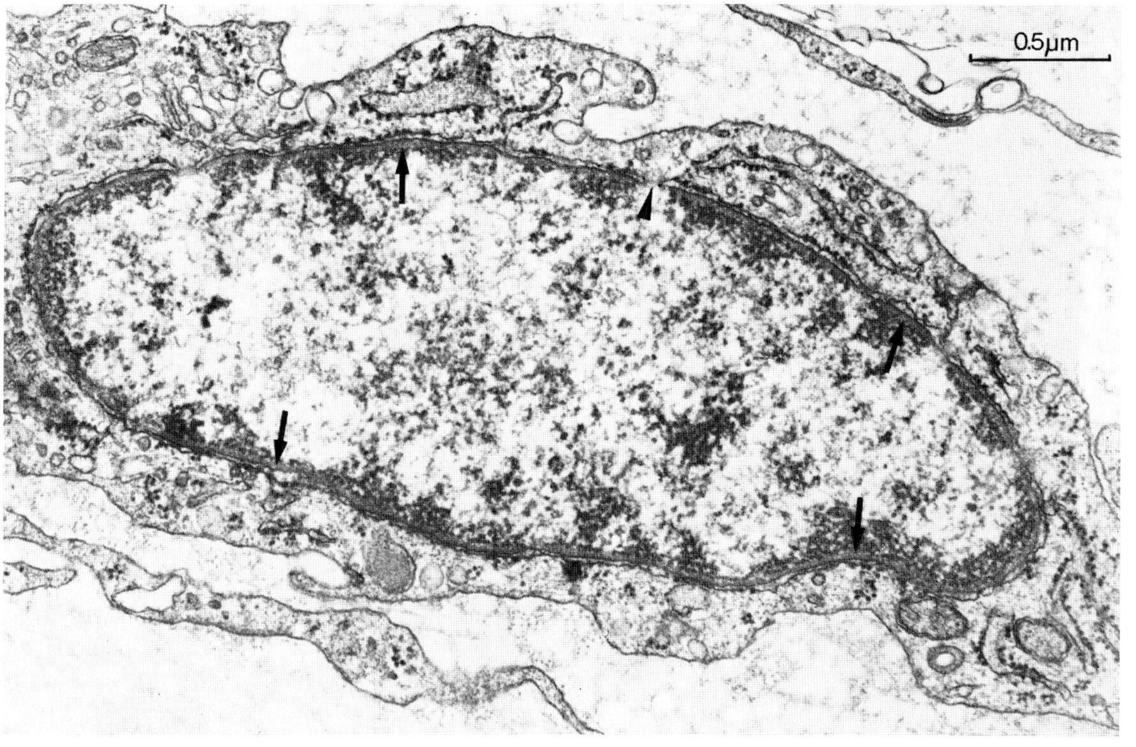

72

Abb. 72. Sehr deutliche Lamina fibrosa (→) im Kern eines Fibrozyten aus dem subkutanen Bindegewebe des Kaninchens, die als kontinuierliche Schicht mäßiger, aber homogener Elektronendichte zwischen der inneren Kernmembran und dem Chromatin verläuft und nur im Bereich der Kernporen (▶) unterbrochen wird. Gesamtvergr. 38 000fach.

Abb. 70. Flachschnitt durch den Kern einer Leberzelle (Ratte) mit zahlreichen Kernporen (**1**). Diese sind meist kreisförmig (lichte Weite hier ca. 35 nm) und zeigen bei geeigneter Schnittführung eine zentrale punktförmige Verdichtung (→). Weitere Einzelheiten dieser wegen ihrer komplizierten Substruktur auch als Poren„komplex" bezeichneten Kommunikationsorte zwischen Kern und Zytoplasma sind jedoch wegen zu geringer Auflösung nicht erkennbar. Gesamtvergr. 48 000fach.

Abb. 71. a) Anschnitt eines Kerns einer exokrinen Pankreaszelle (**1_1**) der Ratte mit zwei Kernporen (**2**), in deren Bereich innere und äußere Kernmembran ineinander übergehen, so daß punktförmig die perinukleäre Zisterne verschlossen wird. Im Bereich der Kernporen ist oft eine komplex gestaltete membranöse Schicht, ein sog. Diaphragma, ausgebildet. Gesamtvergr. 78 000fach.
b) Gefrierbruchpräparat der Kernmembranen in einer Nebennierenmarkszelle der Ratte. Die Bruchfläche verläuft durch innere (**1**) und äußere (**2**) Kernmembran, zwischen denen die Perinuklearzisterne erkennbar ist (→). Die Kernporen (★) sind in ihrer Form und Verteilung klar erkennbar. **3** Zytoplasma mit Sekretionsgranula. (Präparat PD Dr. med. H. Bartels, Hannover.) Gesamtvergr. 32 000fach.

Sexchromatin und Mitosephasen – Lichtmikroskopie

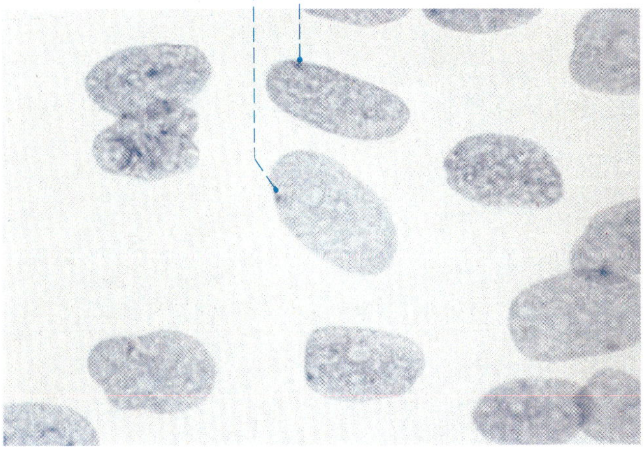

73 a

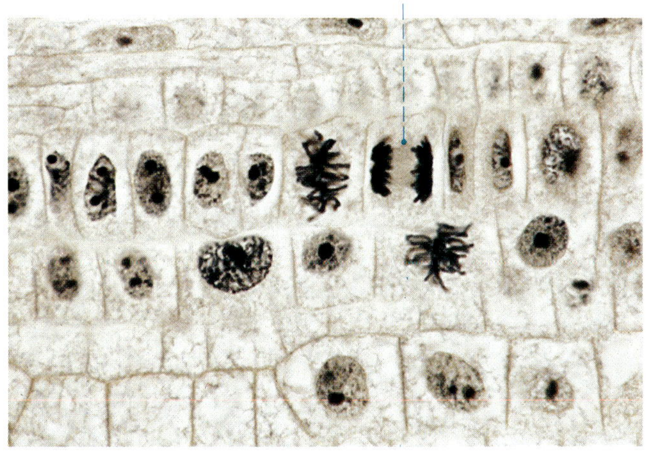

73 b

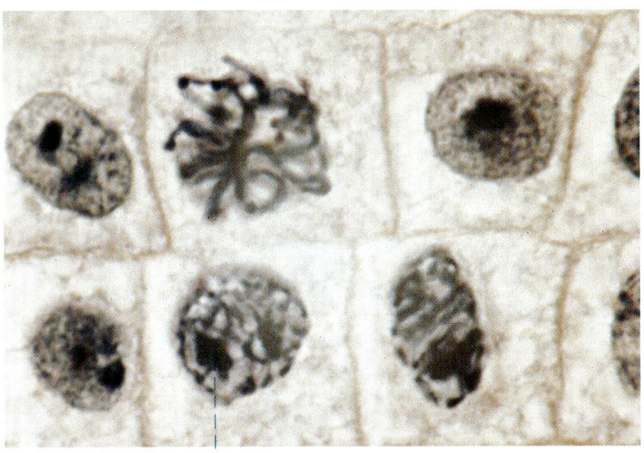

73 c

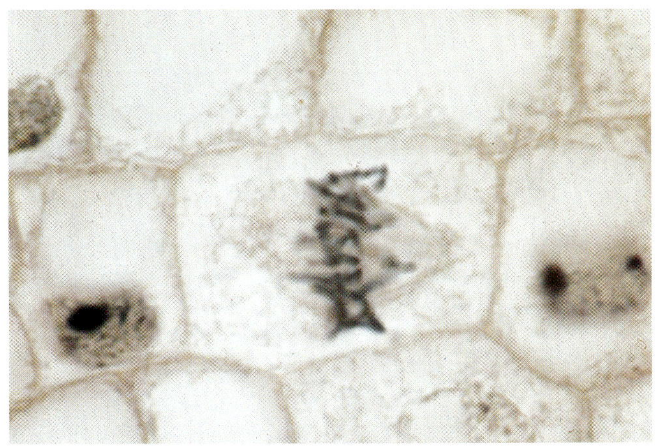

73 d

Abb. 73. a) Das sog. Sex-Chromatin entspricht einem der beiden X-Chromosomen der Frau, das auch in der Interphase kondensiert bleibt, also Heterochromatin ist. Zu seiner färberischen Darstellung werden Abstriche z. B. von der Wangenschleimhaut auf Objektträger angefertigt und mit einem Farbstoff behandelt, der die DNS spezifisch erfaßt (z. B. Thionin oder das Leukofuchsin der Feulgen-Reaktion). Das Sex-Chromatin ist dann als diskretes, stärker gefärbtes Körperchen meist dicht an der Kernmembran erkennbar. Vergr. 960fach.

b – h) Verschiedene Stadien der Karyokinese (= Kernteilung) mit entsprechenden Mitosestadien, zu deren Demonstration Präparate von rasch wachsenden und daher hohe Mitoseraten aufweisenden Geweben verwendet werden, wie z. B. Zellkulturen, embryonale Organe (z. B. Kiemenblättchen der Salamanderlarve u. ä.), oder, wie im vorliegenden Fall, Pflanzenkeimlinge.

b) Übersicht über mehrere, dicht beieinanderliegende Zellen aus der Wurzelspitze eines Bohnenkeimlings (Vicia faba), deren Kerne unterschiedliche Phasen der Mitose zeigen (vgl. mit den Bildern **c – h**). In der oberen Zellreihe liegen rechts neben einer beginnenden Telophase (vgl. Bild **h**) sowie links neben einer späten Metaphase (vgl. dazu Bild **e**) je zwei Zellen, die nur halb so groß wie die übrigen sind und daher als die beiden aus einer vollständig abgelaufenen Mitose hervorgegangenen Tochterzellen angesprochen werden können. Färbung: Eisenhämatoxylin; Vergr. 500fach.

c) Am unteren Bildrand zwei noch frühe Prophasen mit deutlich erkennbarem Nukleolus, darüber eine Metaphase in Aufsicht.

d) Von der Seite gesehene Metaphase mit Einstellung der Chromosomen in der Äquatorialebene des Zelleibes (in Aufsicht er-

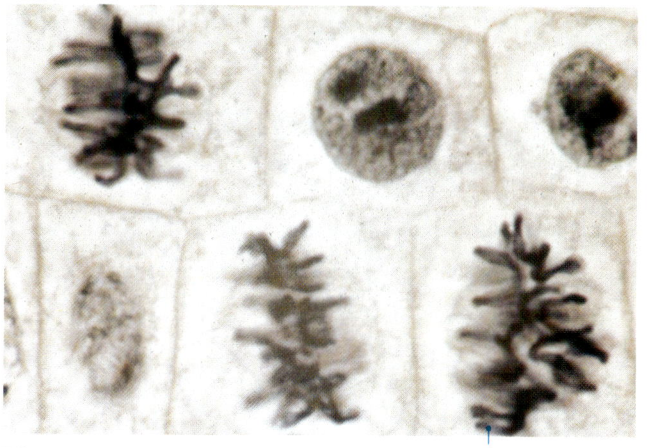

73e

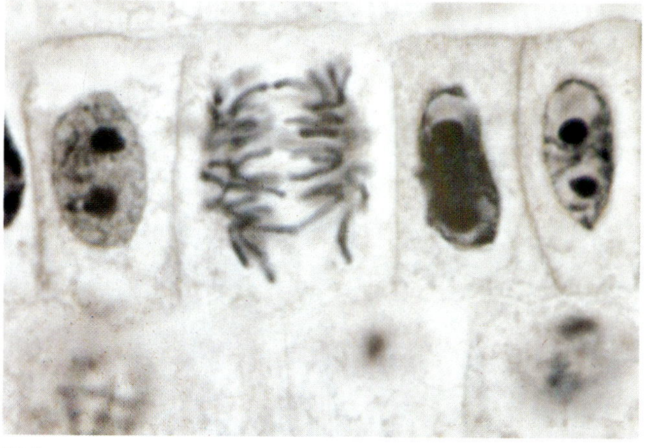

73f

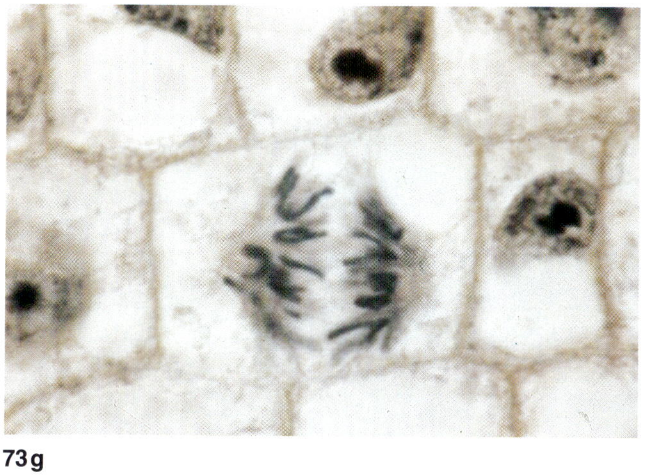

73g

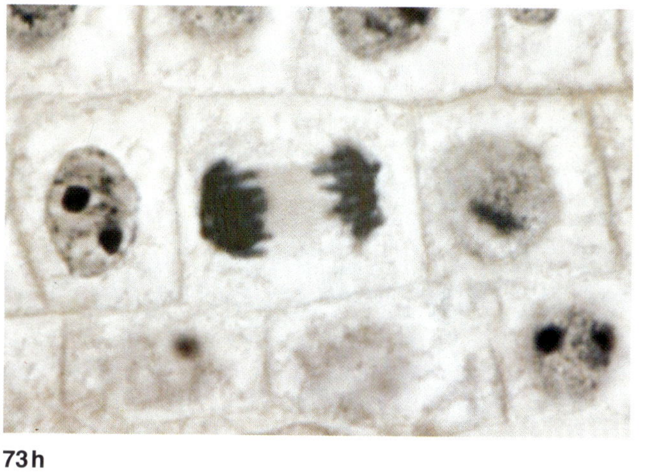

73h

gäbe sich das Bild des sog. Monasters, vgl. Bild **c**). Die „Fasern" (= Mikrotubuli) der deutlichen Mitosespindel verbinden die Kinetochore (liegen am Zentromer) der Chromosomen mit den an die Zellpole gewanderten Zentriolen (hier nicht sichtbar, da Zellen höherer Pflanzen keine Zentriolen besitzen. Vgl. daher Abb. 40).

e) Späte Metaphasen, von schräg seitlich gesehen und daher kein ideales Bild eines Monasters bietend. Vor allem bei der rechten unteren Teilungsfigur beginnen sich die beiden aus einem Chromosom durch identische Reduplikation hervorgegangenen Tochterchromatiden schon zu trennen. Sie sind die definitiven Chromosomen der späteren Tochterzellen.

f) Frühe Anaphase mit „Diaster" (Tochtersterne). Alle Chromosomen sind in ihre Chromatiden gespalten und diese mit ihrem Scheitel schon eine Strecke weit polwärts gezogen.

g) Spätere Anaphase mit einer gerade erkennbaren und zwischen den Zellpolen verlaufenden Zentralspindel.

h) Beginnende Telophase mit zunehmender Verklumpung der Chromosomen zu einer homogenen, stark färbbaren basophilen Masse: Die Zentralspindel ist noch gut erkennbar. Färbungen c – h: Eisenhämatoxylin; Vergr. c – h: 1250fach.

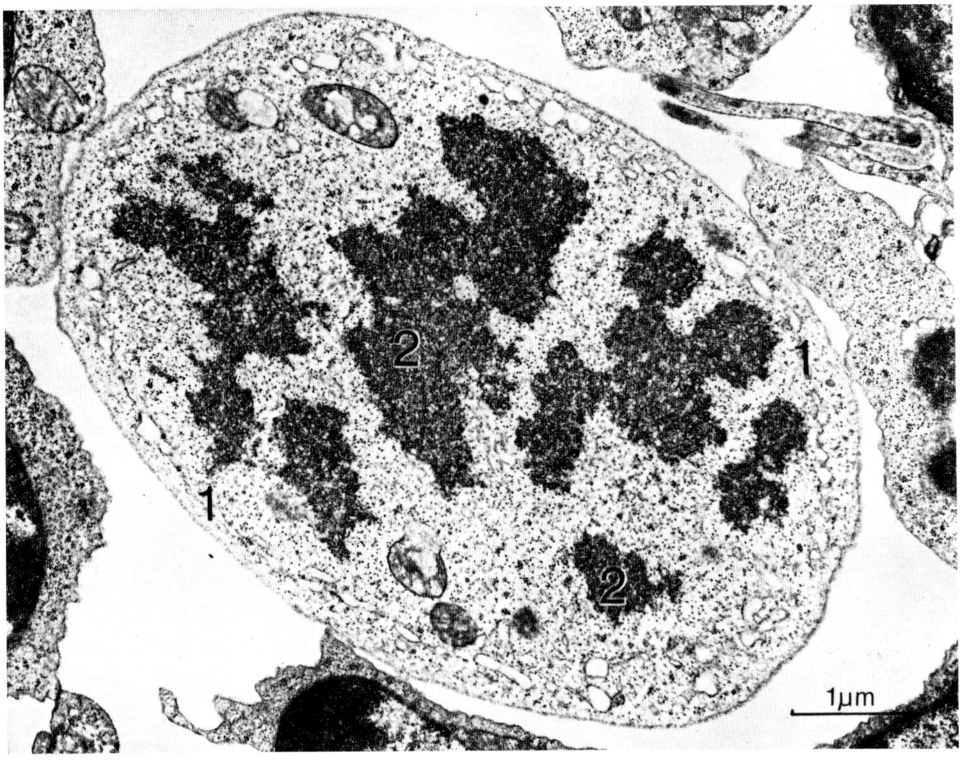

74

Abb. 74. Elektronenmikroskopische Übersichtsaufnahme einer Prophase eines Thymuslymphozyten der Ratte. Die sich kondensierenden Chromosomen (**2**) sind noch von Resten (**1**) der ehemaligen Kernhülle partiell umgeben. Gesamtvergr. 16 000fach.

Abb. 75. Elektronenmikroskopische Übersichtsaufnahme einer Metaphase in einer Mesenchymzelle der Chorio-Allantois-Membran des Hühnchens. Reste der Kernmembran sind durch Pfeile markiert. **1** Chromosomen. Gesamtvergr. 14 000fach.

Abb. 76. Anaphase in einer Endothelzelle aus den embryonalen Gefäßen der Chorio-Allantois-Membran. **1** Chromosomen. Gesamtvergr. 14 000fach.

In beiden Abbildungen sind weder die Zentriolen noch der aus Mikrotubuli bestehende Spindelapparat vom jeweiligen Schnitt getroffen.

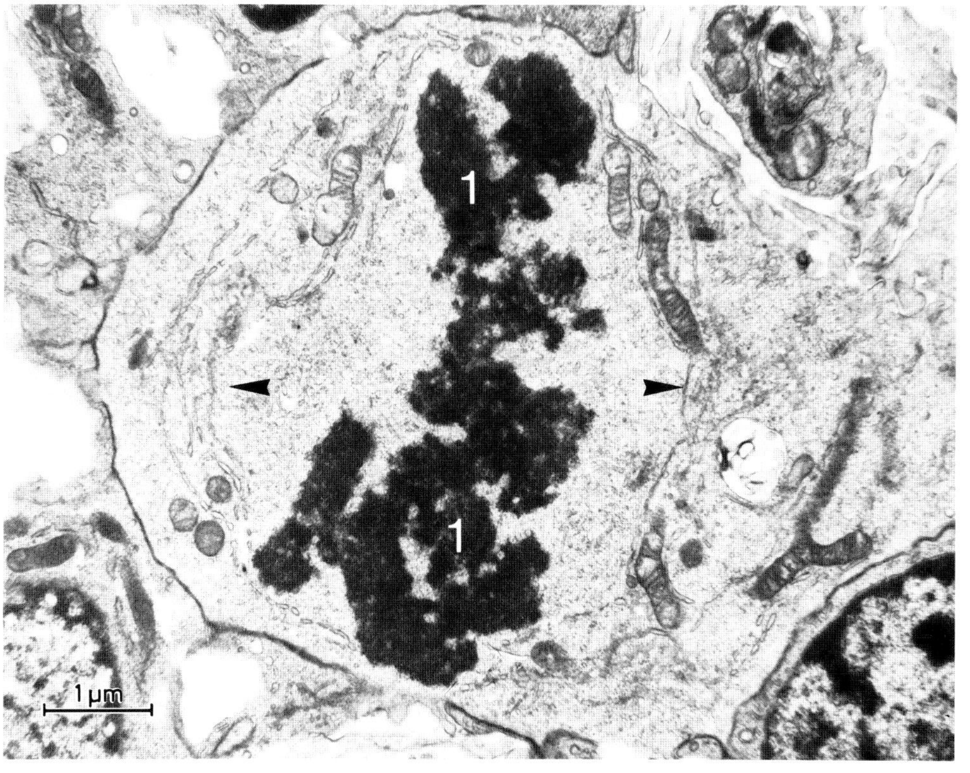

75

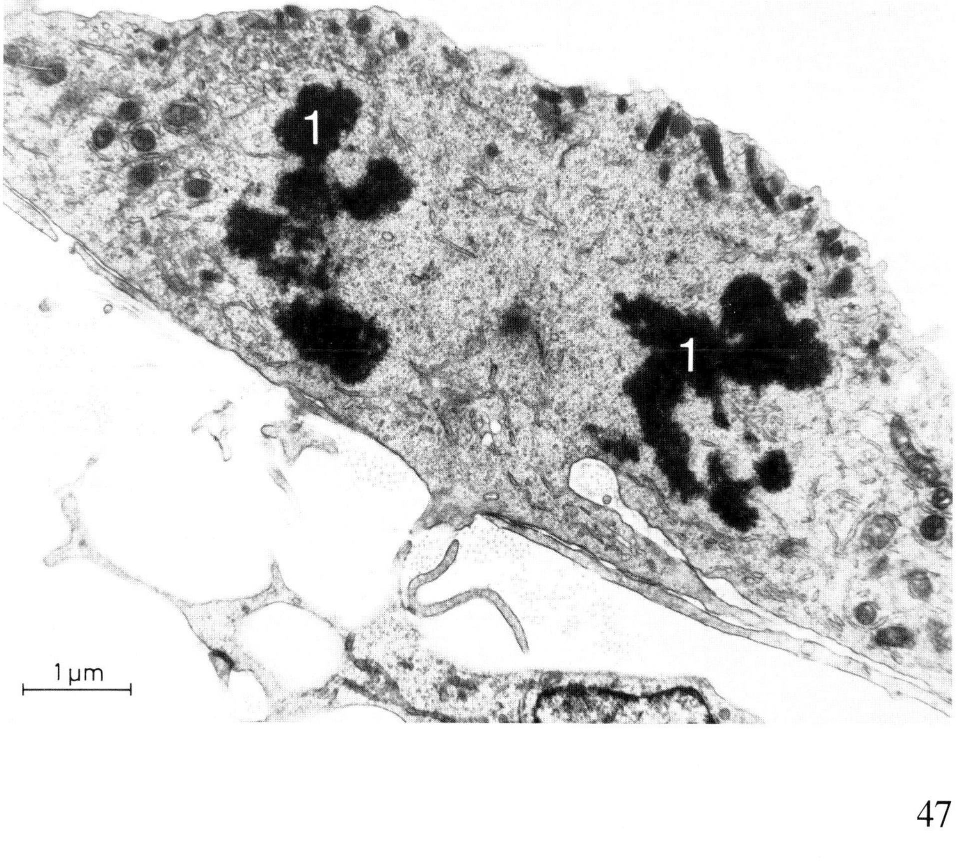

76

Histologie

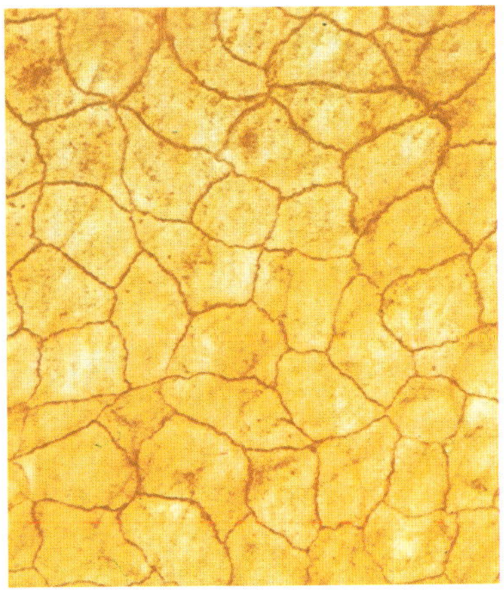

77a

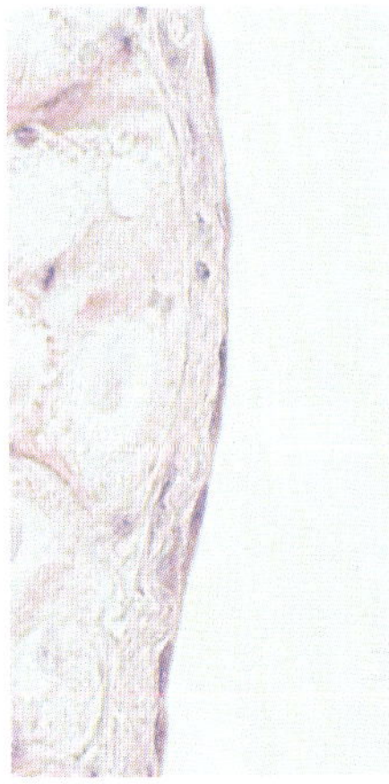

77b

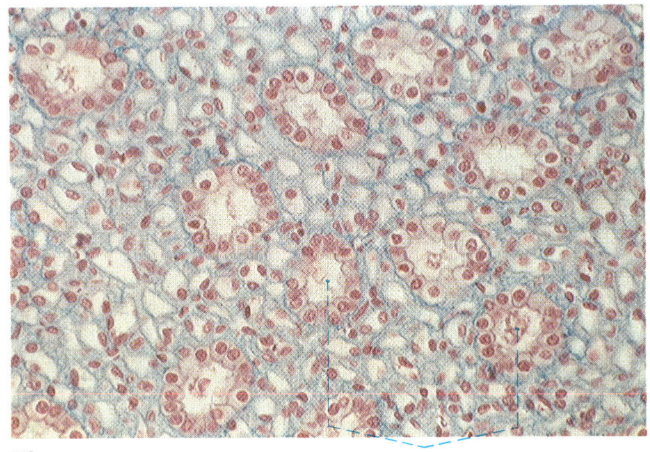

78

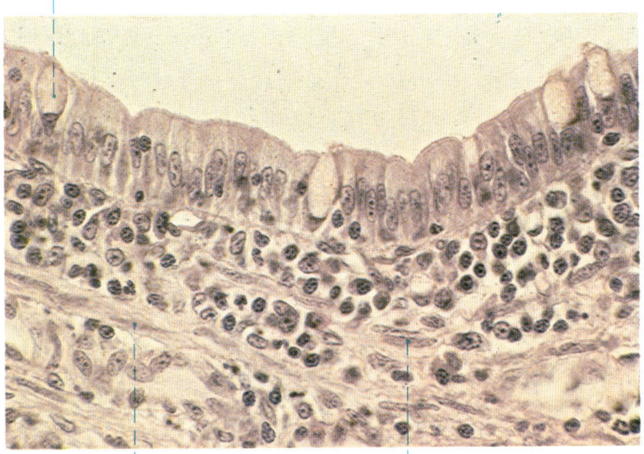

79

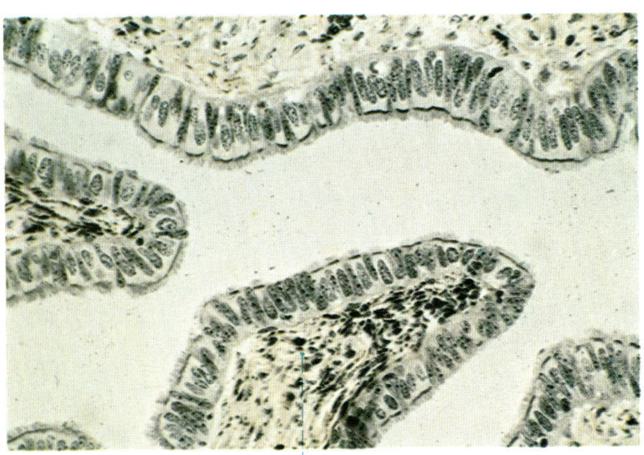

80

Abb. 77. Plattenepithel, a) Aufsicht, Häutchenpräparat, b) Schnittpräparat. **a)** Peritonealepithel, die Zellgrenzen treten bei einer Versilberung als ein schwarzbraunes Netzwerk hervor. **b)** Endokard des Menschen mit dünnem Epithel, das hier und in Gefäßen Endothel genannt wird und das die Herzinnenräume auskleidet; von den Plattenepithelzellen sind i. a. nur die abgeflachten Kerne erkennbar. In der Herzmuskulatur sind unter dem Endokard Purkinje-Fasern angeschnitten. Färbung: H. E.; Gesamtvergr. 100fach.

Abb. 78. Einschichtiges, isoprismatisches (= kubisches) Epithel als Auskleidung der Sammelrohre der Niere (Querschnitt durch das Nierenmark, Kaninchen). Ein anderes, oft verwendetes Präparat zur Demonstration dieser Epithelform sind die Schilddrüsenfollikel (vgl. Abb. 460). Zur Gliederung von Epithelien s. Tabelle 3 und 4. Färbung: Azan; Vergr. 240fach.

Abb. 79. Einschichtiges, prismatisches Epithel der Dünndarmschleimhaut (Jejunum, Katze) mit eingestreuten Becherzellen (= einzellige Drüsen) und einem gerade eben noch erkennbaren Bürstensaum (vgl. dazu Abb. 91). Beachte auch die glatten Muskelzellen in der Lamina propria. Färbung: H. E.; Vergr. 380fach.

Abb. 80. Einschichtiges, prismatisches Epithel mit Flimmerhaaren (= Kinozilien) als Überzug der Schleimhautfalten des menschlichen Eileiters (= Tuba uterina). Die an der Basis der Kinozilien erkennbare Kette schwarz gefärbter und bei dieser niedrigen Auflösung zu einer Linie verschmelzender feinster Pünktchen entspricht den sog. Basalkörperchen (= Kinetosomen) der Flimmerhaare (vgl. auch Abb. 87, 92, 96, 97). Färbung: Eisenhämatoxylin (= EH) (nicht mit H. E. verwechseln); Vergr. 240fach.

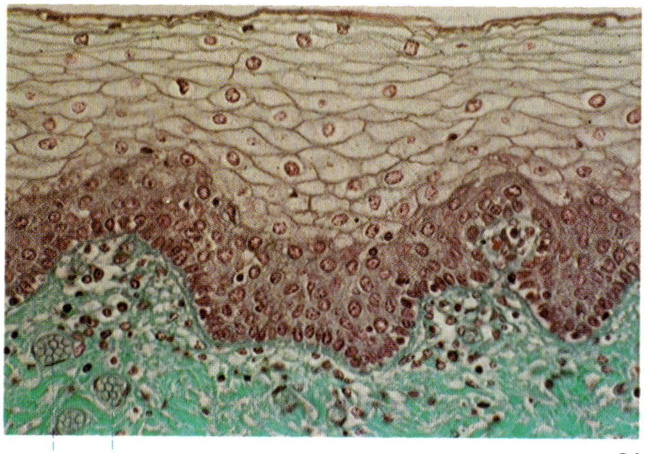

81

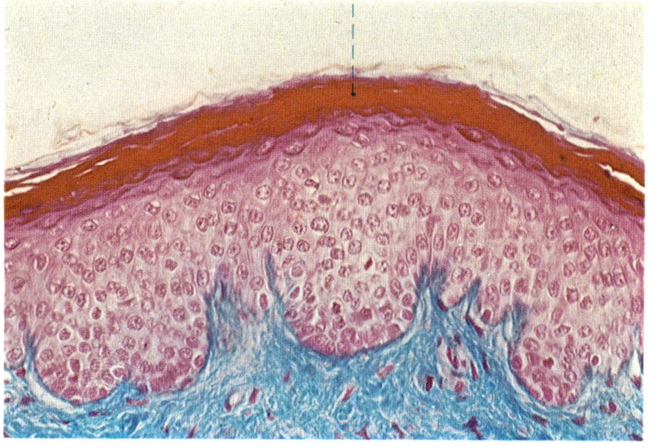

82

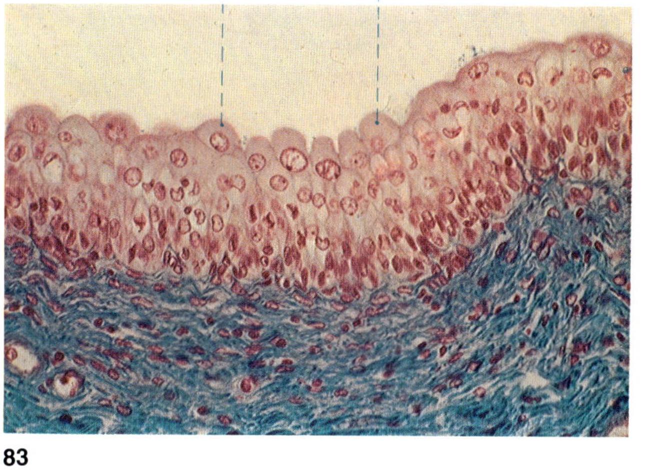

83

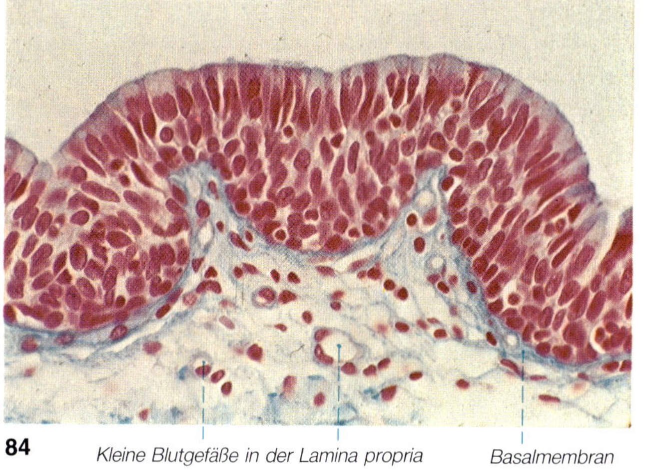

84

Abb. 81. Mehrschichtiges, unverhorntes Plattenepithel (Vagina, Mensch). Alle Zellen, auch die der obersten Schicht, enthalten Kerne, jedoch nur die letzteren zeigen die für Plattenepithelien charakteristische Gestalt. Übereinkunftsgemäß ist bei mehrschichtigen Epithelien immer die oberste Zellage für die formale Einordnung des jeweiligen Zellverbandes ausschlaggebend. Färbung: Goldner; Vergr. 240fach.

Abb. 82. Mehrschichtiges, verhorntes Plattenepithel der äußeren Haut des Nasenflügels (Mensch), das auch als „trockene Form“ dieser Epithelart bezeichnet wird. Die obersten Zellen sind kernlos und zu Hornschuppen umgewandelt. Färbung: Azan; Vergr. 240fach.

Abb. 83. Mehrschichtiges, isoprismatisches (= kubisches) Epithel der Harnblase (Mensch). Dieses sog. Übergangsepithel kennzeichnet Nierenbecken, Ureter und Harnblase und trägt seinen Namen, da es je nach Dehnungszustand von einem abgeflachten (z.B. gefüllte Harnblase) in ein hohes (z.B. leere Harnblase, vorliegende Abb.) Epithel übergeht (vgl. Abb. 390, 391). Bei einem mehr als einschichtigen Platten- oder isoprismatischen Epithel muß auch das Übergangsepithel in die differentialdiagnostischen Überlegungen einbezogen werden. Charakteristisch sind die großen polyploiden, manchmal zweikernigen Zellen der obersten Schicht (Deckzellen). Bisweilen wird dieses Epithel auch als Urothel bezeichnet. Färbung: Azan; Vergr. 240fach.

Abb. 84. Mehrschichtiges, prismatisches Epithel (selten) aus der weiblichen Harnröhre (Urethra, Mensch). Auch hier zeigen nur die obersten Zellen die für ein prismatisches Epithel typische Gestalt und sind daher für die formale Zuordnung verantwortlich. Färbung: Azan; Vergr. 380fach.

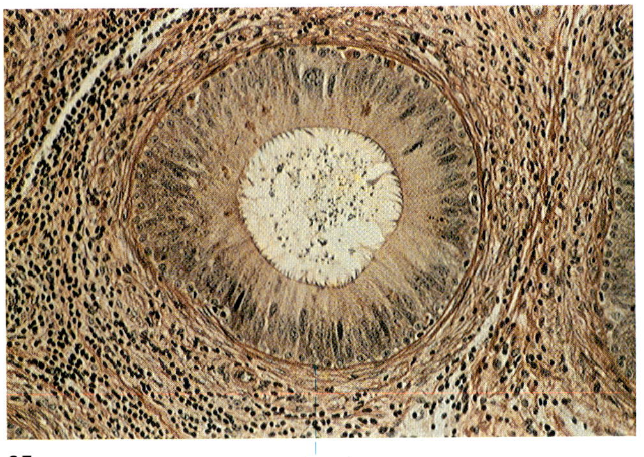

85

Abb. 85. Zweireihiges, prismatisches Epithel mit Stereozilien aus dem Nebenhodengang (Ductus epididymidis) des Menschen. Die Mehrreihigkeit, nämlich die Tatsache, daß jede Zelle des Verbandes die Basalmembran erreicht, jedoch nicht alle die freie Oberfläche, läßt sich bei dieser Vergrößerung und den üblichen Kurspräparaten nur mühsam erkennen. Die recht hohen Stereo- oder Kinozilien tragenden Epithelien des Menschen sind meist mehrreihig. Den Stereozilien fehlen – im Gegensatz zu den Kinozilien – die Basalkörperchen; die Stereozilien einer Zelle sind im Präparat i. a. schopfartig miteinander verklebt; sie entsprechen langen, z. T. verzweigten Mikrovilli (vgl. Abb. 95). Färbung: Benzolichtbordeaux; Vergr. 150fach.

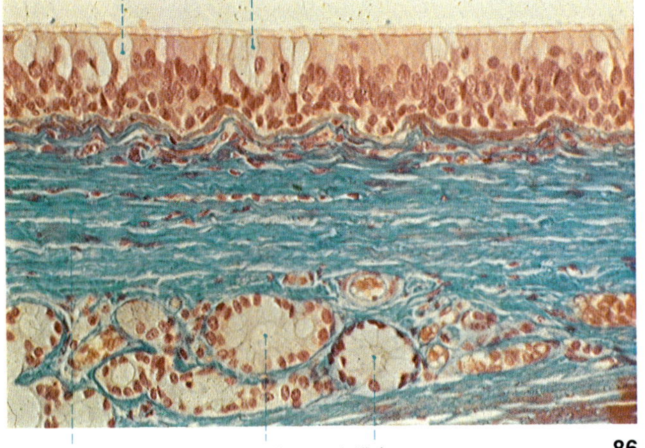

86

Abb. 86. Mehrreihiges, prismatisches Epithel (achte auf die Gestalt der Zellen in der obersten Schicht!) mit Kinozilien und Becherzellen. Da es in dieser Form nur in den Atemwegen vorkommt, wird es oft auch als „respiratorisches" Epithel bezeichnet (Trachea, Mensch). Färbung: Azan; Vergr. 240fach.

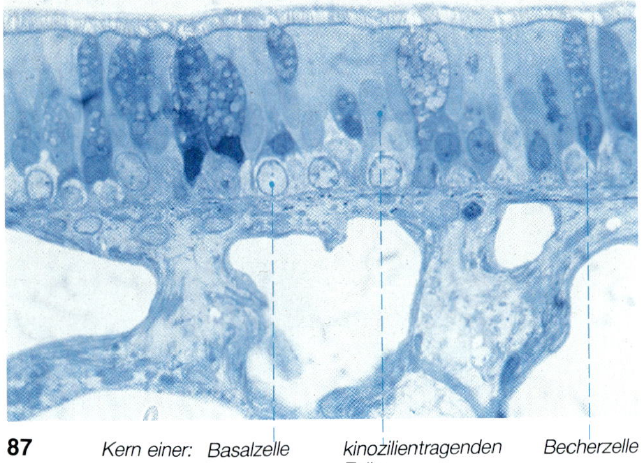

87

Abb. 87. Respiratorisches Epithel der Nasenschleimhaut eines Kaninchens im semidünnen Schnitt (Dicke ca. 1 µm) zur besseren Illustration der Baumerkmale dieses Epithelgewebes. Infolge der geringen Schnittdicke erkennt man jetzt drei parallel zueinander und zur Oberfläche verlaufende Kern„reihen", die sich deutlich durch das unterschiedliche Chromatinmuster ihrer Kerne voneinander abheben. Basale Reihe: große, helle Kerne; mittlere Reihe: stärker gefärbte Kerne der Becherzellen und blasse Kerne heranwachsender Epithelzellen; obere Reihe: helle, ovaläre Kerne. Sie gehören den ausdifferenzierten kinozilientragenden Zellen. Vgl. hiermit die elektronenmikroskopische Aufnahme der Abb. 97, die von demselben Material stammt. Färbung: Methylenblau-Azur II; Vergr. 380fach.

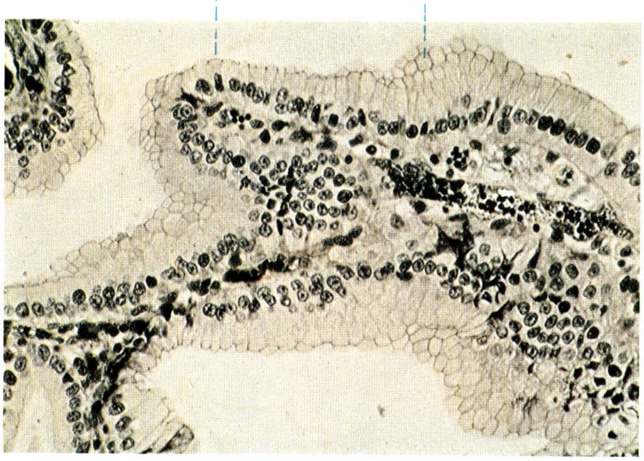

88

Abb. 88. Schleimhautfalte aus der Gallenblase (Mensch), deren hohes prismatisches Epithel in den flach (= tangential) geschnittenen apikalen Zellbereichen ein als schwärzliches, hexagonales Linienwerk hervortretendes „Schlußleistennetz" erkennen läßt. Sein elektronenmikroskopisches Äquivalent besteht aus einer regelmäßigen Abfolge verschieden strukturierter Zellkontakte (Zonula occludens, Zonula adhaerens, Macula adhaerens) entlang der Interzellularspalten (vgl. dazu Abb. 62a). Färbung: EH; Vergr. 240fach.

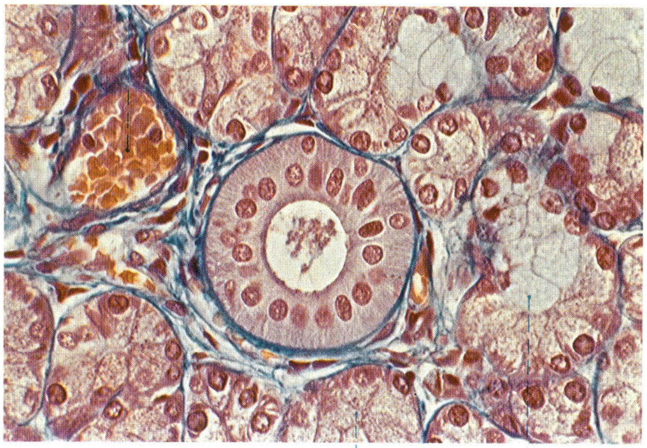

89

Abb. 89. Ein sog. „Streifenstück" aus dem Gangsystem der Glandula submandibularis des Menschen, dessen prismatische Epithelzellen in ihren basalen Bereichen eine senkrecht zur Basalmembran stehende, feinste radiäre Streifung erkennen lassen. Das elektronenmikroskopische Äquivalent dieser „basalen Streifung" wird als „basales Labyrinth" bezeichnet und ist in Abb. 28 dargestellt. Die isoliert im Epithel des Streifenstücks liegenden kleinen Kerne gehören zu Wanderzellen (oft Lymphozyten) und nicht zum Epithel. Färbung: Azan; Vergr. 380fach.

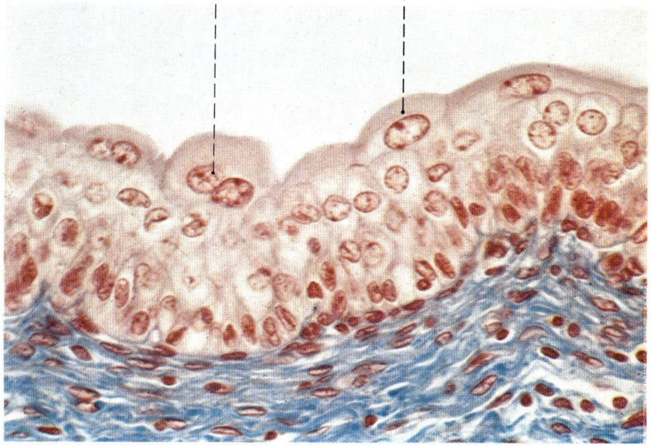

90

Abb. 90. Das Übergangsepithel (Harnblase, Mensch) zeigt als einziges eine intrazellulär gelegene und als „Crusta" bezeichnete Oberflächendifferenzierung, die sich daher in Routinefärbungen meist dunkler als das übrige Zytoplasma anfärbt. Elektronenmikroskopisch findet man in diesem Bereich auffallend zahlreiche, dicht gepackte Filamente und Vesikel. Färbung: Azan; Vergr. 380fach.

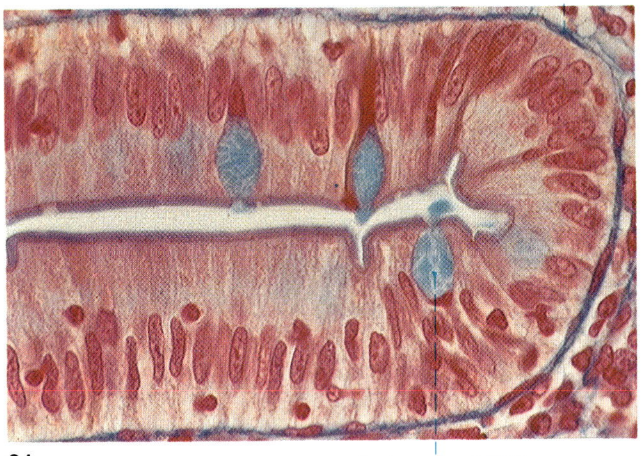

91

Die folgenden Abbildungen zeigen die drei typischen, aus unterschiedlich gestalteten und strukturierten Zytoplasmafortsätzen bestehenden Oberflächendifferenzierungen von Epithelien.

Abb. 91. Diese Abbildung (Saumepithel des Dünndarms, Mensch) zeigt den vor allem an resorbierenden Epithelien stets gut ausgebildeten Bürstensaum (hier blaßgrau-violett gefärbt), dessen einzelne Bauelemente, die Mikrovilli, jedoch erst elektronenmikroskopisch klar gegeneinander abzugrenzen sind (vgl. dazu die Abb. 26, 27, 94 und 318). Färbung: Azan; Vergr. 600fach.

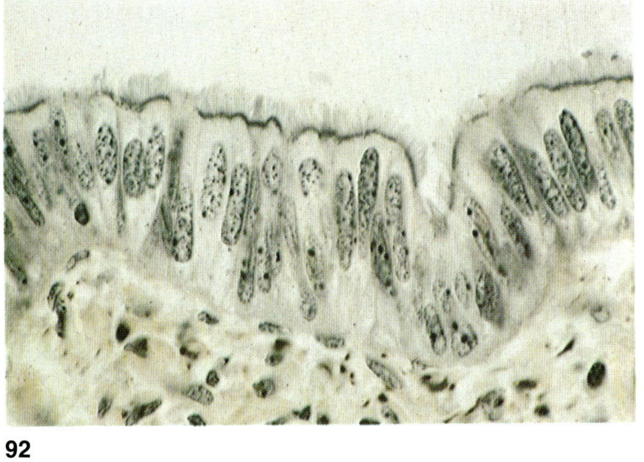

92

Abb. 92. Das einschichtige, prismatische Epithel des menschlichen Eileiters ist an seiner freien Oberfläche mit beweglichen Flimmerhaaren (= Kinozilien) ausgestattet, die vor allem durch die hier allerdings optisch zu einer durchlaufenden, blauschwarz gefärbten Linie verschmolzenen Basalkörperchen (= Kinetosomen) charakterisiert und dadurch sowohl von einem Bürstensaum als auch von den unbeweglichen Stereozilien zu unterscheiden sind (vgl. auch Abb. 97). Kinozilien sind wegen ihrer schlechten Färbbarkeit schwer im Präparat zu erkennen. Man kann sich dann dadurch helfen, daß man die Kondensorblende am Mikroskop zuzieht, wodurch Beugungssäume entstehen, die dann die Zilien klar hervortreten lassen. Färbung: EH; Vergr. 600fach.

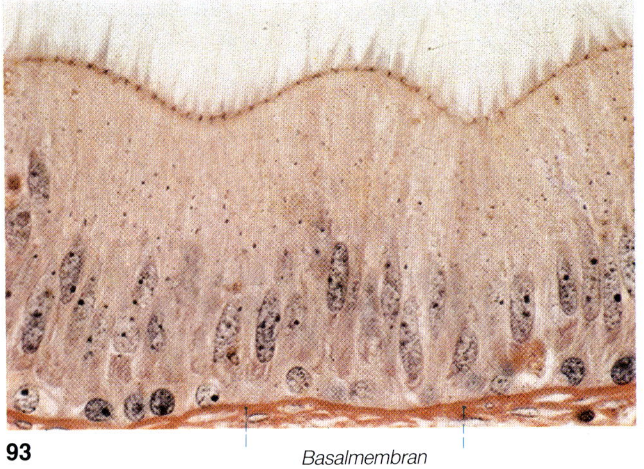

93

Abb. 93. Stereozilien entsprechen besonders langen Mikrovilli und haben wie diese keine Basalkörperchen. Sie sind im Unterschied zu normalen Mikrovilli meist schopfartig miteinander verklebt, wodurch sie im histologischen Präparat gut erkennbar sind (Ductus epididymidis, Mensch). Elektronenmikroskopisch zeigt sich, daß sie gelegentlich auch verzweigt sind (s. gegenüberliegende Abb. 95). Die äußerst feinen, dunklen Punkte zwischen den apikalen Enden der Epithelzellen entsprechen den Querschnitten durch das Schlußleistennetz (vgl. dazu auch Abb. 85). Färbung: Häm.-Benzolichtbordeaux; Vergr. 600fach.

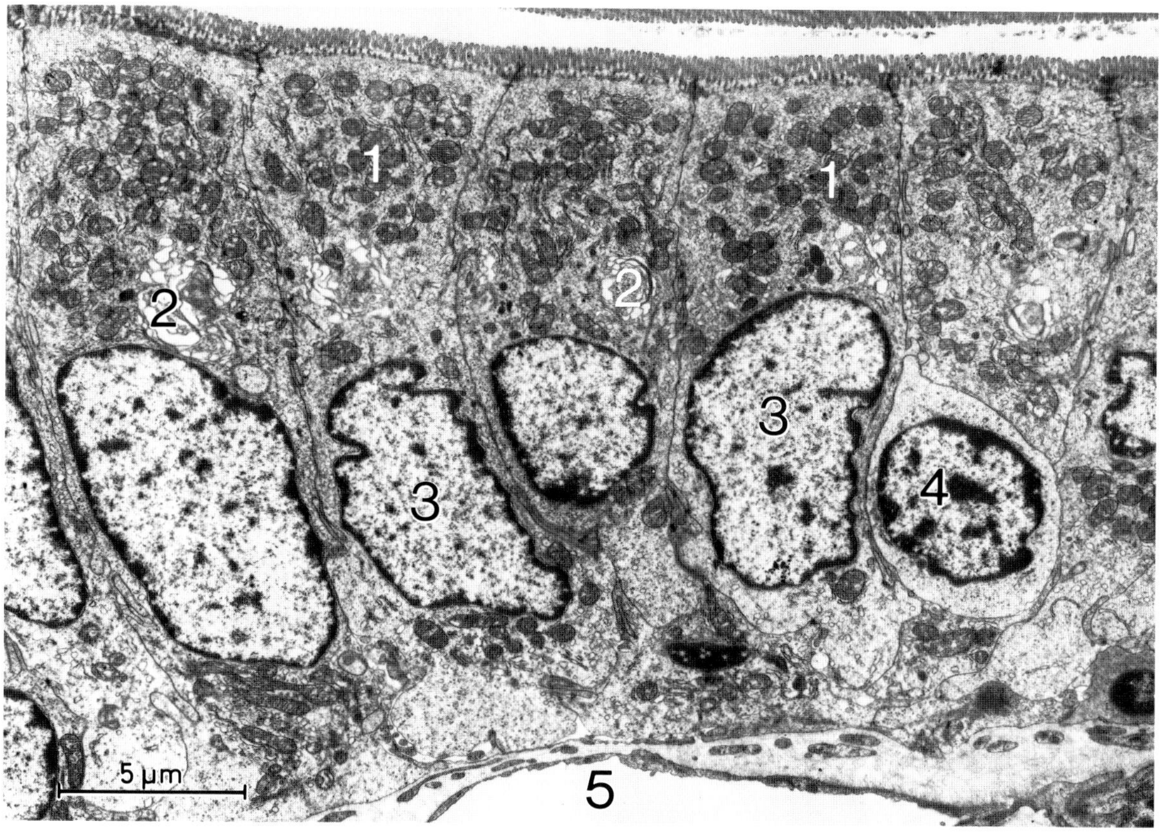

94

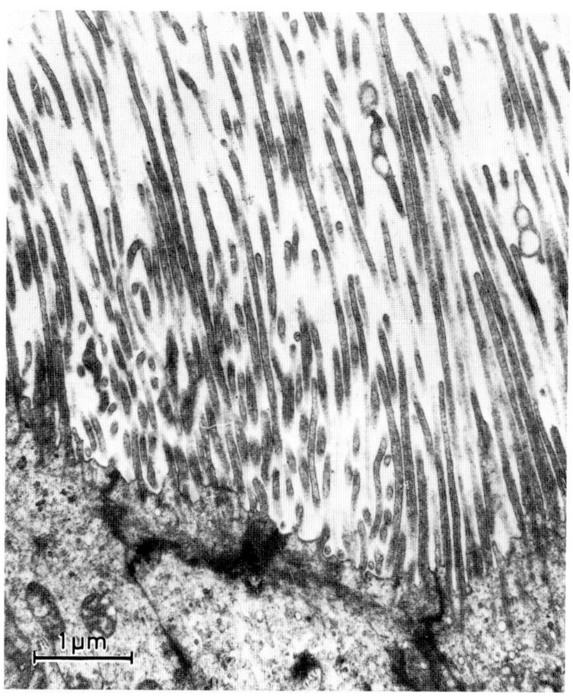

95

Abb. 94. Einschichtiges, prismatisches Epithel vom Duodenum der Ratte mit dichtstehenden und sehr regelmäßig gestalteten Mikrovilli (vgl. dazu auch Abb. 26 und 27). Das supranukleäre Zytoplasma ist prall mit Mitochondrien (**1**) gefüllt und zeigt dilatierte Golgi-Zisternen (**2**). **3** Kerne der Epithelzellen; **4** Kern eines Lymphozyten, der das Epithel durchwandert; **5** Lumen einer fenestrierten Kapillare. Gesamtvergr. 5000fach.

Abb. 95. Die Stereozilien im Ductus deferens (hier Ratte) sind sehr lange, schlanke und z. T. verzweigte Mikrovilli. Die Stereozilien mechanorezeptiver Sinneszellen im Innenohr sind andere hochspezialisierte Mikrovilli mit schmalem, kippbarem Anfangsstück, die eine wesentliche Rolle bei Reizaufnahme und -umformung haben. Gesamtvergr. 13 000fach.

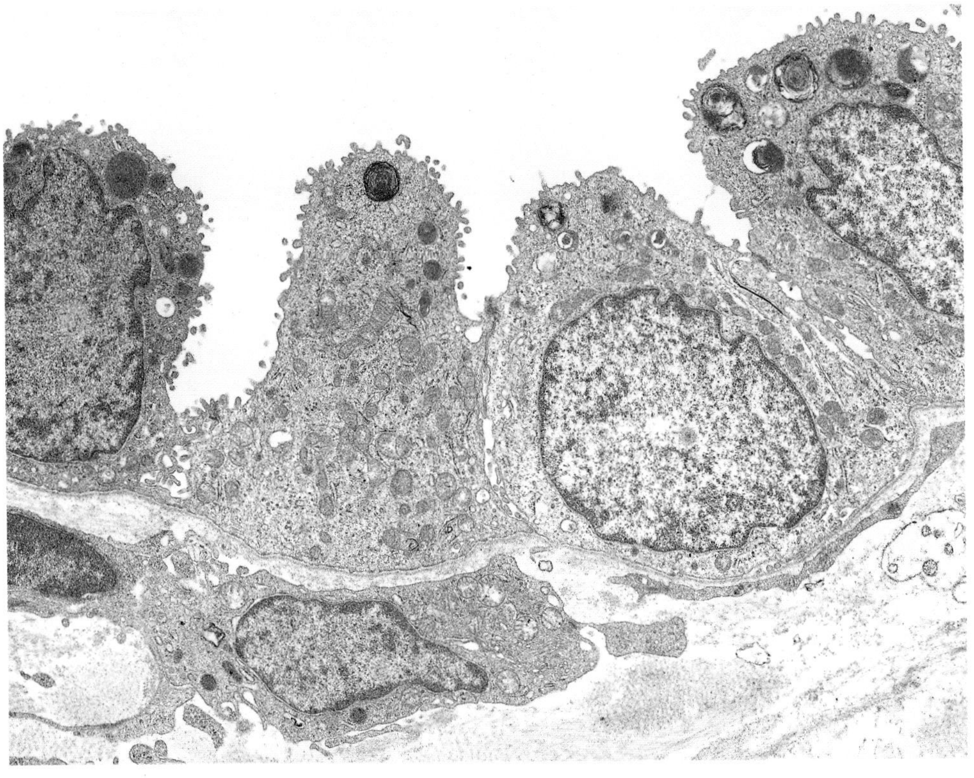

96

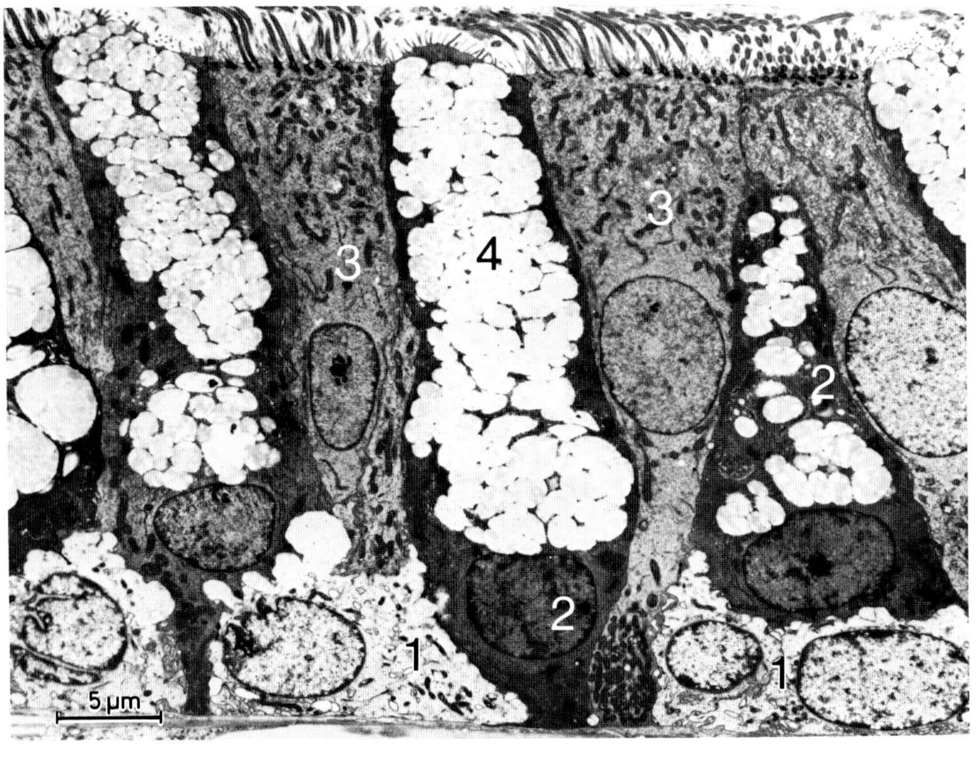

97

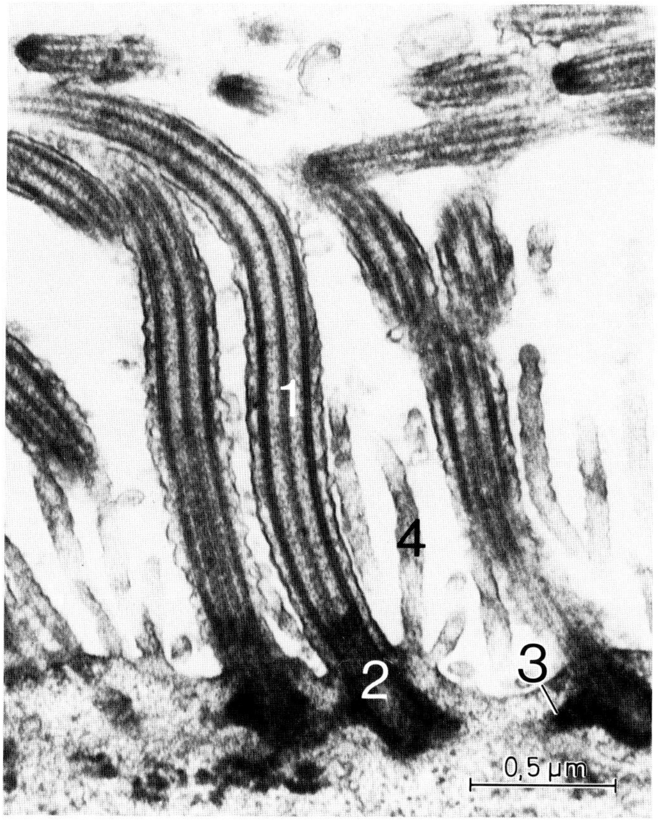

98a

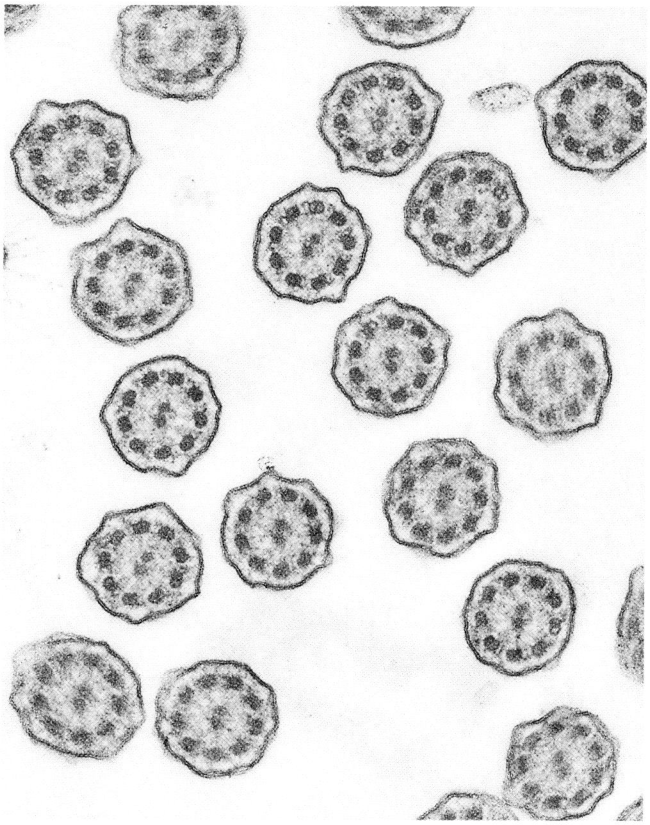

98b

Abb. 96. Einschichtiges kubisches bis prismatisches Epithel in einem terminalen Bronchiolus des Menschen. Eine Besonderheit sind hier die oft weit ins Lumen vorgewölbten Zellapices; die rechte Zelle zeigt die Merkmale eines Pneumozyten II (Lamellenkörper); die Zellen links im Bild zeigen überwiegend Merkmale von Clara-Zellen. Gesamtvergr. 6700fach.

Abb. 97. Mehrreihiges, prismatisches Epithel mit Kinozilien (sog. respiratorisches Epithel) vom Septum nasi eines Kaninchens. Alle Zellen erreichen die Basalmembran, aber nicht alle die Oberfläche. Insgesamt lassen sich drei verschiedene Zelltypen unterscheiden: (**1**) basale Zellen, (**2**) Becherzellen und (**3**) kinozilientragende Zellen. Die Kerne dieser Zelltypen bilden Reihen, die in verschiedenen Etagen des Epithels parallel zueinander verlaufen. Beachte, daß zwischen den an ihren elektronendichten Basalkörperchen leicht identifizierbaren Kinozilien unregelmäßige Mikrovilli von der Oberfläche derselben Zelle ausgehen (Einzelheiten s. Abb. 98). **4** Intrazelluläre Schleimmassen, die durch Verschmelzung von Schleimgranula entstanden. Gesamtvergr. 2700fach.

Abb. 98. Kinozilien (Flimmerhaare) in Längs- (**a**) und Querschnitt (**b**).
a) Eine der Zilien (**1**) ist entlang ihrer Mitte vom Schnitt getroffen und zeigt daher sowohl die zentrale wie zwei der peripheren „Fibrillen“, die in Wirklichkeit Paare von Mikrotubuli darstellen. Das zentrale Paar endet oberhalb vom Basalkörperchen (**2**), einem modifizierten Zentriol, während die äußeren Paare sich in zwei der Mikrotubuli fortsetzen, die als Triplets die Wand des Basalkörperchens bzw. Zentriols bilden (Einzelheiten s. S. 28). Von letzteren gehen im rechten Winkel sog. Wurzelfüßchen (**3**) ab, die eine diskrete Querstreifung erkennen lassen und insgesamt als elektronendichte Dreiecke imponieren. Beachte die Mikrovilli (**4**) zwischen den Zilien. Nasenschleimhaut, Kaninchen. Gesamtvergr. 39 000fach.
b) Im Querschnitt lassen die Kinozilien ihre komplexe Binnenstruktur erkennen. Diese besteht aus zwei getrennten, zentralen Mikrotubuli und neun Mikrotubuluspaaren (= Doubletten), die in konstantem Abstand voneinander kreisförmig angeordnet sind. Da diese Binnenstruktur, insgesamt als Axonem bezeichnet, fast allen Kinozilien gemeinsam ist, wird sie deren „9 + 2“-Struktur genannt. Die zentralen Tubuli stehen durch zarte Speichen mit den Doubletten in Verbindung, von denen wiederum freie Arme in Richtung auf die entgegen dem Uhrzeigersinn folgende Nachbardoublette ausgehen. Bronchus, Mensch. Gesamtvergr. 65 000fach.

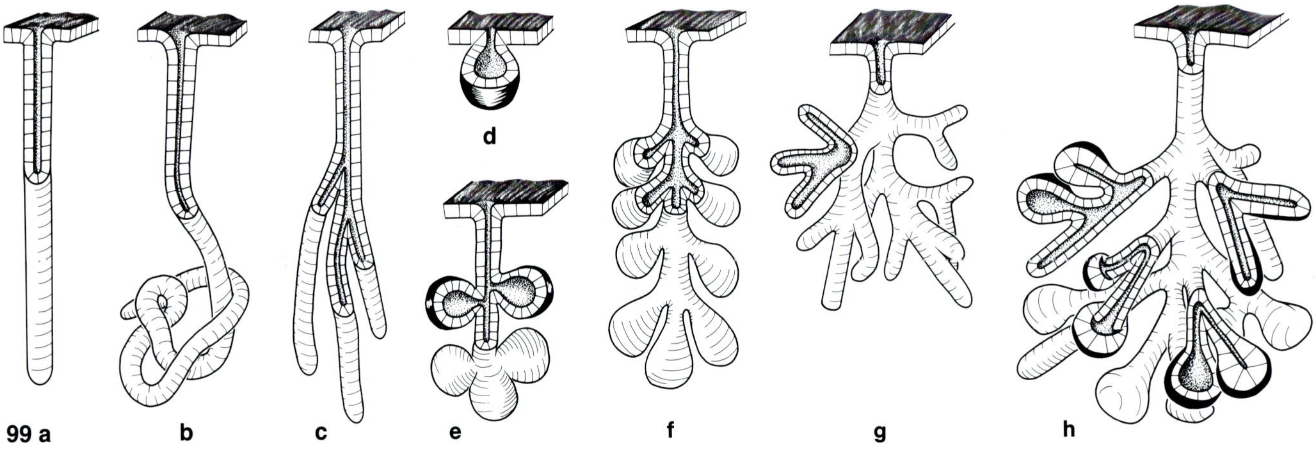

Abb. 99. Schematische Darstellung verschiedener Arten von exokrinen Drüsenendstücken und deren Wuchsformen. Endstücke sind unterschiedlich gestaltete sekretproduzierende Teile der exokrinen Drüsen. Die Sekrete können über das z. T. differenzierte Gangsystem, das die Sekrete noch modifizieren kann, abgeleitet werden.
a) Einfache tubulöse (schlauchförmige) Drüse, d. h., jedes Endstück mündet gesondert für sich auf der freien epithelialen Oberfläche (Beispiel: Krypten des Kolons). **b)** Einfache, geknäuelte, tubulöse Drüse (Beispiel: Schweißdrüsen der Haut). **c)** Verzweigte tubulöse Drüse, d. h., mehrere Endstücke münden in einen gemeinsamen unverzweigten Ausführungsgang (Beispiel: Drüsen in der Schleimhaut der Pars pylorica des Magens). **d)** Einfache azinöse (enges Lumen) oder alveoläre (weites Lumen) Drüse; die Endstücke sind annähernd kugelig oder eiförmig. **e)** Verzweigte alveoläre Drüse, mehrere Alveolen münden in einen unverzweigten Gang. **f)** Zusammengesetzte azinöse Drüse, die Azini münden in ein verzweigtes Gangsystem. **g)** Zusammengesetzte tubulöse Drüse, die einzelnen tubulösen Endstücke münden in ein z. T. reichverzweigtes Gangsystem. **h)** Tubuloazinöse oder -alveoläre Drüse; in einer Drüse kommen bei verzweigtem Gangsystem sowohl azinöse oder alveoläre als auch tubulöse Endstücke vor, die hintereinandergeschaltet sein können oder die getrennt in das Gangsystem münden. Siehe auch Tabelle 5.

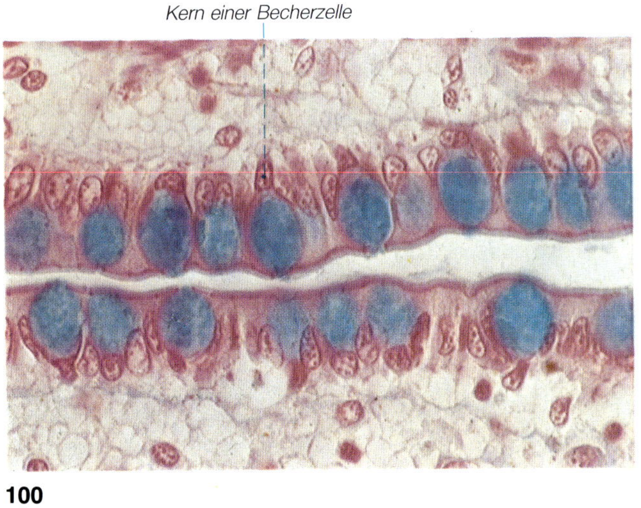

100

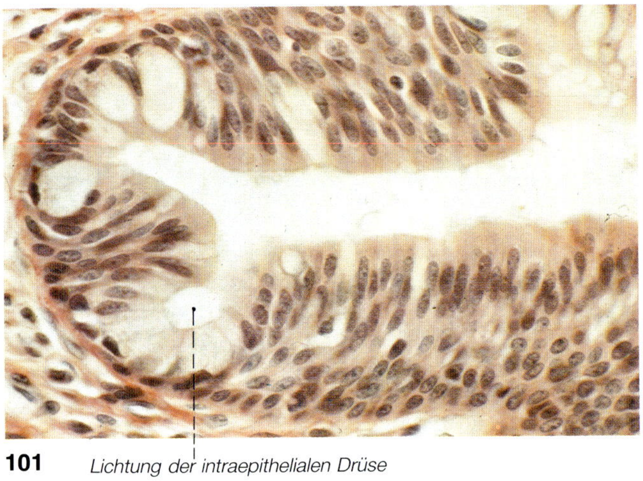

101

Abb. 100. Becherzellen im Epithel des Ileums als Beispiel einzelliger, intraepithelial gelegener Drüsen. Bei der Azanfärbung färben sich schleimhaltige Sekrete oft in verschiedenen Blautönen. Beachte die etwa keilförmigen Kerne im Becher„stiel“ sowie den deutlichen Bürstensaum des Epithels. Färbung: Azan; Vergr. 600fach.

Abb. 101. Mehrzellige intraepitheliale Drüse im Schleimhautepithel des Septum nasi (Mensch). Drüsenzellen bleiben im Niveau des Epithels. Färbung: EH-Benzopurpurin; Vergr. 380fach.

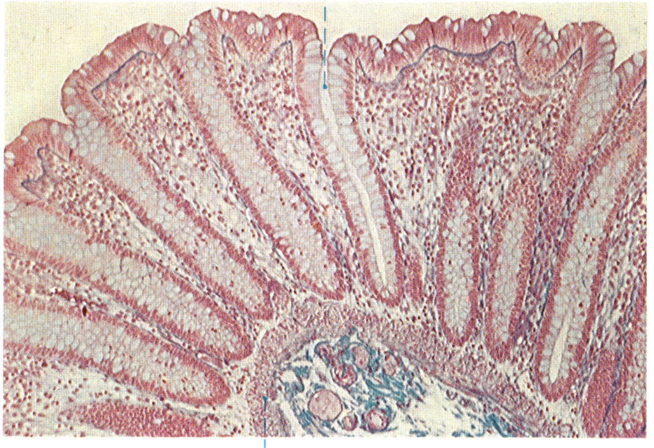

102

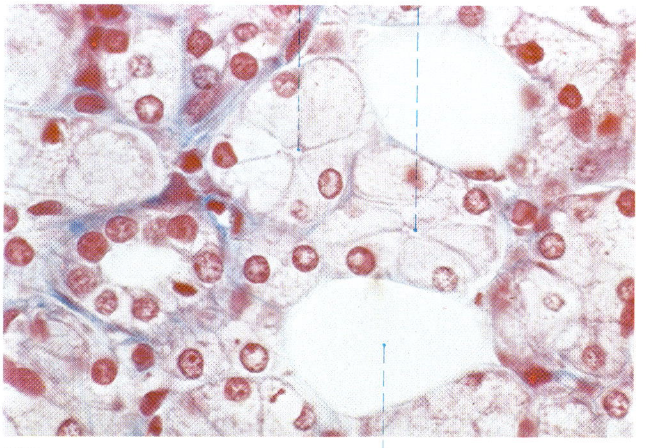

103

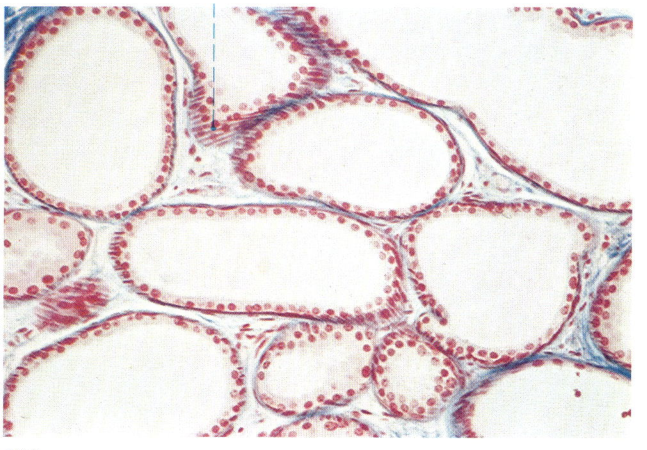

104

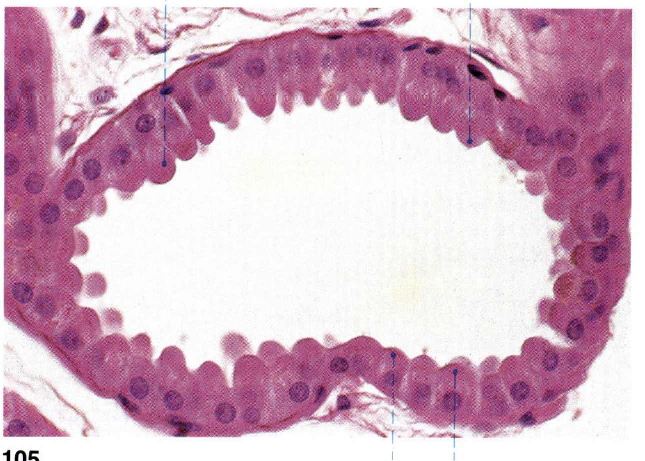

105

Abb. 102. Die annähernd parallel zueinander stehenden, schlauchförmigen Einsenkungen des Kolonepithels (= Krypten) sind ein Musterbeispiel für einfache tubulöse Drüsen. Die Wand dieser reagenzglasähnlichen Tubuli besteht überwiegend aus sezernierenden Zellen (Becherzellen). Infolge einer nie exakt senkrechten Orientierung aller Krypten zur Oberfläche werden sie oft tangential oder nur teilweise vom Schnitt erfaßt. Beachte die entlang des Kryptengrundes quer geschnittenen glatten Muskelzellen der Lamina muscularis mucosae. Färbung: Azan; Vergr. 95fach.

Abb. 103. In der Bildmitte ein idealer Querschnitt eines azinösen Endstückes (Gl. parotis, Mensch). Beachte die keilförmige Gestalt der Zellen, ihre stets runden Kerne sowie die hier besonders deutliche Lichtung (vgl. auch mit Abb. 111). Färbung: Azan; Vergr. 600fach.

Abb. 104. Besonders weitlumige tubulöse Endstücke der Duftdrüsen der Haut (Gl. ceruminosae des äußeren Gehörganges, Mensch), die wegen ihres Sekretionsmechanismus auch als apokrine Drüsen oder Schweißdrüsen bezeichnet werden. Färbung: Azan; Vergr. 150fach.

Abb. 105. Apokriner Sekretionsmechanismus in einem tubulösen Endstück einer Duftdrüse aus der menschlichen Achselhöhle. Die apikalen, sekretreichen Zellkappen (Zellkuppen) können in die Drüsenlichtung vorragen und offensichtlich abgeschnürt werden. Färbung H. E. Vergr. 380fach.

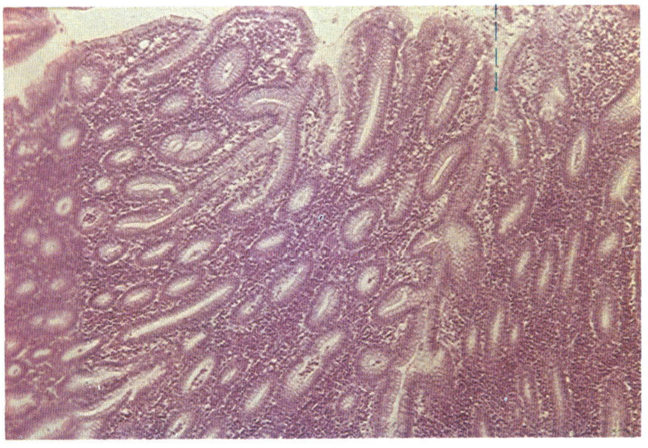

106

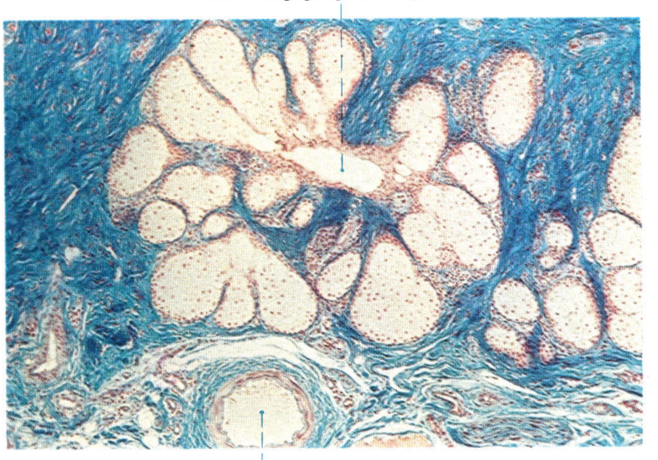

107

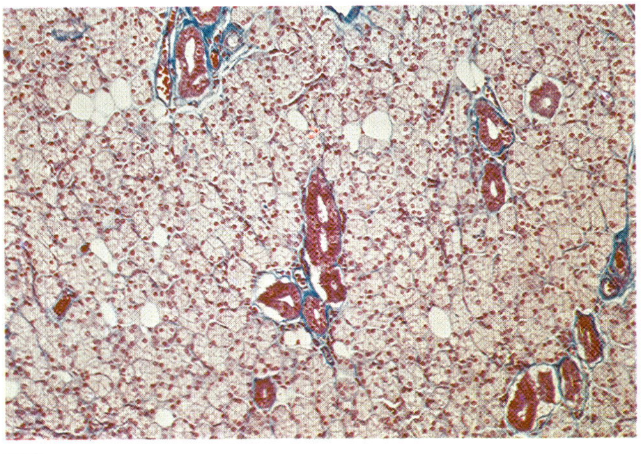

108

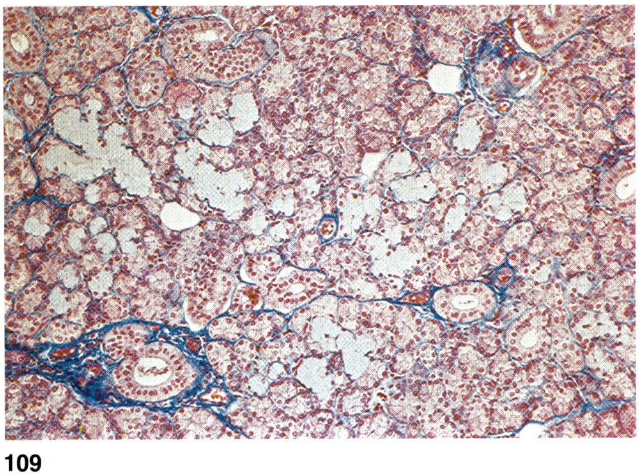

109

Abb. 106. Verzweigte tubulöse Drüsen aus der Magenschleimhaut (Pars pylorica, Mensch), deren schlauchförmige Gestalt und Verästelungsstellen jedoch im Präparat aufmerksam gesucht werden müssen, da die Drüsen immer nur teilweise vom Schnitt getroffen werden. Färbung: H.E.; Vergr. 60fach.

Abb. 107. Verzweigte alveoläre Drüse (Talgdrüse aus dem oberen Augenlid, Mensch), deren Lichtung von den sich allmählich in Sekret umwandelnden Zellen ausgefüllt wird, sog. holokriner Sekretionsmechanismus. Färbung: Azan; Vergr. 60fach.

Abb. 108. Rein seröse (S. Abb. 304–306), nach der Gestalt der Endstücke als azinös einzuordnende Drüse (Gl. parotis, Mensch; vgl. Abb. 103), deren reichverzweigtes ausführendes Gangsystem (das sind die größeren, epithelbegrenzten Lichtungen) sie außerdem noch als zusammengesetzt klassifizieren läßt. Färbung: Azan; Vergr. 96fach.

Abb. 109. Nach der Art des Sekrets als gemischte seromuköse, nach Form der sezernierenden Endstücke als tubuloazinöse und nach dem Gangsystem als zusammengesetzt einzuordnende Speicheldrüse (Gl. submandibularis, Mensch), deren schleimproduzierende Endstücke den tubulösen Anteil der Drüse bilden und hier durch ihre helle blau-graue Färbung deutlich hervortreten. Färbung: Azan; Vergr. 96fach.

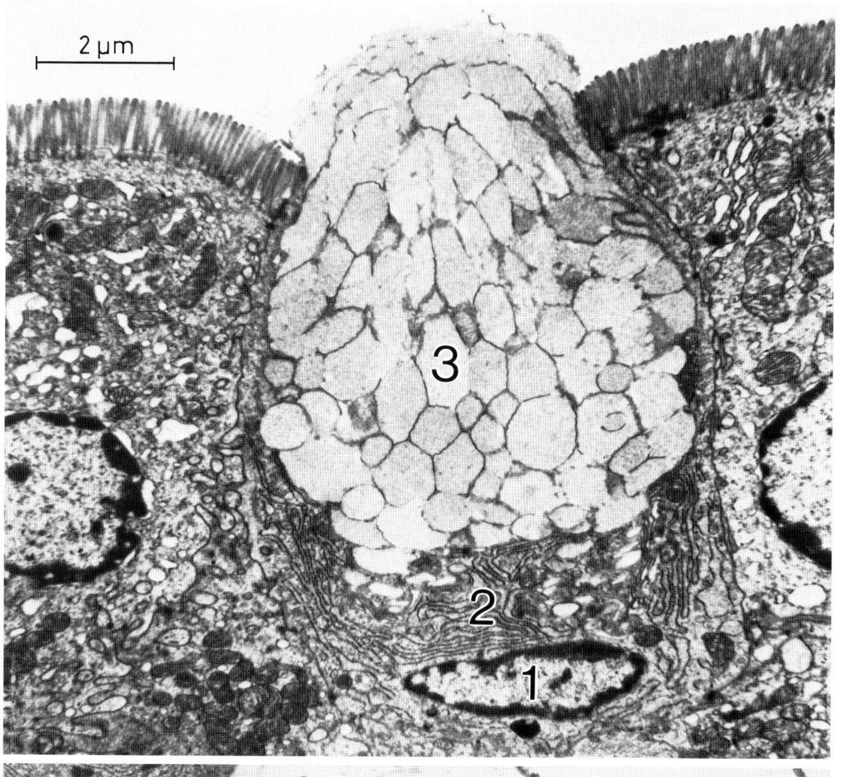

Abb. 110. Becherzelle im Epithel des Dünndarms einer Ratte (vgl. auch mit den lichtmikroskopischen Abb. 91 und 100). Der Boden dieser Zellen enthält den Kern (**1**) und die Hauptmasse des Zytoplasmas mit seinen Organellen, unter denen hier vor allem das gutentwickelte rauhe ER (**2**) auffällt. **3** Schleimgranula. Gesamtvergr. 9000fach.

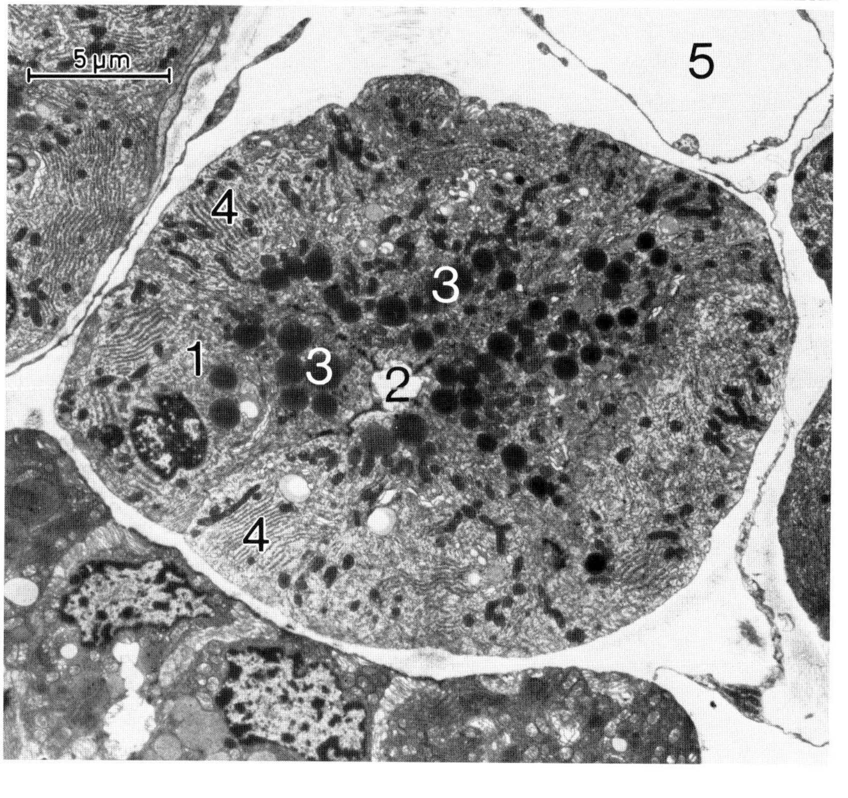

Abb. 111. Querschnitt durch ein azinöses Drüsenendstück in der Submukosa der Nasenschleimhaut eines Kaninchens. Die Einzelzellen sind schlecht gegeneinander abzugrenzen, und daher ist auch nur in einem Fall (**1**) die typisch keilförmige Gestalt dieser Zellen erkennbar. Beachte die enge Lichtung (**2**) sowie die Sekretgranula (**3**) und die abluminale Konzentrierung von geordneten Zisternenstapeln des rauhen ER (**4**). **5** Lumen einer fenestrierten Kapillare. Gesamtvergr. 3500fach.

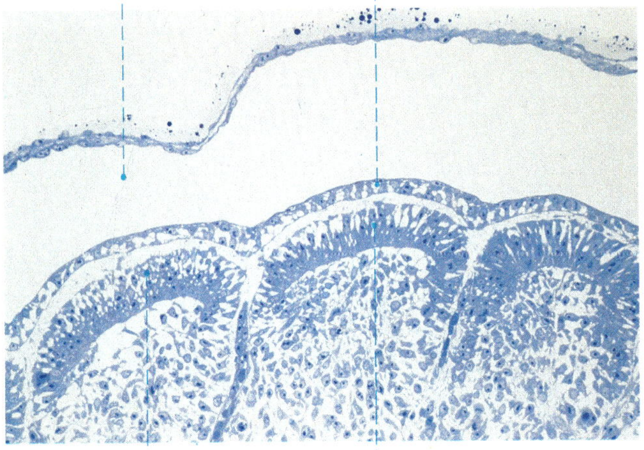

112

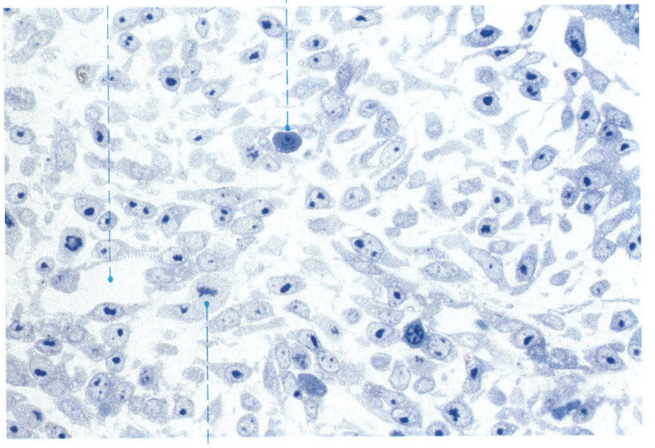

113

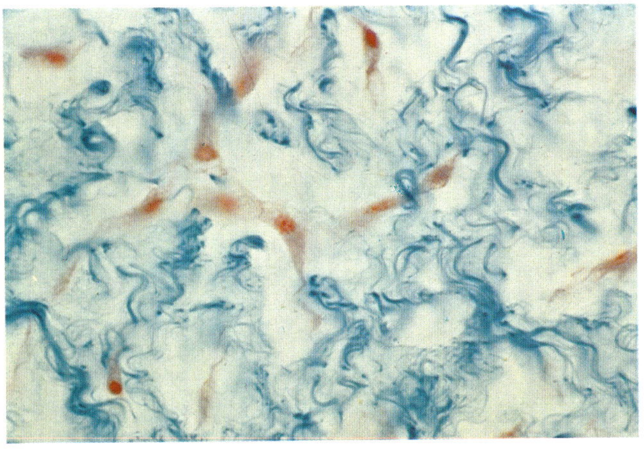

114

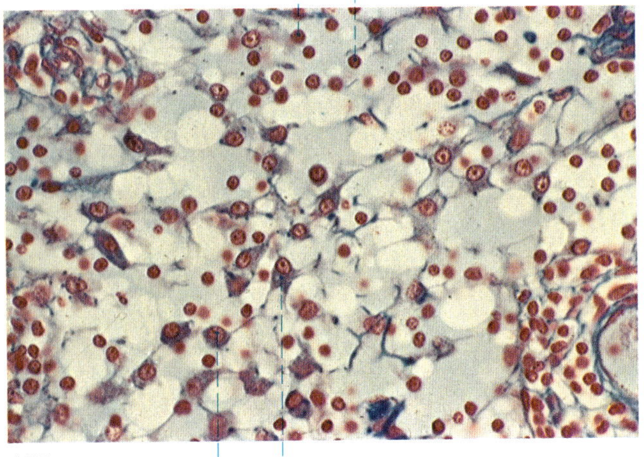

115

Abb. 112. Semidünner, paramedianer Längsschnitt (Dicke: ca. 1 µm) durch einen vier Tage alten Hühnerkeim. Unter der epithelialen Oberfläche erkennt man drei gut gegeneinander abgegrenzte Ursegmente (Somiten), die sich in Myo-, Derma- und Sklerotom gliedern und Ursprungsort aller Mesenchymzellen (noch nicht differenzierte, mesodermale Mutterzellen fast aller Binde- und Muskelgewebe) sind. Mesenchymzellen können auch aus Material der Neuralleiste („Mesektoderm") entstehen. Färbung: Methylenblau-Azur II; Vergr. 150fach.

Abb. 113. Bei höherer Auflösung lassen die mesenchymalen Zellen eines Ursegments ihre verzweigte Gestalt und ihren netzförmigen Zusammenhang gut erkennen. Darüber hinaus finden sich einige Mitosen sowie neugebildete Blutgefäße. Die Interzellularräume sind mit visköser, hyaluronsäure- und wasserreicher Interzellularflüssigkeit gefüllt. Färbung: Methylenblau-Azur II; Vergr. 380fach.

Abb. 114. Gallertiges Bindegewebe mit Fasern (Whartonsche Sulze der Nabelschnur, Mensch). Die Zellen (Fibroblasten, rote Kerne) treten hier zugunsten der Interzellularsubstanz in den Hintergrund. Letztere besteht aus der „amorphen" Grundsubstanz (u.a. Hyaluronsäure, Proteoglykane, verschiedene Glykoproteine) und den „geformten" Elementen (Bindegewebsfasern, hier Kollagenfasern, blaugefärbt). Färbung: Azan; Vergr. 380fach.

Abb. 115. Retikuläres Bindegewebe aus dem Marksinus eines Lymphknotens (Katze). Vor allem in der Bildmitte erkennt man deutlich die sternförmig verzweigten faserbildenden Retikulumzellen, deren Oberfläche sich zarte, hier blaugefärbte, retikuläre Fasern (= Retikulin-, Gitterfasern) anlegen. Die vielen kugeligen, kräftig rot gefärbten Zellkerne gehören zu Lymphozyten. Färbung: Azan; Vergr. 380fach.

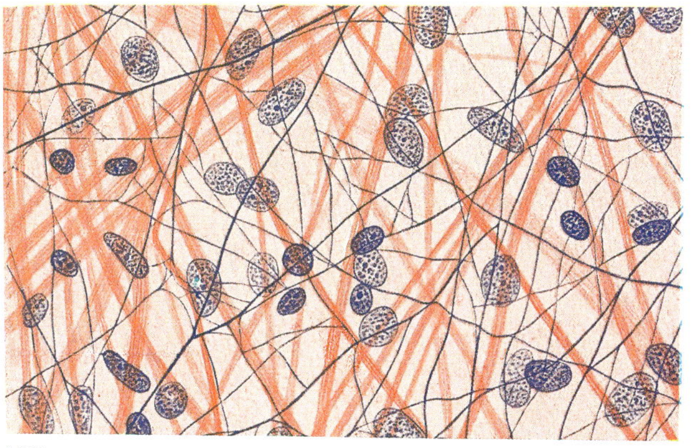

116

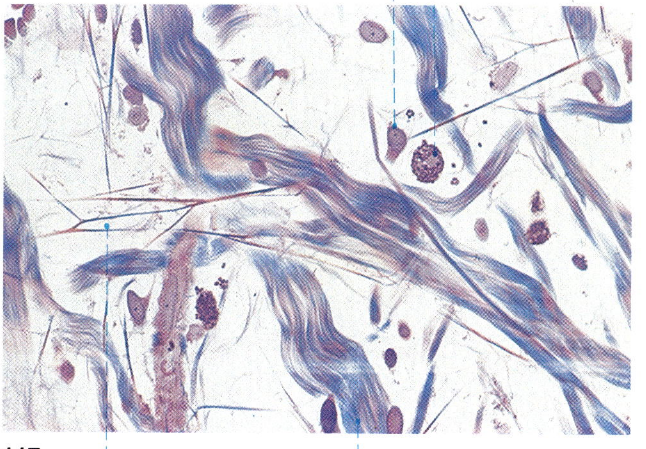

117

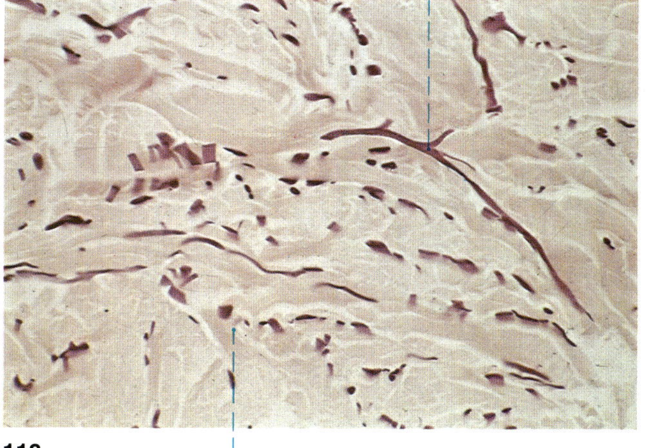

118

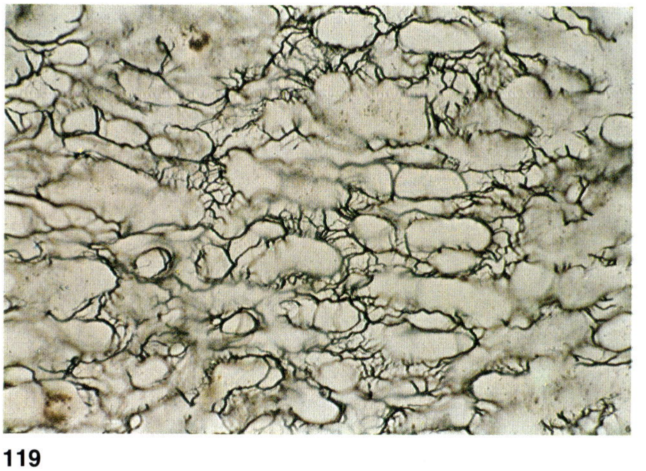

119

Abb. 116. Zeichnung eines Häutchenpräparates vom Omentum majus einer Ratte zur Illustration der Unterschiede von kollagenen und elastischen Fasern. Die wesentlich breiteren Kollagenfasern (rot gefärbt) zeigen hier nicht ihren üblichen wellenförmigen Verlauf (vgl. Abb. 117), da das Präparat unter starker Spannung fixiert wurde. Die unverzweigten Kollagenfasern bilden unterschiedlich im Raum angeordnete Geflechte, und die verzweigten elastischen Fasern dreidimensional vernetzte Strukturen. Elastikafärbung und H. E. Vergr. 400fach.

Abb. 117. Semidünner Flachschnitt (Dicke ca. 1 μm) durch das Mesenterium einer Ratte zeigt breite, an Haarsträhnen erinnernde Kollagenfasern, die aus Untereinheiten zusammengesetzt sind. Die wesentlich dünneren elastischen Fasern erscheinen hier fast wie Kristallnadeln, lassen aber zweifelsfrei echte Verzweigungen erkennen. Die purpurgranulierten Zellen sind Mastzellen, während die übrigen Kerne überwiegend zu Fibrozyten gehören. Färbung: Safranin-Methylenblau-Azur II; Vergr. 380fach.

Abb. 118. Kollagene und elastische Fasern aus der Dermis des Menschen. Die blaßbraun gefärbten, breiten Kollagenfasern werden in allen Richtungen des Raumes von zarteren elastischen Fasernetzen durchquert. Keine Kerngegenfärbung (zum Begriff „Faser“ s. Tabelle 8). Elastikafärbung (Resorcin-Fuchsin); Vergr. 240fach.

Abb. 119. Retikuläre Fasern in den Disseschen Räumen der Leber, durch Versilberung dargestellt (daher auch ihr Name „argyrophile“ Fasern). Diese feinen Fasern entsprechen einer Sonderform der Kollagenfasern und bilden oft entlang den Grenzflächen zwischen dem interstitiellen Bindegewebskörper eines Organs (= Stroma) und dessen spezifischen Zellen (= Parenchym) ein filigranartiges Netzwerk. In den hier nicht gefärbten Räumen liegen die Leberzellbalken. Versilberung nach Bielschowsky; Vergr. 240fach.

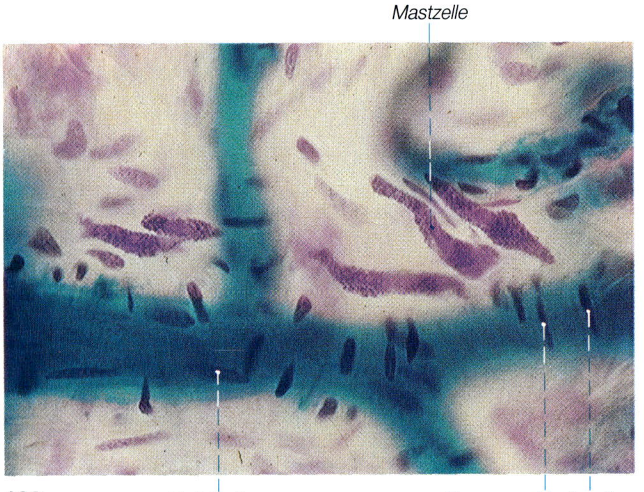

120

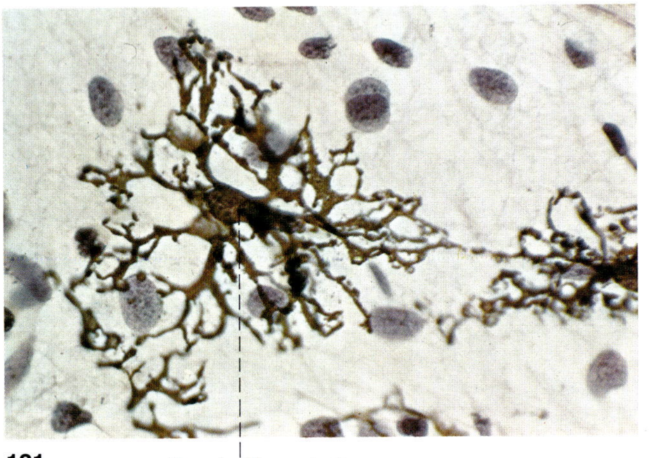

121

Abb. 120. Mehrere entlang einer kleinen Arterie aufgereihte, violettgefärbte Mastzellen (Häutchenpräparat des isolierten Periostes, Hund), die durch die Metachromasie (Violettfärbung stark negativ geladener Gewebekomponenten mit dem blauen Farbstoff Toluidinblau) ihrer Granula infolge ihres hohen Gehaltes an Heparin, einem Mukopolysaccharid, klar hervortreten. Die Gefäße sind mit Berlinerblau-Gelatine injiziert. Färbung: Toluidinblau; Vergr. 600fach.

Abb. 121. Stark verzweigte Pigmentzelle (Chromatophore) im Bindegewebe einer Salamanderlarve. Bei dem in granulärer Form vorliegenden Pigment handelt es sich um Melanin. Kernfärbung: Hämalaun; Vergr. 380fach.

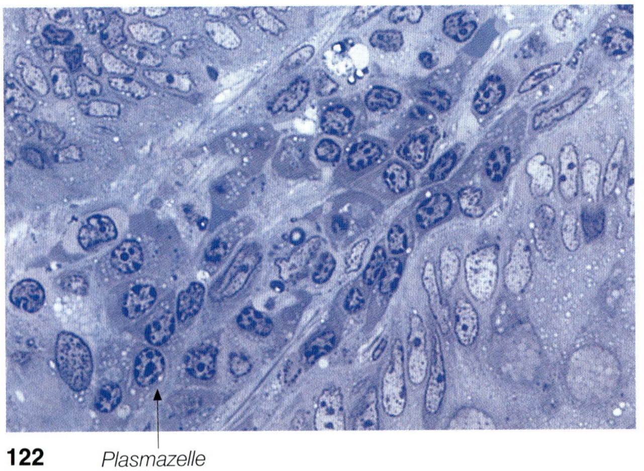

122

Abb. 122. Viele Plasmazellen in der Lamina propria des Kolons des Menschen. Typisch ist der i. a. exzentrisch gelegene rundliche Kern mit der „Radspeichen"struktur des Chromatingerüstes: peripher und im Zentrum liegen mehrere grobe Heterochromatinschollen. Das Zytoplasma ist entsprechend dem reichentwickelten rauhen ER basophil, der große Golgi-Apparat bildet eine am Kern gelegene aufgehellte Zone. Semidünnschnitt, Toluidinblau; Gesamtverg. 600fach.

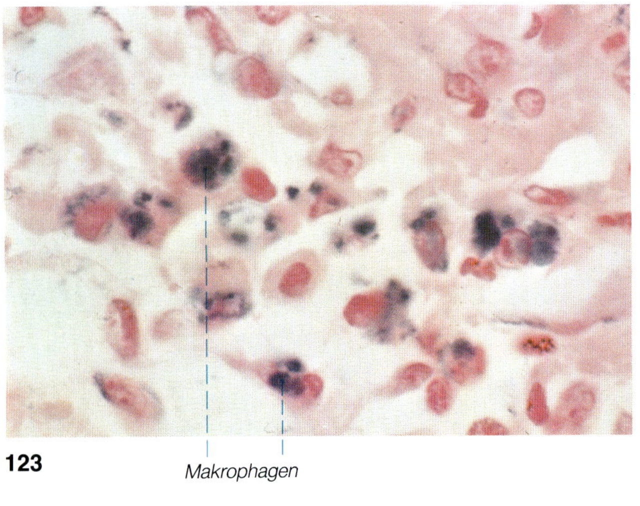

123

Abb. 123. Makrophagen (Histiozyten) im Unterhautbindegewebe einer Maus. Diese amöboid beweglichen Zellen leiten sich von Monozyten ab (mononukleär-phagozytierendes System) und sind durch ihre Phagozytosefähigkeit gekennzeichnet. Im Präparat haben sie injiziertes Trypanblau aufgenommen. Färbung: Kernechtrot; Vergr. 960fach.

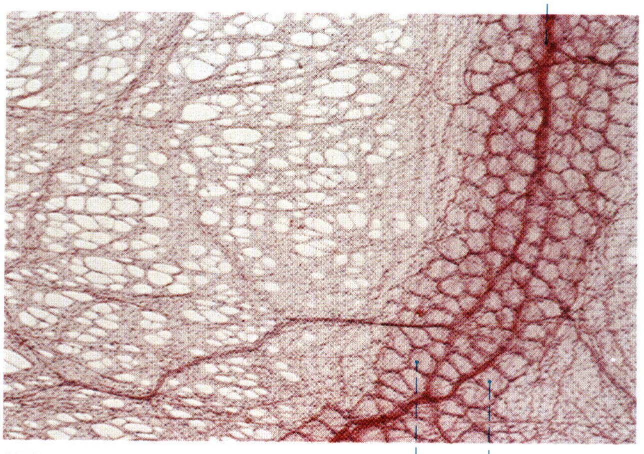

124

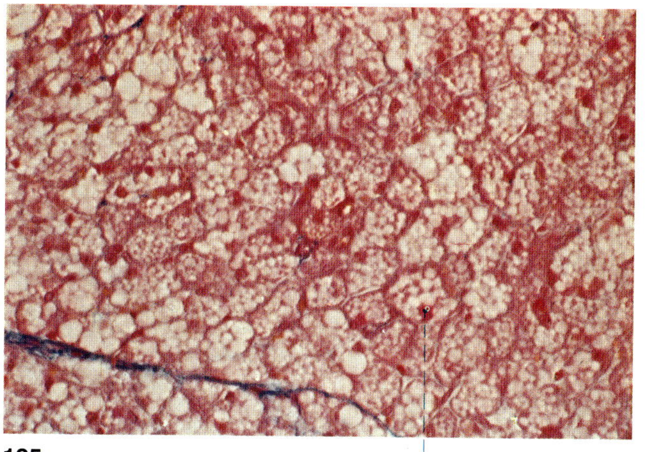

125

Abb. 124. Lockeres (areoläres) Bindegewebe aus dem Omentum majus einer Katze. Die kleine Arterie ist von einem Mantel univakuolären Fettgewebes umgeben (Wabenmuster links und rechts von der Arterie); das in Form eines großen Tropfens intrazellulär gelegene Fett ist nur mit spezieller Technik anzufärben (vgl. Abb. 126). Häutchenpräparat-Färbung: Häm.-Benzolichtbordeaux; Vergr. 38fach.

Abb. 125. Im plurivakuolären (braunen) Fettgewebe (Katzenfoet) besitzen die einzelnen Zellen immer mehrere Fettvakuolen unterschiedlicher Größe (daher der Name, vgl. auch mit Abb. 134). Die i. a. rundlichen und relativ hellen Kerne liegen im Innern oder auch in der Peripherie der Zellen. Diese bilden perinatal Wärme, weisen viele Stoffwechselbesonderheiten auf und sind mitochondrienreich. Färbung: Azan; Vergr. 240fach.

Abb. 126. Gruppen von Fettzellen im Mesenterium des Menschen. Der große Fetttropfen der ausgereiften univakuolären Fettzellen ist hier erhalten und mit dem Fettfarbstoff Sudan III rot angefärbt; er füllt die ganze Zelle aus. Kernfärbung: Hämalaun; Gesamtvergr. 100fach.

Abb. 127. Univakuoläre Fettzellen nach Herauslösen ihres Inhaltes, was bei allen Routineeinbettungen unvermeidbar ist, da das Material durch fettlösende Medien wie Alkohol u. ä. entwässert werden muß (s. S. 1). Infolgedessen erscheinen die Zellen als optisch leere, sich gegeneinander abplattende Schnittprofile, deren äußere Begrenzung nicht der Zellmembran, sondern dem durch den zentralen Fetttropfen zu einem ungewöhnlich schmalen Randsaum zusammengepreßten Zytoplasma einschließlich des Plasmalemms entspricht. Die gelegentlich im Schnitt getroffenen Zellkerne sind platt und an den Rand gedrängt (Fettgewebe, Mensch). Färbung: Azan; Vergr. 150fach.

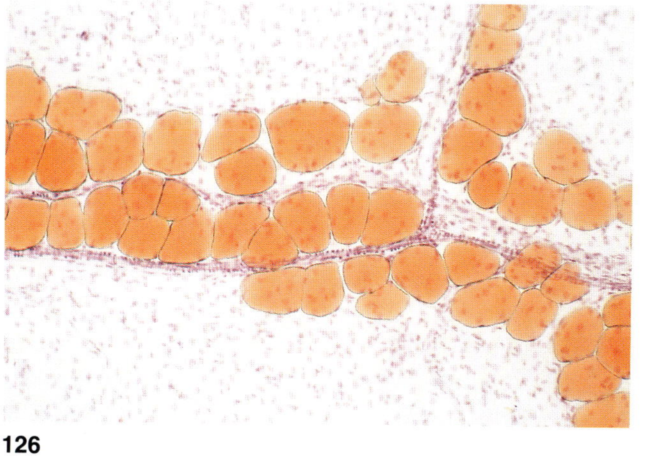

126

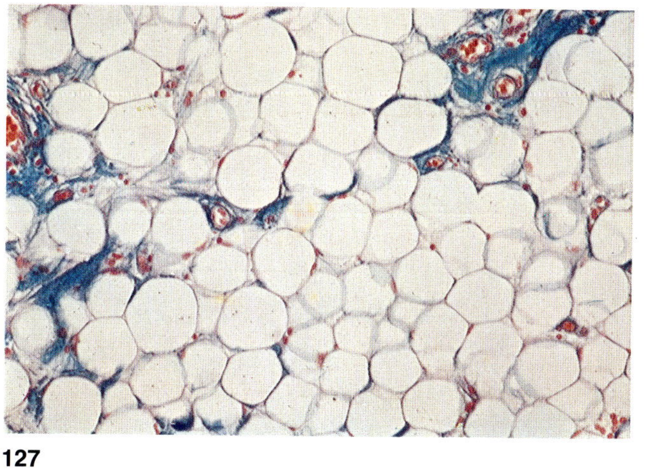

127

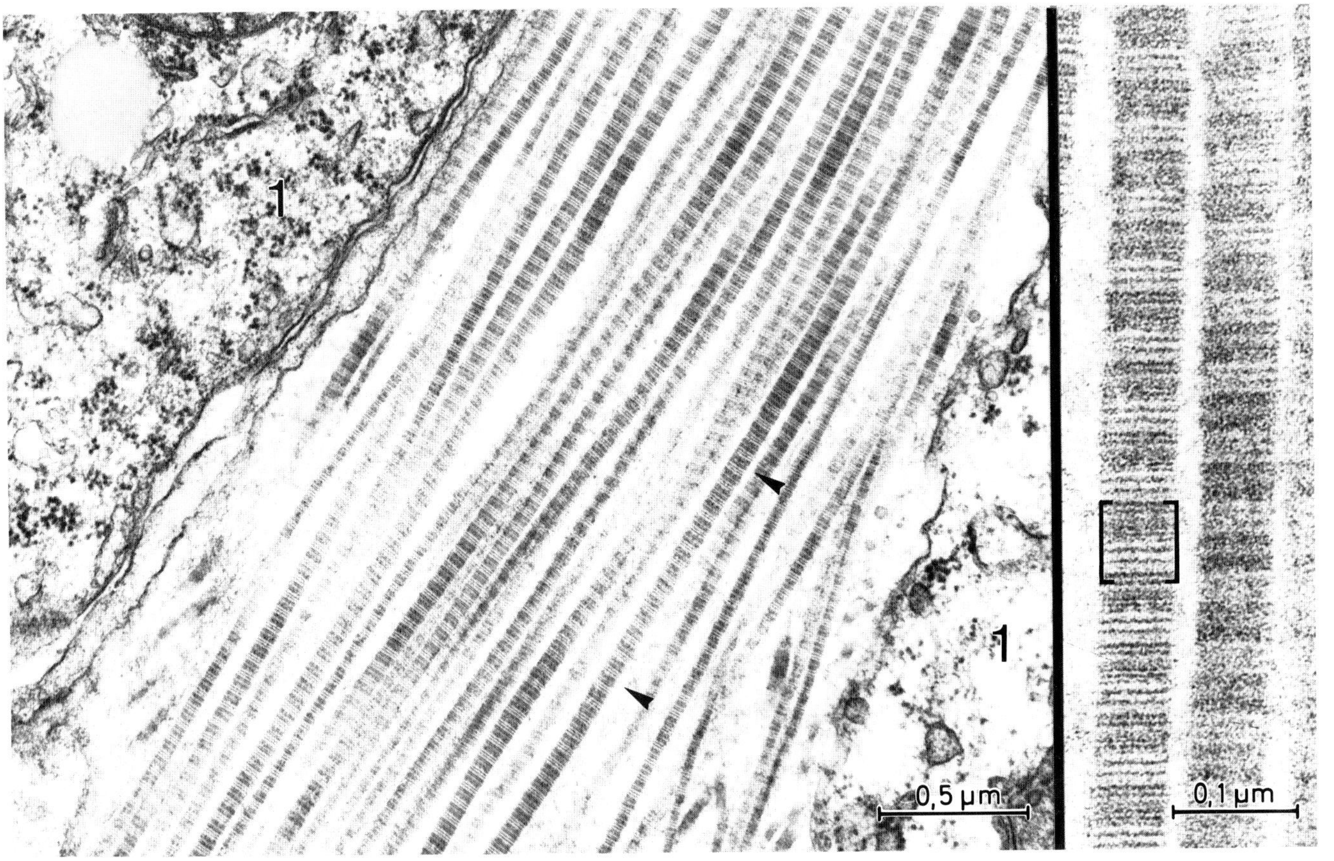

128a b

Abb. 128. a, b). Ein längsgeschnittenes Bündel von Kollagenfibrillen zwischen zwei Fibroblasten (**1**) aus dem subkutanen Bindegewebe eines Goldhamsters. Beachte die charakteristische Querstreifung, die i. a. eine Periodizität von 67 nm aufweist. Das Bandenmuster einer Periode (▶) ist für einen Kollagenfibrillentyp typisch und beruht auf spezifischer Zusammenlagerung der Kollagenmoleküle. Gesamtvergr. 3900fach.

b) Bei hoher Auflösung lassen sich Einzelheiten des Bandenmusters einer Periode ([ ]) analysieren (Einzel-, Doppel-, z.T. sogar Triplettbanden). An bestimmten Banden finden sich Bindungsorte für Proteoglykane. Gesamtvergr. 160 000fach.

Abb. 129. Lockeres, gefäßreiches, interstitielles Bindegewebe aus der Gl. submandibularis der Katze mit mehreren, im Schnitt peitschenschnurähnlich erscheinenden Fortsätzen (**1**) von Fibrozyten. Ihre Verbindung zum kernhaltigen Zelleib ($\mathbf{2_1}$, $\mathbf{2_2}$) liegt meist außerhalb der Schnittebene. $\mathbf{3_1}$ und $\mathbf{3_2}$: Lichtungen postkapillärer Venolen; **4** Bündel quergeschnittener Kollagenfibrillen. Gesamtvergr. 8000fach.

Abb. 130. a) Anschnitt der organellhaltigen Kernregion eines Fibrozyten aus dem interstitiellen Bindegewebe der Gl. submandibularis der Katze. **3** Markloser Nerv. Gesamtvergr. 14 500fach.

b) Ultrastruktur einer elastischen Faser mit amorphem Anteil (**1**) und Mikrofibrillen (→), **2** Kollagenfibrillen. Bronchus, Mensch. Gesamtvergr. 43 000fach.

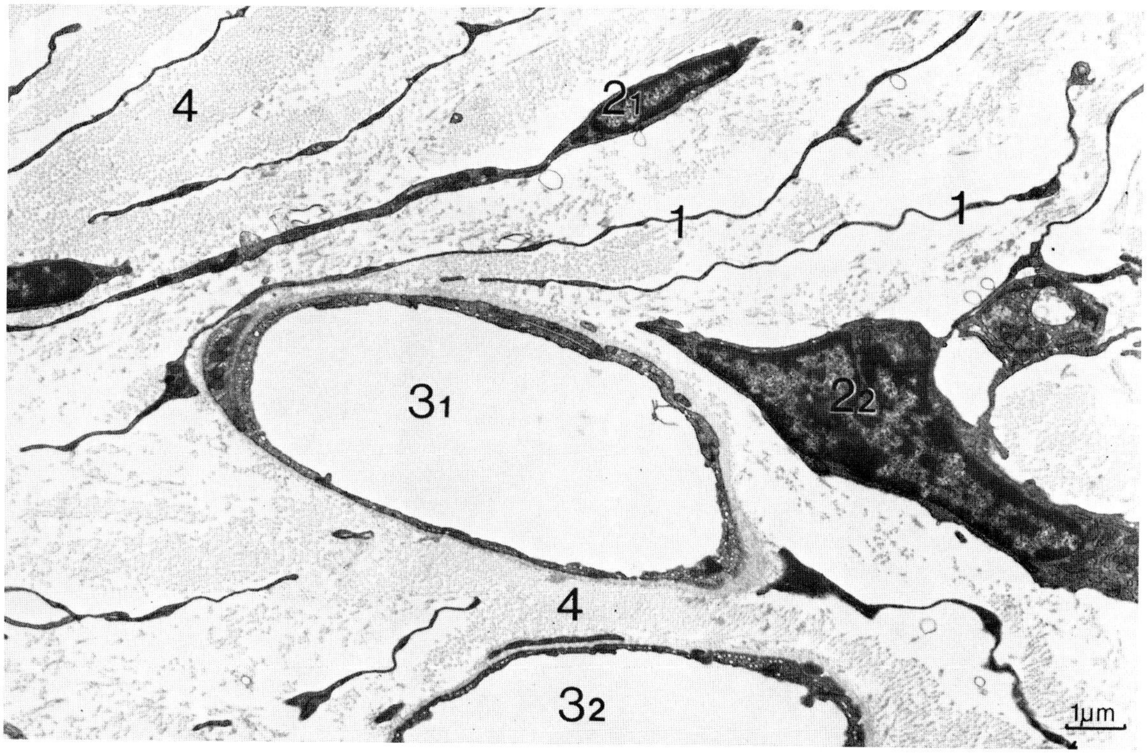

129

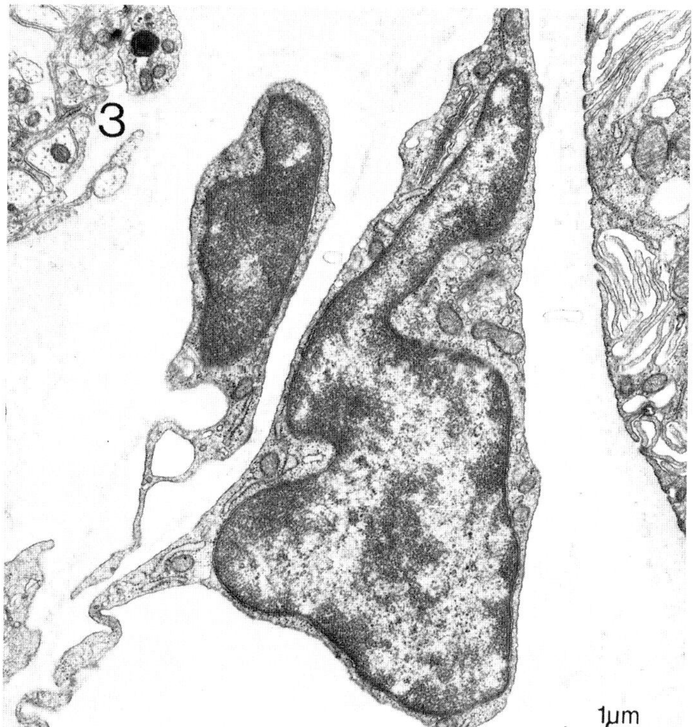

130 a

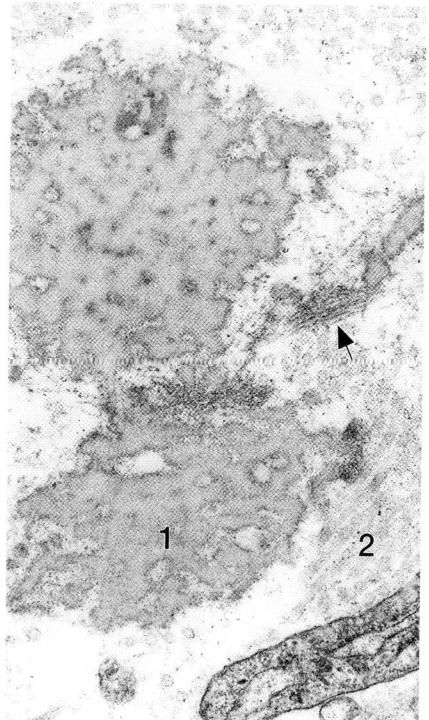

b

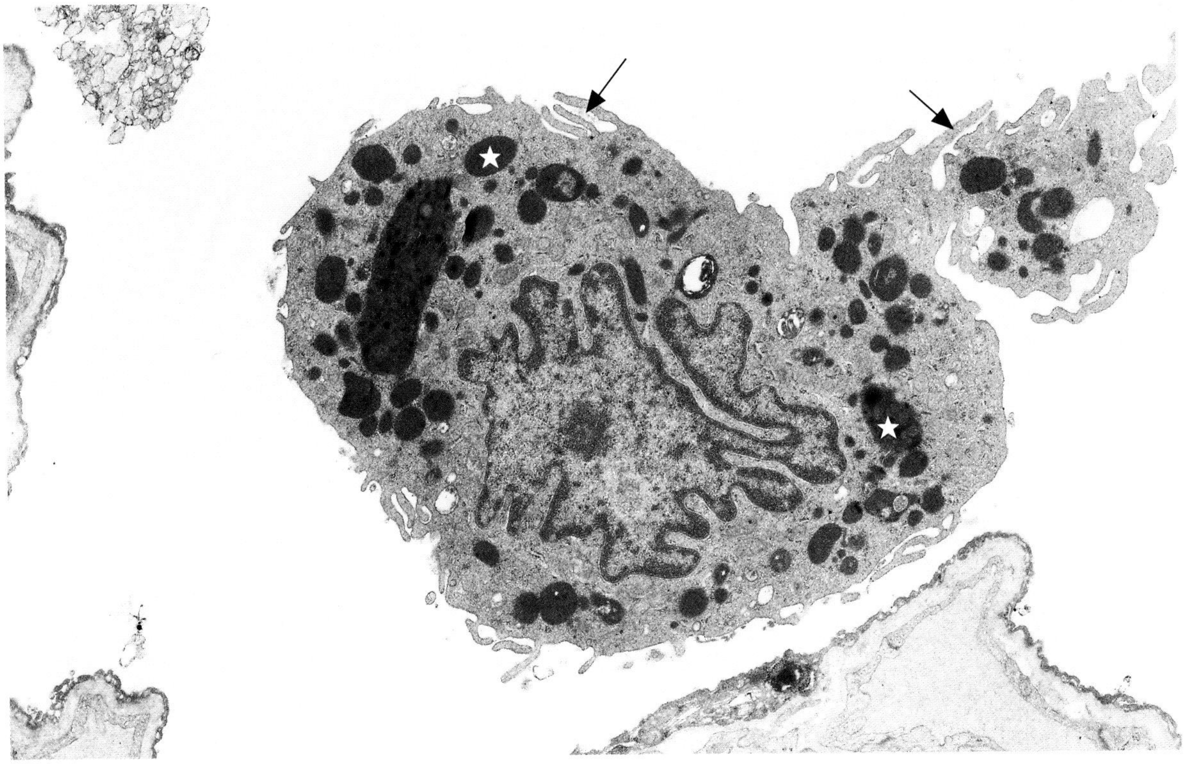

131

Abb. 131. Makrophage aus einer Lungenalveole des Menschen. Beachte die unregelmäßig gestalteten, oft lamellenförmigen Zellfortsätze (→ Pseudopodien und Lamellipodien) und die vielgestaltigen lysosomalen Strukturen (★) im Zytoplasma. Gesamtvergr. 20700fach.

Abb. 132. a) Mastzelle aus dem Bindegewebe des Harnleiters des Menschen. Die Zellen besitzen unregelmäßig gestaltete Zellfortsätze und dichtgepackte Granula in ihrem Zytoplasma. Die Granula enthalten u.a. Proteasen und Histamin. Gesamtvergr. 9200fach.

b) Höhere Vergrößerung der Mastzellengranula des Menschen. Kennzeichnend ist die heteromorphe Struktur der Granula mit konzentrischen oder spiraligen Membranfiguren („Fingerabdruck"-Muster) sowie feinpartikulären Anteilen. Gesamtvergr. 90300fach.

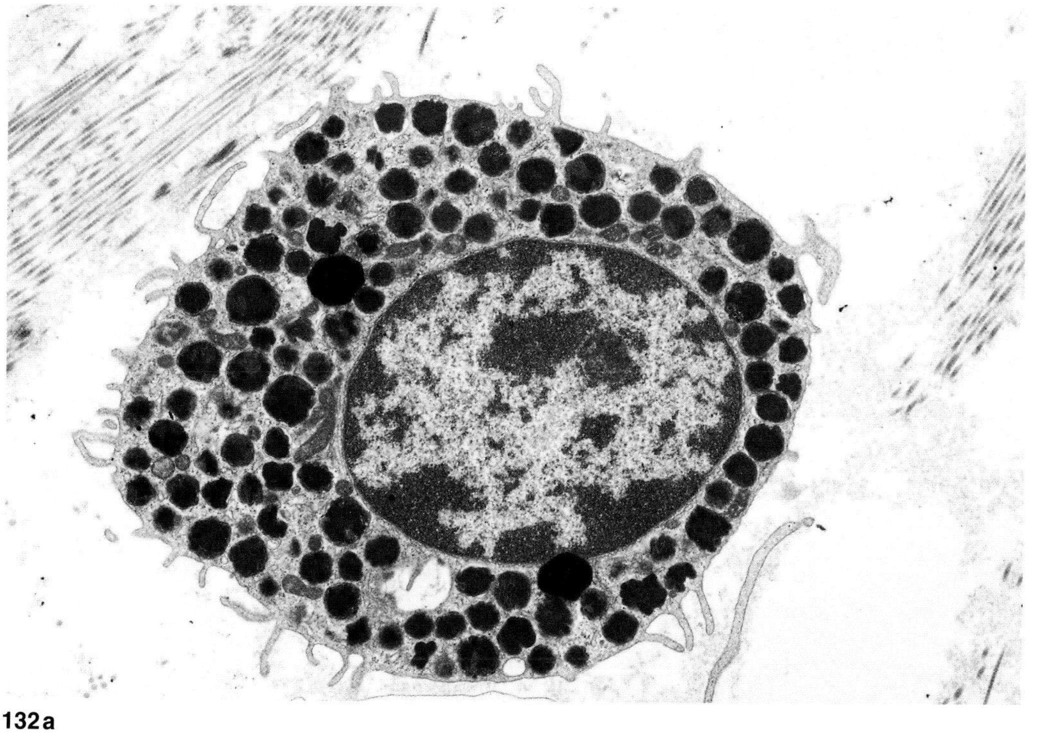

132a

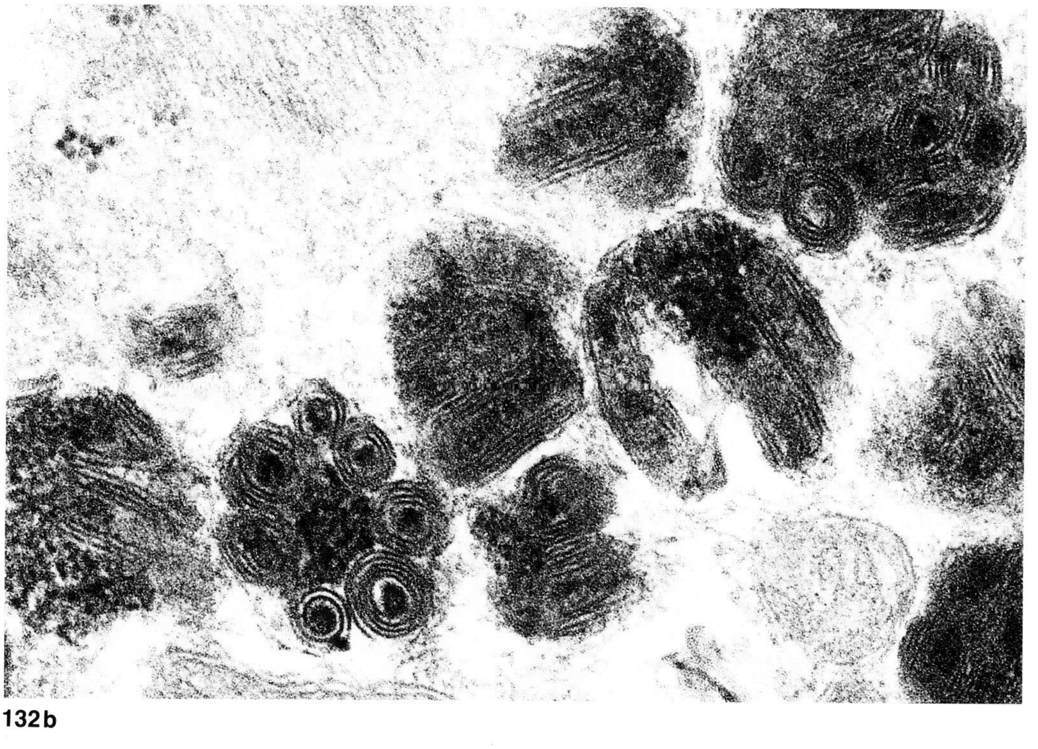

132b

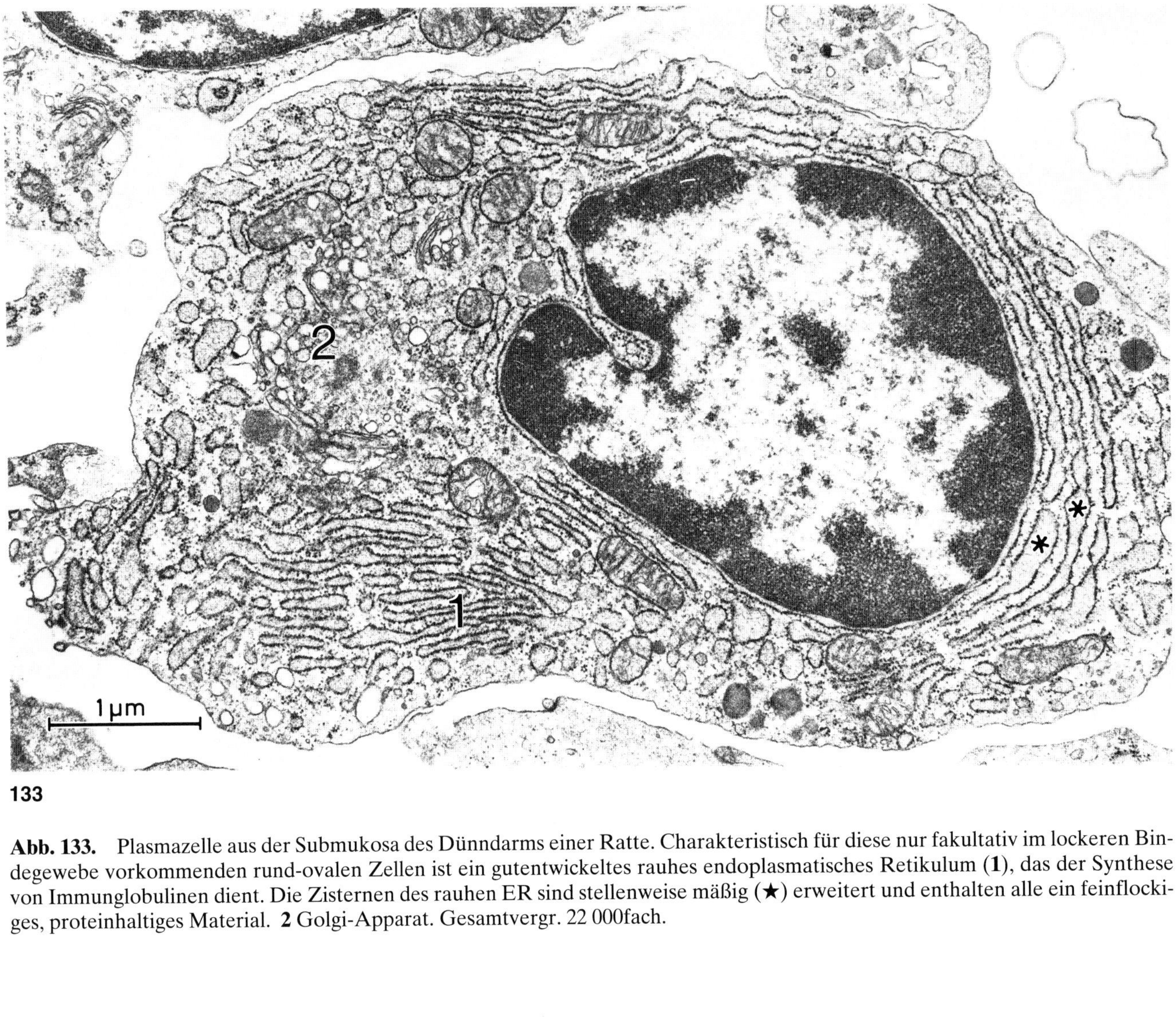

133

Abb. 133. Plasmazelle aus der Submukosa des Dünndarms einer Ratte. Charakteristisch für diese nur fakultativ im lockeren Bindegewebe vorkommenden rund-ovalen Zellen ist ein gutentwickeltes rauhes endoplasmatisches Retikulum (**1**), das der Synthese von Immunglobulinen dient. Die Zisternen des rauhen ER sind stellenweise mäßig (★) erweitert und enthalten alle ein feinflockiges, proteinhaltiges Material. **2** Golgi-Apparat. Gesamtvergr. 22 000fach.

Abb. 134. Plurivakuoläre Fettzellen aus dem braunen Fett einer Maus. Beachte neben den unterschiedlichen großen Fetteinschlüssen (**1**) die zahlreichen dichtgepackten Mitochondrien (**2**); **3** Zellkern; **4** Erythrozyt in einer Blutkapillare. Gesamtvergr. 12 800fach.

Abb. 135. Teile eines zweizelligen Chondrons aus einem elastischen Knorpel einer Maus. Die beiden Knorpelzellen liegen dicht aneinander und zeigen erweiterte Zisternen (✻) des rauhen ER, ein Zeichen für die Synthese von Proteinen für den nicht zelleigenen Bedarf, sog. Exportproteine. In diesem Fall handelt es sich v. a. um die Bildung des Kollagens sowie der Proteoglykane der Knorpelmatrix. Gesamtvergr. 14 000fach.

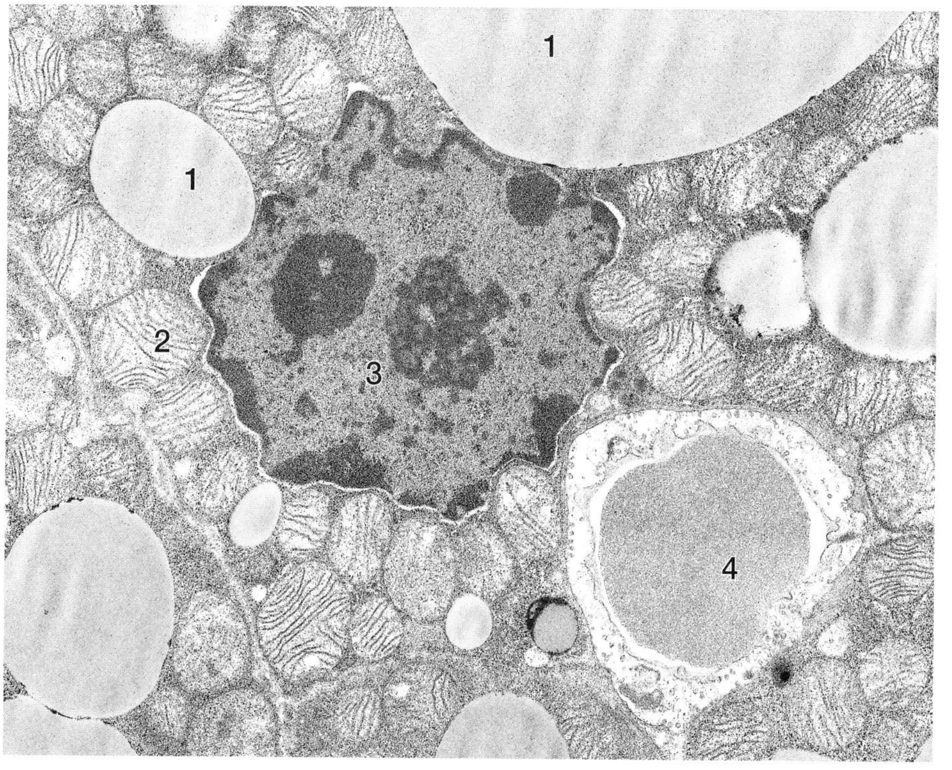

134

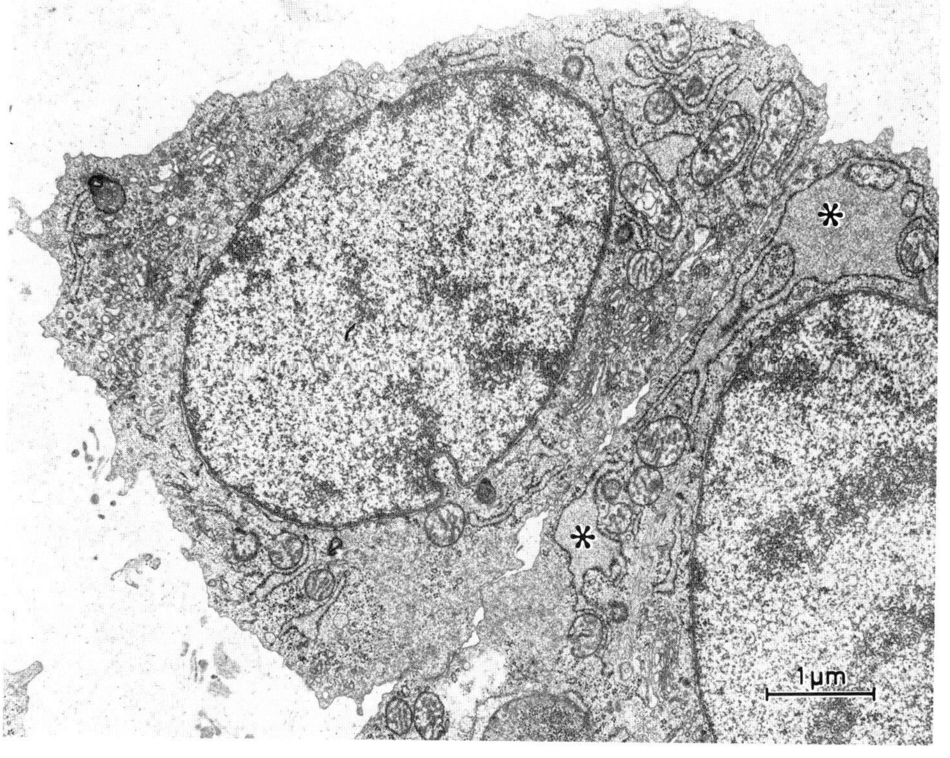

135

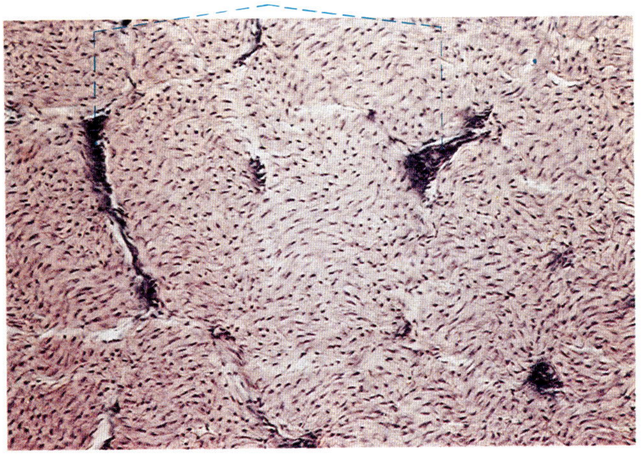

136

137

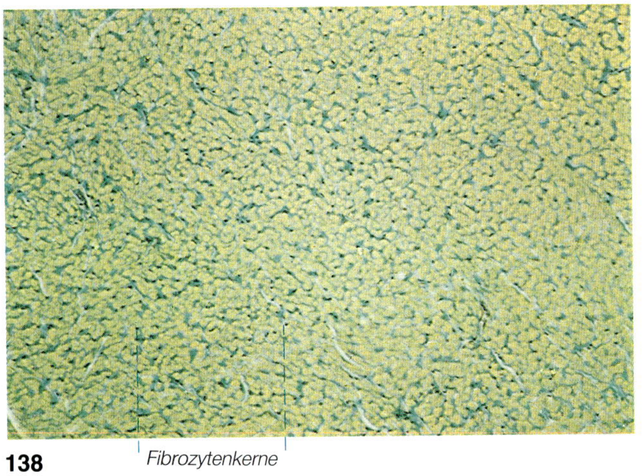

138

139

Abb. 136. Quergeschnittene Sehne (Hund). Die Sehne besteht aus annähernd parallel verlaufenden Kollagenfasern und zahlreichen, zwischen diesen in dichten Reihen angeordneten Fibrozyten (Sehnenzellen, Flügelzellen). Die Kollagenfasern bilden in einer Sehne Bündel, die von lockerem interstitiellem Bindegewebe umhüllt werden. Der Begriff „Flügelzelle" geht auf flache periphere Zellfortsätze zurück, die sich zwischen die benachbarten Kollagenfaserbündel schieben können. Färbung: H.E.; Vergr. 95fach.

Abb. 137. Längsschnitt derselben Sehne mit deutlich in parallelen Reihen geordneten Sehnenzellen, von denen jedoch nur ihre Kerne erkennbar sind. Oben im Bild Anschnitt eines zellreichen Bindegewebsseptums. Der gewellte Verlauf der Fasern ist sehr charakteristisch, findet sich jedoch auch an Längsschnitten markhaltiger Nerven (ist also kein differentialdiagnostisches Kriterium). Färbung: H.E.; Vergr. 95fach.

Abb. 138. Querschnitt eines elastischen Bandes (Septum nuchae, Rind), dessen elastische Fasern grün (bei Azanfärbung wären sie leuchtend rot tingiert), dessen spärliches kollagenes Fasermaterial blau bis blaugrün gefärbt ist. Letzteres ist gleichmäßig über den Querschnitt verteilt und enthält die wenigen (vgl. mit Abb. 136) Kerne der dort vorhandenen Bindegewebszellen (überwiegend Fibrozyten), Färbung: EH-Pikroindigokarmin; Vergr. 95fach.

Abb. 139. Längsschnitt desselben Präparates wie in Abb. 138. Beachte die Kernarmut sowie die relativ breiten, streckenweise parallel zueinander verlaufenden, teilweise spitzwinklig zusammenlaufenden elastischen Fasern, die Netze mit extrem längsverzogenen Maschen bilden (vgl. mit Abb. 137). Färbung: EH-Pikroindigokarmin; Vergr. 95fach.

140

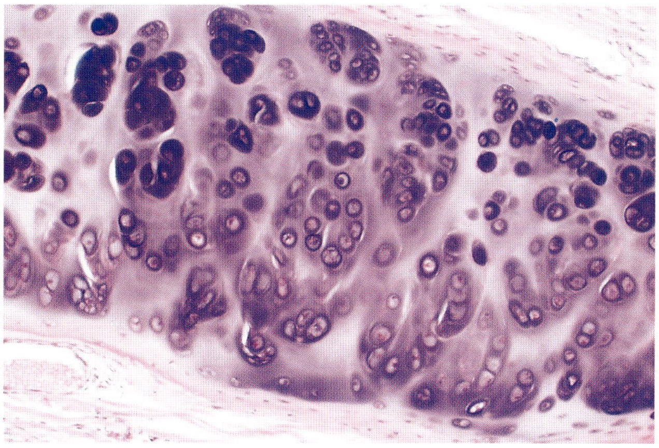

141

Abb. 140. Zellreicher, embryonaler Hyalinknorpel (knorpelige Anlage des Calcaneus, Mensch), dessen Chondrozyten, ähnlich wie auch die Interzellularsubstanz, gleichmäßig über die Schnittfläche verteilt und noch nicht zu Chondronen gruppiert bzw. in Territorien und Interterritorien gegliedert sind (vgl. mit Abb. 144). Färbung: Azan; Vergr. 38fach.

Abb. 141. Hyaliner Knorpel, Trachea, Mensch. Die Knorpelzellen bilden Gruppen (Chondrone). Die Zellen eines Chondrons gehen aus einer Mutterzelle hervor: isogene Zellgruppe. Die Knorpelzellen sind in eine besonders basophile chondroitinsulfatreiche Matrix (Extrazellularsubstanz) eingebettet, so daß sog. Territorien (Knorpelzellgruppe mit basophiler Matrix) entstehen. Zwischen den Territorien blassere, sog. interterritoriale Matrix. Am Rande des Knorpelstückes Übergangszone zum Bindegewebe. Färbung: H.E.; Gesamtvergr. 200fach.

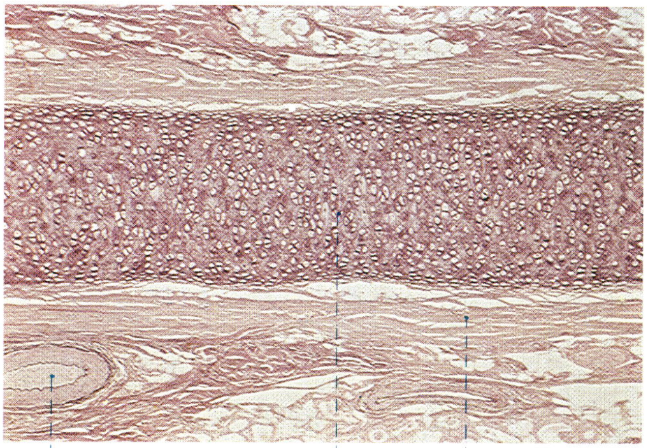

142

Abb. 142. Elastischer Knorpel (Schweineohr), dessen meist zweizelligen Chondrone recht gleichmäßig in einer an Masse relativ geringen Interzellularsubstanz verteilt sind. Der dunkelviolette Farbton beruht auf der Darstellung der zahlreichen elastischen Fasernetze mit Resorcin Fuchsin, auch wenn diese bei der vorliegenden schwachen Vergrößerung noch nicht zu erkennen sind (vgl. dazu Abb. 146). Färbung: Resorcin-Fuchsin, Kernechtrot; Vergr. 38fach.

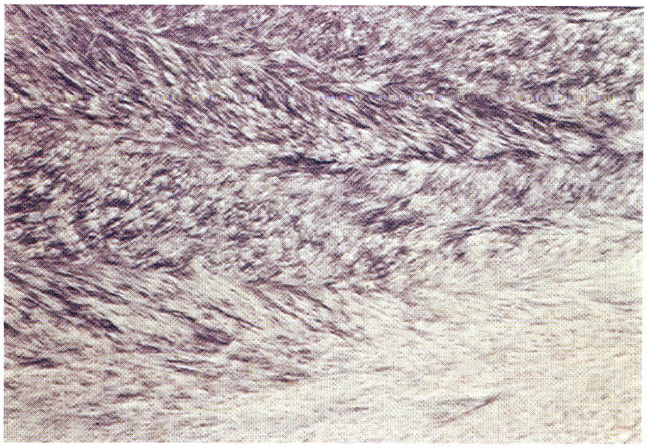

143

Abb. 143. Faserknorpel der Zwischenwirbelscheibe (Mensch) mit der charakteristischen fischgrätenmusterähnlichen Anordnung der hier nicht maskierten und daher immer deutlich erkennbaren kollagenen Fasern (daher der Name des Knorpels). Typisch ist ferner die große Zellarmut, so daß man bei Übersichtsvergrößerungen die ohnehin kleinen und ein- oder zweizelligen Chondrone nur mit Mühe in den faserärmeren Partien der inneren Anteile der Zwischenwirbelscheibe finden kann. Färbung: H. E.; Vergr. 38fach.

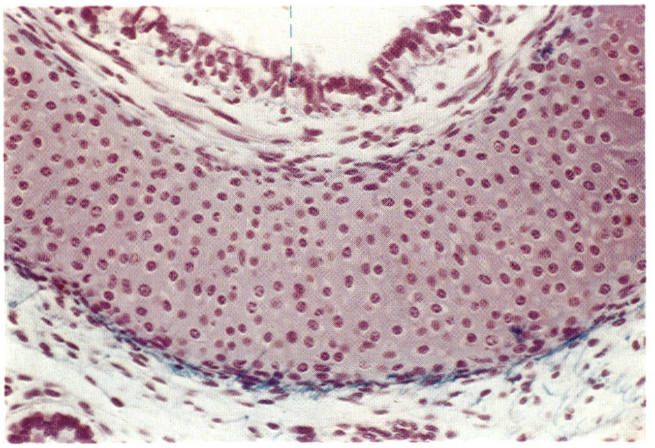

144

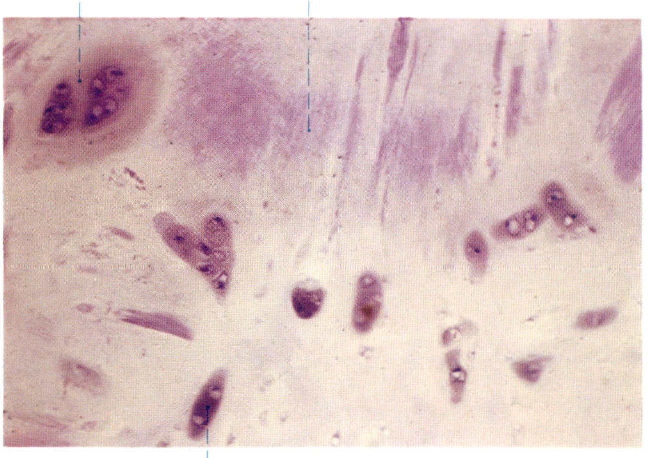

145

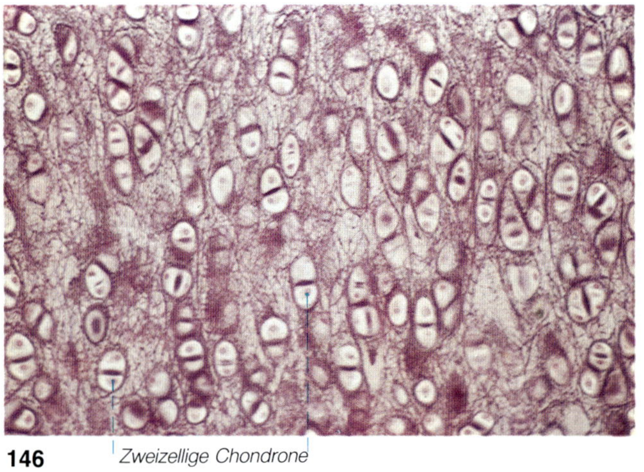

146

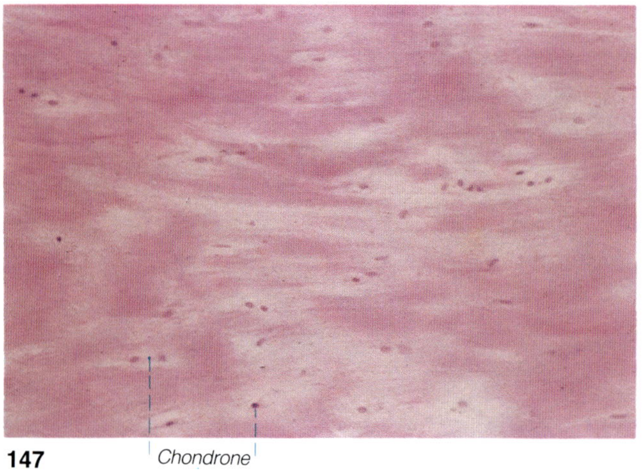

147

Abb. 144. Embryonaler hyaliner Knorpel (Bronchus, fetale Lunge, Mensch) mit überwiegend noch runden (beachte die Kerngestalt!), vereinzelt liegenden Chondrozyten und einer homogen erscheinenden Interzellularsubstanz. Färbung: Azan; Vergr. 240fach.

Abb. 145. Hyaliner Knorpel mit Asbestfaserung (Alterserscheinung, Sichtbarwerden und Verbreiterung von Kollagenfibrillenbündeln durch Veränderung der Matrix) und mehreren recht kleinzelligen Chondronen. Die blasig erscheinenden hellen Hohlräume entsprechen z.T. Knorpelzellen mit großem Lipideinschluß, z.T. den Knorpelhöhlen, die normalerweise völlig von den Knorpelzellen ausgefüllt werden. Bei schlechter Fixierung werden diese aber z. T. bis auf Kern- und Zellreste zerstört, so daß die Knorpelhöhlen sichtbar werden. Der violett gefärbte basophile Bereich um die Knorpelzellgruppen entspricht der proteoglykanreichen territorialen Matrix und wird auch Knorpelhof genannt. Färbung: H. E.; Vergr. 150fach.

Abb. 146. Elastischer Knorpel aus dem Schweineohr (s. Abb. 142), dessen Knorpelzellen nur mäßig geschrumpft sind und daher deutlich ihren runden Kern (blaßrosa gefärbt) sowie ihren schwach grau getönten Zelleib erkennen lassen. Dieser ist aber auch durch einen Schrumpfspalt von der Wand des jeweiligen Knorpelhöhlchens getrennt. Beachte die Zweizelligkeit der Chondrone sowie das zartfaserige, aber dichte, elastische Fasernetz. Zur Ultrastruktur dieser Knorpelzellen s. Abb. 135. Färbung: Resorcin-Fuchsin, Kernechtrot; Vergr. 150fach.

Abb. 147. Ausschnitt aus einem Faserknorpel (Zwischenwirbelscheibe, Mensch), dessen ein- bis zweizellige kleine Chondrone – deutlich zu erkennen ist nur der Kern der Knorpelzellen – unregelmäßig zwischen den kollagenen Faserbündeln verstreut liegen. Färbung: H. E.; Vergr. 150fach.

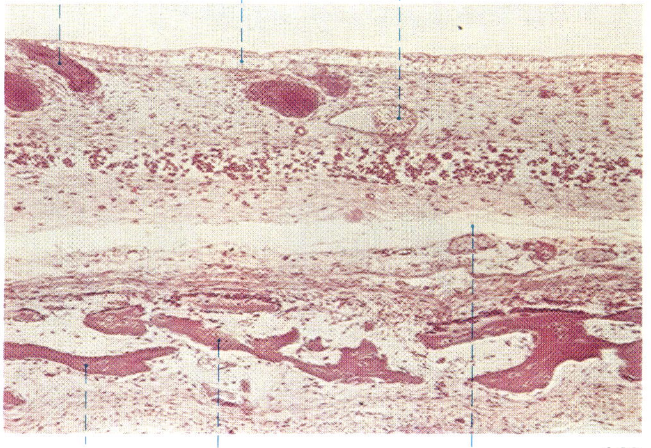

148

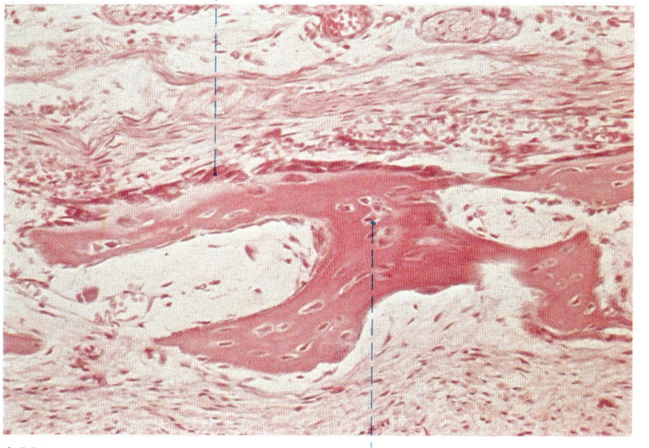

149

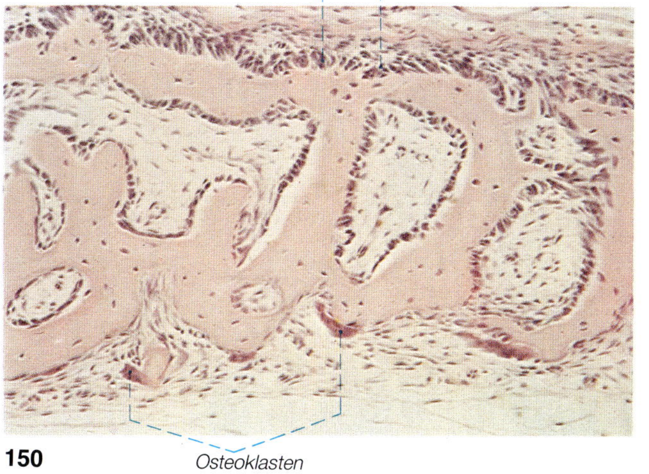

150

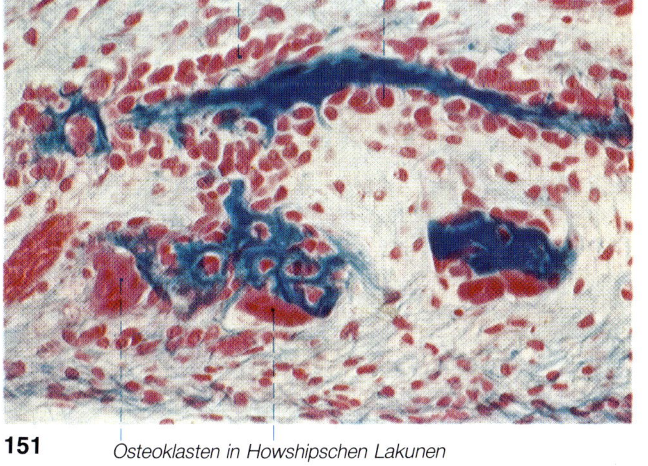

151

Abb. 148. Schädeldach eines menschlichen Foeten als Beispiel für die sog. freie, desmale oder Deckknochenbildung. Dabei differenzieren sich Mesenchymzellen zu Knochenbildungszellen (Osteoblasten), die eine zunächst unverkalkte Grundsubstanz, das Osteoid, ausscheiden, in das sie dann selbst zunehmend eingemauert und damit zu Knochenzellen (= Osteozyten) werden. Durch allmähliche Einlagerung von Kalksalzen wird das Osteoid schließlich zu einer Hartsubstanz, die Knochenbälkchen aufbaut. Färbung: H. E.; Vergr. 38fach.

Abb. 149. Eine stärkere Vergrößerung aus der vorangegangenen Abbildung (deren rechte untere Ecke) zeigt deutlich die dem Knochenbälkchen an seiner Oberfläche angelagerten Osteoblasten sowie die Osteozyten in seinem Inneren. Färbung: H. E.; Vergr. 150fach.

Abb. 150. Knochenbälkchen aus dem Unterkiefer eines Hundefoeten, deren Oberflächen – vor allem die nach außen, hautwärts gerichteten – von dicht gelagerten Osteoblasten bedeckt werden (verantwortlich für das appositionelle Knochenwachstum), während an den mundhöhlenwärts gelegenen Flächen Osteoklasten (= vielkernige Riesenzellen) den enzymatischen Abbau des Knochens besorgen. Färbung: H.E.; Vergr. 95fach.

Abb. 151. Knochenbälkchen (blaugefärbt) aus dem Schädeldach (Schweinefoet), umhüllt von zahllosen, für das appositionelle Wachstum des Knochens verantwortlichen Osteoblasten. Der gleichzeitige Abbau der Hartsubstanzen, um sich dem Wachstum des Gehirns anpassen zu können, erfolgt entlang der inneren, dem Schädelinhalt zugewandten Fläche (in der Abbildung unten). Den Abbau besorgen die großen, vielkernigen Osteoklasten, die durch enzymatischen Abbau des Knochens nischenartige Defekte an seiner Oberfläche, die sog. Howshipschen Lakunen, hervorrufen. Färbung: Azan; Vergr. 240fach.

Abb. 152. Frühes Stadium der sog. Ersatzknochenbildung (Fingerphalanx, Foet Mens III, Mensch). Zum Unterschied zur Deckknochenbildung ist hier das Skelettstück knorpelig vorgebildet, und diese „Matrize" muß mit fortschreitender Entwicklung allmählich abgebaut und in gleichem Umfang durch Knochengewebe ersetzt werden (daher der Name). Das beginnt mit der präparativen Verkalkung der Knorpelgrundsubstanz im Inneren der Diaphyse (sog. primärer Verknöcherungspunkt), einer gleichzeitigen Vergrößerung (Hypertrophie) der Knorpelzellen (= Blasenknorpel) als Zeichen ihrer Beteiligung bei der Verkalkung der Matrix sowie dem Auftreten einer dünnen Knochenlamelle im Schaftbereich. Da letztere von den sich aus Mesenchymzellen des Perichondriums differenzierenden Osteoblasten gebildet wird, spricht man von „perichondraler" Ossifikation; die Entstehung des Knochengewebes beruht hier auf denselben Vorgängen, wie sie für die freie Knochenbildung kennzeichnend sind. Färbung: H.E.; Vergr. 80fach.

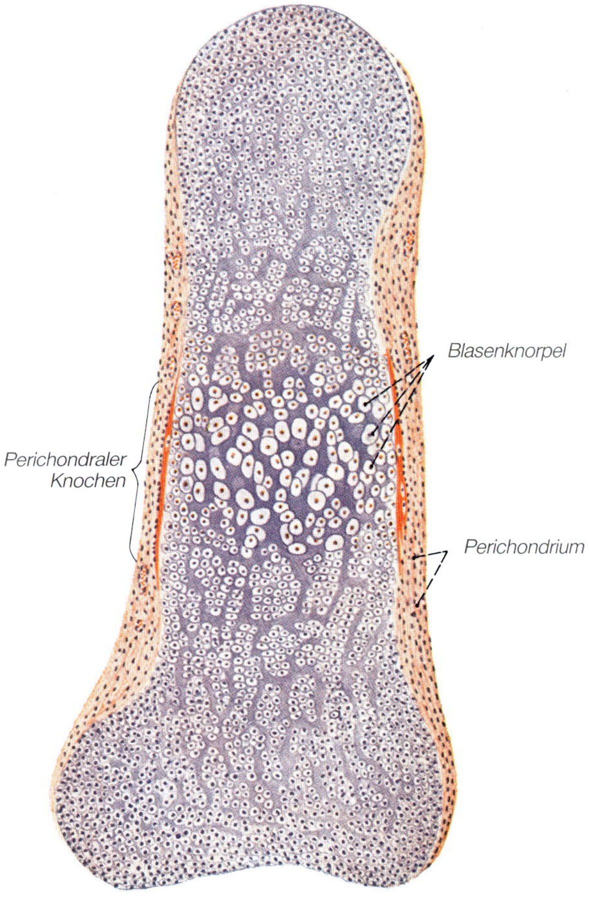

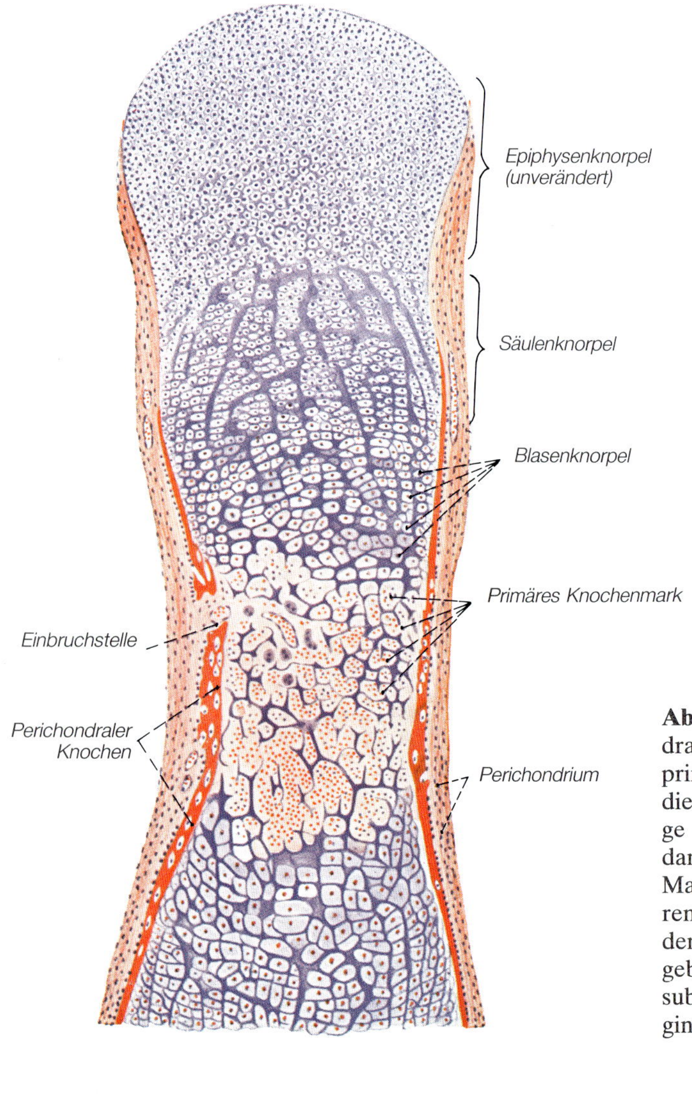

Abb. 153. In einer zweiten Phase dringt durch die perichondrale Knochenmanschette gefäßführendes Mesenchym in den primären Verknöcherungspunkt vor, in dem Chondroklasten die verkalkte Knorpelgrundsubstanz fermentativ bis auf wenige Reste abbauen und auch die Knorpelzellen auflösen und damit ein wabenähnliches Hohlraumsystem, die primäre Markhöhle, schaffen. Letztere ist von einem stark proliferierenden Mesenchym, dem primären Knochenmark, erfüllt, aus dem u.a. Osteoblasten hervorgehen, die sich an die stehengebliebenen Reste der verkalkten ehemaligen Knorpelgrundsubstanz anlegen und hier mit der Produktion von Osteoid beginnen. Färbung: H. E.; Vergr. 100fach.

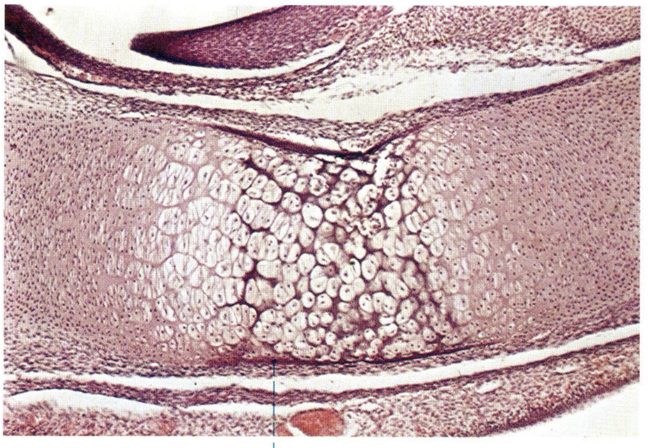

154 Perichondraler Knochen

Verkalkte Knorpelgrundsubstanz

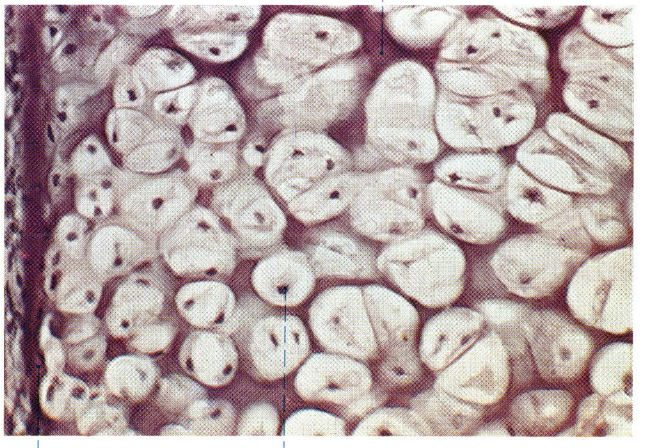

Perichondraler Knochen Kern eines geschrumpften Chondrozyten 155

Abb. 154. Längsschnitt durch die knorpelige Anlage eines Metakarpalknochens (Foet, Mensch) mit Einlagerung von Kalksalzen in die Knorpelgrundsubstanz, die dadurch stärker angefärbt wird, sog. präparative Verkalkung. Färbung: H. E.; Vergr. 60fach.

Abb. 155. Ein Ausschnitt aus dem primären Verknöcherungspunkt der vorhergehenden Abbildung läßt auch die stark aufgeblähten Knorpelzellen erkennen, die Matrixvesikel mit Kalzium und Phosphat bilden. Die Zellen sind jedoch im Präparat infolge Schrumpfung bei der Materialbehandlung verkleinert. Färbung: H. E.; Vergr. 240fach.

Epiphyse Primäre Markhöhle

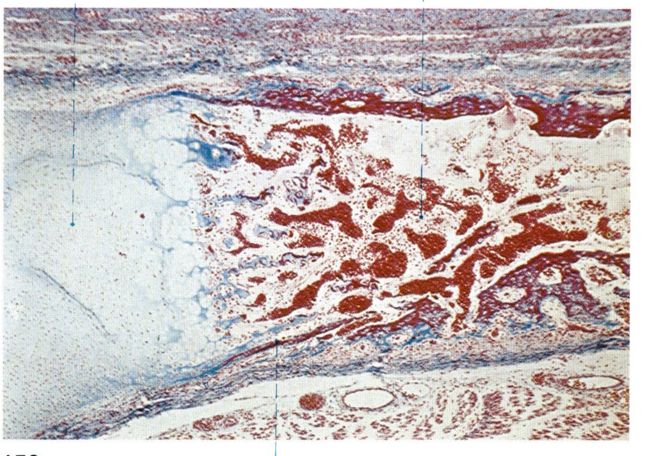

156 Perichondraler Knochen

Abb. 156. Längsschnitt eines Metatarsalknochens (Foet, 18 cm SSL, Mensch), etwa entsprechend der Zeichnung der Abb. 158. Färbung: Azan; Vergr. 38fach.

Mit Erythrozyten gefüllte Gefäße

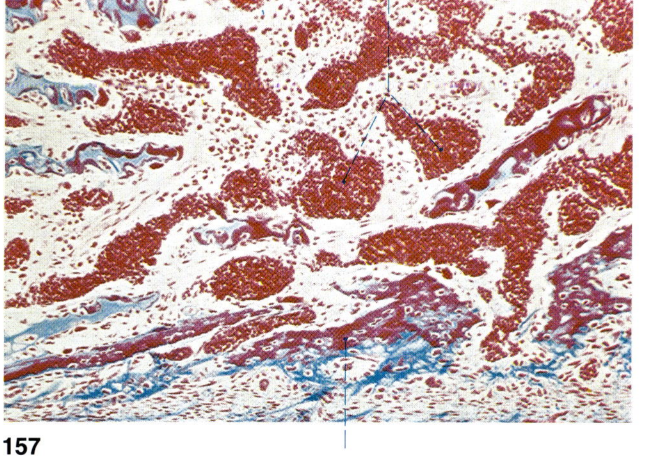

157 Perichondraler Knochen

Abb. 157. Ein Ausschnitt aus dem mittleren unteren Drittel der vorhergehenden Abbildung zeigt die zahlreichen Durchbrüche in der perichondralen Knochenmanschette (blaugefärbt, freiliegendes Kollagen nach Entkalkung), mit deren Hilfe gefäßführendes Mesenchym in die primäre Markhöhle gelangt. Färbung: Azan; Vergr. 96fach.

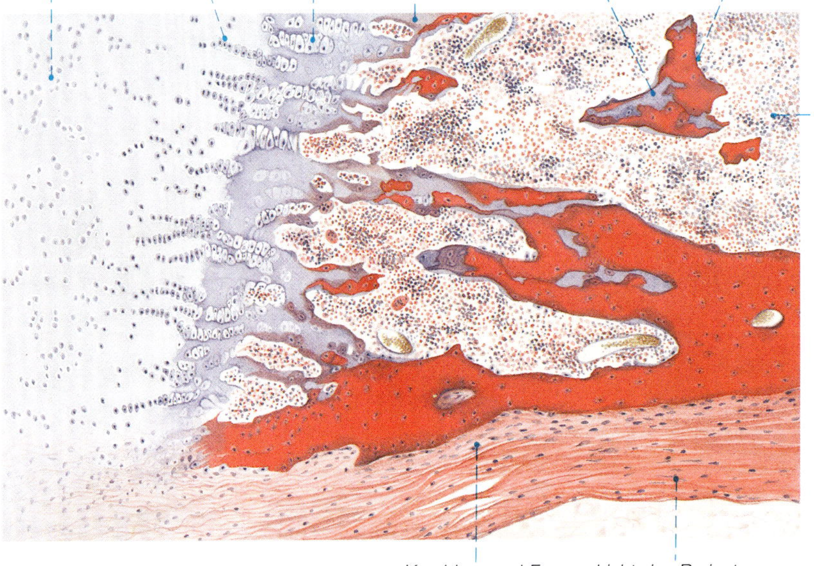

158

Abb. 158. Ausschnitt aus einer dritten, noch späteren Phase der Ersatzknochenbildung. Die diaphysäre Markhöhle hat sich in Richtung der beiden Epiphysen stark ausgedehnt und stößt hier an deren Hyalinknorpel, der entlang dieser Grenzlinie eine präparative Verkalkung seiner Grundsubstanz (stärkere Anfärbbarkeit) sowie blasig aufgetriebene Zellen erkennen läßt. Es laufen also auch hier, als Vorbereitung für den nachfolgenden Knorpelabbau, dieselben Prozesse ab, wie sie schon für das Zustandekommen des primären Verknöcherungspunktes beschrieben wurden (vgl. Abb. 152). Reste verkalkter Knorpelgrundsubstanz dienen den Osteoblasten zu ihrer ersten Verankerung und fungieren damit als „Richtungssparren" der Verknöcherung, die auch noch eine Zeitlang in den Knochenbälkchen erhalten bleiben. Färbung: H. E.; Vergr. 80fach.

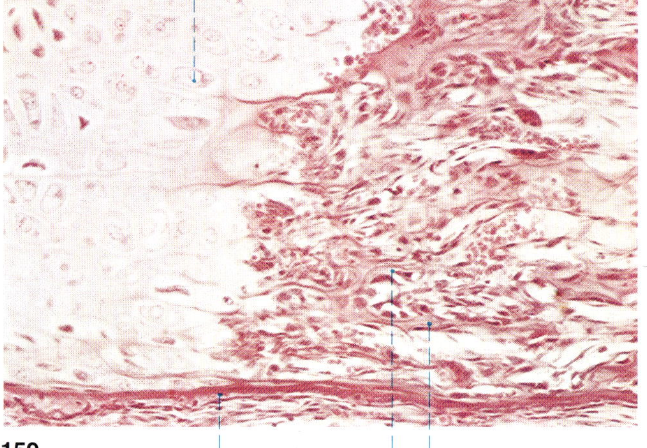

159

Abb. 159. Grenzbereich zwischen Markhöhle und Epiphysenknorpel im proximalen Drittel des Humerus (Foet, Mensch). Von der Zone des Blasenknorpels ragen Reste verkalkter Knorpelgrundsubstanz sparrenförmig in die sehr zell- und gefäßreiche Markhöhle. Färbung: H. E.; Vergr. 150fach.

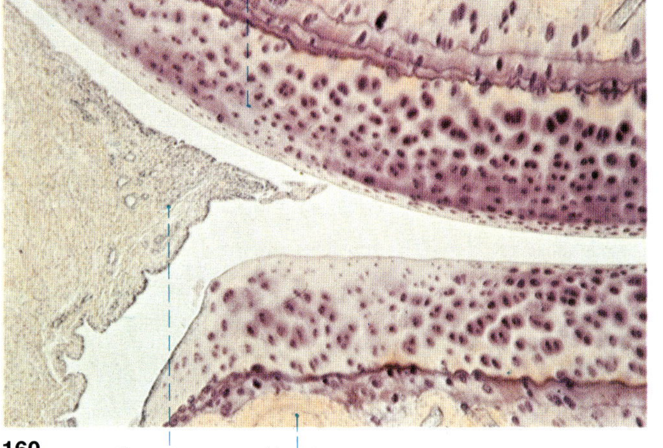

160

Abb. 160. Ausschnitt aus einem fetalen Gelenk (Kniegelenk, Mensch), dessen Knorpelbelag als persistierender Rest aus dem ehemaligen Epiphysenknorpel hervorgeht und hier schon deutlich in Territorien mit Knorpelhöfen gegliedert ist. Links im Bild eine in den Gelenkspalt vorspringende, gefäßreiche Synovialzotte. Färbung: Häm.-Rosanilin; Vergr. 38fach.

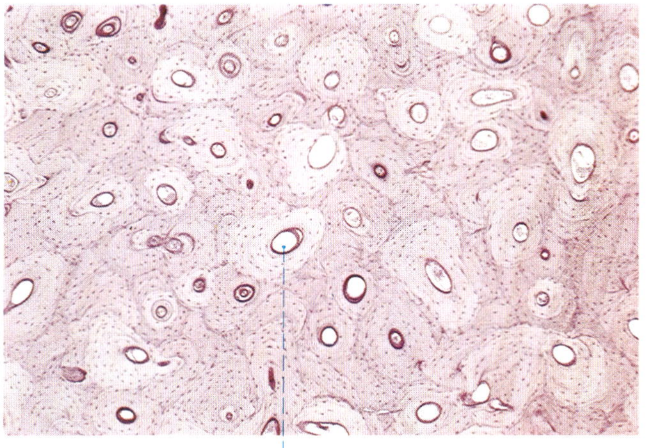

161

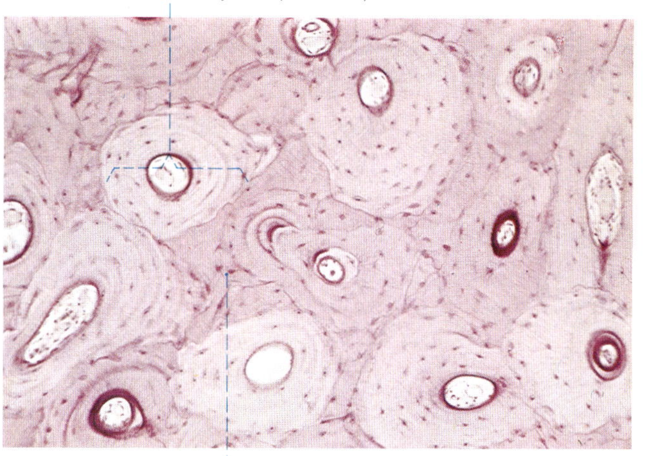

162

Abb. 161. und 162. Querschnitte durch die Kompakta eines Röhrenknochens (Fibula, Mensch) mit zahlreichen quergetroffenen, konzentrisch um eine Lichtung (= Haversscher Kanal) geschichteten Lamellensystemen (= Haverssche Systeme = Osteone). Die höhere Auflösung (Abb. 162) läßt die zwischen den Knochenlamellen gelegenen Zelleiber der Osteozyten als dunklere, auf konzentrischen Kreislinien angeordnete Flecken erkennen. Reste ehemaliger Haversscher Systeme liegen als sog. Schaltlamellen zwischen den Osteonen (entkalktes Gewebe). Färbung: Fuchsin; Vergr. 38- und 96fach.

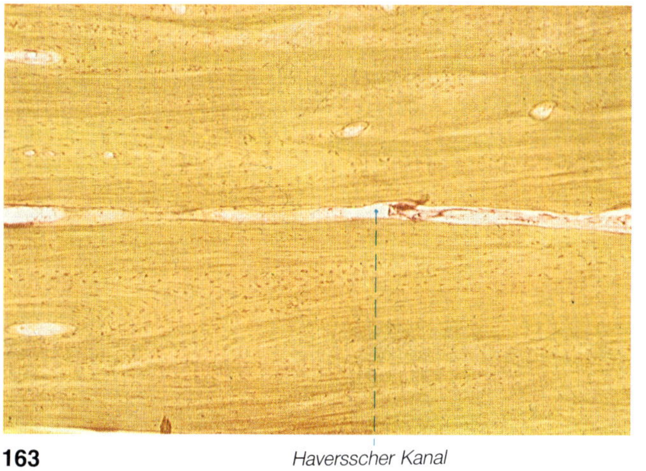

163

Abb. 163. Längsschnitt durch die Knochenkompakta des Humerus (Hund) mit einem in Bildmitte in ganzer Länge getroffenen Haversschen Kanal. Im Unterschied zu den Knochenschliffen (vgl. Abb. 164) sind bei den Schnitten immer das Periost oder Reste von ihm erhalten sowie Anteile des gefäßführenden lockeren Bindegewebes in den Haversschen Kanälen (entkalktes Gewebe). Färbung: Karbol-Thionin; Vergr. 38fach.

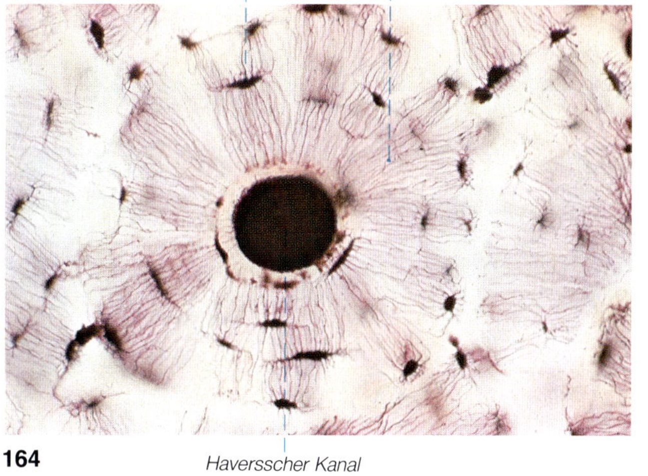

164

Abb. 164. Knochenschliff der Kompakta der Femurdiaphyse (Hund). Durch Einbringen des bis zur Papierdünne mittels Schmirgelpapier o.ä. heruntergeschliffenen Knochenscheibchens in eine Farblösung (in diesem Fall Fuchsin) gelingt es, auch die mikroskopisch feinen Hohlräume darzustellen, in denen die Zelleiber und -fortsätze der Osteozyten ursprünglich lagen. Dabei sind die Knochenhöhlchen (zur Aufnahme der Zelleiber) stets parallel zu den Lamellen orientiert und zwischen den letzteren gelegen, während die Knochenkanälchen (zur Aufnahme der Fortsätze der Osteozyten) immer senkrecht dazu verlaufen. Färbung: Fuchsin; Vergr. 240fach.

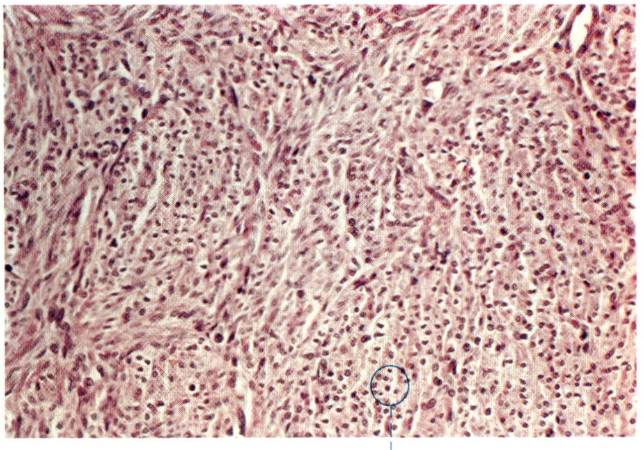

165

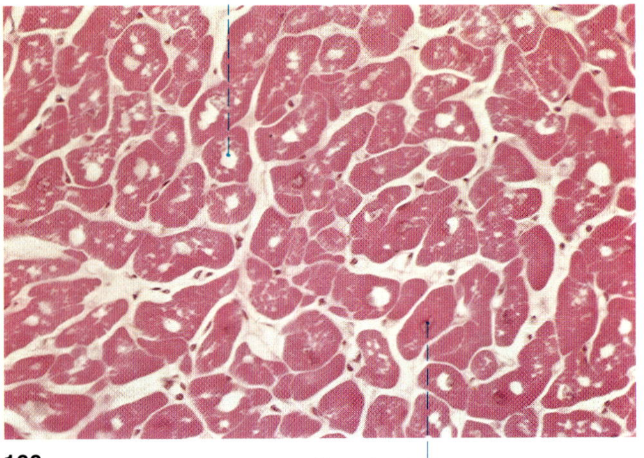

166

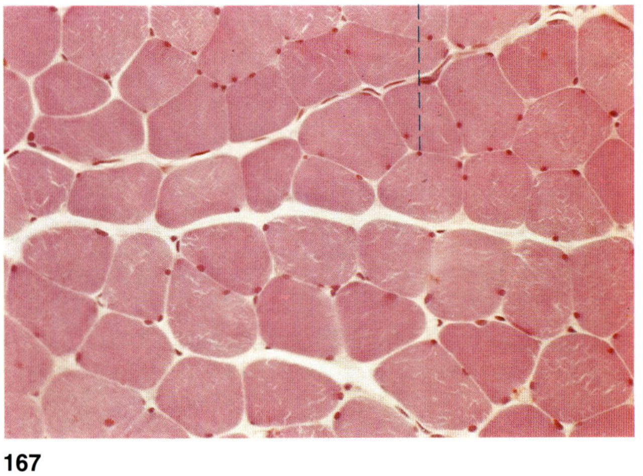

167

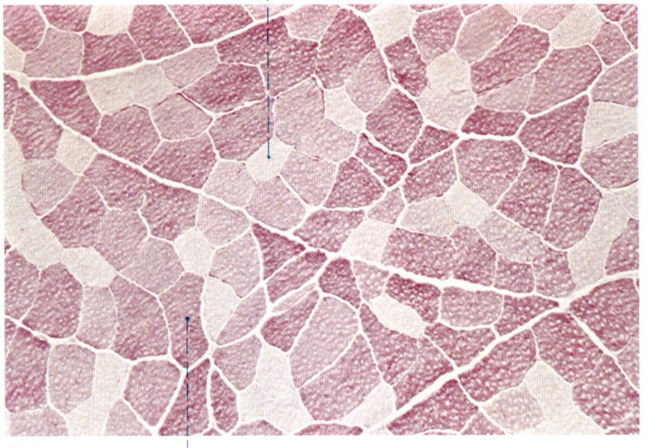

168

Abb. 168. Darstellung zweier verschiedener Typen von Skelettmuskelfasern aufgrund ihres unterschiedlichen Glykogengehalts (M. tibialis ant., Ratte). Die sehr glykogenarmen „roten“ Fasern erscheinen hier fast ungefärbt, die glykogenreichen „weißen“ Fasern rot-violett; weitere Differenzierung in insgesamt 4 Fasertypen ist mit weiteren histochemischen Methoden möglich. Färbung: PAS; Vergr. 96fach.

Abb. 165.–167. Vergleichende Gegenüberstellung der drei verschiedenen Arten von Muskelgewebe anhand von Querschnittpräparaten bei gleicher Färbung (H. E.) und Vergrößerung (240fach). Auch wenn die Lage der Kerne bei dieser Auflösung nicht in allen Fällen klar erkennbar ist (vgl. dazu die Abb. 173 – 175), so sind doch die beträchtlichen Größenunterschiede der Querschnittsflächen der Muskelzellen (= Muskelfasern) der glatten Muskulatur (Abb. 165, Myometrium, Mensch), der Herzmuskulatur (Abb. 166, Hund) und der Skelettmuskulatur (Abb. 167, M. sternohyoideus, Mensch) ein wichtiges differentialdiagnostisches Hilfsmittel. Vergleiche mit den dazugehörigen Längsschnitten der Abb. 170 – 172. Die optisch leeren Räume in den Herzmuskelzellen entsprechen den myofibrillenfreien Höfen an den Kernpolen (vgl. mit Abb. 177).

169

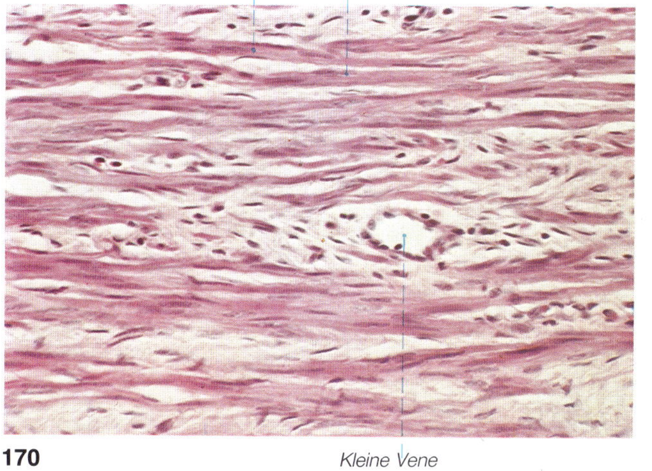

170

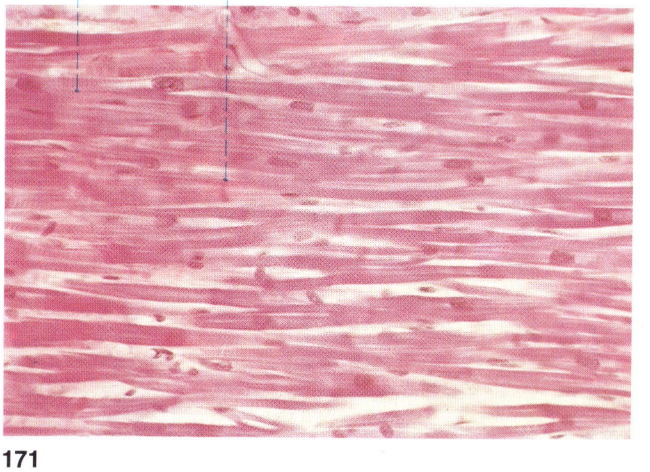

171

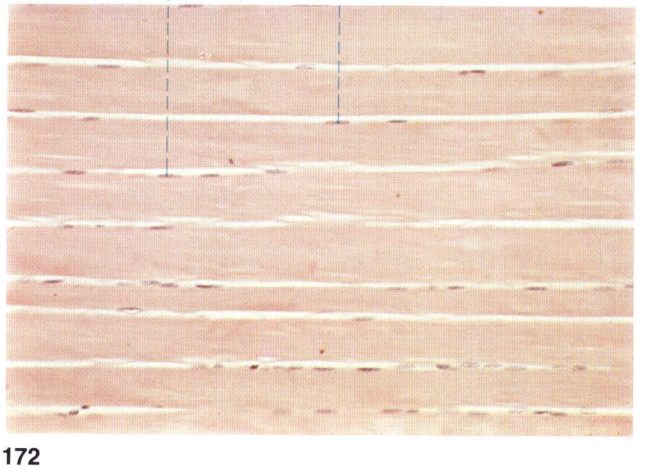

172

Abb. 169. Um die Querstreifung besonders deutlich hervortreten zu lassen, wird häufig eine Eisenhämatoxylinfärbung verwendet, die schon bei dieser niedrigen Auflösung A- und I-Banden klar unterscheiden läßt (Zungenbeinmuskel, Hund). Die parallel zu den Muskelfasern aufgereihten, tief blauschwarzen Körperchen sind nicht die Kerne der Muskelfasern, sondern die in den engen Kapillaren sich stark verformenden Erythrozyten. Färbung: Eisenhämatoxylin; Vergr. 240fach.

Abb. 170.–172. Vergleichende Gegenüberstellung der drei verschiedenen Arten von Muskelgeweben anhand von Längsschnittpräparaten bei gleicher Färbung (H. E.) und Vergrößerung (240fach). Beachte die zentrale Lage des Kerns in den glatten (Abb. 170: Myometrium, Mensch) und Herzmuskelzellen (Abb. 171: Myokard, Hund) und die extrem randständigen und immer in Vielzahl vorhandenen Kerne in den Skelettmuskelfasern (Abb. 172: Zungenbeinmuskel, Hund). Die Querstreifung und die Glanzstreifen sind hier nur schlecht oder gar nicht erkennbar.

Vergleichende Gegenüberstellung der drei verschiedenen Bauelemente der Muskelgewebe an Querschnitten bei hoher, aber gleicher Auflösung (Ölimmersionsobjektiv 100fach) und gleicher Färbung (Azan) zur besseren Darstellung zytologischer Einzelheiten.

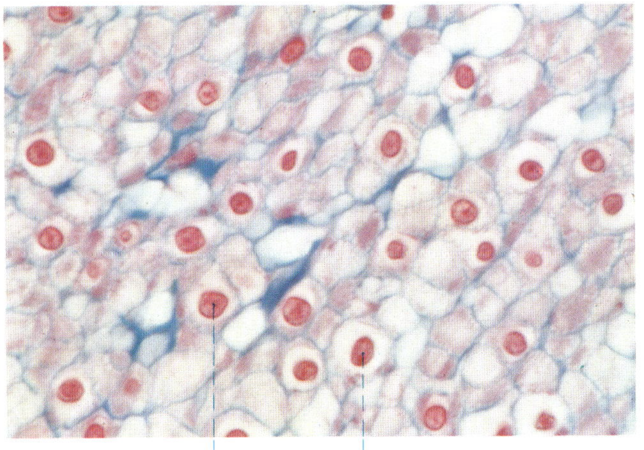

173

Abb. 173. Glatte Muskelzellen aus der Tunica muscularis der Appendix vermiformis (Mensch) mit charakteristischer zentraler Lage ihres Kerns, der von einem schmalen Zytoplasmasaum umgeben wird. Zwischen den Muskelzellen zarte Kollagenfasern. Vergr. 960fach.

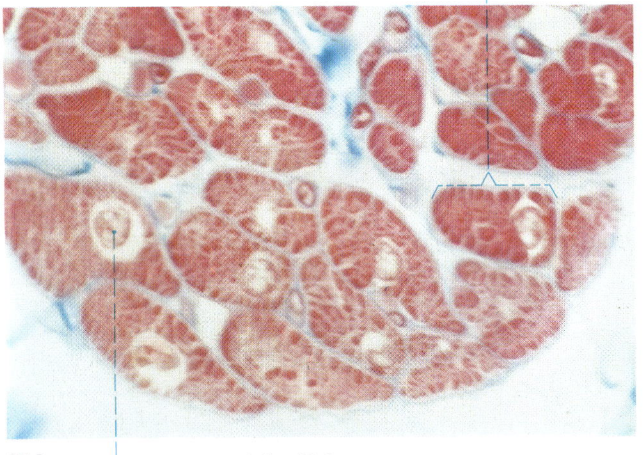

174

Abb. 174. Die Herzmuskelzellen haben demgegenüber eine sehr viel größere, aber unregelmäßiger geformte Querschnittsfläche, innerhalb deren die Myofibrillen zu kleinen, durch Sarkoplasmastraßen getrennte Grüppchen zusammengefaßt sind. Es entsteht das Bild der Cohnheimschen Felderung. Vergr. 960fach.

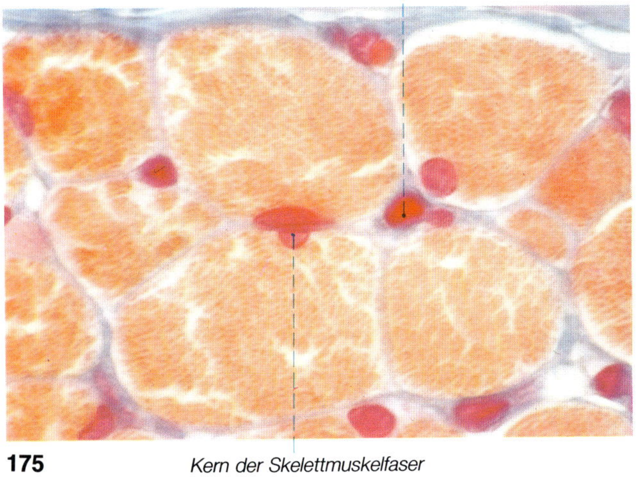

175

Abb. 175. Klar erkennbare Myofibrillen in den Skelettmuskelfasern des M. orbicularis oculi (Mensch). Vergr. 960fach.

Vergleichende Gegenüberstellung der drei verschiedenen Bauelemente der Muskelgewebe an Längsschnitten bei hoher, aber gleicher Auflösung (Ölimmersionsobjektiv 100fach) und gleicher Färbung (Azan) zur besseren Darstellung zytologischer Einzelheiten.

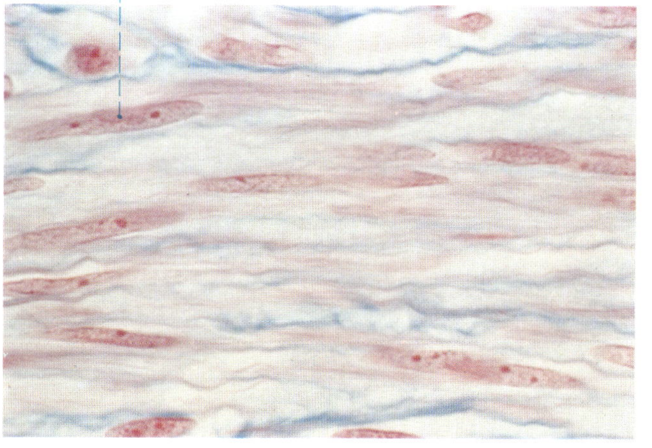

176

Abb. 176. Glatte Muskelzellen aus der Tunica muscularis der Appendix vermiformis (Mensch). Während die länglich zigarrenförmigen Kerne mit ihren Nukleoli deutlich hervortreten, bleibt die Begrenzung der Zellen selbst undeutlich. Das ist bei Längsschnitten wegen der Zartheit dieser Zellen fast immer zu beobachten. Vergr. 960fach.

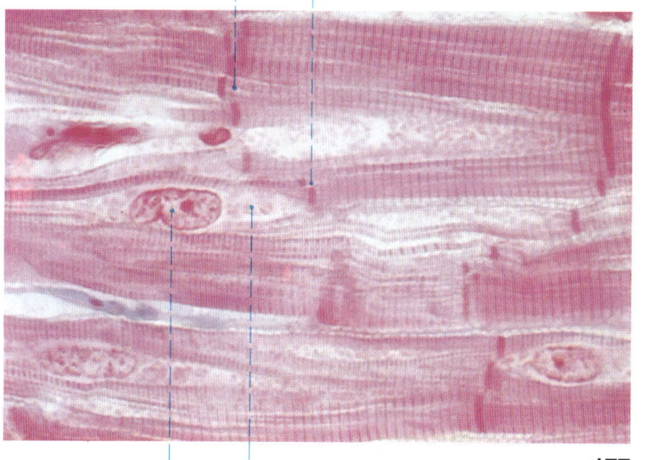

177

Abb. 177. Herzmuskelzellen (Myokard, Hund) mit deutlichen, myofibrillenfreien Sarkoplasma„höfen" an den Kernpolen, die Lipofuszingranula enthalten. Beachte die an die Myofibrillen gebundene Quer- und Längsstreifung der Zellen, die durch die sog. Glanzstreifen (stärker rot gefärbt) miteinander verbunden werden. Vergr. 960fach.

178

Abb. 178. Skelettmuskelfasern mit deutlicher Querstreifung (M. pectoralis major, Mensch). Die hier etwa gleichbreiten hellen I-(= isotropen) und A-(= anisotropen)Banden sprechen für eine weitgehende Erschlaffung der Faser. Beachte die deutliche Z-Linie innerhalb jeder I-Bande. Direkt unter dem Sarkolemm sind schemenhaft zwei Kerne, besonders gut ihr punktförmiger Nukleolus, erkennbar. Vergr. 960fach.

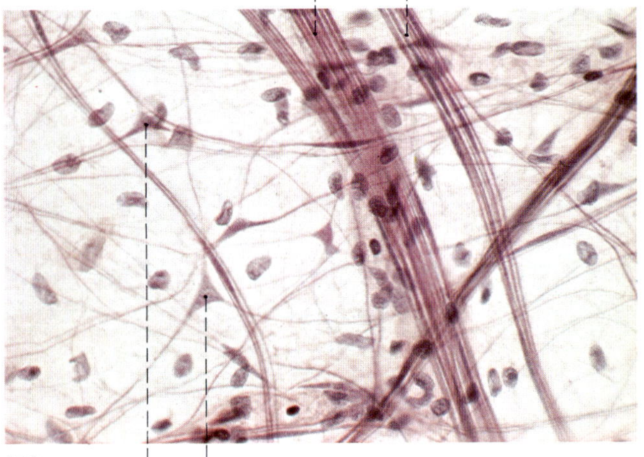

179

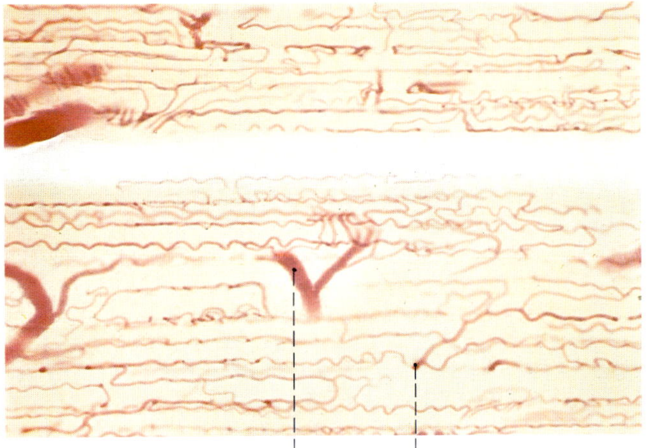

181

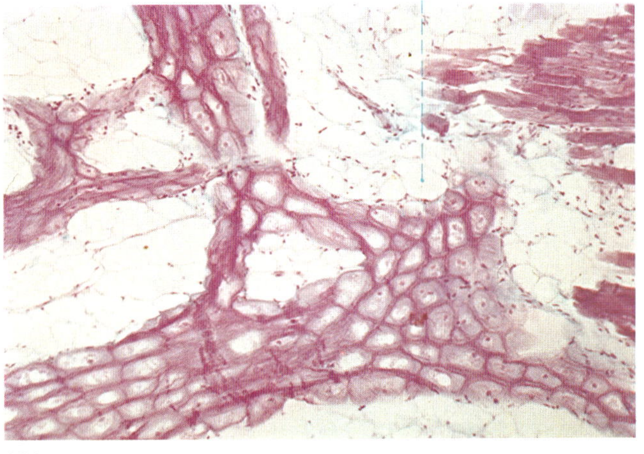

180a

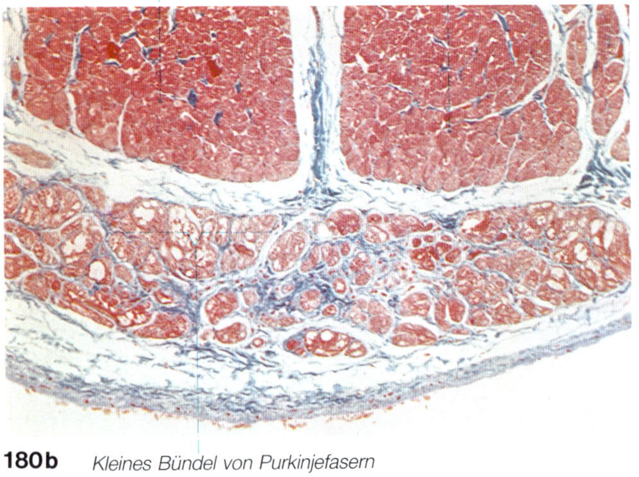

180b

Abb. 179. Verzweigte glatte Muskelzellen in der Harnblasenwand vom Frosch. Die übrigen, meist zu Bündeln geordneten Muskelzellen sind ungewöhnlich lang und dünn, und ihr noch schmälerer Kern ist oft schwer zu erkennen. Färbung: H. E.; Vergr. 240fach.

Abb. 180. a, b) Purkinjefasern des Herzens im Längs- und Querschnitt bei gleicher Vergrößerung (96fach) und Färbung (Azan). Diese feinsten Verzweigungen des Erregungsleitungssystems im Herzen bestehen ebenfalls aus, allerdings hochspezialisierten, Herzmuskelzellen. Von der Arbeitsmuskulatur unterscheiden sie sich durch ihre Größe (vgl. Abb. 166), ihren hohen Glykogengehalt (daher meist blasser gefärbt) und ihre randständigen, an Menge stark zurücktretenden Myofibrillen. Auffallend sind ferner die relativ kleinen, rundlichen Kerne, die infolgedessen und auch wegen der Größe des Zelleibes seltener vom Schnitt getroffen werden. Färbung: Azan; Vergr. 96fach.

Abb. 181. Darstellung des Kapillarmusters eines Skelettmuskels durch die künstliche Füllung seines Gefäßsystems mit einer gefärbten Gelatinelösung. Die Schlängelungen der Kapillaren sind keine „Reservefalten“ und auch nicht durch den Kontraktionszustand bedingt, sondern eine für „rote“ Muskelfasern charakteristische Verlaufsform. Technik: Gefäßinjektion mit Karmin-Gelatine, sonst keine Färbung. Vergr. 96fach.

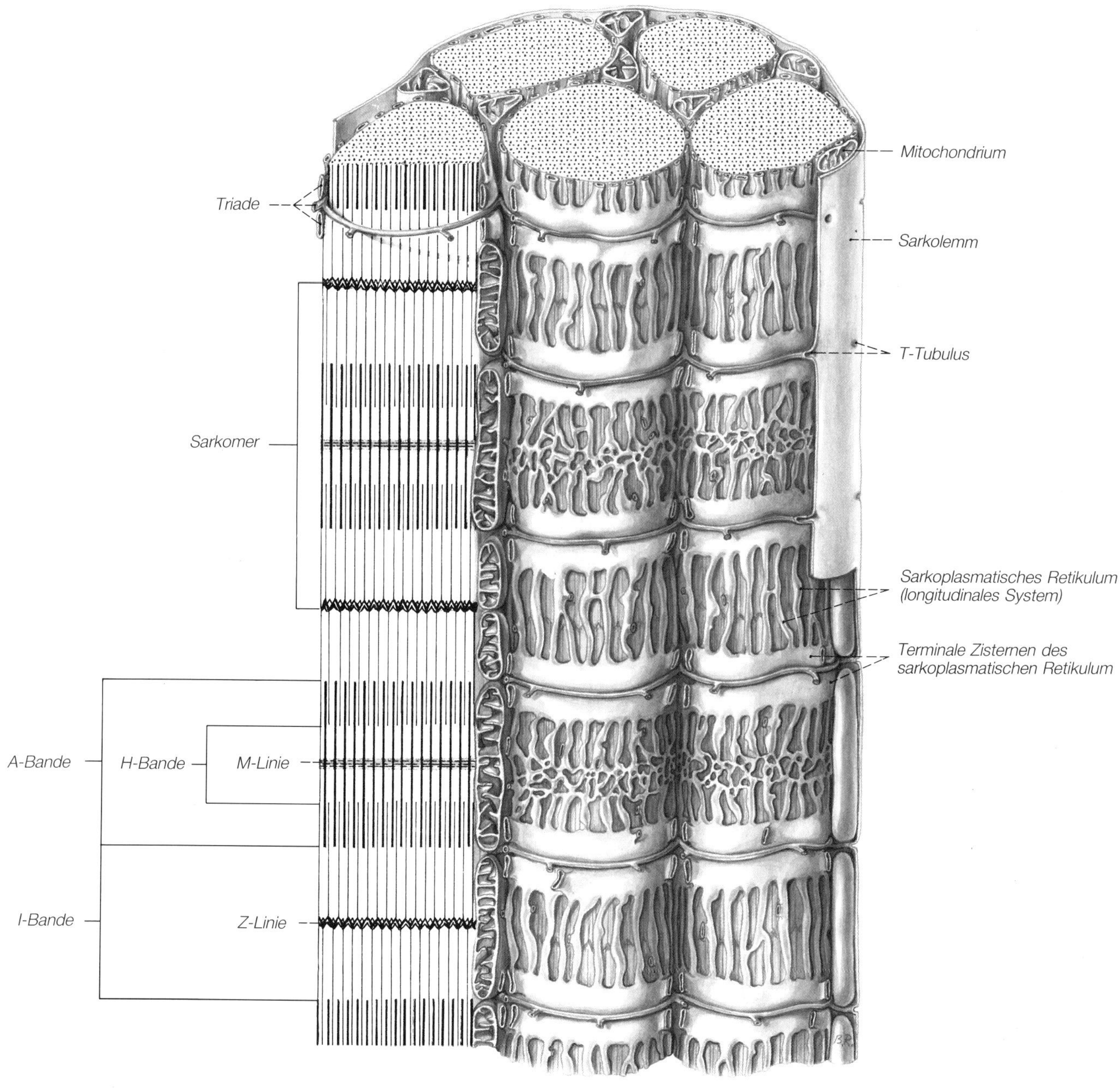

Abb. 182. Räumliches Schema von der Anordnung des sarkoplasmatischen Retikulums (glattes endoplasmatisches Retikulum, longitudinales System) und der T-Tubuli (schlauchförmige Einsenkungen der Zellmembran, transversales System) zu den Myofibrillen im Skelettmuskel eines Säugetieres. Die Triaden, bestehend aus einem zentral gelegenen T-Tubulus, flankiert von zwei bläschenförmigen Anschnitten der Terminalzisternen des sarkoplasmatischen Retikulums, liegen beim Säugermuskel auf der Grenze von A- und I-Bande, so daß immer zwei Triaden auf ein Sarkomer entfallen. Die Zellmembran der Muskelzellen wird auch Sarkolemm genannt. Ihr liegt eine Basalmembran auf (Zeichnung Frau B. Ruppel, München).

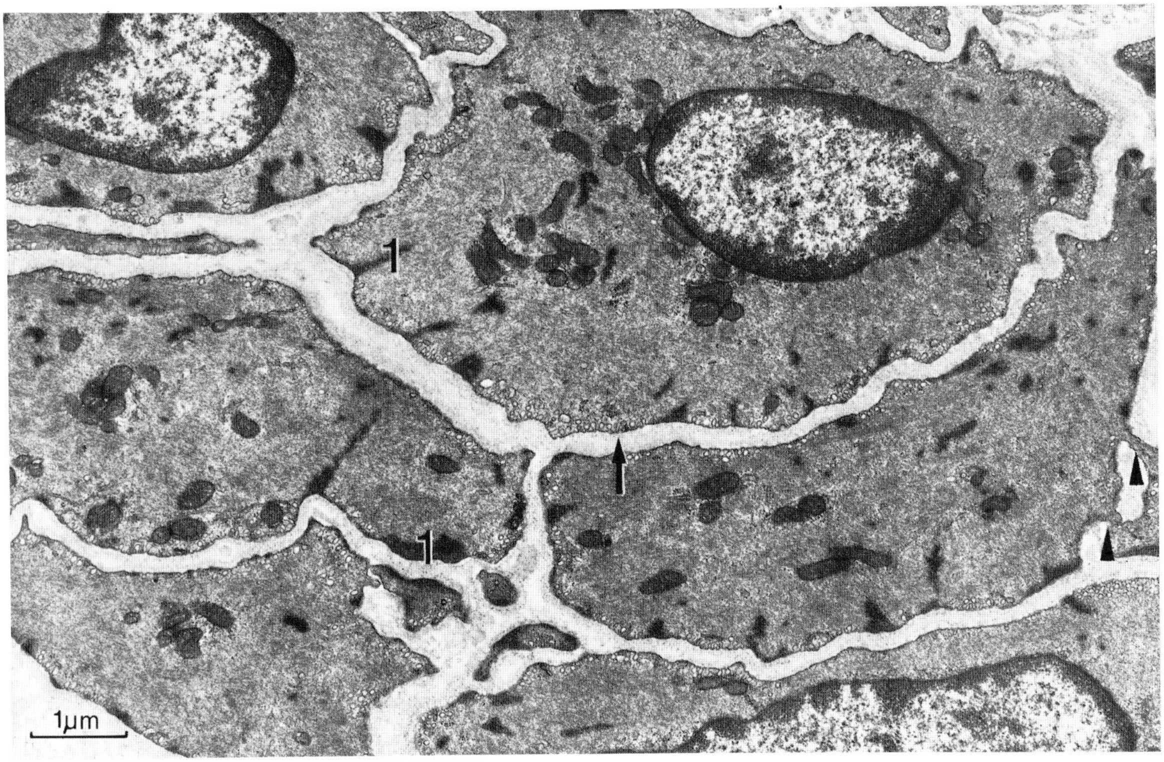

183

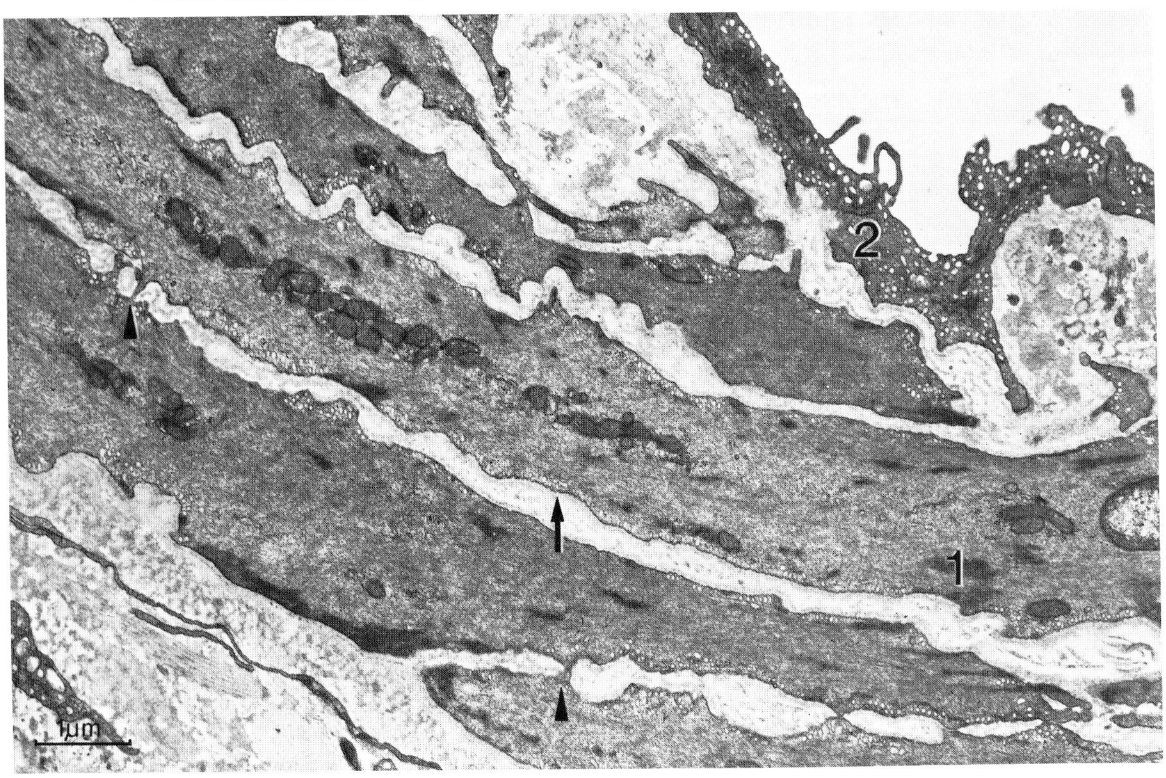

184

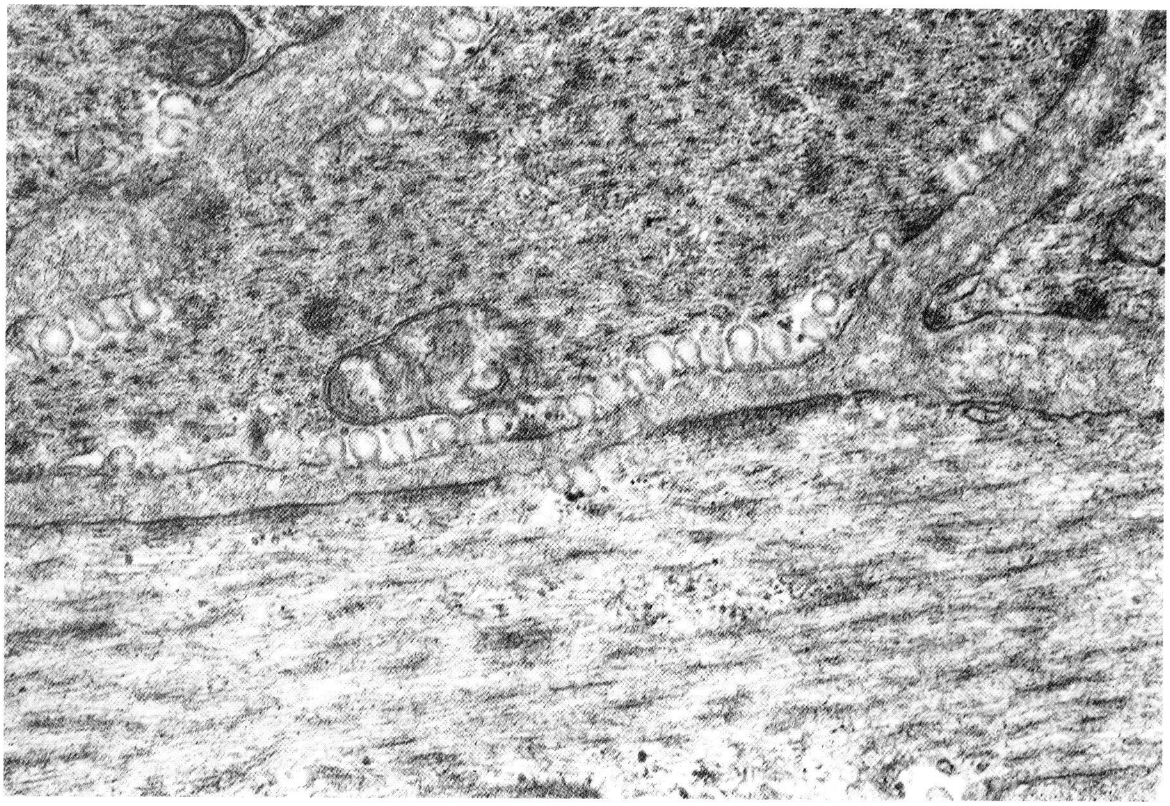

185

Abb. 185. Glatte Muskelzellen aus dem Harnleiter des Menschen, unterschiedliche Anschnittrichtung (unten: annähernd längs, oben: schräg). Beachte die ovalen Einsenkungen der Zellmembran (Caveolen), die Basalmembran und im Zytoplasma die zahlreichen dünnen Aktinfilamente sowie die gleichmäßig über die Schnittfläche verteilten länglichen, dickeren filamentären Strukturen, die Myosin entsprechen. Weiterhin treten im Zytoplasma unscharf begrenzte größere Verdichtungen auf, die auch an der Innenseite der Zellmembran vorkommen und die der Anheftung der Aktinfilamente (dense bodies) dienen. Gesamtvergr. 50 000fach.

Abb. 183. und 184. Quer- und längsgeschnittene glatte Muskelzellen aus der Wand einer kleinen Arterie (Katze). Je nach Schnitthöhe sowie nach Zahl und Gestalt der meist plumpen Vortreibungen ihrer freien Oberfläche ergeben sich Schnittprofile von sehr unterschiedlicher Kontur und Größe. Der Zelleib wird homogen von einer feinfibrillären Substanz gleichmäßiger Elektronendichte, den Myofilamenten, ausgefüllt; besonders in Kernnähe finden sich Mitochondrien und andere Organellen. Die fleck- und streifenförmigen, vor allem entlang der Zellmembran lokalisierten Verdichtungen – sog. „dense bodies“ (**1**) – stellen die Verankerungspunkte der kontraktilen Substanz dar. Mit Hilfe wechselnd gestalteter, kleinerer Fortsätze (▶) gewinnen die Muskelzellen sehr enge Kontakte zueinander. Hier finden sich Nexus, gap junctions, die als Orte geringen elektrischen Widerstands der intramuralen Erregungsfortleitung dienen. Die in Gruppen oder Reihen geordneten eiförmigen Membrancaveolen (→) dienen als Kalziumspeicher; sie werden deshalb und wegen ihres engen räumlichen Kontakts zum spärlichen sarkoplasmatischen Retikulum mit den T-Tubuli (vgl. Abb. 182) verglichen. **2** Endothel. Gesamtvergr. 13 000fach.

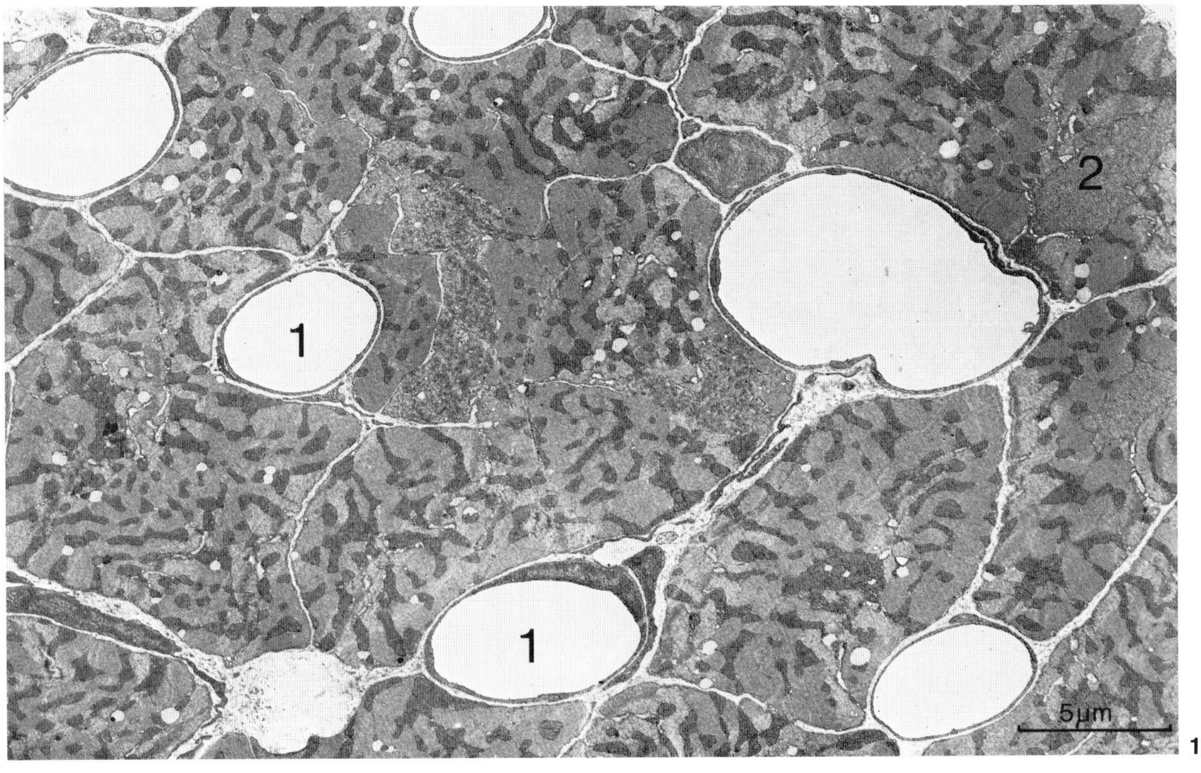

186

Abb. 186. Quergeschnittene Herzmuskelzellen (Papillarmuskel, Katze) mit den für diese Zellen typischen Unterschieden in Gestalt und Größe der einzelnen, oft schwer gegeneinander abgrenzbaren Schnittflächen. Beachte den Mitochondrienreichtum und die dichte Kapillarisierung sowie die engen räumlichen Beziehungen zwischen Kapillarendothelien und Muskelzellen. **1** Kapillarlichtungen; **2** Kern einer Muskelzelle. Gesamtvergr. 4000fach.

Abb. 187. Herzmuskelzellen im Schrägschnitt bei gleicher Vergrößerung (4000fach) aus dem Papillarmuskel eines Minischweines mit erkennbarer Querstreifung, vor allem deutlichen I-Banden und Z-Linien. Auch hier sind die Zellen wegen ihrer dichten Zusammenlagerung oft schwer gegeneinander abzugrenzen, jedoch können die Kapillaren (**1**) das Auffinden der sehr schmalen interzellulären Räume erleichtern, **2** Kern einer Herzmuskelzelle. Gesamtvergr. 4000fach.

Abb. 188. Höhere elektronenmikroskopische Vergrößerung eines Glanzstreifens aus dem Myokard einer Ratte. Beachte den gewundenen Verlauf der benachbarten Zellmembran mit Fasciae adhaerentes (**1**, Anheftung der Aktinfilamente), Desmosomen (**2**) und einer gap junction (→, elektrische Kopplung der Zellen). Gesamtvergr. 66000fach.

187
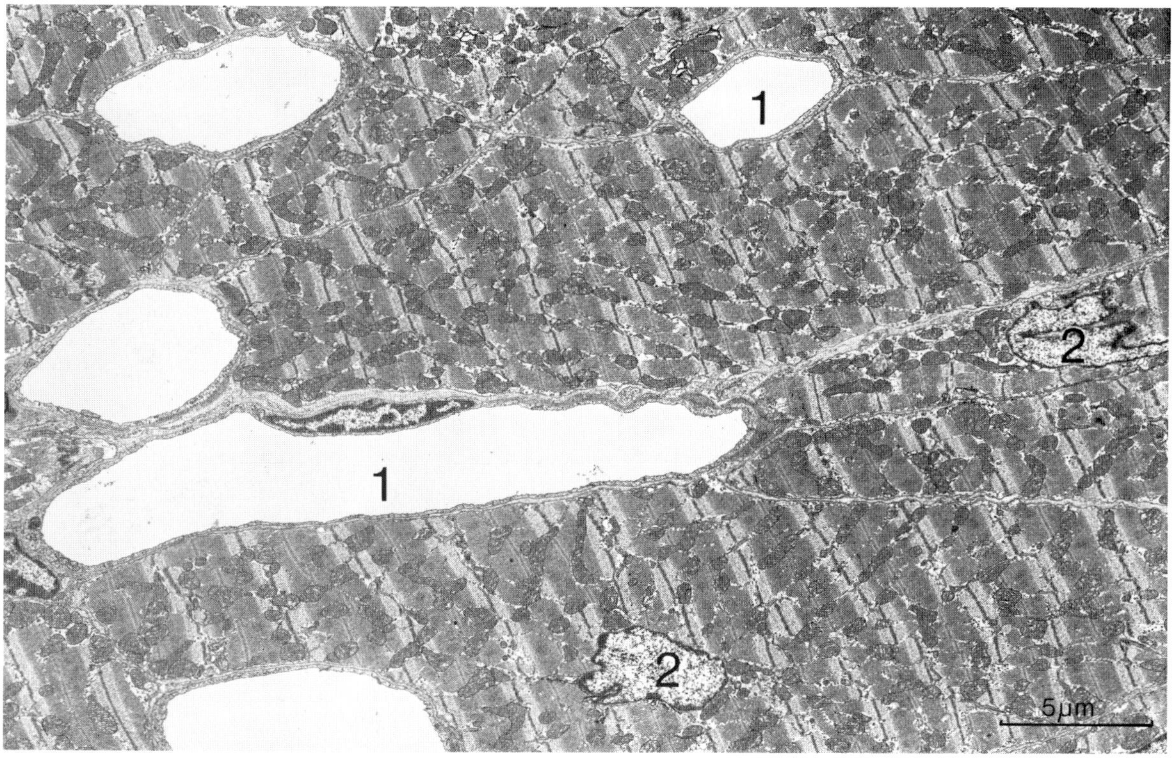

188
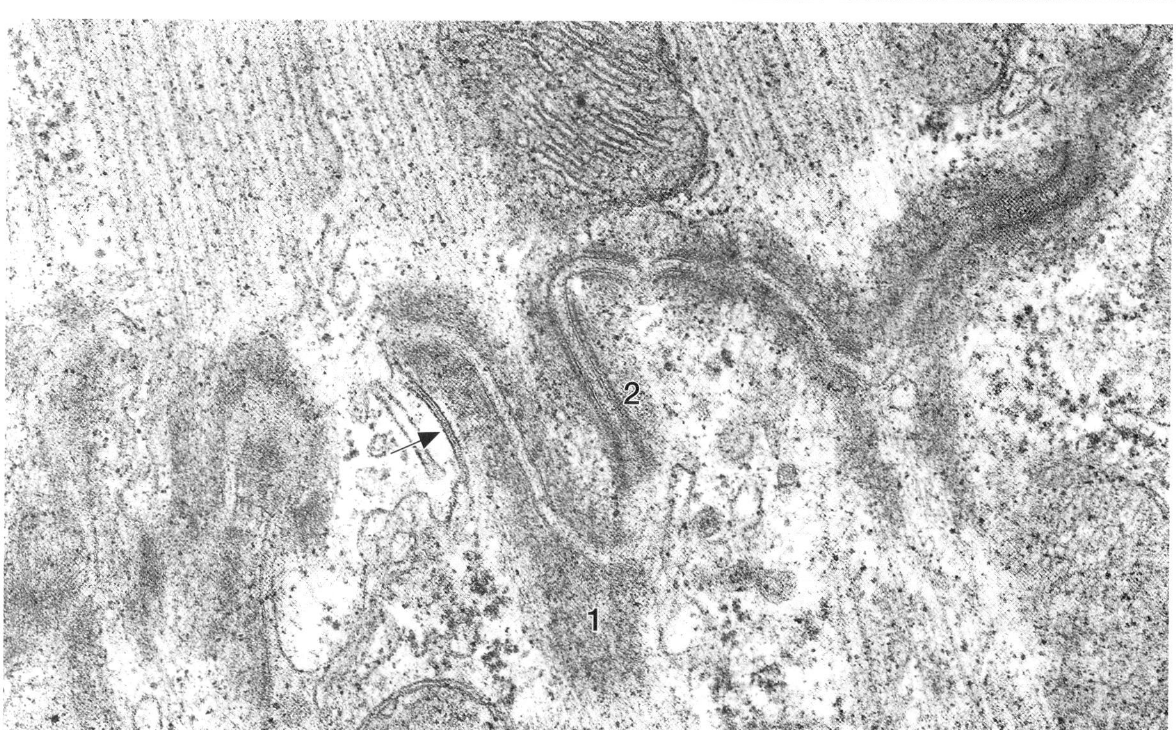

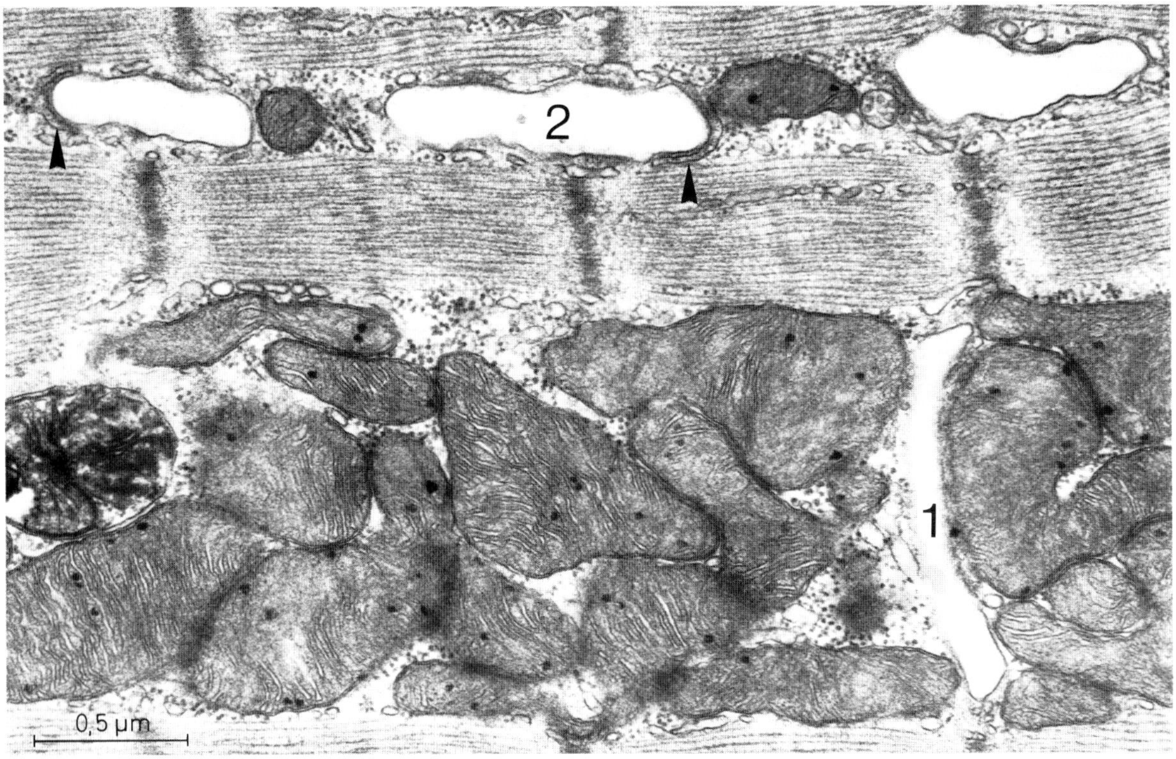

189

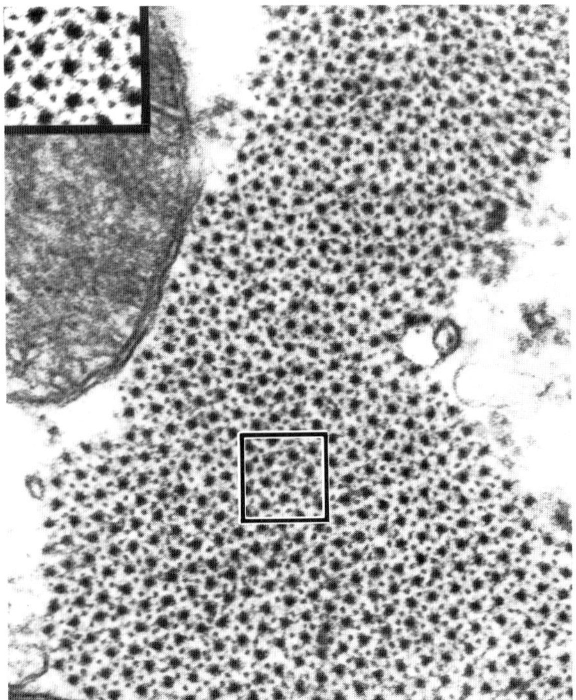

190

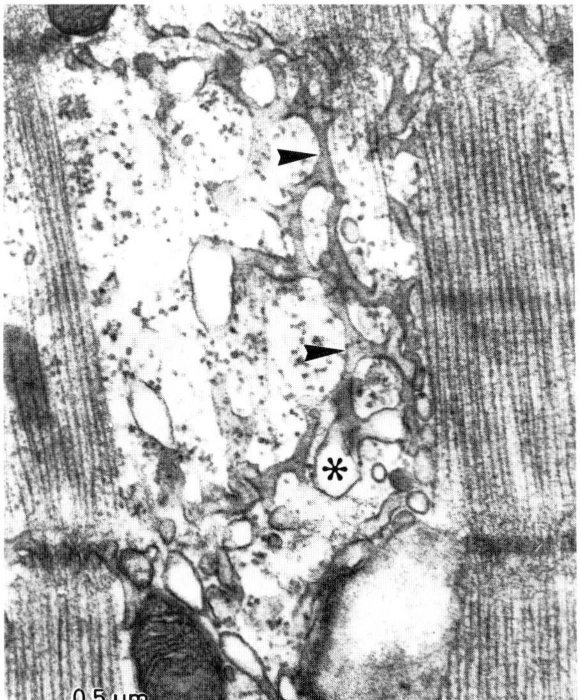

191

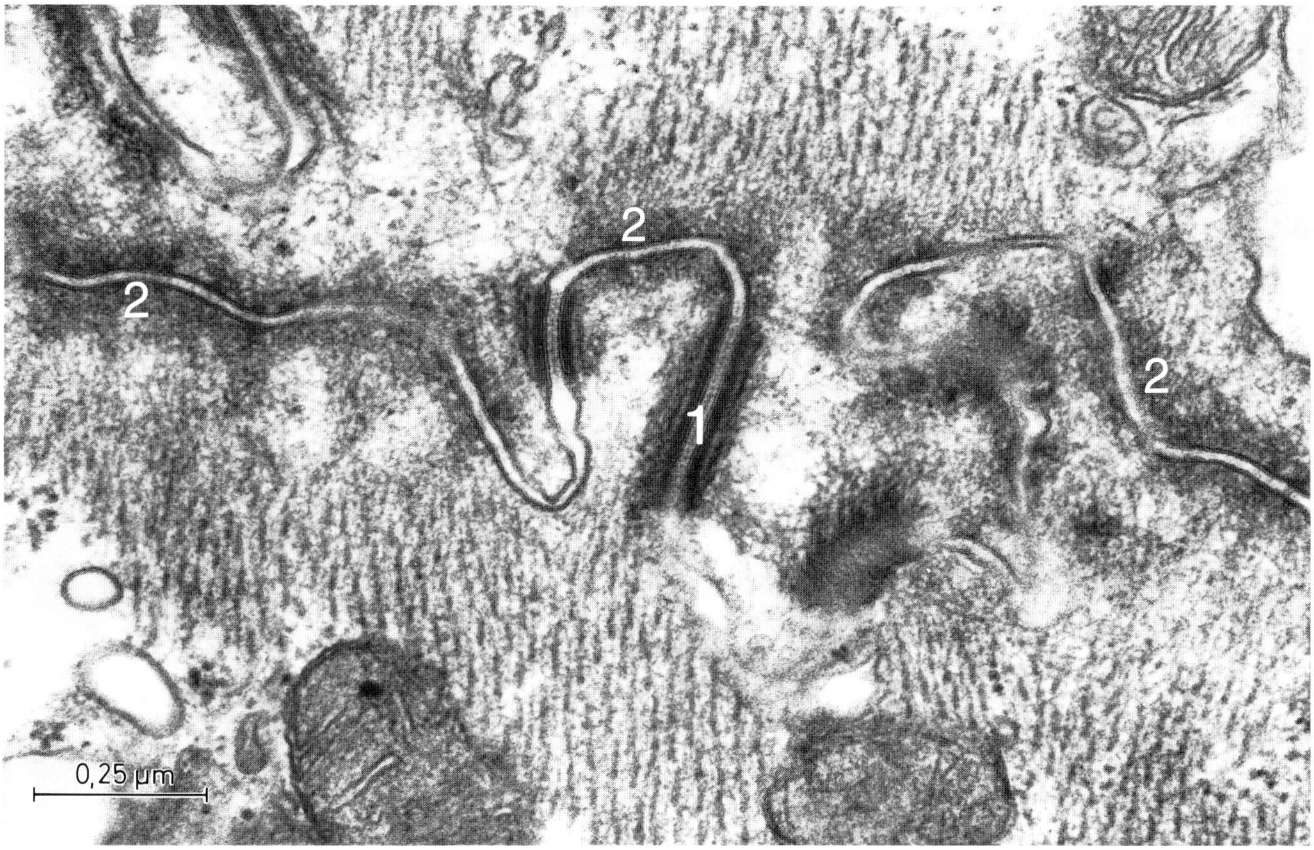

192

Abb. 189. Ausschnitt aus einer Herzmuskelzelle bei höherer Primärauflösung zur Demonstration der Querstreifung der Myofibrillen sowie der zahlreichen großen und dicht gepackten Mitochondrien mit gut entwickeltem Binnenkörper. Bei der hier gewählten Tierart, dem Meerschweinchen, sind die T-Tubuli (**1**) nicht nur besonders weitlumig, sondern sie verlaufen zusätzlich auch noch parallel (**2**) zu den Myofibrillen. Wie bei der Skelettmuskulatur kommt es auch hier zu engstem räumlichem Kontakt zwischen T-Tubuli und sarkoplasmatischem Retikulum, das in diesem Bereich aber lediglich in Form enger Schläuche auftritt (▶). Gesamtvergr. 40 000fach.

Abb. 190. Hochaufgelöster Querschnitt durch eine Myofibrille einer Herzmuskelzelle aus dem Papillarmuskel des Meerschweinchens. Das Schnittniveau liegt in Höhe der A-Bande und läßt infolgedessen die regelmäßige Anordnung von dünnen (Aktin) und dicken (Myosin) Filamenten erkennen. Dabei wird ein Myosinfilament immer von sechs Aktinfilamenten in konstantem Abstand umgeben, wodurch gleichzeitig ein überaus gleichförmiges, hexagonales Muster (□) der dicken Myosinfilamente entsteht. Gesamtvergr. 96 000- und 164 000fach (Bildeinsatz).

Abb. 191. Der Längsschnitt durch eine Herzmuskelzelle vom Papillarmuskel eines Meerschweinchens trifft das sarkoplasmatische Retikulum (▶) über längere Strecken flach und so günstig, daß die Kontinuität innerhalb dieses tubulären Netzwerks erkannt werden kann. Beachte die örtlich begrenzten Erweiterungen (★) dieses Röhrensystems. Gesamtvergr. 44 000fach.

Abb. 192. Primär hochaufgelöste Aufnahme (40 000fach) eines Glanzstreifens aus einem Papillarmuskel des Meerschweinchens. Die aneinandergrenzenden Zellen zeigen intensive Verzahnungen, die jedoch häufig schräg oder flach vom Schnitt getroffen werden, so daß die sie begrenzenden Zellmembranen kaum noch zu identifizieren sind. Bei senkrechter Schnittführung erkennt man dagegen neben den typischen Desmosomen (**1**) auch die Verdichtungen der Fasciae adhaerentes (**2**). Gesamtvergr. 92 000fach.

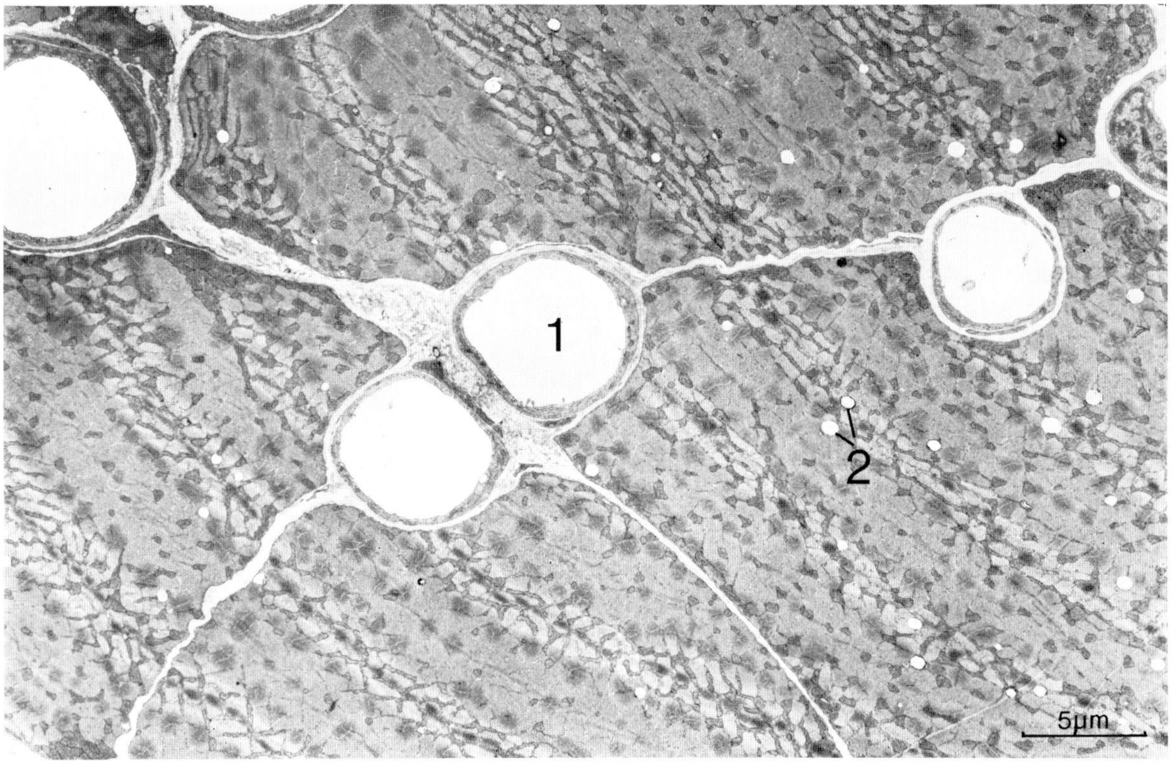

193

Abb. 193. Quergeschnittene Skelettmuskelfasern aus der Katzenzunge. Beachte, daß im gleichen Bildformat und bei sogar geringerer Vergrößerung von den sehr viel dickeren Skelettmuskelfasern nur unterschiedlich große Anschnitte, vom Myokard jedoch mindestens sieben Zellen vollständig erfaßt werden. **1** Kapillarlichtung; **2** Lipidvakuolen. Gesamtvergr. 3300fach.

Abb. 194. Längsgeschnittene Skelettmuskelfasern bei gleicher Vergrößerung (3300fach) und aus demselben Präparat wie in der vorhergegangenen Abbildung. In diesem Fall handelt es sich um eine „weiße" Faser, da die Menge der subsarkolemmalen und interfibrillären Mitochondrien (→) sehr gering ist. Von der Querstreifung fallen besonders die dunkleren Z-Linien auf, die hier von sehr schmalen I-Banden flankiert werden, was für eine fast vollständige Kontraktion dieser Faser spricht. **1** Lichtung einer Blutkapillare; **2** Lipidvakuolen; **3** Lichtung einer Arteriole; **4** Kern einer Skelettmuskelfaser. Gesamtvergr. 3300fach.

Abb. 195. Höhere Vergrößerung längsgeschnittener Myofibrillen des Hautmuskels (Paniculus carnosus) eines Goldhamsters. Die oberen Myofibrillen ([) zeigen die Gesamtlänge eines Sarkomers (=Abstand zwischen zwei aufeinanderfolgenden Z-Linien: ⌐¬) mit allen darin überhaupt möglichen Querbanden, da diese Faser völlig erschlafft ist. Die I-Banden (**I**) enthalten ausschließlich Aktinfilamente, die, ausgehend von den Z-Linien, durch die I- bis in die A-Bande (**A**) ziehen. Letztere bestehen hauptsächlich aus den dicken, 1,5 µm langen Myosinfilamenten, die auf die A-Bande beschränkt sind. Die A-Bande wird nochmals in die mittelständige H-Bande unterteilt, die ihrerseits exakt von der M-Linie (**M**) halbiert wird. Die H-Bande entspricht jenem Teil der A-Bande, in den die Aktinfilamente nicht mehr hineinreichen, und ihre Breite ist infolgedessen vom Ausmaß der Kontraktion abhängig. Die M-Bande entsteht durch feinste filamentöse Querverbindungen der Myosinfilamente. In Nähe der Grenze von A- und I-Banden erkennt man Triaden (◯), die aus dem englumigen zentralen T-Tubulus, flankiert von zwei Vakuolen, bestehen, wobei letztere den Querschnitten durch die terminalen Zisternen des sarkoplasmatischen Retikulums entsprechen. Bildeinsatz: Längsschnitt einer einzelnen Triade. Die dem helleren, zentralen T-Tubulus zugewandten Membranen der mit elektronendichtem Inhalt homogen gefüllten Zisternen (★) des sarkoplasmatischen Retikulums verlaufen nicht glatt, sondern weisen feine Einziehungen auf, zwischen denen und der Membran der T-Tubuli elektronendichtes Material regelmäßig angeordnet ist. Gesamtvergr. 27 000- und 50 000fach.

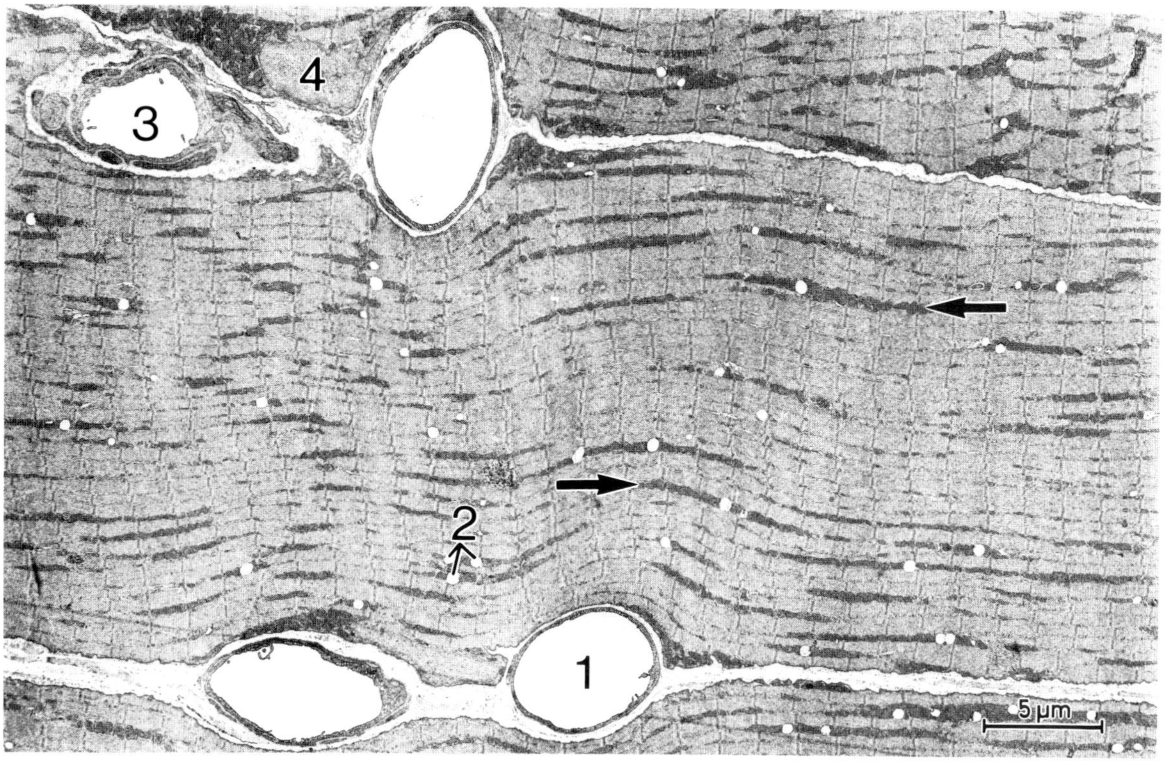

194

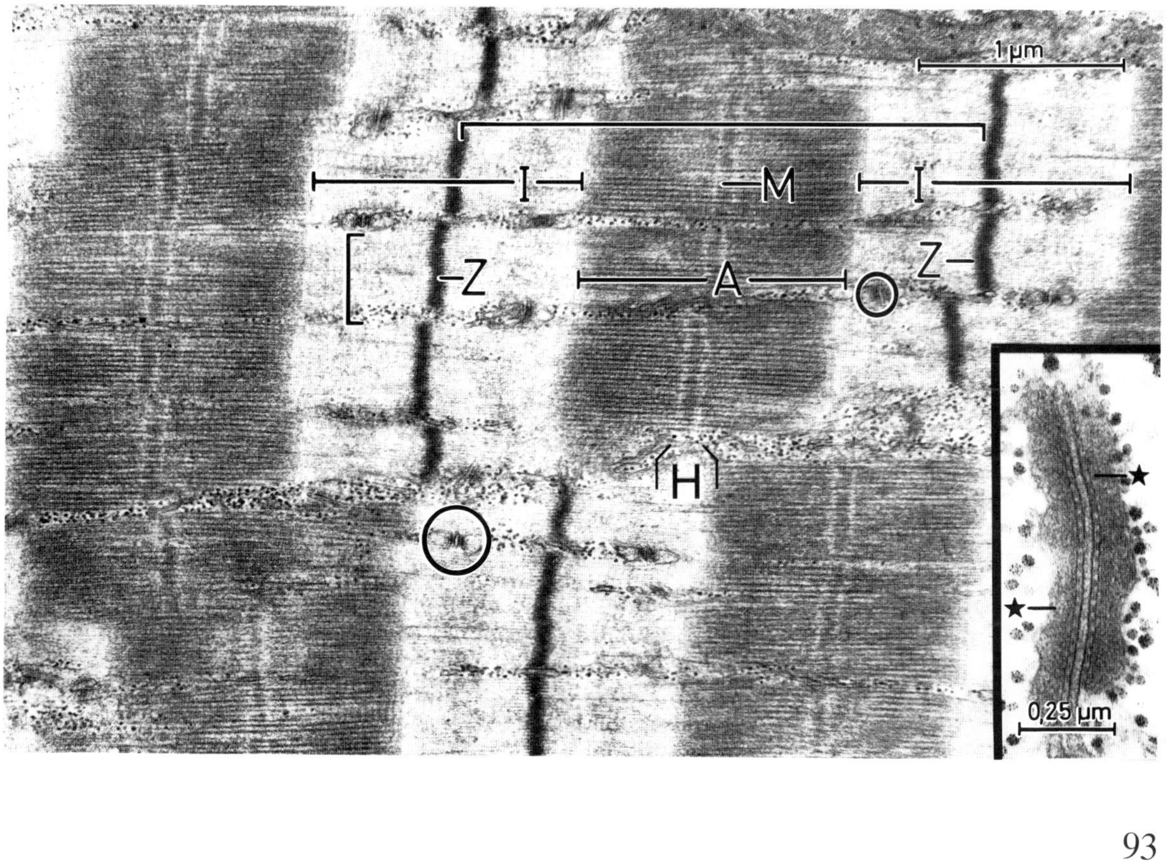

195

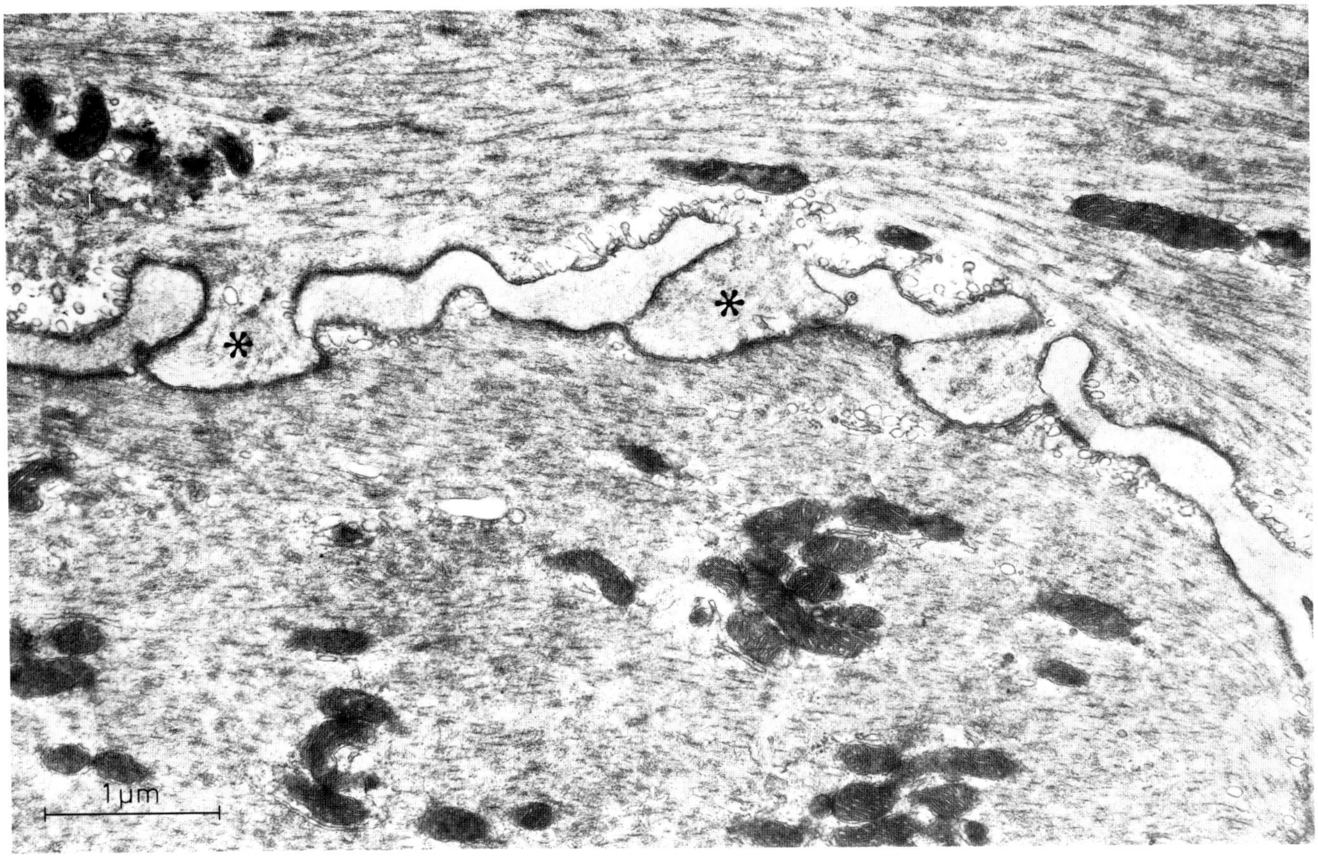

196

Abb. 196. Die glatten Muskelzellen der Tunicae musculares einer Vielzahl von Hohlorganen nehmen engen räumlichen Kontakt miteinander auf, indem sie wechselnd gestaltete und unterschiedlich große, oft fußartige Fortsätze (★) gegeneinander vortreiben. Diese passen häufig genau in entsprechende Einsenkungen der Oberfläche der Nachbarzelle, wobei die gegenüberliegenden Plasmalemmata nicht mehr als 15–20 nm voneinander entfernt sind und gar nicht selten gap junctions erkennen lassen, die auch hier als Nexus bezeichnet werden. Letztere sind auch die Orte der intramuralen Erregungsfortleitung elektrischer Impulse (V. portae, Ratte). Gesamtvergr. 23 000fach.

Abb. 197. Die feineren Verzweigungen des Erregungsleitungssystems im Herzen werden als Purkinje-Fasern bezeichnet, und sie bestehen aus hochspezialisierten glykogenreichen Herzmuskelzellen (M. papillaris, Meerschweinchen). In elektronenmikroskopischen Bildern fallen diese Zellen durch ihren optisch hellen, plumpen Zelleib (**1**) sowie die mengenmäßig stark reduzierten und in die Peripherie verdrängten Myofibrillen (**2**), fehlende T-Tubuli u. a. auf. **3** Herzmuskelzellen (Kardiomyozyten) der Arbeitsmuskulatur; **4** Erythrozyt in einer Blutkapillare. Gesamtvergr. 5000fach.

Abb. 198. Die Übertragung des motorischen Nervenimpulses auf die Skelettmuskelfaser erfolgt im Bereich neuromuskulärer Synapsen, der sog. motorischen Endplatten. Sie bestehen aus endständigen Anschwellungen (**1**) der letzten Axonverzweigungen, die dicht mit elektronenhellen (synaptischen) Bläschen und Mitochondrien (auf dem Bild gut erkennbar) gefüllt sind. Diese terminalen Axonauftreibungen liegen in flachen, gruben- oder wannenförmigen Vertiefungen des Sarkolemms, das hier zahlreiche verästelte Einsenkungen (**2**) in das Faserinnere vortreibt, deren Gesamtheit das „subsarkolemmale Faltenfeld“ bildet. In diese Falten setzt sich auch die Basalmembran fort, die im übrigen den synaptischen Spalt durchzieht (▶) und so die Axonauftreibungen von der Muskelfaser trennt. Gesamtvergr. 11 000fach.

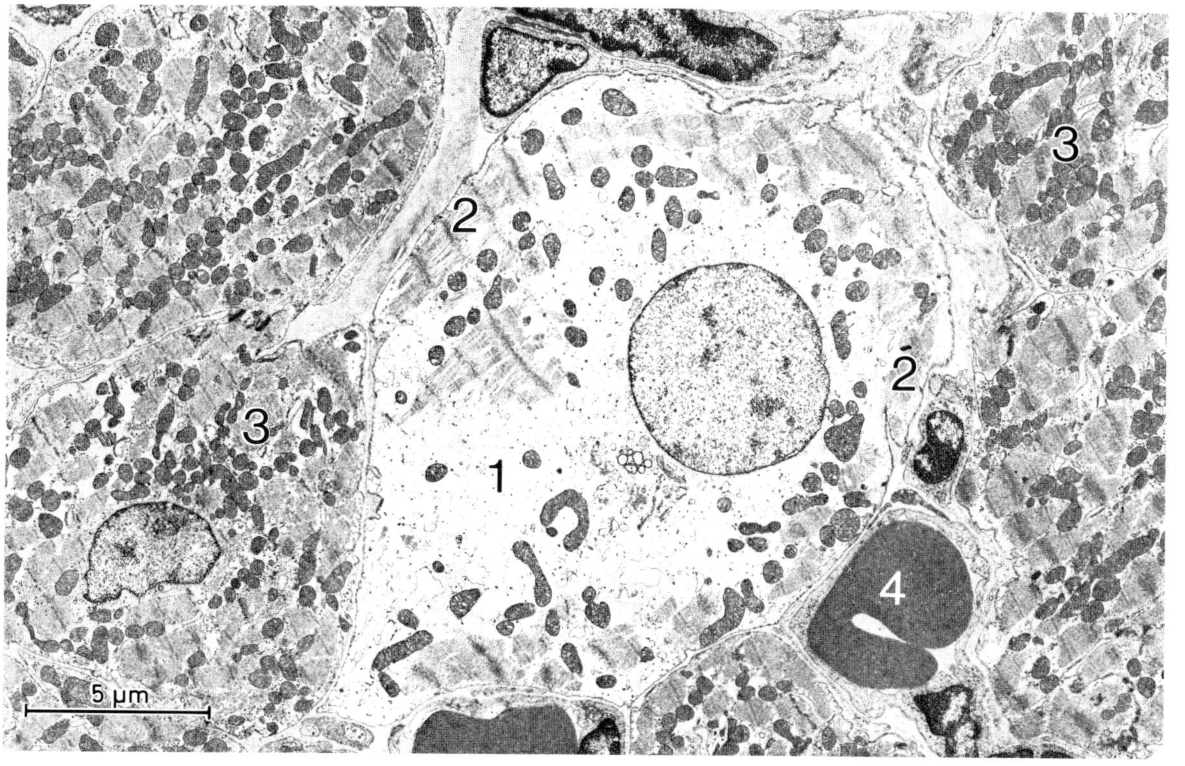

197

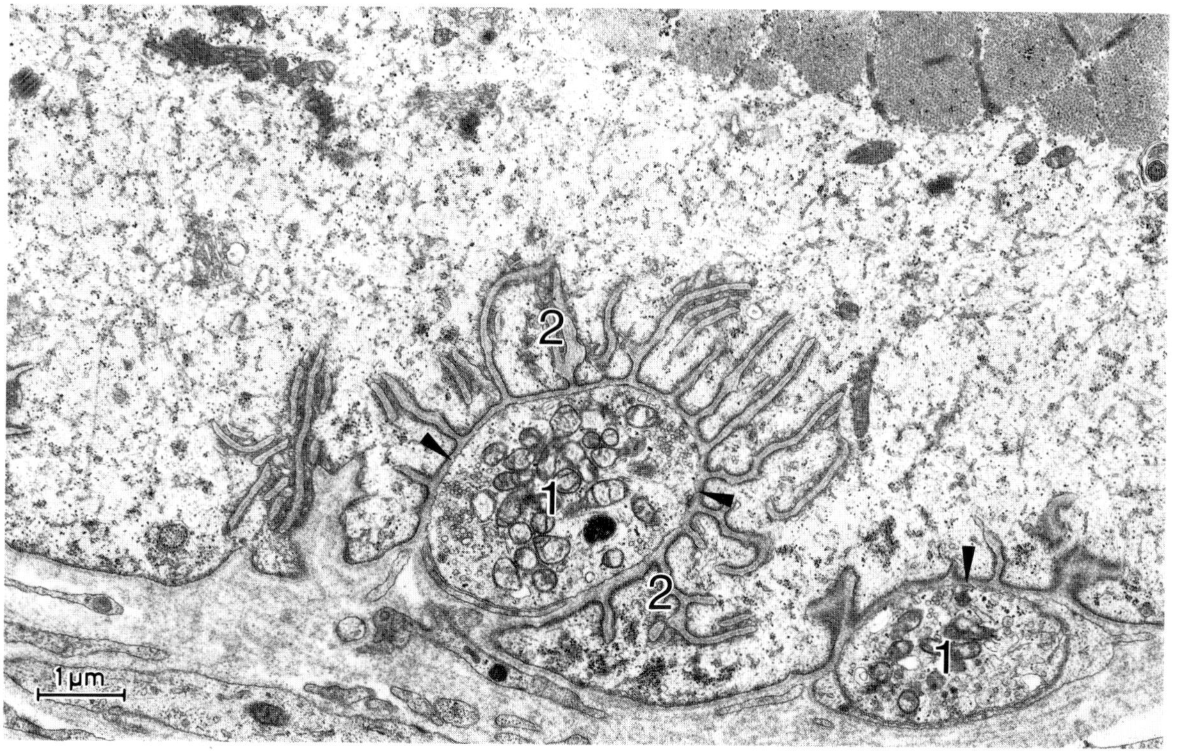

198

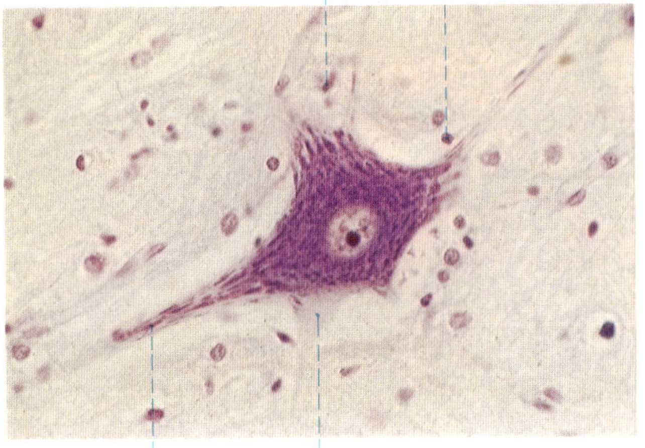

199

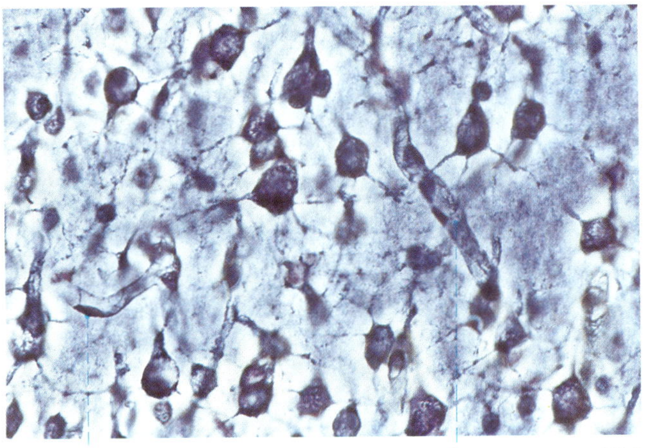

200

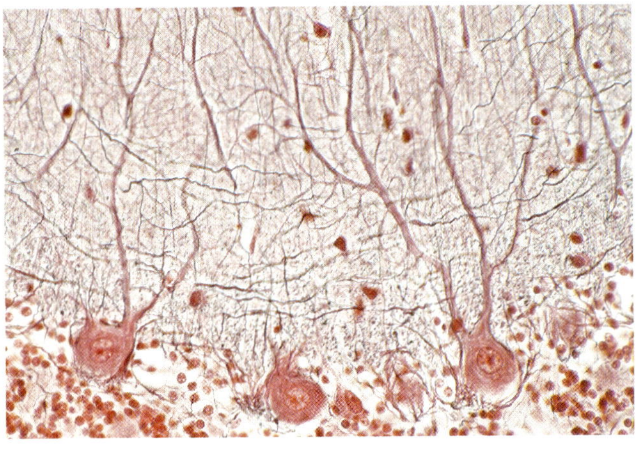

201

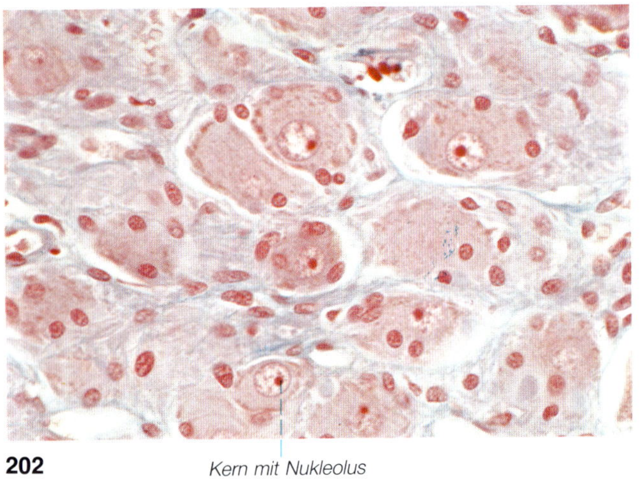

202

Abb. 199. Multipolare Nervenzelle aus dem Vorderhorn des Rückenmarkes (Hund) mit mehreren Dendriten (erkennbar an der in ihnen stets vorhandenen Nissl-Substanz) und dem Neurit samt dem an seinem Abgang immer Nissl-Schollen-freien Neuroplasmabezirk, dem sog. Ursprungskegel. Beachte den großen, rundlichen Kern mit dem punktförmigen Nukleolus. Die nach ihrem Entdecker als Nissl-Substanz bezeichneten, stark basophil färbbaren, scholligen Massen sind das lichtmikroskopische Äquivalent eines sehr gut entwickelten, rauhen endoplasmatischen Retikulums. Färbung: Kresyl-Violett nach Nissl; Vergr. 380fach.

Abb. 200. Multipolare Nervenzellen in der Großhirnrinde eines Affen, dargestellt durch eine Imprägnation mit Silbersalzen. Von den plumpen Zelleibern entspringen abrupt sehr dünne, fast stachelartige Zytoplasmafortsätze, die hier jedoch nicht in Dendriten und Neuriten differenziert werden können. Beachte die erheblichen Größenunterschiede zwischen den in den Abb. 199, 200 und 202 bei gleicher (!) Vergrößerung gezeigten Nervenzellen. Färbung: Cajals Methode; Vergr. 380fach.

Abb. 201. Kandelaber- oder spalierobstartige Verzweigungen der rindenwärts ziehenden Dendriten der Purkinje-Zellen des Kleinhirns, deren Neurit an der unteren Zirkumferenz des flaschenkürbisförmigen Zelleibes entspringt. Färbung: Versilberung nach Bodian; Vergr. 240fach.

Abb. 202. Perikaryen (Zelleiber) multipolarer Nervenzellen in einem vegetativen Ganglion des Nebennierenmarks (Mensch). Die rundlich-ovalen Perikaryen (vgl. mit Abb. 199) geben sich durch ihre großen, kugeligen Kerne mit dem immer deutlichen Nukleolus als Nervenzellen zu erkennen. Färbung: Azan; Vergr. 380fach.

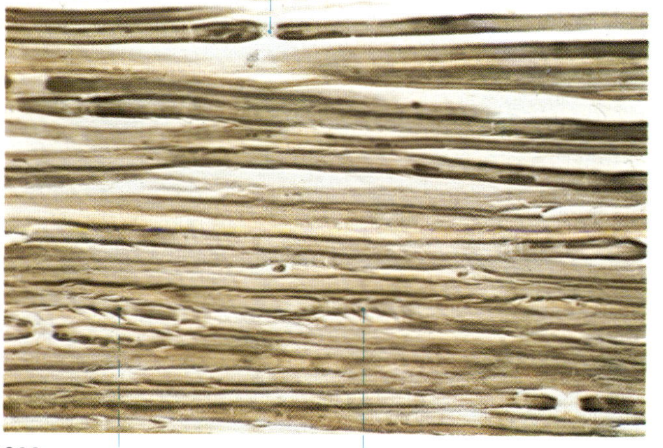

203

Abb. 203. Längsschnitt eines Nervs (N. ischiadicus, Kaninchen), dessen Markscheiden durch die Behandlung mit Osmiumsäure fixiert und gleichzeitig geschwärzt wurden. An der oberen und unteren Bildkante erkennt man je einen deutlichen Ranvierschen Schnürring (= Unterbrechung der Myelinscheide des Neuriten); im unteren Bilddrittel zeigen einige Neuriten die schräg zu deren Längsachse ziehenden pfeilspitzähnlichen sog. Schmidt-Lantermanschen Einkerbungen der Markscheide. Diese entsprechen Auflockerungen im System der konzentrisch geschichteten Protein-Lipoidlamellen, unterbrechen jedoch nicht die Kontinuität der Schwannschen Zellen. Färbung: keine, nur Fixierung mit OsO_4; Vergr. 240fach.

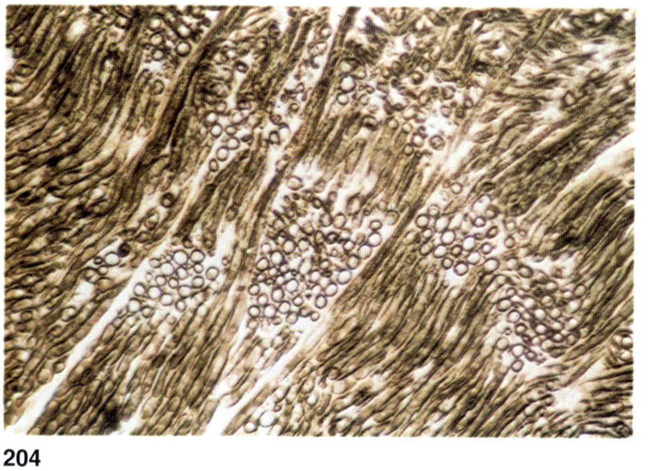

204

Abb. 204. Nervenfasern schräg und quer (N. spinalis, Katze) nach Osmiumfixierung. Die Markscheiden erscheinen im Querschnitt als schwarzbraune Ringe, die eine scheinbar strukturlose, da ungefärbte „Seele", den Achsenzylinder, umschließen. Färbung: keine, nur Fixierung durch OsO_4; Vergr. 150fach.

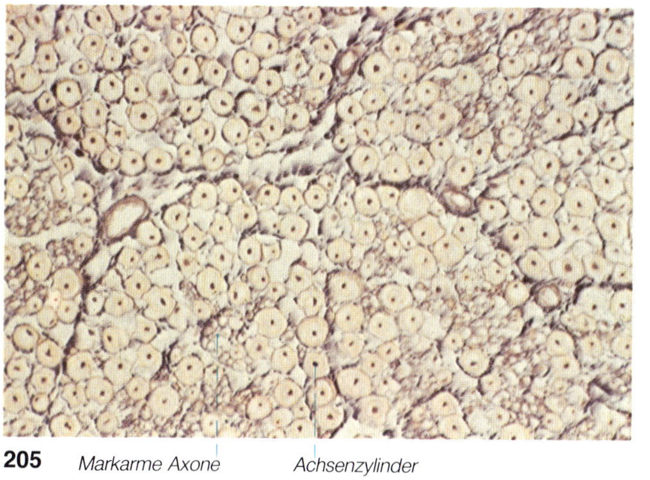

205

Abb. 205. Querschnitt eines markhaltigen Nervs (N. ischiadicus, Mensch), dessen geschrumpfte Achsenzylinder als schwarzviolette Punkte erscheinen, die von einer blaß gelblichen Hülle, der Markscheide, umgeben sind (vgl. auch mit Abb. 207). Zwischen den dicken, sehr markreichen Nervenfasern liegen Gruppen kleinerer markarmer und markloser Fasern (vgl. mit Abb. 220). Die Kerne der Schwannschen Zellen sind nicht zu erkennen, da keine Kerngegenfärbung durchgeführt wurde. Färbung: Pikroindigokarmin; Vergr. 240fach.

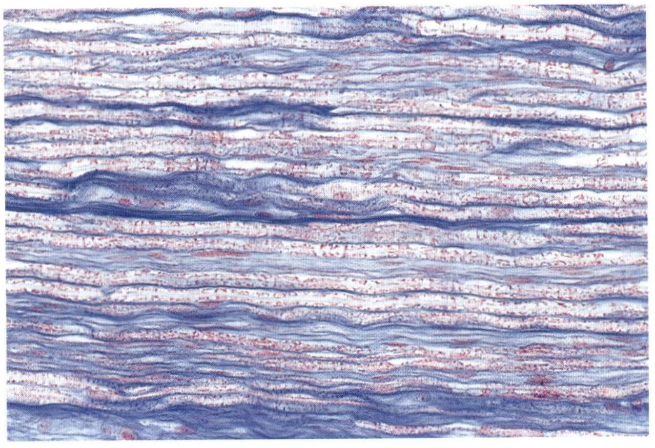

206

Abb. 206. Längsschnitt durch einen großen peripheren Nerven des Menschen, dessen Nervenfasern infolge der Behandlung des Gewebes mit fettlösenden Mitteln wie z.B. Alkohol einen Zerfall der Markscheiden durch Herauslösen der Lipide erkennen lassen. Übrig bleibt von der Markscheide eine Art Eiweißgerinnsel, das sog. Neurokeratingerüst. Der Nervenzellfortsatz ist z. T. als bläuliche oder helle Linie erkennbar. Die rund-ovalen Zellkerne gehören mehrheitlich zu den Schwannschen Zellen, die abgeplatteten zu Fibrozyten des bindegewebigen Endoneuriums (blau gefärbt). Färbung: Azan; Gesamtvergr. 200fach.

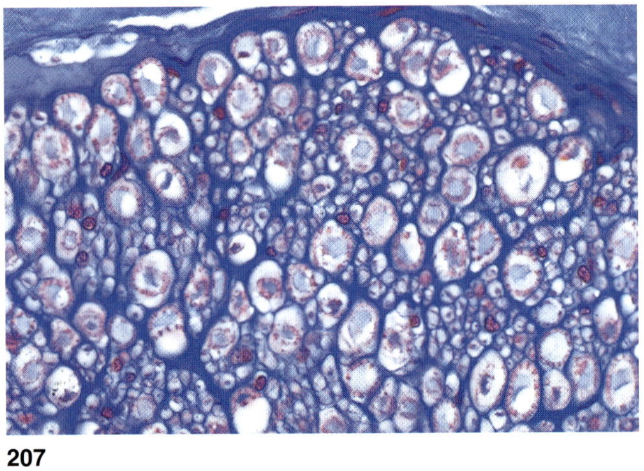

207

Abb. 207. Querschnitt durch einen peripheren Nerven des Menschen. Die Markscheide ist wieder zerfallen, im Inneren der Markscheide ist der Nervenzellfortsatz oft als bläulicher Punkt erkennbar. Die Nervenfasern sind in ein hier kräftig blaugefärbtes Endoneurium eingebettet. Die rundlichen Kerne gehören zu Schwannschen Zellen. Am Rande des Nervenfaserbündels ist das Perineurium erkennbar (oberer Bildrand). Färbung: Azan; Gesamtvergr. 200fach.

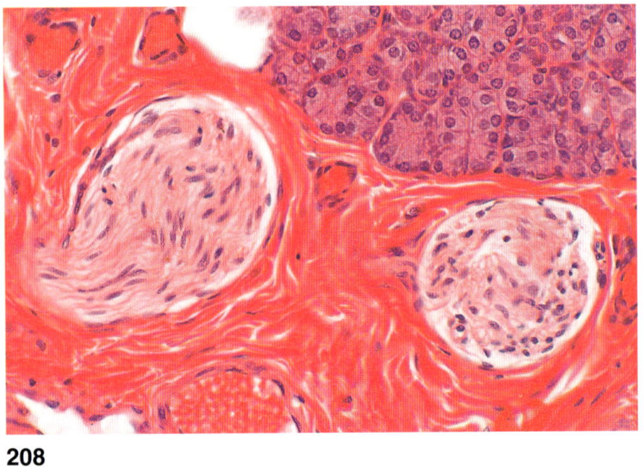

208

Abb. 208. Zwei kleine vegetative Nerven in der Gl. submandibularis des Menschen. Die Nervenfasern sind infolge ihres gewellten Verlaufes in verschiedenen Richtungen angeschnitten. Die Zellkerne in den Nerven gehören ganz überwiegend zu Schwannschen Zellen. Ein schmaler Schrumpfraum zwischen dem dichten kollagenfaserreichen Bindegewebe und den Nerven erleichtert hier das Erkennen der Nerven. Färbung: H. E.; Gesamtvergr. 200fach.

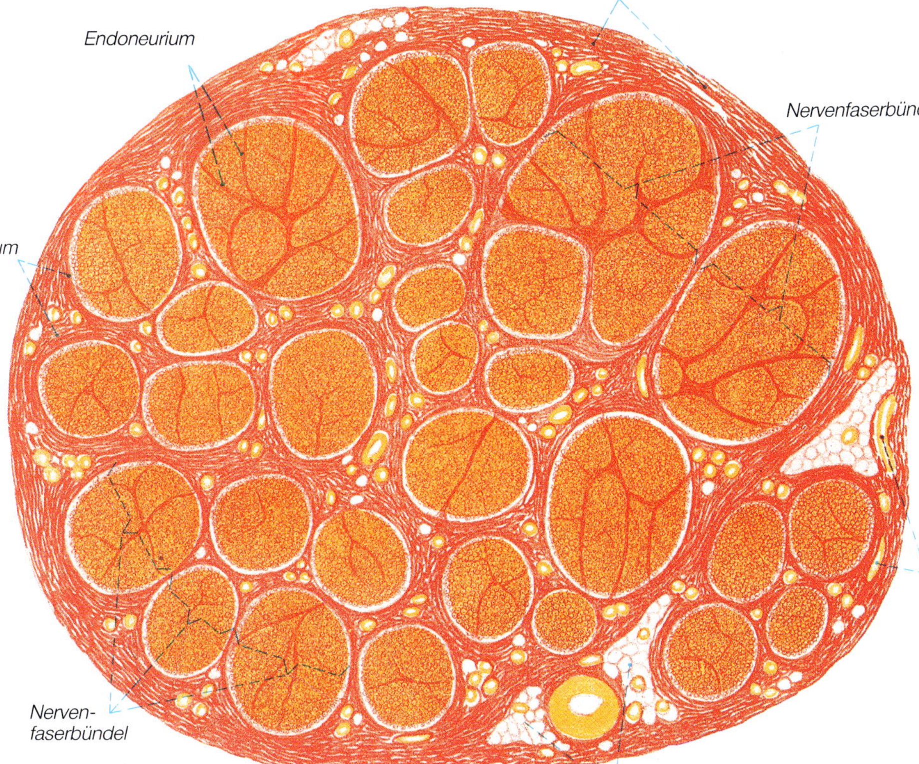

Abb. 209. Querschnitt eines großen peripheren Nervs. Beachte die deutliche Zusammenordnung der Nervenfasern zu Bündeln unterschiedlicher Größenordnungen (enkaptisches Bauprinzip). Die einzelne Nervenfaser und ihre Schwannsche Zelle werden von einem zarten Kollagenfasergerüst umgeben: Endoneurium. Bündel von Nervenfasern, deren Zahl bis in die Hunderte gehen kann, werden vom Perineurium umhüllt, das nicht nur aus dichtgepackten Kollagenfasern, sondern auch aus elastischen Fasern besteht. Das Epineurium schließlich verbindet die vom Perineurium umschlossenen Bündel, umhüllt sie insgesamt und verbindet den Nerv mit seiner Umgebung. Färbung: van Gieson; Vergr. 15fach.

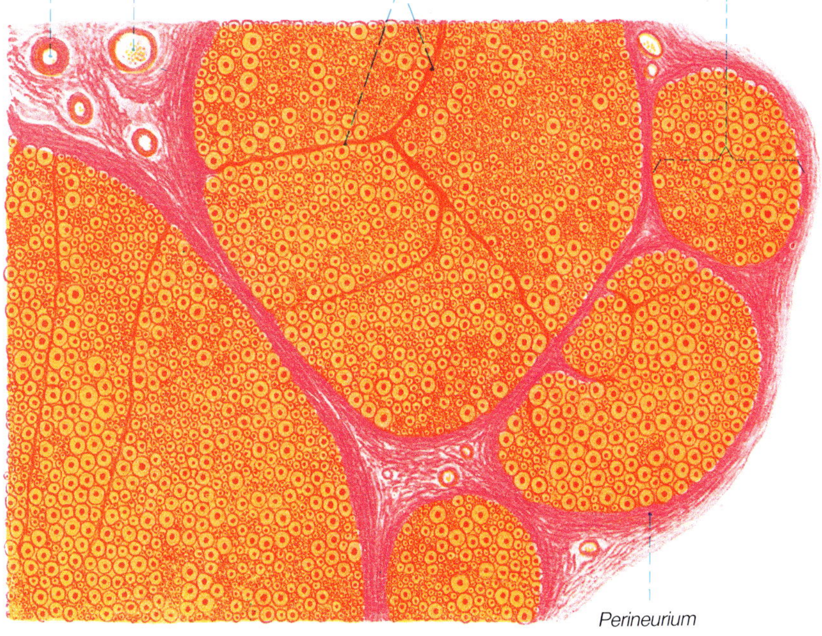

Abb. 210. Eine stärkere Vergrößerung einzelner Nervenfaserbündel läßt die Axone deutlich als unterschiedlich dicke, rundliche Schnittprofile erkennen, in denen sich der zentral gelegene Achsenzylinder färberisch deutlich gegen die ihn umgebende Markscheide abhebt. Das Perineurium besteht innen aus den durch Zonulae occludentes verbundenen flachen Perineuralepithelzellen. Der Endoneuralraum steht mit dem Liquor cerebrospinalis der weichen Hirnhaut in Verbindung. Färbung: van Gieson; Vergr. ca. 50fach.

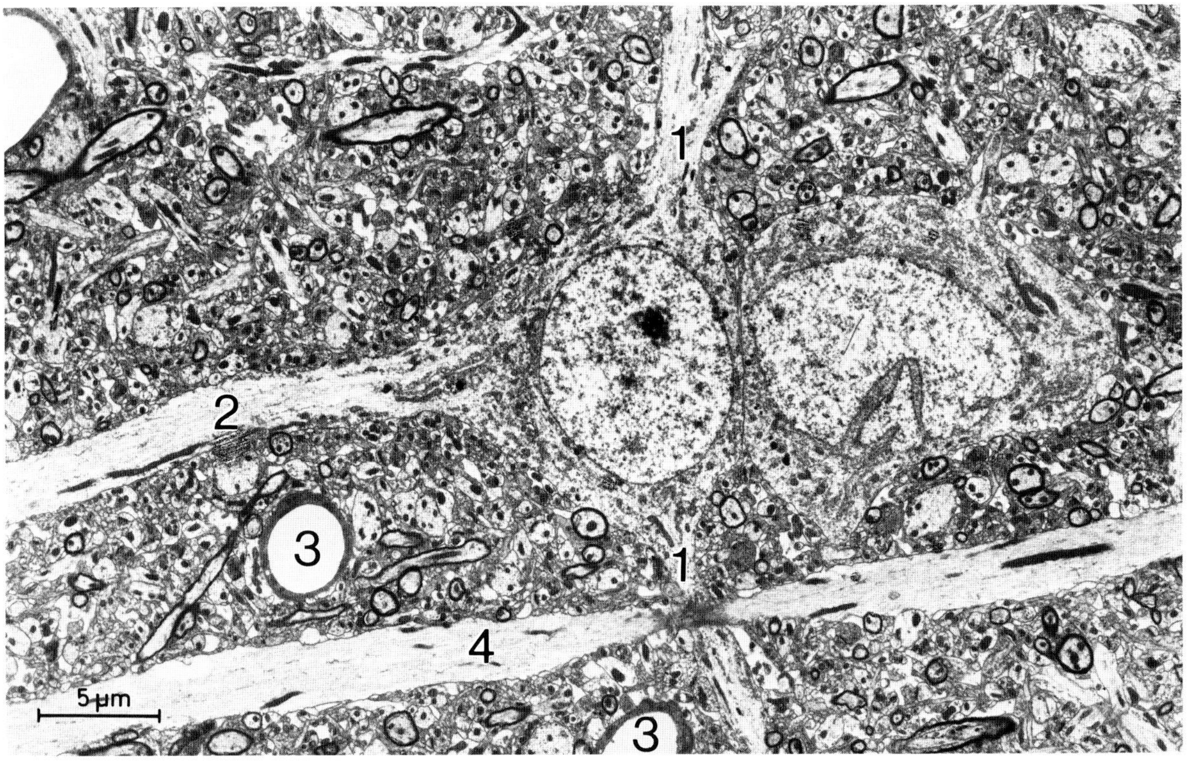

211

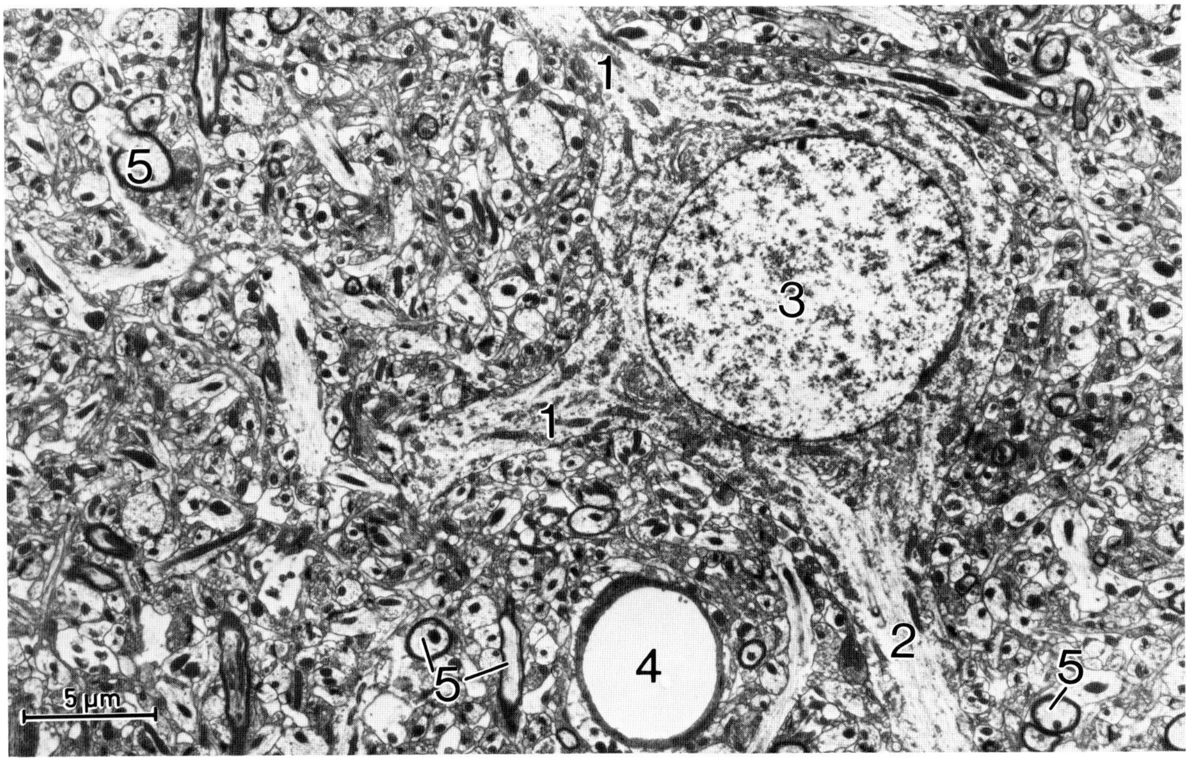

212

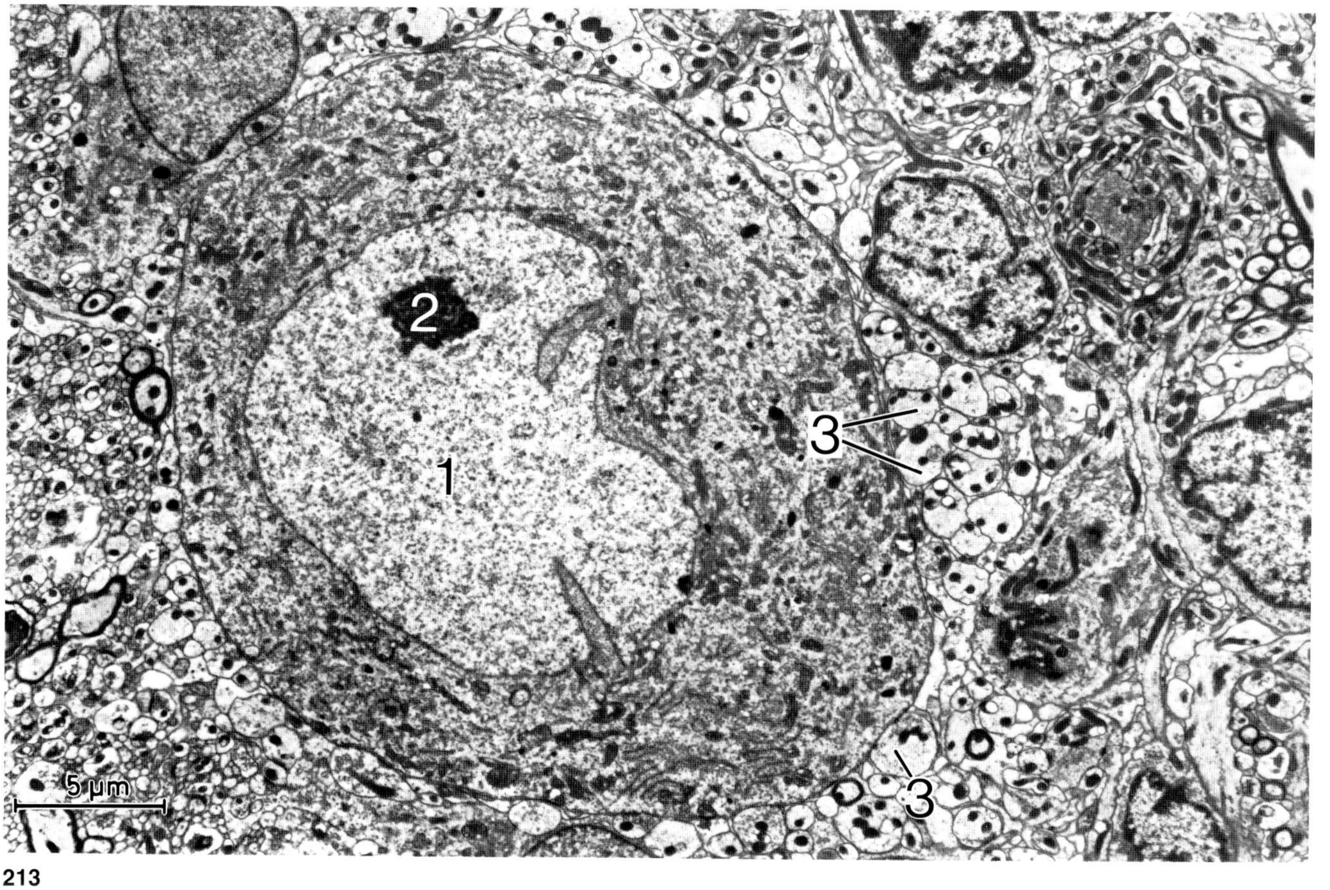

213

Abb. 211. Von zwei dicht nebeneinanderliegenden Nervenzellen zeigt die linke mehrere von ihrem Zelleib ausgehende Fortsätze, von denen der nach oben bzw. unten ziehende Fortsatz (**1**) ein Dendrit ist, während der horizontale das Axon (**2**) darstellt. Dieses hat hier einen größeren Durchmesser und ist etwas heller als die Dendriten, da es kein rauhes ER enthält. **3** Lichtungen von Kapillaren; **4** ein weiteres Axon, das von dem abwärtsziehenden Dendriten gekreuzt wird. Gesamtvergr. 3500fach.

Abb. 212. Eine einzelne multipolare Nervenzelle mit drei ihrer Fortsätze, von denen zwei Dendriten sind (**1**), während der dritte Fortsatz (**2**) wahrscheinlich der Neurit ist. Der blasenförmige Kern (**3**) hat einen Durchmesser, der fast dreimal größer als der einer nahegelegenen Kapillare (**4**) ist. Das die Nervenzelle umgebende Neuropil besteht aus einer Unzahl überwiegend quergeschnittener Zellfortsätze unterschiedlicher Herkunft, von denen eine nicht unerhebliche Menge von einer mäßig dicken Markscheide umgeben wird (**5**). Gesamtvergr. 3500fach.

Abb. 213. Birnenförmiger Zelleib (Perikaryon) einer Purkinje-Zelle aus der Kleinhirnrinde einer Ratte. Um einen unmittelbaren Vergleich mit den beiden vorhergehenden Abbildungen zu ermöglichen, ist die gleiche Vergrößerung gewählt worden. Jetzt zeigt sich, daß schon der Kern (**1**) der Purkinje-Zelle so groß ist wie das gesamte Perikaryon der multipolaren Nervenzelle in Abb. 212. Der euchromatinreiche Kern zeigt außerdem einen sehr deutlichen Nukleolus (**2**) mit Nukleolonema. Beachte auch die zahlreichen, elektronenhellen zytoplasmatischen Schnittprofile (**3**), die sich eng an die Oberfläche der Purkinje-Zelle anschmiegen und die z. T. Neuriten der Korbzellen darstellen dürften. Gesamtvergr. 4000fach.

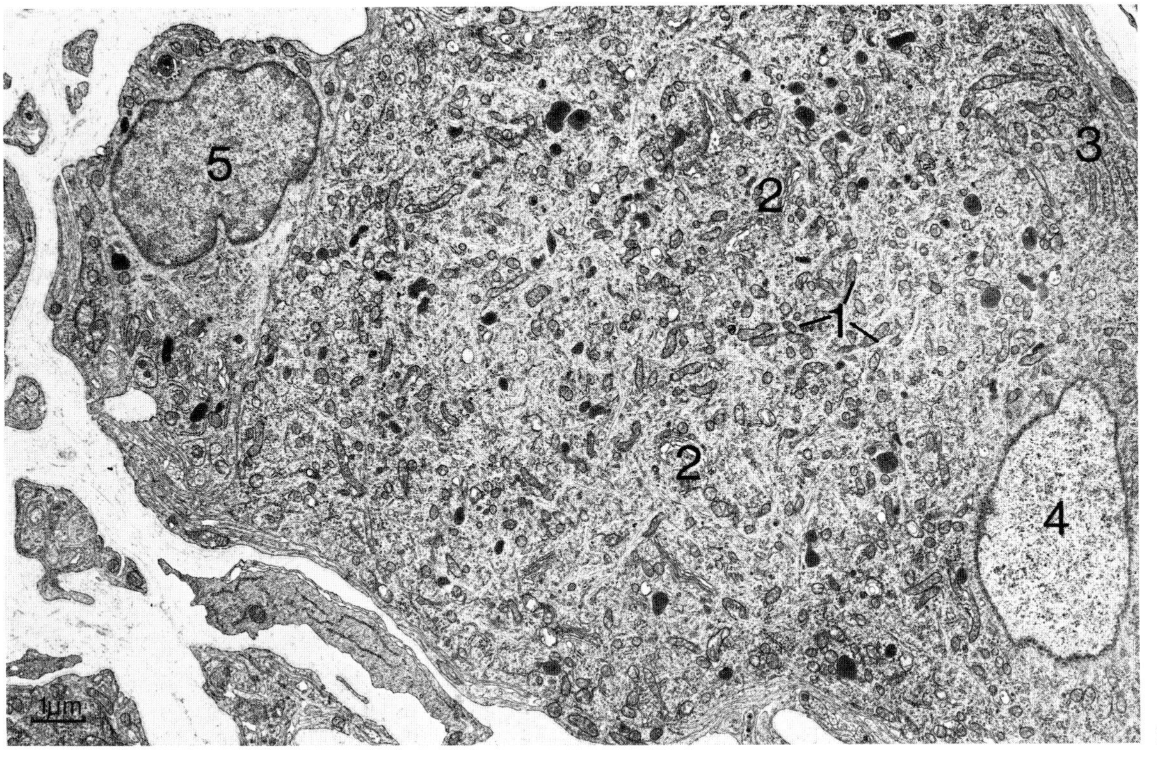

214

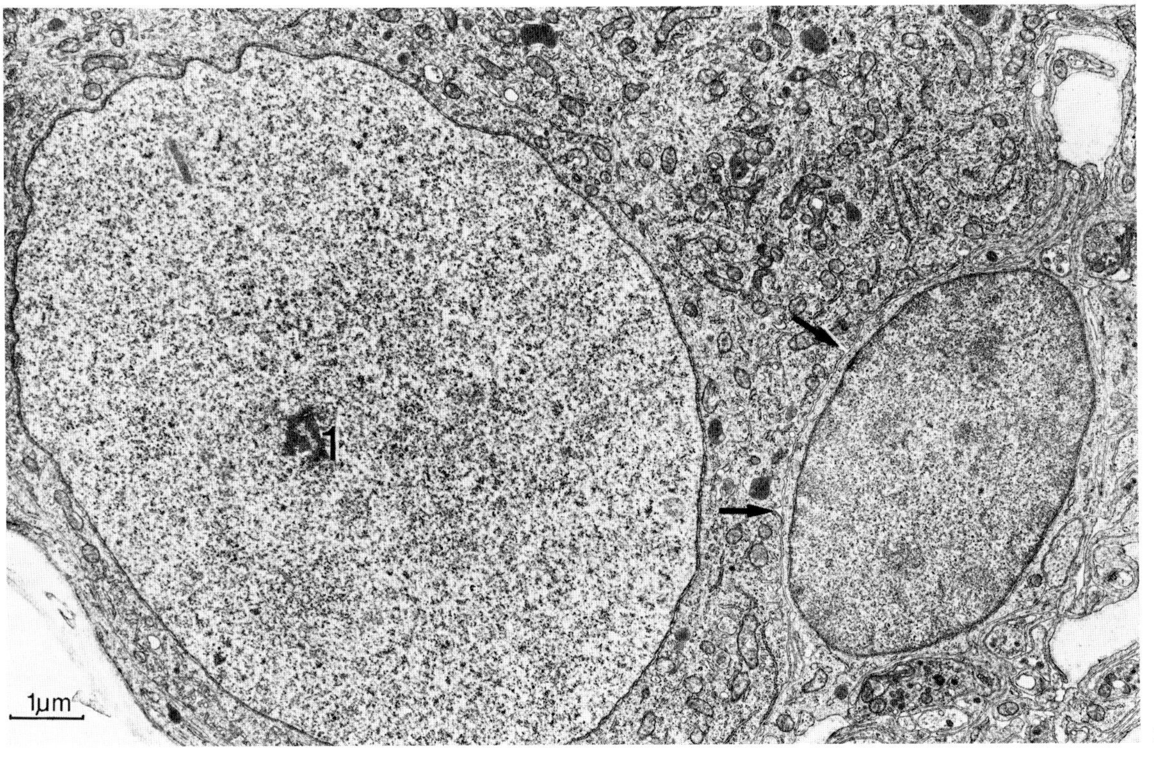

215

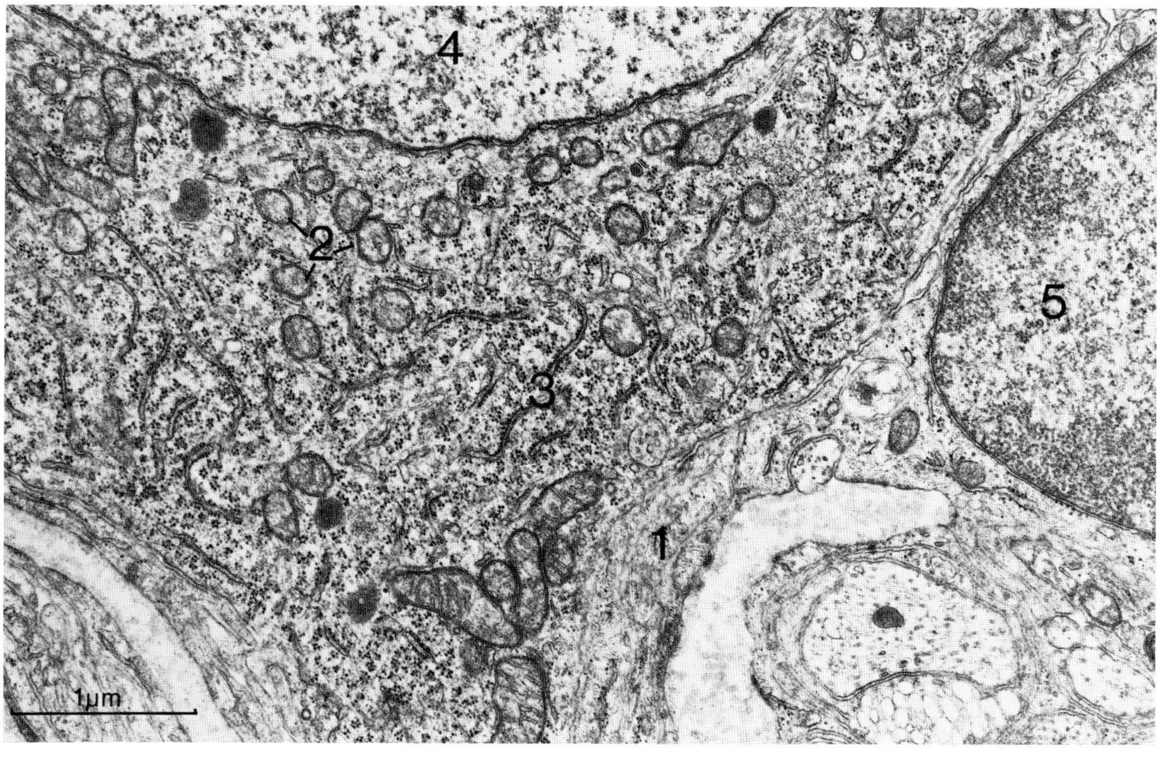

216

Abb. 216. Randbezirk einer multipolaren vegetativen Nervenzelle (Ganglion, Pankreas, Katze) mit Abgang eines Dendriten, dem sich außen zytoplasmatische Fortsätze (**1**) der Mantelzelle dicht anschmiegen. Im Zytoplasma der Nervenzelle erkennt man neben zahlreichen Mitochondrien (**2**) die Zisternen eines gut entwickelten rauhen ER (**3**) sowie freie Ribosomen in großen Mengen. **4** Kern der Ganglienzelle; **5** Kern einer Mantelzelle. Gesamtvergr. 24 500fach.

Abb. 214. Übersichtsbild einer multipolaren Nervenzelle aus einem vegetativen Ganglion (Pankreas, Katze). Der Zelleib enthält zahlreiche kleine Mitochondrien (**1**), mehrere Golgi-Felder (**2**) und ein gut entwickeltes rauhes ER, das stellenweise geordnete Membranstapel (**3**) bildet. Vom randständig gelegenen Kern (**4**) ist hier nur ein kleiner Sektor getroffen worden. **5** Kern einer Mantelzelle. Gesamtvergr. 7000fach.

Abb. 215. Eine andere Nervenzelle aus demselben Ganglion wie zuvor zeigt den großen, blasenförmigen Kern mit Nukleolus (**1**) sowie den außerordentlich schmalen Interzellularspalt (→) zwischen Nerven- und Mantelzelle. Gesamtvergr. 10 000fach.

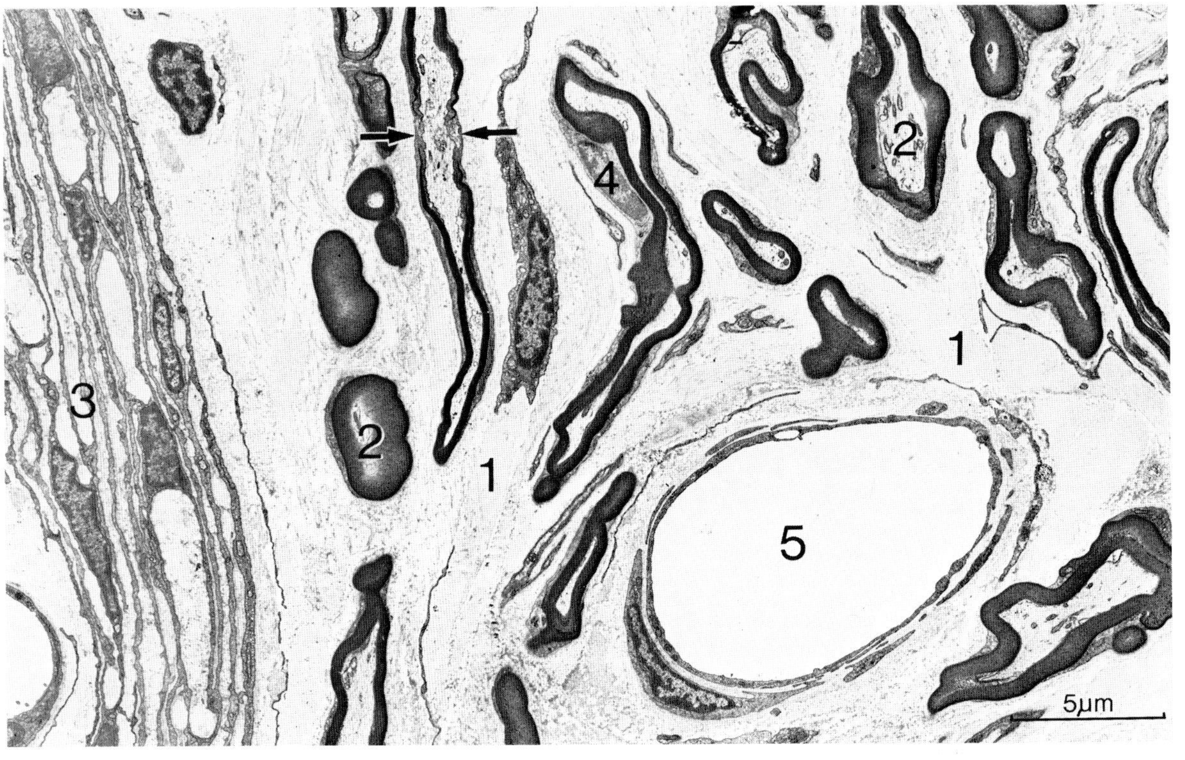

217

Abb. 217. Randbezirk eines markhaltigen Nervs (Kaninchen), dessen hier sehr locker in reichlich Bindegewebe (**1** kollagene Fibrillen) verteilten Axone (**2**) in allen Richtungen des Raums angeschnitten wurden. Nach außen wird der Nerv durch eine mehrschichtige Zellscheide (**3**), das Perineuralepithel, begrenzt, deren Zellen der weichen Hirnhaut entstammen und durch Zonulae occludentes verbunden sind. Bei (→) ein Ranvierscher Schnürring; **4** Kern einer Schwannschen Zelle; **5** postkapilläre Venole. Gesamtvergr. 4500fach.

Abb. 218. Längsschnitt eines markhaltigen Axons (Kaninchen) mit Myelin- (**1**) und Schwannscher Scheide (**2**). Beachte das intrazytoplasmatische Filamentbündel (**3**) in dem benachbarten Fibrozyten. **4** Mitochondrium. Gesamtvergr. 30 000fach.

Abb. 219. a) Ein Ausschnitt aus der vorhergehenden Abbildung bei hoher Auflösung zeigt den typischen Schichtenbau der Markscheide mit einer Periodik von 12 nm. Nach innen wird die Myelinscheide durch das Axolemm (**1**) vom Zytoplasma des Neuriten (**2**) getrennt, und außen wird sie bedeckt vom Zytoplasma der Schwannschen Zelle (**3**). Gesamtvergr. 80 000fach
b) Längsschnitt durch eine marklose Nervenfaser (vegetativer Nerv aus der Gl. submandibularis der Katze) mit deutlichen Neurofilamenten (**1**) und Neurotubuli (**2**). Vgl. mit Abb. 222. Gesamtvergr. 54 000fach.

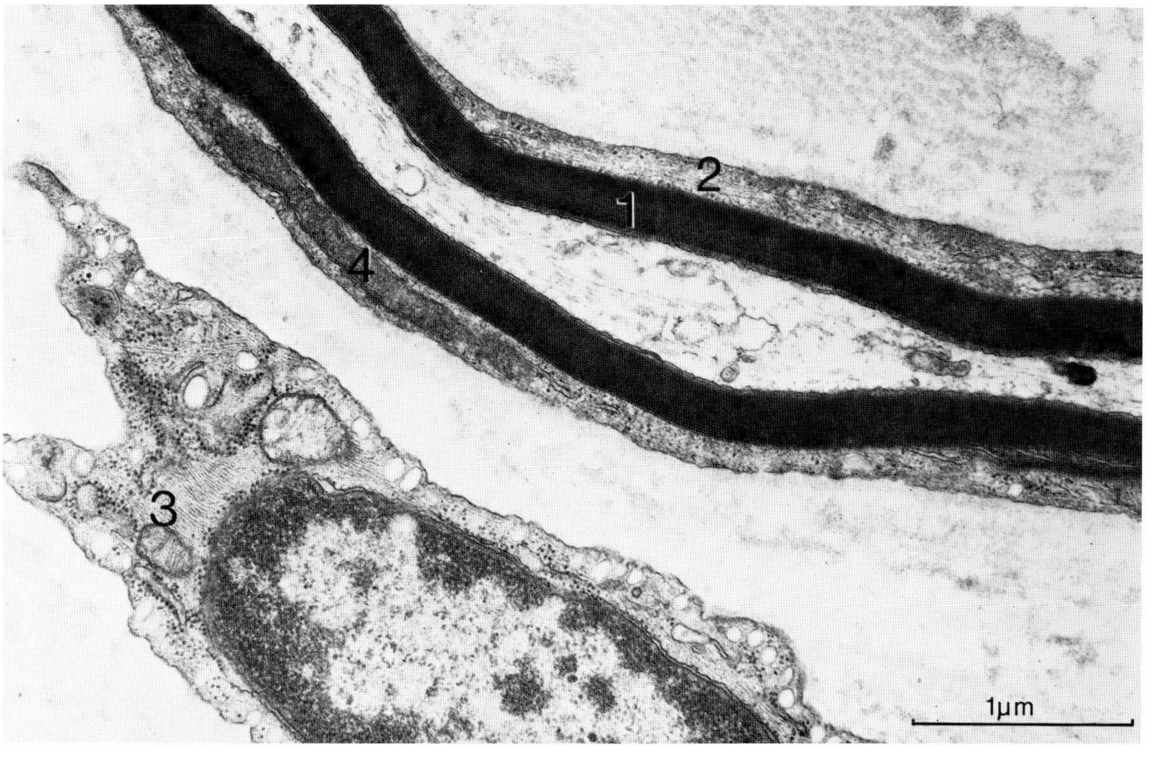

218

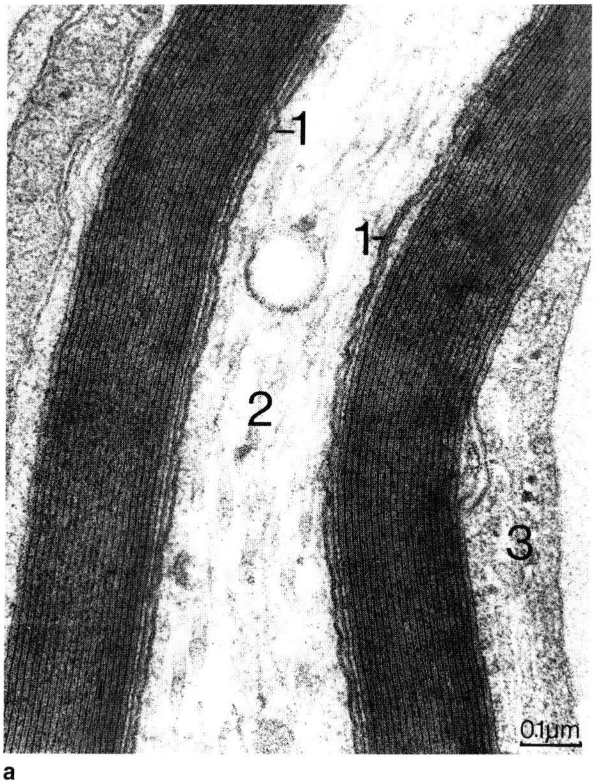

219
a

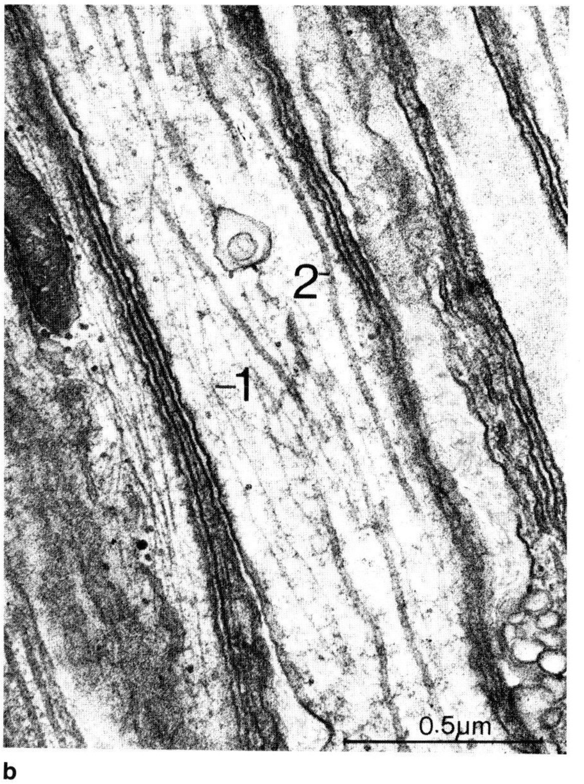

b

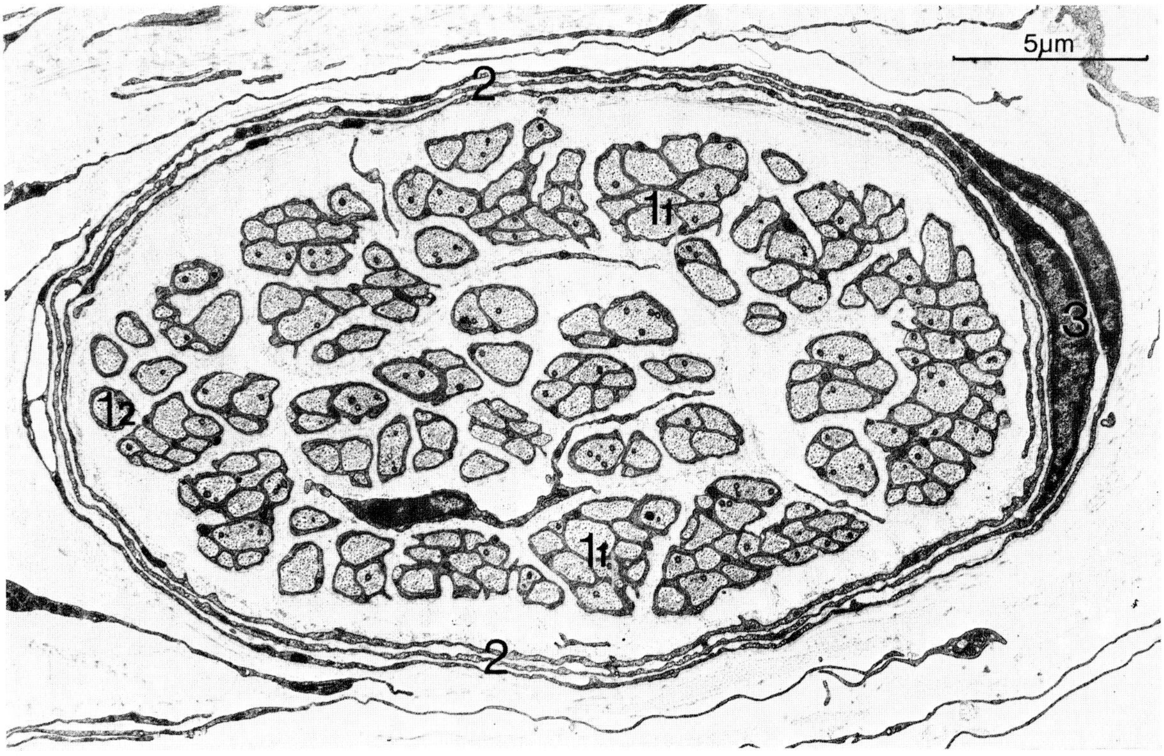

220

Abb. 220. Querschnitt eines marklosen, vegetativen Nervs (Ratte), dessen Axonbündel (**1_1**) durch eine mehrschichtige Lage aus schlanken epithelialen, an Fibrozyten erinnernden Zellen (**2**) vollständig vom restlichen interstitiellen Raum getrennt werden. Diese Hülle bildet eine in sich geschlossene, als Perineuralepithel bezeichnete Zellscheide. Die elektronenoptisch heller erscheinenden Nervenzellfortsätze werden zu mehreren (**1_1**) oder auch einzeln (**1_2**) vom elektronendichteren Zytoplasma der Schwannschen Zellen umhüllt und lassen schon bei dieser schwachen Vergrößerung eine feine Tüpfelung ihres Axoplasmas erkennen. **3** Kern einer Perineuralepithelzelle. Gesamtvergr. 5000fach.

Abb. 221. Vegetative, marklose Axone aus dem mittleren oberen Abschnitt der vorhergehenden Abbildung, die entweder allein (**1_2**) oder zu mehreren (**1_1**) von schmalen Zytoplasmalamellen der Schwannschen Zellen in oft komplizierter Weise (→) umhüllt werden. **2** Mitochondrien. Gesamtvergr. 24 000fach.

Abb. 222. Bei hoher Auflösung zweier Nervenzellfortsätze aus der vorhergehenden Abbildung sind in deren Zytoplasma die quergeschnittenen und oft zu Bündeln locker aggregierten Neurofilamente (**1**) sowie die meist vereinzelt liegenden und viel dickeren Neurotubuli (Mikrotubuli, **2**) deutlich zu erkennen. Beachte, daß sich die freien Enden (★) der Zytoplasmalamellen der Schwannschen Zellen oft breitflächig überlappen (vgl. auch mit der Abb. 221). Gesamtvergr. 53 000fach.

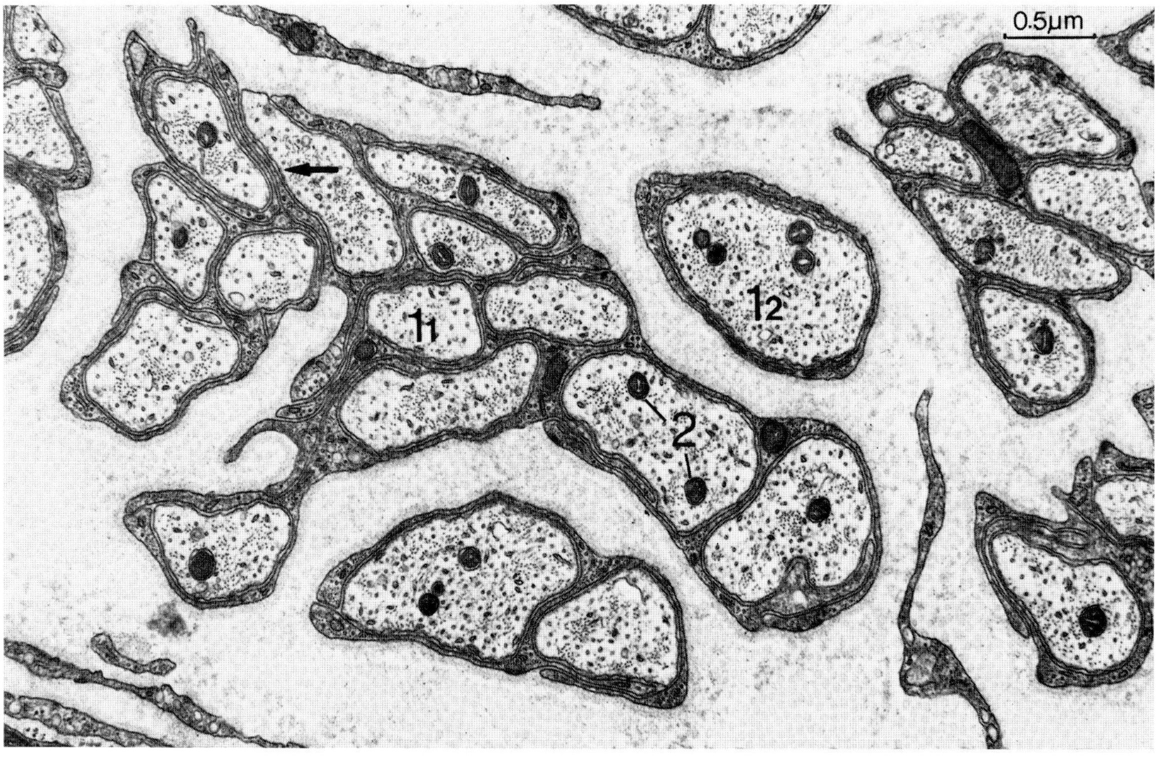

221

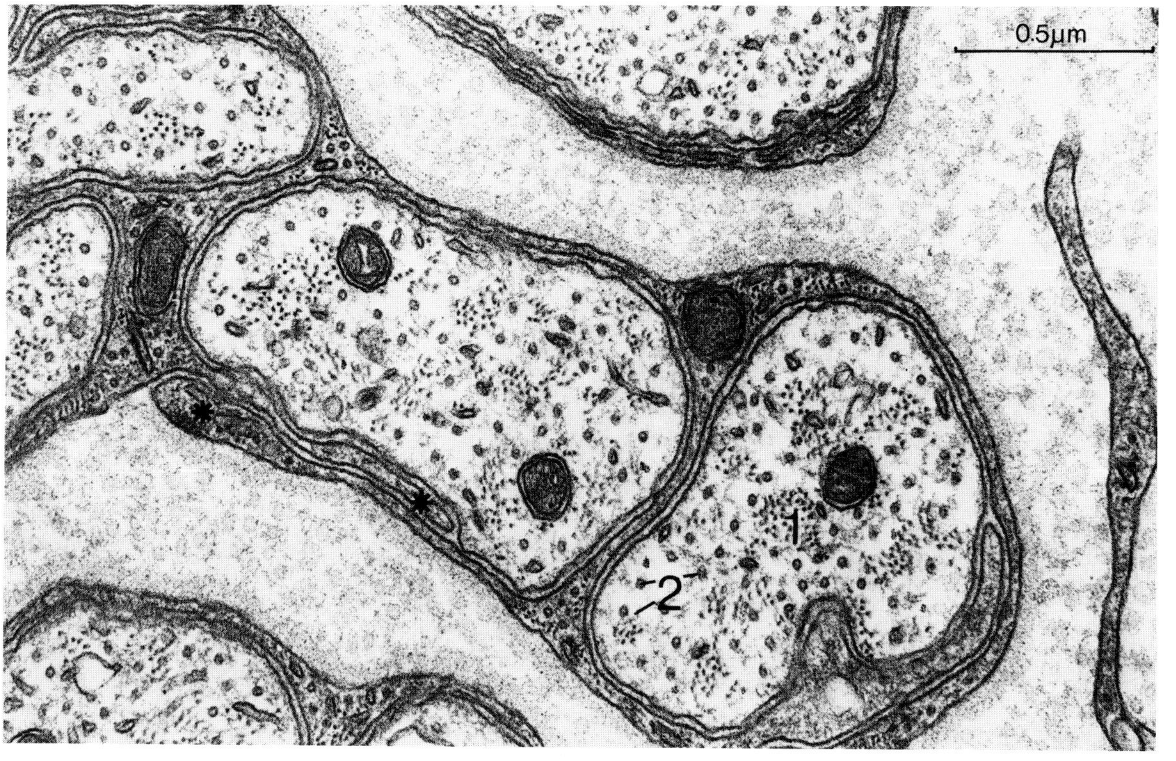

222

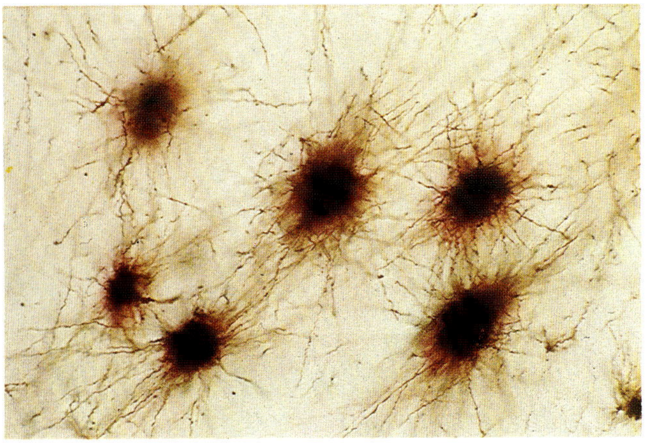

223

Die Darstellung der verschiedenen Zelltypen des zentralen Gliagewebes gelingt nur mit Hilfe verschiedener immunhistochemischer oder verschiedener schwieriger Spezialverfahren. Infolgedessen können in vielen histologischen Praktika entsprechende Präparate oft nur in einer Auswahl und in begrenztem Umfang ausgegeben werden. (Die Präparate der Abb. 223, 224, 227 und 228 wurden von Herrn Prof. Dr. med. G. Kersting, Bonn, zur Verfügung gestellt.)

Abb. 223. Astrozyten (Langstrahler) aus dem Marklager der Großhirnrinde (Mensch), dargestellt mit der Golgi-Methode. Der Zelleib erscheint durch eine zu starke Ablagerung von kolloidalen Silbersalzen an seiner Oberfläche wesentlich größer, als es der Wirklichkeit entspricht, und auch sein Kern ist infolgedessen vollkommen verdeckt. Erfaßt werden durch diese Methode vor allem die zahlreichen schlanken und in alle Richtungen ziehenden Ausläufer dieser Zellen, die wegen der großen Zahl und Länge sowie der „draht"ähnlichen Gestalt ihrer Fortsätze als „faserige" Astrozyten oder auch als „Langstrahler" bezeichnet werden. Färbung: Imprägnierung nach Golgi; Vergr. 240fach.

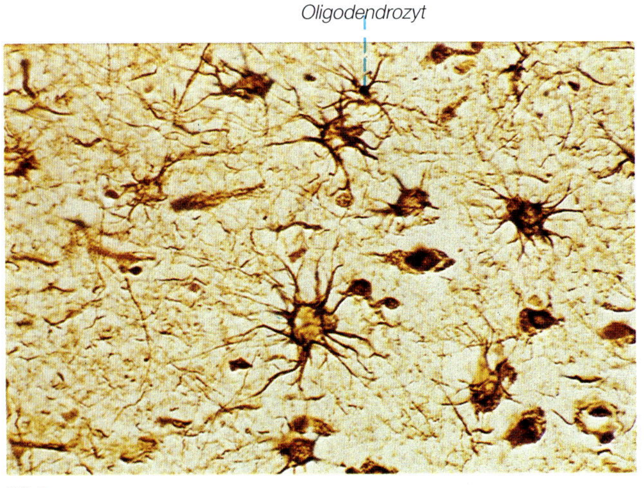

224

Abb. 224. Mehrere Astrozyten aus der Großhirnrinde (Mensch), die wegen ihres großen Zelleibes und ihrer kurzen, aber reichverzweigten Fortsätze als „protoplasmatische Kurzstrahler" bezeichnet werden. Am oberen Bildrand erkennt man einen der sehr viel kleineren und auch weniger verzweigten Oligodendrozyten. Färbung: Imprägnierung nach Bielschowsky; Vergr. 380fach.

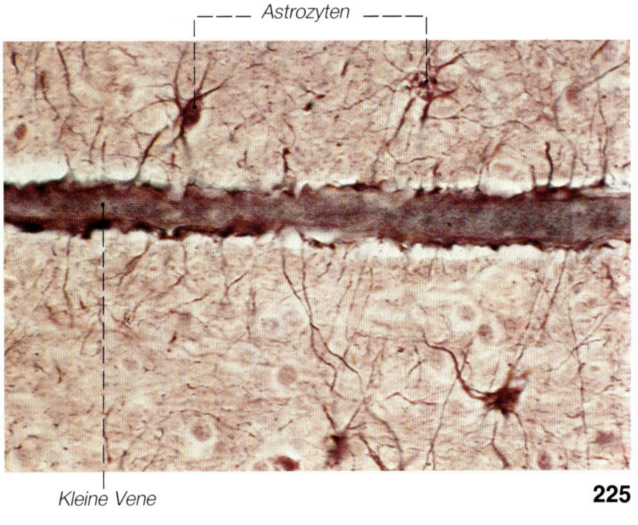

225

Abb. 225. Astrozyten aus dem Großhirn des Menschen, die mit den fußartig verbreiterten Enden ihrer Fortsätze die Wände der intrazerebralen, kleineren Gefäße dicht umschließen und so eine perivaskuläre Gliascheide bilden. Färbung: n. Held; Vergr. 380fach.

Abb. 226. Bei höherer Auflösung erkennt man deutlich den sich einer Kapillare eng anschmiegenden Fortsatz eines protoplasmatischen Astrozyten (Großhirn, Mensch). Färbung: n. Held; Vergr. 960fach.

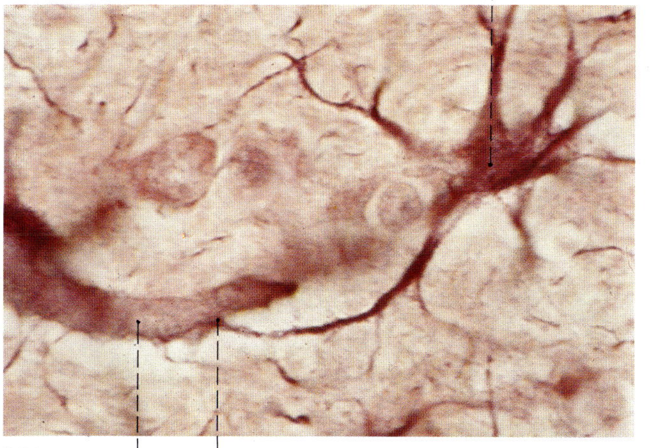

226

Abb. 227. An den sehr viel kleineren Oligodendrozyten (Großhirnrinde, Mensch) imponiert vor allem ihr rundlicher Kern, der ähnlich wie bei den Lymphozyten den Zelleib fast vollständig ausfüllt. Infolgedessen ist auch nur dieser bei Routinefärbungen zu erkennen, und daher sind diese Zellen auch schwer als solche zu identifizieren. Die Oligodendrozyten liegen häufig, wie auch in dieser Abbildung, als sog. Ammen- oder Trabantenzellen in unmittelbarer Nachbarschaft von Nervenzellen. Färbung: n. Cajal; Vergr. 380fach.

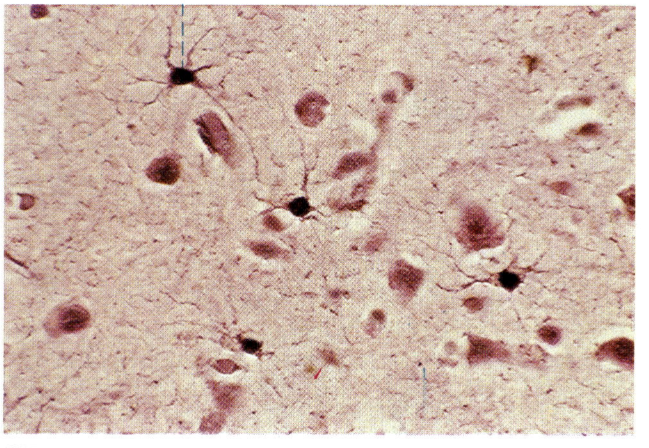

227

Abb. 228. Die Mikrogliazellen (Großhirnrinde, Mensch) sind kleine, amöboid bewegliche und reichverzweigte Zellen, die nach ihrem Entdecker auch als Hortega-Zellen bezeichnet werden. Sie dienen wegen ihrer Phagozytose- und Speicherfähigkeit der Aufnahme und dem Abtransport von Zellzerfallsprodukten, wie sie z.B. bei krankhaften Hirnprozessen (Erweichungsherde nach einem Schlaganfall) entstehen können. Färbung: n. Hortega; Vergr. 380fach.

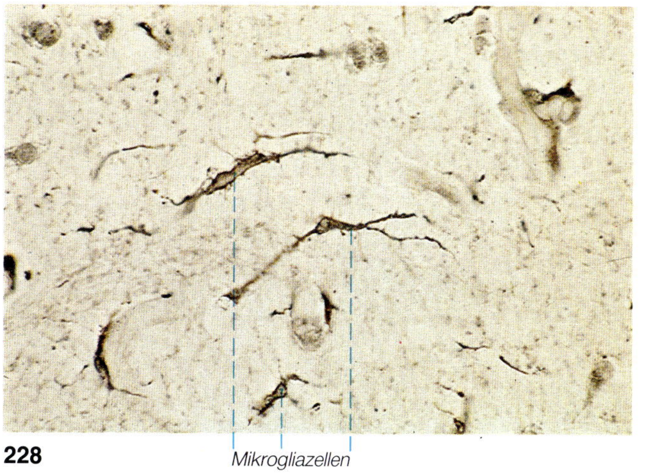

228

Mikroskopische Anatomie

Das Erstellen des sog. Differentialblutbildes, d. h. die Bestimmung des mengenmäßigen Verhältnisses der verschiedenen weißen Blutkörperchen (Leukozyten) untereinander (nicht deren Absolutzahl), gehört wohl zu den häufigsten histologischen Routineuntersuchungen in der Klinik. Wenn diese auch heute überwiegend technischen Assistentinnen und neuerdings Automaten überlassen werden, so sollte doch jeder angehende Arzt in der Lage sein, auf diesem Gebiet wenigstens das Normale vom Krankhaften zu unterscheiden.
Mit Hilfe spezieller Färbungen lassen sich die Leukozyten in eine Reihe morphologisch und färberisch differenter Zelltypen auftrennen. Die nachfolgenden Bilder sind üblicherweise nach Pappenheim gefärbt, hier nach May-Grünwald (Methylenblau-Eosin). Die Pappenheim-Färbung kombiniert die May-Grünwald-Färbung mit der Giemsa-Färbung. Die Vergrößerung der Abb. 229–235 ist meistens 960fach.

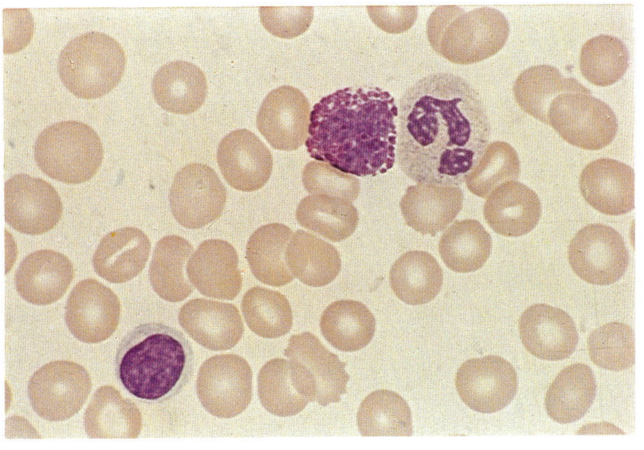

229

Abb. 229. Drei verschiedene Arten von Leukozyten. Oben im Bild ein mit großen basophilen Granula angefüllter basophiler Granulozyt, neben dem ein neutrophiler Granulozyt gelegen ist. Unten links ein Lymphozyt, der vor allem durch seine stark zugunsten des Kernes verschobene Kern-Plasma-Relation (d. h. großer Kern bei schmalem Zytoplasmasaum) charakterisiert ist. Beachte die u. a. für die Diagnose wichtigen Größenverhältnisse der Leukozyten sowohl untereinander als auch zu den Erythrozyten (rötliche Scheiben mit aufgehelltem Zentrum).

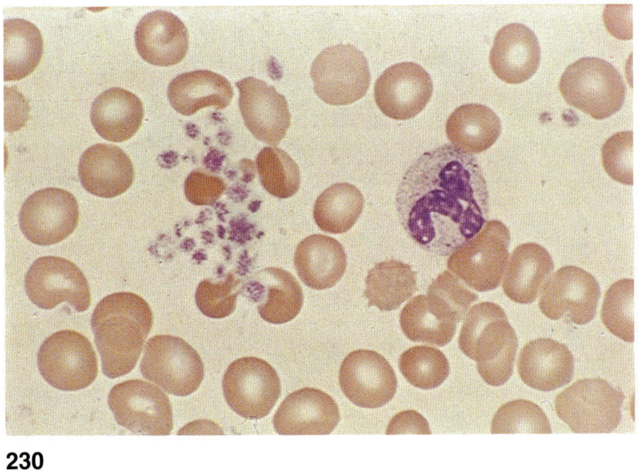

230

Abb. 230. Zwischen den Erythrozyten eine Wolke von Blutplättchen (= Thrombozyten), die jedoch bei der Vergrößerung kaum etwas von ihrer feineren Struktur erkennen lassen. Der neutrophile Granulozyt (= Segmentkerniger) zeigt einen nur mäßig segmentierten Kern. Die staubfeinen Granula entsprechen mehrheitlich lysosomalen Strukturen mit lytischen Enzymen (vgl. Abb. 237).

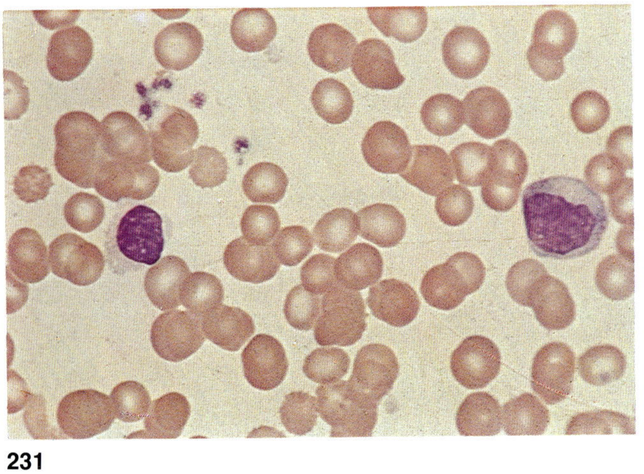

231

Abb. 231. Links im Bild ein sog. großer Lymphozyt, rechts ein Monozyt, der durch seinen großen, stets etwas eingedellten, oft bohnenförmigen Kern charakterisiert ist. Oben links einige Thrombozyten. Vergr. 750fach.

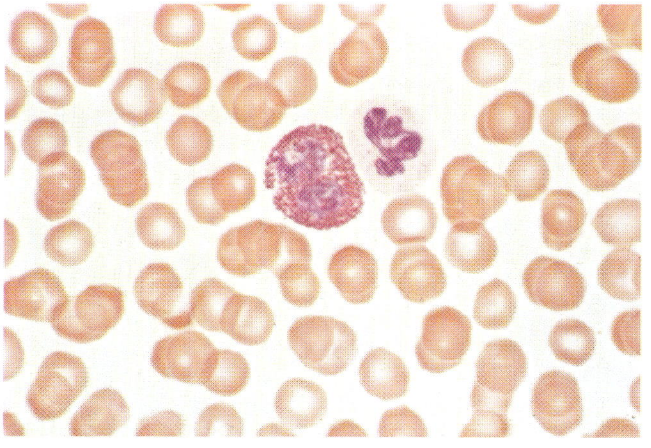

232

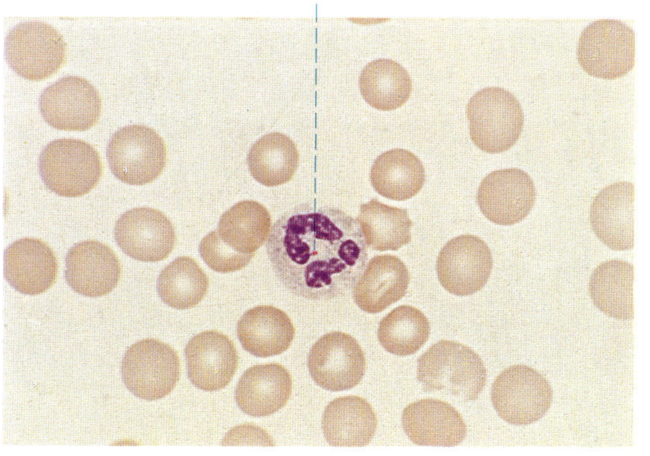

233

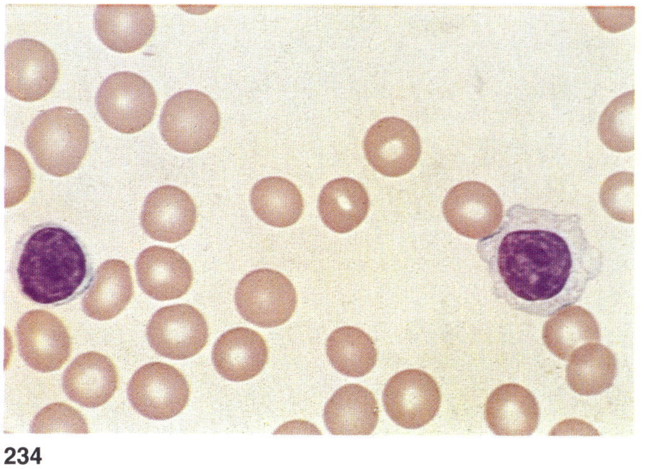

234

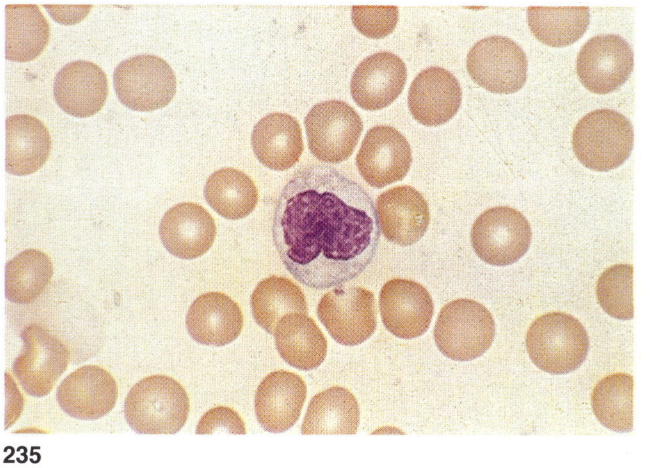

235

Abb. 232. Eosinophiler Granulozyt, dessen Kern wie üblich nur zwei Segmente aufweist. Die hier sehr deutlichen Granula sind auch bei blasser Färbung, wie sie oft in Routineausstrichen vorkommt, durch ihre Zahl und Größe leicht von den sehr viel kleineren neutrophilen Granula (vgl. Abb. 230) zu unterscheiden. Die Granula entsprechen Lysosomen, die Enzyme und Mediatorsubstanzen enthalten (vgl. Abb. 238).

Abb. 233. Neutrophiler Granulozyt, dessen stark segmentierter Kern an seinem oberen Pol ein kleines, tennisschlägerförmiges Anhängsel (= Drumstick) erkennen läßt. Es entspricht dem Sex-Chromatin und befindet sich bei weiblichen Individuen in einem Häufigkeitsgrad von 1 in 36 Neutrophilen. Da dieser Wert jedoch stark schwankt, wird für eine Geschlechtsdiagnose die Differenzierung von 2000 Zellen gefordert, da bei normalen Männern sich dieses Körperchen höchstens in einem Verhältnis von 1:1000 nachweisen läßt (sog. Leukozytentest für die chromosomale Geschlechtsbestimmung).

Abb. 234. Ein sog. kleiner (links im Bild) und ein großer Lymphozyt, die sich deutlich in ihrer Kern-Plasma-Relation unterscheiden. Während die kleinen Lymphozyten nur einen sehr schmalen, oft kaum erkennbaren Zytoplasmasaum besitzen, finden sich im stets sehr blaß gefärbten Zelleib der i.a. aktivierten, großen Lymphozyten feinste sog. Azurgranula.

Abb. 235. Monozyt mit großem, immer eingedellten Kern, der nie rund wie bei den großen Lymphozyten ist (Unterscheidungsmerkmal), jedoch auch nicht in allen Fällen eine bohnenförmige Gestalt aufweist. Im ebenfalls meist blassen basophilen Zytoplasma lassen sich feinste Granula darstellen.

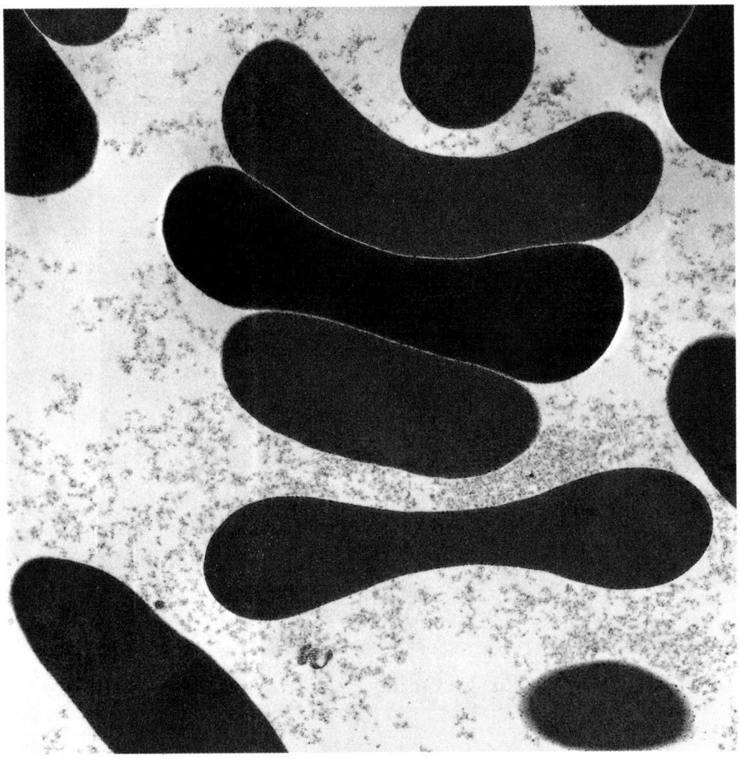

Abb. 236. Verschiedene Anschnitte durch Erythrozyten in einer Vene der Wand eines Bronchiolus des Menschen. Die ausgereiften Erythrozyten sind homogen mit Hämoglobin gefüllt; Organellen fehlen, die Zellmembran ist bei dieser Vergrößerung nicht erkennbar. Zwischen den Erythrozyten ausgefällte Bluteiweiße. Gesamtvergr. 8800fach.

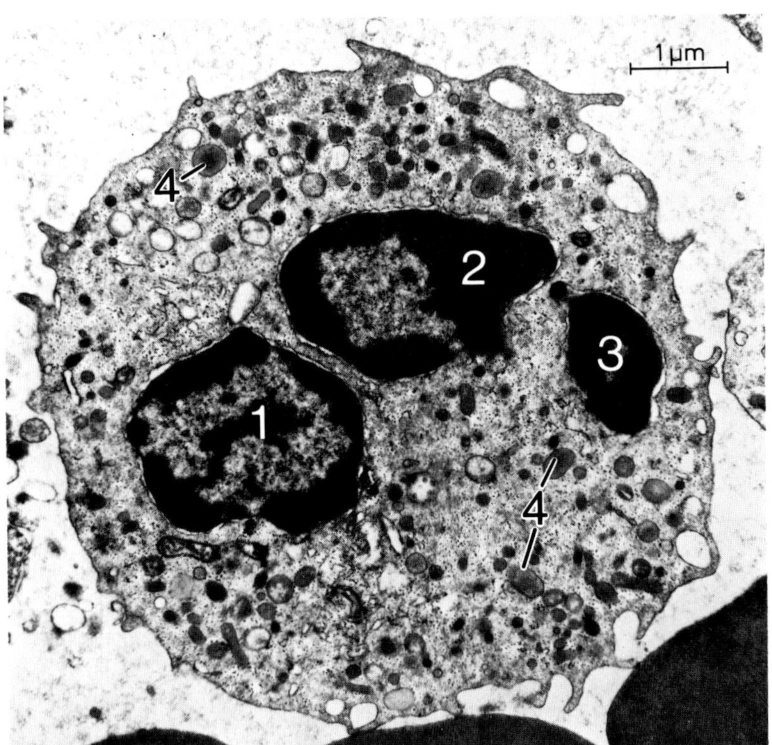

Abb. 237. Reifer neutrophiler Granulozyt des Menschen mit mehreren Kernsegmenten (**1–3**) im Anschnitt und zahlreichen Granula unterschiedlicher Größe und Gestalt. Dabei entsprechen die großen Granula (**4**) den azurophilen Granula der Lichtmikroskopie, wobei diese, wie die Mehrheit der Granula, Lysosomen sind. Gesamtvergr. 13000fach.

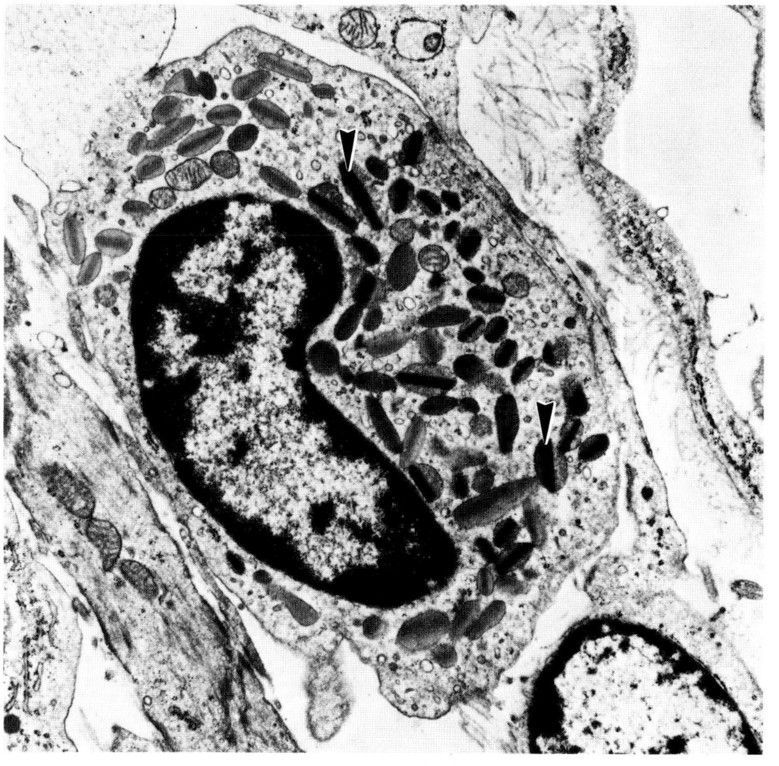

Abb. 238. Reifer eosinophiler Granulozyt aus der Lamina propria des Dünndarms einer Ratte. Charakteristisch für diese Zellen sind die Größe und Gestalt ihrer spezifischen Granula, die in ihrem Zentrum noch einen kristalloiden Einschluß (▶) erkennen lassen. Gesamtvergr. 14 000fach.

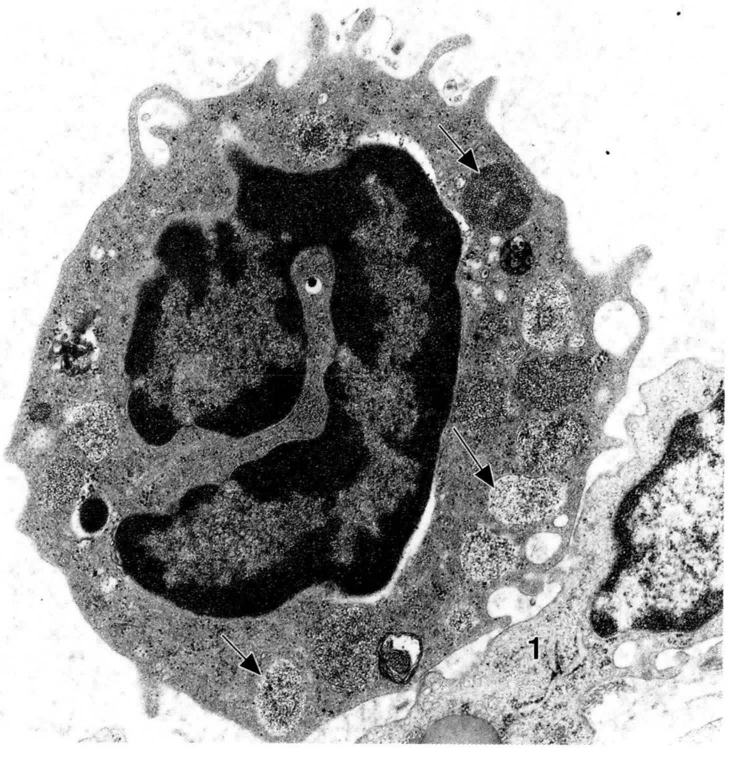

Abb. 239. Basophiler Granulozyt des Menschen (Vene in der Wand eines Bronchiolus). Beachte die Kerngestalt und die großen Granula (→) mit feingranulärem Inhalt in unterschiedlicher Packungsdichte. **1** Endothel. Gesamtvergr. 13 000fach.

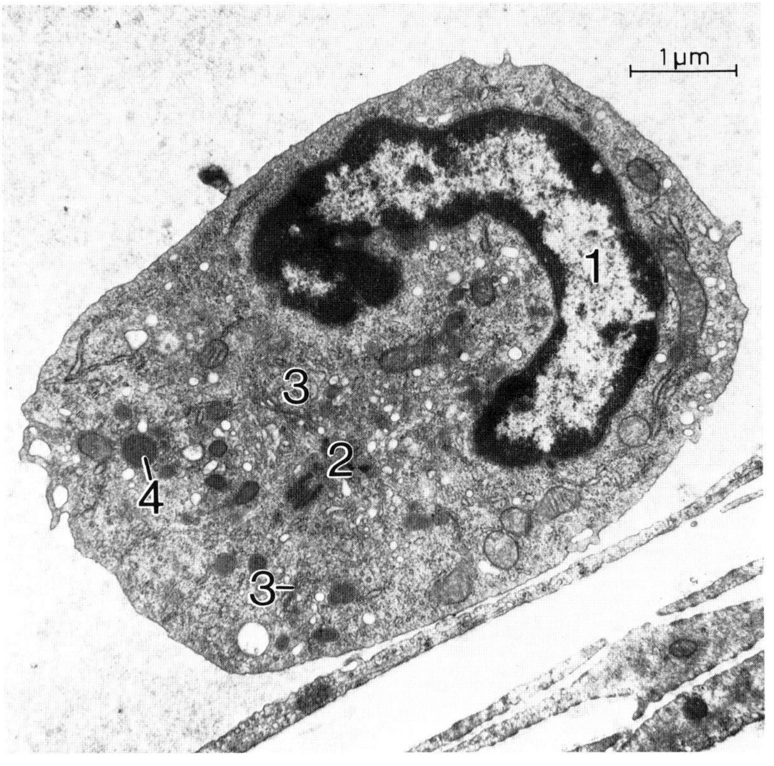

Abb. 240. Ein intravaskulärer Monozyt liegt dicht am Endothel einer größeren Vene aus der Schleimhaut der Gallenblase (Meerschweinchen). Der Kern (**1**) ist typisch nieren- oder hufeisenförmig eingedellt, und im Zytoplasma erkennt man ein deutliches Zentriol (**2**), mehrere Golgi-Felder (**3**) und einige elektronendichte, lysosomale Granula (**4**). All dies sind charakteristische strukturelle Merkmale der Monozyten im elektronenmikroskopischen Bild. Gesamtvergr. 14 000fach.

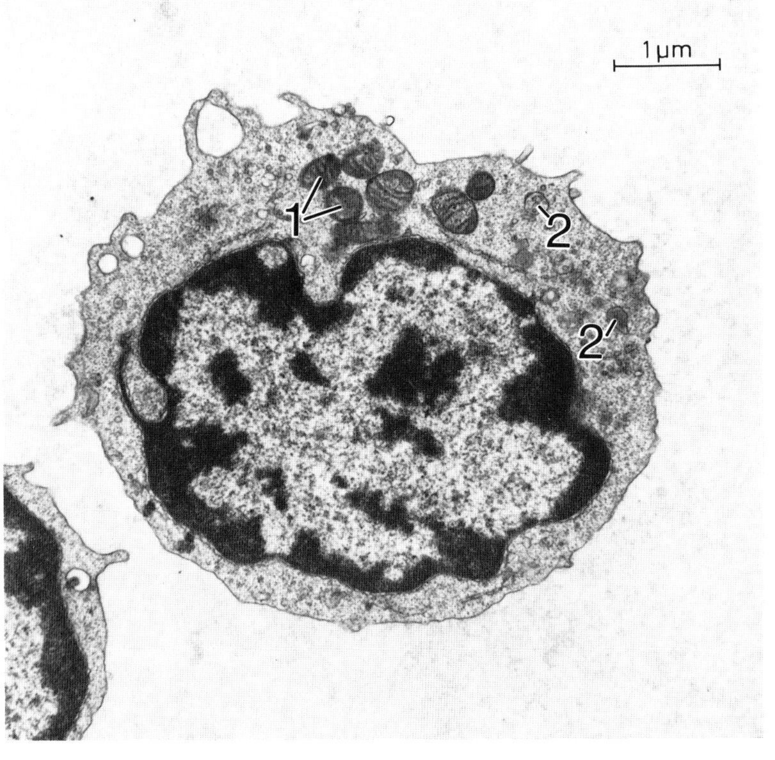

Abb. 241. Intravaskulär gelegener, mittelgroßer Lymphozyt aus der Nasenschleimhaut (Septum nasi) des Kaninchens mit der für diesen Zelltyp typischen, stark zugunsten des Kerns verschobenen Kern-Plasma-Relation. Das Zytoplasma enthält einige Mitochondrien (**1**) und wenige Lysosomen (**2**). Gesamtvergr. 14 000fach.

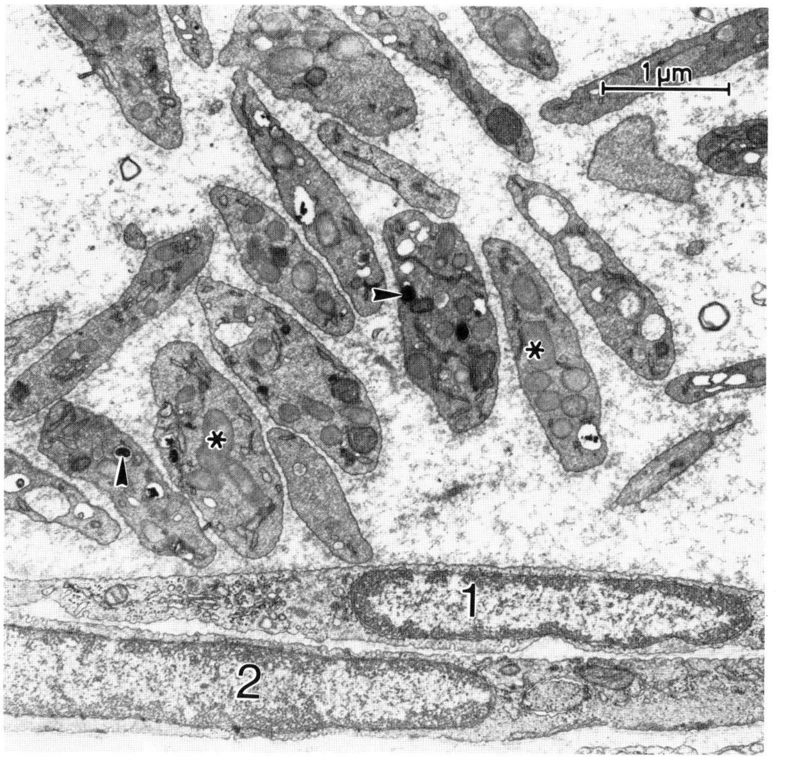

Abb. 242. Ein kleineres, intravaskuläres Aggregat von Thrombozyten (Blutplättchen) in einer größeren Vene aus der Backentasche des Goldhamsters. Das mäßig elektronendichte Zytoplasma enthält jeweils einige große, membranbegrenzte Granula von gleicher Massendichte (★). Ein zweiter Typ von Granula, sog. dense bodies, zeigt einen extrem dichten Inhalt, ist aber im übrigen optisch „leer" und enthält Serotonin (▶). Ein dritter Typ von ebenfalls membranbegrenzten Hohlräumen entspricht röhrenförmigen Einstülpungen der Zellmembran und wird als „Canaliculi" bezeichnet. Die Summe aller strukturierten Bestandteile wie Mitochondrien, Granula etc. eines Thrombozyten entspricht lichtmikroskopisch dem stärker färbbaren und meist zentral gelegenen „Granulomer", das dem äußeren, strukturarmen, u.a. kontraktile Filamente enthaltenden „Hyalomer" gegenübergestellt wird. **1** Kern einer Endothelzelle; **2** Kern einer Mediazelle. Gesamtvergr. 17 000fach.

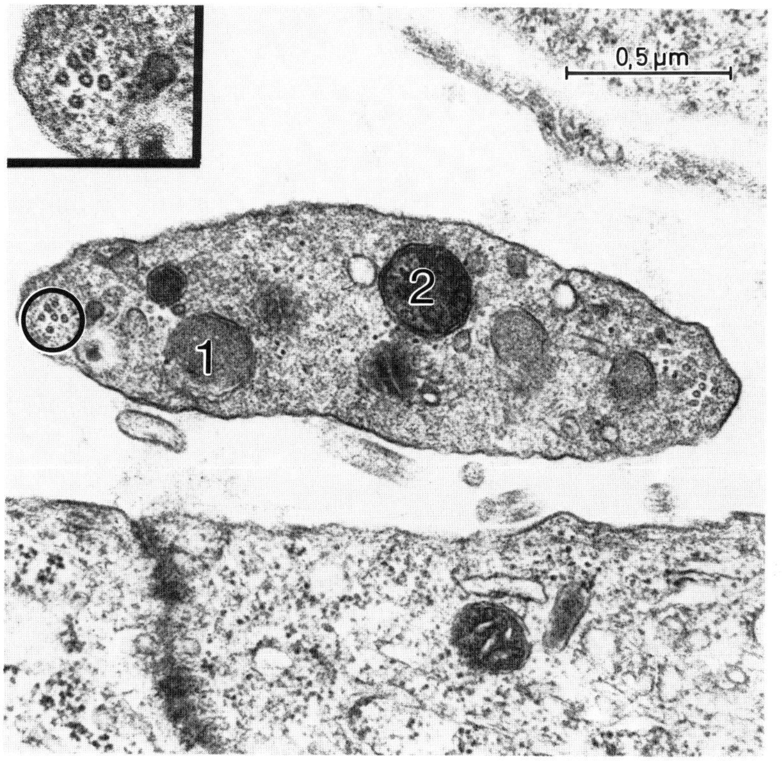

Abb. 243. Ein einzelner Thrombozyt bei höherer Primärvergrößerung zur Illustration seines Zellinventars. Neben Granula (z. B. **1**) und einem Mitochondrium (**2**) fällt vor allem das randständige Bündel von Mikrotubuli auf (○), das wie ein Reifen den Äquator der im fixierten Zustand unterschiedlich gestalteten Blutplättchen umzieht. Der Bildeinsatz zeigt die markierte Region bei noch höherer Vergrößerung (66 000fach). Gesamtvergr. 44 000fach.

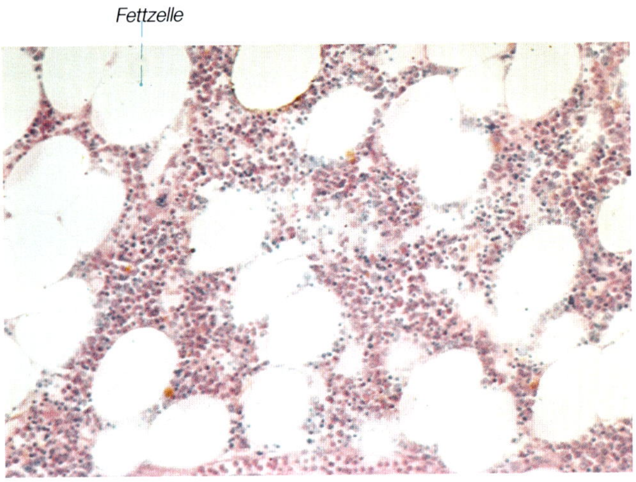

244

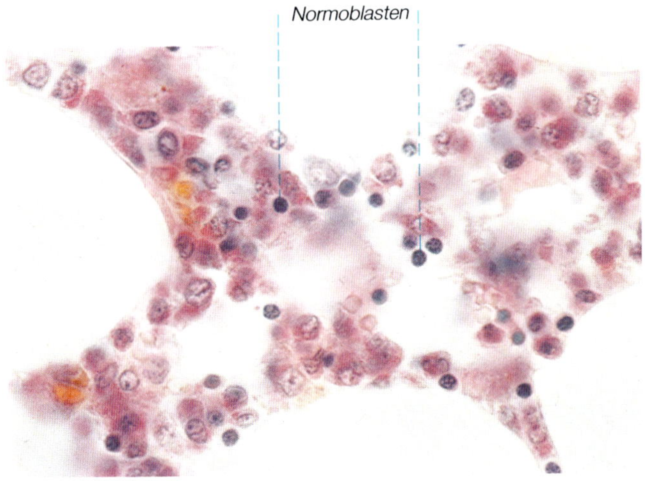

245

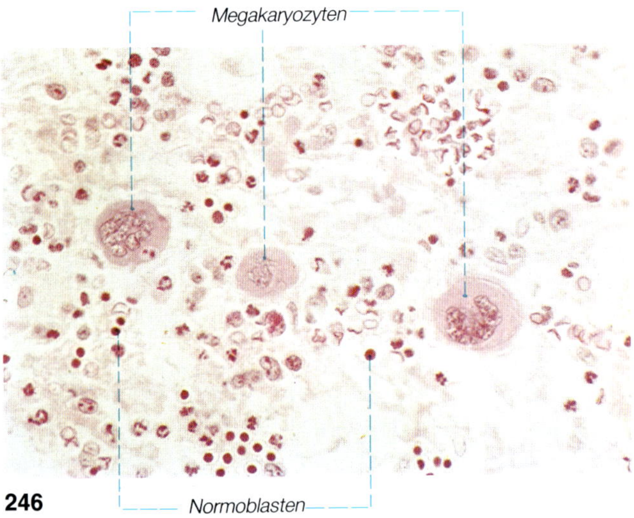

246

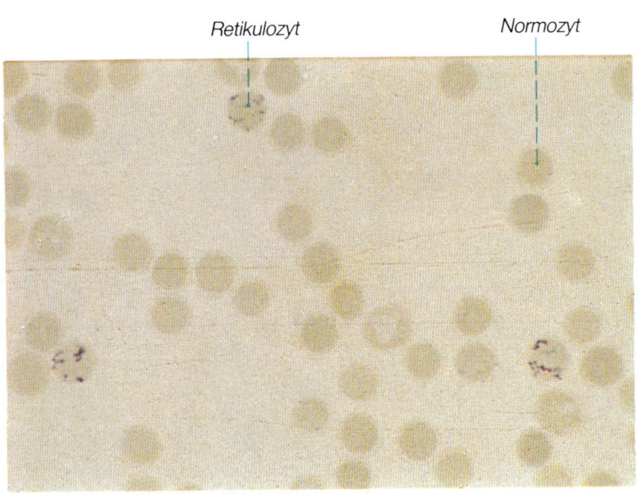

247

Abb. 244. Rotes, blutbildendes Knochenmark in situ (Schnitt durch die Spongiosa der Femurepiphyse). Zwischen seinen mit den verschiedensten Entwicklungsstadien von Erythro- und Granulozyten vollgestopften Zellsträngen aus retikulärem Bindegewebe sind immer auch zahlreiche Fettzellen anzutreffen. Färbung: H. E.; Vergr. 150fach.

Abb. 245. Die stärkere Vergrößerung aus demselben Präparat wie in Abb. 244 zeigt verschiedene Stadien der Granulo- und Erythropoese, von denen vor allem die Normoblasten durch ihre rundlichen und dichten Kerne mit Sicherheit zu identifizieren sind. Färbung: H. E.; Vergr. 600fach.

Abb. 246. Mehrere Megakaryozyten aus dem menschlichen Knochenmark. Außer durch ihre Größe sind diese Zellen noch durch ihre scheinbare Vielkernigkeit charakterisiert, die jedoch durch die ring- oder rosenkranzförmige Anordnung kugeliger Kernsegmente nur vorgetäuscht wird. Es sind die Stammzellen der Thrombozyten, die durch Zytoplasmaabschnürungen aus ihnen hervorgehen. Die dichten runden Kerne im Präparat gehören zu verschiedenen Reifestadien von Normoblasten. Färbung: H. E.; Vergr. 380fach.

Abb. 247. Retikulozyten (noch nicht voll ausgereifte Erythrozyten) aus dem peripheren Blut. Durch eine Supravitalfärbung mit Brillantkresylblau (d. h. Vermischen des frisch entnommenen Blutes mit dem Farbstoff, und erst dann erfolgt der Ausstrich auf dem Objektträger) läßt sich in diesen noch unreifen Erythrozyten ein feinfädiges bis körniges Netzwerk (= Substantia granulo-filamentosa) darstellen, das auf einer durch den Farbstoff hervorgerufenen Verklumpung von Ribosomen beruht. Ein Anstieg der Retikulozyten im strömenden Blut (Normalwert 12 pro 1000, nicht pro 100) ist Zeichen einer gesteigerten Erythropoese im Knochenmark, wie sie z. B. nach größeren Blutverlusten stattfindet. Vergr. 960fach.

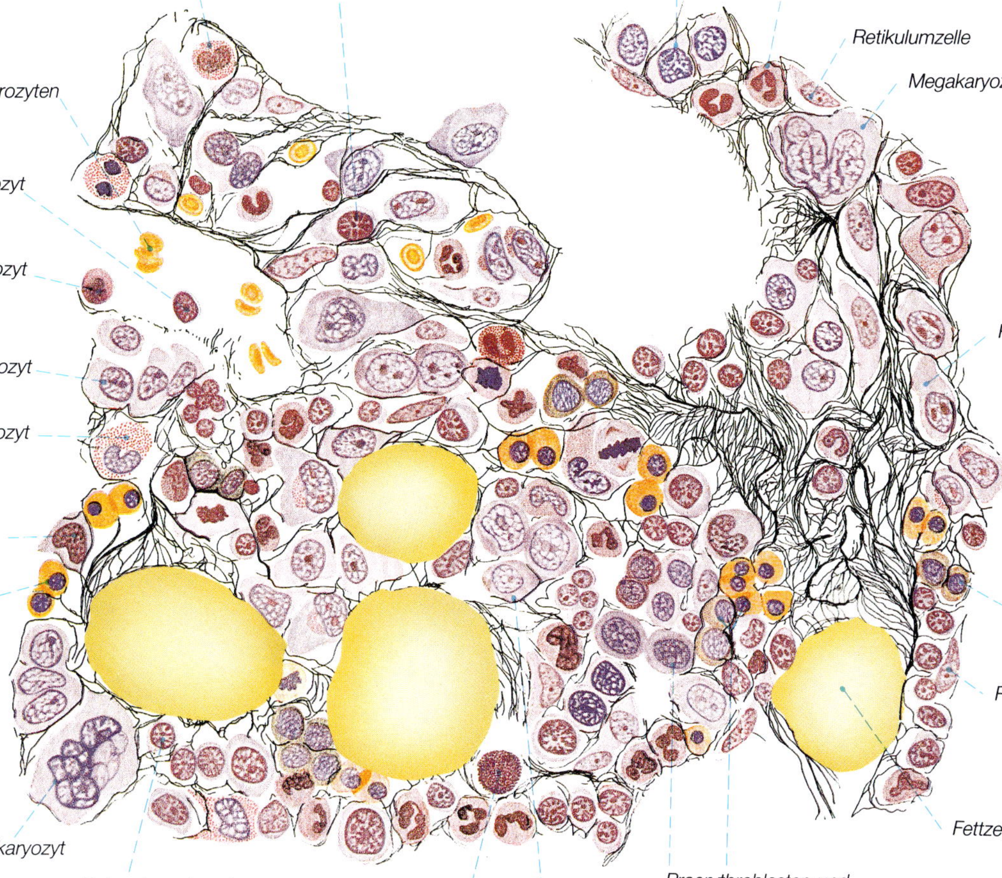

248

Abb. 248. Schematisierende Zeichnung des menschlichen Knochenmarks mit Gitterfasergerüst. Die Stammzellen (Hämozytoblasten) aller Blutzellen sind morphologisch noch nicht sicher identifizierbar, ähneln aber wohl mittelgroßen Lymphozyten. (aus Patzelt, 1948). Färbung: H. E., komb. mit Versilberung. Vergr. ca. 1200fach.

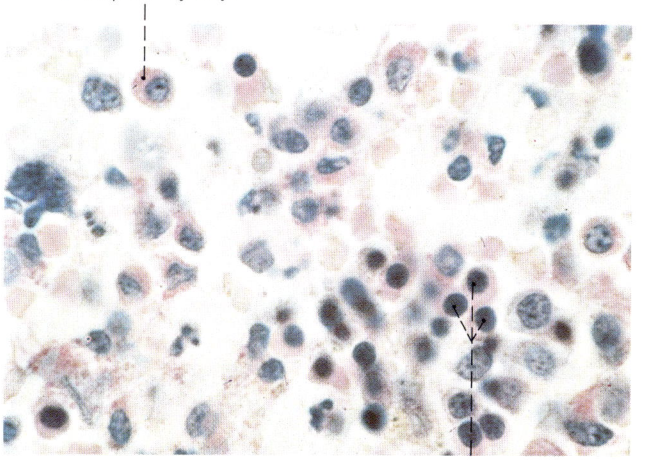

249

Abb. 249. Ein mit der vorhergehenden Abbildung vergleichbares Originalpräparat, in dem vor allem die Normoblasten durch ihre dunklen und runden Kerne sowie einzelne Myelozyten durch ihre Granulationen auffallen, während die übrigen Zellen zumindest nicht mit Sicherheit genauer zu differenzieren sind. Färbung: Giemsa; Vergr. 960fach.

Die lymphatischen Organe gliedern sich in lymphoretikuläre und lymphoepitheliale, von denen die letzteren traditionell v. a. durch die drei Tonsillen (= Mandeln) repräsentiert werden, bei denen stets eine epitheliale Oberfläche mit lymphatischem Gewebe kombiniert ist. Die Differentialdiagnose der Organe beruht 1. auf dem unterschiedlichen Epithel (nur die Tonsilla pharyngea besitzt ein respiratorisches Epithel), 2. auf der Größe der Organe, die meist als Totalschnitt vorliegen (die Tonsilla palatina ist wesentlich größer als die beiden übrigen) und 3. auf der geweblichen Zusammensetzung der Umgebung (nur die Tonsilla lingualis ist von reichlich Drüsengewebe unterlagert).

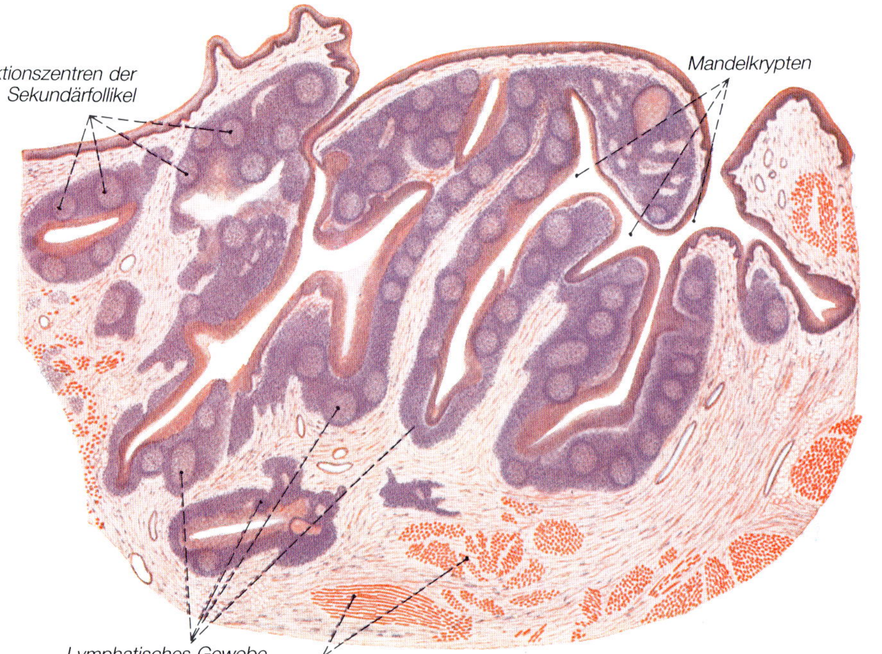

Abb. 250. Tonsilla palatina (= Gaumenmandel), deren mehrschichtiges, unverhorntes Plattenepithel tiefe, verzweigte Einsenkungen (= Krypten) bildet, die von lymphatischem Gewebe mit zahlreichen lymphatischen Sekundärfollikeln unterlagert werden. Färbung: H. E.; Vergr. 8fach.

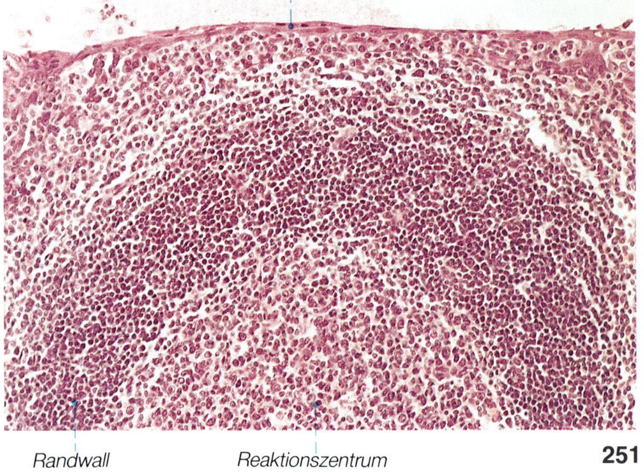

Abb. 251. Ausschnitt aus der Kryptenwand einer Tonsilla palatina des Menschen. Das mehrschichtige, unverhornte Plattenepithel ist als zusammenhängender Zellverband auf zwei bis drei dünne Zellagen reduziert, im übrigen infolge Durchsetzung mit Lymphozyten zu einem lockeren, netzförmigen epithelialen Zellverband transformiert worden. Unter diesem erkennt man den Anschnitt eines Sekundärfollikels mit Randwall und Reaktionszentrum. Färbung: H. E.; Vergr. 150fach.

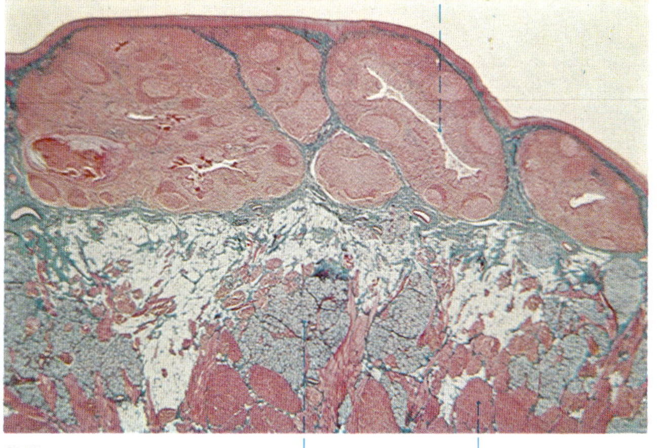

252

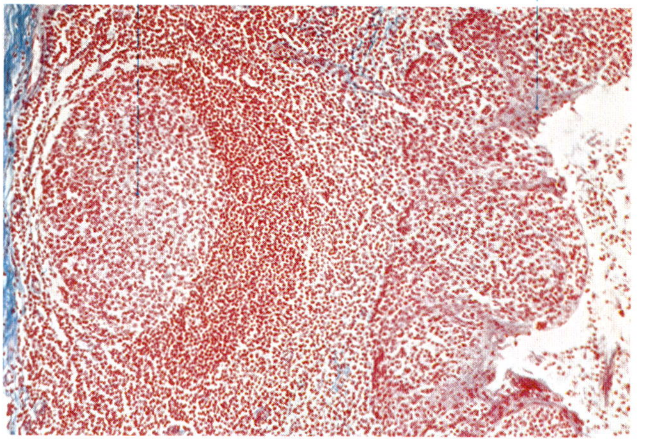

253

Abb. 252. Die Tonsilla lingualis (sog. Zungenbälge) hat weniger verzweigte und kürzere Krypten als die Gaumenmandel und ist außer von der Zungenmuskulatur von zahlreichen, überwiegend mukösen Drüsen unterlagert (wichtiges Unterscheidungsmerkmal). Skelettmuskulatur findet sich auch unter der Tonsilla palatina. Färbung: Azan; Vergr. 12fach.

Abb. 253. Detailvergrößerung der in der vorhergehenden Abbildung mit einer Hinweislinie markierten Krypte. Das Epithel der Kryptenwand ist hier zu einem netzförmigen, lymphoepithelialen Zellverband aufgelöst. Unter dem Epithel erkennt man einen Sekundärfollikel mit deutlichem Reaktionszentrum und Randwall, dessen oberflächennahe Wand kappenförmig verdickt ist. Das Reaktionszentrum ist in eine helle (oberflächenzugewandt, mit Zentrozyten) und eine dunkle (oberflächenabgewandt, mit Zentroblasten) Zone gegliedert. Zentroblasten sind aktivierte B-Lymphozyten, Zentrozyten entsprechen Gedächtniszellen. Färbung: Azan, Vergr. 96fach.

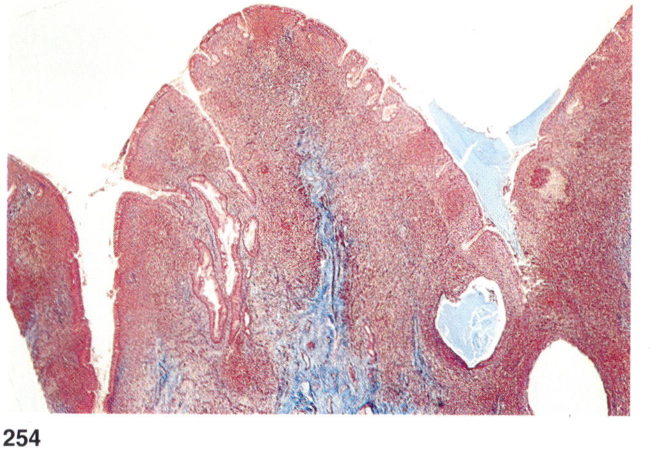

254

Abb. 254. Die Tonsilla pharyngea (= Rachenmandel) ist die kleinste aller Mandeln und von den beiden vorhergenannten schon durch ihr Epithel (mehrreihiges Flimmerepithel) eindeutig zu unterscheiden. Nur bei Kindern gut ausgeprägt. Vergr. 13fach.

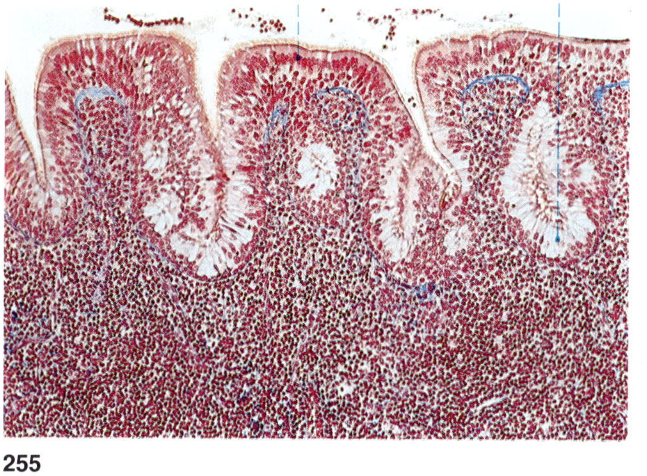

255

Abb. 255. Tonsilla pharyngea, Detailvergrößerung aus der vorhergehenden Abbildung. Erst jetzt ist das respiratorische Epithel klar als solches identifizierbar, das im Bereich seiner Krypten stark aufgelockert und becherzellreich ist. Färbung: Azan; Vergr. 96fach.

Die Differentialdiagnose der lymphoretikulären Organe, zu denen die Lymphknoten, die Milz und oft auch der Thymus gezählt werden, richtet sich u. a. nach der Gliederung des Organs in Mark und Rinde (diese zeigen Lymphknoten und Thymus) und nach dem Vorkommen eines subkapsulär gelegenen Lymphraumes, des sog. Randsinus, der nur dem Lymphknoten eigen ist. Die Milz ist außer durch ihre fehlende Mark-Rinden-Gliederung und den fehlenden Randsinus durch die Gliederung in rote und weiße Pulpa gekennzeichnet, letztere besteht aus periarteriellen Lymphozytenscheiden (PALS, T-Lymphozytenregion) und Milzknötchen (Malpighische Körperchen, B-Lymphozytenregion). Das retikuläre Gewebe von Milz und Lymphknoten ist ein Bindegewebe, das des Thymus ein Epithel.

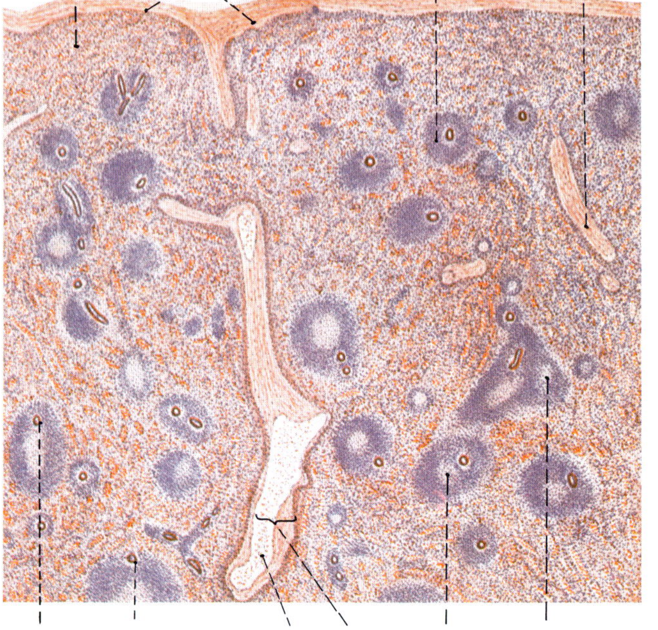

256

Abb. 256. Übersicht über einen kapselnahen Bereich der Milz (Mensch) mit Milzknötchen (Malpighische Körperchen). Diese im Querschnitt rund-ovalen, i. a. mit einem Reaktionszentrum versehenen Aggregate von Lymphozyten sind die B-Lymphozytenregionen der Milz. Die T-Lymphozytenregionen sind die Lymphozytenscheiden (ohne Reaktionszentrum) der oft exzentrisch gelegenen Zentralarterien (periarterielle Lymphozytenscheiden). Milzknötchen und periarterielle Lymphozytenscheiden bilden in ihrer Gesamtheit die weiße Pulpa der Milz. Die bindegewebige Kapsel (bei manchen Säugern, z. B. Katzen, enthält sie reichlich glatte Muskulatur) setzt sich in Form der gefäßführenden Trabekel allseits in das Organinnere fort. Die erythrozytenreiche rote Pulpa enthält Milzsinus und Pulpastränge. Färbung: Häm.-Chromotrop; Verg. 24fach.

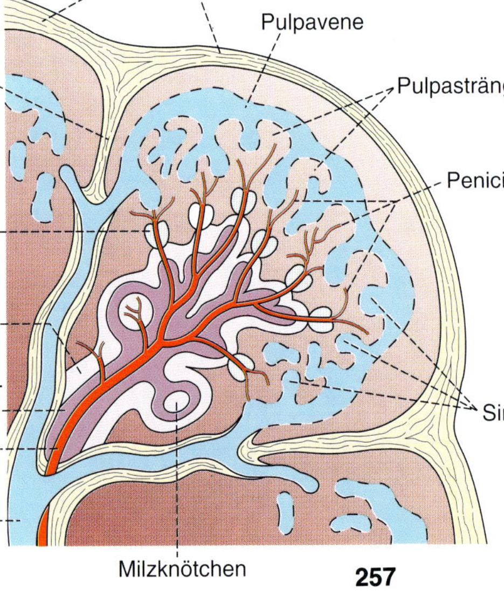

257

Abb. 257. Schematische Darstellung des Blutkreislaufs durch die Milz des Menschen. Beachte die Ummantelung der arteriellen Gefäße durch dicht gelagerte Lymphozyten. Diese bauen die weiße Pulpa auf, die aus periarterieller Lymphozytenscheide (PALS, enthält T-Lymphozyten) und Milzknötchen (Lymphfollikel, enthalten B-Lymphozyten) besteht. Die Hülsen setzen sich vorwiegend aus Makrophagen und retikulären Fasern zusammen. Die Marginalzone ist eine zellreiche Übergangszone zwischen weißer und roter Pulpa, in der viele arterielle Gefäße offen enden. Die rote Pulpa besteht aus Pulpasträngen (Billrothschen Strängen), in denen ebenfalls viele kleine Arterien offen enden, und den Milzsinus (venösen Blutgefäßen). Die Endabschnitte der kleinen Arterien verzweigen sich zu pinselförmigen Gebilden (Penicilli); ein Teil der kleinen Arterien mündet wohl direkt in die Sinus. Die Sinus sammeln sich in Pulpavenen, die über die Balkenvenen die Milz verlassen. (Nach Leonhardt, 1990.)

Abb. 258. Rote Pulpa der Milz des Menschen. Beachte die zahlreichen, sich z. T. verzweigenden Milzsinus, in deren Lumen Erythrozyten erkennbar sind. Zwischen den Sinus zellreiche (darunter Erythrozyten) Stränge retikulären Bindegewebes sowie einzelne kollagenfaserreiche Trabekel (blau gefärbt). Färbung: Azan; Gesamtvergr. 200fach.

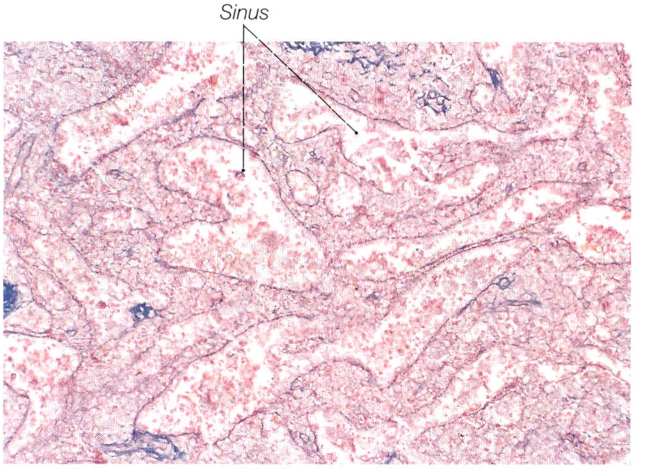

258

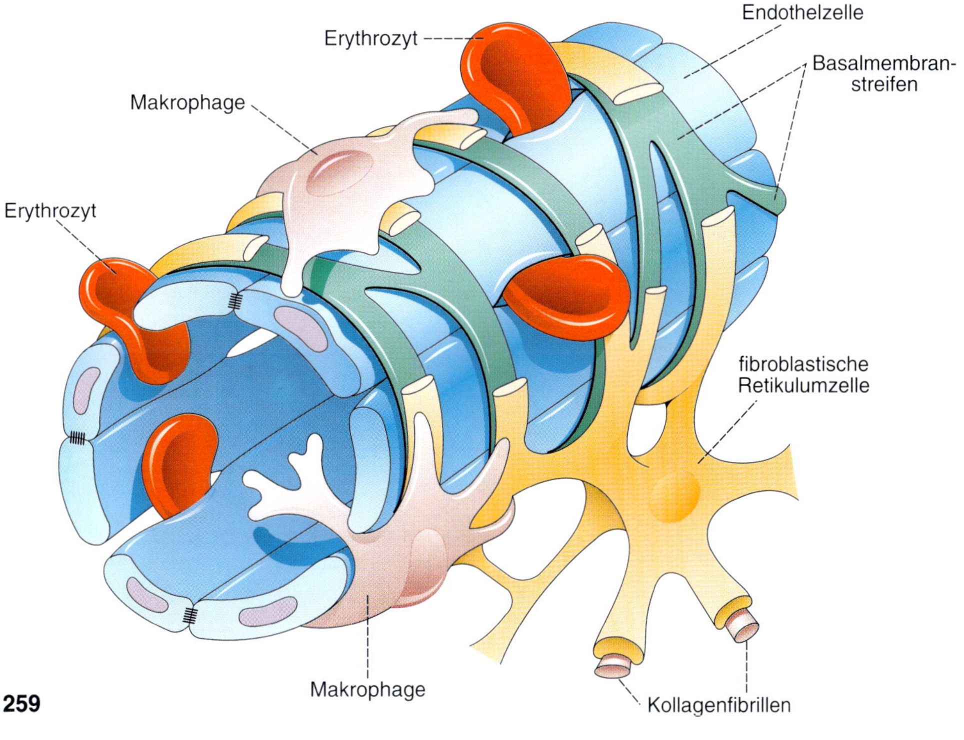

259

Abb. 259. Schematische Darstellung eines Milzsinus. Die Wand besteht aus längsverlaufenden Endothelzellen, zwischen denen Lücken auftreten, durch die normale Erythrozyten von außen (aus dem Bindegewebe der Pulpastränge) in den Blutstrom zurückwandern. Atypisch geformte und gealterte Erythrozyten vermögen nicht durch diese Lücken zu wandern und werden von Makrophagen abgebaut. Außen werden die Endothelzellen von Basalmembranstreifen bedeckt, denen Fortsätze von fibroblastischen Retikulumzellen und z. T. auch Kollagenfibrillen anliegen, die ansonsten im retikulären Bindegewebe der Pulpastränge ein Maschenwerk aufbauen.

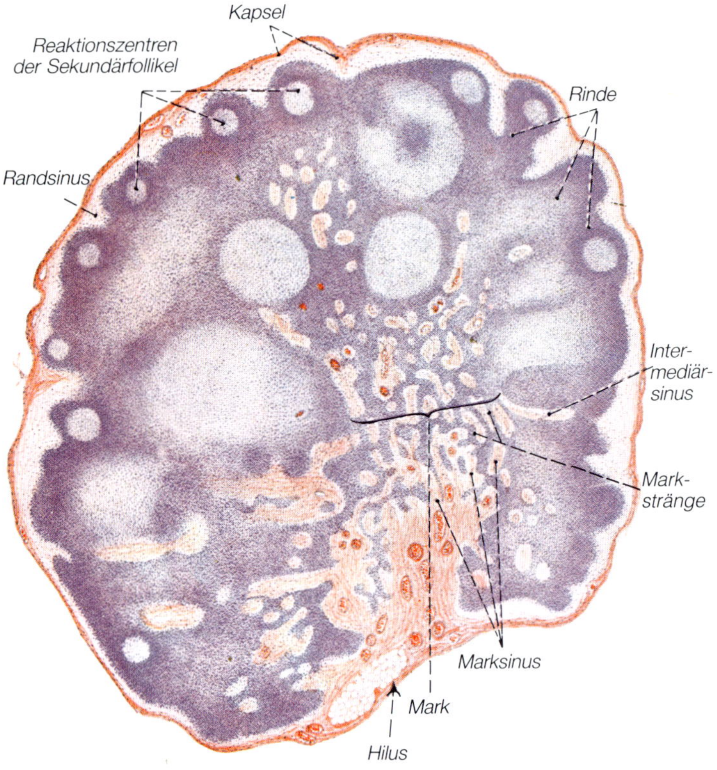

Abb. 260. Lymphknoten, Mensch, Übersicht, mit breitem, subkapsulär gelegenem Randsinus, dessen Lichtung von Ausläufern der faserbildenden Retikulumzellen und Gitterfasern durchzogen wird und wechselnde Zahlen von Lymphozyten enthält. Die Sekundärfollikel (das sind Lymphknötchen mit einer zentralen Aufhellung, dem sog. Reaktionszentrum) kommen praktisch nur in der sehr zellreichen und daher stark gefärbten Rinde vor; sie entsprechen der B-Lymphozytenregion der Lymphknoten. Die lymphozytenreichen Areale zwischen und unter den Follikeln sind die T-Region (parakortikale Zone). Im Mark finden sich vorwiegend lymphozyten- und plasmazellreiche Markstränge sowie die Marksinus. Färbung: H. E:, Vergr. 18fach.

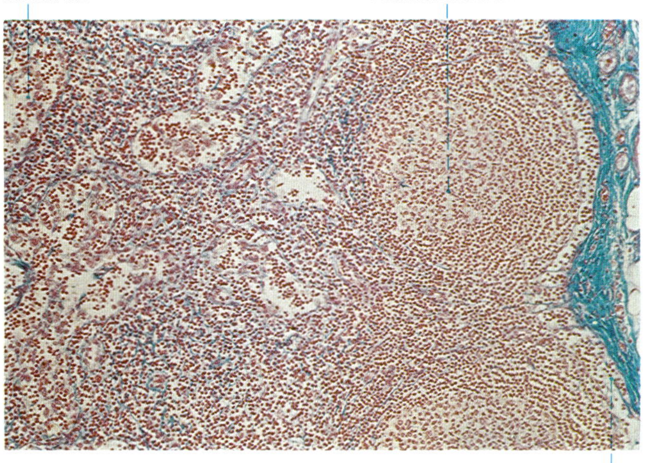

261

Abb. 261. Ausschnittvergrößerung der Randzone eines menschlichen Lymphknotens. An die Kapsel (rechts im Bild) mit mehreren kleinen Blutgefäßen grenzt der schmale, hier mit Lymphozyten angefüllte Randsinus. In der anschließenden Rinde ein deutlicher Sekundärfollikel mit Reaktions-(Keim-)zentrum. Das Mark ist durch das Auftreten großer Lymphräume (= Marksinus) sowie die weniger dicht gelagerten Zellen charakterisiert. Färbung: Azan; Vergr. 95fach.

Abb. 262. Immunhistochemische Anfärbung verschiedener Lymphozytentypen in einem Lymphknoten des Menschen. **a)** B-Lymphozyten, die vorwiegend in den Lymphfollikeln vorkommen (L-26-Antikörper [CD 20]); **b)** T-Lymphozyten, die vorwiegend in der Rinde des Lymphknotens zwischen den Follikeln sowie im Keimzentrum der Follikel nachweisbar sind (UCHL-1-[CD-45-RO]-Antikörper); Präparate Prof. Dr. med. E. Kaiserling, Patholog. Inst. Univ. Tübingen. Gesamtvergr. 100fach.

262a

262b

Der Thymus ist in Läppchen gegliedert, deren mikroskopische Struktur durch Differenzierung in Mark und Rinde sowie durch Vorkommen von Hassallschen Körperchen gekennzeichnet ist. Er wird von einem Grundgerüst aus verzweigten Epithelzellen aufgebaut, in dessen sehr weite Interzellularräume unterschiedlich differenzierte T-Lymphozyten eingelagert sind.

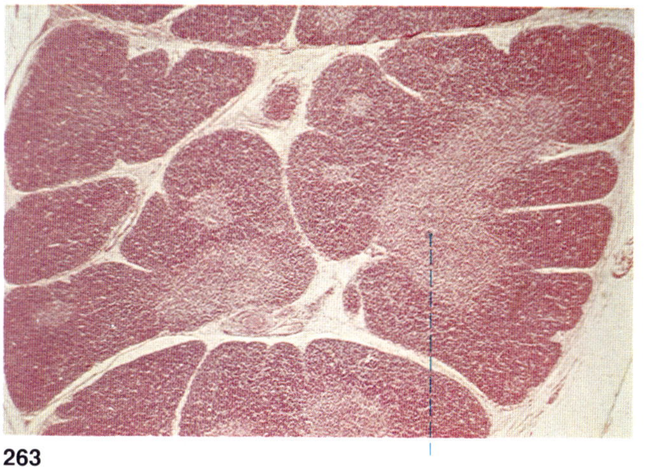

263

Abb. 263. Gut entwickelter Thymus (Foet, Mensch) mit deutlicher Gliederung in Läppchen sowie in Mark und Rinde (dunkler gefärbt wegen ihres Lymphozytenreichtums). Färbung: Häm.-Chromotrop; Vergr. 12fach.

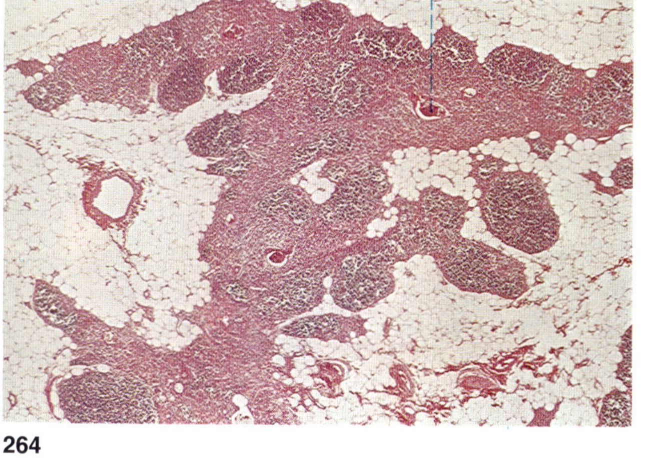

264

Abb. 264. Beim Thymus des Erwachsenen geht die Läppchengliederung infolge der Rückbildung der Rinde durch „fettige Involution" verloren. In den verbleibenden Marksträngen liegen auffallend große Hassallsche Körperchen mit verhornenden Plattenepithelzellen und z. T. schollig zerfallendem Inhalt. Färbung: Häm.-Chromotrop; Vergr. 24fach.

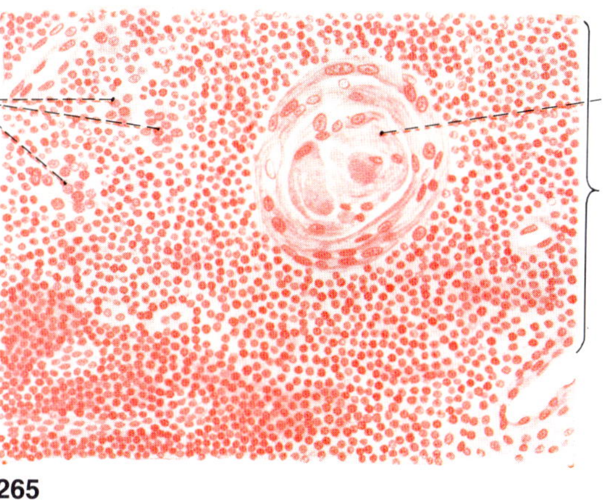

265

Abb. 265. Gut entwickeltes Hassallsches Körperchen im Thymusmark eines Kindes. Diese organspezifischen Korpuskeln bestehen aus einer wechselnden Zahl zwiebelschalenähnlich geschichteter Epithelzellen und zeigen mit zunehmendem Alter zentrale Degenerationserscheinungen ihrer Zellen bis zur Zystenbildung (vgl. die vorhergehende Abb.). Färbung: Alaunkarmin; Vergr. 230fach.

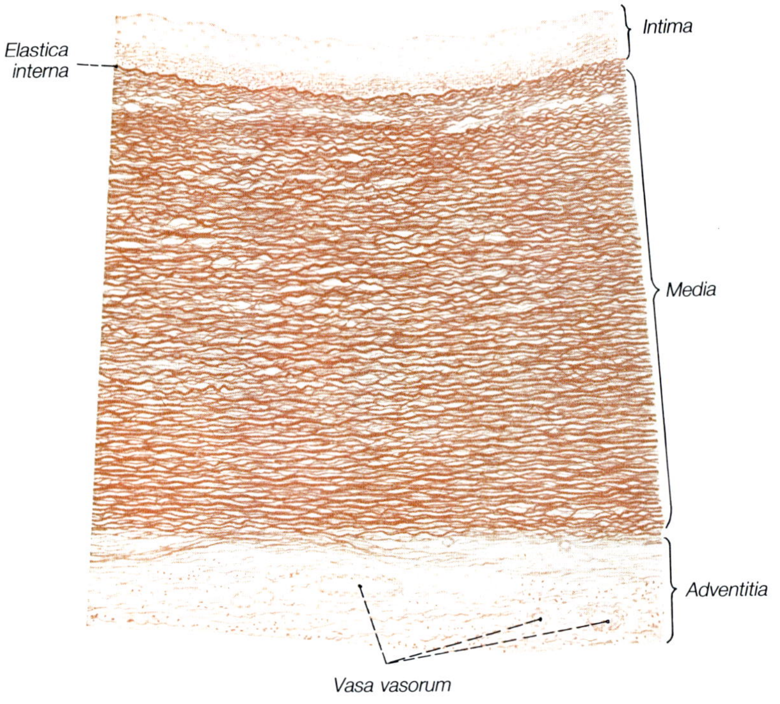

Abb. 266. Sektor eines totalen Aortenquerschnitts (Aorta thoracica, Mensch) mit einer Elastikafärbung (Orcein) gefärbt. Zur Demonstration der typischen Wandschichtung einer Arterie in: 1. Intima, 2. Media und 3. die äußere, bindegewebige Adventitia. Die Ausbildung der Lamina elastica interna und externa ist bei Arterien des elastischen Typs (dazu gehören außer der Aorta alle großen, herznahen Schlagaderabschnitte) weniger deutlich als bei denen muskulären Typs (vgl. Abb. 273). Die glatten Muskelzellen innerhalb der Media sind hier nicht gefärbt und daher auch nicht als solche erkennbar. Färbung: Orcein; Vergr. 60fach.

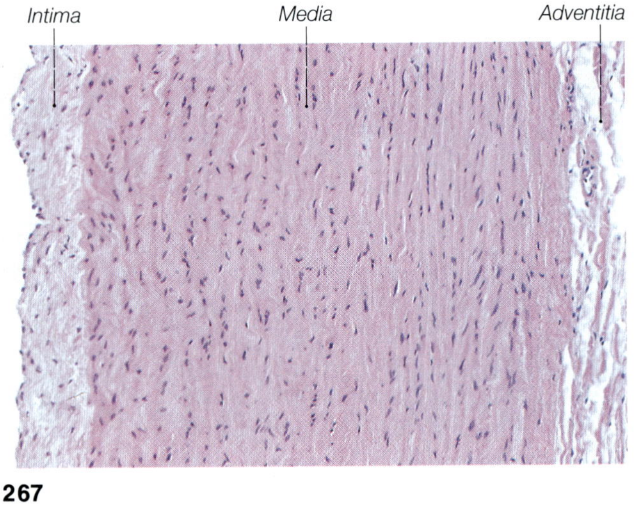

267

Abb. 267. Aorta, Mensch. Die hier relativ breite Intima trägt innen ein Endothel und enthält u. a. einzelne glatte Muskelzellen und freie Zellen. Die breite Media erscheint bei niedriger Vergrößerung recht homogen und besteht vor allem aus glatter Muskulatur, elastischen Fasern und Lamellen (leicht gewellt, hier rot), Kollagenfasern und Proteoglykanen. Färbung: H. E.; Gesamtvergr. 100fach.

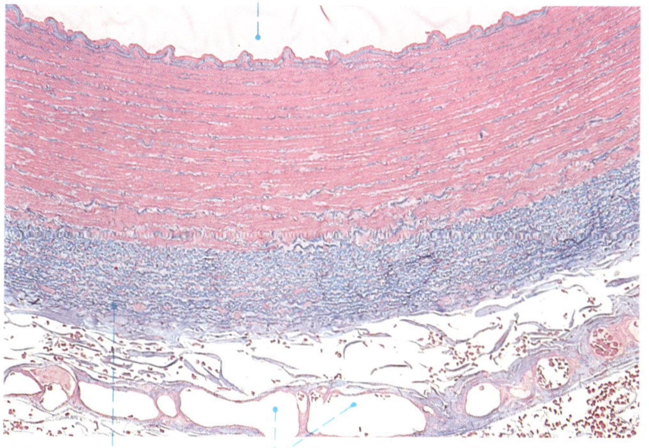

268

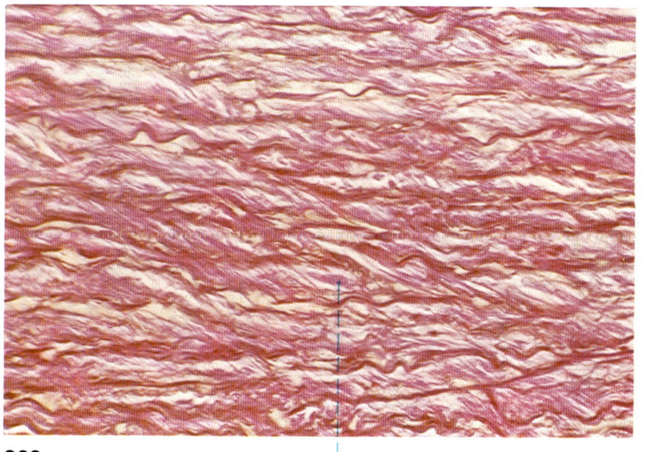

269

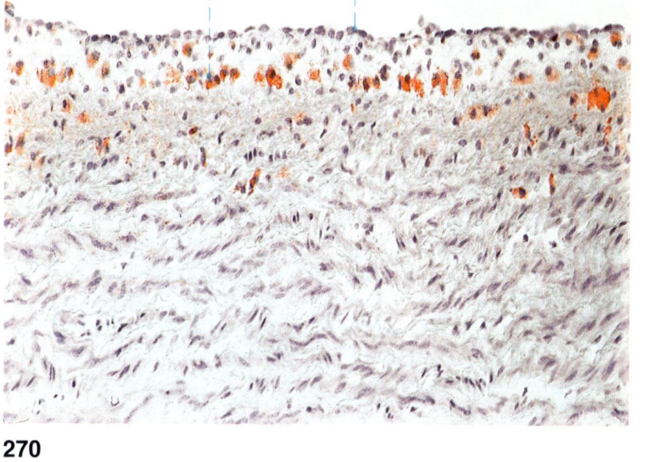

270

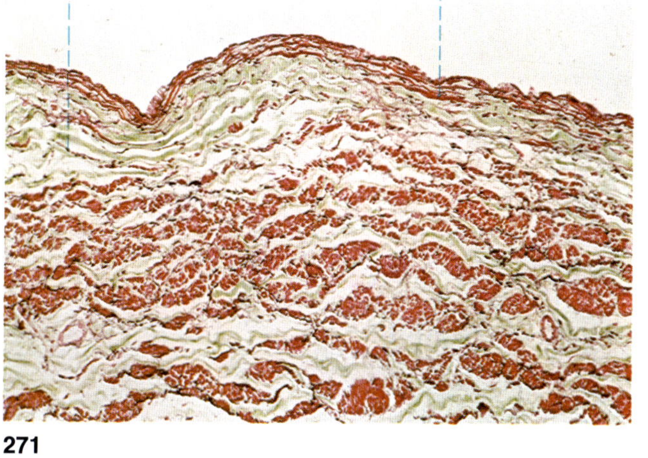

271

Abb. 268. Semidünnschnitt (Schnittdicke: 1 µm) eines Wandsektors der A. carotis interna vom Schwein zur Demonstration, daß der Abstand zwischen den Vasa vasorum und der äußersten Schicht glatter Mediazellen annähernd gleich groß (oft sogar größer) ist wie die Entfernung vom Lumen zur Media-Adventitia-Grenze. Vasa vasorum fehlen selbst in der Media großer Arterien. Die Sauerstoffversorgung wird infolge des hohen pO_2 sehr viel besser vom Lumen her erfolgen als über kapillare Vasa vasorum. Färbung: Methylenblau-Azur II und Safranin; Vergr. 120fach.

Abb. 269. Media der Aorta bei höherer Auflösung mit kombinierter Zell- und Elastikafärbung zur Demonstration der sog. elastisch-muskulösen Systeme. Diese entstehen durch Verankerung der glatten Muskelzellen an den zwischen ihnen gelegenen elastischen Membranen der Media, deren Spannungszustand sie durch ihre Kontraktion regulieren können. Färbung: Resorcin-Fuchsin/Azokarmin-Naphtholgrün; Vergr. 240fach.

Abb. 270. Gefrierschnitt (quer) von einer A. carotis externa vom Schwein aus einer Versuchsserie zur Erfassung der Frühphasen der Atherosklerose. Die Intima ist verdickt und zellreicher als normal. Viele Zellen enthalten orange gefärbte Lipidtröpfchen. Färbung: Sudan III und Hämatoxylin; Vergr. 150fach.

Abb. 271. Übersicht eines vollständigen Wandausschnittes der unteren Hohlvene (V. cava inferior; Mensch). Im Vergleich zur Aorta fällt die wesentlich lockerere Struktur besonders der Media auf, die durch ein breites Bindegewebslager (subintimales Bindegewebe, hier grün gefärbt) von der Intima getrennt ist. Letztere besitzt dicht unter ihrem Endothel verlaufende, zarte Züge glatter Muskelzellen (tiefrot gefärbt). Färbung: Resorcin-Fuchsin/Azokarmin-Naphtholgrün; Vergr. 95fach.

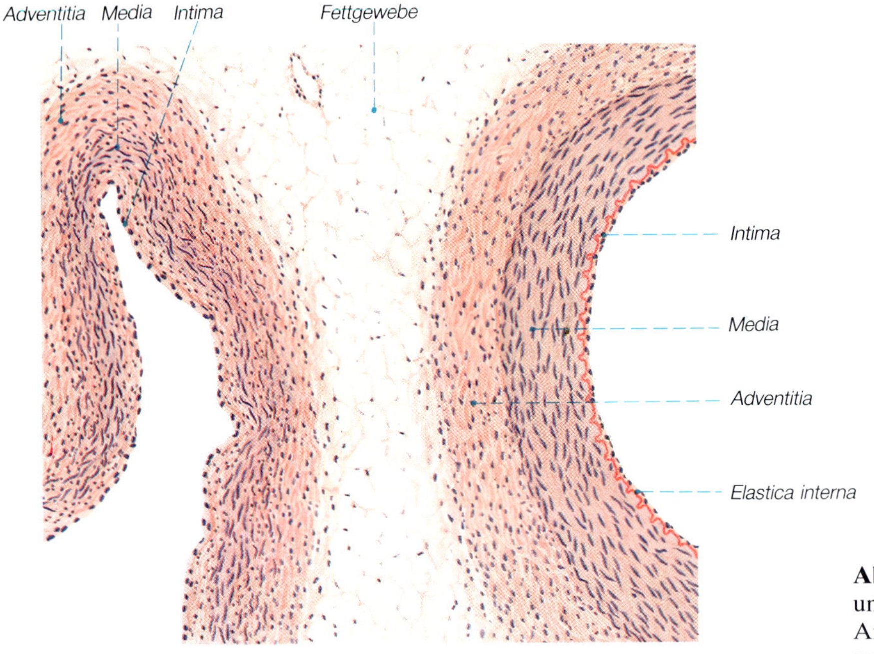

272 Vene Arterie

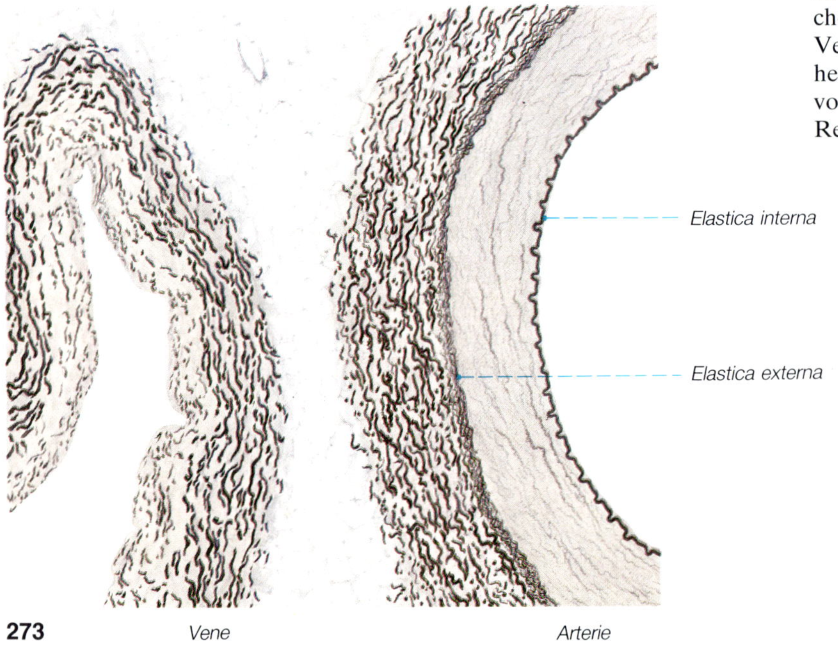

273 Vene Arterie

Abb. 272. und 273. Gegenüberstellung H. E.- und Elastika-gefärbter Querschnitte derselben Arterie vom muskulären Typ mit ihrer Begleitvene zur Demonstration ihres unterschiedlichen Wandbaues. Charakteristisch und damit als differentialdiagnostisches Kriterium verwertbar ist vor allem die Struktur der Media, die in den Arterien aus dichtgepackten Lagen glatter Muskelzellen besteht, bei den Venen dagegen sehr viel lockerer gefügt ist und daher auch sehr viel mehr bindegewebige Elemente (kollagene und elastische Fasern) enthält. Die Lamina elastica interna ist bei typischen Arterien zwar sehr viel deutlicher ausgeprägt als in den korrespondierenden Venen (besonders klar bei Elastika-Färbungen hervortretend), kann aber auch bei letzteren vorhanden sein. Färbung: H. E. (Abb. 272) und Resorcin-Fuchsin (Abb. 273); Vergr. 65fach.

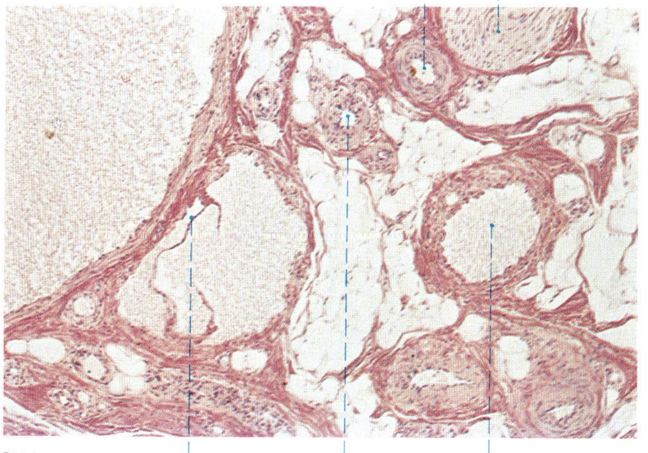

274

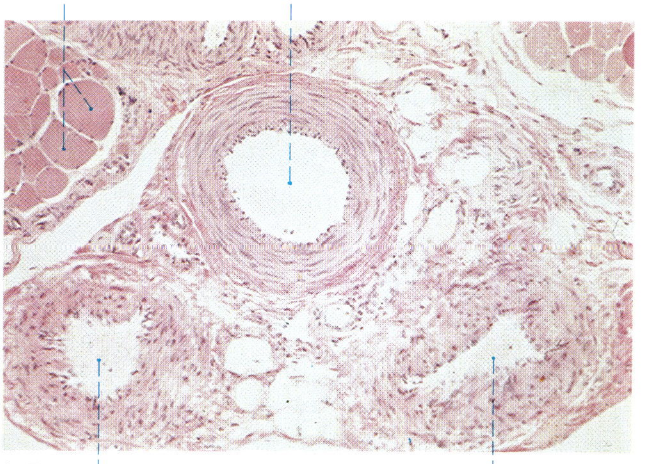

275

Abb. 274. Übersicht kleinerer Blut- und Lymphgefäße aus dem Samenstrang (Funiculus spermaticus) des Menschen (s. auch Abb. 408). Die in diesem speziellen Fall sehr wandstarken und darin den Arterien ähnlichen Venen sind jedoch stets von den ersteren durch die geringere Zahl und unregelmäßigere Anordnung der Kerne ihrer Mediazellen zu unterscheiden (vgl. auch die folgende Abbildung). In der linken oberen Bildecke Anschnitt eines größeren Lymphstammes, dem sich ein kleineres Lymphgefäß anschmiegt. In dessen Lichtung die Schnittprofile von Klappen. Färbung: H.E.; Vergr. 60fach.

Abb. 275. Sehr muskelstarke kleine Arterie mit ihren Begleitvenen von fast gleicher Wanddicke aus dem Funiculus spermaticus des Menschen. Beachte jedoch die Unterschiede in Zahl und Regelmäßigkeit der Anordnung bei den Kernen der Mediazellen. In der linken und rechten oberen Bildecke erkennt man Querschnitte von Skelettmuskelfasern (M. cremaster). Färbung: H. E.; Vergr. 96fach.

Abb. 276. Darstellung der Kapillaren eines Skelettmuskels (M. gastrocnemius, Ratte) als rund-ovale, optisch leere Schnittprofile durch Perfusion mit einer Fixierungslösung (Glutaraldehyd). Semidünnschnitt (ca. 0,5 µm dick) mit histochemischem Nachweis der Mitochondrien und ihrer subsarkolemmalen Ansammlungen als bräunliche Punkte oder sichelförmige Zonen. Die hohe Kapillarisierung dieses Muskelareals beruht z. T. auf dem Überwiegen der „roten" Fasern in diesem Bereich. Färbung: p-Phenylendiamin; Vergr. 240fach.

Abb. 277. Größeres Lymphgefäß aus der Subkutis des Menschen (Biopsiematerial), neben dem sich noch kleine arterielle und venöse Gefäße sowie ein gemischter Nerv finden lassen. Lymphgefäße können von Venen gleichen Kalibers oft durch den wellenförmigen Verlauf ihrer meist rein endothelialen Wand unterschieden werden (vgl. auch Abb. 283). Färbung: Methylenblau-Azur II und Safranin; Vergr. 240fach.

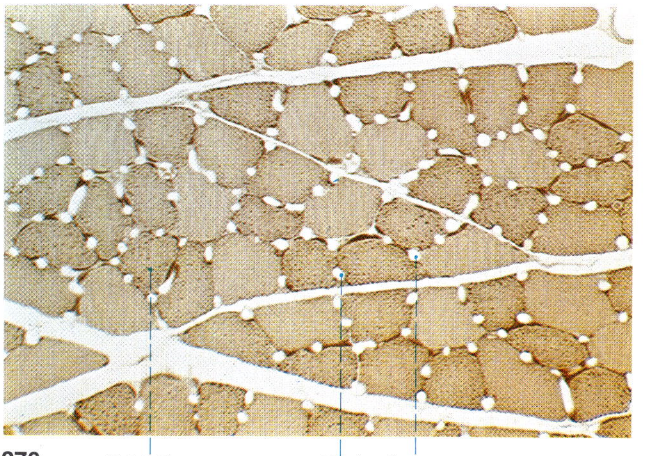

276

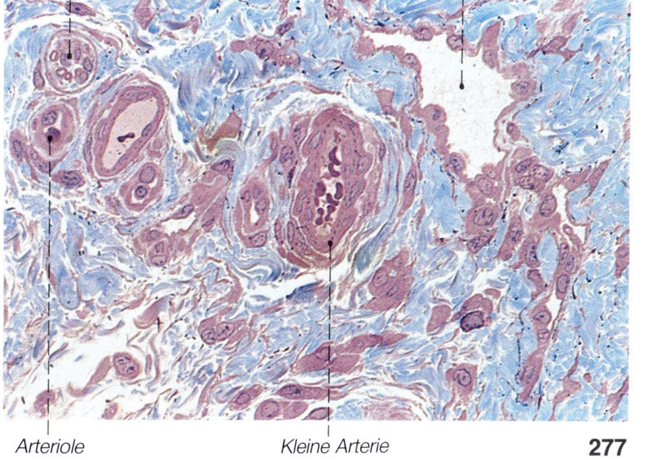

277

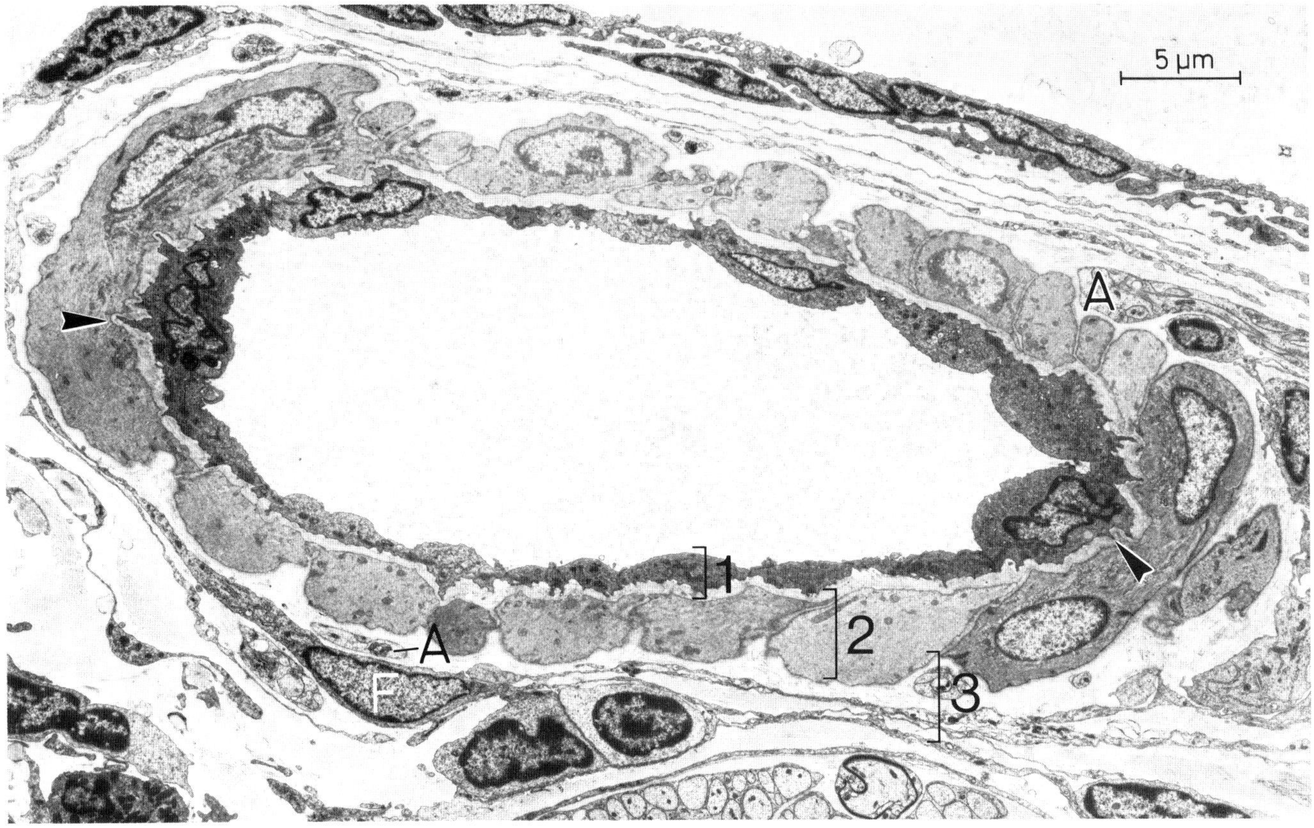

278

Abb. 278. Schrägschnitt durch eine Arteriole aus dem Mesenterium der Ratte mit typischer Dreischichtung ihrer Wand: (**1**) Endothel und unterlagernde Lamina elastica interna = Intima; (**2**) eine einschichtige Lage glatter Muskelzellen bildet die Media, der sich außen die bindegewebige Adventitia (**3**) anschließt. Letztere enthält Bündel markloser Axone (**A**) und wird gegen das angrenzende interstitielle Bindegewebe durch schleierartige, lange Ausläufer von Fibrozyten (**F**) abgegrenzt. Beachte die basalen Endothel„füße" (▶), die die Lamina elastica interna durchdringen, um mit den Mediazellen typische myo-endotheliale Kontakte einzugehen (vgl. dazu auch Abb. 50). Gesamtvergr. 3200fach.

Abb. 279. Querschnitt einer Kapillare vom kontinuierlichen Typ aus der Subkutis des Kaninchenohres, die fast vollständig von dem schlanken Ausläufer eines Perizyten (**3**) umgriffen wird. Die Kapillarwand ist im Anschnitt aus zwei Endothelzellen aufgebaut. Im Kapillarendothel stellenweise gruppierte Vesikel und Vakuolen sowie Anschnitte einzelner Mitochondrien. Im Zytoplasma des Perizyten erkennt man neben dem großen Kern und den Mitochondrien vor allem ein gut entwickeltes raues endoplasmatisches Retikulum sowie zahllose freie Ribosomen. **1** Zellkontakte (Zonula occludens); **2** endotheliale Basalmembran (▶). Gesamtvergr. 27 500fach.

Abb. 280. Annähernd quer geschnittene Kapillare vom kontinuierlichen Typ aus dem Herzmuskel einer Katze. Die abgeflachten Anteile des Endothels enthalten lediglich mikropinozytotische Vesikel (▶), deren Membran entweder mit dem luminalen oder dem basalen Plasmalemm in direkter Verbindung stehen kann („Caveolen"). Die zytoplasmareicheren Endothelbezirke enthalten u. a. auch Mitochondrien (**1**). Beachte das Bündel markloser Axone (**2**), von denen zwei (★) entlang ihrer dem Endothel zugewandten Oberfläche nicht mehr vom Zytoplasma der Schwannschen Zelle bedeckt werden. Der Pfeil (→) markiert einen Zellkontakt (Zonula occludens). **3** Herzmuskelzellen; **4** T-Tubulus. Gesamtvergr. 27 500fach.

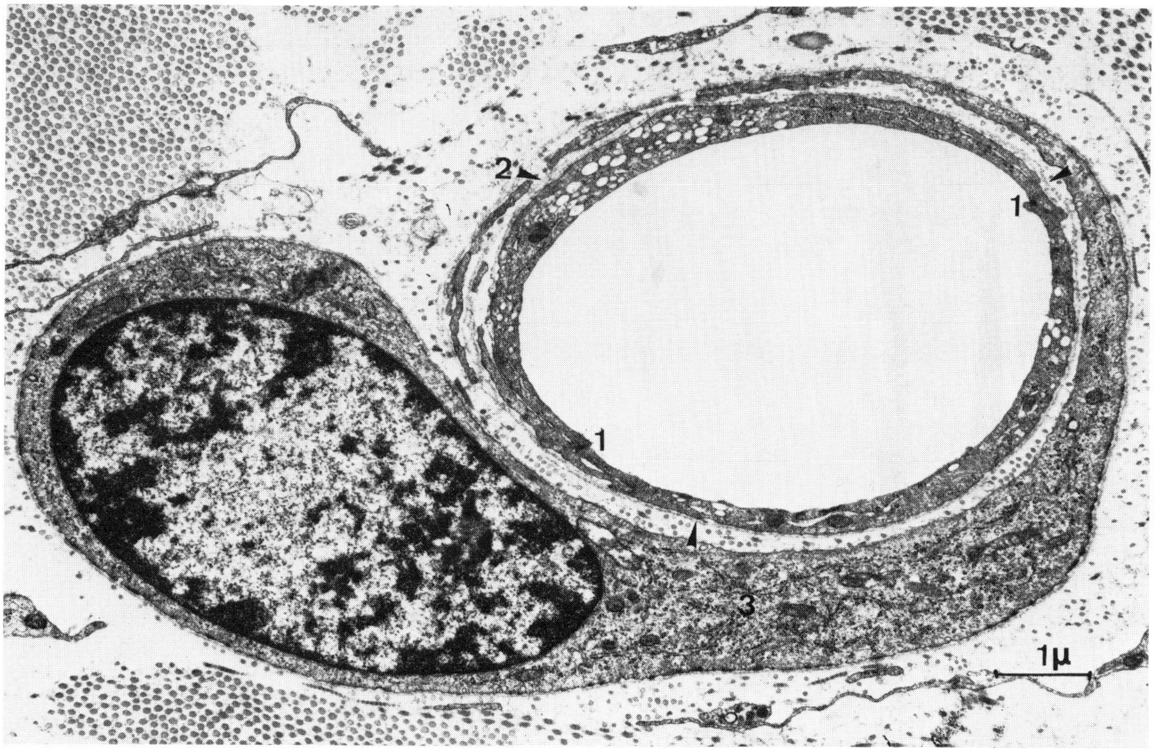

279

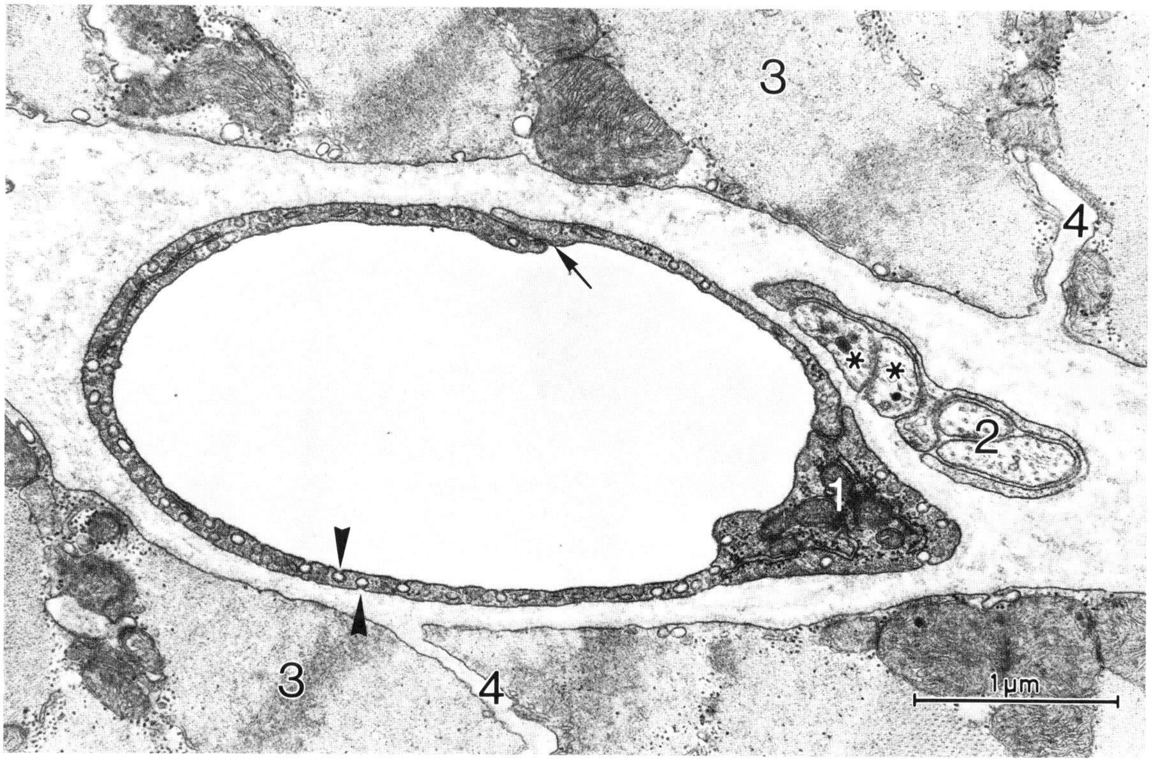

280

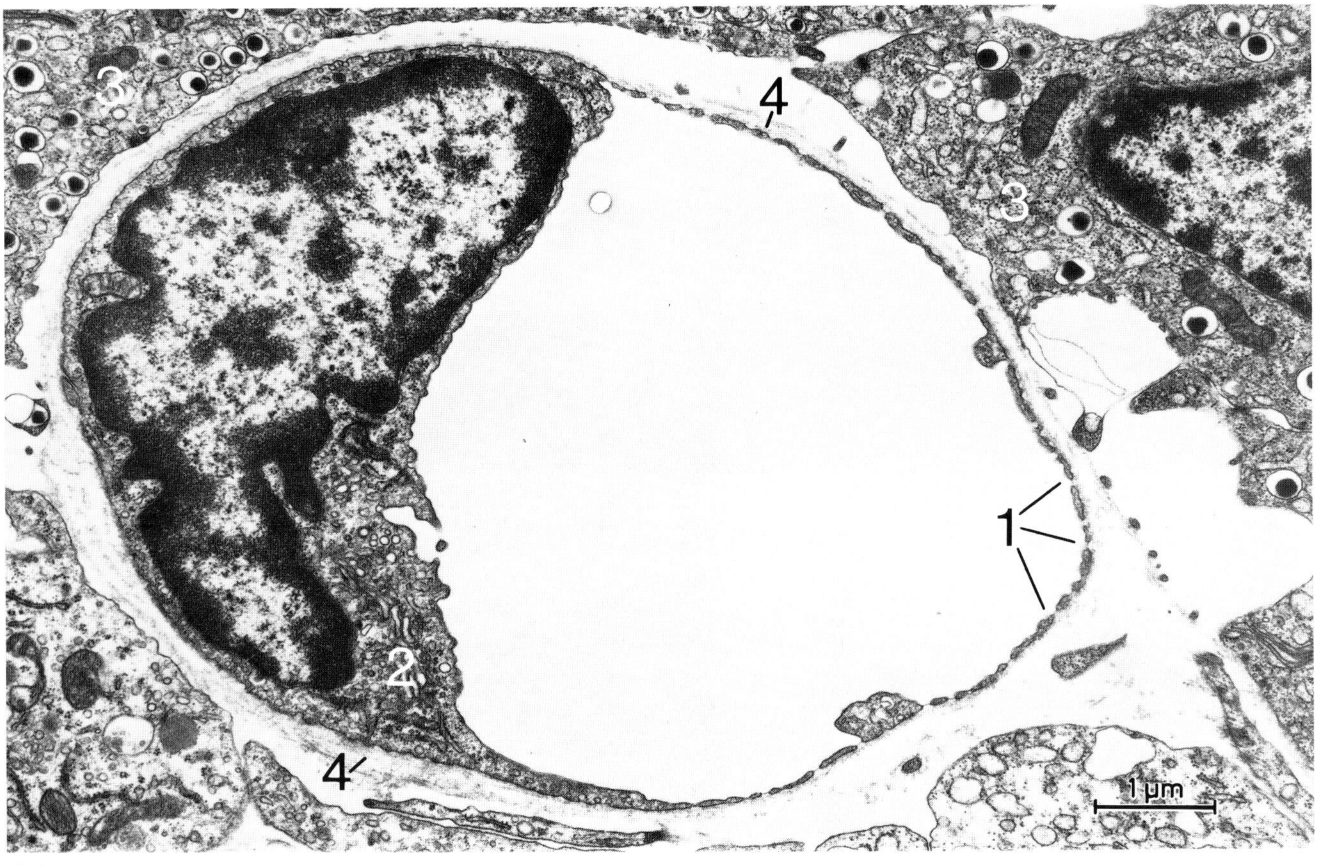

281

Abb. 281. Querschnitt durch eine Kapillare vom fenestrierten Typ aus einer Langerhansschen Insel des Pankreas der Ratte. Ein Großteil der Endothelzellen dieser Kapillaren ist extrem abgeflacht und wird hier, ähnlich wie eine Siebplatte, von zahllosen, sehr regelmäßig verteilten Fenestrationen (**1**) durchsetzt. Diese „Fenster" sind kreisförmige Öffnungen eines mittleren Durchmessers von 60–80 nm, die durch eine äußerst zarte extrazelluläre Membran, das Diaphragma, verschlossen werden (Einzelheiten s. Abb. 282 b). Der kernhaltige Abschnitt des Endothels enthält u. a. ein Golgi-Feld (**2**). **3** Teile endokriner Inselzellen; **4** kapilläre Basalmembran. Gesamtvergr. 16 000fach.

Abb. 282. a, b) Längsschnitt durch eine postkapilläre Venole aus einem Skelettmuskel (M. soleus) der Katze, in deren Wand das Endothel eines in sie einmündenden venösen Kapillarschenkels zu erkennen ist (Region im Kasten rechts unten). Letzteres unterscheidet sich vom übrigen Venolenendothel durch seine Flachheit und die dort vorhandenen Fenestrationen.
b) Die höhere Auflösung des in (a) eingerahmten Wandsektors zeigt deutliche, von einem Diaphragma verschlossene Fenestration (→). Gesamtvergr. 3500- und 38 000fach.

Abb. 283. Übersichtsaufnahme eines Lymphgefäßes rein endothelialen Wandbaus aus der Submukosa der Trachea einer Maus. Das schleierartig dünne Endothel zeigt den charakteristischen geschlungenen Verlauf und überragt die Einmündung einer Lymphkapillare (★) in Form einer Klappe, deren Segel (**1**) einfache endotheliale Faltenbildungen darstellen. Gesamtvergr. 2800fach.

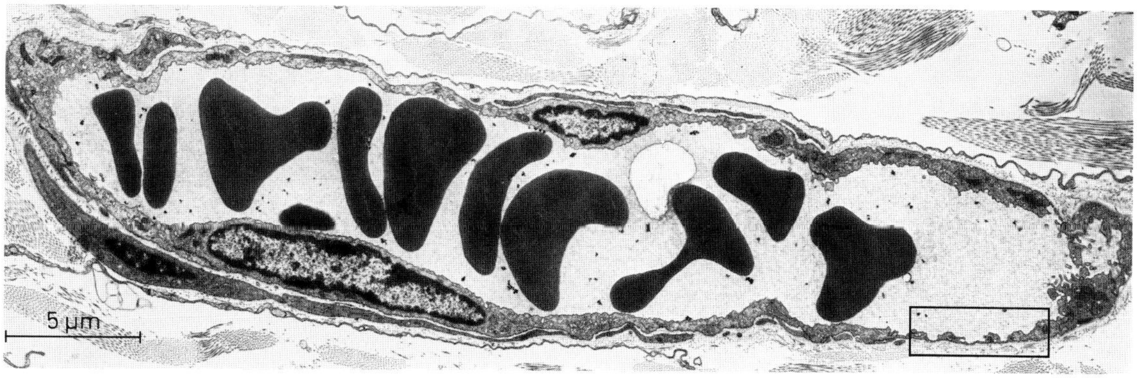

282a

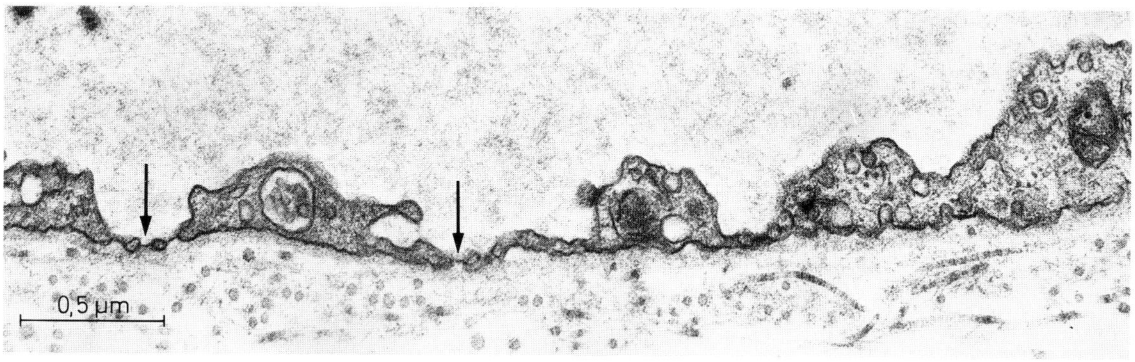

282b

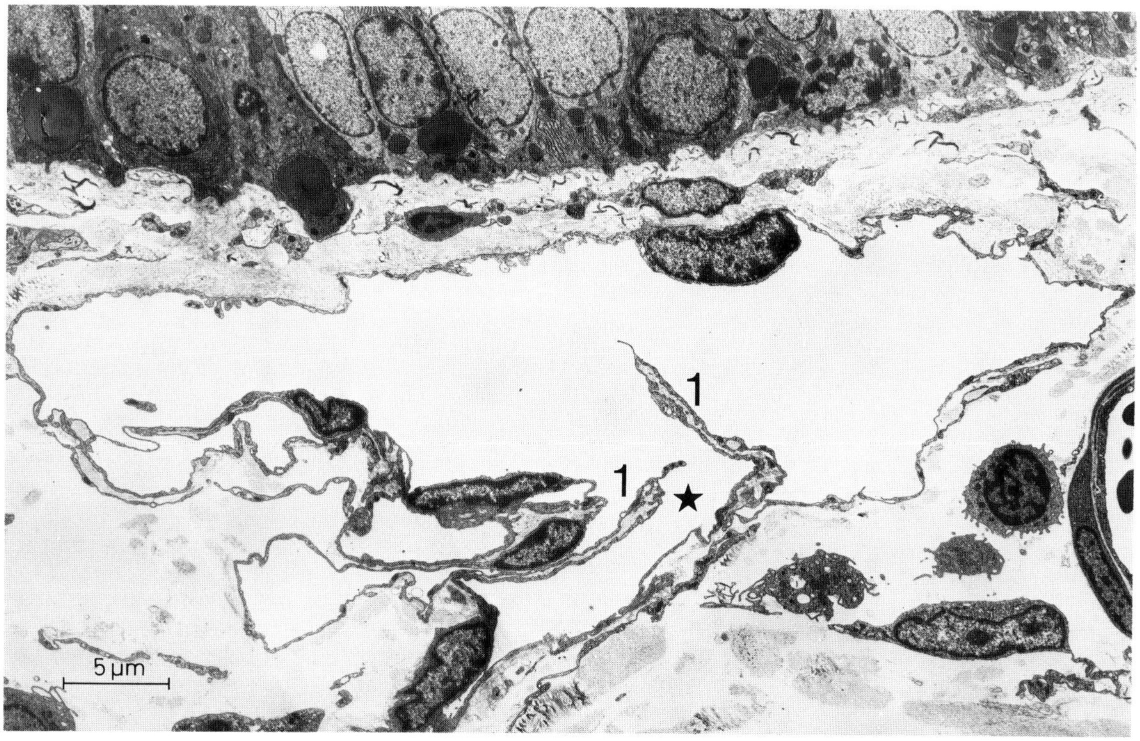

283

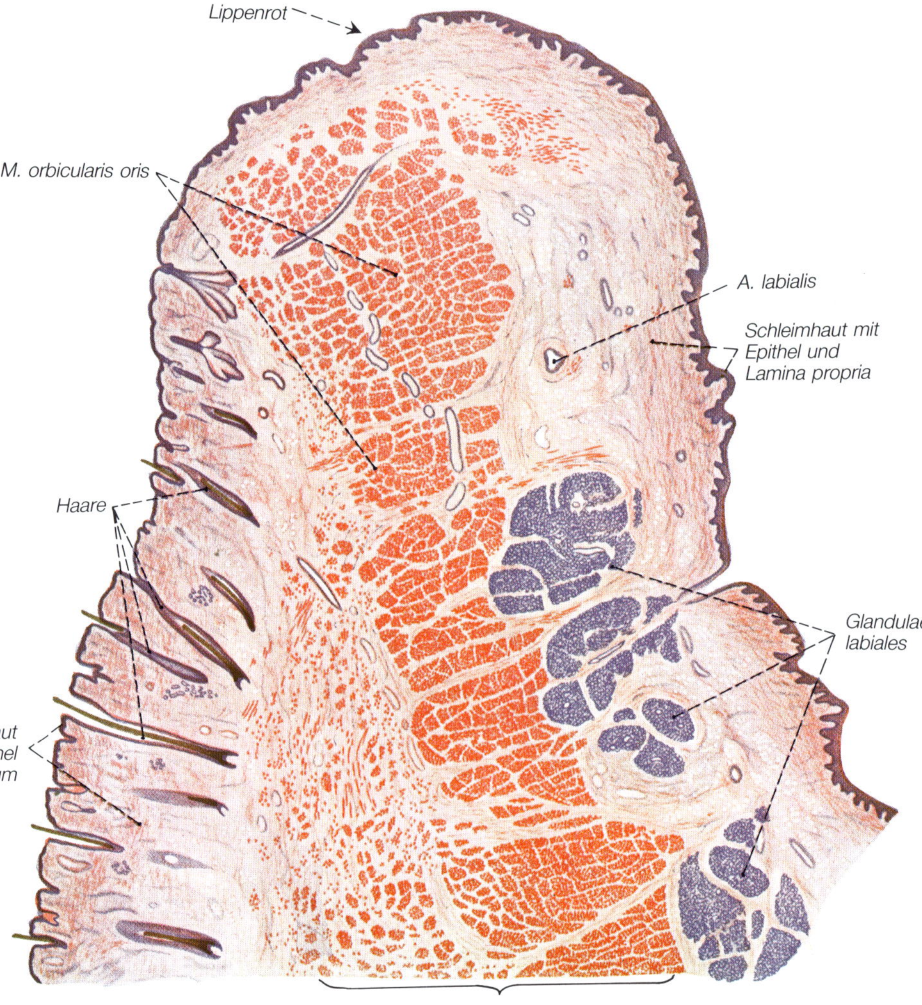

Abb. 284. Die Lippe gehört zu jenen Regionen, die u. a. durch den Übergang (Wechsel) ihres Oberflächenepithels charakterisiert sind. In einem Sagittalschnitt erkennt man, daß hier ein typisches Hautepithel mit Anhangsgebilden wie Haaren, Schweiß- und Talgdrüsen im Bereich des Lippenrotes in ein mehrschichtiges, unverhorntes und drüsenfreies Plattenepithel wechselt, dem sich mundhöhlenwärts ein von Drüsenpaketen (Gll. labiales) unterlagertes Plattenepithel der feuchten Form anschließt. Die Schleimhautdrüsen sind gemischt seromukös. Der zentrale Gewebssockel der Lippe wird zum großen Teil durch die im Sagittalschnitt quergeschnittenen Fasern des M. orbicularis oris eingenommen. Zur Differentialdiagnose derartiger Regionen s. Tabelle 11. Färbung: H. E.; Vergr. 8fach.

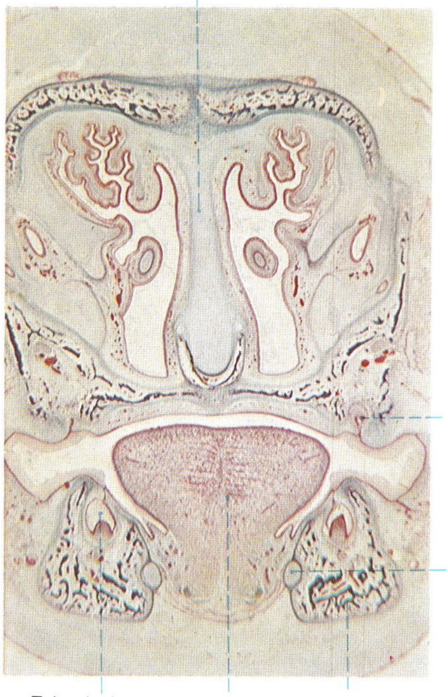

Abb. 285. Frontalschnitt durch die Schnauzenregion eines Schweinefoeten. Sowohl in der Ober- als auch der Unterkieferregion (Knochenbälkchen intensiv blau gefärbt) erkennt man Zahnanlagen in verschiedenen Entwicklungsstadien, oben vor allem als Zahnleiste (besonders deutlich auf der rechten Bildseite), unten schon als Zahnglocke mit Schmelzorgan und Zahnpapille. Färbung: Azan; Vergr. 9,5fach.

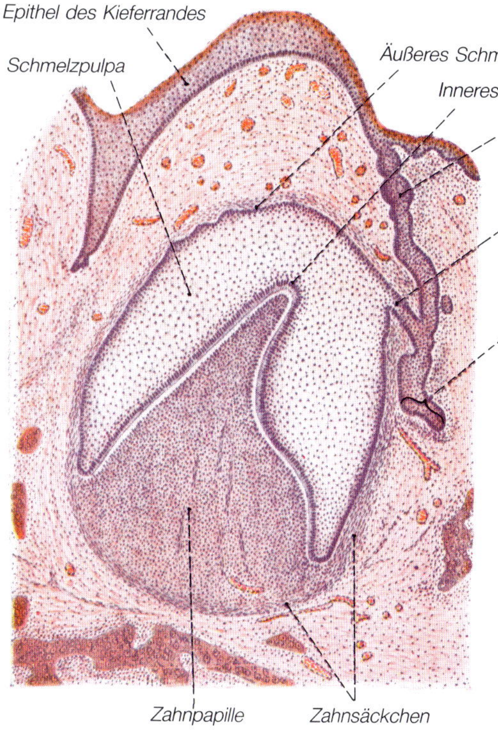

Abb. 286. Bei stärkerer Vergrößerung erkennt man, daß das glockenförmige Schmelzorgan aus einem der bindegewebigen Zahnpapille zugewandten inneren Schmelzepithel (es differenziert sich später zu den Adamantoblasten und bildet den Schmelz) und einem an das umgebende Mesenchym grenzenden äußeren Epithel besteht. Zwischen beiden befindet sich die aus verzweigten Zellen bestehende Schmelzpulpa. Bei dieser handelt es sich um ein sog. epitheliales Retikulum, da es aus einem ursprünglich soliden Epithel hervorgeht, dessen Zellen durch Vermehrung der interstitiellen Flüssigkeit auseinandergedrängt und zu sternförmigen Elementen verformt werden, die nur noch mit ihren Ausläufern zusammenhängen und so ein netzartiges Schwammwerk bilden (Milchzahnanlage eines menschlichen Foeten, 4. bis 5. Monat). Färbung: H. E.; Vergr. 40fach.

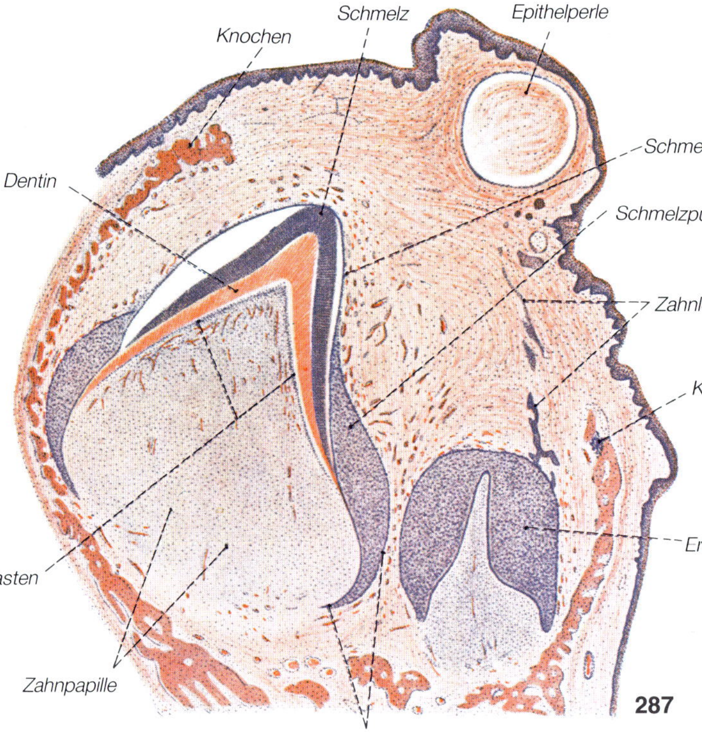

287

Abb. 287. Anlage von Milch- und Ersatzzahn eines menschlichen Neugeborenen, von denen erstere bereits die Bildung der Hartsubstanzen, Schmelz und Dentin (= Zahnbein) erkennen läßt. Beide sind Produkte spezieller Zelltypen (der Adamanto- bzw. Odontoblasten) und stets durch ihre unterschiedliche Färbbarkeit gut gegeneinander abzugrenzen. Färbung: H. E.; Vergr. 12fach.

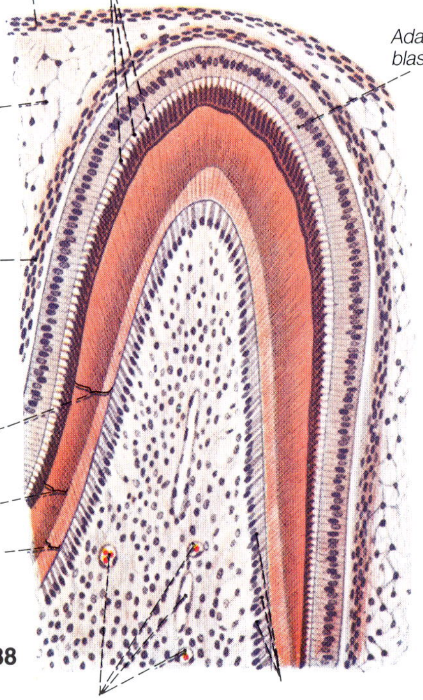

288

Abb. 288. Ausschnitt aus der Spitze einer Zahnanlage (menschlicher Foet, mens VI) mit Beginn der Schmelz- und Dentinbildung. Die aus dem Mesenchym der Zahnpapille entlang ihrer Kontaktfläche zum inneren Schmelzepithel entstehenden Odontoblasten bilden ein zunächst unverkalktes Prädentin, in dem lange, verzweigte Ausläufer der Odontoblasten (= Tomessche Fasern, vgl. Tabelle 8) verbleiben. Zwischen den Odontoblasten der Zahnpapille und dem inneren Schmelzepithel befindet sich eine durch feine Kollagenfibrillen verstärkte Basalmembran (Membrana praeformativa). Die Adamantoblasten besitzen nur einen kurzen Tomesschen Fortsatz (an ihrem morphologisch basalen Zellpol), in dessen Bereich die Schmelzprismen abgeschieden werden.

Abb. 289. Vollständiger Längsschnitt durch einen Schneidezahn (Katze) „in situ" mit Zahnkrone (= dem das Zahnfleisch überragenden Anteil), Zahnhals (= Grenzgebiet zwischen Schmelz und Zement) und Zahnwurzel (= dem in der knöchernen Alveole gelegenen Abschnitt). Der Schmelz ist durch die Entkalkung des Präparates entfernt worden und daher nicht sichtbar. Färbung: H. E.; Vergr. 18fach.

Abb. 290. Querschnitt durch die Wurzel eines Schneidezahnes (Katze) in situ, dessen Dentin infolge seiner schubweisen Verkalkung deutlich konzentrisch geschichtet erscheint, wobei die im Querschnitt ringförmigen Grenzen zwischen älteren und neueren Dentinlagen als Owensche Streifen bezeichnet werden. Das gefäß- und kollagenfaserreiche Bindegewebe zwischen Zement und Alveolarknochen, das Desmodontium (= Wurzelhaut = Periodontium) dient der nicht-knöchernen Verankerung des Zahnes in der Alveole, das den Kaudruck funktionell günstig auffängt. Die Gesamtheit: Zement, Desmodontium und Alveolarknochen ist der Zahnhalteapparat und wird Parodontium genannt. Färbung: Häm-Pikrinsäure; Vergr. 38fach.

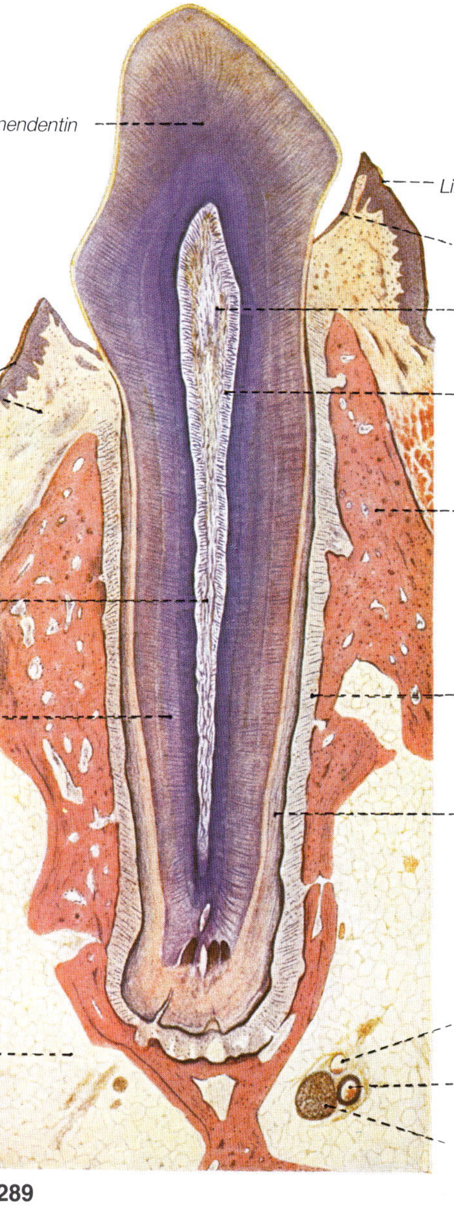

289

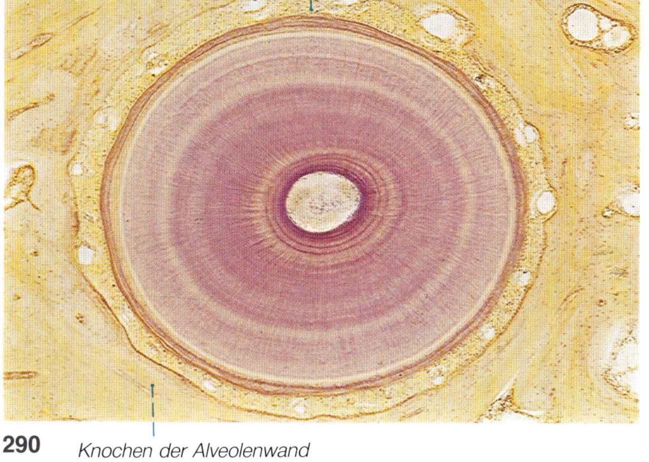

290

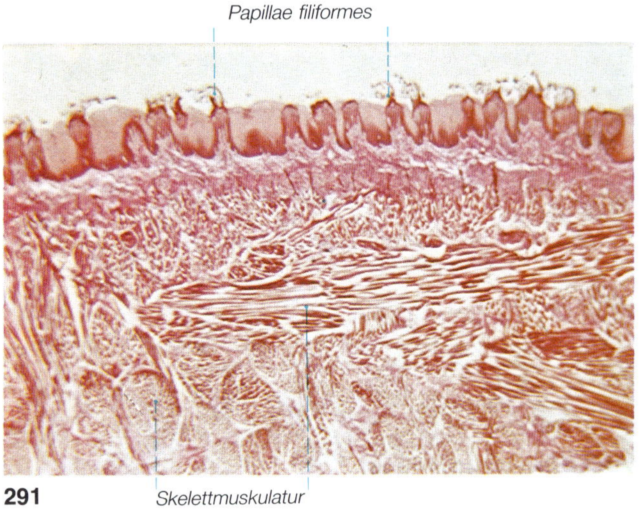

291

Abb. 291. Zungenrücken (Mensch) mit dichtstehenden Papillae filiformes. Diese bestehen aus einem sich zu Sekundärpapillen verzweigenden Bindegewebssockel, dessen deckendes Epithel rachenwärts gekrümmte, fadenförmige (daher der Name) Verhornungen trägt. Diese Papillen dienen vor allem mechanischen Aufgaben. Färbung: Häm.-Azokarmin; Vergr. 12fach.

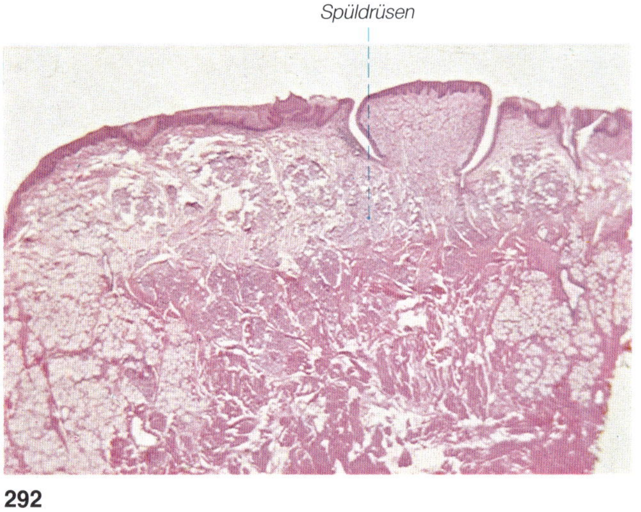

292

Abb. 292. An der Grenze zum Zungengrund (Zunge, Mensch) finden sich die auch makroskopisch sichtbaren Papillae vallatae (= Wallpapillen). Die epithelialen Wände des Wallgrabens tragen zahlreiche Geschmacksknospen (hier wegen der geringen Vergrößerung nicht erkennbar!), und in den Grabengrund münden von unten die serösen v. Ebnerschen Spüldrüsen (vgl. mit Abb. 295). Färbung: H. E.; Vergr. 12fach.

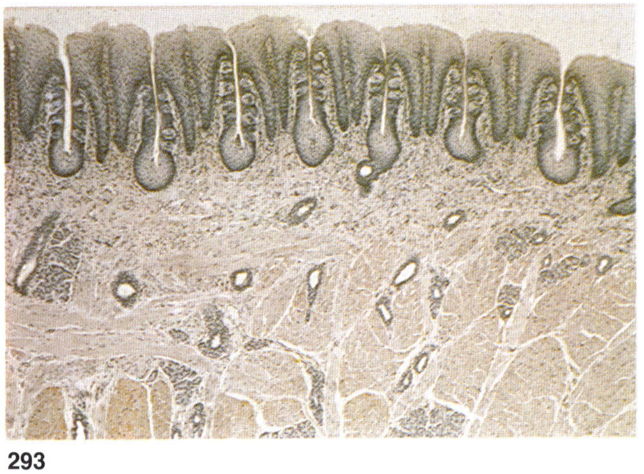

293

Abb. 293. Die Papillae foliatae (= Blattpapillen) sind beim Menschen spärlich entwickelt, dagegen sehr gut u. a. beim Kaninchen, wo sie am hinteren seitlichen Zungenrand ein ovales Feld, die Regio foliata, einnehmen (Zunge, Kaninchen). Dort bilden sie quer zum Zungenrand verlaufende, schmale Schleimhautfalten, deren Epithel zahlreiche Geschmacksknospen enthält (wegen ihrer geringen Färbbarkeit hier als rundovale Aufhellungen erkennbar, vgl. dazu Abb. 498, 499). Färbung: Eisenhämatoxylin; Vergr. 38fach.

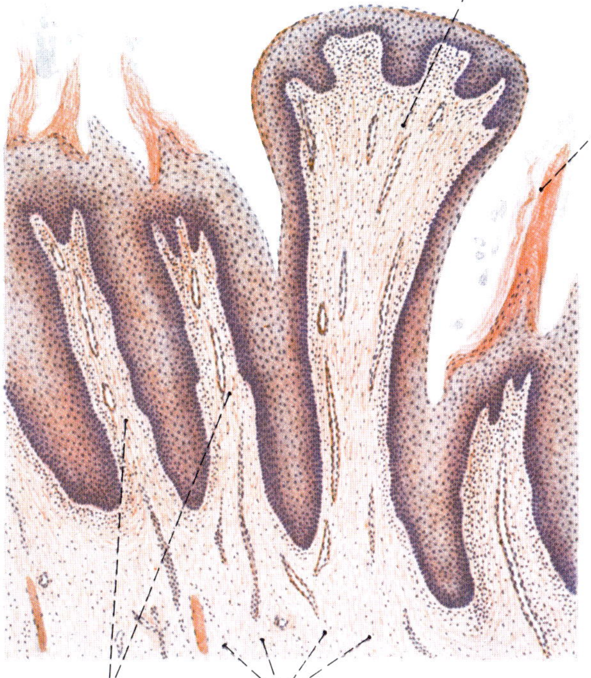

294

Abb. 294. Ausschnittsvergrößerung der Zungenschleimhaut mit Papillae filiformes und einer der selteneren Papillae fungiformes (fungus = Pilz). Beachte die sich epithelwärts in Sekundärpapillen verzweigenden Bindegewebssockel (= Primärpapillen). Färbung: H. E.; Vergr. 60fach.

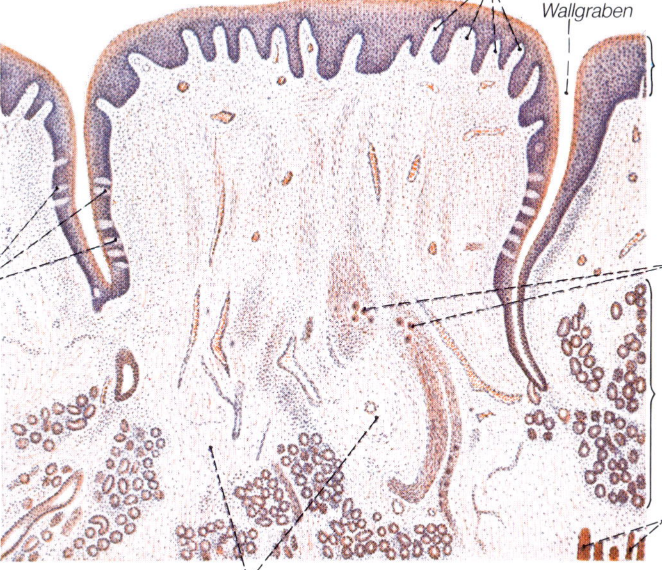

295

Abb. 295. Bei stärkerer Vergrößerung einer Wallpapille (Pap. vallata) erkennt man im Epithel des Wallgrabens die Geschmacksknospen als kleine ovale Aufhellungen (Zunge, Mensch) und in der Lamina propria gelegene Anschnitte der in den Grund des Grabens einmündenden serösen Spüldrüsen. Färbung: H. E.; Vergr. 42fach.

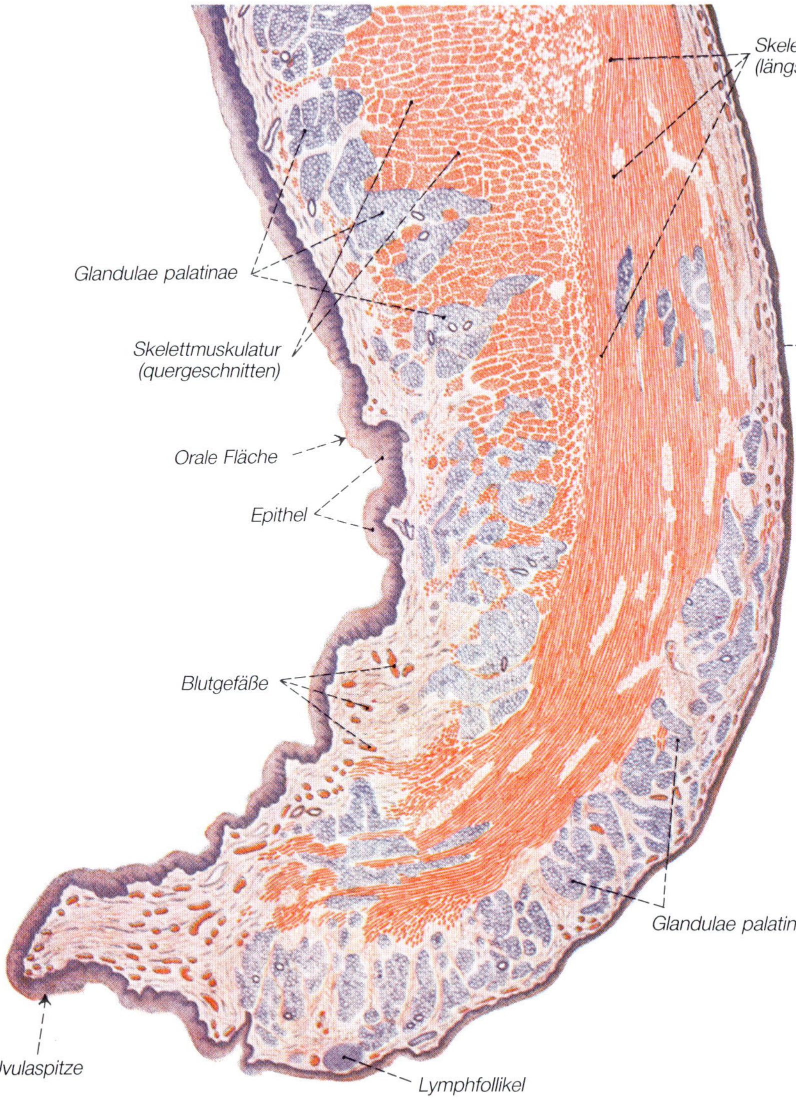

Abb. 296. Längsschnitt durch den weichen Gaumen (Gaumensegel mit Zäpfchen). Auch hier bildet, ähnlich wie bei der Lippe, die Skelettmuskulatur die Hauptmasse des zentralen Gewebssockels, jedoch findet sich beiderseits, d. h. sowohl an der palatinalen als auch an der pharyngealen Oberfläche, ein mehrschichtiges, unverhorntes Plattenepithel, das jedoch gaumenseitig sehr viel höher ist. Der Übergang in das respiratorische Epithel der Nasenhöhle findet sich nie – wie oft irrigerweise angenommen – an der Spitze der Uvula, sondern ist u. U. so weit nach nasal verschoben, daß er gar nicht mehr, wie auch in diesem Fall, vom Schnitt erfaßt wird. Zur Differentialdiagnose: s. Tabelle 11. Färbung: H. E.; Vergr. 7,5fach.

Die drei großen Speicheldrüsen der Mundhöhle: Gl. parotis, Gl. submandibularis und Gl. sublingualis unterscheiden sich sowohl nach Art der in ihnen vorkommenden sezernierenden Endstücke als auch in der Menge der verschiedenen Abschnitte ihres ausführenden Gangsystems. Gerade letztere erlauben am einfachsten die sichere (!) Abgrenzung gegenüber ähnlichen exokrinen Drüsen wie der Gl. lacrimalis und dem Pankreas (vgl. dazu die Abb. 307–309 und Tabelle 12). Beachte die unterschiedlich ausgefallenen H. E.-Färbungen der Abb. 297–299.

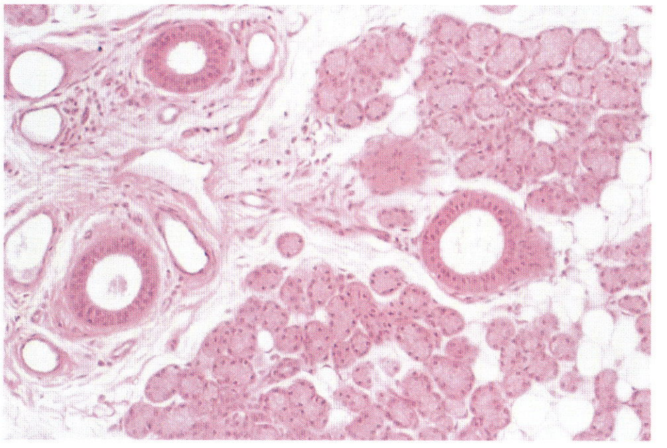

297

Abb. 297. Übersicht über ein Läppchen der rein serösen Ohrspeicheldrüse (Gl. parotis). Neben den serösen Endstücken (Acini) sind die Anschnitte durch Streifenstücke gut erkennbar. Diese haben ein weites Lumen, sind eosinophil und bestehen aus einem einschichtigen, kubischen bis prismatischen Epithel. Schaltstücke sind bei niedriger Vergrößerung kaum erkennbar. Zwischen den Endstücken ist oft reichlich Fettgewebe ausgebildet. In breiten Bindegewebsstraßen zwischen den Läppchen sind größere Anschnitte durch interlobuläre Gänge, Blutgefäße und Nerven zu finden. Färbung: H. E.; Gesamtvergr. 100fach.

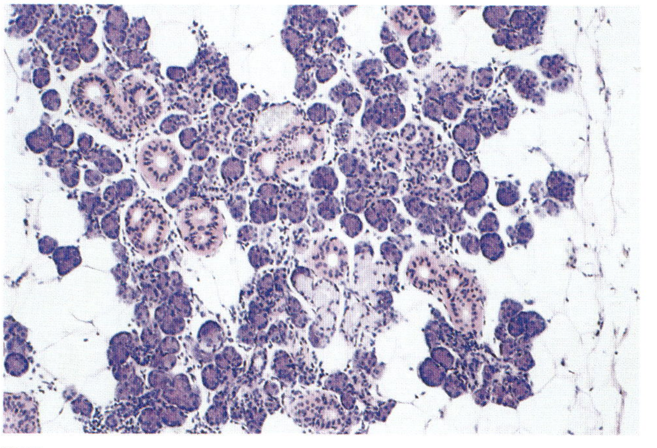

298

Abb. 298. Übersicht über ein Läppchen der seromukösen Unterkieferdrüse (Gl. submandibularis) des Menschen. Zwischen den in deutlich überwiegender Zahl vorkommenden serösen Acini sind einzelne tubuläre muköse Endstücke zu finden (blasse Färbung, abgeplattete basale Kerne). In diesem Präparat sind im Läppchen zahlreiche Streifenstücke mit eosinophilem Epithel angeschnitten. Zwischen den Endstücken – wie in der Parotis – Fettgewebe. Färbung: H. E.; Gesamtvergr. 100fach.

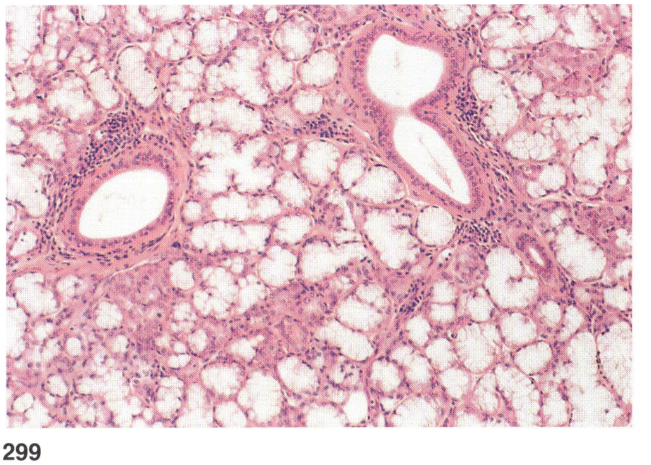

299

Abb. 299. Übersicht über ein Schnittpräparat der mukoserösen Unterzungendrüse (Gl. sublingualis) des Menschen. Es überwiegen die mukösen Endstücke; die serösen Endstücke sitzen diesen i. a. kappenförmig auf (v. Ebnersche Halbmonde). Streifenstücke sind in dieser Drüse relativ selten. Im interlobulären Bindegewebe sind größere Ganganschnitte erkennbar. Färbung: H. E.; Gesamtvergr. 100fach.

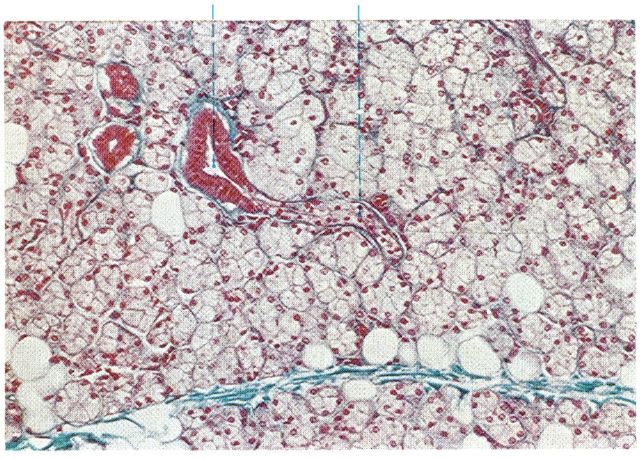

300

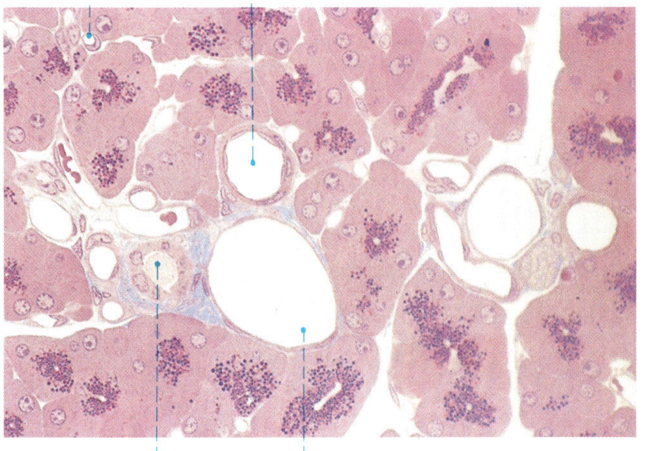

303

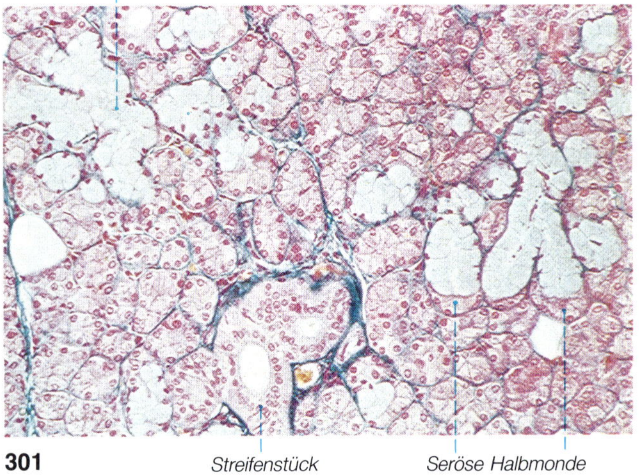

301

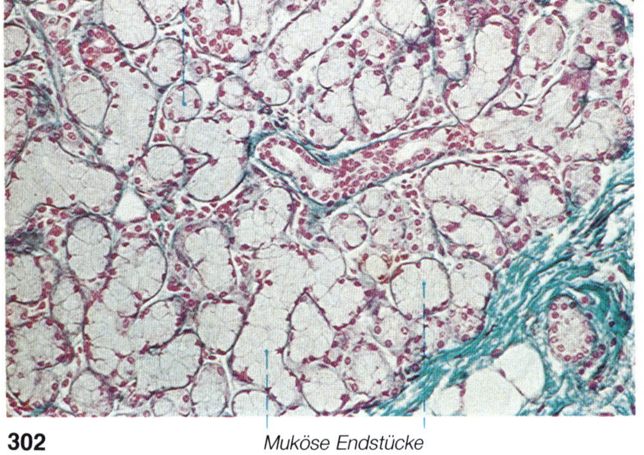

302

Abb. 300. Erst bei höherer Auflösung erkennt man die zu Endstücken zusammengeordneten serösen Drüsenzellen (Gl. parotis, Mensch), deren Kerne rund-ovale Gestalt aufweisen, jedoch gar nicht selten infolge starker Sekretansammlung an der Zellbasis gelegen sind. In der Bildmitte erkennt man den Übergang eines längsgeschnittenen Schaltstückes (= Isthmus) in ein quergetroffenes und dunkler gefärbtes Streifenstück (= Sekretrohr). Färbung: Azan; Vergr. 150fach.

Abb. 301. In der Gl. submandibularis (Mensch) unterscheiden sich die mukösen Endstücke nicht nur durch eine andere Färbbarkeit, sondern auch durch ihre platten, basal liegenden Kerne und ihre schlauchförmige, tubulöse Gestalt von den mehr beerenförmigen, azinösen Endstücken der serösen Drüsenanteile. Letztere sitzen u. a. auch in Form der sog. v. Ebnerschen oder Gianuzzischen Halbmonde den blinden Enden der mukösen Zellschläuche auf. Färbung: Azan; Vergr. 150fach.

Abb. 302. Die große Masse muköser Endstücke in der Gl. sublingualis (Mensch) kann bei flüchtigem Hinsehen leicht deren Homogenität vortäuschen, obgleich auch hier eindeutige seröse Halbmonde sowie typische seröse Acini zu erkennen sind. Färbung: Azan; Vergr. 150fach.

Abb. 303. Semidünnschnitt zur Illustration zellulärer Details von Endstücken, ausführendem Gangsystem und Gefäßen in einer Gl. parotis. Das apikale Zytoplasma der Drüsenzellen ist mit Sekretgranula gefüllt (dunkler gefärbt), und der Zellbasis sind Blutkapillaren dicht angelagert. Ein Ausführungsgang (größeres Schaltstück) wird von einer weitlumigen Vene begleitet. Färbung: Methylenblau-Azur II und Safranin; Vergr. 240fach.

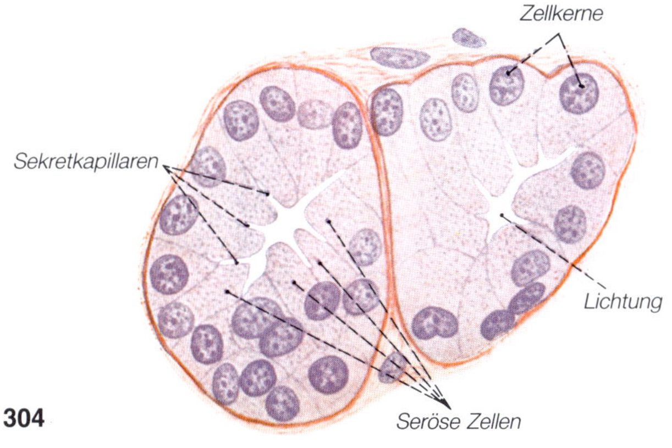

304

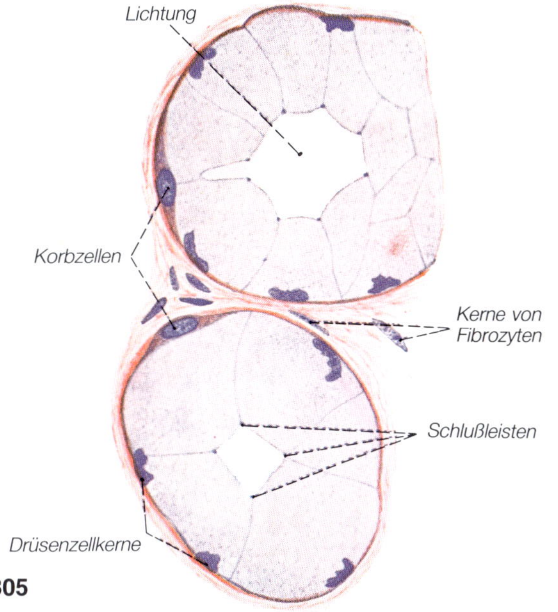

305

Abb. 304–306. Zeichnerische Darstellung der zellulären Charakteristika verschiedener Endstückformen bei gleicher Färbung (H. E.) und hohen Primärauflösungen (Ölimmersion 750fach) aus einer Zungendrüse (Mensch). Erst jetzt erkennt man das äußerst schmale, oft spaltförmige Lumen der serösen Acini (Abb. 304), deren Zellen bei schwächeren Vergrößerungen oft lückenlos zusammengelagert erscheinen (vgl. Abb. 300). Die immer runden bis ovalen Kerne sind auch hier teilweise an die Zellbasis verdrängt. Die stets weite Lichtung der mukösen Endstücke (Abb. 305) kann durch das u. U. darin enthaltene Sekret gelegentlich schlecht von den angrenzenden Zellen unterschieden und damit übersehen werden (vgl. Abb. 302). Die Kerne der schleimproduzierenden Zellen sind immer abgeplattet, oft sehr unregelmäßig konturiert und stets vollkommen basalwärts verschoben.
Bei den gemischten Endstücken (Abb. 306) sitzen seröse Zellen den blinden Enden der mukösen Tubuli als halbmondförmige Kappen auf (= v. Ebnersche Halbmonde). Die serösen Drüsenzellen produzieren v. a. eine Reihe von Enzymen, darunter α-Amylase. Die mukösen Zellen bilden neutrale Glykoproteine und negativ geladene sulfatierte und sialinsäurehaltige Muzine.

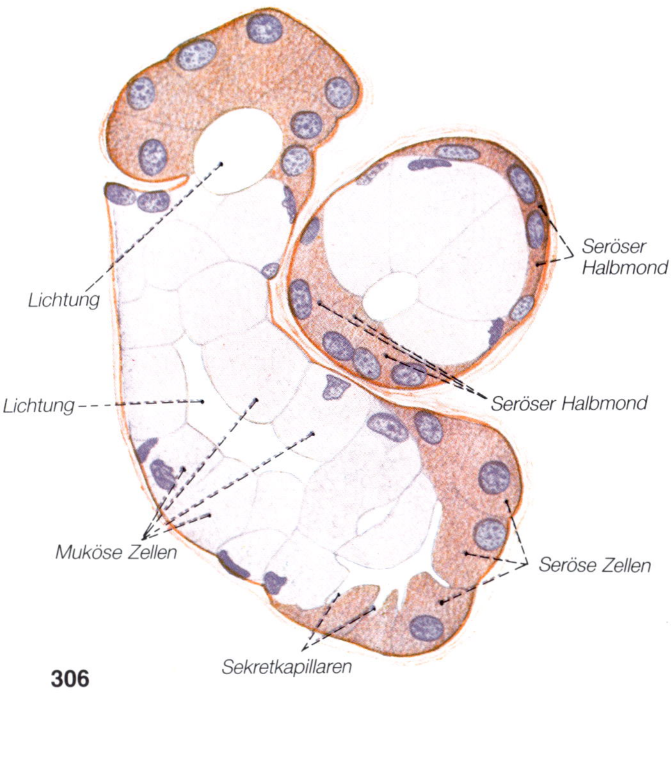

306

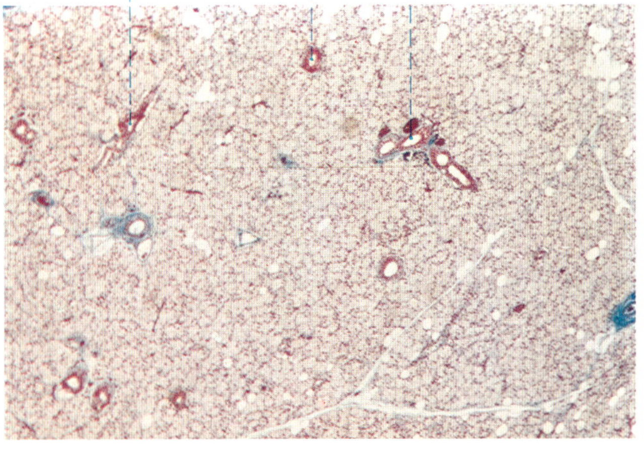

307

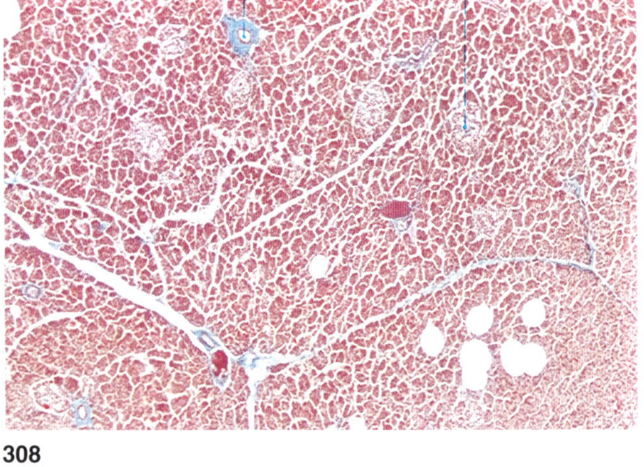

308

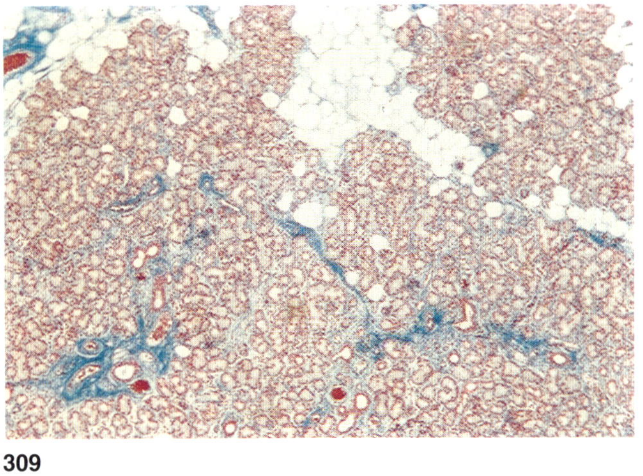

309

Abb. 307–309. Die Differentialdiagnose der drei großen serösen Drüsen: Gl. parotis (Abb. 307), Pankreas (Abb. 308) und Gl. lacrimalis (Abb. 309) ist am sichersten bei Übersichtsvergrößerungen zu stellen und nicht (!), wie oft geglaubt wird, mit Hilfe diffiziler struktureller Besonderheiten, wie z. B. den zentroazinären Zellen in den Endstücken des Pankreas.
Das sicherste Unterscheidungsmerkmal für die Parotis ist die große Menge von Ganganschnitten! Damit ist diese Drüse eindeutig von den beiden übrigen abzugrenzen. Die Gl. lacrimalis ist immer an den deutlichen, da weiten Lichtungen ihrer Endstücke erkennbar, die außerdem wesentlich lockerer zusammengelagert sind als die Acini in Parotis und Pankreas. Für das Pankreas sprechen 1. die „Inseln" (ebenfalls am besten bei schwachen Vergrößerungen durch ihr anderes färberisches Verhalten gegen den exokrinen Anteil abzugrenzen), 2. das Vorkommen nur weniger, dann aber interlobulär gelegener, größerer Ausführungsgänge (mehr ist bei einer Lupenvergrößerung nicht erkennbar!) und 3. das sehr gering enwickelte, interlobuläre Bindegewebe (vgl. dagegen die Gl. parotis und Gl. lacrimalis). Auch wenn Inseln in dem vorgelegten Schnitt nicht vorkommen sollten (sie fehlen oder sind sehr spärlich, z. B. im Kopf und im Processus uncinatus), reichen die beiden letztgenannten Kriterien immer noch aus, um das Pankreas eindeutig als solches identifizieren zu können (vgl. Tabelle 12).
Färbung: alle Bilder Azan; Vergr. alle Bilder 42fach.

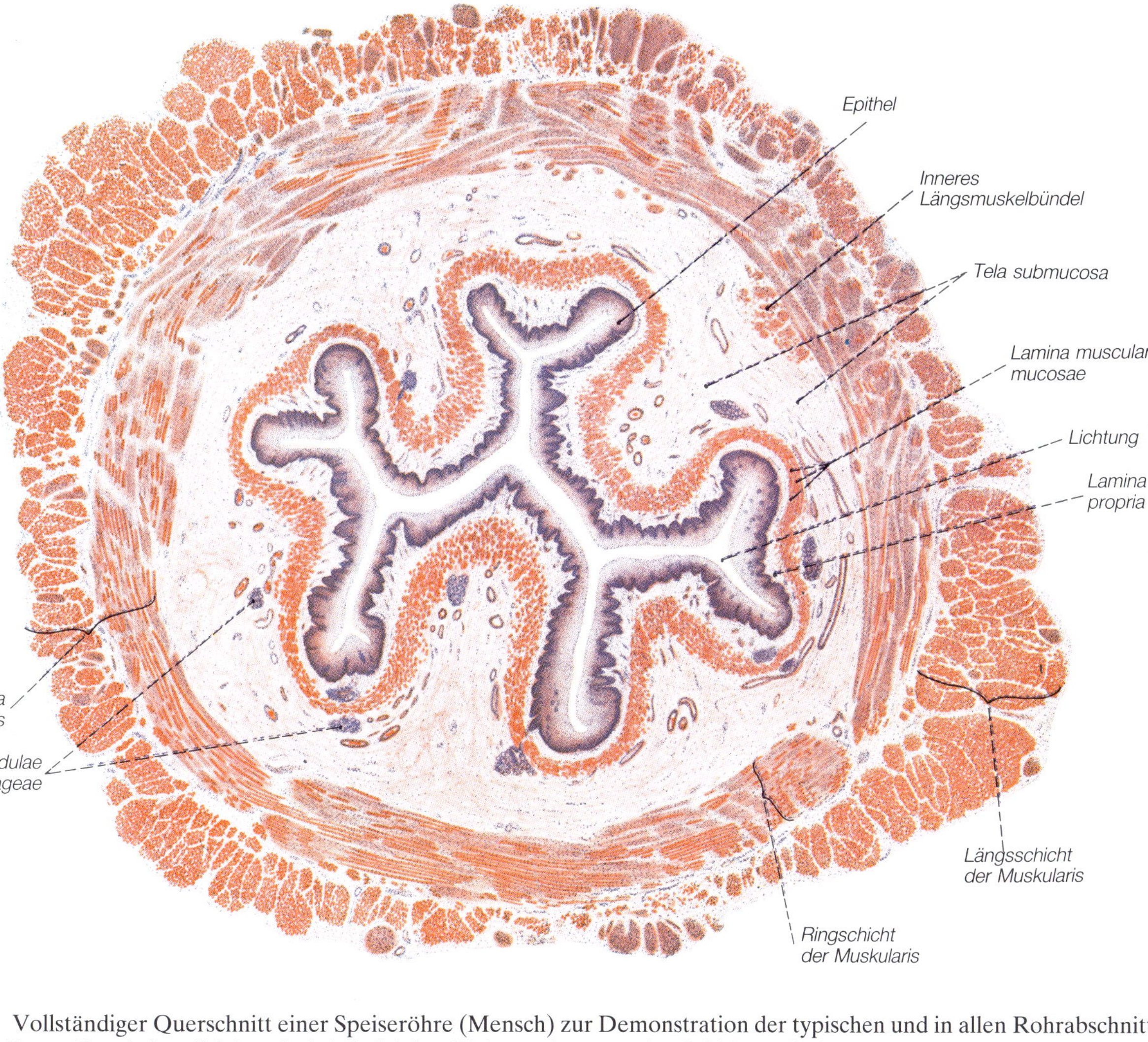

Abb. 310. Vollständiger Querschnitt einer Speiseröhre (Mensch) zur Demonstration der typischen und in allen Rohrabschnitten des Magen-Darm-Kanals letztlich in prinzipiell gleicher Weise vorkommenden Schichtengliederung der Wand: Zuinnerst liegt die aus einem Epithel und einer lockeren, oft retikulär-bindegewebigen Lamina propria bestehende Schleimhaut, an deren Grenze zur Tela submucosa eine unterschiedlich kräftige Lage glatter Muskelzellen, die Lamina muscularis mucosae, zu finden ist. Sie ist das entscheidende Strukturmerkmal für die Diagnose „Magen-Darm-Kanal" im engeren Sinne (i. e. S.). Auf die Submukosa folgt die Tunica muscularis, die immer aus einer inneren, zirkulär verlaufenden und einer äußeren Schicht längsorientierter, glatter Muskelzellen besteht, zwischen denen sich die mikroskopisch kleinen Ganglien des Plexus myentericus befinden. Je nachdem wie diese beiden Lagen der Muskularis im Einzelpräparat geschnitten sind, kann man einen Längs- von einem Querschnitt des Darmrohres unterscheiden (bei Querschnitten müssen die Zellen der Ringmuskelschicht längs getroffen sein).
Nachdem der Oesophagus durch den Besitz einer Muscularis mucosae als zum Darmrohr i. e. S. gehörend erkannt ist, wird er dadurch auch von allen anderen mit einem gleichen Epithel (mehrschichtiges, unverhorntes Plattenepithel) ausgerüsteten Oberflächen wie Mundhöhle, Vagina, Cornea, äußere Urethramündung und Portio uteri abgegrenzt. Von den übrigen Abschnitten des Magen-Darm-Kanals unterscheidet ihn sein Epithel, da diese alle ein einschichtig prismatisches Epithel aufweisen. Im Zweifelsfall können die in der Submukosa gelegenen kleinen Drüsenpakete die Differentialdiagnose, z. B. gegen einen Schnitt durch die Vagina, absichern. Wegen ihrer geringen Zahl müssen sie jedoch längst nicht in jedem (!) Schnitt vorhanden sein, so daß ihr Fehlen nicht gegen die Diagnose „Oesophagus" spricht, wenn alle übrigen Kriterien darauf hinweisen (vgl. Tabelle 15). Färbung: H.E.; Vergr. 11fach.

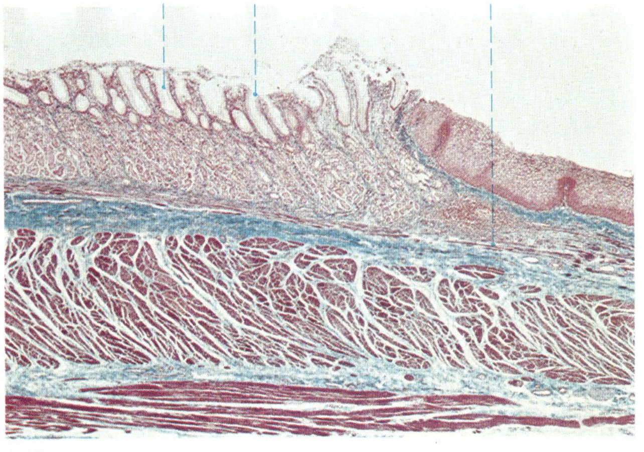

311

Abb. 311. Längsschnitt (achte auf die längsgetroffene äußere Muskelschicht) durch die Kardia (Übergang von Speiseröhre in den Magen, Mensch) mit dem charakteristischen Wechsel eines mehrschichtigen, unverhornten Plattenepithels in ein einschichtig prismatisches sowie dem Auftreten epithelausgekleideter Buchten (= Foveolae gastricae), die sich kontinuierlich in die tiefer gelegenen Drüsenschläuche der Schleimhaut fortsetzen. Färbung: Azan; Vergr. 19fach.

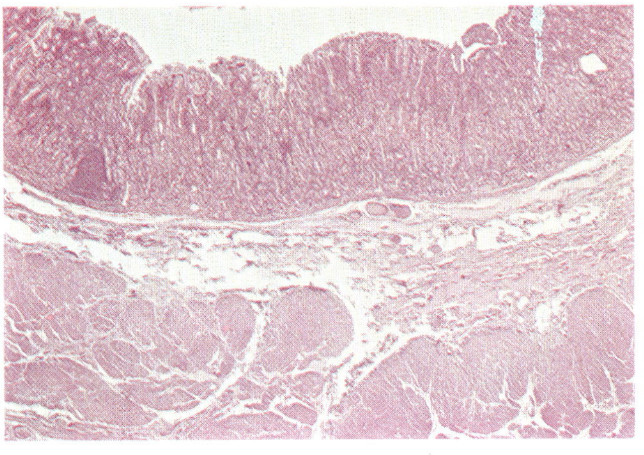

312

Abb. 312. Längsschnitt durch einen Magenfundus (Mensch) mit dichtgestellten Drüsenschläuchen in der Schleimhaut, die in relativ flache – im Verhältnis zur gesamten Höhe der Schleimhaut – Epithelbuchten (= Foveolae gastricae) einmünden. Die schmale Muscularis mucosae ist hier wegen der niedrigen Vergrößerung nicht zu erkennen. Die sichere Abgrenzung des Magenfundus gegen das häufig mit ihm verwechselte Kolon gelingt am einfachsten, wenn man darauf achtet, daß Becherzellen in den Foveolae und Drüsenschläuchen des Magens fehlen, während diese Zellen in den Kolonkrypten massenhaft vorhanden sind (vgl. Abb. 102, 325). Färbung: H. E.; Vergr. 19fach.

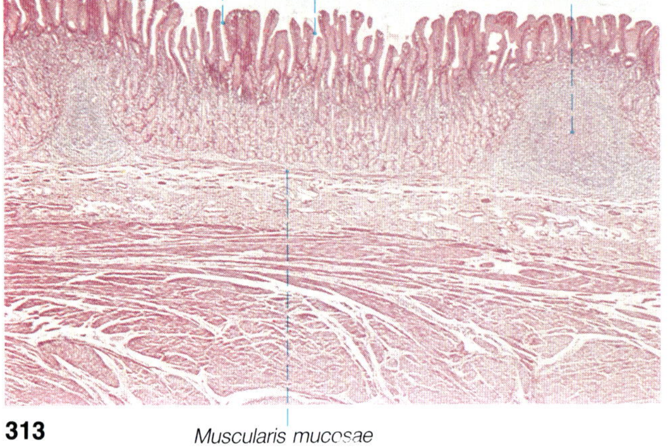

313

Abb. 313. Verglichen mit dem Magenfundus, sind die Foveolae gastricae in der Pars pylorica des Magens (Mensch) wesentlich tiefer, beanspruchen daher auch einen größeren Anteil von der gesamten Schleimhauthöhe und sind besser als solche zu erkennen. Zwischen den Drüsenschläuchen finden sich verschieden große Anhäufungen von Lymphozyten, wie sie in vielen Schleimhäuten vorkommen können, von denen die größte (rechts im Bild) ein Reaktionszentrum erkennen läßt und damit einen lymphatischen Sekundärfollikel darstellt (nicht verwechseln mit den tief in die Submukosa hinabreichenden aggregierten Follikeln des Ileums). Färbung: Häm.-Chromotrop; Vergr. 19fach.

Die drei aufeinanderfolgenden Dünndarmabschnitte (Duodenum – Jejunum – Ileum) sind außer der üblichen Wandschichtung des Darmrohres durch eine charakteristische Gestaltung ihrer Oberfläche, nämlich das *gleichzeitige* Auftreten von Falten *und* Zotten, charakterisiert (s. Tabelle 13). „Falten“ sind makroskopisch deutlich sichtbare Erhebungen, an denen immer auch die Submukosa teilnimmt und daher deren zentralen Bindegewebssockel bildet. „Zotten“ sind dagegen wesentlich kleinere, ausschließlich aus Schleimhaut bestehende, fingerförmige Ausstülpungen, die einwandfrei erst bei Lupenvergrößerungen zu erkennen sind. Da die Falten im Ileum sehr viel seltener als im Duodenum und Jejunum sind, werden sie auch in diesem Darmabschnitt häufig – wie auch hier – nicht vom Schnitt getroffen. Das ist aber kein (!) Argument gegen die Diagnose Ileum, wenn alle übrigen Kriterien zutreffen. Um möglichst viele der zirkulär verlaufenden Falten (sog. Kerckringsche Falten) zu erfassen, werden meist Längsschnitte des Dünndarms hergestellt. Liegen jedoch einmal Querschnitte vor (beachte daher auch immer die Schnittrichtung der Tunica muscularis!), können Falten vollkommen fehlen.

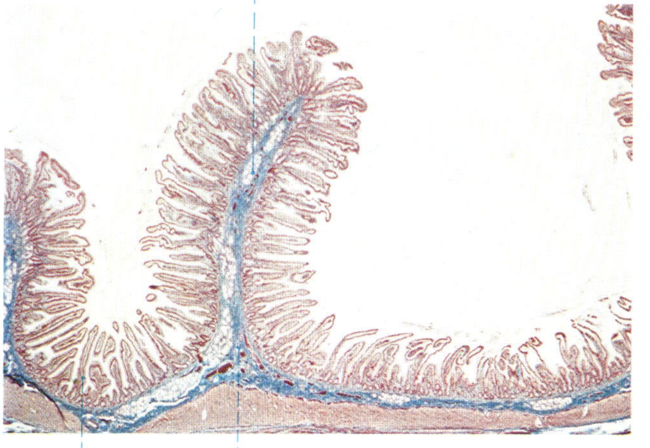

314

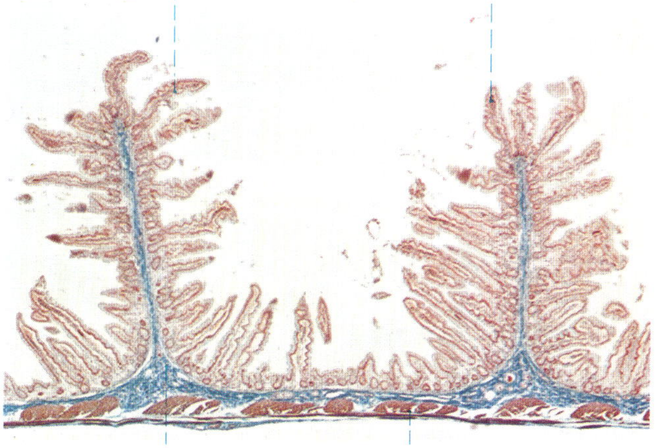

315

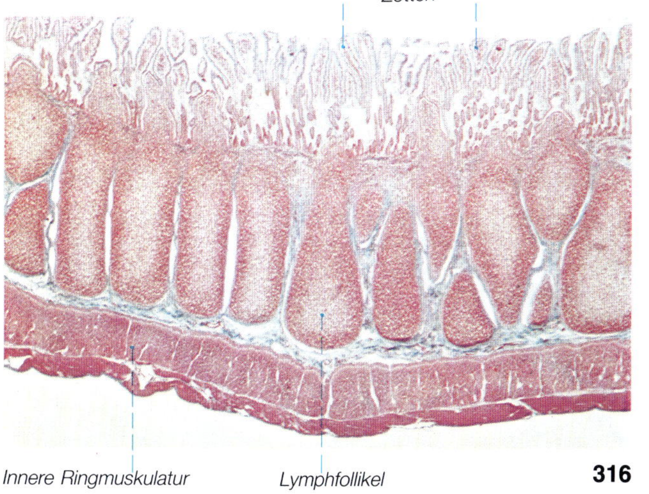

316

Abb. 314. Längsschnitt des Duodenums (Mensch) mit einer Falte (eine zweite Falte ist am linken Bildrand angeschnitten), die, wie auch die übrige Oberfläche des Darmes, dicht mit Zotten besetzt sind. In der Submukosa – auch der Falten (!) – erkennt man blasse Aufhellungen, die den Brunnerschen Drüsen entsprechen. Diese sind das wesentliche Kriterium für die Diagnose „Duodenum“ und unterscheiden diesen Darmabschnitt von allen übrigen. Färbung: Azan; Vergr. 12fach.

Abb. 315. Längsschnitt des Jejunums (Mensch) mit zwei Falten, in deren Submukosa, wie auch in der übrigen Darmwand, keine (!) Drüsenpakete vorkommen. Einige der Zotten zeigen infolge Schrumpfung ihrer Lamina propria die sog. Grünhagenschen Räume. Es sind dies wechselnd breite, optisch leere Spalten zwischen Epithel und Bindegewebslager (vgl. dazu Abb. 16). Färbung: Azan; Vergr. 21fach.

Abb. 316. Trotz eines Längsschnittes ist hier im Ileum (Mensch) noch keine der weit auseinanderliegenden Falten getroffen. Charakteristisch und damit für die Diagnose entscheidendes Merkmal sind die zahlreichen, in die Submukosa hinabreichenden aggregierten Sekundärfollikel (= Folliculi lymphatici aggregati = Peyersche Plaques). Die oft in das Lumen vorgewölbten Follikel (Dome) werden von einem besonderen Saumepithel mit M-Zellen bedeckt, denen eine wichtige Aufgabe im Rahmen der intestinalen Immunität zukommt. Färbung: Azan; Vergr. 14fach.

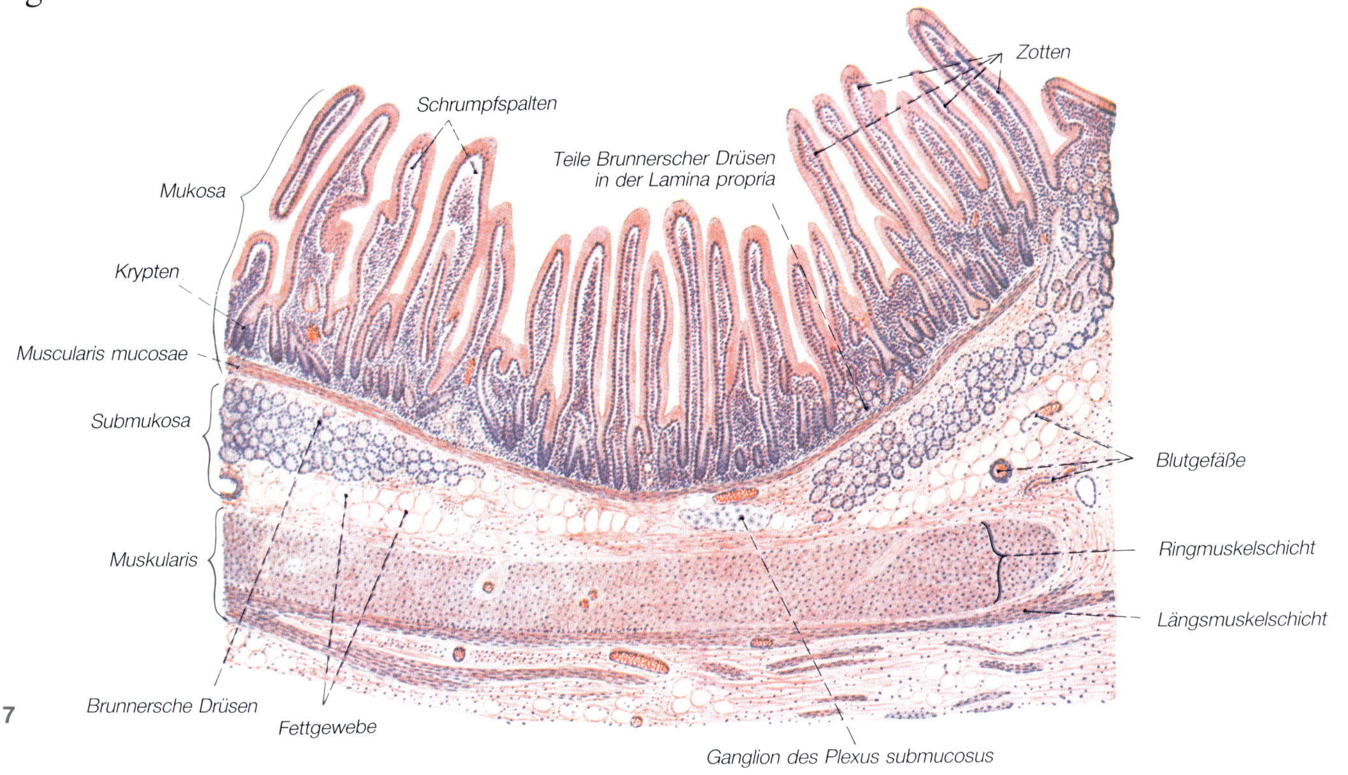

317

Abb. 317. Bei höheren Vergrößerungen der Dünndarmschleimhaut (Duodenum, Mensch) erkennt man, daß das Epithel (einschichtig prismatisch) nicht nur die zottenförmigen Erhebungen überzieht, sondern auch in Gestalt reagenzglasähnlicher Einstülpungen (= Krypten) bis an die Muscularis mucosae reicht. Derartige Lieberkühnsche Krypten kommen nicht nur im Duodenum, sondern auch in allen übrigen Dünndarmabschnitten vor, die damit alle durch den Besitz von Falten, Zotten und Krypten gekennzeichnet sind. Färbung: H. E.; Vergr. 50fach.

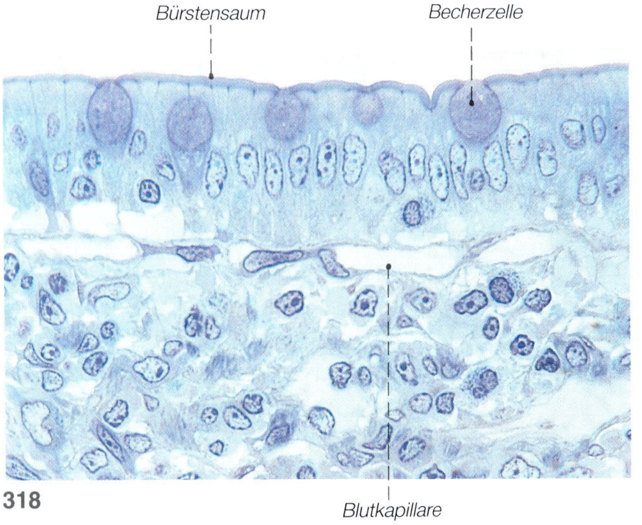

318

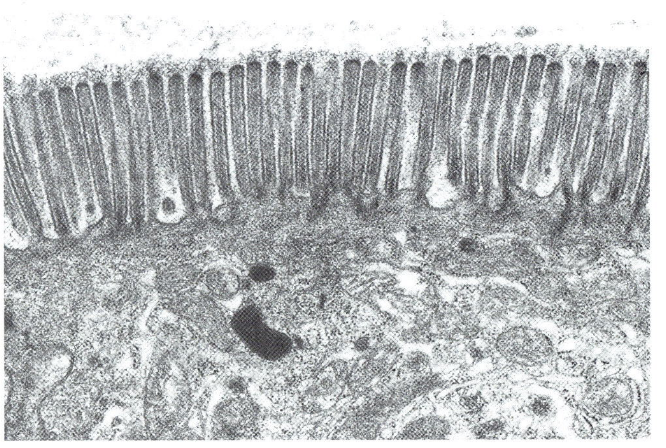

319

Abb. 318. Da die aus den verschiedenen Abschnitten des Magen-Darm-Kanals zu Diagnosezwecken entnommenen Biopsien heute auch elektronenmikroskopisch untersucht werden, zeigt diese Abbildung einen Semidünnschnitt (Schnittdicke: 0,5 μm), wie er in jedem elektronenmikroskopischen Labor routinemäßig hergestellt wird (vom Jejunum des Meerschweinchens). Der Bürstensaum des Zottenepithels erscheint als deutlich dunkler gefärbtes Band, und auch die Becherzellen heben sich färberisch gut ab. Beachte die dicht an die epitheliale Basalmembran angeschmiegten Kapillaren sowie das sehr zellreiche retikuläre Bindegewebe der Lamina propria. Färbung: Methylenblau-Azur II; Vergr. 600fach.

Abb. 319. Im Elektronenmikroskop wird deutlich, daß der Bürstensaum der Darmepithelzellen (Enterozyten) aus einzelnen gleichartig geformten Mikrovilli besteht, die die apikale resorbierende Zelloberfläche enorm vergrößern. Die Membran der Mikrovilli trägt eine gut entwickelte Glykokalix. Jejunum, Mensch. Gesamtvergr. 5800fach.

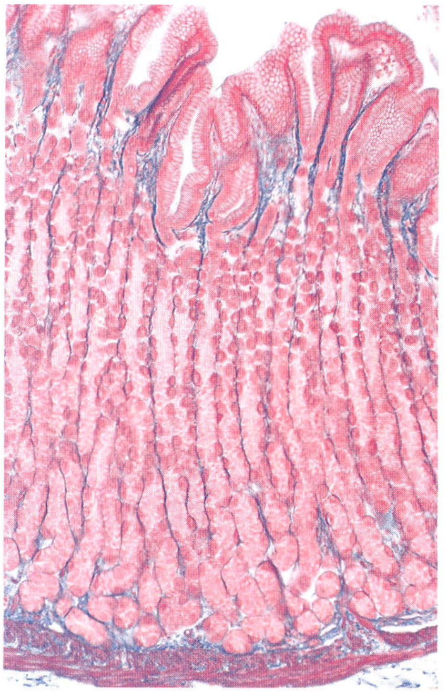

320

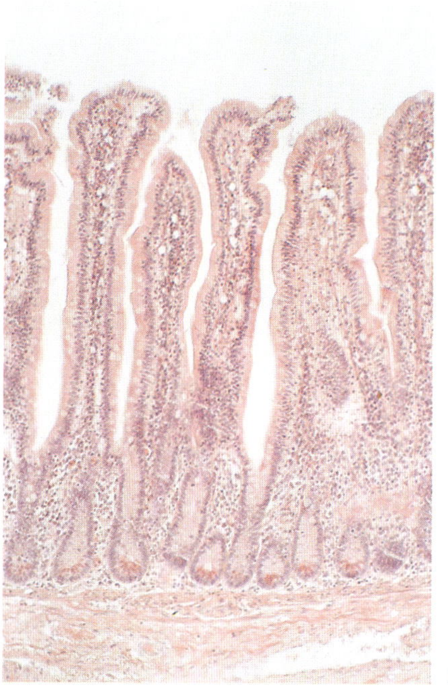

321

Abb. 320. Schleimhaut (Mukosa) des Magens, Corpus. An der Oberfläche sind die Foveolae gastricae mit schleimbildendem Oberflächenepithel ausgebildet. In der Tiefe der Foveolae entspringen die Magendrüsen, deren Epithel mindestens drei Zelltypen erkennen läßt: Nebenzellen (klein, oberflächennah, schleimbildend, aus ihnen regenerieren sich die übrigen Magenepithelzellen); Belegzellen (groß, mittlerer Drüsenbereich, azidophil [i. a. rotgefärbt], Salzsäurebildner); Hauptzellen (groß, in der Tiefe der Drüsen, basale Basophilie, Enzymbildung). Die Mukosa wird durch eine Muscularis mucosae gegen die Submukosa abgegrenzt. Magen, Hund. Färbung: Azan; Gesamtvergr. 100fach.

Abb. 321. Jejunum, Mensch, Schleimhaut (Mukosa). Die Schleimhaut bildet 1. finger- oder blattförmige Zotten aus, die in das Darmlumen vorspringen, und 2. ist sie durch tubuläre Einsenkungen (Krypten) in die Lamina propria gekennzeichnet. Das Zottenepithel besteht aus resorbierenden Saumzellen (Enterozyten) und Becherzellen. Im Kryptenepithel sind in der Tiefe die Panethschen Körnerzellen (rote apikale Granula) erkennbar, die bakterizide Eiweiße bilden. Im Kryptenepithel sind weiterhin Mitosefiguren zu beachten (Epithelregeneration). Im retikulären Bindegewebe der Lamina propria sind zahlreiche freie Zellen, glatte Muskelzellen und verschiedene Gefäßanschnitte zu unterscheiden. Den Abschluß der Mukosa bildet die Muscularis mucosae. Färbung: H.E.; Gesamtvergr. 40fach.

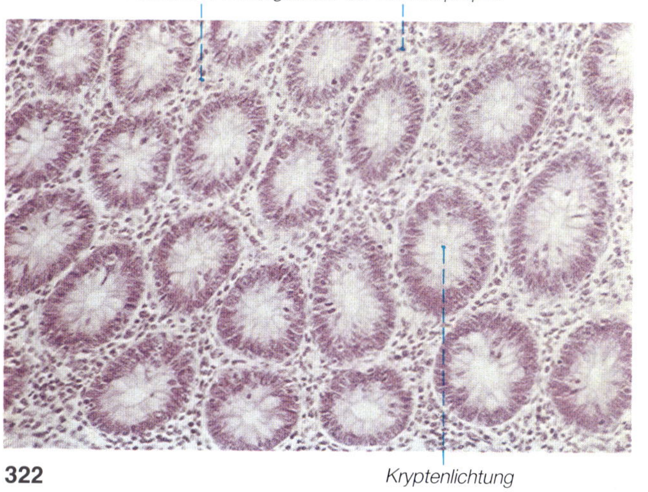

322

Abb. 322. Kryptenquerschnitte der Kolonschleimhaut, die nur Epitheleinsenkungen, jedoch keine (!) Zotten besitzt. Zum Unterschied zu letzteren umsäumt hier das Epithel immer eine zentrale Lichtung, das Kryptenlumen, während es bei einem Zottenquerschnitt einen Bindegewebskern kranzartig umhüllen würde. Die Becherzellen sind hier nur als ovale Aufhellungen erkennbar. Färbung: H. E.; Vergr. 150fach.

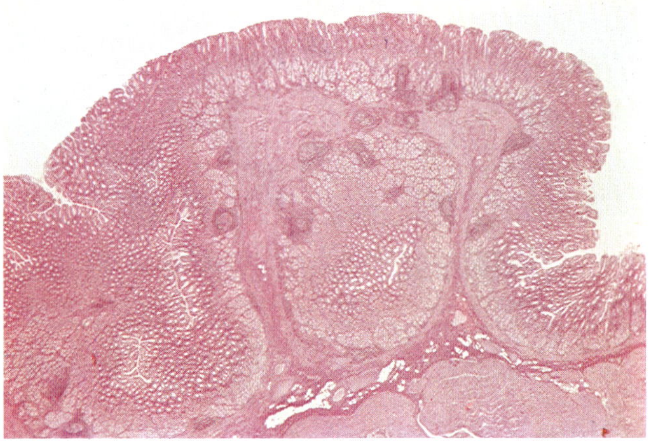

323

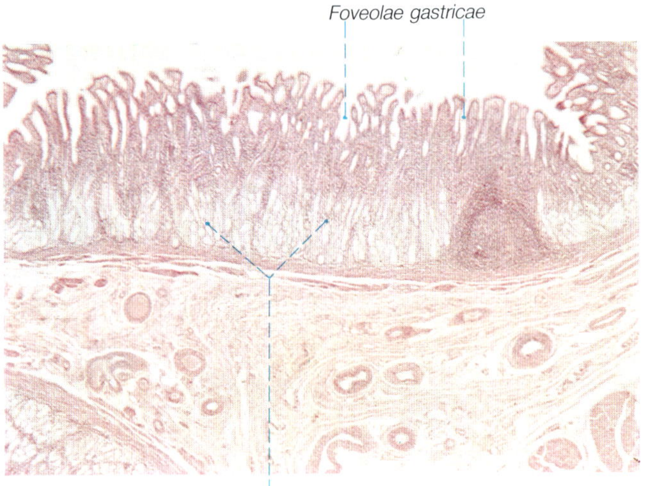

324

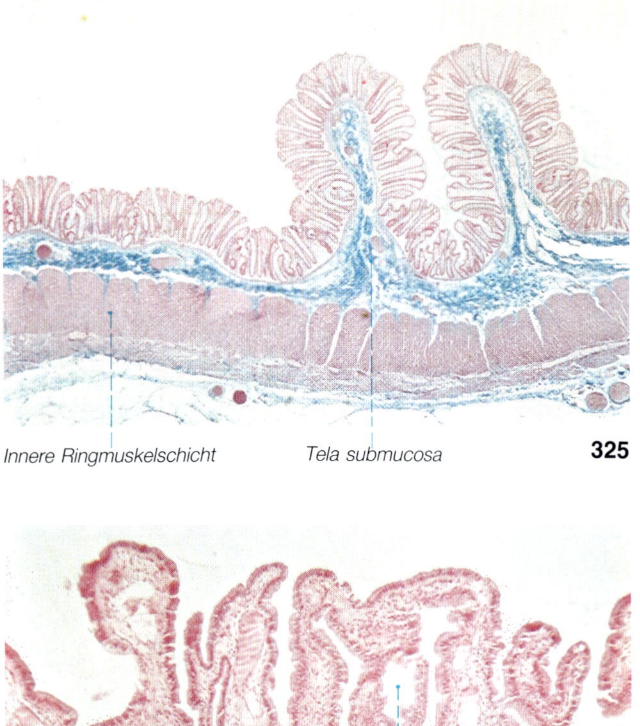

325

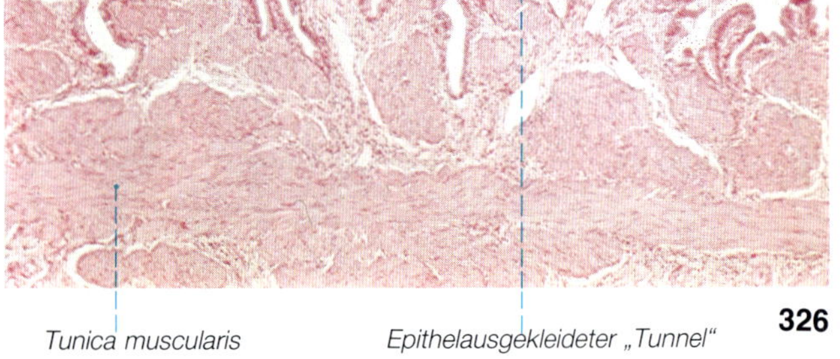

326

Abb. 323–326. Vergleichende Gegenüberstellung verschiedener, oft miteinander verwechselter oder fehldiagnostizierter Abschnitte des Magen-Darm-Kanals (vgl. auch Tabelle 13). Auch im Magen können Falten (vgl. Abb. 323) vorkommen, die jedoch meist sehr viel plumper sind als im Dünndarm. Die Pars pylorica (Abb. 324) ist durch ihre im Verhältnis zur gesamten Schleimhauthöhe tiefen Foveolae gastricae und die weniger dicht gepackten Drüsenschläuche eindeutig vom Fundusbereich (Abb. 323) zu unterscheiden und der Magen insgesamt durch seine beträchtlich größere totale Wandstärke (vor allem der Tunica muscularis) von dem oft mit ihm verwechselten Kolon (Abb. 325). Letzteres kann ebenfalls gelegentlich Falten aufweisen, jedoch besteht die Schleimhaut nur aus sehr regelmäßig geordneten Krypten, in deren Epithel massenhaft Becherzellen gelegen sind (vgl. auch mit Abb. 102). Das Kolon besitzt also weder die Zotten des Dünndarms noch die langen, verzweigten tubulösen Drüsen des Magens. Die Gallenblase (Abb. 326) wird oft deswegen nicht erkannt, weil sie bei den gegeneinander zu differenzierenden Abschnitten des Magen-Darm-Kanals, zu denen sie allerdings auch nur im weiteren Sinn gehört, nicht mit berücksichtigt wurde. Sie ist u. a. charakterisiert durch das Fehlen einer Muscularis mucosae, eine nicht deutlich in zwei Schichten gegliederte Tunica muscularis sowie durch die sehr unregelmäßig gestalteten, schmalen Falten. Da letztere netzartig zusammenhängen, so daß zwischen ihnen grübchenartige Epithelbuchten verbleiben, kommt es im Schnitt einerseits zum Bild der „anastomosierenden" Falten und andererseits zu jenen epithelausgekleideten Hohlräumen, die tunnelartig diese Falten durchqueren. Färbungen: Abb. 323, 324 und 326 H. E.; Abb. 325 Azan; Vergr. 9-, 11-, 13,5- und 48fach.

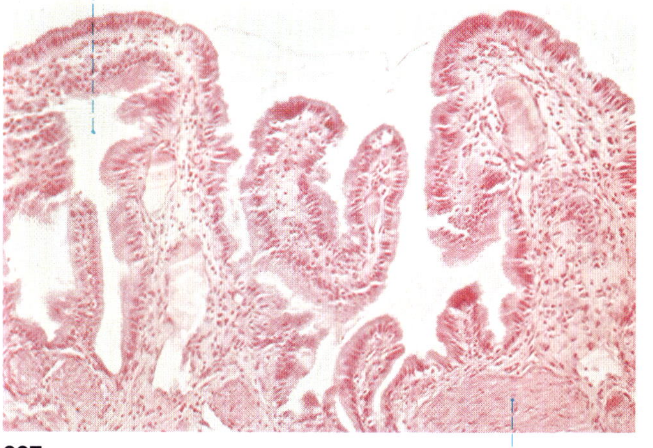

327

Abb. 327. Bei stärkerer Vergrößerung der Gallenblase erkennt man, daß im auffallend hohen, einschichtig prismatischen Epithel Becherzellen vollkommen fehlen und die aus einem Geflechtwerk bestehende Tunica muscularis nur durch eine schmale, unscharf begrenzte Lamina propria vom Epithel getrennt wird. Färbung: H. E.; Vergr. 96fach.

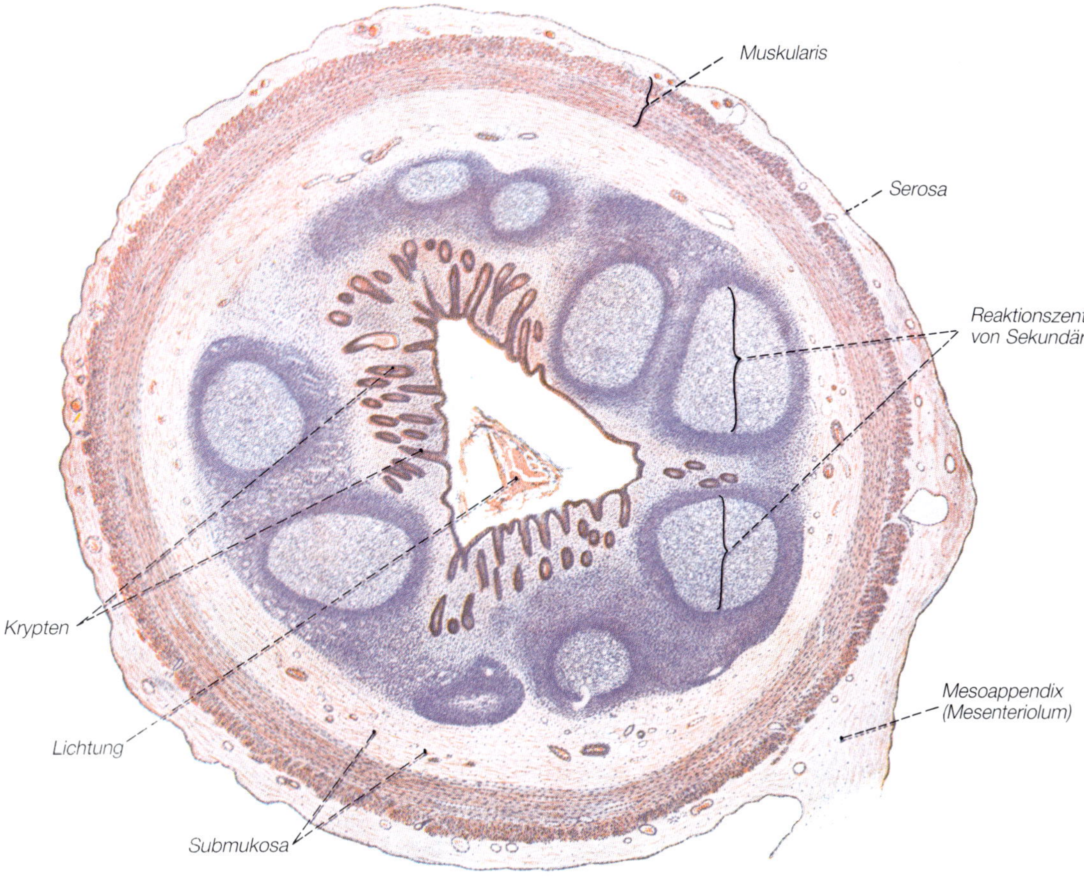

Abb. 328. Vollständiger Querschnitt durch den Wurmfortsatz (Appendix vermiformis), dessen Schleimhaut derjenigen des Kolons ähnelt, nur sind die Krypten längst nicht so regelmäßig wie im Dickdarm geordnet und fehlen streckenweise vollkommen. Auffallend sind die zahlreichen, in der gesamten Lamina propria verteilten Sekundärfollikel, die bis in die Submukosa reichen und sowohl die Krypten mehr oder weniger stark verdrängen können als auch die ohnehin schmale Muscularis mucosae oft so massiv durchbrechen, daß diese kaum noch zu identifizieren ist. Färbung: H. E.; Vergr. 22fach.

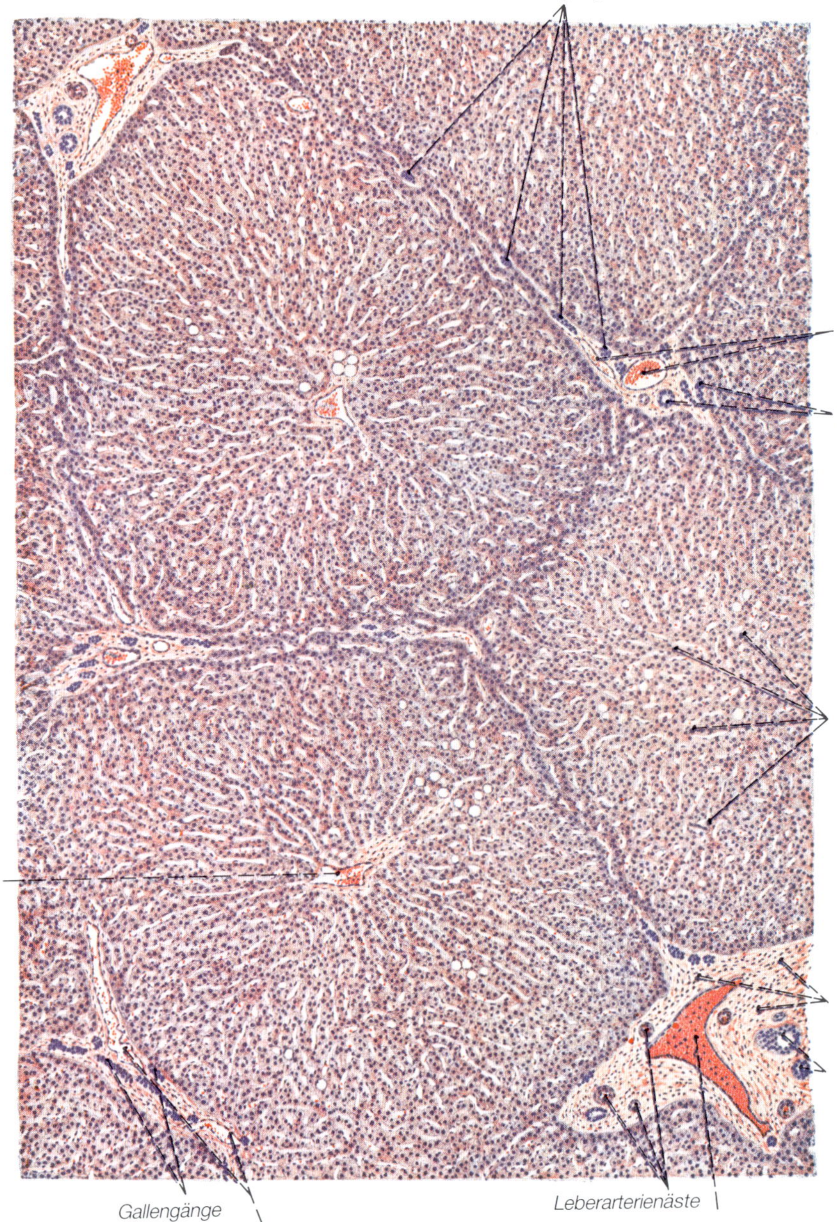

Abb. 329. Die Gliederung der Leber in sog. Zentralvenenläppchen ist hier aus didaktischen Gründen zeichnerisch etwas deutlicher hervorgehoben, als sie i. a. an menschlichem Material zu erkennen ist. Im Schnitt handelt es sich dabei um mehr oder weniger sechseckige, eng aneinandergrenzende Baueinheiten, die aus radiär auf ein zentral gelegenes Gefäß (V. centralis) zustrebenden Strängen, Balken oder Platten von Leberzellen und den zwischen ihnen verlaufenden sinusoiden Blutkapillaren (Sinusoiden) bestehen. In den bindegewebigen Zwickeln finden sich regelmäßig die Anschnitte von Ästen der V. portae, der A. hepatica propria, der kleinen Gallengänge („Glissonsche Trias“) sowie eines Lymphgefäßes. Färbung: H. E.; Vergr. 70fach.

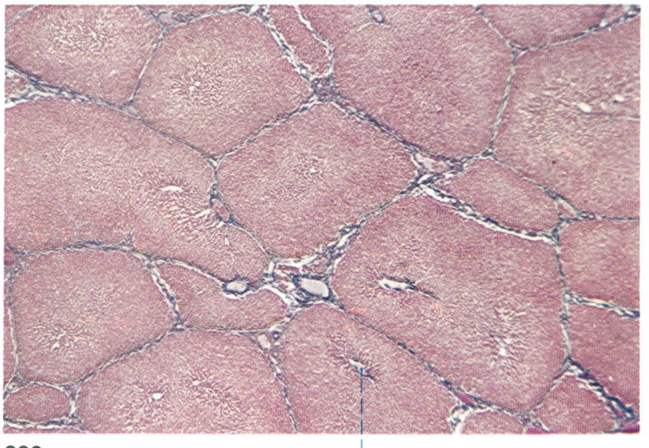

330

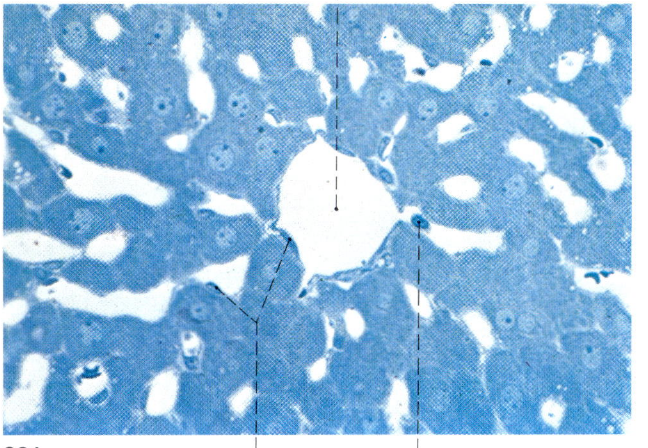

331

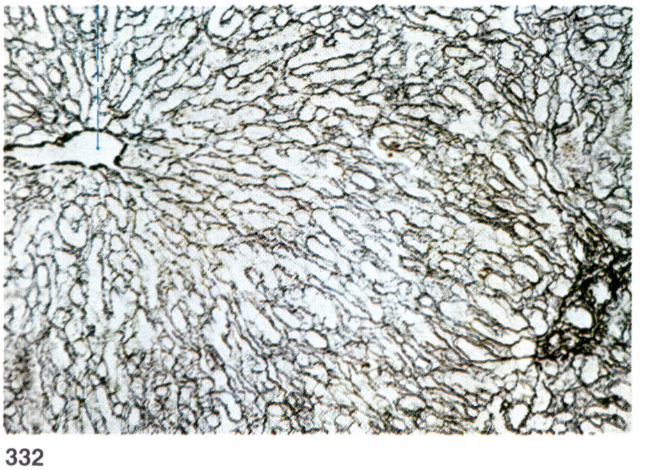

332

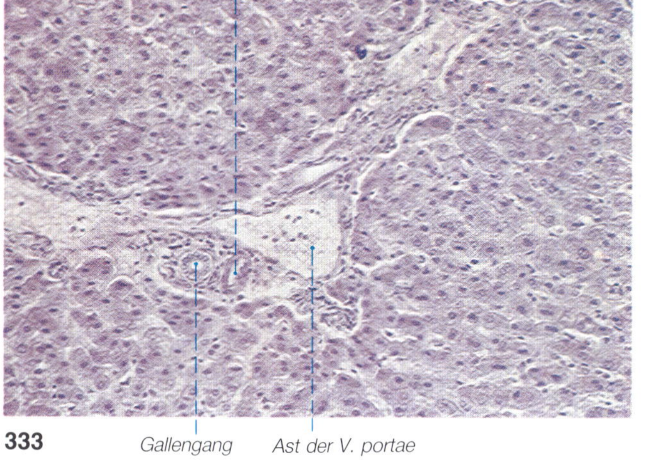

333

Abb. 330. Übersichtsaufnahme einer Schweineleber mit der bei dieser Tierart besonders deutlichen Abgrenzung der Gefäßläppchen durch Bindegewebssepten. Aus diesem Grund wird ein solches Präparat im mikroskopischen Kurs auch meist an den Anfang der Besprechung des Organs „Leber" gestellt. Färbung: Azan; Vergr. 20fach.

Abb. 331. Zentrum eines Leberläppchens (Ratte) im semidünnen (0,5–1 µm dicken) Schnittpräparat. Beachte die in der V. centralis und den Sinusoiden deutlich sichtbaren Endothelkerne. Färbung: Methylenblau-Azur II; Vergr. 380fach.

Abb. 332. Ausschnitt aus einem Leberläppchen (Mensch) mit Darstellung der Gitterfasern in den Disseschen Räumen (Einzelheiten vgl. Abb. 119), wodurch die radiär auf die V. centralis (am linken Bildrand) zulaufenden Leberzellplatten deutlich hervortreten. Färbung: Silberimprägnation nach Bielschowsky; Vergr. 95fach.

Abb. 333. Glissonsche Trias aus einer menschlichen Leber. Der unterschiedliche Wandbau läßt diese drei in den sog. Zwickeln des Interstitiums verlaufenden Leitungsbahnen (Gallengang, kleine Arterie und Vene) immer einwandfrei gegeneinander abgrenzen. Färbung: H. E.; Vergr. 150fach.

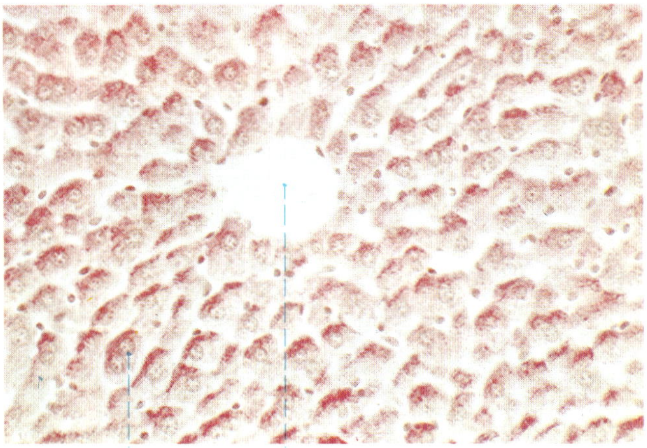

334

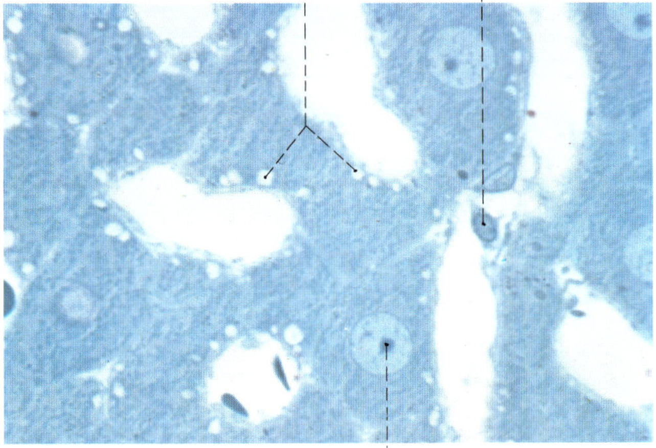

335

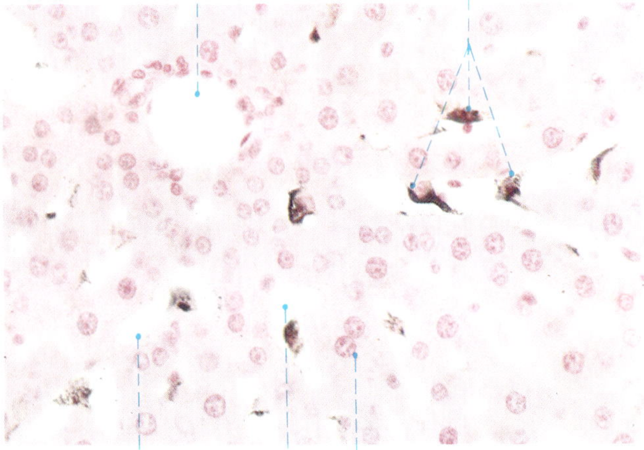

336

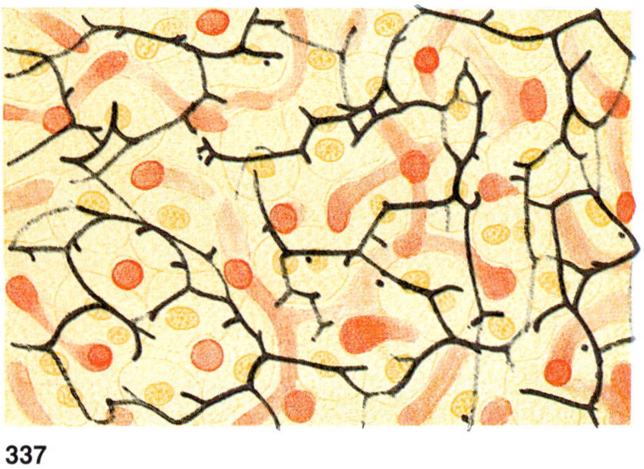

337

Abb. 334. Leberzellbalken mit Darstellung des intrazellulären Glykogens in Form mehr oder weniger grobscholliger Granula (vgl. auch mit Abb. 53). Färbung: PAS-Hämalaun; Vergr. 240fach.

Abb. 335. Semidünnschnitt einer Rattenleber mit mehreren Sinusoiden und den sie flankierenden Hepatozyten. Beachte deren möglicherweise artefizielle Vakuolisierung an ihrer dem Disseschen Raum zugewandten Oberfläche, das sehr zarte Endothel sowie den Kern einer v. Kupfferschen Sternzelle in dem längsgeschnittenen Sinusoid (rechts im Bild). Vgl. auch mit den Abb. 339 und 340. Färbung: Methylenblau-Azur II; Vergr. 960fach.

Abb. 336. Die innerhalb der Blutsinusoide gelegenen und zum mononukleären-phagozytierenden System gehörenden v. Kupfferschen Sternzellen lassen sich lichtmikroskopisch nur dann beurteilen, wenn man diese Zellelemente unter Ausnutzung ihrer hohen Phagozytosefähigkeit durch die Speicherung eines intravital injizierten Farbstoffs (z. B. Trypanblau oder kolloidales Silber) markiert. Beachte die gelegentliche Zweikernigkeit der Leberzellen. Färbung: Intravital injiziertes kolloidales Silber und Kernechtrot; Vergr. 380fach.

Abb. 337. Zeichnerische Darstellung des Raumnetzes der Gallencanaliculi (Gallenkanälchen, Gallenkapillaren), die sich u. a. durch Behandlung des Materials mit Silbersalzlösungen erfassen lassen. Diese zarten Röhrchen besitzen keine eigene Wandung, sondern entstehen als Aussparungen zwischen benachbarten Leberzellen, deren Plasmalemm letztlich die Wand der Gallencanaliculi liefert (vgl. auch mit Abb. 341). Technik: Gallencanaliculi (blau-schwarz) und Sinusoide (rot) mit unterschiedlich gefärbten Gelatinelösungen injiziert. Kerne der Leberzellen: gelb durch die Pikrinsäure im Fixierungsmittel; Vergr. 380fach.

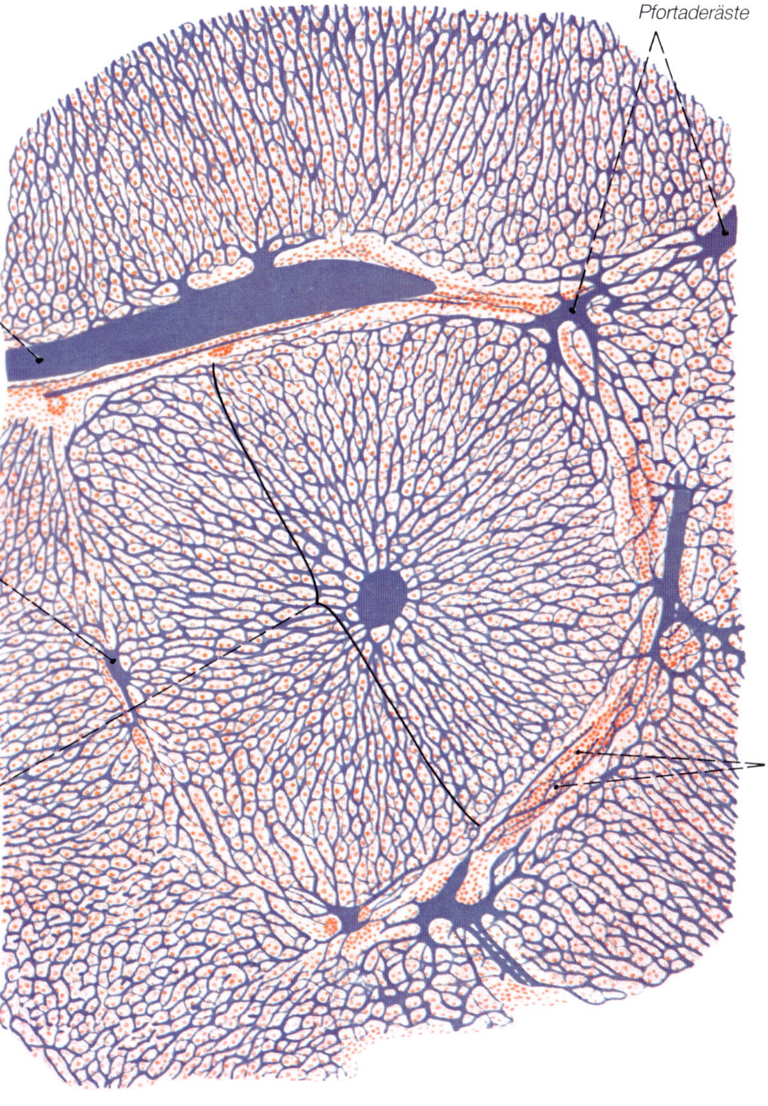

Abb. 338. Injektionspräparat einer Kaninchenleber. Zur Darstellung des gesamten Gefäßbettes wurde das Organ über die V. portae mit einer blaugefärbten Gelatinelösung durchspült. An verschiedenen Stellen ist erkennbar, daß von Pfortaderästen am Rande der Läppchen die Sinusoide entspringen, die radiär unter vielfacher Anastomosenbildung auf die Zentralvene zulaufen. Färbung: Borax-Karmin; Vergr. 54fach.

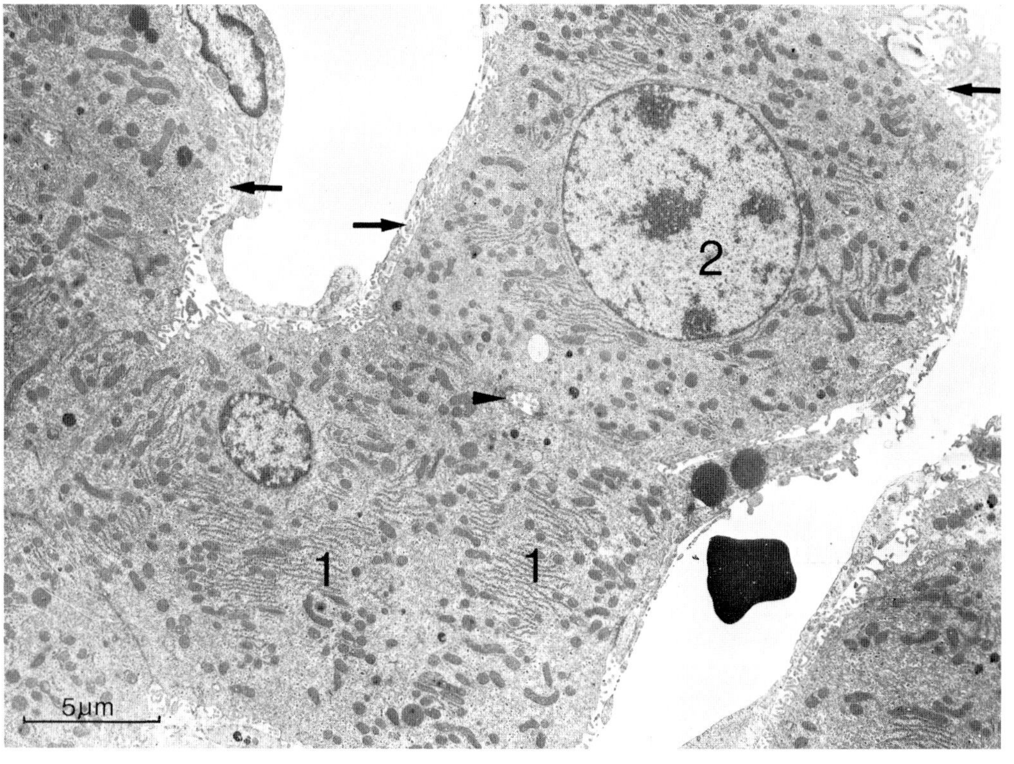

339

Abb. 339. Elektronenmikroskopische Übersichtsaufnahme einer Leber (Ratte) mit den Anschnitten zweier Sinusoide und den sie begrenzenden Leberzellen. Letztere sind neben ihrem Reichtum an Mitochondrien vor allem durch regelmäßige Stapel des rauhen ER (**1**) charakterisiert. Zwischen Leberzellen und Endothel der sinusoiden Blutkapillaren befindet sich ein schmaler Bindegewebsraum, der Dissesche Raum. Die dem Disseschen Raum zugewandte Oberfläche der Hepatozyten trägt einen dichten Rasen von Mikrovilli (→). Mikrovilli ragen auch in die Gallencanaliculi (▶) hinein. **2** Kern einer Leberzelle; Gesamtvergr. 3500fach.

Abb. 340. Querschnitt eines Sinusoids mit einem Lymphozyten in der Lichtung (Leber, Ratte). Das Endothel ist von zahlreichen Poren durchsetzt und hat keine Basalmembran (**1**). Beachte die zahlreichen Mikrovilli der Leberzellen im Disseschen Raum. Gesamtvergr. 14 000fach.

Abb. 341. Von drei Hepatozyten begrenzter Gallencanaliculus (★), in dessen Lumen Mikrovilli hineinragen und der einer Lücke zwischen benachbarten Leberzellen entspricht. Die Leberzellen sind in Nähe des Gallencanaliculus durch Zonulae occludentes verbunden, die den Übertritt der Gallenflüssigkeit in den seitlichen Interzellularraum zwischen den Leberzellen verhindern, von dem aus freie Verbindung zum Disseschen Raum und zu den Sinusoiden besteht. In einer der angrenzenden Leberzellen erkennt man den Kernanschnitt (**1**), regelmäßig geordnetes rauhes ER (**2**), zahlreiche Mitochondrien und Glykogenpartikel (**3**). Gesamtvergr. 14 000fach.

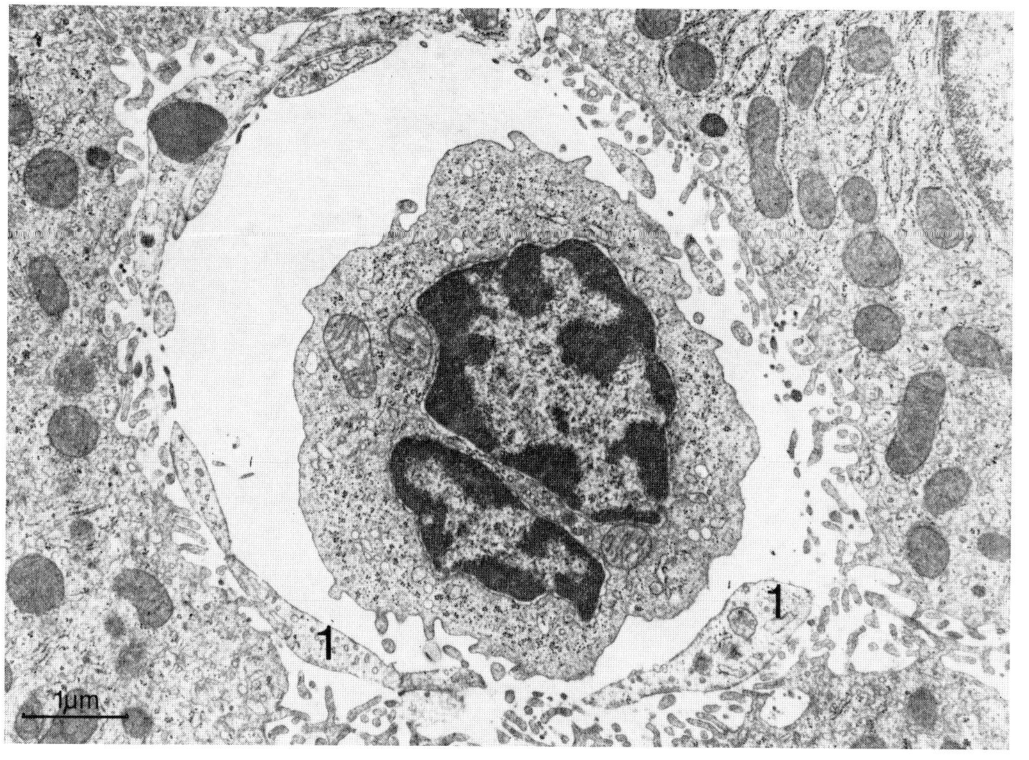

340

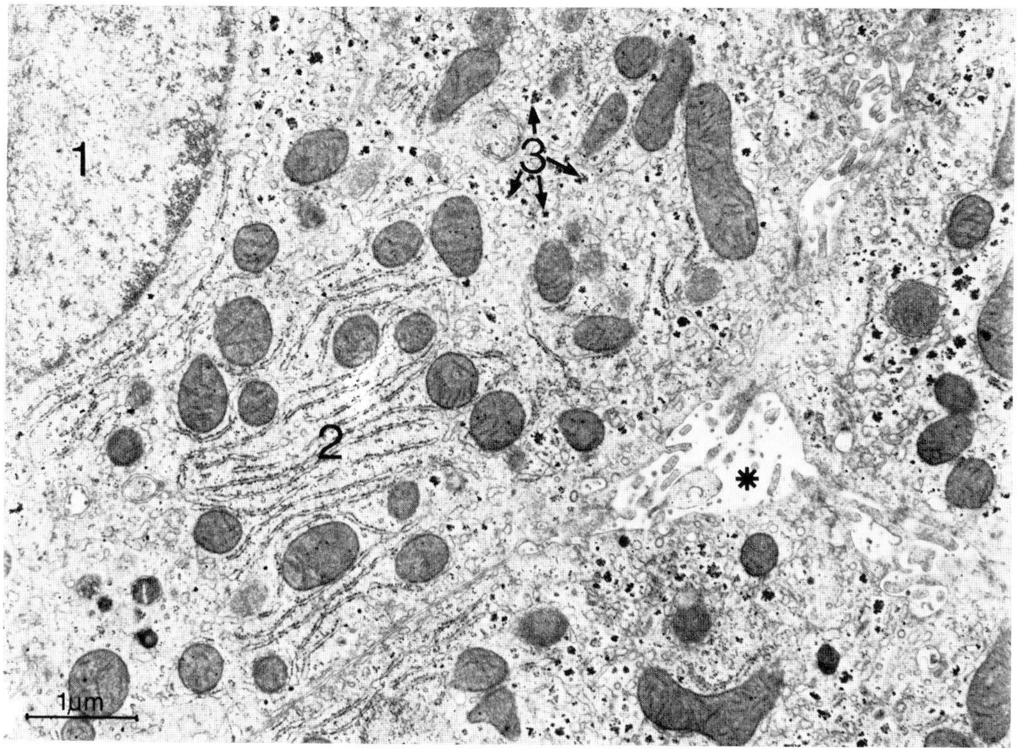

341

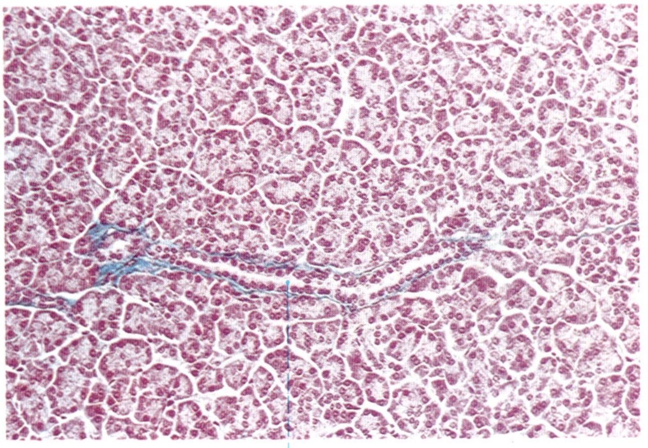

342

Abb. 342. Exokriner Teil des Pankreas (Mensch) mit Anschnitten eines kleinen Ausführungsganges. Trotz fehlender Inseln in diesem Bildausschnitt sind dennoch die Organdiagnose und die Abgrenzung gegen die übrigen serösen Drüsen ohne Schwierigkeiten möglich (vgl. dazu die Abb. 307–309 und Tabelle 12). Färbung: Azan; Vergr. 150fach.

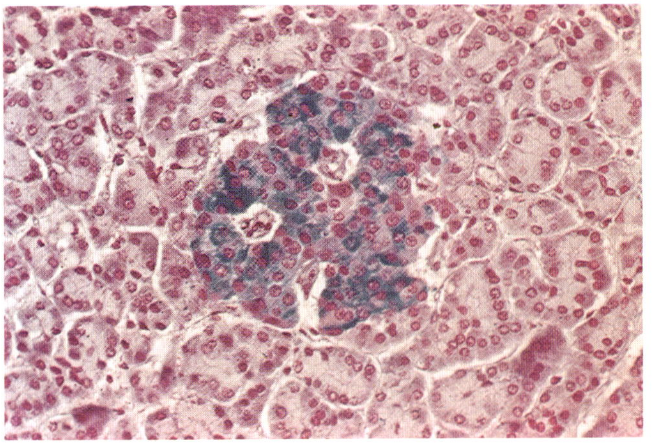

343

Abb. 343. Pankreasinsel (Hund), in der die β-Granula mit Chromhämatoxylin blau gefärbt sind. Durch diese spezielle Technik gelingt es, A- und B-Zellen lichtmikroskopisch zu differenzieren und ihr zahlenmäßiges Verhältnis zu erfassen. Färbung: Chromhämatoxylin-Phloxin; Vergr. ca. 350fach.

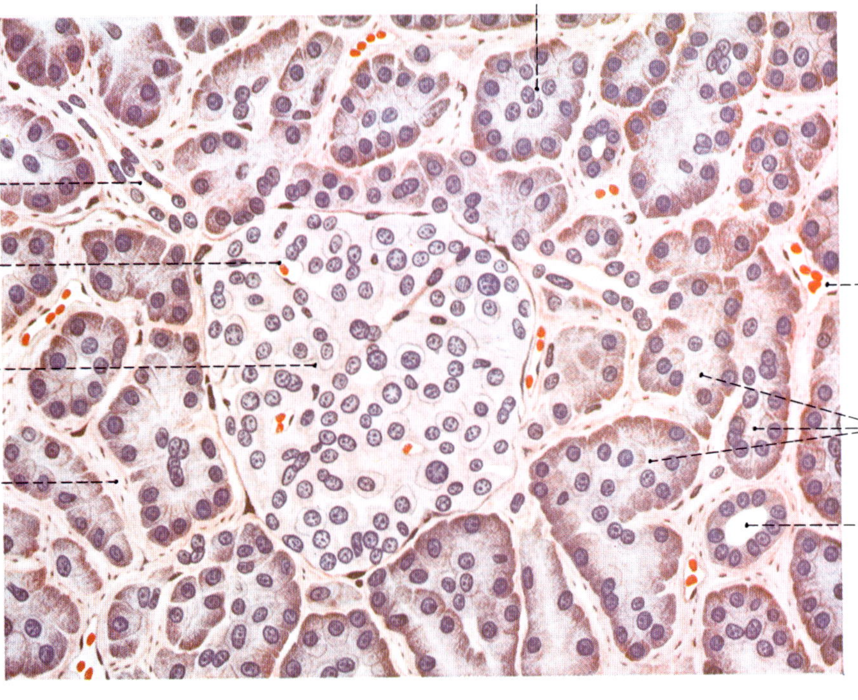

344

Abb. 344. Die höhere Auflösung zeigt in den serösen Endstücken eine deutliche Basophilie an der Zellbasis (= lichtmikroskopisches Äquivalent des hier gelegenen rauhen endoplasmatischen Retikulums) sowie die sog. zentroazinären Zellen. Diese entstehen dadurch, daß die sehr engen Schaltstücke tief in die Acini invaginiert sind und infolgedessen die Kerne ihrer Zellen oft im Zentrum der Endstücke, also zentroazinär, liegen. Als differentialdiagnostisches Kriterium ist dieses Merkmal wertvoll. In den Langerhansschen Inseln werden vor allem Insulin (B-Zellen) und Glucagon (A-Zellen) gebildet. Weiterhin entstehen hier Somatostatin und pankreatisches Polypeptid. Färbung: H. E.; Vergr. 700fach.

Abb. 345. Schnitte durch den Nasenflügel sind dadurch charakterisiert, daß eine der beiden Oberflächen immer mit einem Hautepithel bedeckt ist, in dem sog. freie, d. h. nicht mit Haaren in Verbindung stehende Talgdrüsen vorkommen, während auf der Innenseite entweder ein ähnliches Epithel – allerdings mit Haaren (= Vibrissae) – oder schon ein respiratorisches Epithel gefunden wird. Der zentrale Gewebssockel enthält außer Anschnitten von hyalinem Knorpel auch Skelettmuskulatur (mimische Muskulatur) in wechselndem Umfang. Zur Differentialdiagnose vgl. Tabelle 11. Färbung: Azan; Vergr. 10fach.

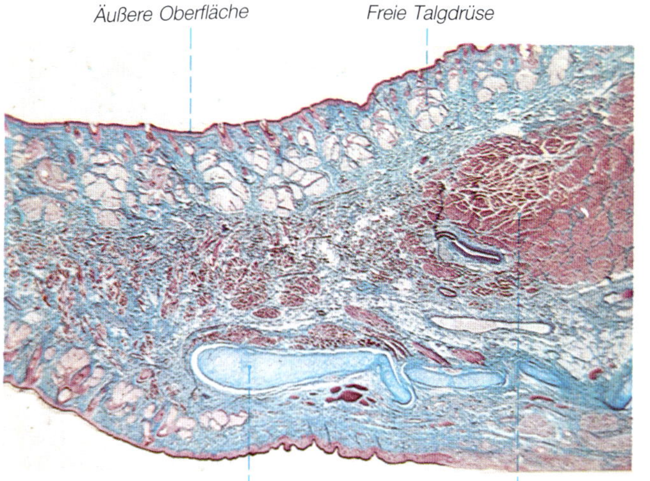

345

Abb. 346. Nasenschleimhaut des Menschen, mittlere Nasenmuschel. Unter dem mehrreihigen respiratorischen Epithel liegen seromuköse Drüsenpakete. Kennzeichnend ist die Gefäßarchitektur, zu der neben basalen und aufsteigenden Arterien vor allem ein Plexus weitlumiger Venen gehört, deren Wände in den mittleren und tiefen Schichten der Schleimhaut oft Polster aus glatter Muskulatur besitzen: Drosseleinrichtungen, Schwellkörperbildung. Färbung: H. E.; Gesamtvergr. 40fach.

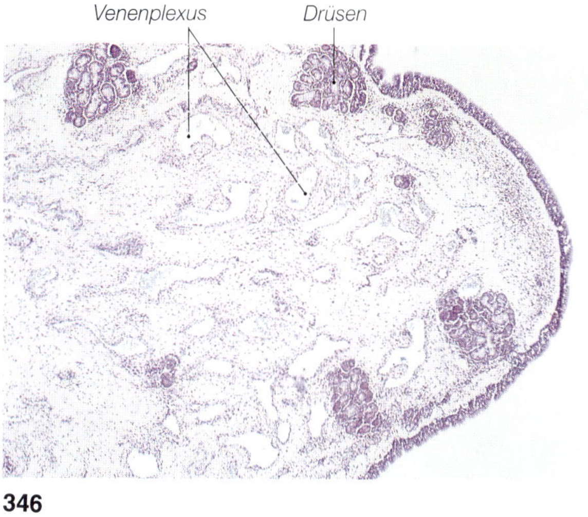

346

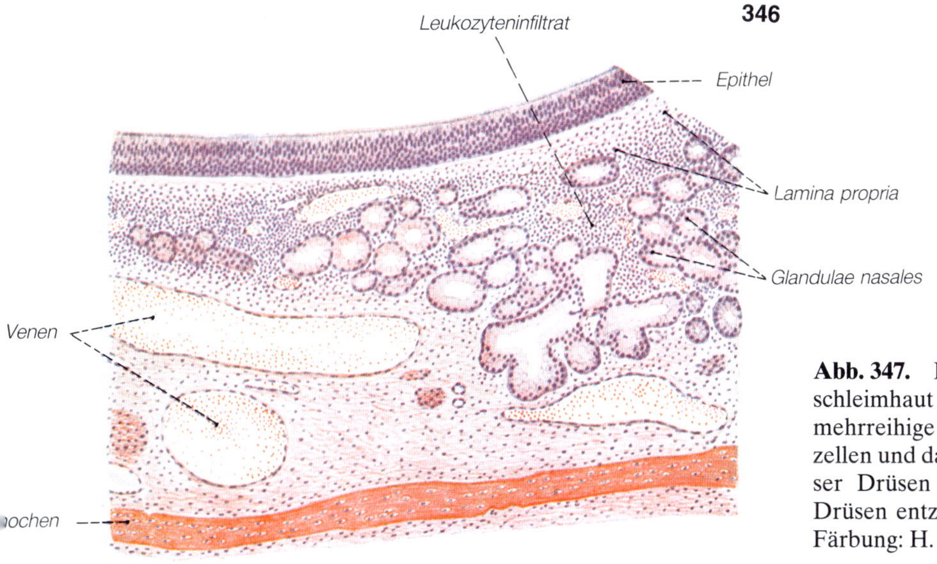

347

Abb. 347. In der Regio respiratoria der Nasenschleimhaut finden sich an der Oberfläche das typische mehrreihige prismatische Flimmerepithel mit Becherzellen und darunter zahlreiche Anschnitte tubuloazinöser Drüsen und weitlumiger Venen. Zwischen den Drüsen entzündliches Leukozyteninfiltrat. Zeichnung. Färbung: H. E.; Vergr. 110fach.

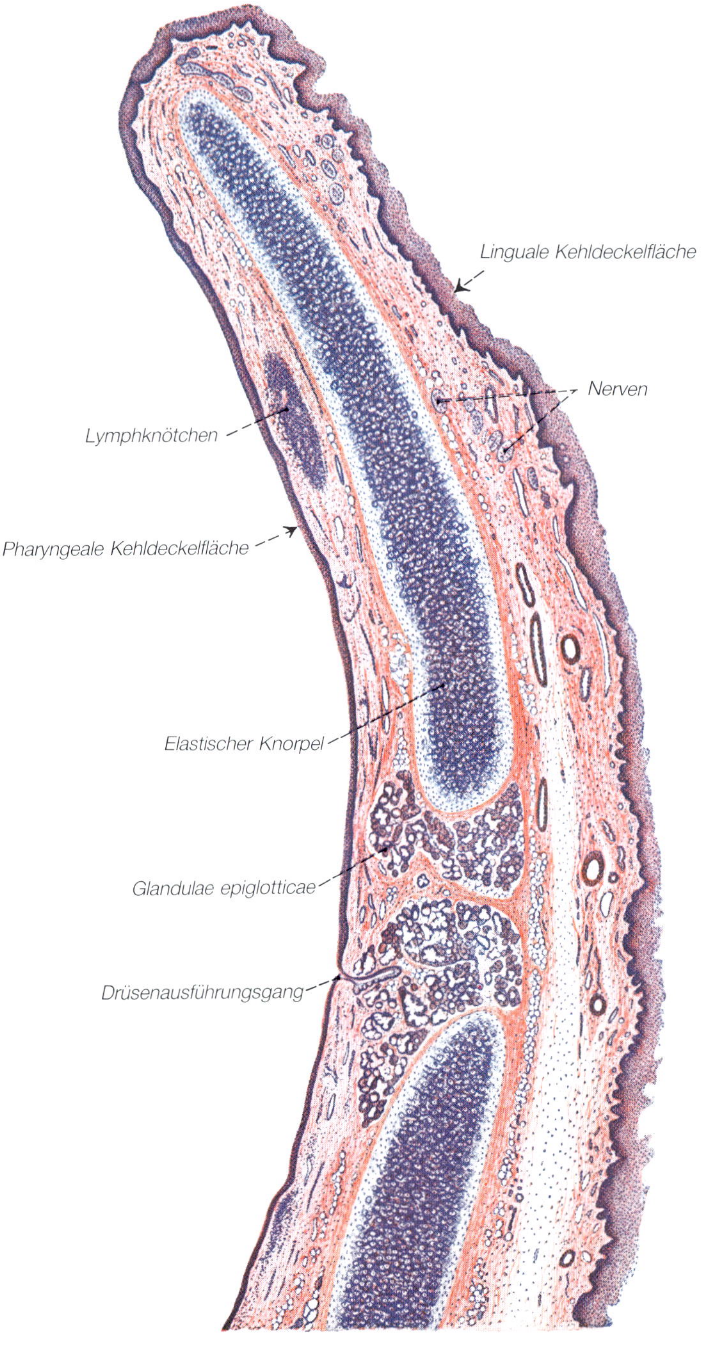

Abb. 348. Längsschnitt durch die Epiglottis (Mensch), deren freie Oberflächen von einem mehrschichtigen, unverhornten Plattenepithel, allerdings unterschiedlicher Höhe, bedeckt werden. Der Übergang in das respiratorische Epithel an der dem Kehlkopf zugewandten, pharyngealen Fläche erfolgt niemals an der Spitze der Epiglottis, sondern oft erst so weit in der Tiefe, daß er, wie auch in diesem Fall, nicht mehr vom Schnitt erfaßt wird. Der zentrale Gewebssockel wird vor allem von elastischem Knorpel eingenommen. Zur Differentialdiagnose s. Tabelle 11. Färbung: H. E.; Vergr. 16,5fach.

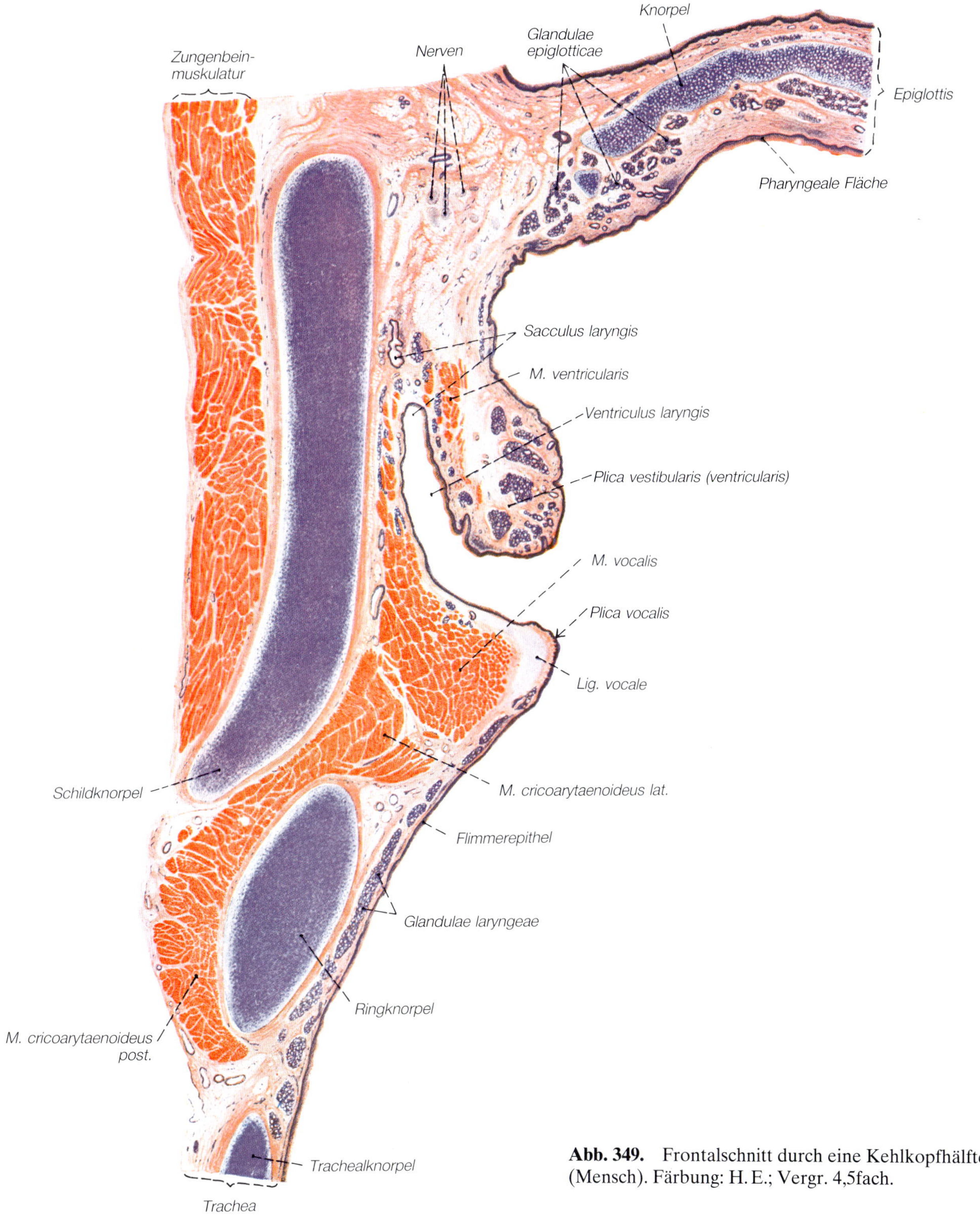

Abb. 349. Frontalschnitt durch eine Kehlkopfhälfte (Mensch). Färbung: H. E.; Vergr. 4,5fach.

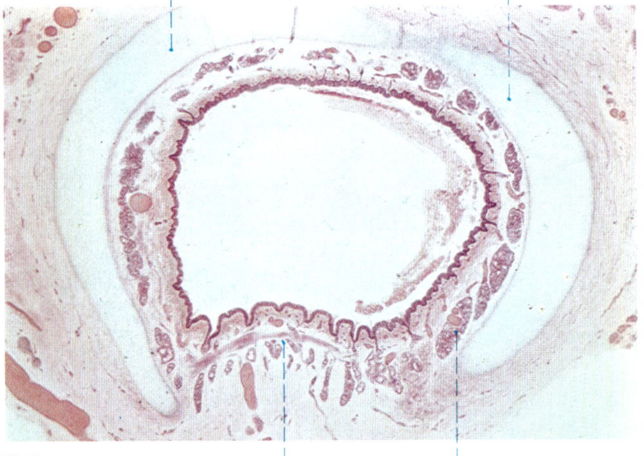

350

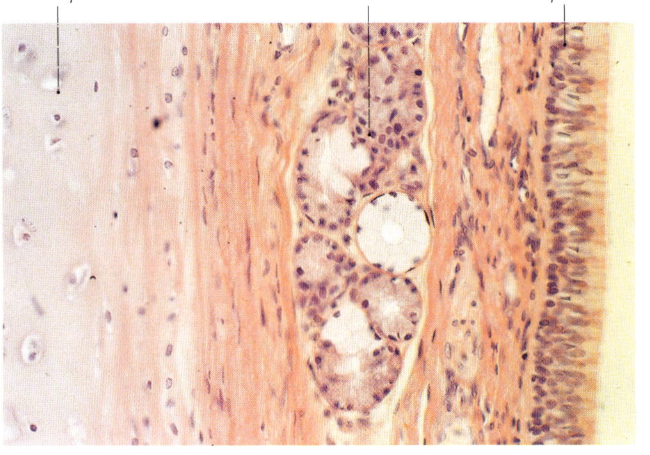

351

Abb. 350. Querschnitt durch eine fetale Trachea (Mensch), die jedoch schon alle Baumerkmale des definitiven Zustands erkennen läßt. Da nicht exakt horizontal geschnitten, ist die hyaline Knorpelspange nicht überall in gleichmäßiger Breite getroffen worden. Beachte die Drüsenpakete in der Schleimhaut sowie den in der Paries membranaceus quer verlaufenden M. trachealis. Färbung: H. E.; Vergr. 14fach.

Abb. 351. Trachea, Mensch, Schleimhaut und Knorpel. Die Schleimhaut ist von respiratorischem Epithel (mehrreihig, Flimmerzellen, Becherzellen, Ersatzzellen) bedeckt und enthält in reichem Maße Kollagen- und elastische Fasern. Subepithelial sind die seromukösen Trachealdrüsen zu finden, die auch zwischen die Knorpelspangen vordringen. Der Knorpel ist hyalin. Färbung: H. E.; Gesamtvergr. 200fach.

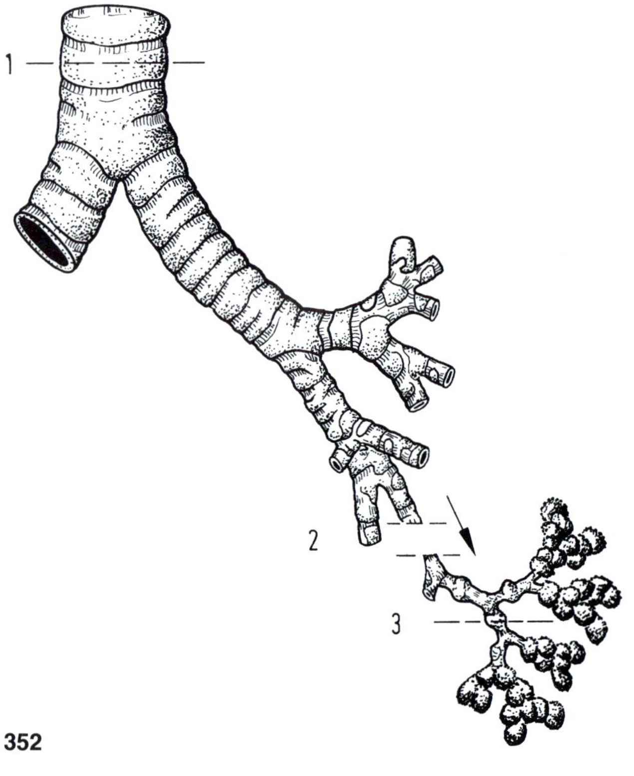

352

Abb. 352. Stark vereinfachtes Schema von der Trachea und ihren Verästelungen. Die zahlreichen intrapulmonalen Bronchialzweige wurden wegen Platzmangels nicht dargestellt und sind zwischen den Schnittebenen **2** und **3** zu denken. Die Schnittebene **1** entspricht etwa der Abb. 350, die Schnittebene **2** der Abb. 353 und die Schnittebene **3** der Abb. 354 b.

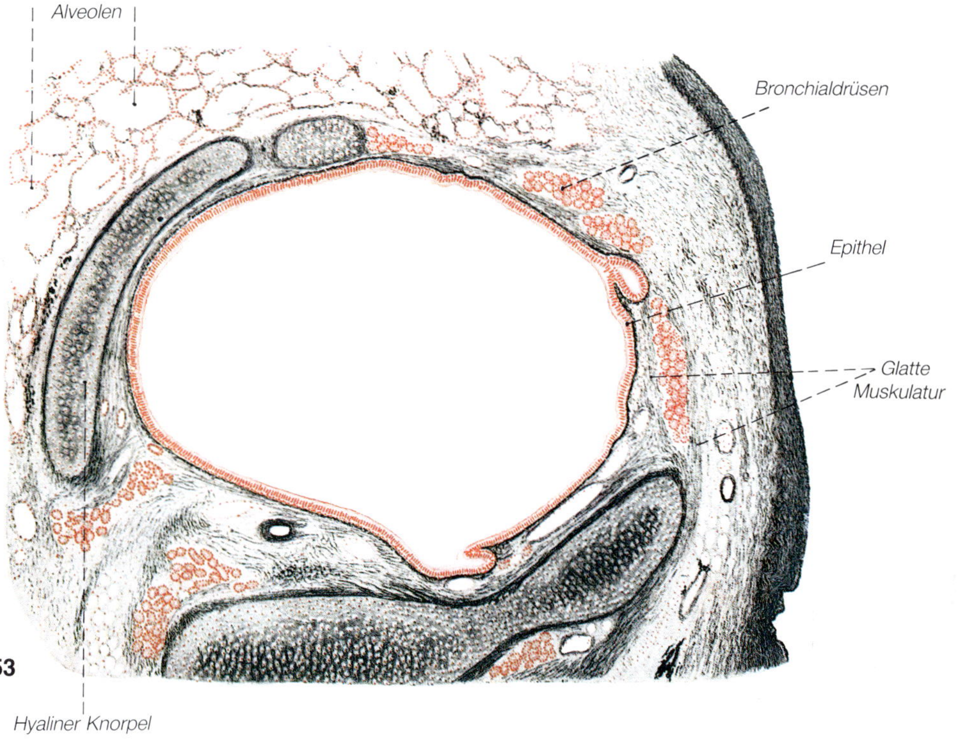

Abb. 353. Querschnitt durch einen kleinen Bronchus mit noch reichlich hyalinem Knorpelgewebe in seiner Wand. Färbung: Elastika-Kernechtrot; Vergr. 30fach.

353

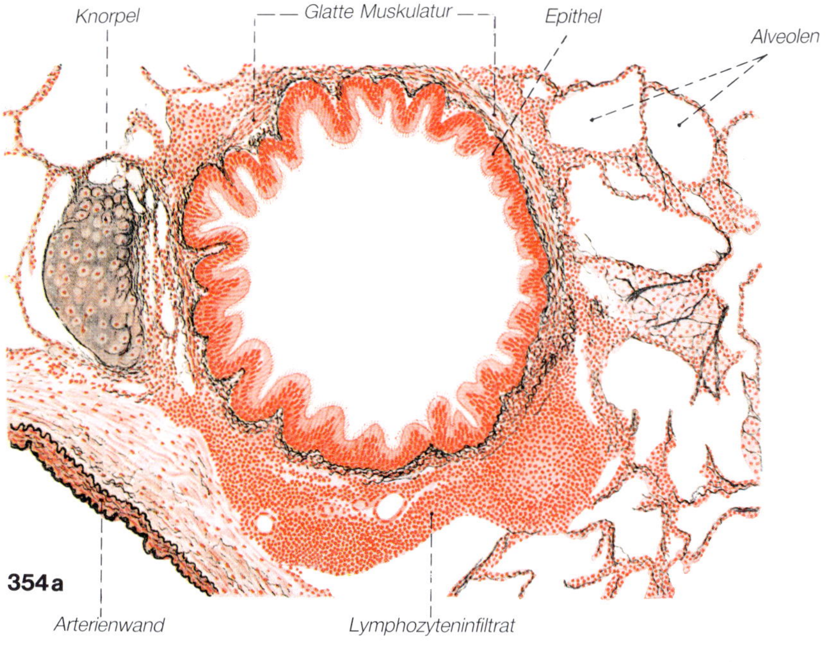

354a

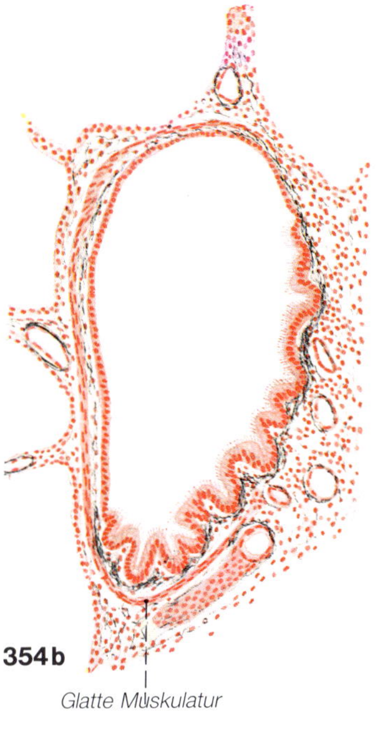

354b

Abb. 354. a) Endverzweigung eines Bronchus mit kleinem Knorpelrest und einem Lymphozyteninfiltrat; der zahnradartige Querschnitt erinnert schon an einen Bronchiolus.
b) Bronchiolus mit schräg bis zirkulär angeordneter glatter Muskulatur, fehlendem Knorpelgerüst und fehlenden Drüsen. Färbung: Elastika-Kernechtrot; a, b) Vergr. 60fach.

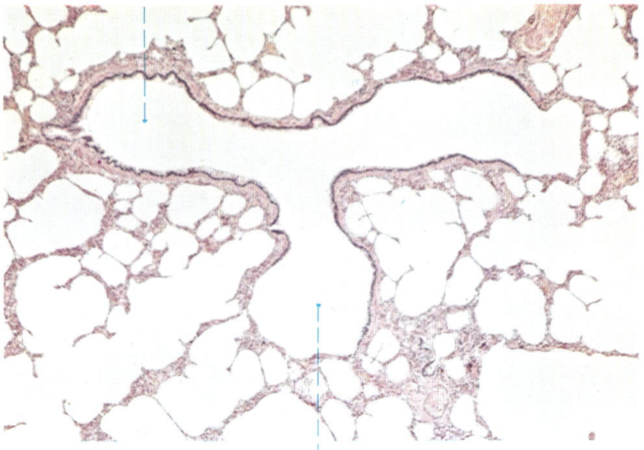

355

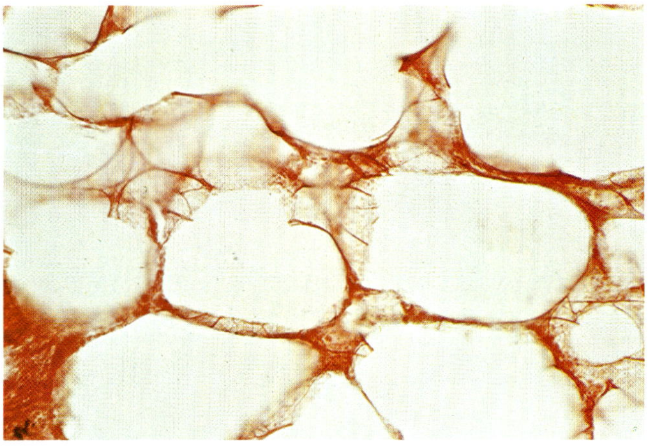

358

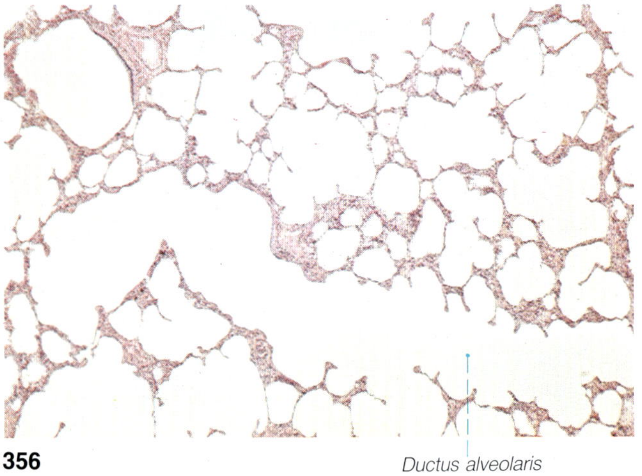

356

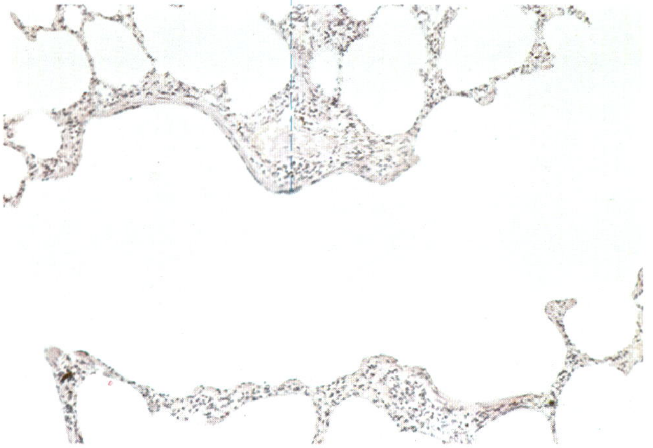

357

Abb. 355. Teilung und Übergang eines Bronchiolus terminalis in zwei Bronchioli respiratorii I. Ordnung. Beachte, daß lichtmikroskopisch das Epithel an den durch die Schnittebene bedingten blindsackartigen Anfängen der Bronchioli respiratorii kaum noch zu erkennen ist. Eine weitere Aufteilung der Bronchioli respiratorii ist am Einzelschnitt schwer zu beurteilen. Färbung: H. E.; Vergr. 38fach.

Abb. 356. Längsschnitt durch den Übergang eines Bronchiolus respiratorius III. Ordnung in einen Ductus alveolaris (rechts im Bild). In der linken oberen Bildecke erkennt man einen quer getroffenen Bronchiolus terminalis. Färbung: H.E.; Vergr. 38fach.

Abb. 357. Ausschnittvergrößerung von der Übergangszone der vorhergehenden Abbildung. Das sehr flache Epithel ist streckenweise lichtmikroskopisch kaum erkennbar, abschnittsweise besteht es jedoch aus gut erkennbaren kubischen bis prismatischen Zellen, die z. T. Pneumozyten II sind. Subepithelial erkennt man schmale Züge glatter Muskulatur. Färbung: H. E.; Vergr. 96fach.

Abb. 358. Lungenalveolen mit Darstellung der elastischen Fasern, von deren netzförmiger Anordnung aber nur das Durchfokussieren dieses relativ dicken Schnitts den richtigen Eindruck vermitteln könnte. Die wenigen und jeweils in derselben optischen Ebene liegenden, meist kleinen Flachschnitte der Alveolenwände geben davon nur ein unzureichendes Bild. Färbung: Orcein; Vergr. 96fach.

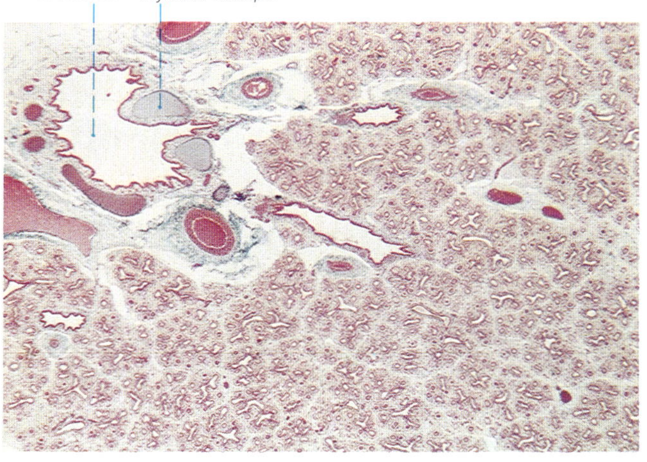

359

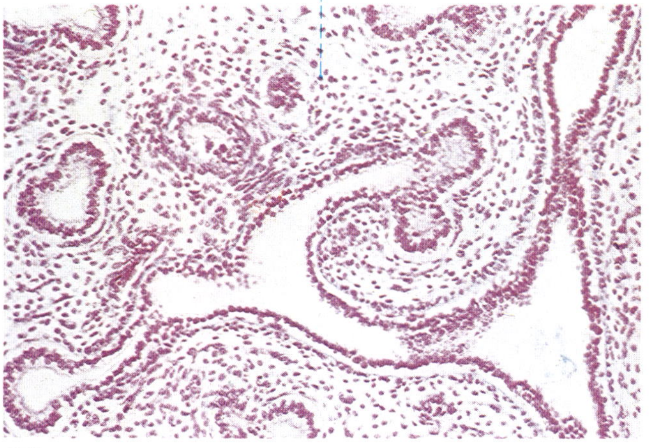

360

Abb. 359. Als eine epitheliale Sproßbildung besteht die fetale Lunge in einer gewissen Entwicklungsphase aus locker zusammengeordneten und von meist einschichtigem prismatischem Epithel ausgekleideten röhrenförmigen Hohlräumen, die zahlreiche dichotome Verzweigungen aufweisen und in azinusähnlichen Bildungen enden. Daher erinnert die embryonale Lunge an bestimmte Drüsen, mit denen sie bei flüchtigem Hinsehen oft verwechselt wird (zur Differentialdiagnose vgl. Abb. 418–421 u. Tabelle 14). Färbung: Azan; Vergr. 38fach.

Abb. 360. Bei höherer Auflösung zeigen sich sehr deutlich die Einförmigkeit und damit die geringe Differenzierung der zellulären Auskleidung aller dieser Hohlräume sowie der große Zellreichtum des interstitiellen Gewebes und damit dessen noch stark mesenchymaler Charakter. Färbung: Azan; Vergr. 150fach.

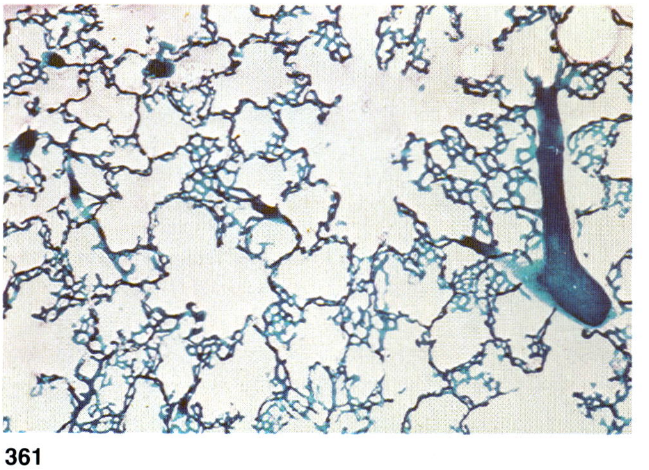

361

Abb. 361. Die relativ englumigen Kapillaren sind im Routinepräparat immer nur dann einwandfrei zu erkennen, wenn ihre Lichtung einen Erythrozyten enthält. Erst die künstliche Füllung des Kapillarsystems mit gefärbten Gelatinelösungen o. ä. vermittelt einen Eindruck von der Dichte und räumlichen Anordnung dieses die Alveolen korbartig umgebenden Gefäßnetzes (Lunge, Katze). Technik: Gefäßinjektion mit Berliner-Blau-Gelatinelösung über die A. pulmonalis; keine Kernfärbung; Vergr. 95fach.

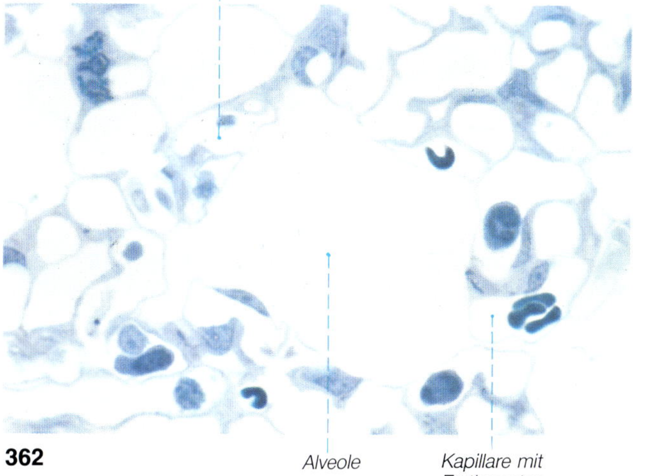

362

Abb. 362. Im Gegensatz zum Injektionspräparat vermittelt ein Semidünnschnitt (Schnittdicke ca. 1 µm) auch ohne künstliche Gefäßfüllung nicht nur einen Eindruck von der hohen Kapillardichte um die Alveolenwände, sondern auch von der ungewöhnlichen Zartheit der Blut-Luft-Schranke. Vgl. dazu auch die nachfolgende elektronenmikroskopische Abb. 365 (Lunge, Katze). Färbung: Methylenblau-Azur II; Vergr. 960fach.

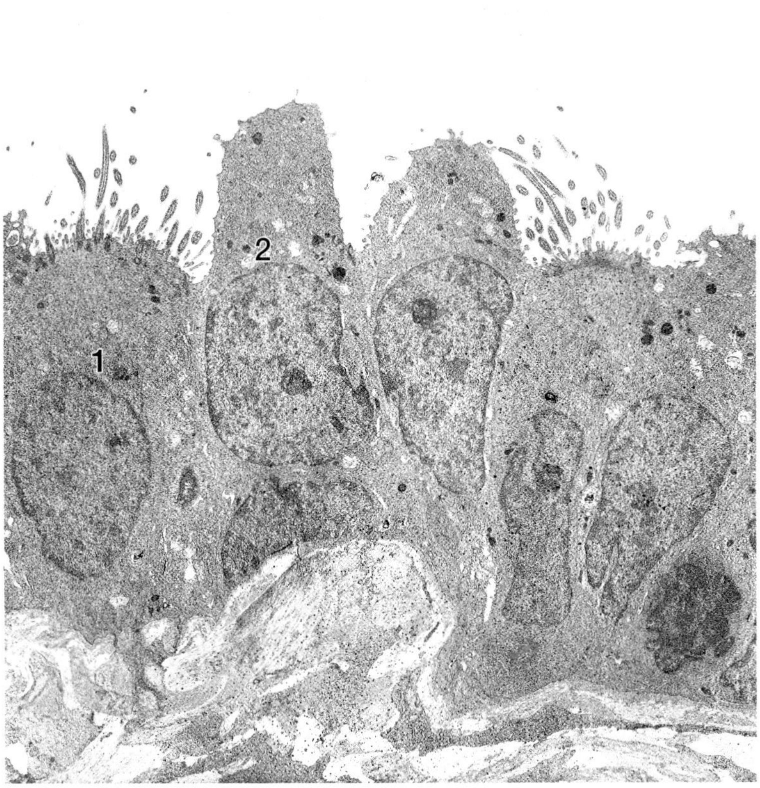

363a

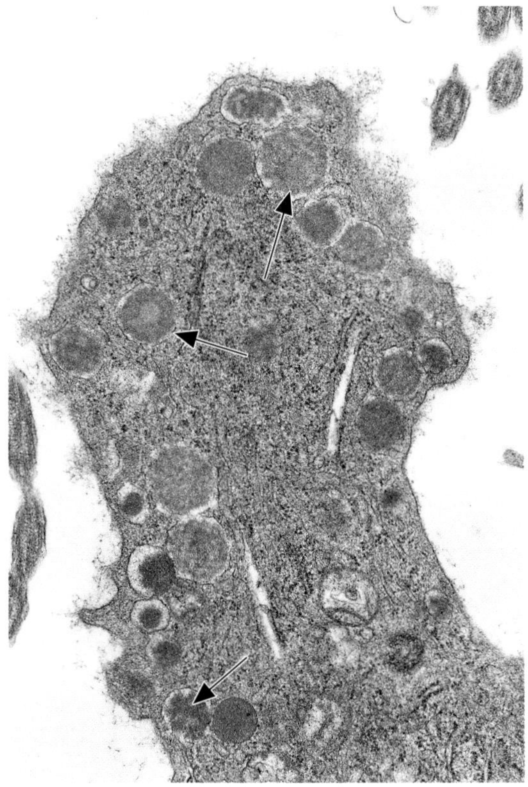

363b

Abb. 363. a, b. Bronchiolus des Menschen.
a) Das Epithel der Bronchioli besteht aus einem einschichtigen Epithel mit Wimper- (**1**) und Clara-Zellen (**2**), die einem Bindegewebe mit vielen kollagenen und elastischen Fasern aufliegen. Gesamtvergr. 3800fach. **b)** Zellapex einer Clara-Zelle. Typisch für die Clara-Zellen ist ihr oft hoch aufgewölbter Zellapex, der Mikrovilli trägt, von einer recht dichten Glykokalix bedeckt ist und der glykoproteinhaltige Sekretionsgranula enthält (→) Gesamtvergr. 13000fach.

Abb. 364. Teil eines Alveolarseptums des Menschen mit einem Pneumozyten II (**2**), dessen Zytoplasma kennzeichnende Lamellenkörper enthält (Surfactantbildung). **1** Pneumozyt I; **3** Teil eines intraalveolären Makrophagen; **4** Blutkapillare; **5** im Bindegewebe gelegener Makrophage; **6** Kollagen (hier krankhaft vermehrt). Gesamtvergr. 6740fach.

Abb. 365. Teil eines Alveolarseptums des Menschen mit Blutkapillare, die sich dem Alveolarepithel von innen eng anlegt. Hier bilden Alveolarepithel (**1**), Kapillarendothel (**2**) und die gemeinsame Basalmembran (**3**) die Blut-Luft-Schranke. **4** Erythrozyt in der Kapillare; **5** Fibrozyt; **6** Kollagenfibrillen; **7** Luftraum der Alveolen. Gesamtvergr. 9400fach.

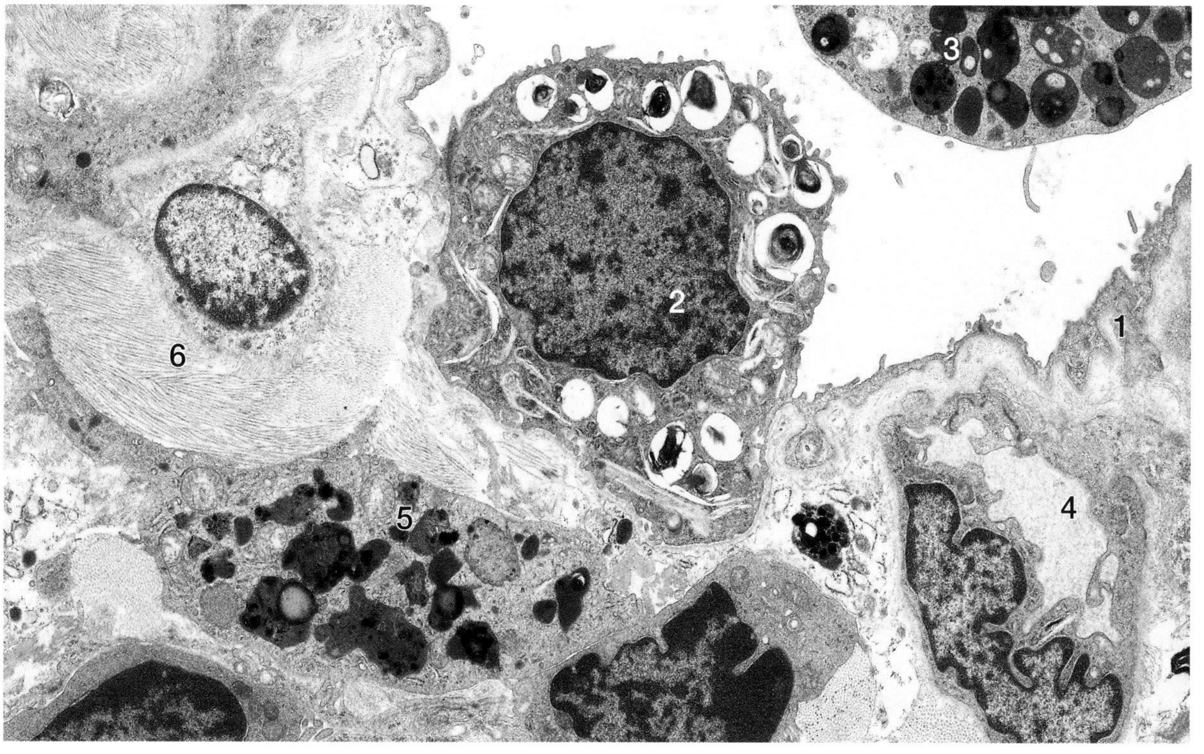

364

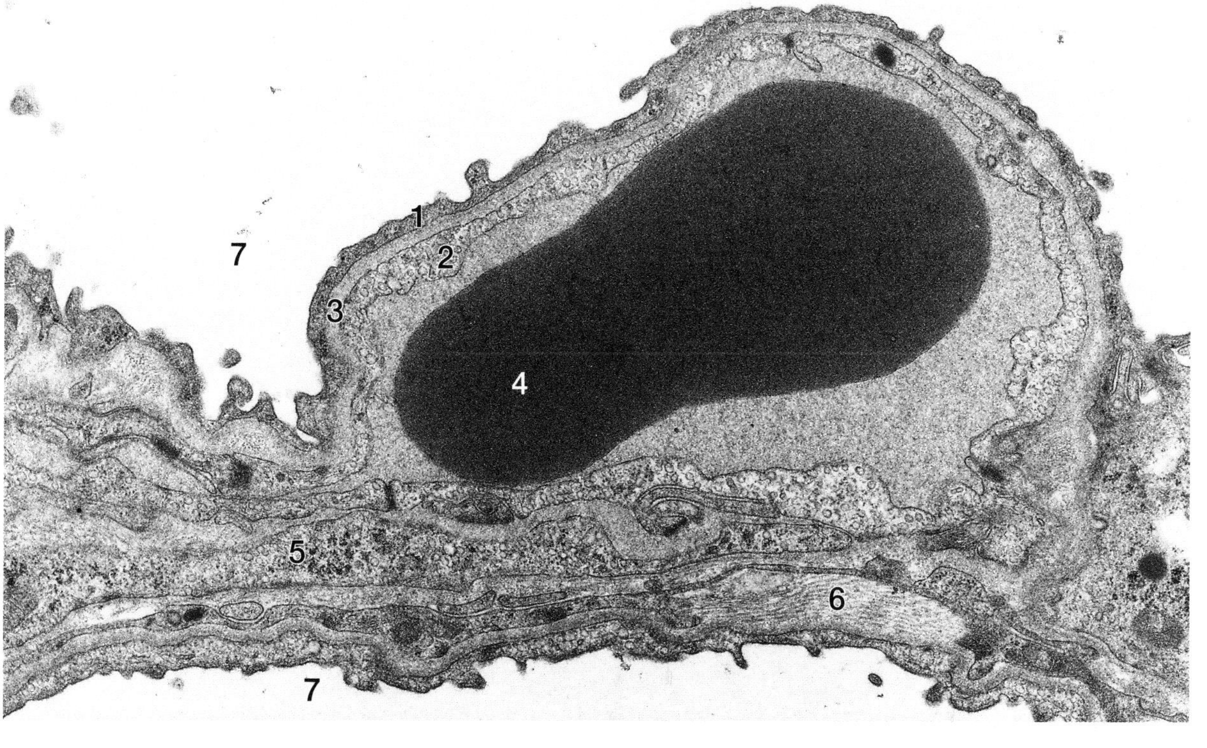

365

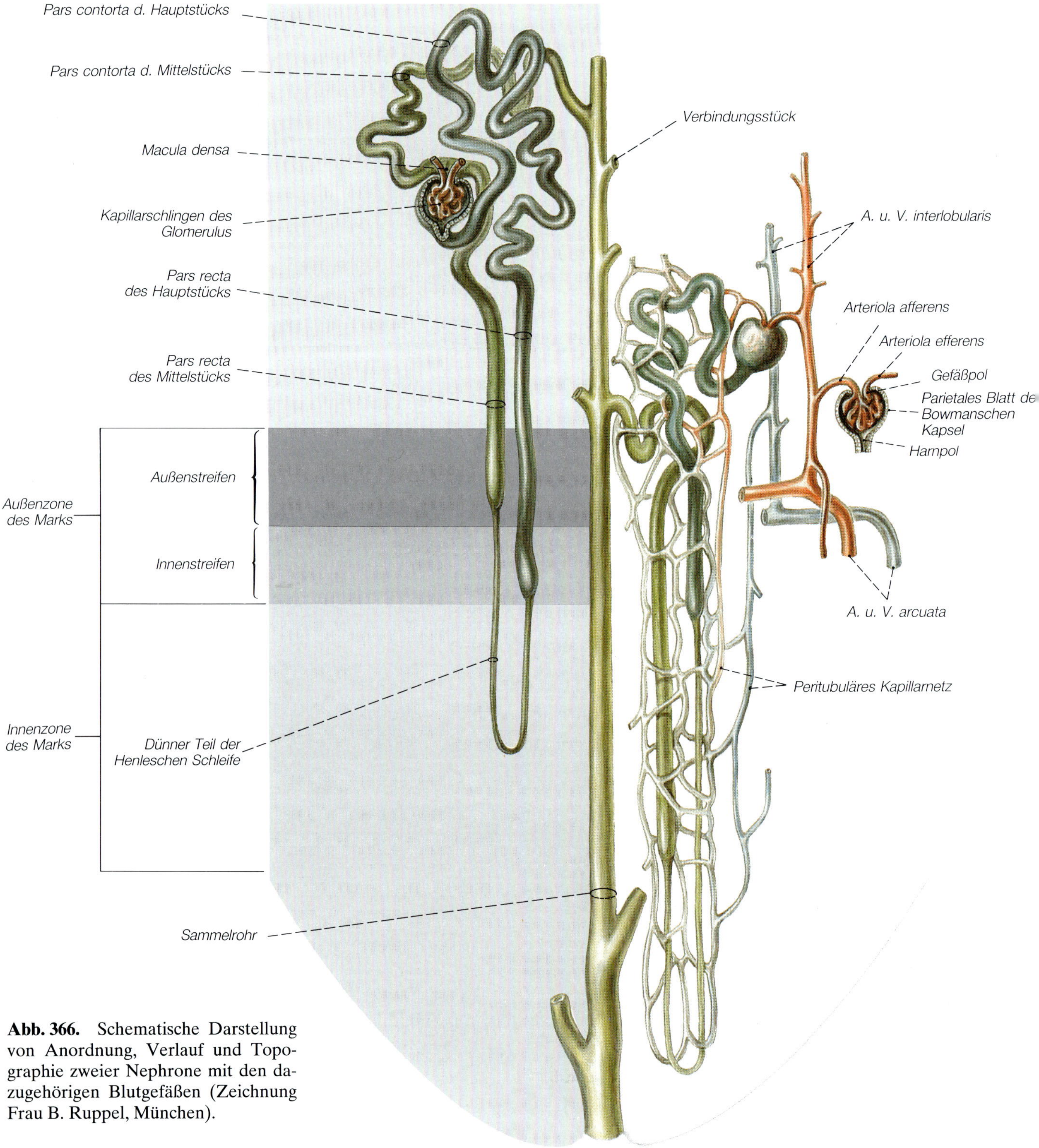

Abb. 366. Schematische Darstellung von Anordnung, Verlauf und Topographie zweier Nephrone mit den dazugehörigen Blutgefäßen (Zeichnung Frau B. Ruppel, München).

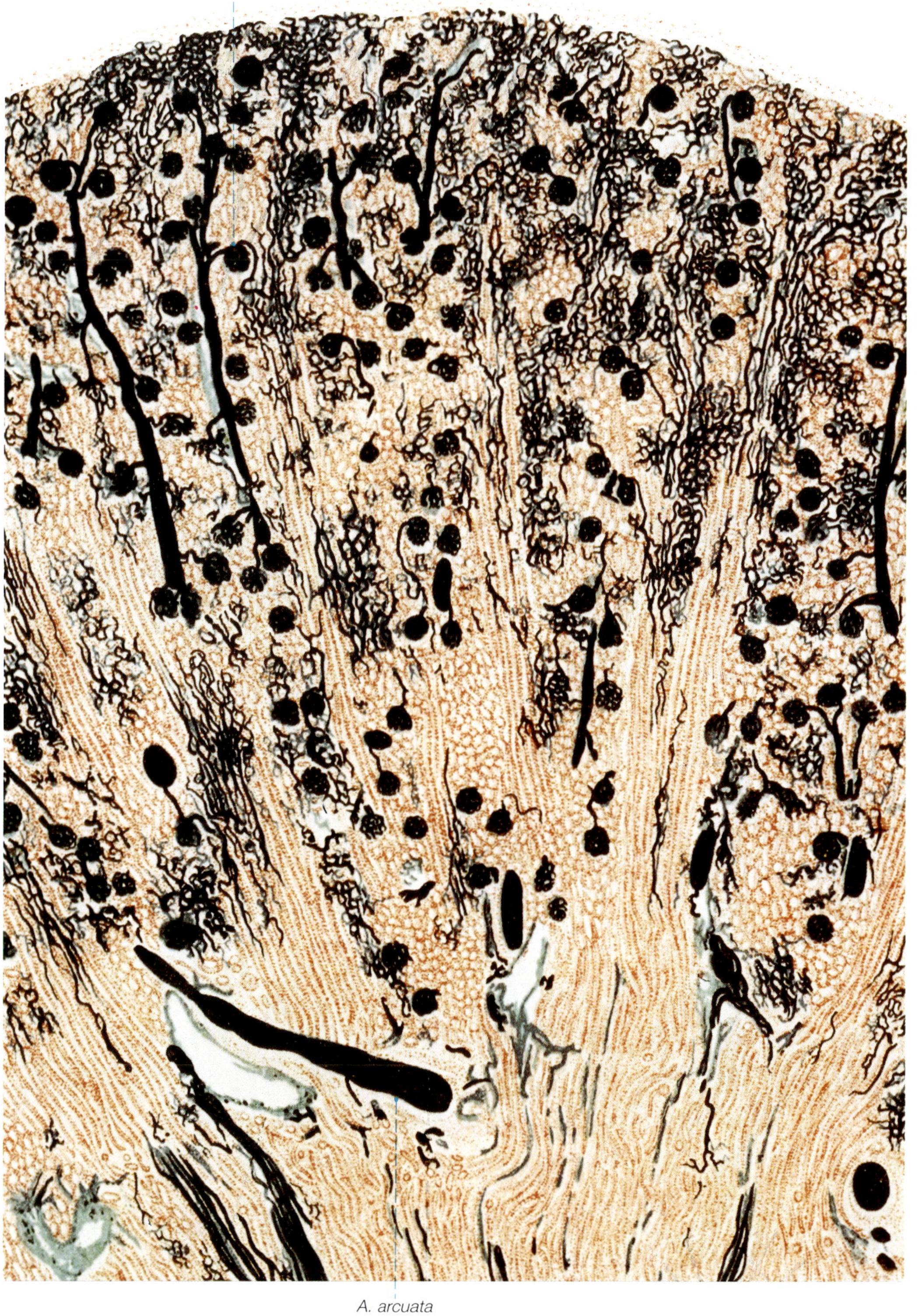

Abb. 367. Zeichnung eines Injektionspräparates der Niere. Die Blutgefäße sind von der A. renalis aus mit einer mit Berliner-Blau gefärbten Gelatinelösung gefüllt worden, wobei die Injektionsmasse über die Glomeruli hinweg noch die peritubulären Kapillarnetze erreicht hat, nicht mehr jedoch das abführende Venensystem. Färbung: Kernechtrot; Vergr. 20fach.

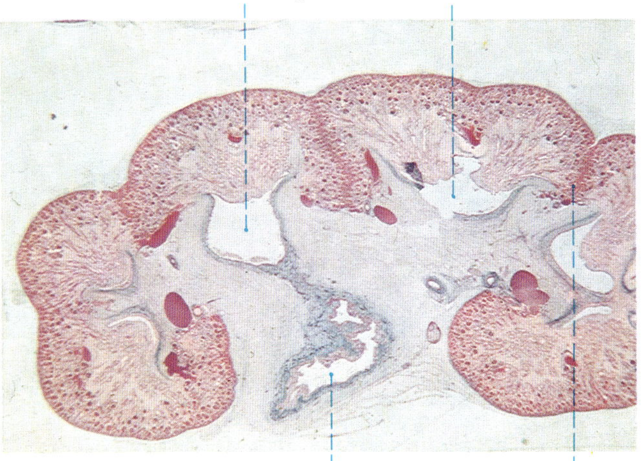

368

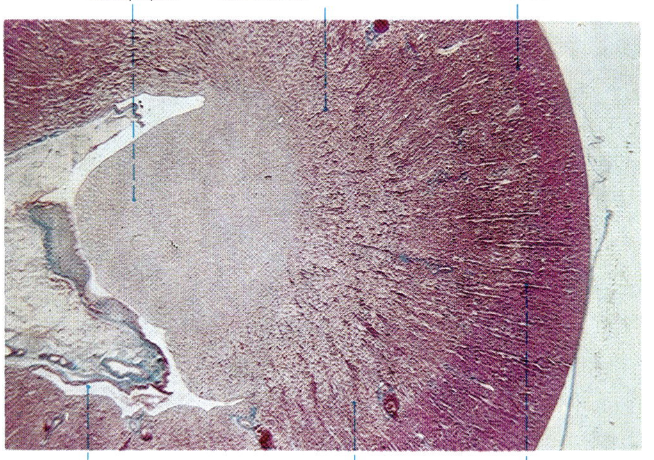

369

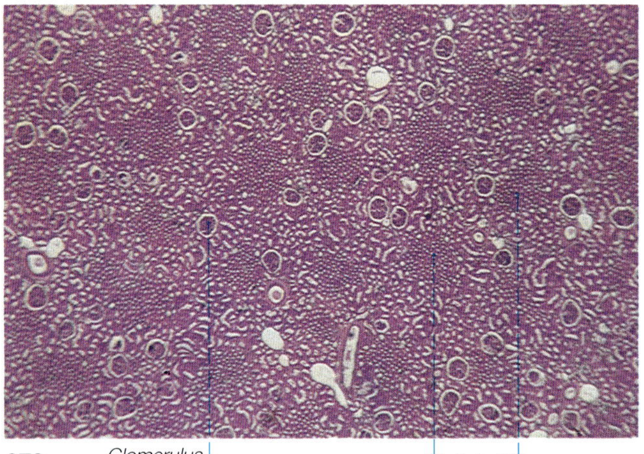

370

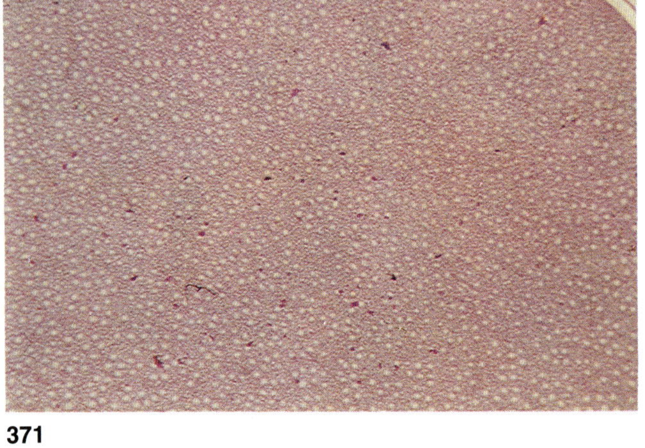

371

Abb. 368. Längsgeschnittene fetale Niere (Mensch, SSL 18 cm) mit der typischen Gliederung in Läppchen (= Renculi), denen jeweils eine Markpyramide und damit auch ein Kelch des Nierenbeckens zugeordnet ist. Der vom Nierenparenchym umschlossene bindegewebige Raum ist der Sinus renalis, der vor allem das Nierenbecken mit seinen Verzweigungen (= Calices) sowie die größeren Äste der renalen Leitungsbahnen (Arterien, Venen, Lymphgefäße und Nerven) enthält. Färbung: Azan; Vergr. 10fach.

Abb. 369. Übersicht einer Kaninchenniere mit deutlicher Gliederung in eine äußere, dunkler gefärbte Rinde und ein einwärts gelegenes Mark. Sein innerster, kegelförmiger und am geringsten färbbarer Bereich ist die Markpapille. Ihr folgt die Innen-, dann die Außenzone des Markes, die sich ihrerseits in Gestalt radiär geordneter Markstrahlen in die Nierenrinde fortsetzt, so daß nirgends scharfe Grenzen zwischen den verschiedenen Regionen des Nierenparenchyms vorhanden sind. Färbung: Azan; Vergr. 10fach.

Abb. 370. Ein Flachschnitt durch die Nierenrinde (Mensch) zeigt deutlich die aus gebündelten Tubuli (überwiegend die gestreckten Anteile [Partes rectae] von Haupt- und Mittelstücken; vgl. mit Abb. 375) bestehenden Markstrahlen und das zwischen ihnen verbleibende sog. Labyrinth, das vor allem die Nierenkörperchen und die gewundenen Anteile (Partes contortae) von Haupt- und Mittelstücken enthält. Färbung: H. E.; Vergr. 24fach.

Abb. 371. Übersicht eines Nierenpapillenquerschnitts (Mensch), dessen wesentlichstes Merkmal bei einer so schwachen Vergrößerung die zahlreichen, sehr regelmäßig geordneten und uniformen Querschnitte der relativ weitlumigen Sammelrohre darstellen (vgl. mit Abb. 379). Färbung: H. E.; Vergr. 24fach.

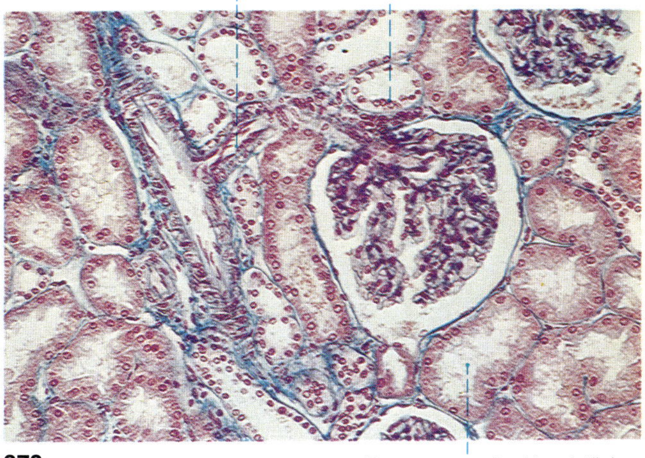

372

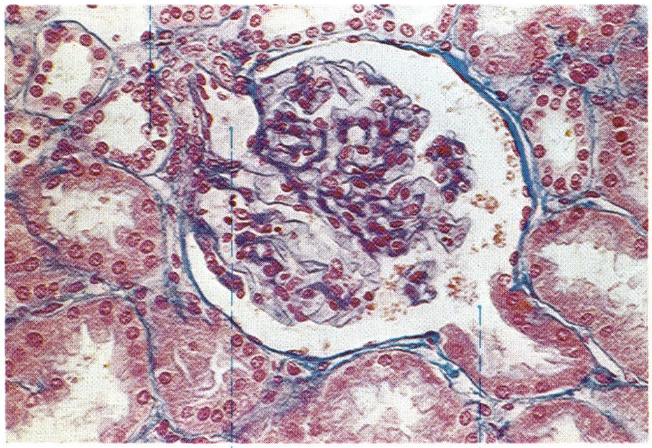

373

Abb. 372. Eine A. interlobularis (links im Bild) gibt nach rechts eine Arteriola afferens ab, die zum Gefäßpol des Nierenkörperchens zieht. Der oberhalb von letzterem gelegene Tubulusanschnitt (Pars contorta des Mittelstücks) zeigt an der dem Nierenkörperchen zugewandten Seite die Macula densa (Niere, Mensch). Färbung: Azan; Vergr. 150fach.

Abb. 373. Nierenkörperchen (Mensch) mit Harn- und Gefäßpol. Am Harnpol setzt sich das niedrige äußere Epithel der Bowmanschen Kapsel in das höhere und stärker färbbare Epithel des hier beginnenden Tubulusapparats (= Pars contorta des Hauptstückes) fort. Das innere Blatt der Bowmanschen Kapsel bildet die Podozyten der Glomeruluskapillaren. Am Gefäßpol ist eine Macula densa zu sehen. Am Nierenkörperchen Haupt- und Mittelstücke. Färbung: Azan; Vergr. 240fach.

Abb. 374. Die Bürstensäume lassen die Anschnitte der gewundenen Anteile der Hauptstücke klar gegen die entsprechenden Strecken der Mittelstücke abgrenzen, wobei letztere noch eine etwas geringere Azidophilie ihres Zytoplasmas aufweisen (Niere, Meerschweinchen). Beachte die basale Streifung der Hauptstückzellen (vgl. Abb. 28). Färbung: Azan; Vergr. 380fach.

Abb. 375. Die höhere Auflösung eines Markstrahls (Nierenrinde, Mensch, vgl. Abb. 370 u. 376) zeigt deutlich die Unterschiede von Haupt- und Mittelstücken. Das höhere, stärker färbbare (azidophilere) und in die Lichtung vorgebuckelte Epithel der Hauptstücke führt zu einer unregelmäßigen und wegen des Bürstensaumes auch zu einer verwaschenen Begrenzung der Tubuluslichtung, während diese in dem Mittelstück stets glatt konturiert erscheint. Das Epithel ist in letzterem außerdem wesentlich niedriger, so daß das Verhältnis Epithelhöhe zu Tubulusweite stark zugunsten der letzteren verschoben ist. Die Sammelrohre besitzen einen großen Durchmesser und ein hohes Epithel. Färbung: H. E.; Vergr. 240fach.

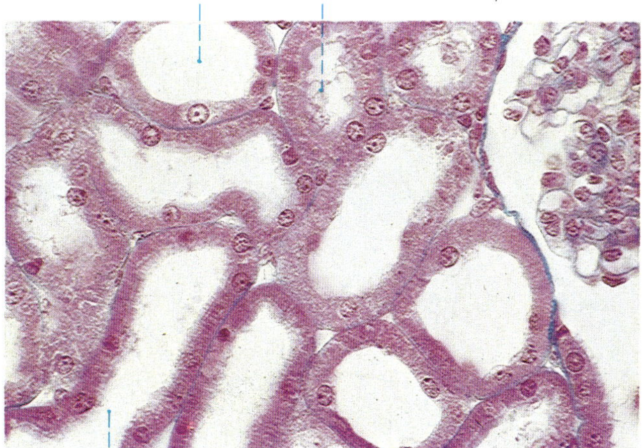

374

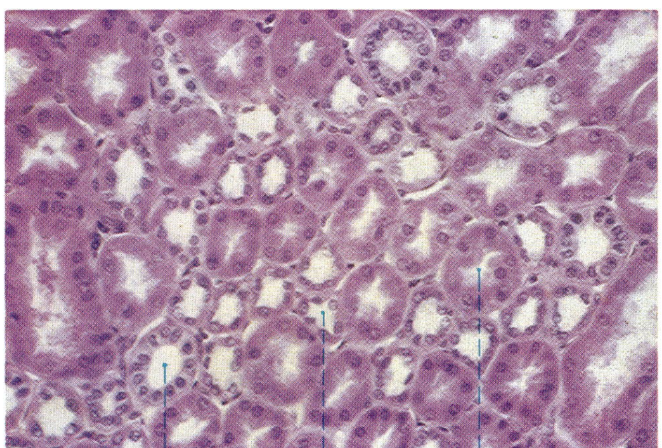

375

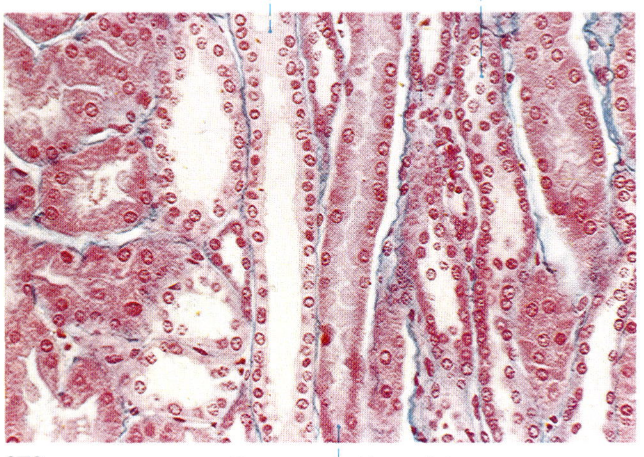

376

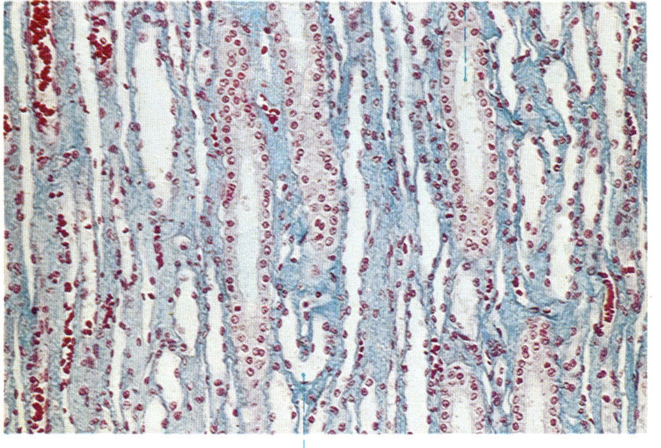

377

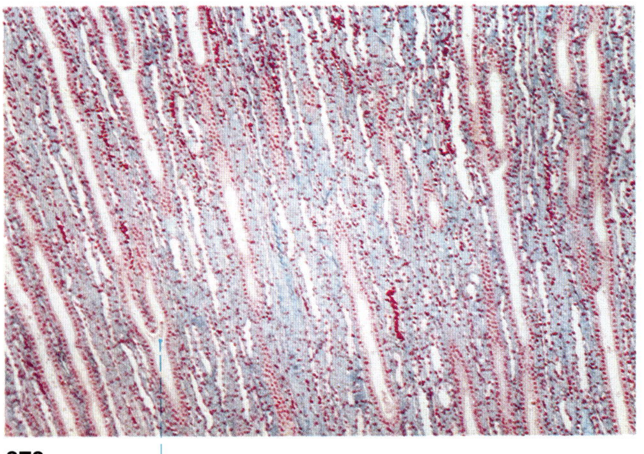

378

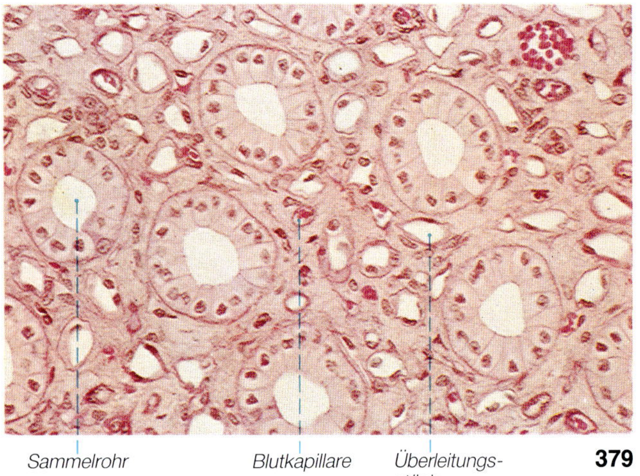

379

Abb. 376. Längsschnitt eines Markstrahls (Niere, Mensch) mit angrenzendem Labyrinth (links im Bild). Die Pars recta eines Hauptstücks zeigt buckelförmig in die Lichtung vorragende Epithelzellen und ein enges Lumen, während das Sammelrohr eine weitere Lichtung und eine fast geradlinig dazu verlaufende Epitheloberfläche aufweist. Der gestreckte Abschnitt des Mittelstücks ist tangential getroffen und daher vor allem durch seinen Kernreichtum vom Hauptstück unterscheidbar. Färbung: Azan; Vergr. 240fach.

Abb. 377. Längsschnitt durch die Innenzone des Nierenmarks (Mensch), in der u. a. die von einem besonders niedrigen Epithel ausgekleideten sog. dünnen Teile der Henleschen Schleife (= Überleitungsstücke) imponieren, deren ab- und aufsteigender Schenkel in einer U-förmigen, mit ihrem Scheitel stets papillenwärts gerichteten Krümmung ineinander übergehen. Färbung: Azan; Vergr. 150fach.

Abb. 378. Längsschnitt durch die Markinnenzone (Niere, Mensch) mit vielen längsgetroffenen Sammelrohren, die sich fortlaufend zu größeren Gängen vereinigen, bis schließlich die auf der Papillenspitze mündenden Ductus papillares entstanden sind. Zwischen den Sammelrohren Anschnitte der dünnwandigen Überleitungsstücke. Färbung: Azan; Vergr. 60fach.

Abb. 379. Querschnitt, Nierenpapille (Mensch) mit Sammelrohren, Überleitungsstücken und Blutkapillaren. Erstere fallen durch ihr hohes Epithel und ihre weite Lichtung auf (Übersichtsbild vgl. Abb. 371). Überleitungsstücke und Kapillaren unterscheiden sich durch das geringfügig höhere Epithel der ersteren, die deutlicher in das Lumen vorspringenden Kerne und ein weiteres Lumen. Die Kapillaren enthalten i. a. Erythrozyten, ihr Endothel enthält flache dunkle Kerne. Färbung: H. E.; Vergr. 240fach.

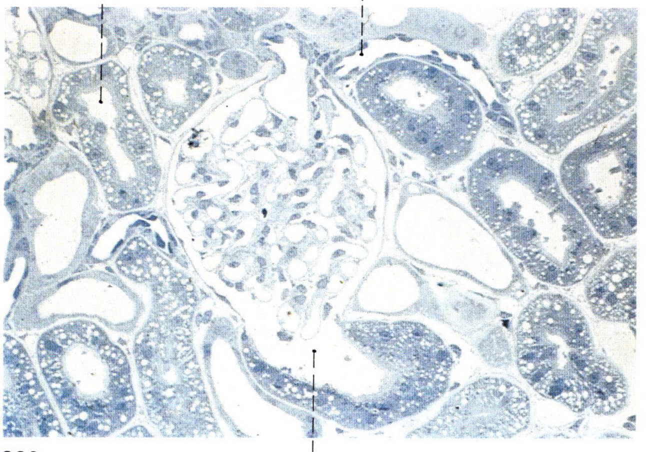

380

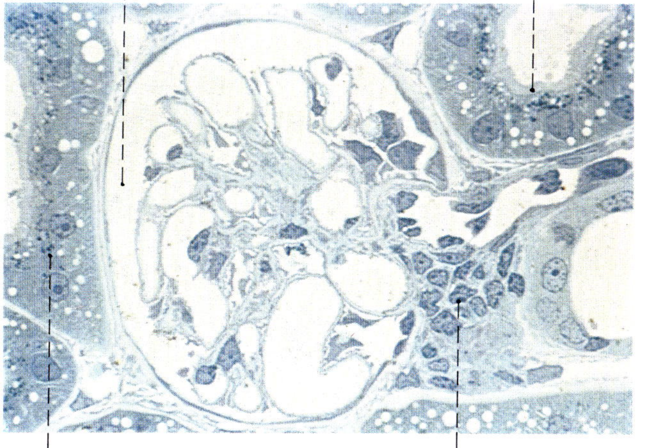

381

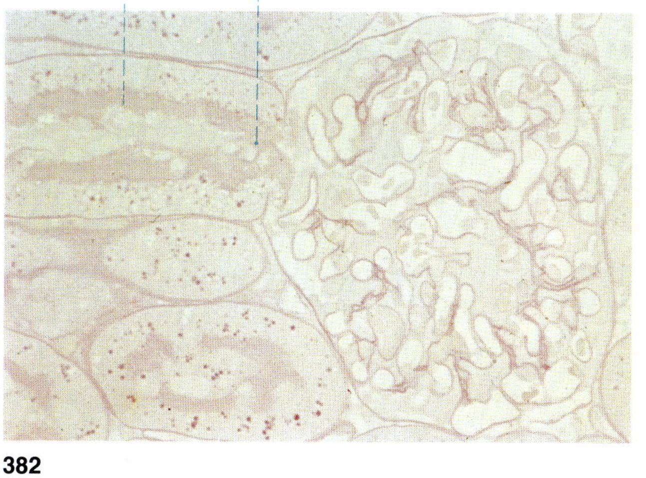

382

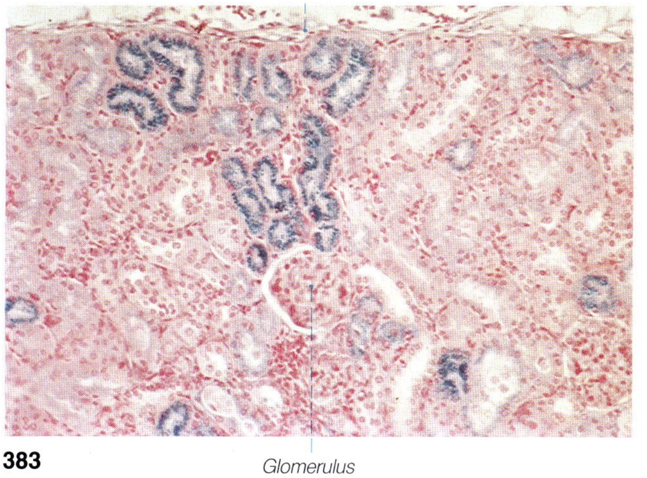

383

Abb. 380. Nierenkörperchen (Ratte) mit Gefäß- (oben im Bild) und Harnpol im semidünnen, ca. 1 μm dicken Schnitt. Die Tubuli contorti der Hauptstücke zeigen einen sehr deutlichen Bürstensaum und an dessen Basis intensiv blau gefärbte, feinste Granula, die den bei der intrazellulären Verarbeitung von Proteinen entstehenden Sekundärlysosomen und Restkörpern entsprechen dürften. Die großen, optisch leeren Vakuolen enthalten möglicherweise Lipide (vgl. dazu auch Abb. 61a). Färbung: Methylenblau-Azur II; Vergr. 240fach.

Abb. 381. Nierenkörperchen mit Gefäßpol (Arteriola efferens) und den im Winkel zwischen zu- und abführender Arteriole gelegenen extraglomerulären Mesangiumzellen („Goormaghtighsche Zellen"), die zum sog. juxtaglomerulären Apparat gehören. Rechts davon Anschnitt des Randbezirks einer Macula densa. Die granulierten, „epitheloiden" Polkissenzellen in der Wand der Arteriola afferens sind nicht vom Schnitt getroffen. Färbung: Methylenblau-Azur II; Vergr. 600fach.

Abb. 382. Nierenkörperchen mit Harnpol im Semidünnschnitt (Ratte). Mi Hilfe einer modifizierten PAS-Färbung sind die Basalmembranen der Glomeruluskapillaren und der Tubuli als zartrosa-violette Linien dargestellt. Beachte auch die PAS-positive Reaktion des Bürstensaums der Hauptstückzellen und der feinen intrazytoplasmatischen Granula. Färbung: modifizierte PAS-Reaktion: Vergr. 480fach (Präparat: Prof. Dr. P. Böck, Institut für Mikromorphologie und Elektronenmikroskopie der Universität Wien).

Abb. 383. Nierenrinde der Ratte mit deutlicher Markierung der gewundenen Abschnitte der Hauptstücke durch Aufnahme und Speicherung des Vitalfarbstoffs Trypanblau. Färbung: Kernechtrot; Vergr. 150fach.

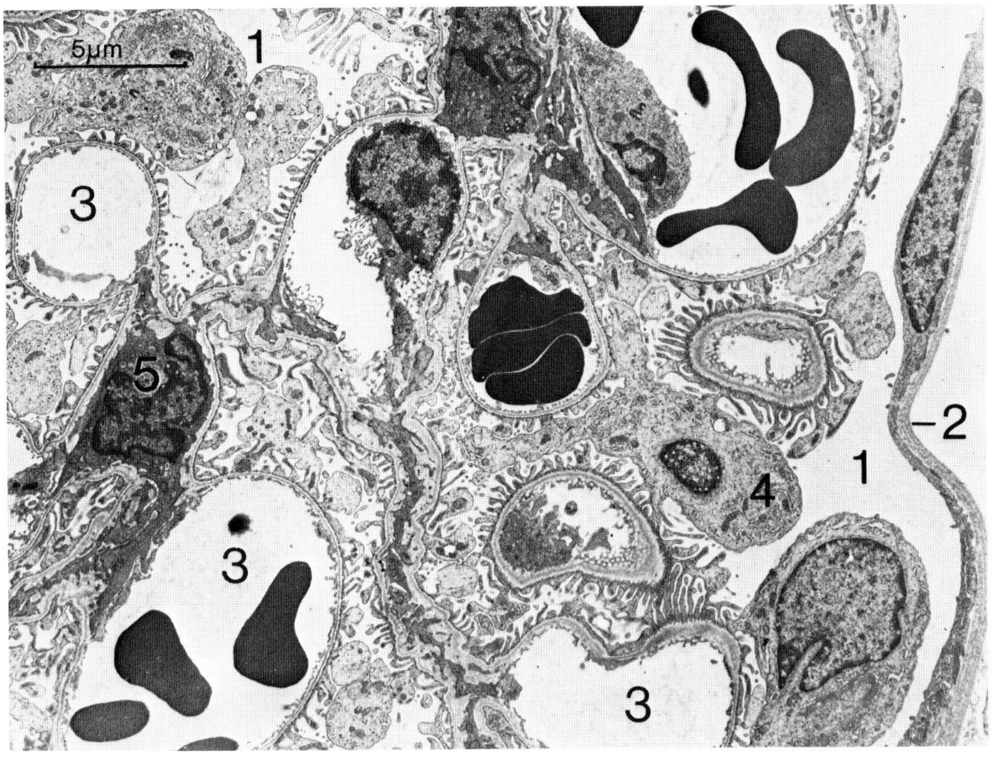

384

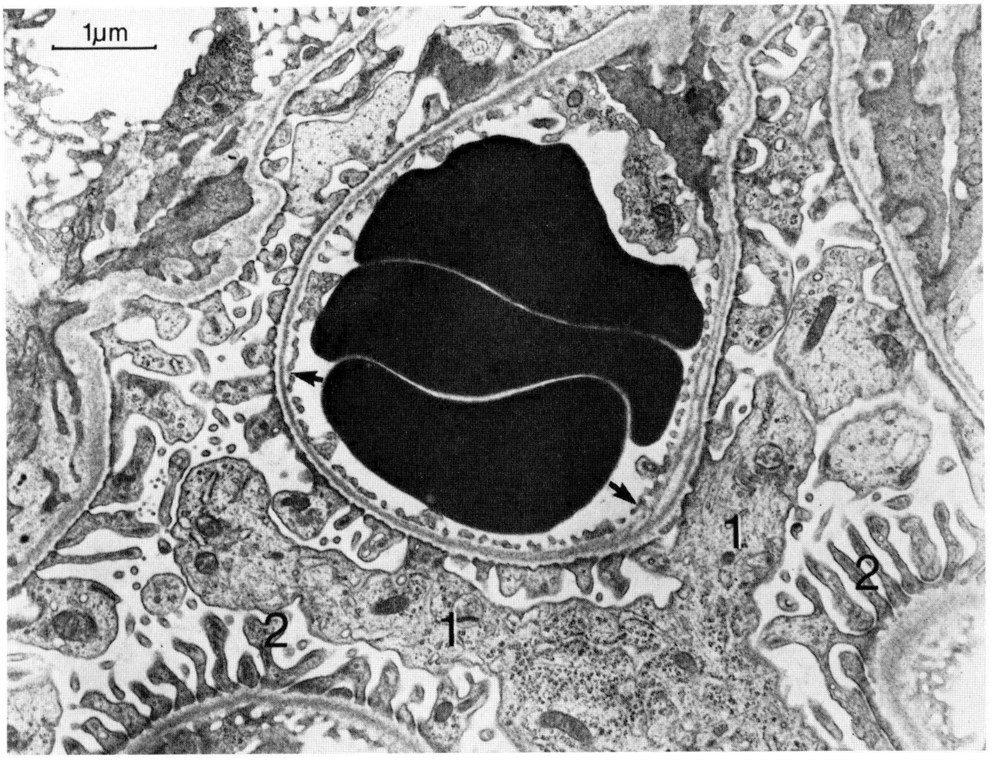

385

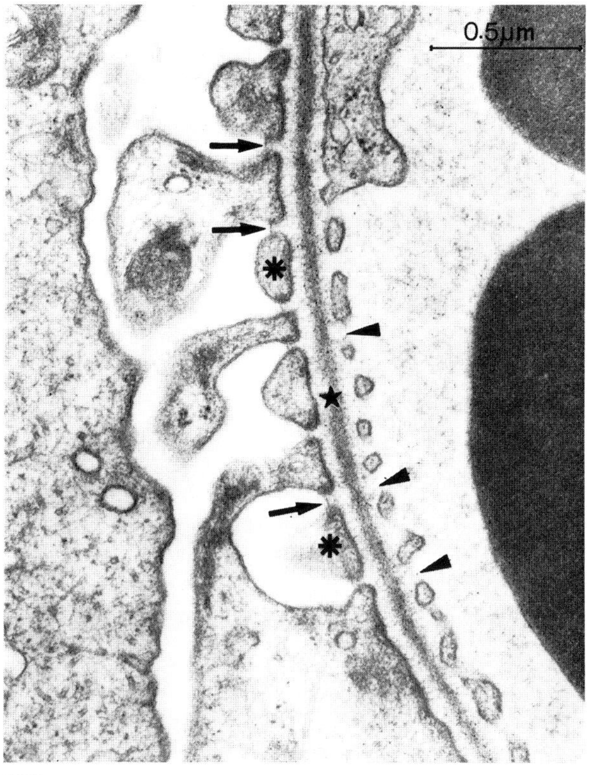

386a

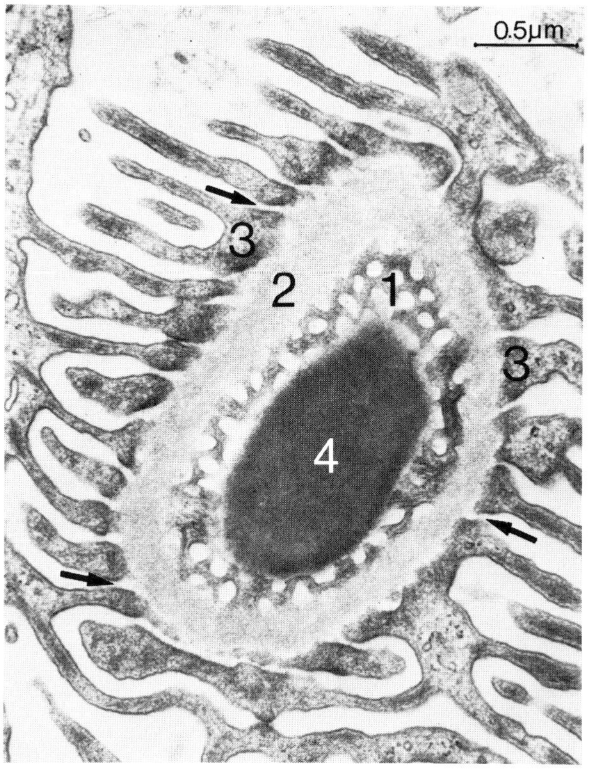

386b

Abb. 386. a) Querschnitt durch die Wand einer Glomeruluskapillare zur Darstellung der Bauelemente der sog. Blut-Harn-Schranke. Das Endothel besteht im Schnittpräparat zum größten Teil aus einer perlschnurartig gereihten Kette kleiner Zytoplasmainseln, zwischen denen etwas unterschiedlich große Lücken (Poren, ▶) verbleiben, die nicht von einem Diaphragma überspannt werden. Die Basalmembranen von Endothel und Podozyten verschmelzen in der Blut-Harn-Schranke zu einer einheitlichen Struktur mit auffallend dicker Lamina densa (ca. 50–60 nm); sie ist ein wichtiger Filter für hochmolekulare Substanzen. Eine weitere wichtige Komponente der Blut-Harn-Schranke ist die Schlitzmembran (→, = Schlitzporendiaphragma), die den 40–45 nm weiten Spaltraum zwischen den Sekundärfortsätzen der Podozyten überbrückt und Substanzen mit einem Molekulargewicht über 70 000 zurückhält. Gesamtvergr. 40 000fach.

b) Der Flachschnitt einer Glomeruluskapillare vermittelt einen besonders guten Eindruck von der siebplattenartigen Struktur des Endothels (**1**) der dicken Basalmembran (**2**) und den interdigitierenden Sekundärfortsätzen (**3**) der Podozyten, zwischen denen nur schmale, ca. 40 nm breite, schlitzförmige Spalten verbleiben; **4** Erythrozyt. Gesamtvergr. 27 000fach.

Abb. 384. Ausschnitt aus einer elektronenmikroskopischen Übersichtsaufnahme eines Nierenkörperchens (Ratte) mit Harnraum (**1**), parietalem Blatt der Bowmanschen Kapsel (**2**) sowie mehreren, z. T. Erythrozyten enthaltenden Anschnitten von Glomeruluskapillaren (**3**). Die elektronenheller erscheinenden Zellen zwischen den Kapillaren sind die Perikaryen der Podozyten (**4**), die dunkleren Zellanschnitte gehören zu Mesangiumzellen (**5**). Gesamtvergr. 4000fach.

Abb. 385. Eine stärkere Vergrößerung aus der vorhergehenden Abbildung zeigt deutlich das von zahlreichen Poren durchsetzte Endothel (→) sowie das komplexe System der Podozytenfortsätze, die in gröbere primäre (**1**) und zarte sekundäre Verzweigungen (**2**) gegliedert werden. Die Fortsätze I. Ordnung gehören zu dem in der vorhergehenden Abbildung mit (**4**) bezeichneten Podozyten. Gesamtvergr. 14 000fach.

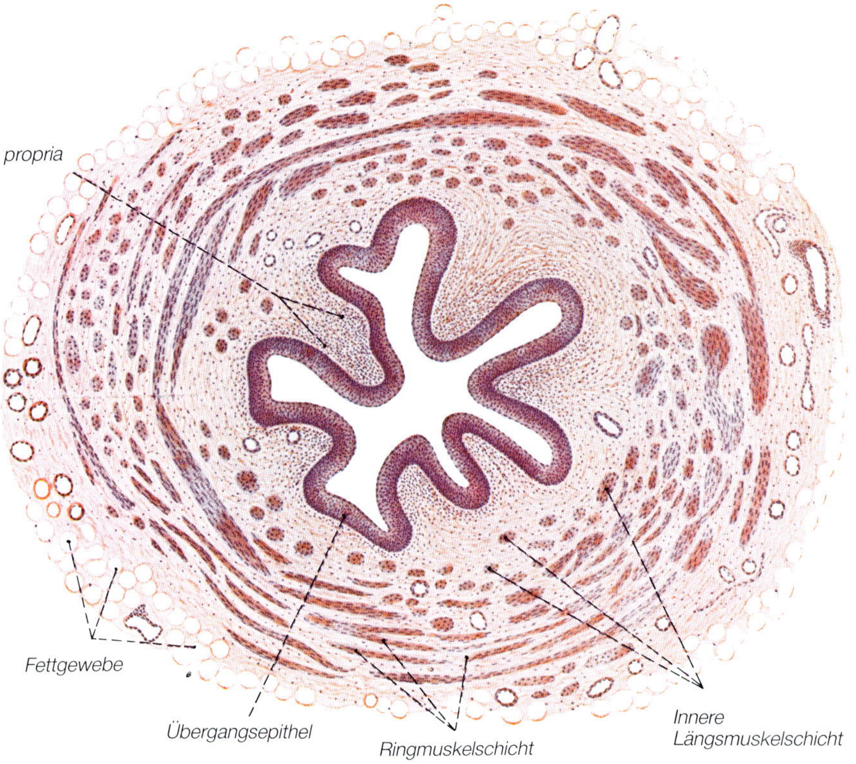

Abb. 387. Querschnitt eines Harnleiters (Mensch) mit sternförmig eingeengter Lichtung (durch Kontraktion der glatten Muskulatur, s. auch Tabelle 15) und einer in Bündeln wechselnder Verlaufsrichtungen angeordneten Tunica muscularis. Diese läßt eine innere längs-, eine mittlere zirkulär- und eine äußere längsorientierte Schicht erkennen, die fließende Übergänge ineinander zeigen. Dieses erklärt sich aus der Tatsache, daß die einzelnen Muskelbündel kontinuierliche, mit unterschiedlichem Steigungswinkel schraubig um die Längsachse gewundene Zellstränge darstellen. Färbung: H. E.; Vergr. 30fach.

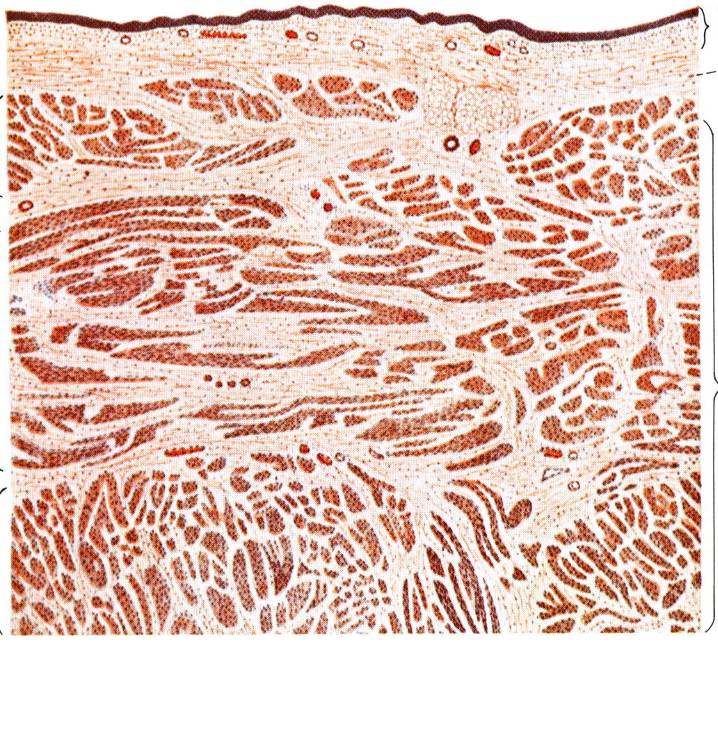

Abb. 388. Auch die Harnblase (Mensch) zeigt, ähnlich wie der Ureter, eine allerdings ebenso unscharfe Gliederung ihrer Tunica muscularis in mehrere Schichten, deren jeweilige Muskelbündel aber als Teile durchlaufender Spiralzüge niemals exakt zirkulär oder längs, sondern meist mehr oder weniger schräg zur Längsachse der Blase orientiert sind. Das Epithel ist wegen des Dehnungszustandes der Blase relativ flach. Färbung: H. E.; Vergr. 18fach.

Querschnitte durch Ureter und Harnblasenwand (gedehnt und ungedehnt) von einem Affen (Pavian) bei gleicher Vergrößerung (100fach), um einen direkten Vergleich der Wandstärken zu ermöglichen.

Abb. 389. Wandsegment eines quergeschnittenen Ureters von einem Pavian mit deutlicher Faltenbildung der Schleimhaut und einem hohen (gestauchten) Übergangsepithel. Die Muskularis besteht aus sich verflechtenden Zügen glatter Muskelzellen ohne typische Schichtengliederung wie beim menschlichen Ureter. Färbung: H. E.; Vergr. 100fach.

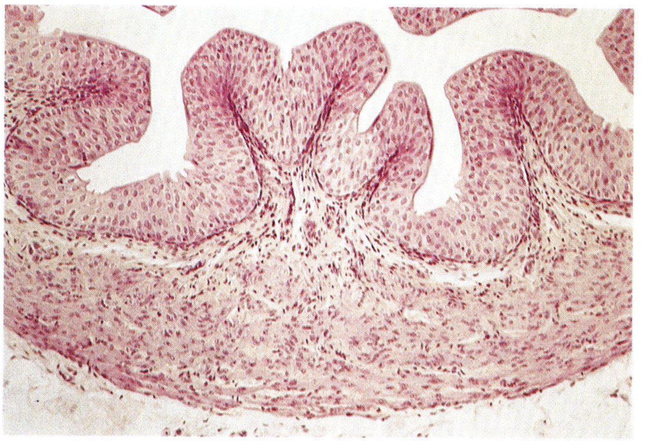

389

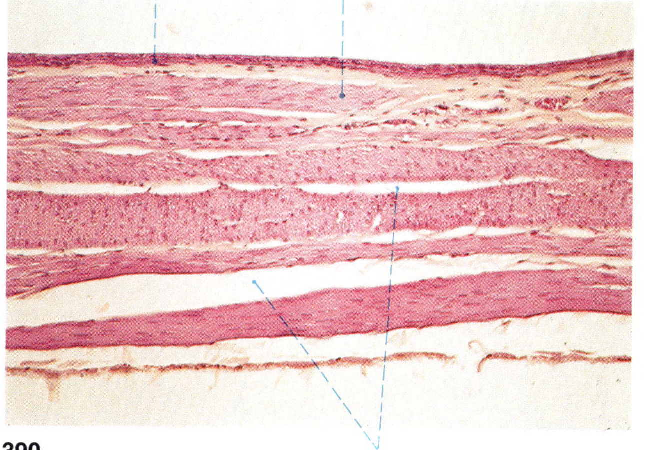

390

Abb. 390. Bei einer maximal erweiterten (passiv gedehnten) Harnblase sind Urothel und die übrige Blasenwand so schmal geworden, daß sie bei dieser Vergrößerung noch vollständig in einem Bild erfaßt werden können. Färbung: H. E.; Vergr. 100fach.

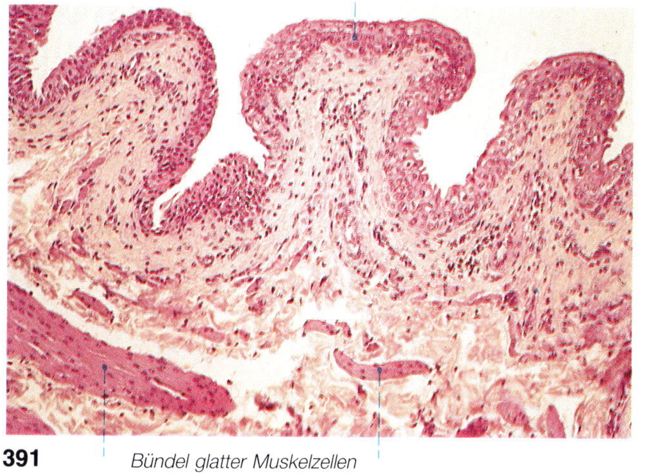

391

Abb. 391. Die Abbildung zeigt einen Ausschnitt aus derselben Harnblase wie zuvor, nur daß dieses Stück Blasenwand sich stark kontrahiert hat. Die Schleimhaut ist zu kräftigen Falten aufgeworfen, die von einem hohen Übergangsepithel bedeckt werden. Beachte, daß von der gesamten Wand bei identischer Vergrößerung nur noch die Mukosa, Submukosa und die allerinnersten Züge der Muskularis in einem Bild erfaßt werden können. Färbung: H. E.; Vergr. 100fach.

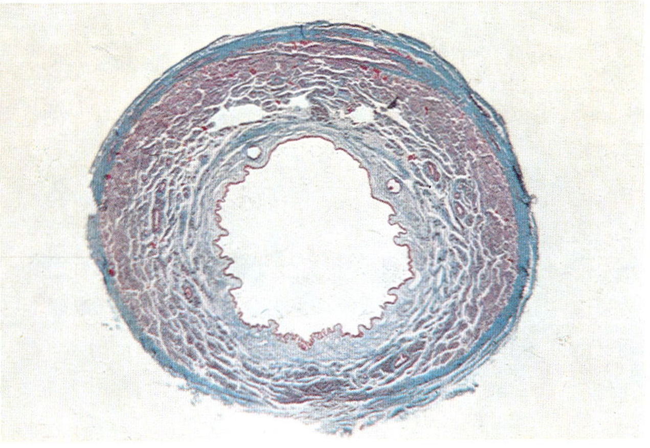

392

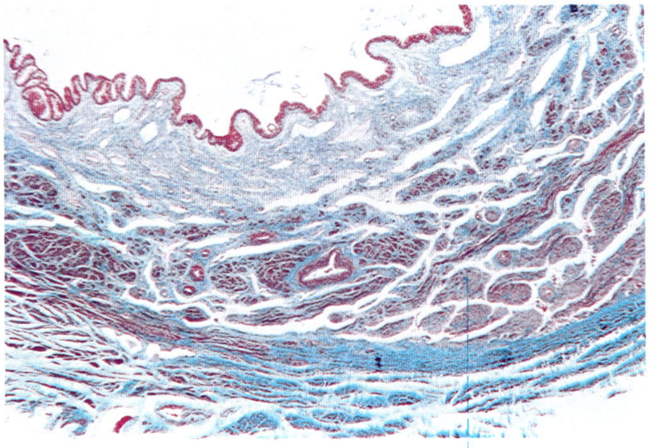

393

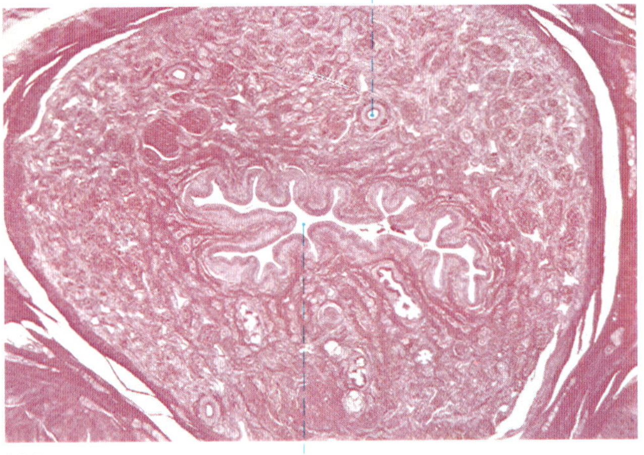

394

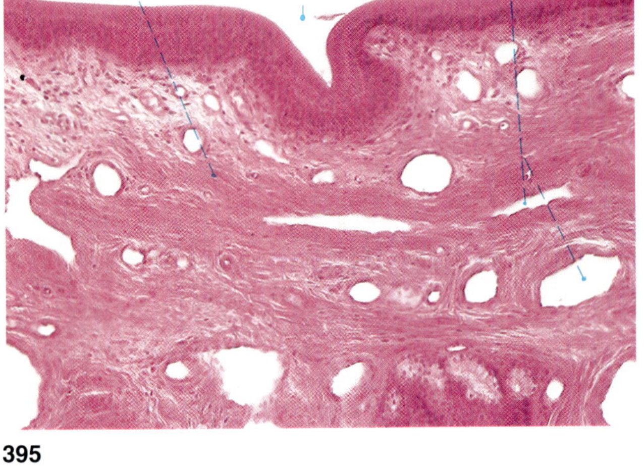

395

Abb. 392. Der Querschnitt einer weiblichen Harnröhre (Urethra, Mensch) zeigt meist eine relativ weite Lichtung und eine aus schmalen Bündeln glatter Muskelzellen bestehende Muskularis, die nach außen an Dichte zunimmt. Färbung: Azan; Vergr. 10fach.

Abb. 393. Die höhere Vergrößerung zeigt im Bindegewebe der Lamina propria zahlreiche Anschnitte von Venen, die als Polster beim Verschluß der Urethra mitwirken; jedoch sind in diesem Schnitt keine der mukösen Gll. urethrales getroffen. Das Epithel ist mehrschichtig prismatisch (Einzelheiten dazu vgl. Abb. 84). Färbung: Azan; Vergr. 62fach.

Abb. 394. Ein Querschnitt durch die Pars spongiosa der männlichen Urethra (Mensch) bietet wegen des die Harnröhrenlichtung umgebenden, sehr charakteristischen venösen Schwellkörpers (Corpus spongiosum penis) keinerlei differentialdiagnostische Schwierigkeiten. Färbung: H. E.; Vergr. 13fach.

Abb. 395. Die stärkere Vergrößerung zeigt auch hier ein relativ hohes, zwei- bis dreischichtiges und nach der Gestalt der obersten Zellage als prismatisch einzuordnendes Epithel. Färbung: H. E.; Vergr. 100fach.

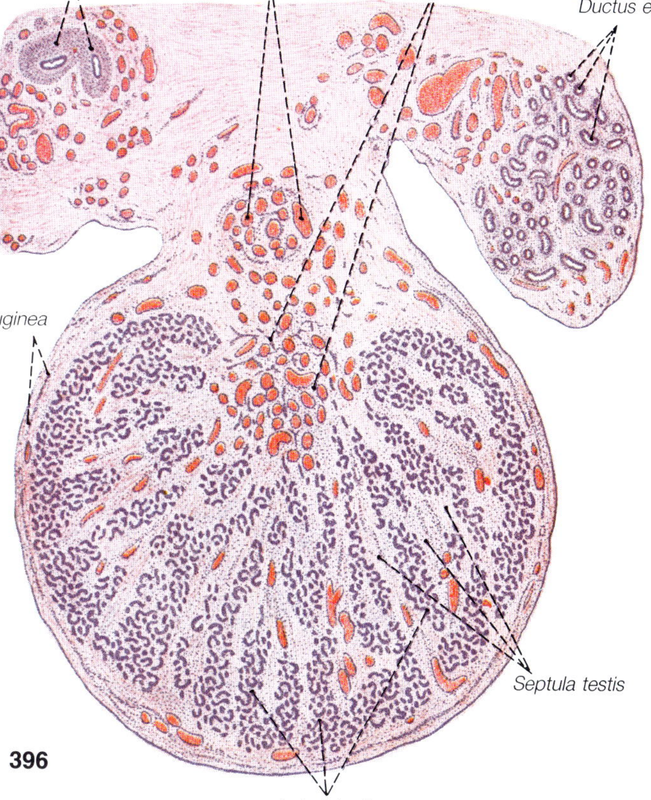

396

Abb. 396. Übersichtspräparat eines kindlichen Hodens (Mensch). Die radiär von der Kapsel (Tunica albuginea) auf den Hilus zustrebenden bindegewebigen Septula testis gliedern das Organ in Läppchen (= Lobuli testis), von denen jedes immer mehrere der stark geschlängelten Hodenkanälchen (= Tubuli seminiferi contorti) enthält. Letztere münden über das im Mediastinum gelegene Rete testis in die Ductuli efferentes des Nebenhodenkopfes (s. Abb. 404 und 405). Färbung: H. E.; Vergr. 16fach.

Abb. 397. Die Tubuli contorti eines fetalen Hodens (Mensch) sind noch weitgehend solide Zellstränge, die nur zwei Arten von Zellen enthalten. Die Mehrzahl wird von den Vorläufern der Sertoli-Zellen gestellt, die durch ihre dicht zusammengelagerten, ovoiden und dunkel gefärbten Kerne auffallen. Die zweite Zellart sind die Urgeschlechtszellen (= Stammzellen der Spermatogonien), die durch ihre Größe, ihr helles Zytoplasma und den stets runden Kern charakterisiert sind. Die Sertoli-Zellen, Abkömmlinge des Coelomepithels, wandern mit den Urgeschlechtszellen in das Hodenmesenchym ein. Färbung: Azan; Vergr. 380fach.

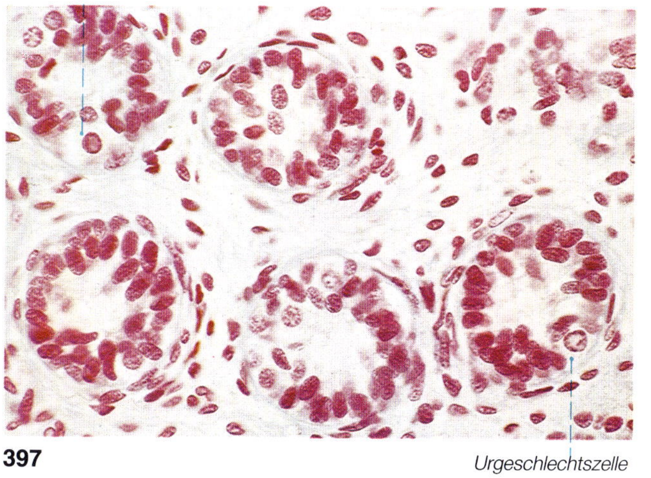

397

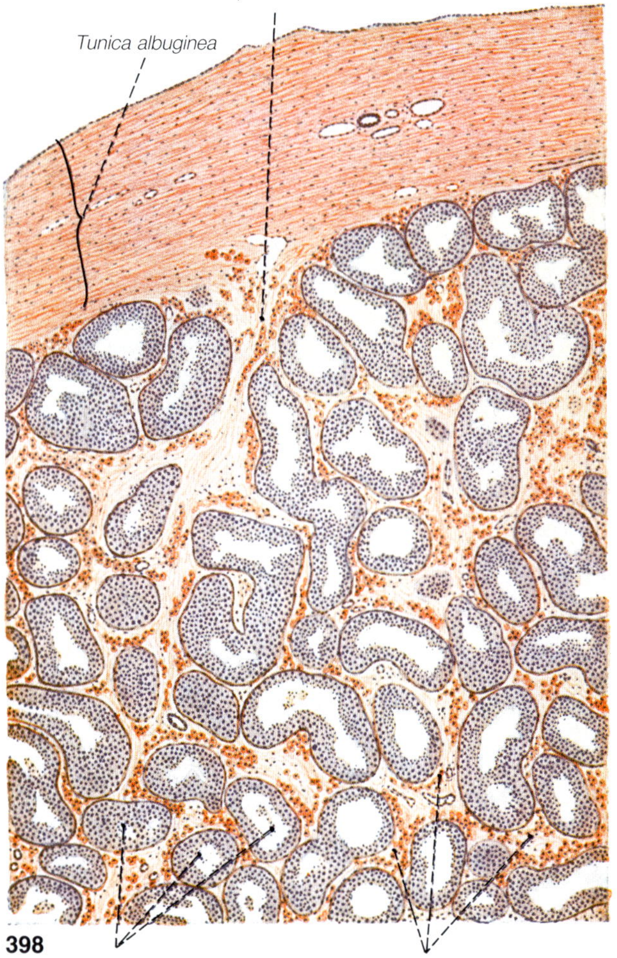

398

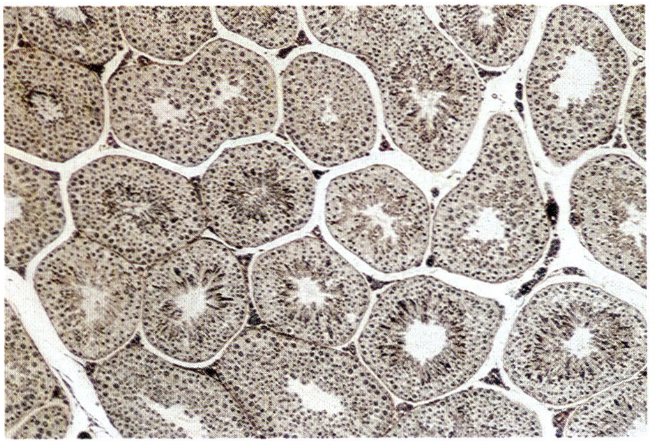

399

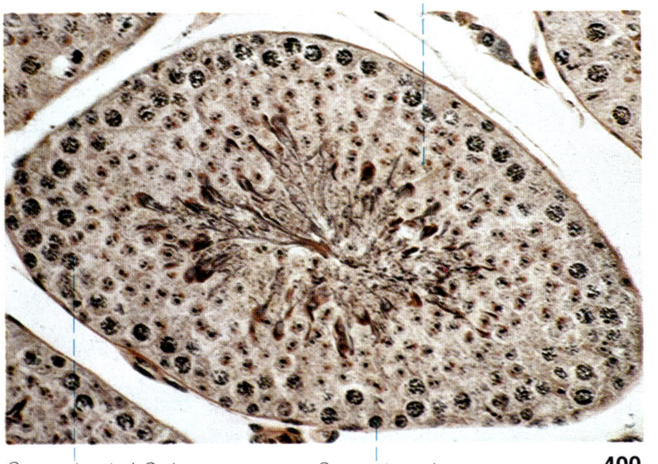

400

Abb. 398. Randpartie eines reifen menschlichen Hodens mit der sehr derben, außen vom mesothelialen Epiorchium bedeckten Tunica albuginea. Zwischen den Anschnitten der Tubuli contorti erkennt man die locker gruppierten, stärker azidophilen Leydigschen Zellen (= Hodenzwischenzellen). Färbung: H. E.; Vergr. 40fach.

Abb. 399. Übersicht über die Tubuli contorti eines Rattenhodens. Derartige Präparate werden häufig zur Demonstration der verschiedenen Stadien der Spermatogenese verwandt, da bei diesen Tieren dieser Prozeß in Wellen entlang der einzelnen Tubuli abläuft. Dadurch herrschen in den einzelnen, in verschiedenen Höhen getroffenen Tubulusanschnitten jeweils bestimmte Zellformen der Spermatogenese vor und sind dadurch auch besonders gut erkennbar. Färbung: Weigerts EH-Benzolichtbordeaux; Vergr. 60fach.

Abb. 400. Tubulusquerschnitt eines Rattenhodens, dessen Keimepithel, abgesehen von den relativ wenigen basal gelegenen Spermatogonien, vor allem von den Spermatozyten I. Ordnung (erkenntlich am ausgeprägten Chromatingerüst) und den aus ihnen durch Teilung hervorgegangenen Spermatozyten II. Ordnung beherrscht wird. Die Tubuluslichtung wird weitgehend von Spermienschwänzen ausgefüllt, deren Köpfe tief im Keimepithel zu liegen scheinen. In Wirklichkeit stecken sie zu mehreren (meist acht) in Einbuchtungen der Sertoli-Zellen. Färbung: Weigerts EH-Benzolichtbordeaux; Vergr. 240fach.

Abb. 401. Querschnitt eines Tubulus contortus (Hoden, Mensch) mit Zellformen der Spermatogenese. Die basal liegenden Zellen mit rundem Kern sind die Spermatogonien. Die über ihnen gelegenen größeren und ebenfalls runde Kerne aufweisenden Elemente sind die durch Teilung und Wachstum aus den erstgenannten hervorgegangenen Spermatozyten I. Ordnung. Lumenwärts folgen die durch die erste Reifeteilung entstandenen, oft schwer abgrenzbaren und nur kurze Zeit existierenden kleineren Spermatozyten II. Ordnung. Aus der zweiten Reifeteilung gehen dann die oft zahlreichen haploiden Spermatiden hervor. Die Köpfe der reifen Spermatiden und der Spermatozoen treten als farbdichte, kommaförmige Gebilde deutlich hervor. Im interstitiellen Bindegewebe Anschnitte mehrerer Leydigscher Zwischenzellen, von denen die oben im Bild gelegenen die farblosen, stäbchenförmigen Reinkeschen Kristalle enthalten (Einzelheiten dazu vgl. Abb. 51). Färbung: Azan; Vergr. 240fach.

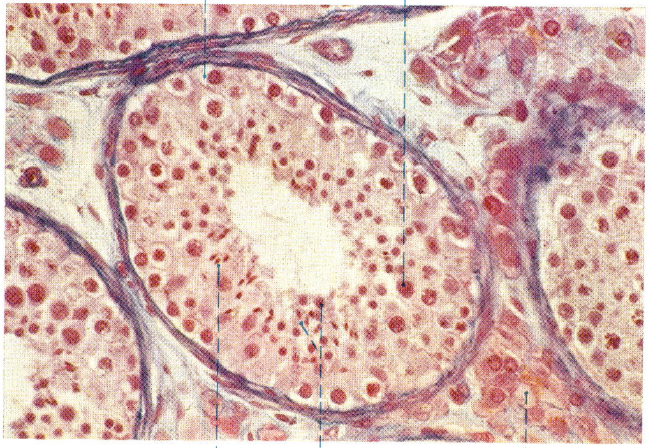

401

Abb. 402. Die höhere Auflösung des Keimepithels (Hoden, Mensch) läßt vor allem die Kerne der Sertoli-Zellen klar erkennen. Sie unterscheiden sich durch den stets deutlichen Nukleolus und die Chromatinarmut ihres Kernes von den Zellformen der Spermatogenese. Beachte am linken unteren Rand des Tubulus die Telophase einer Spermatogonienteilung. Färbung: Azan; Vergr. 380fach.

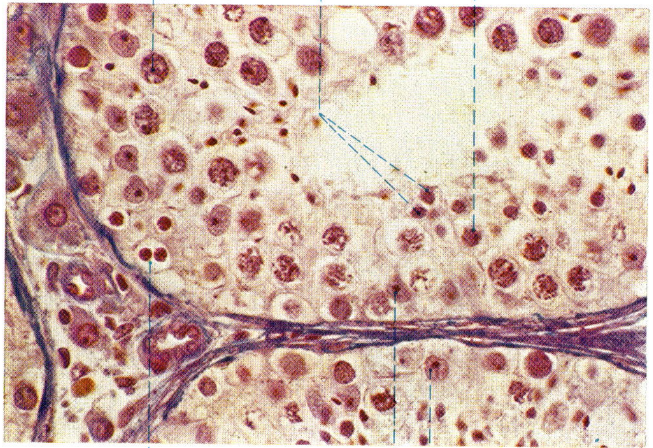

402

Abb. 403. Da zur diagnostischen Abklärung der Spermatogenese beim Menschen heute Semidünnschnitte von in Kunstharz eingebetteten Hodenbiopsaten untersucht werden, wird hier ein mit gleicher Technik hergestellter Schnitt von einem Rattenhoden gezeigt. Beachte vor allem die im Vergleich zu dem in Paraffin eingebetteten Material wesentlich klarer erkennbaren zytologischen Einzelheiten wie Chromatinmuster und Nukleolen. Färbung: Thionin; Vergr. 250fach.

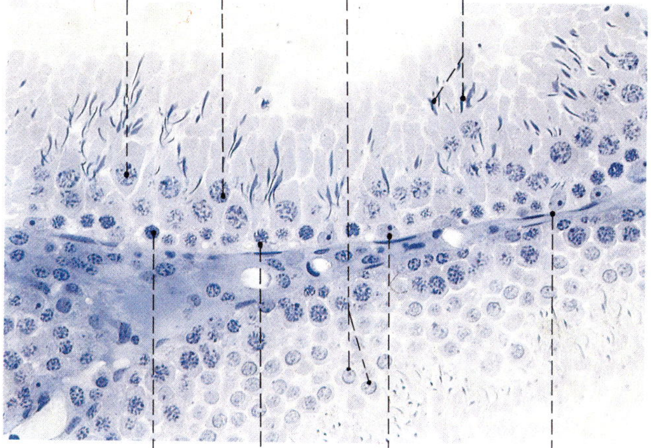

403

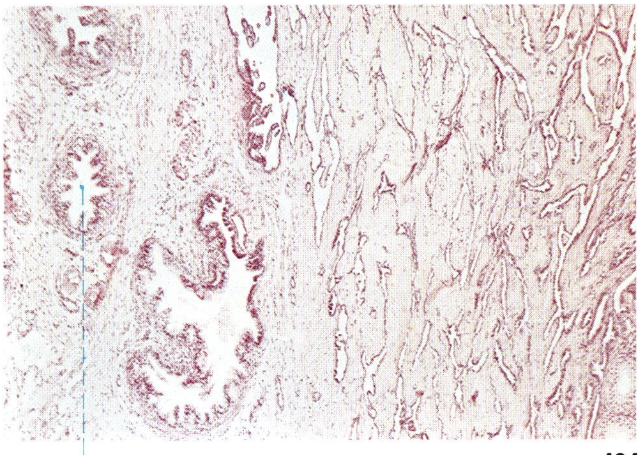

404

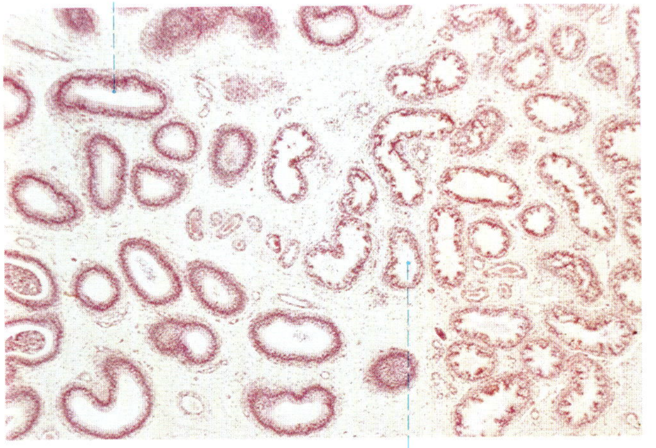

405

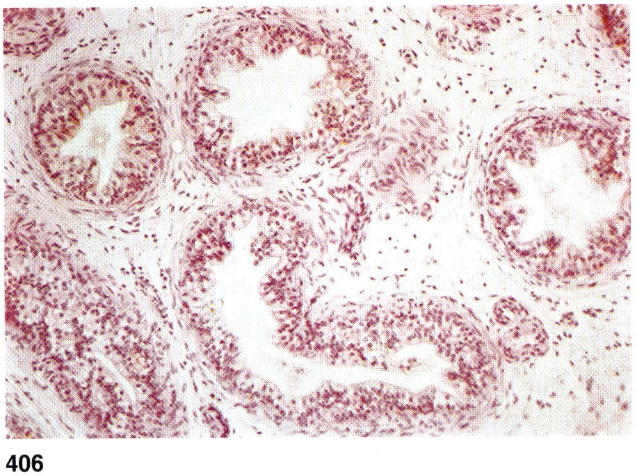

406

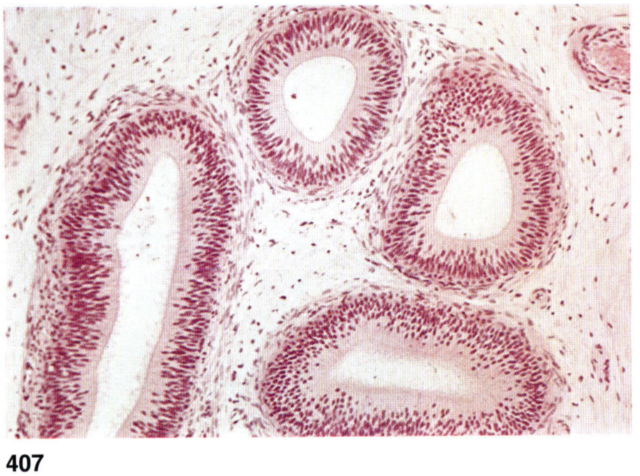

407

Abb. 404. Schnitt durch das Mediastinum testis (rechts im Bild) und den angrenzenden Nebenhodenkopf (Mensch). Die stark verzweigten, engen und miteinander anastomosierenden Kanälchen des Rete testis bilden den Anfang der samenableitenden Wege und münden in die Ductuli efferentes des Caput epididymidis. Färbung: H. E.; Vergr. 38fach.

Abb. 405. Übersicht über den Nebenhoden (Mensch) mit Anschnitten der beiden in ihm vorkommenden Kanalsysteme. Die stark gewundenen Ductuli efferentes liegen im Kopf (rechts im Bild), der noch stärker aufgeknäuelte Ductus epididymidis in Körper und Schwanz des Nebenhodens. Die Ductuli efferentes sind schon bei schwacher Vergrößerung an der sägeblattartigen Kontur ihrer Lichtungen von den innen stets glatt begrenzten Anschnitten des Nebenhodengangs zu unterscheiden. Färbung: H. E.; Vergr. 25fach.

Abb. 406. Die stärkere Vergrößerung läßt erkennen, daß sowohl die Höhe der prismatischen Epithelzellen als auch ihre Schichtung entlang der Zirkumferenz eines Ductulus efferens mehr oder weniger regelmäßig wechseln. Die in die Lichtung vorspringenden Kuppen werden von einem hochprismatischen mehrreihigen bis mehrschichtigen Epithel mit Kinozilien gebildet, die Buchten hingegen von einem ein- bis zweireihigen isoprismatischen Epithel ohne Flimmerhaare. Letztere sind wegen der zu niedrigen Vergrößerung hier allerdings nicht deutlich. Färbung: H. E.; Vergr. 96fach.

Abb. 407. Das Epithel des Ductus epididymidis ist dagegen sehr ebenmäßig, zweireihig hochprismatisch und trägt Stereozilien. Auch hier sind diese Oberflächendifferenzierungen wegen der zu geringen Vergrößerung nicht sichtbar (Einzelheiten dazu s. Abb. 85 u. 93). In den Lichtungen finden sich oft massenhaft Spermien. Färbung: H. E.; Vergr. 96fach.

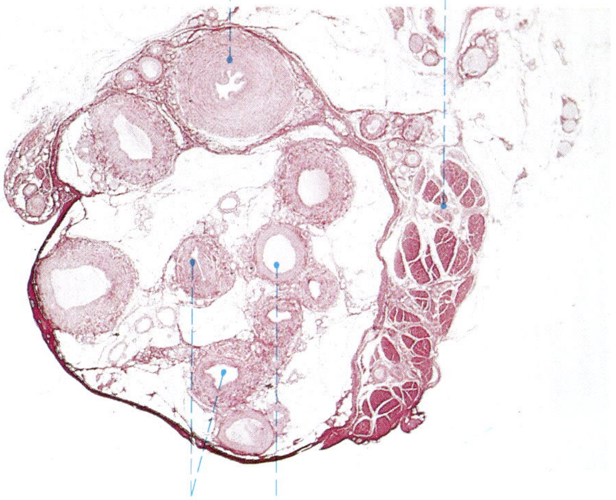

408

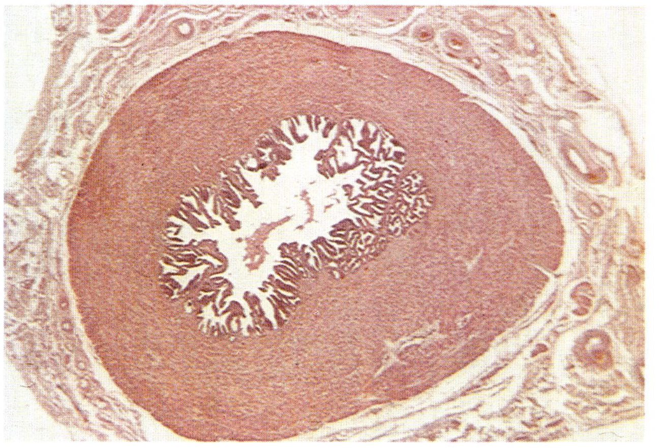

409

Abb. 408. Querschnitt durch einen menschlichen Samenstrang (Funiculus spermaticus) mit Samenleiter (Ductus deferens) und zahlreichen Gefäßen. Die Venen sind hier mit ihrer dreischichtigen Media ungewöhnlich dickwandig und können daher leicht mit Arterien verwechselt werden (vgl. auch Abb. 274, 275). Den M. cremaster erkennt man rechts in der Wand des Funiculus spermaticus außen der Fascia spermatica interna angelagert. Färbung: H.E.; Vergr. 7fach.

Abb. 409. Querschnitt der Ampulla ductus deferentis (Mensch), die sich vom Samenleiter durch das netzförmige Faltenrelief ihrer Schleimhaut und eine nicht mehr so deutlich dreigeschichtete Muskularis unterscheidet. Von der Vesicula seminalis ist die Ampulla vor allem durch ihre wesentlich engere Lichtung und die dickere Muskelmanschette abzugrenzen (vgl. mit Abb. 412). Färbung: H. E.; Vergr. 17fach.

Abb. 410. Der Ductus deferens (Mensch) ist charakterisiert durch eine dicke, deutlich in drei Schichten gegliederte Muskularis, die aus kontinuierlichen Zügen glatter Muskelzellen bestehen soll. Diese verlaufen außen steil, in der Mittelschicht zirkulär und innen wieder steil, so daß im Querschnitt eine äußere Längs-, mittlere Ring- und innere Längsmuskulatur imponiert. Das Epithel ist zweireihig prismatisch mit Stereozilien, die gegen Ende des Samenleiters fehlen (!). Die Lichtung ist durch Kontraktion der Muskulatur sternförmig eingeengt (vgl. Tabelle 15). Färbung: H. E.; Vergr. 53fach.

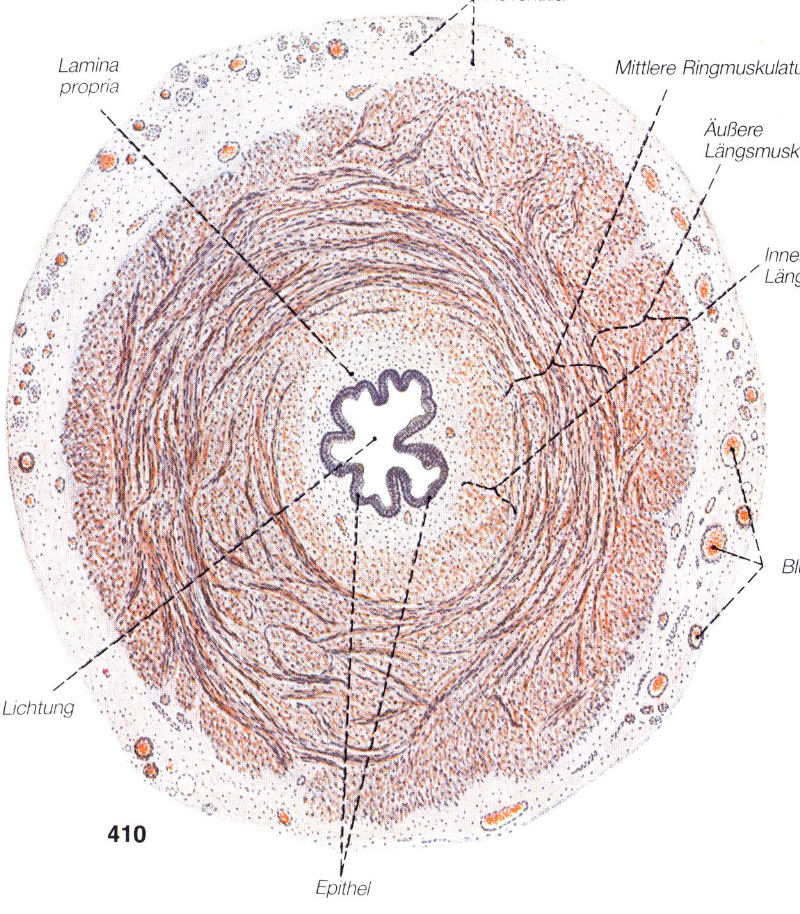

410

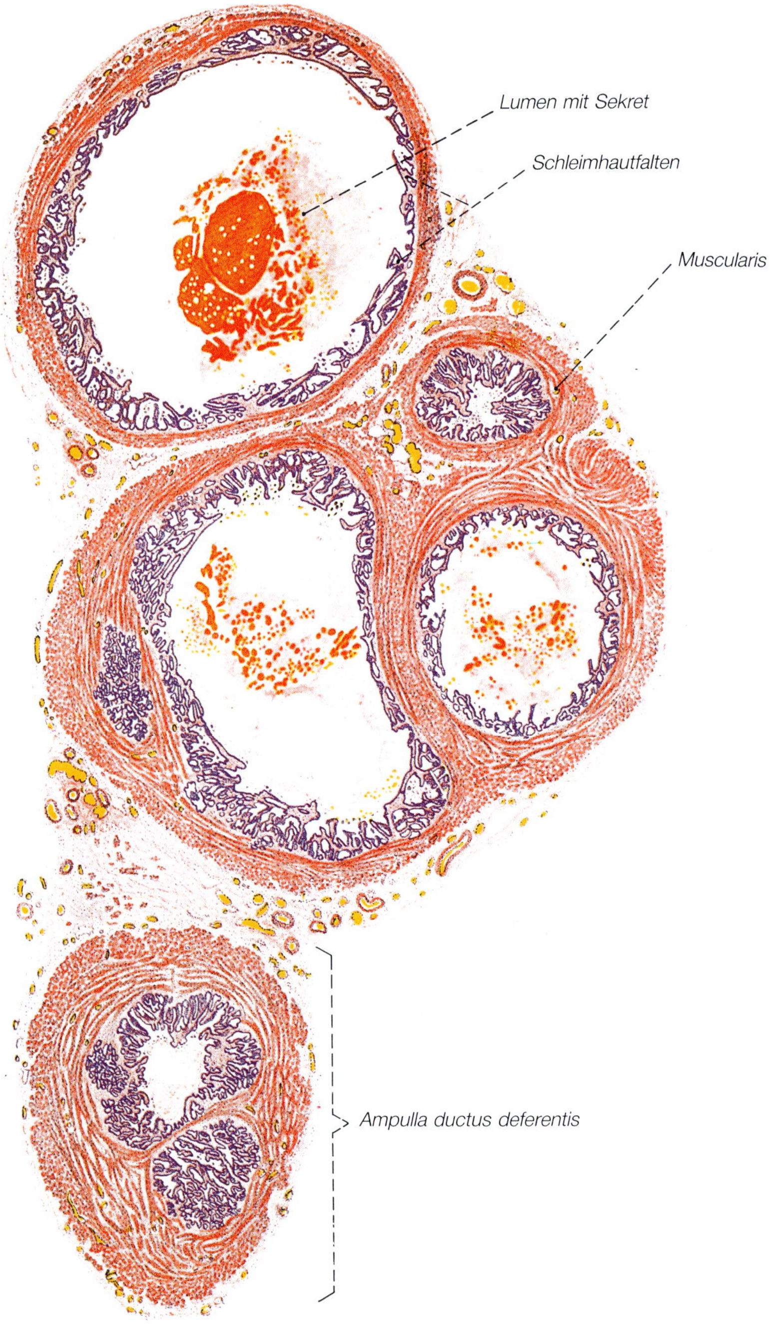

Abb. 411. Übersicht über die Vesicula seminalis und die Ampulla ductus deferentis (Zeichnung). Zur Differenzierung dieser beiden einander ähnlichen Hohlräume dienen vor allem die Unterschiede in der lichten Weite sowie in der Dicke der sie umgebenden Muskelmanschette. Vergleiche auch mit den Originalen der Abb. 409 und 412. Färbung: H. E.; Vergr. 13fach.

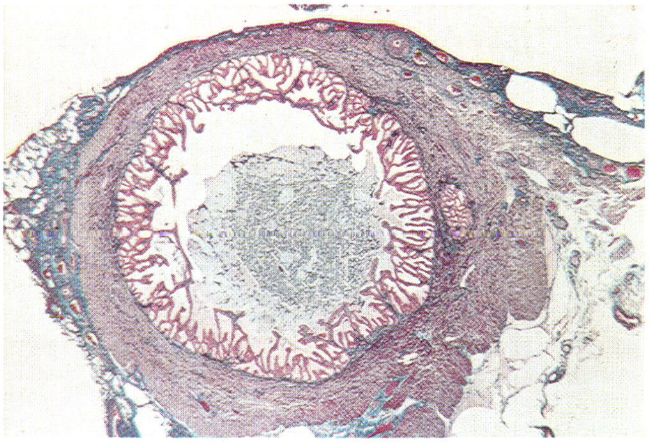

412

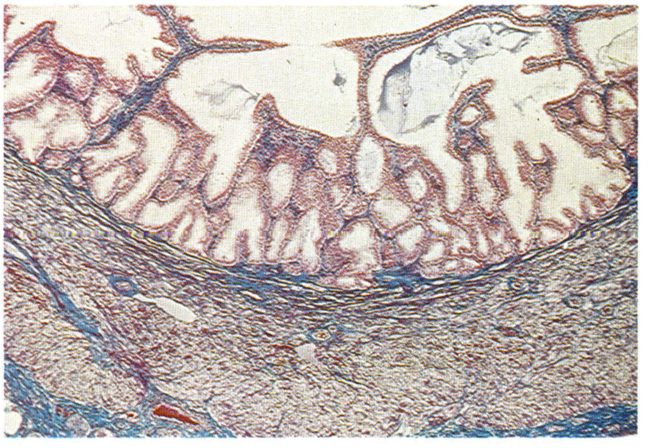

413

Abb. 412. Querschnitt eines Samenbläschens (Vesicula seminalis, Mensch) mit dem charakteristischen Faltenrelief seiner Schleimhaut sowie der kräftigen, überwiegend schräg und längs angeordneten Muskularis, die keine deutliche Schichtengliederung mehr erkennen läßt. Zur Unterscheidung gegen die Ampulla ductus deferentis (Abb. 409) s. Legende Abb. 411. Färbung: Azan; Vergr. 17fach.

Abb. 413. Die stärkere Vergrößerung läßt die fast filigranartige Textur der Schleimhaut erkennen, die durch die vielfach miteinander anastomosierenden zarten, epithelbedeckten Falten zustande kommt. Auch hier finden sich also, ähnlich wie in der Gallenblase, von Epithel ausgekleidete Hohlräume innerhalb der Schleimhaut. Allerdings sind diese in den Samenbläschen sehr viel zahlreicher, und vor allem erlaubt die kräftige Muskularis eine sichere Abgrenzung gegen die Vesica fellea (vgl. Abb. 326). Färbung: Azan; Vergr. 48fach.

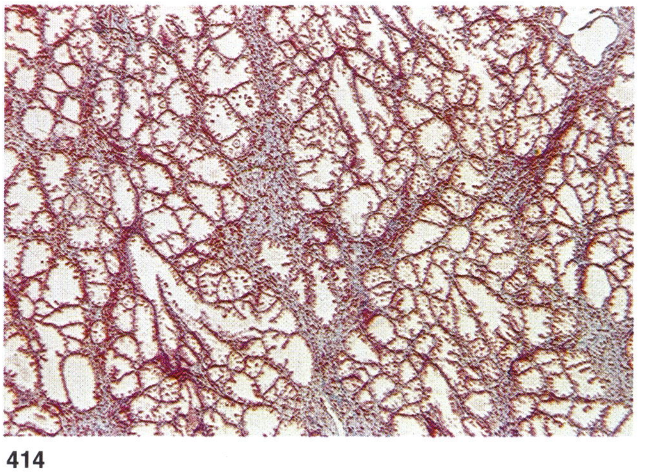

414

Abb. 414. Übersicht über die Vorsteherdrüse (Prostata, Mensch). Diese tubuloalveoläre Drüse besteht aus großen, unregelmäßig geformten, oft mehrfach gebuchteten Kammern; Ausführungsgänge sind selten. Schon dadurch ist die Prostata von einer laktierenden Mamma zu unterscheiden, mit der sie oft verwechselt wird (zur Diff.-Diagn. s. Abb. 418ff. u. Tabelle 14). Färbung: Azan; Vergr. 34fach.

Abb. 415. Die stärkere Vergrößerung zeigt, daß das wechselnd hohe prismatische Epithel der Endstücke zu kleinen Falten aufgeworfen ist, die in ihrer Gesamtheit diesen sezernierenden Abschnitten eine halskrausenähnliche Innenkontur verleihen. Spezifisch für die Prostata sind die zahlreichen, sich in allen Richtungen durchflechtenden Bündel glatter Muskelzellen innerhalb der Bindegewebssepten. Färbung: Azan; Vergr. 150fach.

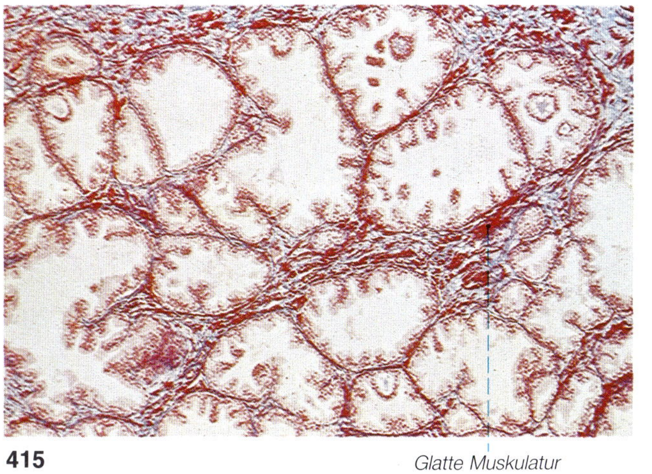

415

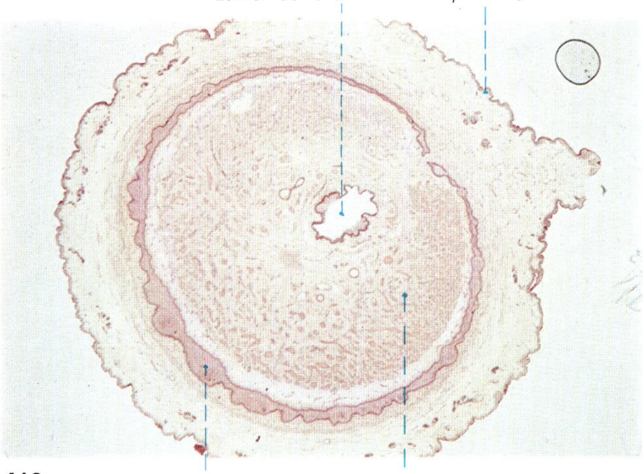

416

Abb. 416. Querschnitt durch die Glans penis (Kind) in Höhe der Fossa navicularis. Das innere Epithel des Präputiums ist noch fest mit der epithelialen Oberfläche der Glans verklebt, so daß diese von einem soliden Epithelstrang ringförmig umgeben wird. Die Urethra besitzt so nah der äußeren Mündung bereits ein mehrschichtiges unverhorntes Plattenepithel. Färbung: H. E. (abgeblaßt); Vergr. 7,5fach.

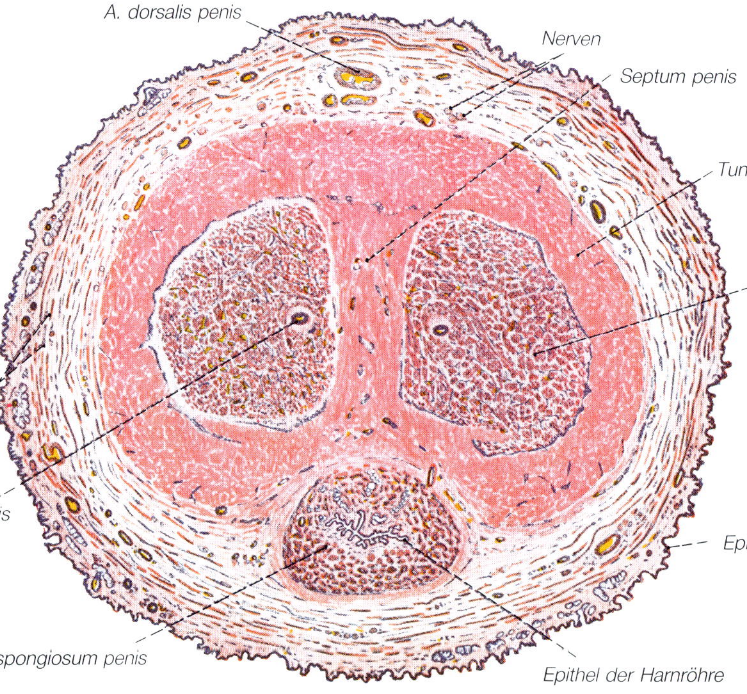

Abb. 417. Penisquerschnitt (Mensch). Einzelheiten des Corpus spongiosum penis sowie der männlichen Urethra s. Abb. 394 u. 395. Färbung: H. E.; Vergr. 4fach.

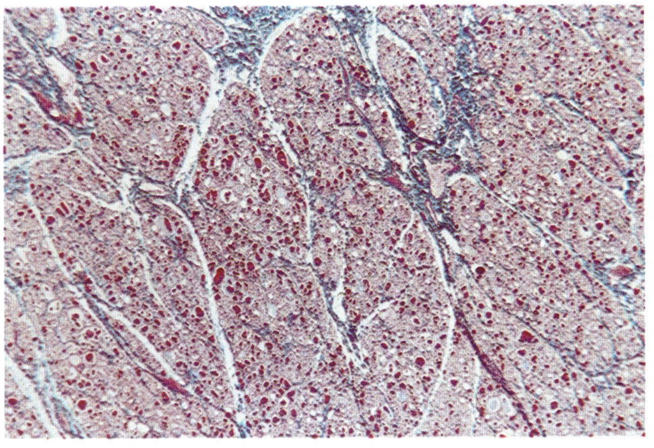

418

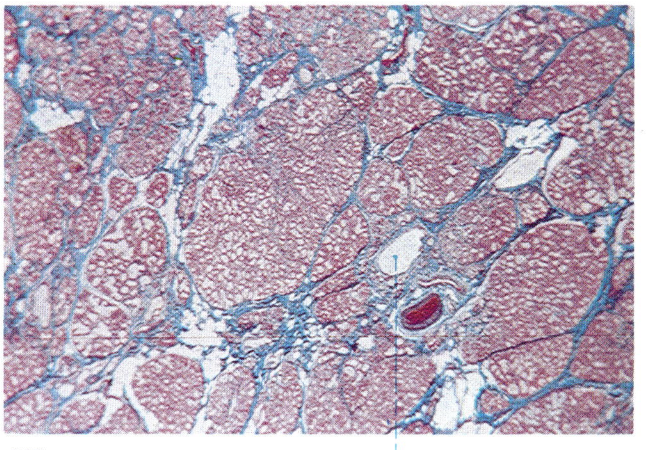

419

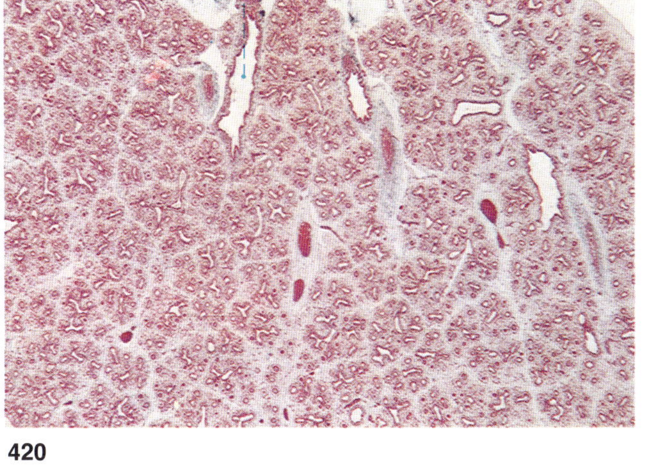

420

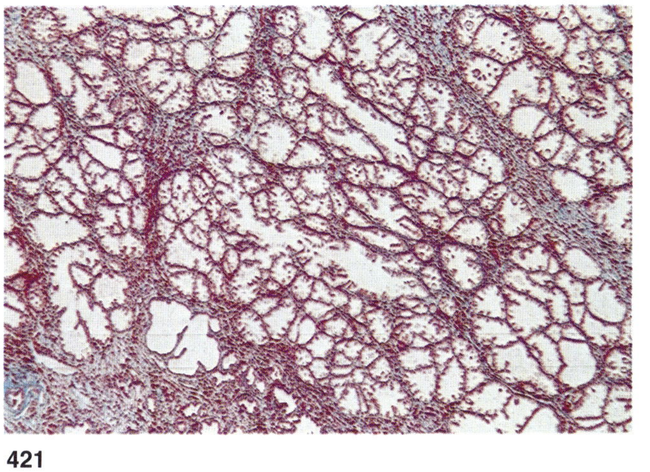

421

Abb. 418–421. Bei einer vergleichenden Gegenüberstellung der besonders häufig miteinander verwechselten alveolären Drüsen, Gl. thyreoidea (Abb. 418), Mamma lactans (Abb. 419) und Prostata (Abb. 421), wird deutlich, daß letztere kaum eine Läppchengliederung besitzt und sich schon dadurch von den beiden vorgenannten unterscheidet. Besonders charakteristisch für die Prostata ist die glatte Muskulatur im interstitiellen Bindegewebe. Die laktierende Brustdrüse ist gegen die Gl. thyreoidea vor allem durch den Nachweis größerer, epithelausgekleideter Ausführungsgänge abzugrenzen, wohingegen die Schilddrüse durch ihre unterschiedlich großen und in wechselndem Ausmaß mit Kolloid gefüllten Endstücke (= Follikel) charakterisiert ist.

In diesem Zusammenhang muß auch die embryonale Lunge (Abb. 420) erwähnt werden, die wie die Drüsen eine epitheliale Sproßbildung darstellt und auch dieselbe Wuchsform aufweist. Sie wird am häufigsten mit einer proliferierenden Brustdrüse verwechselt, vor allem dann, wenn das Präparat nicht zuerst mit Lupenvergrößerung sorgfältig durchmustert wurde. Charakteristisch sind die an den weitlumigen, epithelausgekleideten Gängen (= Anlagen der Bronchien) gelegenen Anschnitte embryonalen Knorpels (vgl. dazu auch Abb. 359 u. Tabelle 14) sowie das noch mesenchymale, d. h. sehr zellreiche und lockere Bindegewebe um die wechselnd gestalteten Epithelsprossen. Färbung: alle Abbildungen Azan; Vergr. alle Abbildungen 38fach.

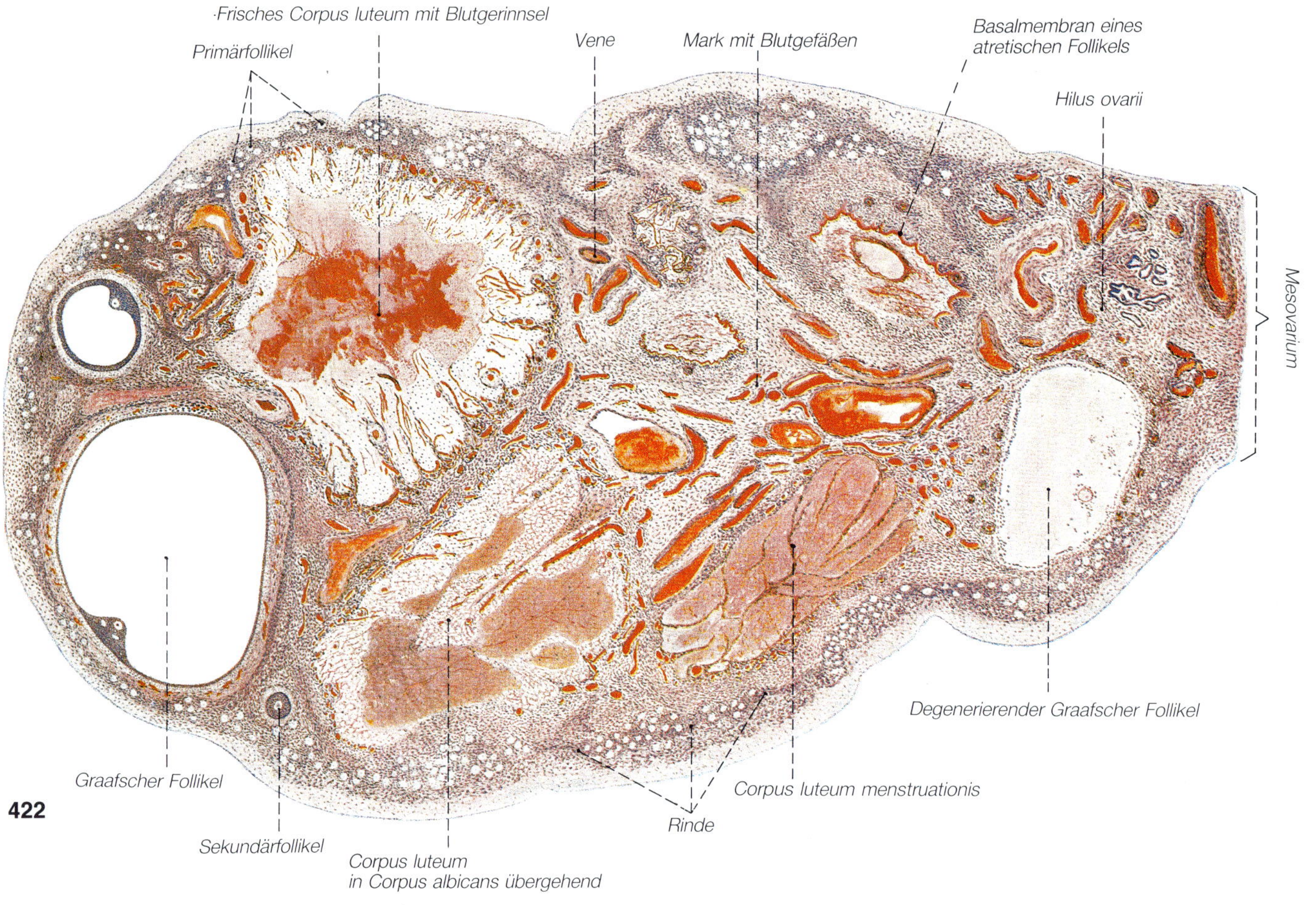

422

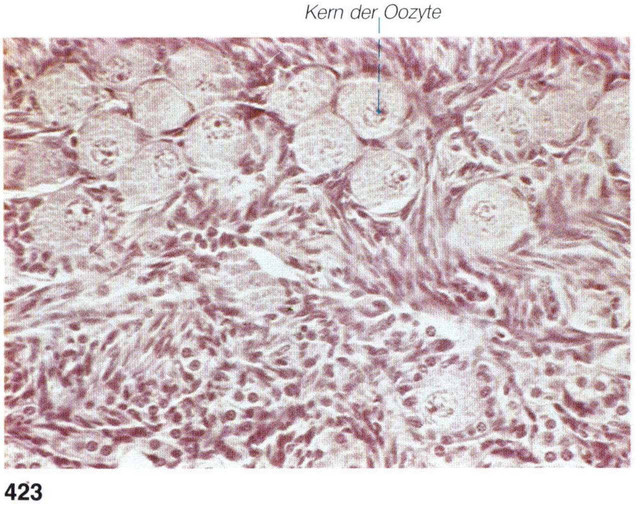

423

Abb. 422. Etwas schematisierende und aus mehreren Einzelschnitten zusammengestellte Zeichnung eines vollständigen Querschnitts (zu erkennen am Mesovarium) durch ein menschliches Ovar (aus Patzelt: Histologie; 3. Aufl., Urban & Schwarzenberg, Wien 1948).
Zum Auffinden der verschiedenen Reifestadien der Follikel muß man bei Lupenvergrößerung geeignete Stellen suchen. Da dies bei menschlichen Eierstöcken oft schwierig sein kann (Lebensalter), werden im mikroskopischen Kurs immer auch Präparate von Ovarien verschiedener Tierspezies (Maus, Katze u. ä.) gezeigt. Färbung: H. E.; Vergr. ca. 15fach.

Abb. 423. Mehrere Primordialfollikel in der Rindenzone eines Katzenovars. Diese bestehen aus der primären Oozyte und einem der Keimzelle eng anliegenden, einschichtigen, platten bis kubischen Epithel (= Follikelepithel). Primordialfollikel werden gelegentlich mit Spinalganglienzellen verwechselt (vgl. Abb. 19 u. 523), wenn das Präparat nicht zuerst mit der Lupenvergrößerung (!) durchmustert wird. Färbung: H. E.; Vergr. 240fach.

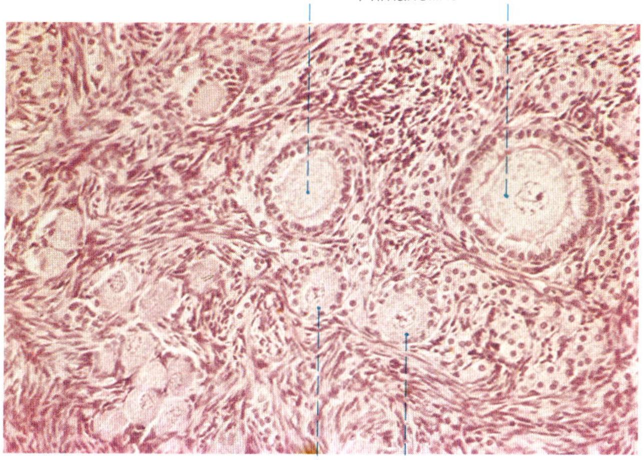

424

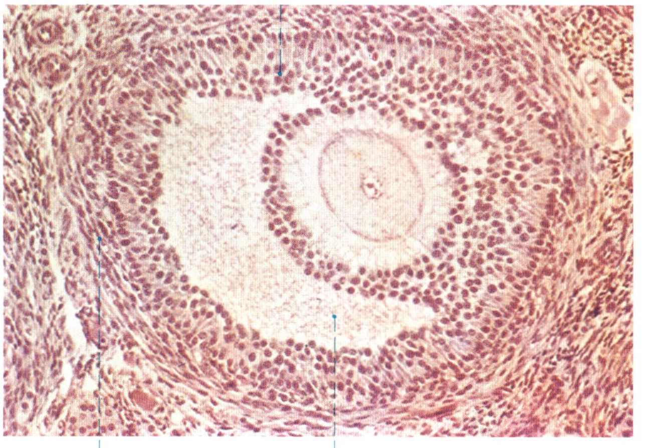

425

Abb. 424. Rindenzone eines menschlichen Ovars mit mehreren Primordial- und zwei Primärfollikeln. Letztere sind durch ihr höheres, zunächst kubisches, dann prismatisches Epithel, eine mukopolysaccharidreiche Grenzschicht („Glashaut", Zona pellucida) zwischen Follikelepithel und Keimzelle und eine wesentlich größer gewordene primäre Oozyte charakterisiert. Färbung: H. E.; Vergr. 150fach.

Abb. 425. Früher Tertiärfollikel (Graaf) mit sichelförmigem Antrum folliculi und beginnendem Eihügel (Cumulus oophorus). Das mehrschichtige Follikelepithel bildet die Wand dieses zunehmend mit Flüssigkeit (Liquor folliculi) gefüllten Bläschens und wird jetzt auch als Membrana granulosa bezeichnet. Das nach außen direkt angrenzende bindegewebige Stroma ovarii hat sich bereits zu zirkulär den Follikel umkreisenden Zellzügen, der Theca folliculi, umgruppiert, ohne aber schon eine Differenzierung in die spätere Theca interna und externa erkennen zu lassen. Färbung: H. E.; Vergr. 150fach.

Abb. 426. Wand eines Gelbkörpers des Menschen mit großen Granulosaluteinzellen (Follikelepithel) und kleineren Thekaluteinzellen (Theca interna). Beide Zellformen enthalten Fetteinschlüsse und bilden Steroidhormone (Progesteron, Östrogen). Färbung: Benzolichtbordeaux; Gesamtvergr. 200fach.

Abb. 427. Die stärkere Vergrößerung läßt die ungewöhnliche Größe der Granulosaluteinzellen und deren unterschiedlichen Vakuolisierungsgrad sehr deutlich erkennen. Corpus luteum, Katze. Färbung: Azan; Vergr. 380fach.

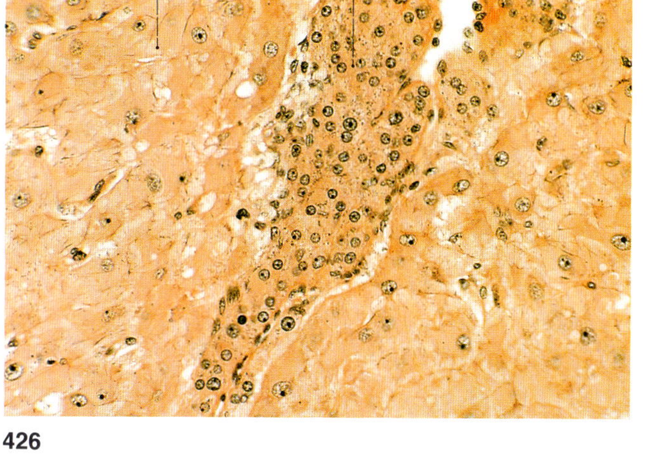

426

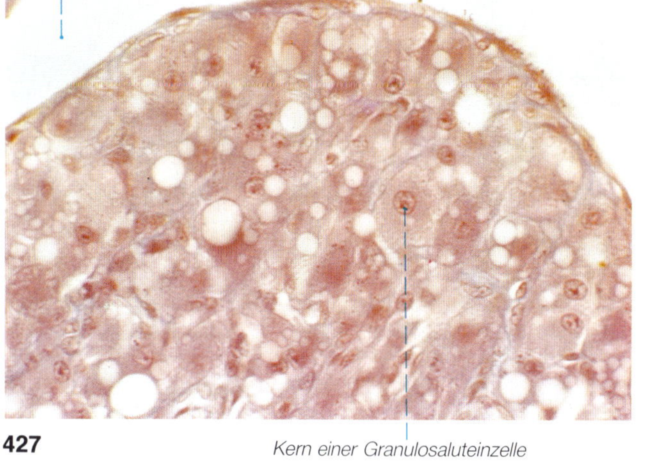

427

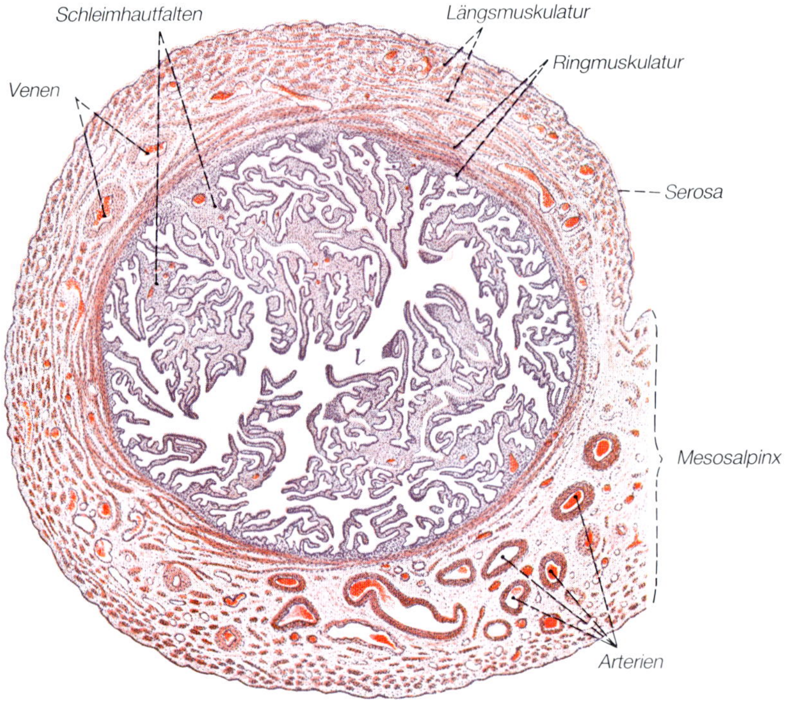

Abb. 428. Querschnitt eines Eileiters in Höhe seiner Ampulle (Tuba uterina, Mensch). Charakteristisch sind vor allem die zarten, reichverzweigten Schleimhautfalten sowie die locker gefügte, nicht streng in Schichten gegliederte Tunica muscularis, die bis unter die Serosa reicht. Bei vollständiger Entnahme und sorgfältiger Fixierung des Präparates läßt dieses außen einen Serosaüberzug erkennen (kann aber fehlen!). Zur Differentialdiagnose s. Tabelle 15. Färbung: H. E.; Vergr. 22fach.

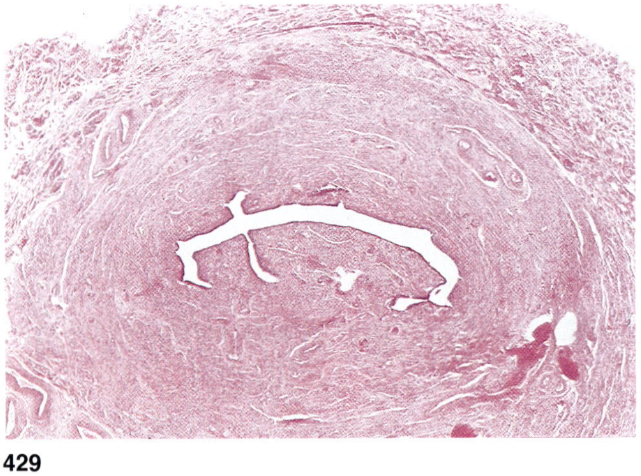

429

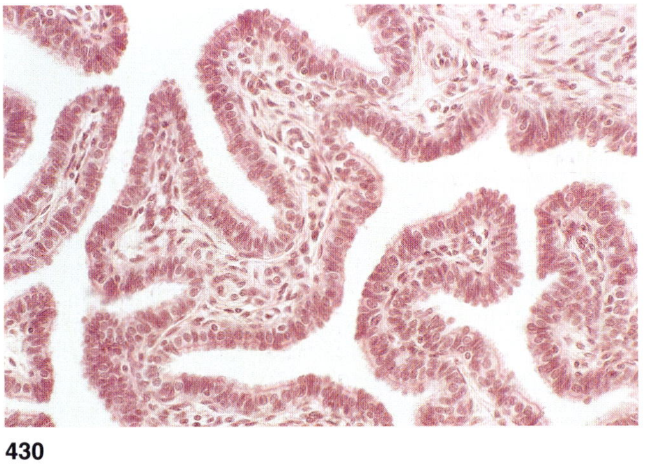

430

Abb. 429. Übersichtsaufnahme eines Tubenquerschnitts vom Menschen im Bereich der Pars uterina des Eileiters. Beachte das im Vergleich zur Ampulle spaltförmig enge Lumen, das völlige Fehlen von Schleimhautfalten und die dichter gepackte, überwiegend zirkulär geordnete Muskulatur. Färbung: H. E.; Vergr. 24fach.

Abb. 430. Falten der Tubenschleimhaut des Menschen mit einschichtigem Epithel aus Flimmer- und Drüsenzellen, die in den verschiedenen Zyklusphasen unterschiedlich differenziert sind; ausgereifte Zilien- und Drüsenzellen sind vor allem in der Zyklusmitte zu finden. Dichte, sog. Stiftchenzellen, entstehen in der zweiten Zyklushälfte. Färbung: H. E.; Gesamtvergr. 200fach.

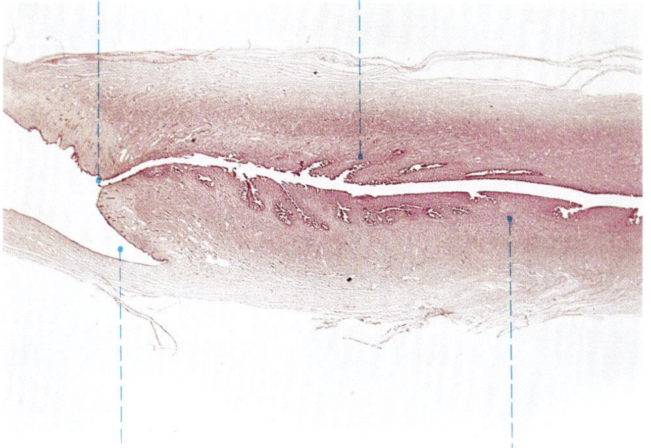

431

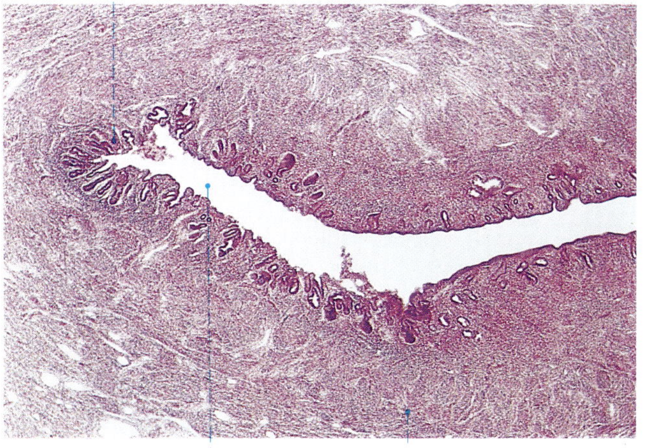

432

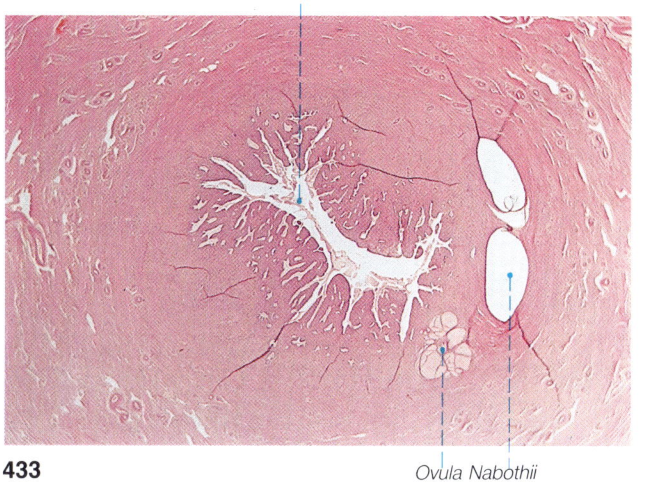

433

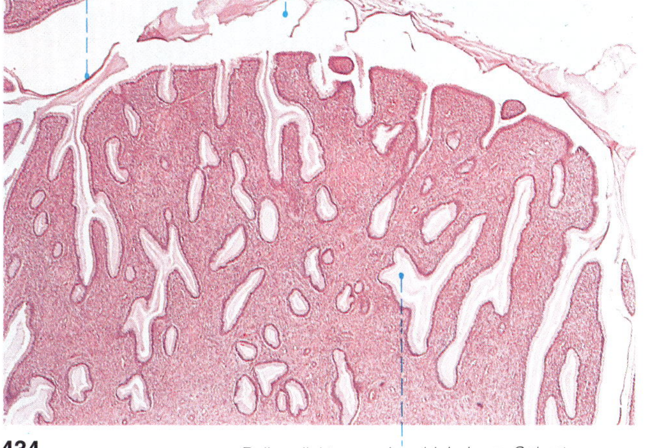

434

Abb. 431. Längsschnitt durch große Teile (Cervix und Corpus) einer menschlichen Gebärmutter (15jähriges Mädchen) mit angrenzendem Scheidengewölbe (Fornix vaginae). Letzteres umschließt den in die Vagina ragenden Teil der Cervix (= Portio vaginalis cervicis). Die schmale Uterushöhle öffnet sich mit dem äußeren Muttermund auf der Portio vaginalis. Färbung: H. E.; Vergr. 5fach.

Abb. 432. Ausschnittsvergrößerung aus dem blinden Ende des Cavum uteri des vorhergehenden Präparates zur Illustration der Schleimhaut mit ihren jetzt noch unverzweigten tubulösen Drüsen. Färbung: H. E.; Vergr. 23fach.

Abb. 433. Übersichtsaufnahme eines vollständigen Uterusquerschnitts (Mensch) in Höhe der Portio vaginalis. Neben dem mit Schleimresten gefüllten Zervikalkanal erkennt man drei Ovula Nabothii. Diese epithelausgekleideten Zysten erreichen Durchmesser von mehreren Millimetern und entstehen durch Verlegung der Drüsenausführungsgänge. Der daraus resultierende Sekretstau verwandelt den Drüsenkörper allmählich zu diesen Zysten. Färbung: H. E.; Vergr. 5fach.

Abb. 434. Eine Ausschnittsvergrößerung des Zervikalkanals der vorhergehenden Abbildung zeigt zahlreiche intensiv verzweigte tubulöse Drüsen. Sie werden von einem hohen prismatischen Epithel ausgekleidet, dessen Zellen genau wie die an der freien Oberfläche mit schleimigem Sekret gefüllt sind. Letzteres findet sich auch in den Lichtungen der Drüsen und im Zervikalkanal. Färbung: H. E.; Vergr. 23fach.

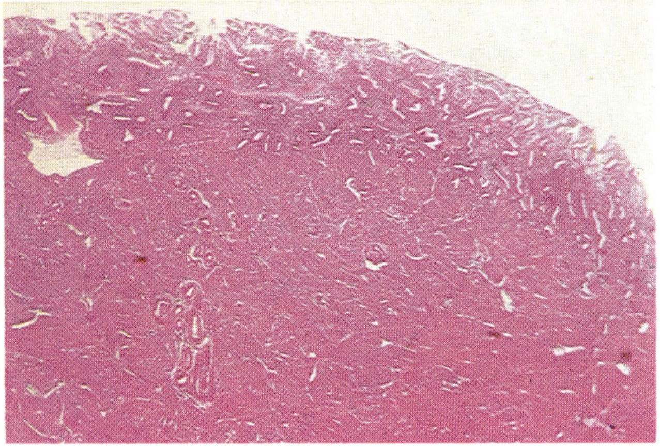

435

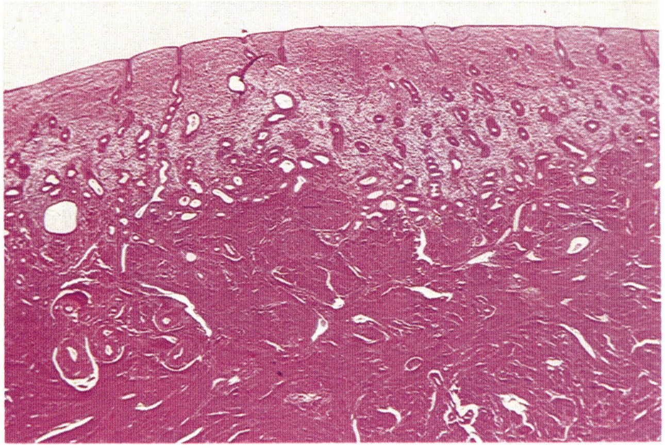

436

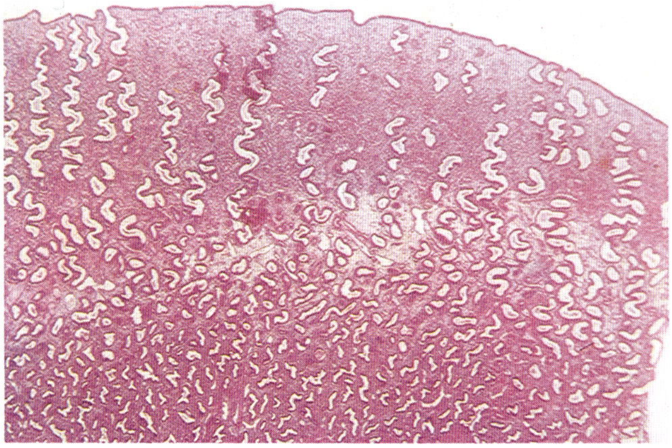

437

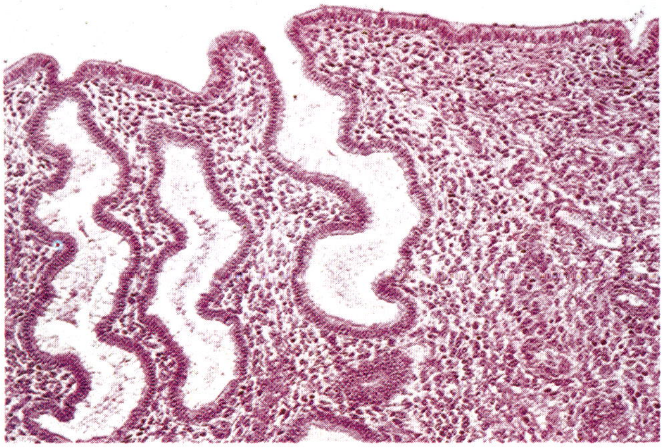

438

Zusammenstellung typischer Zyklusphasen der Uterusschleimhaut.

Abb. 435. Die Desquamations- und Regenerationsphase (1. bis 4. Tag nach Beginn der Menstruation) führt nach Abstoßung der „Funktionalis" zu einer Regeneration des Oberflächenepithels aus den immer in der Basalis des Endometriums zurückbleibenden Drüsenstümpfen (1. Tag post menstr.). Färbung: H. E.; Vergr. 17fach.

Abb. 436. Unter dem Einfluß der Östrogene des Ovars wächst in der Proliferationsphase (vom 5. bis 14. Tag) die „Funktionalis" in die Höhe, während die ca. 1 mm hohe „Basalis" an diesem Wachstumsprozeß nur geringfügig teilnimmt. Die Drüsen des Endometriums sind in dieser Phase gestreckte Schläuche (etwa 12. Tag des Zyklus). Färbung: H. E.; Vergr. 17fach.

Abb. 437. Gegen Ende der Sekretionsphase (15. bis 28. Tag) sind die tubulösen Drüsenschläuche stark geschlängelt und ausgebuchtet und sehen „sägeblattähnlich" aus. Die oberen Schichten der „Funktionalis" erscheinen infolge eines größeren Zellreichtums sowie der großen, platten, zu „Pseudodeziduazellen" modifizierten Bindegewebszellen dichter und werden daher als „Kompakta" der tiefer gelegenen, besonders drüsenreichen „Spongiosa" gegenübergestellt (Uterusschleimhaut 26. Tag). Färbung: H. E.; Vergr. 17fach.

Abb. 438. Bei stärkerer Vergrößerung (li. oberer Abschnitt aus Abb. 437) erkennt man das einschichtige prismatische Epithel, das hier schon keine Kinozilien mehr trägt, die vorher stellenweise ausgebildet waren. Beachte die zellreiche „Kompakta". Färbung: H. E.; Vergr. 120fach.

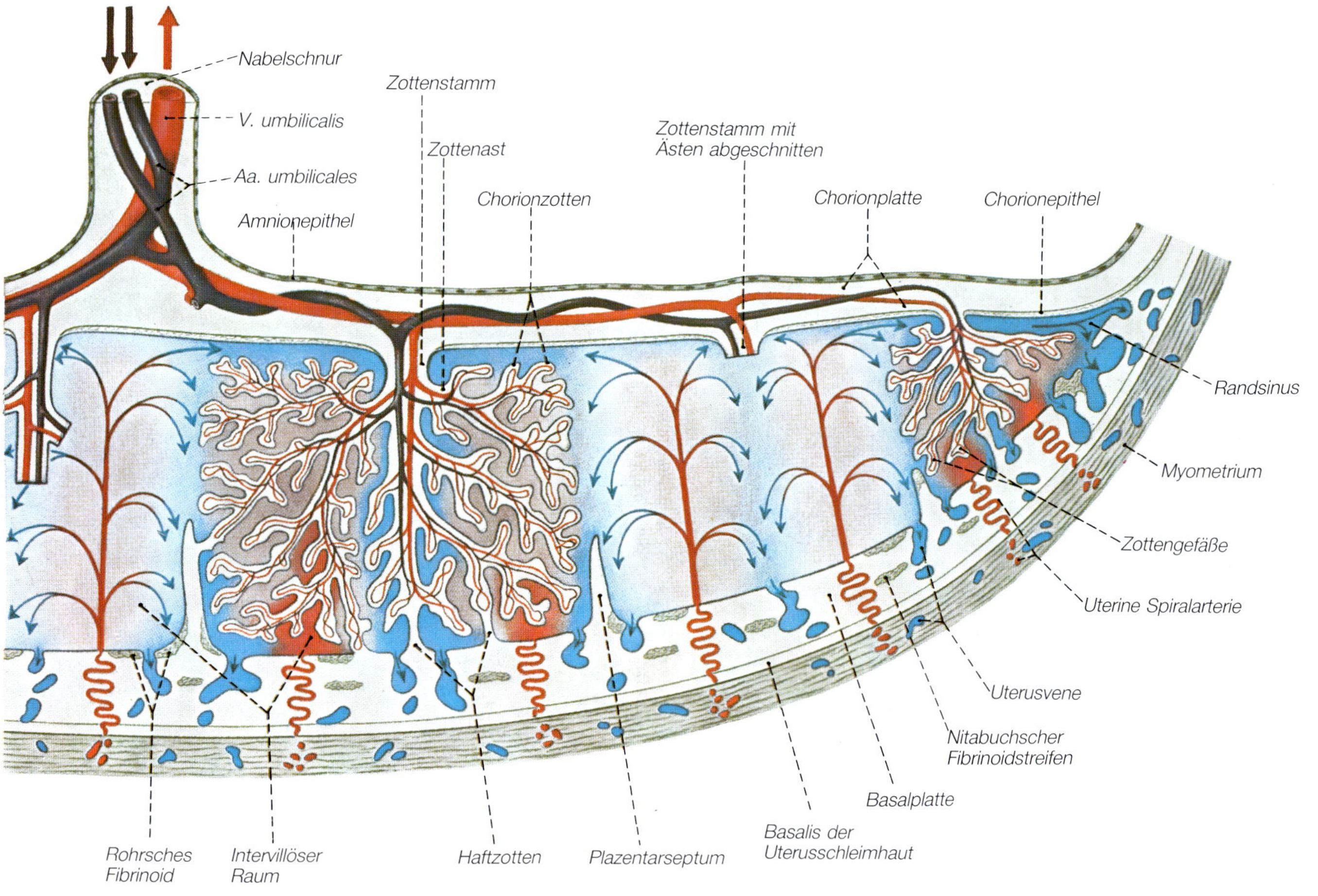

Abb. 439. Schematische Darstellung des Plazentakreislaufs unter Verwendung entsprechender Abbildungen von v. Heidegger und Starck. Das aus den Spiralarterien der Basalplatte unter hohem Druck in den intervillösen Raum einschießende Blut steigt zunächst zur Chorionplatte auf, umspült von dort rückströmend die Plazentarzotten, um schließlich über die Uterusvenen wieder abgeleitet zu werden. An verschiedenen Stellen der Plazenta kommt es im Laufe der Schwangerschaft zunehmend zu Ablagerung von sog. Fibrinoid. Dieses eosinophile Material hat ähnliche Färbeeigenschaften wie das Fibrin und entsteht vermutlich im Rahmen degenerativer Prozesse (s. auch Abb. 440).

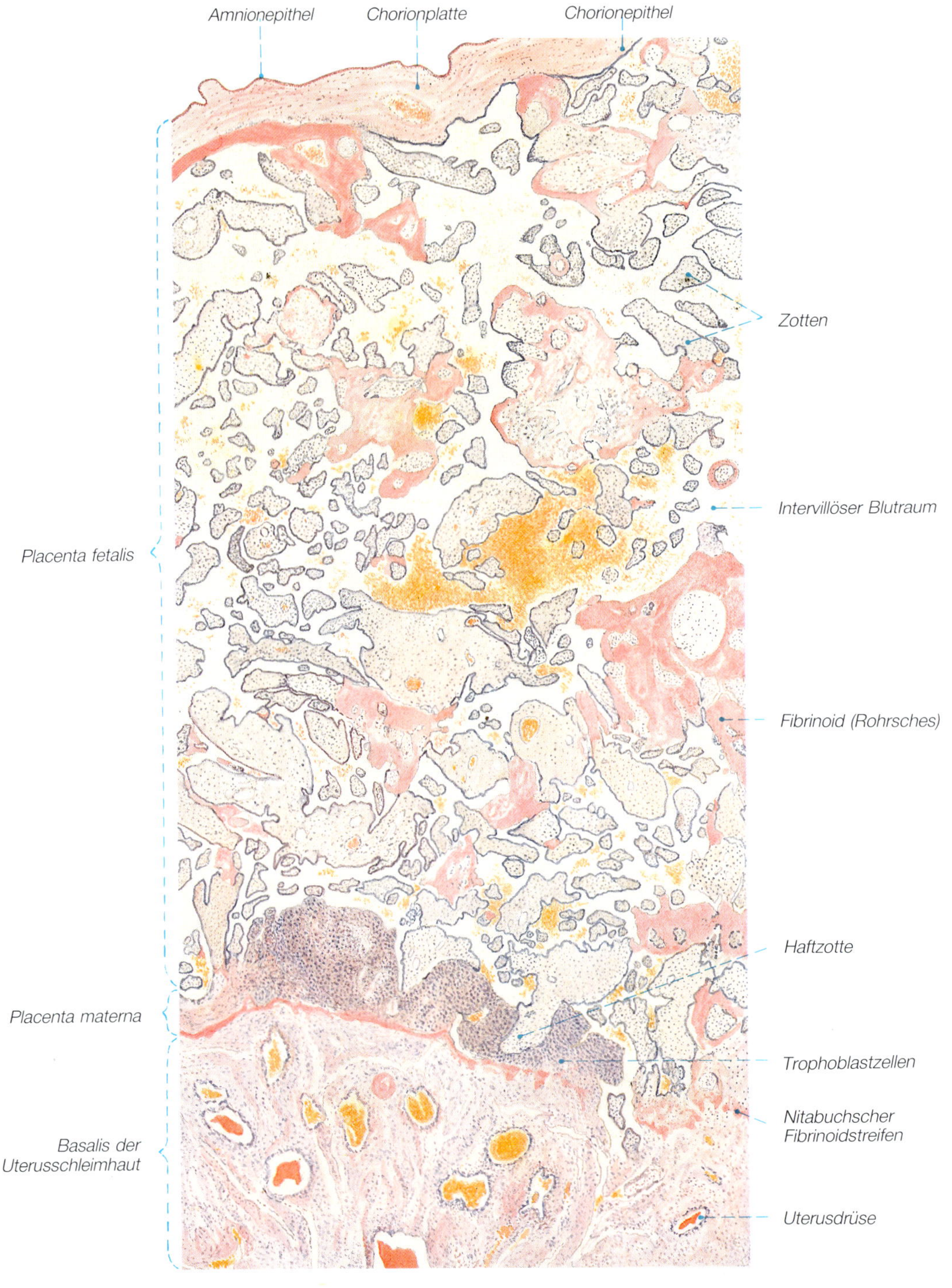

Abb. 440. Übersichten vollständiger Plazentapräparate lassen am ehesten die Bestandteile dieses komplizierten Organs erkennen. Die fetale Plazenta besteht aus: 1. der Chorionplatte mit dem sie bedeckenden Amnion- und Chorionepithel; 2. den von der Chorionplatte ausgehenden und sich stark verästelnden Zottenbäumen (= Kotyledonen), die stellenweise durch sog. Haftzotten mit dem mütterlichen Plazentaanteil der Gegenseite verankert sind (vgl. auch Abb. 441).
Der materne Teil der Plazenta besteht aus: 1. der Basalplatte, die aus Resten der Decidua basalis gebildet wird; 2. den davon ausgehenden Plazentarsepten, die unvollständige Trennwände zwischen den einzelnen Kotyledonen bilden. Färbung: H. E.; Vergr. 27,5fach.

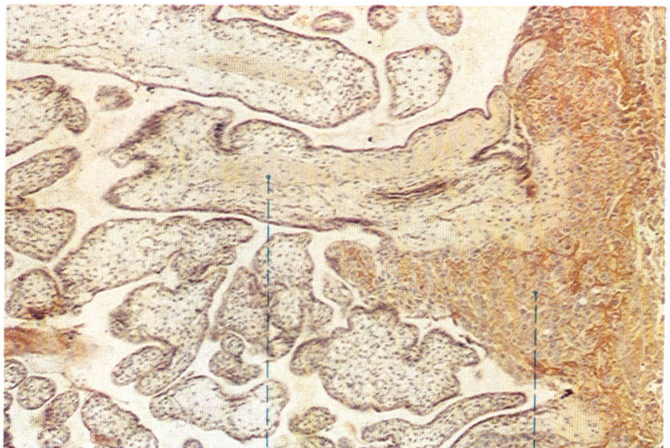

441

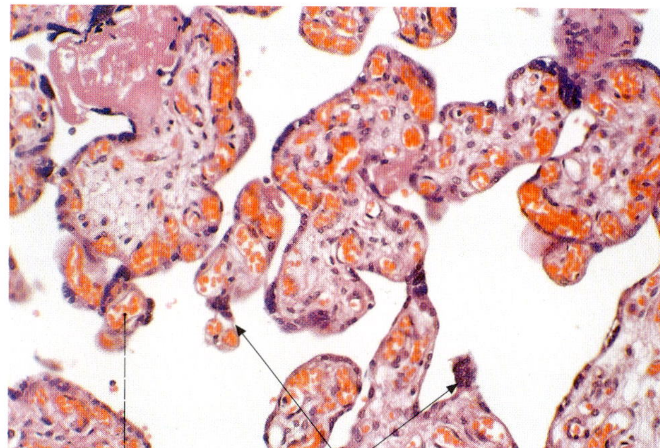

442

Abb. 441. Fußpunkt einer Haftzotte in der Basalplatte (reife Plazenta, Mensch). Die stärker orange gefärbten Streifen zwischen den großen Trophoblastzellen werden als Nitabuchsches Fibrinoid bezeichnet (vgl. auch Abb. 440). Färbung: Häm.-Chromotrop; Vergr. 60fach.

Abb. 442. Reife Plazenta des Menschen mit verschiedenen großen Zottenausschnitten. Im Bindegewebe (Stroma) der Zotten zahlreiche mit Erythrozyten gefüllte Gefäße. Beachte die besondere Verteilung der Zellkerne im Synzytiotrophoblasten, der synzytialen Oberflächenschicht der Zotten: An vielen Stellen sind die Kerne in typischer Weise in intensiv angefärbten Gruppen zusammengelagert und bilden Knospen, welche Nachbarzotten verbinden können. Färbung: H. E.; Gesamtvergr. 100fach.

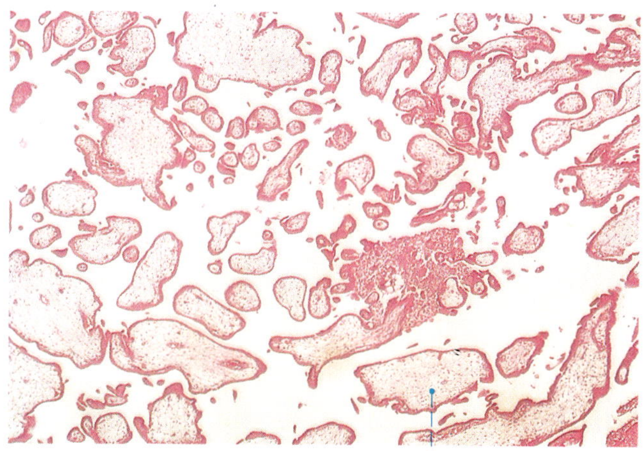

443

Abb. 443. Übersichtsaufnahme von einer frühen menschlichen Plazenta in situ (Mens IV; Foet: 10 cm Scheitel-Steiß-Länge). Beim Vergleich mit einer reifen Plazenta fällt bei einer so schwachen Vergrößerung vor allem das Fehlen des Fibrinoids auf. Färbung: H. E.; Vergr. 24fach.

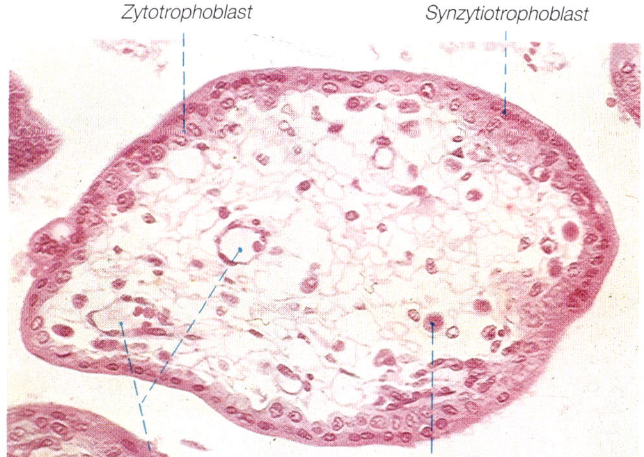

444

Abb. 444. Zottenquerschnitt mit deutlich zweischichtigem Epithel aus der in Abb. 443 gezeigten Plazenta. Die freie Oberfläche wird vom sog. Synzytiotrophoblasten bedeckt, dessen Zellen aus dem daruntergelegenen Zytotrophoblasten hervorgehen und später zu einem Synzytium miteinander verschmelzen. Die großen, gut färbbaren Zellen im Zottenbindegewebe sind die den Makrophagen nahestehenden Hofbauer-Zellen. Färbung: H. E.; Vergr. 240fach.

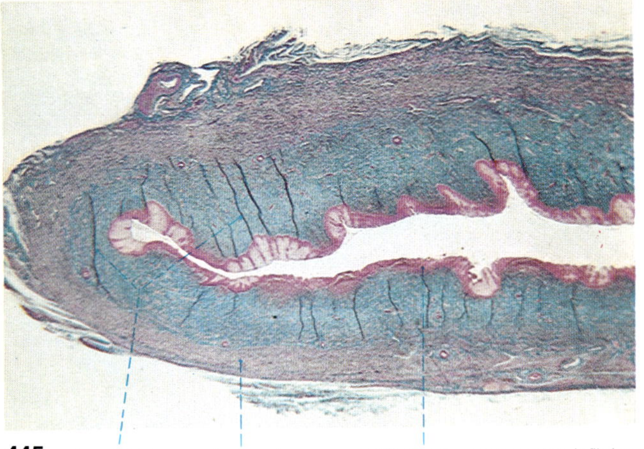

445

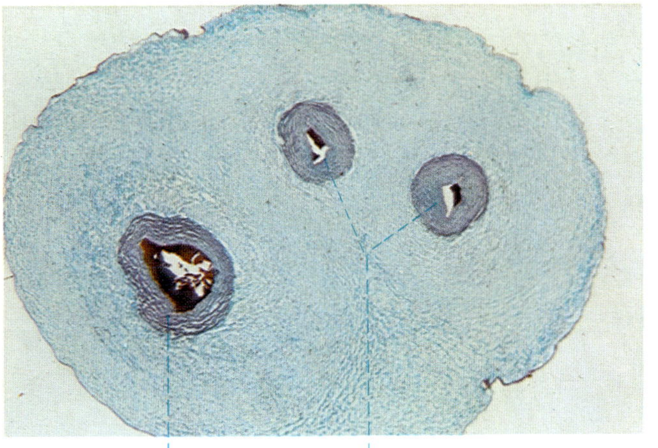

448

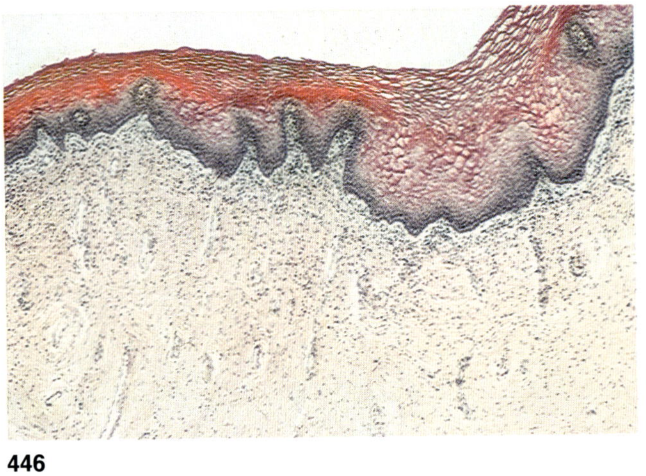
446

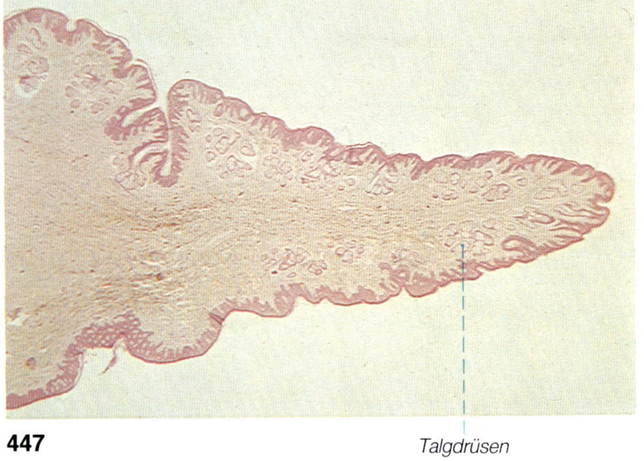

447

Abb. 445. Querschnitt einer längshalbierten Vagina (Mensch), an der man sehr klar die einzelnen Wandschichten erkennen kann. Das mehrschichtige, unverhornte Plattenepithel (für Einzelheiten vgl. Abb. 81) ist stellenweise von Lymphozytenansammlungen infiltriert; seine breite, bindegewebige Lamina propria ist immer drüsenfrei und reich an Gefäßen (vor allem Venengeflechten). Die Muskelschicht besteht aus geflechtartig geordneten Zügen glatter Muskelzellen. Zur Differentialdiagnose vgl. Abb. 310. Färbung: Azan; Vergr. 7fach.

Abb. 446. Das Vaginalepithel (mehrschichtiges, unverhorntes Plattenepithel, vgl. Abb. 81) ist besonders reich an Glykogen, das sich elektiv anfärben läßt (hier mit Bestschem Karmin leuchtend rot). Mit den abgestoßenen Epithelzellen gelangt es in das Lumen und wird hier durch die Döderleinschen Bakterien zu Milchsäure vergoren. Färbung: Häm. und Bestsches Karmin; Vergr. 60fach.

Abb. 447. Querschnitt durch ein Labium minus (Mensch). Diese sind zum Unterschied zu den großen Schamlippen immer frei von Haaren und Schweißdrüsen, dagegen reich an „freien Talgdrüsen“. Ihr mehrschichtiges Plattenepithel ist nur geringfügig verhornt, und dessen Basalzellen sind meist deutlich pigmentiert. Färbung: H. E.; Vergr. 8fach.

Abb. 448. Querschnitt einer reifen Nabelschnur (Mensch); ihre Oberfläche wird vom einschichtigen Amnionepithel bedeckt, und ihr Inneres wird von einem gefäßfreien, gallertigen Bindegewebe (Whartonsche Sulze; vgl. auch Abb. 114) eingenommen, in das die postnatal immer stark kontrahierten Gefäße, die Arteriae und Vena umbilicalis, eingebettet sind. Der oft noch erhaltene Rest des Allantoisganges fehlt in diesem Präparat. Färbung: Azan; Vergr. 10fach.

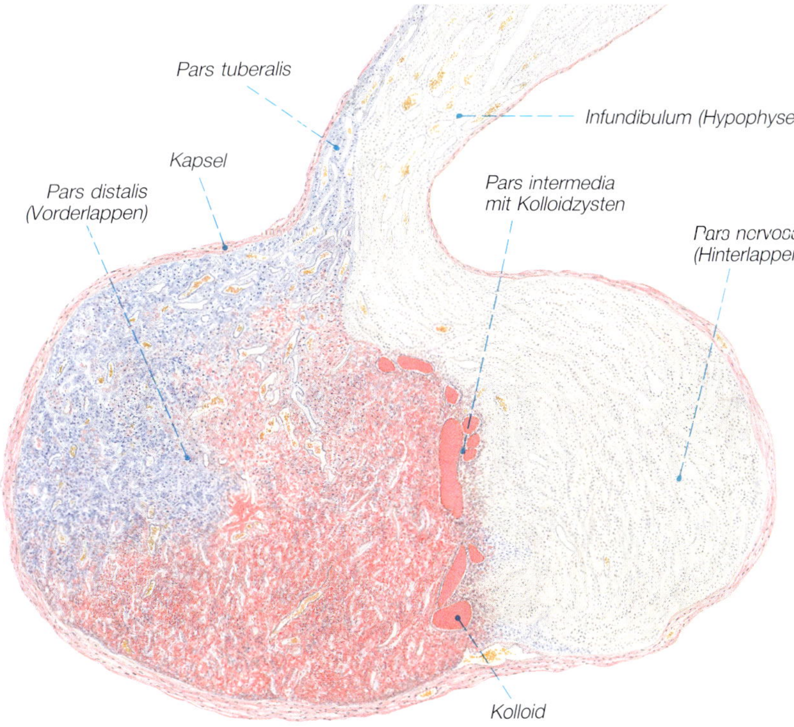

Abb. 449. Übersicht eines vollständigen Medianschnittes einer menschlichen Hypophyse zur Demonstration der Lappengliederung dieses Organs. Die Adenohypophyse (linke Präparathälfte, kräftig gefärbt) besteht aus der Pars distalis (= Vorderlappen), der Pars tuberalis (= Trichterlappen) und der Pars intermedia (= Mittellappen = Zwischenzone) mit den kolloidgefüllten Rathkeschen Zysten. Es fehlt in diesem Präparat der sog. Nackenteil am dorsalen Umfang der Basis des Infundibulums, der durch einen den Hypophysenstiel nach hinten umgreifenden Ausläufer der Pars tuberalis gebildet wird. Beachte die unterschiedliche Anfärbung innerhalb des Vorderlappens, die schon bei der hier vorliegenden Lupenvergrößerung die unregelmäßige Verteilung der einzelnen Zelltypen innerhalb dieses Lappens widerspiegelt. Die Neurohypophyse besteht aus dem Infundibulum (= Hypophysenstiel) und der Pars nervosa (= Hinterlappen = Neurallappen). Oft wird allein der Hinterlappen als Neurohypophyse bezeichnet. Färbung: H. E.; Vergr. 10fach.

Abb. 450. Übersichtsbild des Hypophysenvorderlappens (Mensch) mit ebenfalls sehr unregelmäßig über die Schnittfläche verteilten Zelltypen: Im subkapsulären Bereich (am Unterrand des Bildes) finden sich vermehrt chromophobe und evtl. noch Stammzellen, während in Richtung auf das Lappeninnere stärker färbbare Zellen, überwiegend azidophile (rotgefärbte) Zellen, aber auch in Gruppen gelegene basophile Elemente vorherrschen. Man muß sich also zur Auffindung der einzelnen Zelltypen zunächst bei schwacher Vergrößerung die dafür geeigneten Stellen heraussuchen. Viele Kurspräparate sind wegen äußerer Schwierigkeiten bei der Materialgewinnung (24 Stunden nach dem Tod entnommenes Sektionsmaterial zeigt schon starke postmortale Veränderungen) in einem technisch oft unbefriedigenden Zustand. Färbung: Azan; Vergr. 38fach.

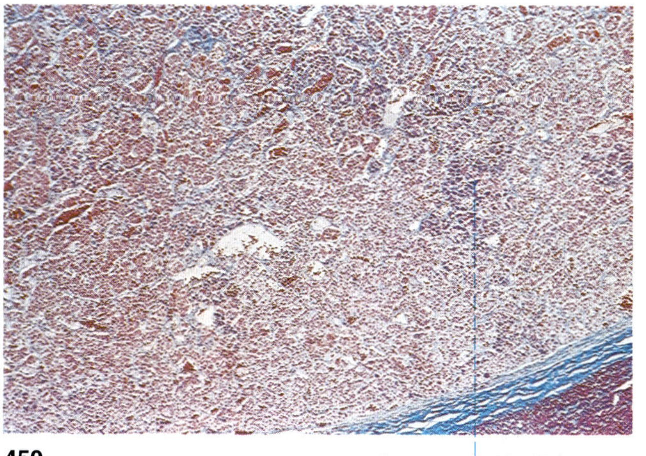

450

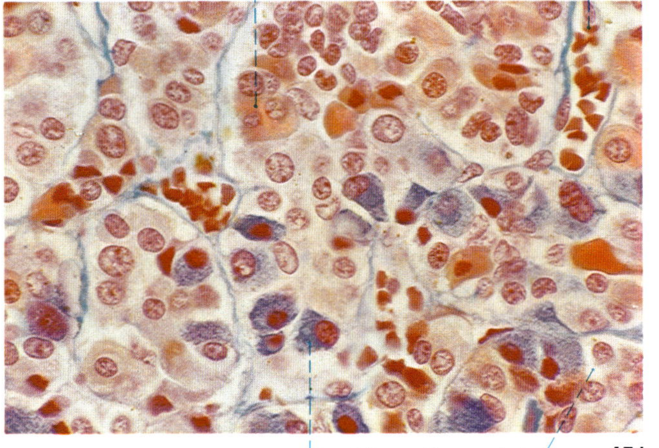

451

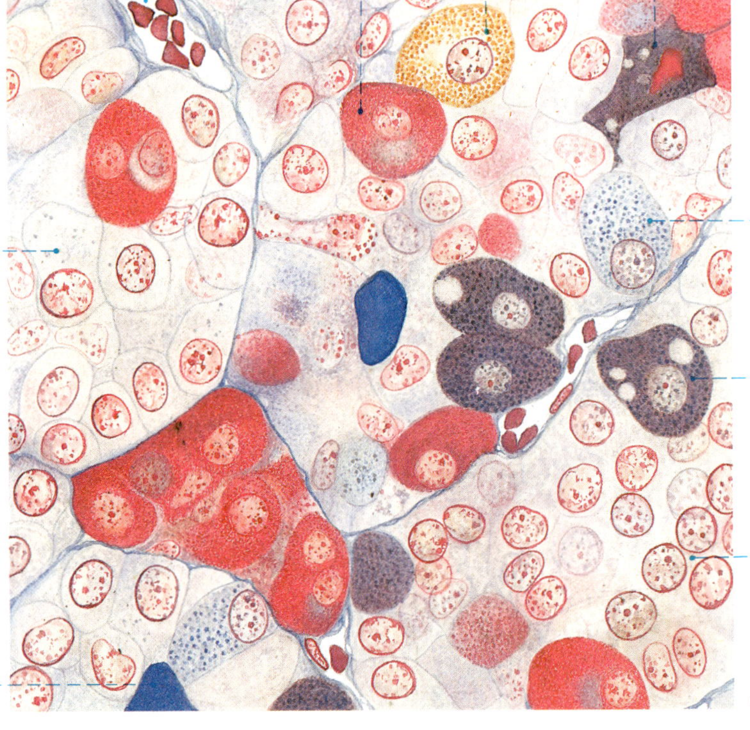

452

Abb. 451. und 452. Während eine zeichnerische Zusammenstellung der einzelnen Zelltypen des Hypophysenvorderlappens (Mensch) eine Kombination aller Zellelemente in einem einzigen Bild ermöglicht (Abb. 452), ist dies am Einzelschnitt des natürlichen Präparats nur selten erreichbar (Abb. 451). Die Nomenklatur der endokrinen Zelltypen auf Abb. 452 (nach B. Romeis) ist heute kaum mehr gebräuchlich und von einer Klassifikation, die den Namen des gebildeten Hormons im Namen führt (z. B. TSH-Zellen) abgelöst. Färbung: Azan (Abb. 451) und Kresazan (Abb. 452); Vergr. 480- bzw. 980fach.

Abb. 453. Die Pars tuberalis mit dem angrenzenden Infundibulum aus einem Medianschnitt der Hypophyse (Mensch). Beachte die im Vergleich zum Hypophysenvorderlappen homogene Zellpopulation des Trichterlappens, sog. Tuberalis-Zellen, die sich, überwiegend zu epithelialen Strängen geordnet, am Hypophysenstiel nach kranial erstrecken und zahlreiche, relativ weitlumige Gefäße zwischen sich fassen. Färbung: Azan; Vergr. 60fach.

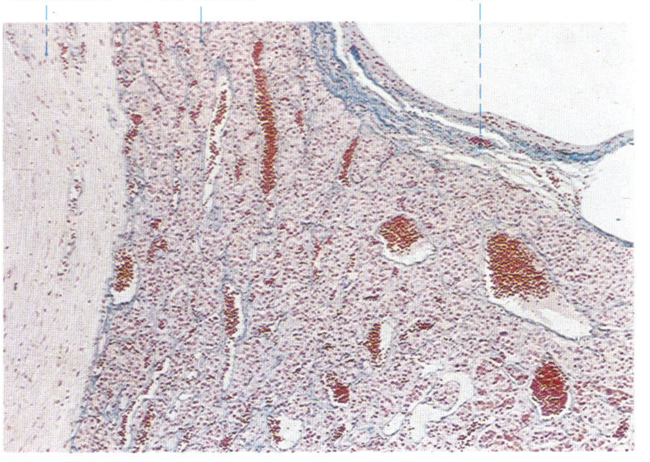

453

Abb. 454. Übersicht über den Mittellappen der Hypophyse mit einer zentral gelegenen großen Epithelzyste (Rest der Höhle der Rathkeschen Tasche, deren Inhalt (= Kolloid) infolge Wasserentzugs durch einen breiten Schrumpfspalt von der Wand getrennt ist. Rechts im Bild der angrenzende Teil des Vorderlappens, links im Bild die Kontaktzone zum Hinterlappen, die ebenfalls noch zahlreiche, nur kleinere epithelausgekleidete und an Drüsenendstücke erinnernde Hohlräume erkennen läßt. Färbung: Azan; Vergr. 38fach.

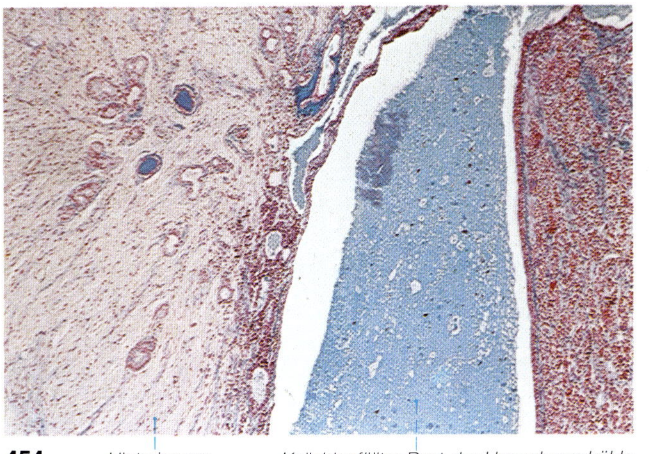

454

Abb. 455. Die stärkere Vergrößerung eines im oberen Drittel der vorhergehenden Abbildung gelegenen Bereichs zeigt im Hinterlappen neben epithelialen Follikeln und Zysten, von denen eine mit Kolloid gefüllt ist, an der rechten Bildseite zahlreiche, stark basophile Zellen, die aus der Zona intermedia in den Hinterlappen eingewandert sind (sog. Basophileninvasion). Im übrigen lassen sich Einzelheiten über die zelluläre Zusammensetzung und die Faserarchitektur des Hinterlappens nur in Präparaten erkennen, die für die verschiedenen Belange speziell gefärbt wurden. Färbung: Azan; Vergr. 150fach.

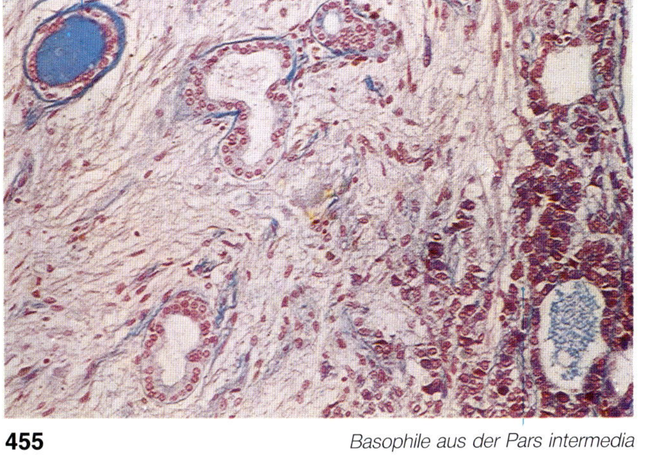

455

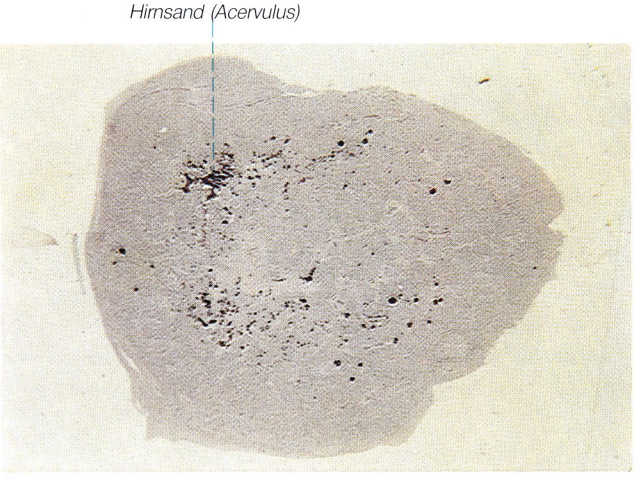

456

Abb. 456. Übersicht eines totalen Medianschnittes der Epiphysis cerebri (= Zirbeldrüse, Mensch). Obgleich ein durchaus nicht in allen histologischen Kursen ausgegebenes Präparat, da schwer in gut fixiertem Zustand zu erhalten, kommt es u. U. zur Verwechslung mit dem Epithelkörperchen, vor allem dann, wenn das Präparat nicht zuerst mit einer Übersichtsvergrößerung durchmustert wird (!). Unterscheidende Merkmale sind jedoch 1. die stark differierende Größe beider Organe (die Glandula parathyreoidea ist wesentlich kleiner; vgl. Abb. 462), 2. die geringe Färbbarkeit der Epiphyse wegen ihres Reichtums an Nervenfasern und der sich nur blaß anfärbenden Zellen sowie 3. eine deutlichere Gliederung der Zellen durch Bindegewebssepten in der Epiphysis cerebri. Der besonders charakteristische Hirnsand (= Acervulus) muß durchaus nicht immer vorhanden sein und wird leicht übersehen, wenn das Präparat nicht zu Beginn mit einer schwachen Vergrößerung vollständig durchmustert wird. Er ist auch hier als dunkelviolettes, körniges Material erkennbar, bei dem es sich um wechselnd große, mehr oder weniger rundliche und meist konzentrisch geschichtete Kalkkonkremente handelt. Färbung: H. E.; Vergr. 10fach.

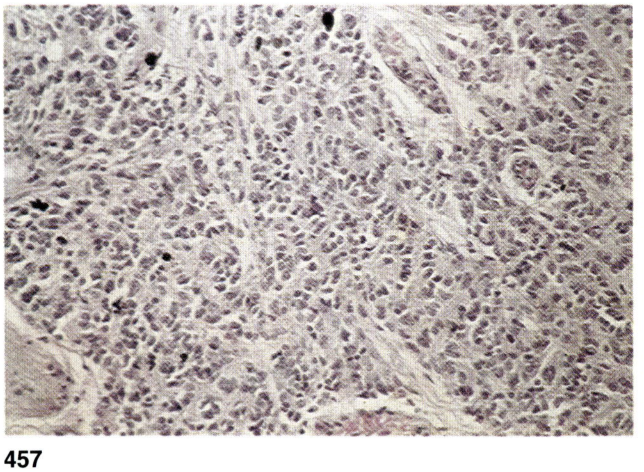

457

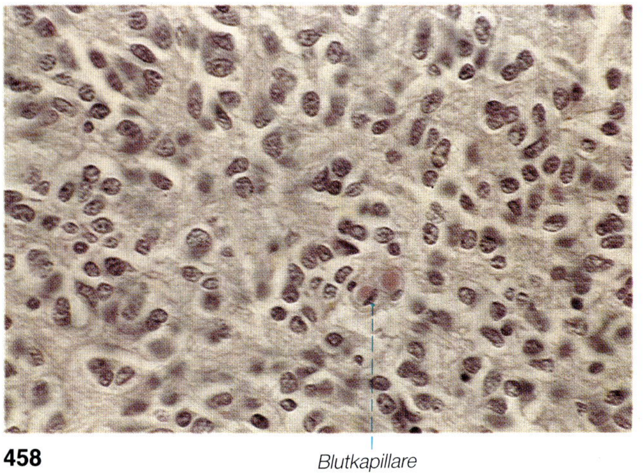

458

Abb. 457. und 458. Die stärkeren Vergrößerungen zeigen bei Routinefärbungen zwar die durch zarte Bindegewebsstränge zu Gruppen und Ballen geordneten Parenchymzellen, ohne jedoch unter diesen eine weitere Aufgliederung in Pineal- und Gliazellen zu ermöglichen. Zum Unterschied zu den Zellen der Epithelkörperchen handelt es sich hier auch nie um dichtgelagerte, polygonale und damit epithelähnliche Elemente (vgl. dazu Abb. 463). In der Mitte der Abb. 458 zwei Kapillarquerschnitte mit je einem Erythrozyten in ihrer Lichtung. Färbung: H. E.; Vergr. 150- bzw. 380fach.

Abb. 459. In der Übersicht erinnert die Schilddrüse (Gl. thyroidea) durch ihre Läppchengliederung und ihre auf den ersten Blick mit Endstücken zu verwechselnden Follikel an eine Drüse mit äußerer Sekretion und wird daher gelegentlich mit einer laktierenden Mamma verwechselt. Die Follikel finden sich meist in sehr unterschiedlichen Funktionsstadien, schwankend zwischen vollständig entleert und maximaler Füllung mit Kolloid (zur Differentialdiagnose s. Abb. 418–421 und Tabelle 14). Färbung: Azan; Vergr. 38fach.

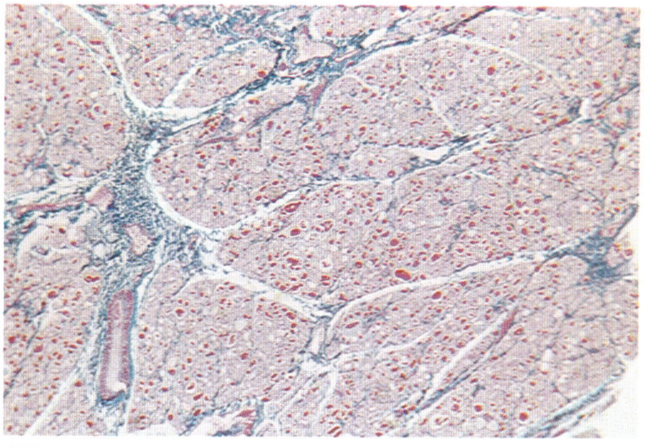

459

Abb. 460. Die stärkere Vergrößerung derartiger Follikel (aus dem gleichen Schnitt wie Abb. 459) läßt darüber hinaus erkennen, daß auch das färberische Verhalten des Kolloids nicht nur in verschiedenen, sondern auch innerhalb desselben Follikels stark variiert. Dieses ist Ausdruck eines wechselnden Wassergehalts des Kolloids, das um so wasserärmer wird, je älter es ist, und sich dann zunehmend mit Azokarmin rot färbt. Außerdem kommt es durch die mit der üblichen histologischen Technik untrennbar verbundene Entwässerung des Materials zu einer mehr oder weniger starken artifiziellen Schrumpfung des Kolloids, das sich infolgedessen unterschiedlich weit vom Follikelepithel retrahiert. Färbung: Azan; Vergr. 150fach.

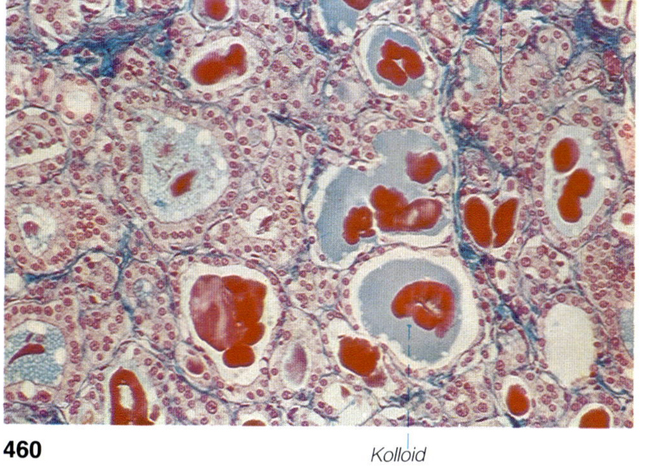

460

Abb. 461. Schwache transmissionselektronenmikroskopische Vergrößerung von Schilddrüsengewebe einer Katze. Am linken Bildrand Teil eines Follikels mit Kolloid (★) und drei angeschnittenen Follikelepithelzellen (**1**). Rechts davon kleiner Follikel mit C-Zellen (**2**) im Epithel, die anhand ihres Gehaltes an zahlreichen kleinen dunklen Sekretgranula (enthalten Calcitonin) gut von den Thyroxin- und Trijodthyronin-bildenden Follikelepithelzellen abzugrenzen sind. Am oberen Bildrand Anschnitt durch eine Blutkapillare (**3**). Gesamtvergr. 2000fach.

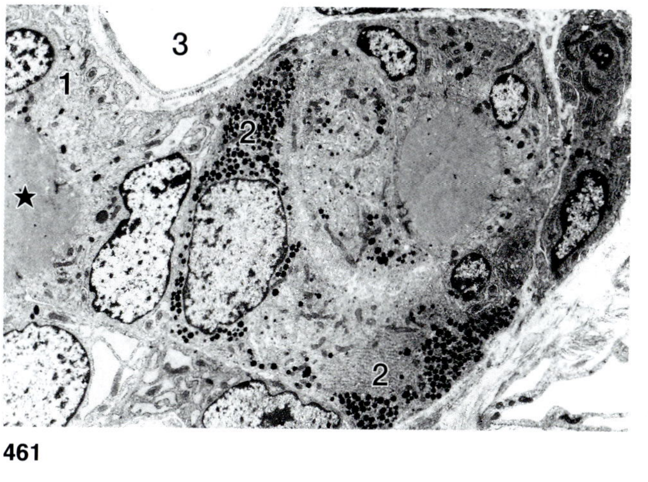

461

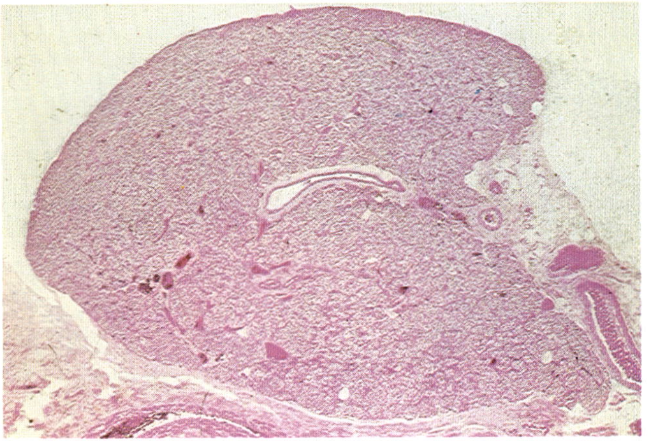

462

Abb. 462. Übersicht eines vollständigen Medianschnittes einer isolierten Gl. parathyroidea (Epithelkörperchen, Mensch), deren Differentialdiagnose meist deswegen keine Schwierigkeit bereitet, da dieses Organ in der Regel mit Resten von anhängendem Schilddrüsengewebe geschnitten wird. Im Fall eines vereinzelten Epithelkörperchens droht eine Verwechslung mit der Epiphysis cerebri. Die Abgrenzung ist jedoch leicht möglich durch: 1. die unterschiedliche Größe beider Organe (vgl. mit Abb. 456), 2. das sehr viel geringere und zartere Bindegewebe im Inneren der Gl. parathyroidea und 3. die dichte Zusammenlagerung gut gegeneinander abgrenzbarer, epithelähnlicher (daher der Name!) Parenchymzellen in den Epithelkörperchen. Färbung: Häm.-Phloxin; Vergr. 38fach.

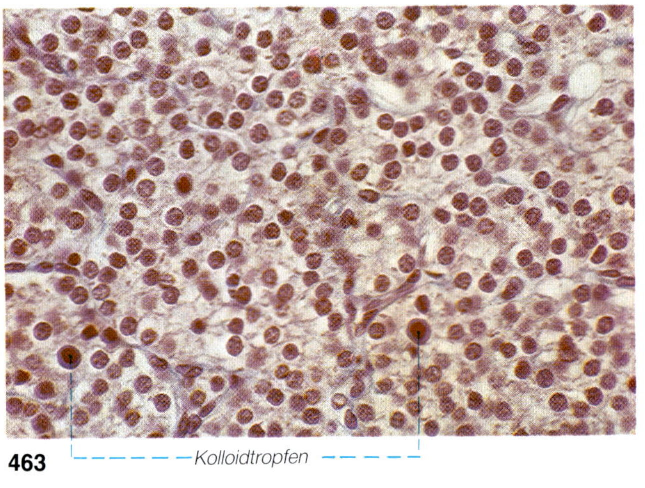

463

Abb. 463. Bei stärkerer Vergrößerung tritt der epithelartige Charakter des Parenchymzellverbandes deutlich hervor, dessen Einzelelemente eine unterschiedliche Intensität in der Anfärbbarkeit ihres Zytoplasmas erkennen lassen. Zwei besonders stark azidophil färbbare, kugelige Gebilde links und rechts im unteren Bilddrittel entsprechen den vereinzelt auch in dieser Drüse vorkommenden Kolloidtropfen. Färbung: Azan; Vergr. 380fach.

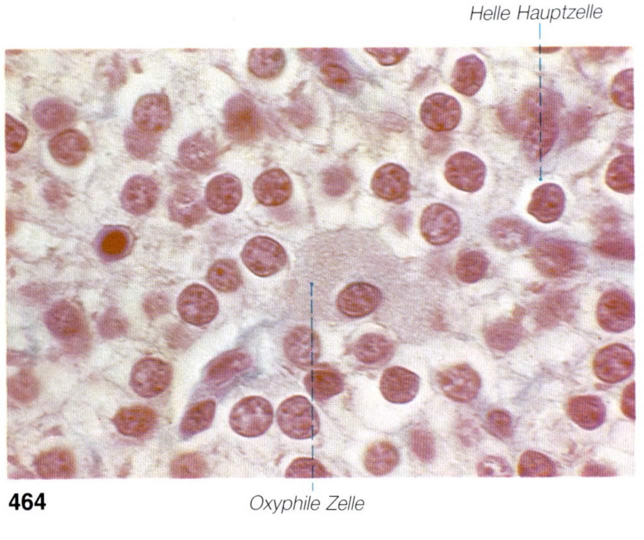

464

Abb. 464. In der Bildmitte eine der großen sog. oxyphilen Zellen mit azidophilem, gut färbbarem Zytoplasma, deren Kern hier jedoch noch keine Zeichen einer Pyknose aufweist, die sonst häufig in diesen Zellen beobachtet werden. Diese seltene Zellform ist umgeben von hellen und dunklen Hauptzellen, von denen erstere glykogenreich und wahrscheinlich weniger aktiv als letztere sind. Die dunklen Hauptzellen sind organellreich und besitzen relativ viele Sekretionsgranula. Oft tritt die äußere Begrenzung der Hauptzellen besonders deutlich hervor. Helle und dunkle Hauptzellen sowie oxyphile Zellen sind alle durch Übergangsformen verbunden, so daß sie wohl nur Funktionsstadien eines Zelltyps darstellen, der das Parathormon bildet. Färbung: Azan; Vergr. 960fach.

Abb. 465. Schon bei Betrachtung mit dem bloßen Auge oder, wie hier, bei Lupenvergrößerung gibt sich ein vollständiger Schnitt durch eine Nebenniere durch seine auffällige Schichtengliederung zu erkennen, die am gefärbten Präparat nicht so ohne weiteres mit der Teilung des Organs in Mark und Rinde zusammenfällt. Der unbefangene Betrachter würde hier drei Zonen beschreiben: eine äußere, relativ blasse Schicht, eine mittlere, schmälere, aber stärker gefärbte und schließlich eine innerste, wiederum heller erscheinende Zone. Nur letztere entspricht dem Nebennierenmark, während die beiden anderen zusammen die Rinde bilden (vgl. auch mit Abb. 466). Charakteristisch für das Mark sind die Anschnitte weitlumiger, sehr wandstarker Venen. Färbung: Azan; Vergr. 15fach.

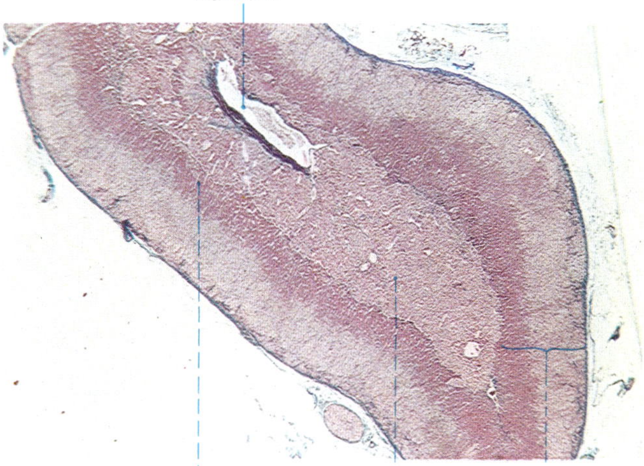

465

Abb. 466. Erst bei etwas höherer Auflösung (d.h. Verwendung eines stärkeren Objektivs) erkennt man die einzelnen Unterzonen der Nebennierenrinde (Mensch), die nach der jeweiligen Anordnung ihrer Epithelzellen als Zona glomerulosa (Zellen in Ballen gruppiert), Zona fasciculata (Zellen in parallelen Strängen geordnet) und Zona reticularis (Zellen bilden vernetzte Stränge) bezeichnet werden. Letztere ist meist besonders stark anfärbbar und wird vom Ungeübten daher leicht für das Mark gehalten. Färbung: Azan; Vergr. 48fach.

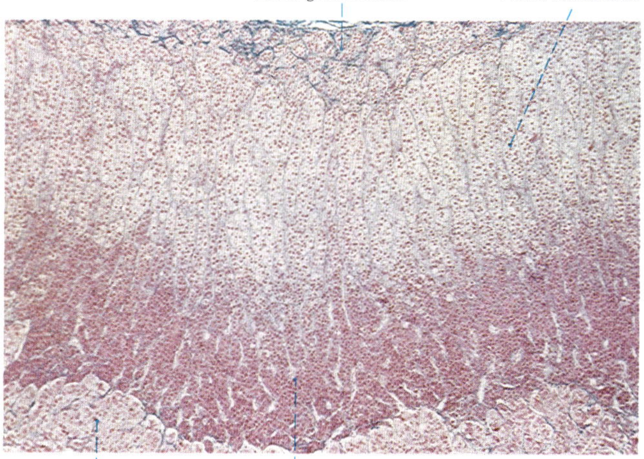

466

Abb. 467. Durch Einbringen des möglichst lebensfrischen Organs in eine Fixierlösung, die Kaliumbichromat enthält, färben sich die Markzellen bräunlich (= chromaffine Zellen) infolge der leichten Oxydierbarkeit der in ihnen in Granula gespeicherten Nebennierenmarkshormone Noradrenalin und Adrenalin (Nebenniere, Schwein). Auch hier tritt die Zona reticularis wieder als besonders intensiv färbbare Schicht hervor. Färbung: Kernechtrot; Vergr. 24fach.

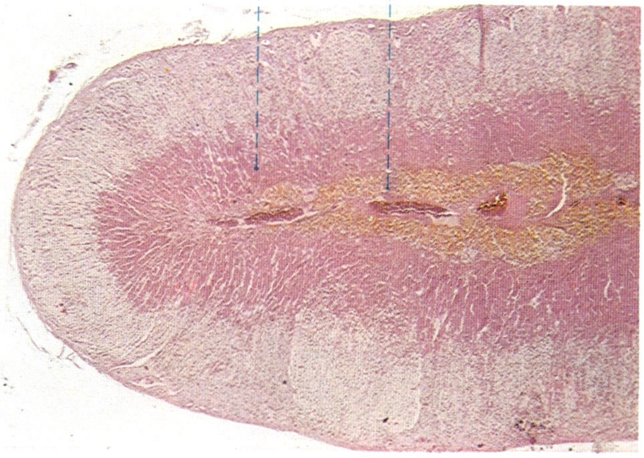

467

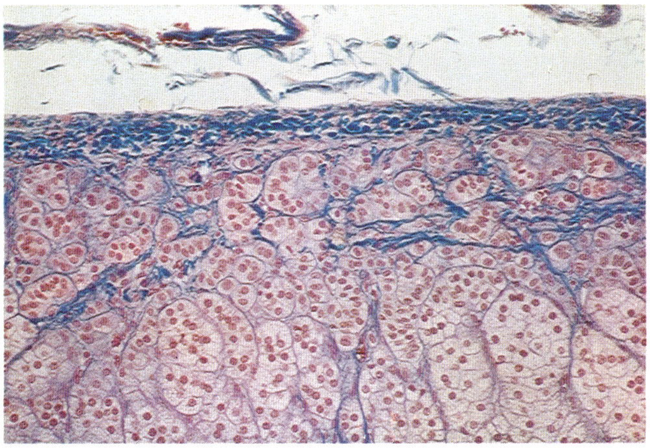

468

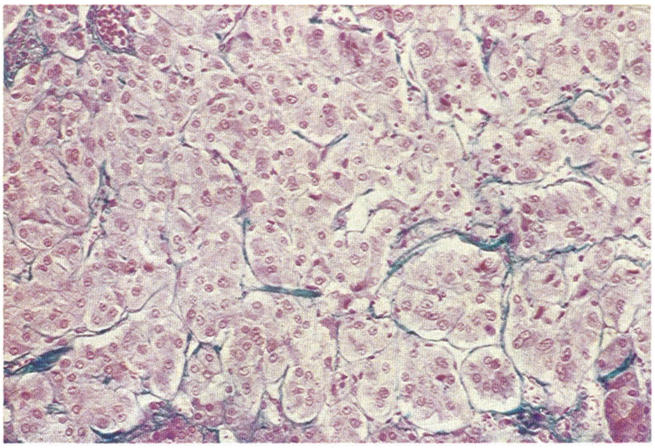

471

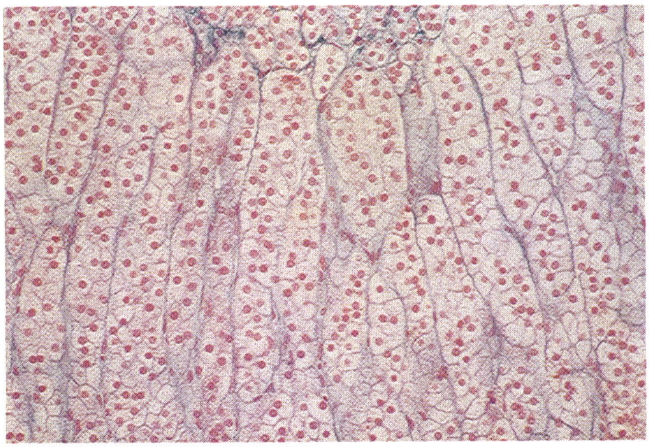

469

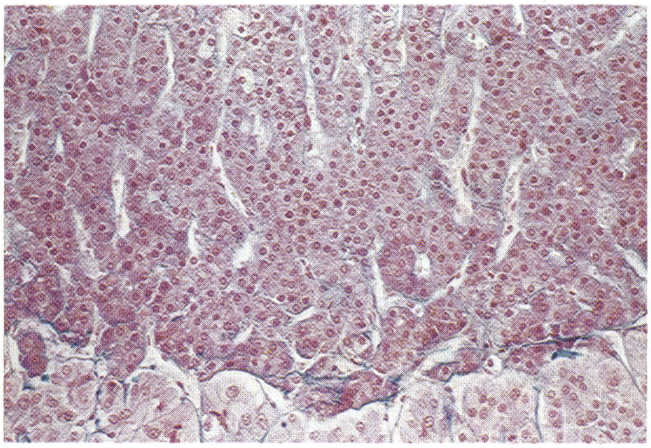

470

Die Nebennierenrinde bildet Steroidhormone: Mineralocorticoide in der Zona glomerulosa, Glucocorticoide und Geschlechtshormone in der Zona fasciculata und der Zona reticularis.

Abb. 468. Unter der zarten Bindegewebskapsel, die sich in Gestalt retikulärer Fasergeflechte zwischen die Rindenzellen fortsetzt, liegt die schmale, aus kleinen Zellballen bestehende Zona glomerulosa. Ihre kapselnah gelegenen Zellen sind z.T. wenig differenziert und bilden das sog. Rindenblastem.

Abb. 469. Die zu Strängen geordneten Zellen der Zona fasciculata zeigen im Routinepräparat ein wabiges Zytoplasma (vgl. auch Abb. 41d und 55), das durch Entzug der in diesen Zellen reichlich vorhandenen Lipoide durch Alkohol u.ä. bei der Präparatherstellung zustande kommt.

Abb. 470. Die sehr viel stärker färbbaren Zellen der Zona reticularis sind zu netzartig (reticulum = Netz) verbundenen Zellsträngen geordnet, zwischen denen sehr weitlumige Blutgefäße verlaufen. Am unteren Bildrand erkennt man das Nebennierenmark.

Abb. 471. Die Zellen des Nebennierenmarkes entstammen der Anlage des Sympathikus. Von ihren intrazellulären Granula ist in Routinepräparaten nichts zu erkennen, da diese erst deutlich werden, wenn sie infolge ihrer stark reduzierenden Eigenschaften (wegen ihres Gehaltes an Noradrenalin und Adrenalin) und durch Behandlung mit einem Oxydationsmittel wie Kaliumbichromat eine bräunliche Färbung annehmen (vgl. Abb. 467), worauf auch die Bezeichnung „chromaffine“ bzw. „phäochrome“ (phaeos = braun) Zellen hinweist.

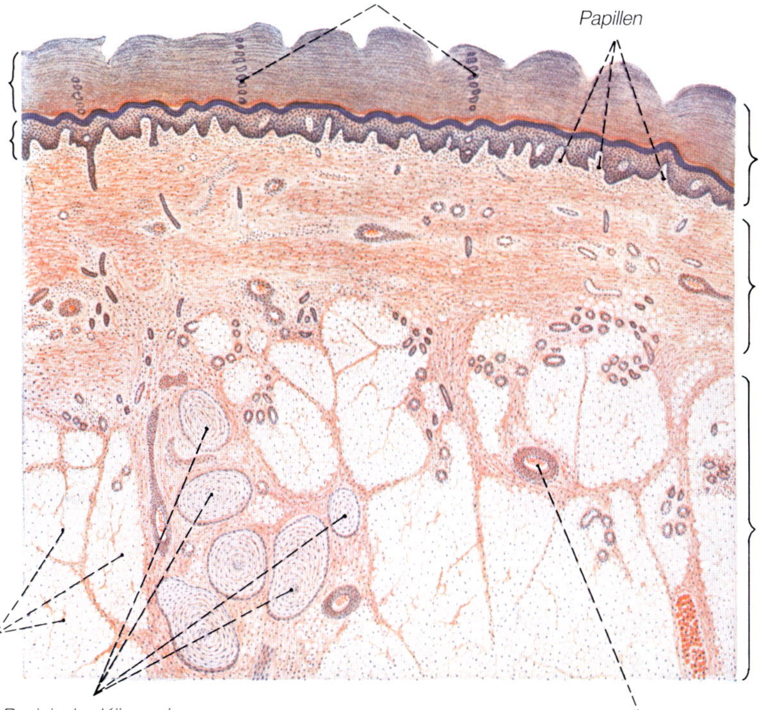

Abb. 472. Die stark verhornten Hautbezirke wie an Hohlhand und Fußsohle lassen die Schichtengliederung der Haut (Cutis, Integument) besonders klar erkennen. Die Haut untergliedert sich in 1. die Oberhaut (= Epidermis = Epithel der Haut), die sich ihrerseits grob in eine zellkernfreie oberflächliche Hornschicht (= Str. corneum) und eine daruntergelegene zellkernhaltige Zellschicht gliedert (s. Abb. 473); 2. das bindegewebige Corium (= Dermis = Lederhaut), das durch sein Str. papillare mit der Epidermis verzahnt ist, während das tiefer gelegene, sehr derbfaserige Str. reticulare an seiner Grenze zur Unterhaut (Subcutis) die Hauptmasse der Drüsen und Blutgefäße enthält. Hohlhand, Mensch. Färbung: H. E.; Vergr. 18fach.

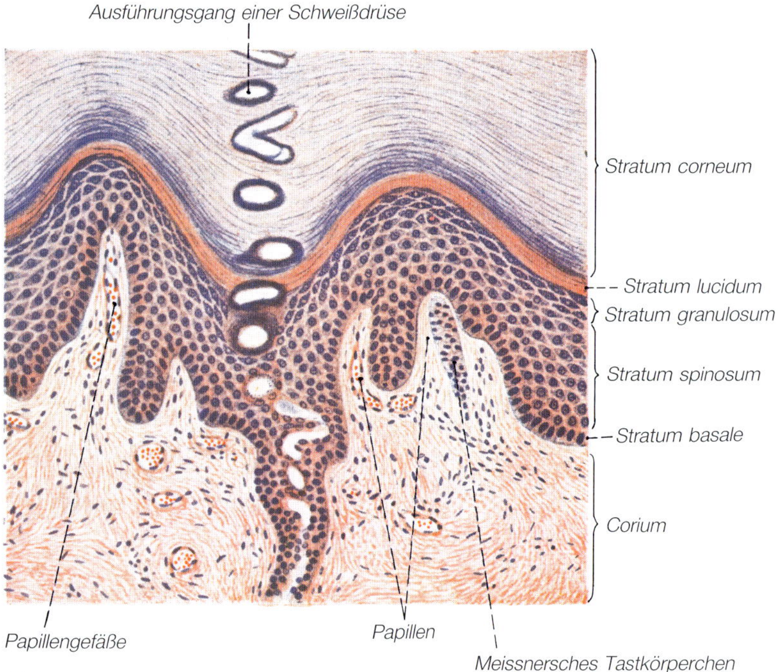

473

Abb. 473. Die stärkere Vergrößerung der Epidermis läßt mehrere Schichten innerhalb des Epithels unterscheiden: zuunterst das aus zylindrischen Zellen bestehende einschichtige Str. basale, das zusammen mit dem oberflächenwärts folgenden Str. spinosum das Str. germinativum bildet. Nach oben schließt sich das durch Einlagerung der intensiv färbbaren Keratohyalinkörnchen stets deutlich hervortretende Str. granulosum an, dem eine homogene, stark lichtbrechende Schicht, das Str. lucidum, aufliegt. Im Str. corneum bestehen die Zellen nur noch aus Keratinfilamenten und einer Matrix, ihre Zellmembran verdickt und verhärtet sich, und die Zellkerne und Organellen sind zugrunde gegangen. Färbung: H. E.; Vergr. 170fach.

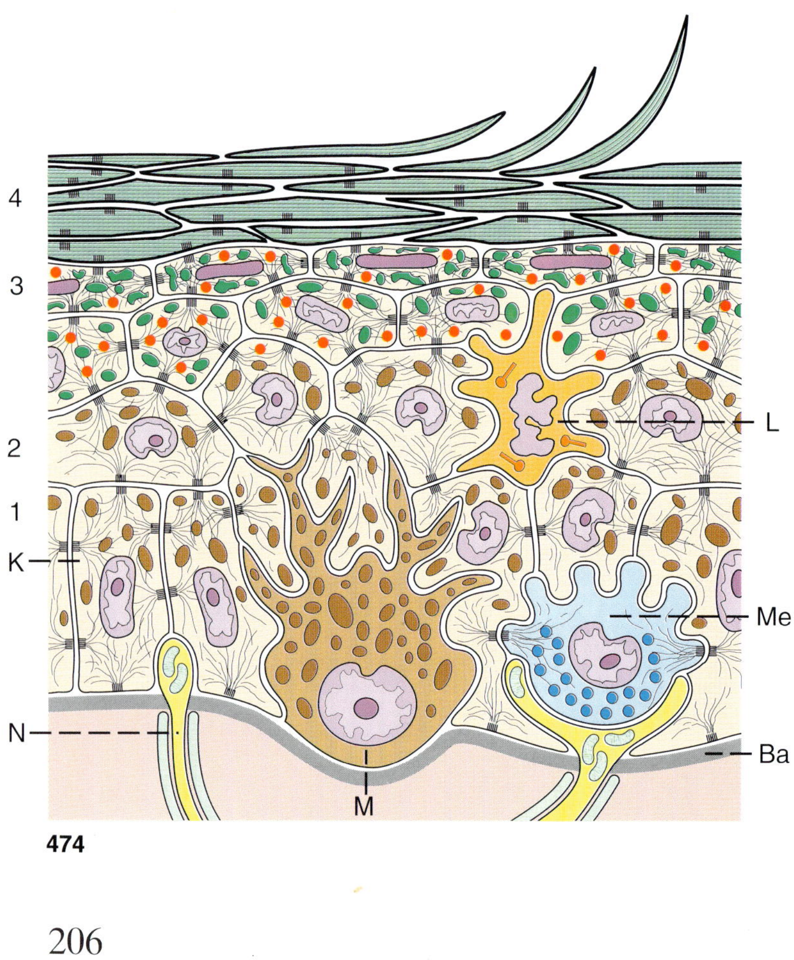

474

Abb. 474. Schematische Darstellung der Epidermis mit den regelmäßig in diesem mehrschichtigen, verhornenden Plattenepithel vorkommenden Zelltypen. Die Keratinozyten (**K**) bilden die Masse der Epithelzellen und lassen von basal nach apikal eine kennzeichnende Umwandlung erkennen, die in einer Schichtenbildung zum Ausdruck kommt: **1.** Stratum basale, **2.** Stratum spinosum, **3.** Stratum granulosum, 4. Stratum corneum. Im Stratum granulosum treten die Keratohyalingranula als erster Hinweis für die Verhornung auf. Die Zellen produzieren weiterhin Lamellenkörper (rot), deren Lipide den Interzellularraum versiegeln. Die Melanozyten (**M**) bilden dunkelbraune Melanosomen, die auch in die Keratinozyten übertragen werden. Die Merkel-Zellen (**Me**) sind innervierte Rezeptorzellen, die aber vermutlich auch lokal aktive Faktoren produzieren. Die Langerhans-Zellen (**L**) sind den antigenpräsentierenden Zellen zuzuzählen. Freie Nervenendigungen (**N**) dringen in die unteren Epidermisschichten ein (**Ba** = Basalmembran).

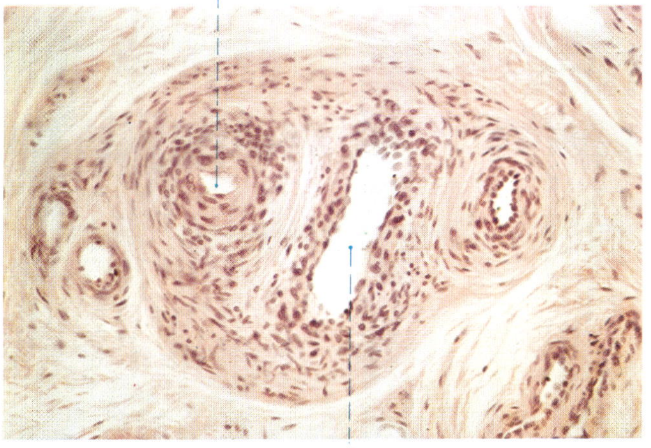

475

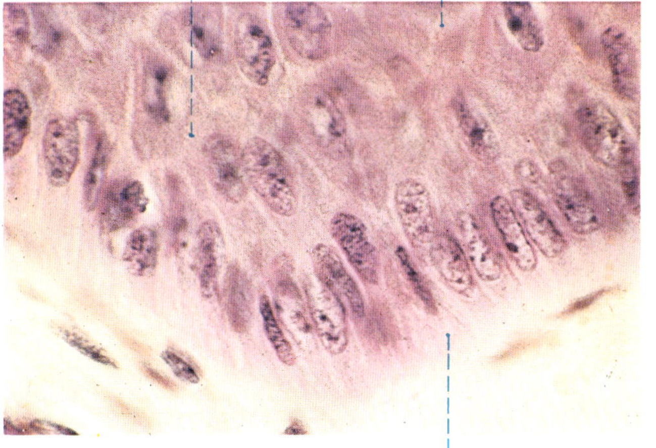

476

Abb. 475. Querschnitt durch ein sog. Hoyer-Grossersches Organ aus dem Str. reticulare des Coriums der Fingerbeere (Mensch). Hierbei handelt es sich um unterschiedlich stark gewundene arteriovenöse Anastomosen, die von einer bindegewebigen Kapsel organähnlich umschlossen werden und eine ungewöhnlich reiche Innervation besitzen. Färbung: H. E.; Vergr. 150fach.

Abb. 476. Die prismatischen Zellen (beachte die Kernform!) des Str. basale ragen mit schlanken Fortsätzen (= Wurzelfüßchen) in das angrenzende Bindegewebe, um so durch Oberflächenvergrößerung eine bessere Verankerung mit ihrer Unterlage zu erreichen (vgl. auch Abb. 62d). Über den Basalzellen erkennt man andeutungsweise die Querbrücken zwischen den Zellen des Str. spinosum (Fingerbeere, Mensch). Färbung: H. E.; Vergr. 960fach.

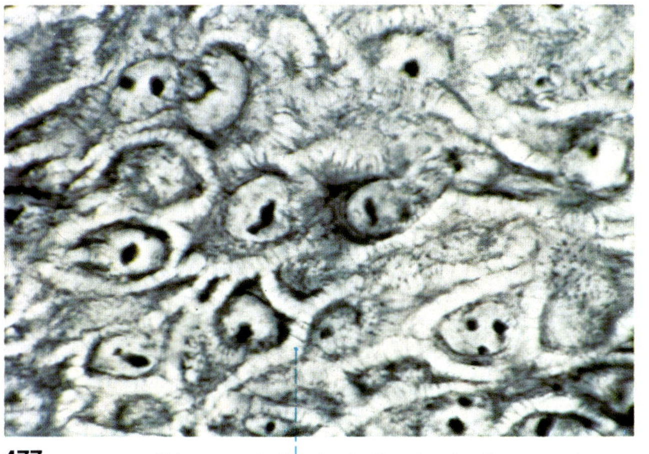

477

Abb. 477. Die „Stachelzellen“ des Str. spinosum entstehen dadurch, daß in dieser Schicht die interzellulären Räume weiter werden, die Zellen jedoch durch zahlreiche Desmosomen miteinander verbunden bleiben. Infolgedessen werden die Zellen im Bereich dieser interzellulären Haftpunkte zipflig auseinandergezogen und gewinnen so eine mit zahlreichen spitzen Fortsätzen versehene Oberfläche (spitzes Kondylom, Mensch). Färbung: Eisenhämatoxylin; Vergr. 960fach.

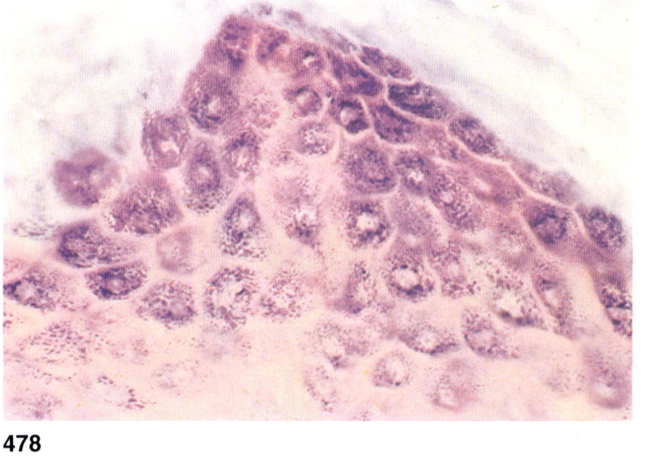

478

Abb. 478. Schrägschnitt durch das Str. granulosum der Epidermis (Fingerbeere, Mensch). Hier treten, von der untersten zur obersten Schicht zunehmend, die stark basophilen Keratohyalinkörner auf, die eine Vorstufe der späteren Hornsubstanz darstellen. Färbung: H. E.; Vergr. 380fach.

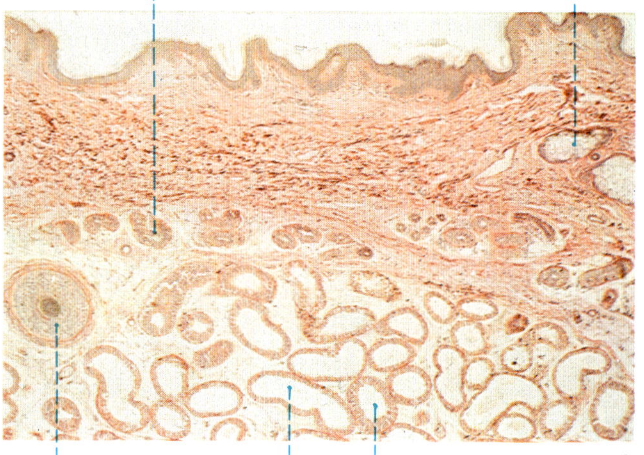

479

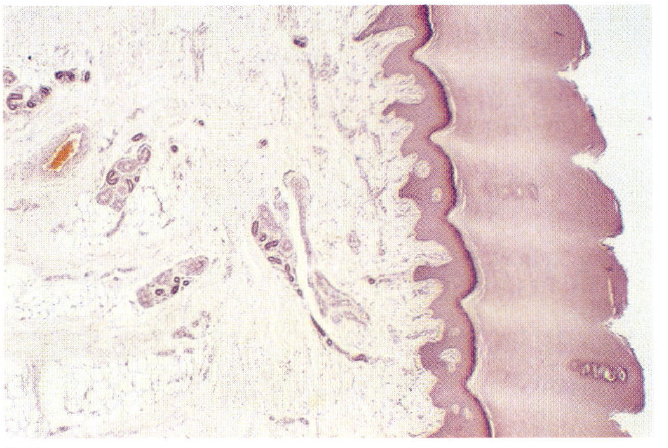

482

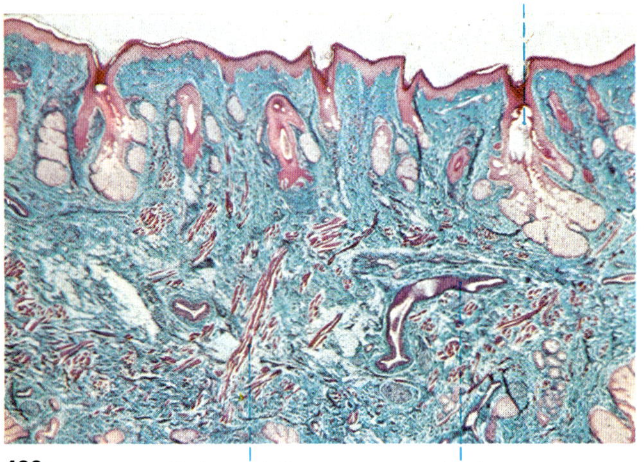

480

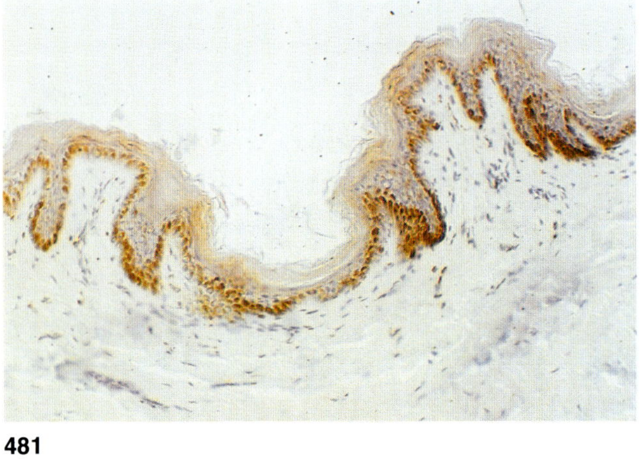

481

Bestimmte Hautregionen, wie z. B. Achselhaut, Hohlhand bzw. Fußsohle, Kopfhaut, Schamlippen und Skrotum, müssen anhand ihrer charakteristischen Baumerkmale als solche erkannt werden.

Abb. 479. Für die Achselhaut sind neben dem niedrigen, nur mäßig verhornten Epithel und Anschnitten von Haaren sowie von Talg- und Schweißdrüsen vor allem die mächtig entwickelten Duftdrüsen charakteristisch. Es sind verzweigte tubuläre Drüsen, die besonders durch ihre weite Lichtung und ihr wechselnd hohes Epithel auffallen (Einzelheiten s. Abb. 105, 488 u. 489). Färbung: EH-Benzopurpurin (etwas abgeblaßt); Vergr. 38fach.

Abb. 480. Die Haut der Nasenflügel ist durch das reichliche Vorkommen sog. freier, d. h. nicht mit Haaren kombinierter Talgdrüsen gekennzeichnet. Zur Diagnose: „Nasenflügel" vgl. Abb. 345 und Tabelle 11. Färbung: Azan; Vergr. 40fach.

Abb. 481. Haut eines dunkelhäutigen Menschen mit reichentwickeltem, braunem Melaninpigment in den basalen Zellschichten der Epidermis. Das Pigment ist sowohl in den Melanozyten (Pigmentproduktion) als auch in den Keratinozyten zu finden. Gesamtvergr. 100fach.

Abb. 482. Übersicht über die Haut der Fingerbeere des Menschen. Die dicke Epidermis bildet außen ein Wellenmuster aus (entspricht dem Leistensystem der Hautoberfläche). Die Hornschicht ist sehr dick, im unteren Viertel ist das basophile Stratum granulosum erkennbar. Schweißdrüsen sind vorwiegend zwischen den Fettläppchen der Subcutis zu finden. Färbung: H. E.; Gesamtvergr. 20fach.

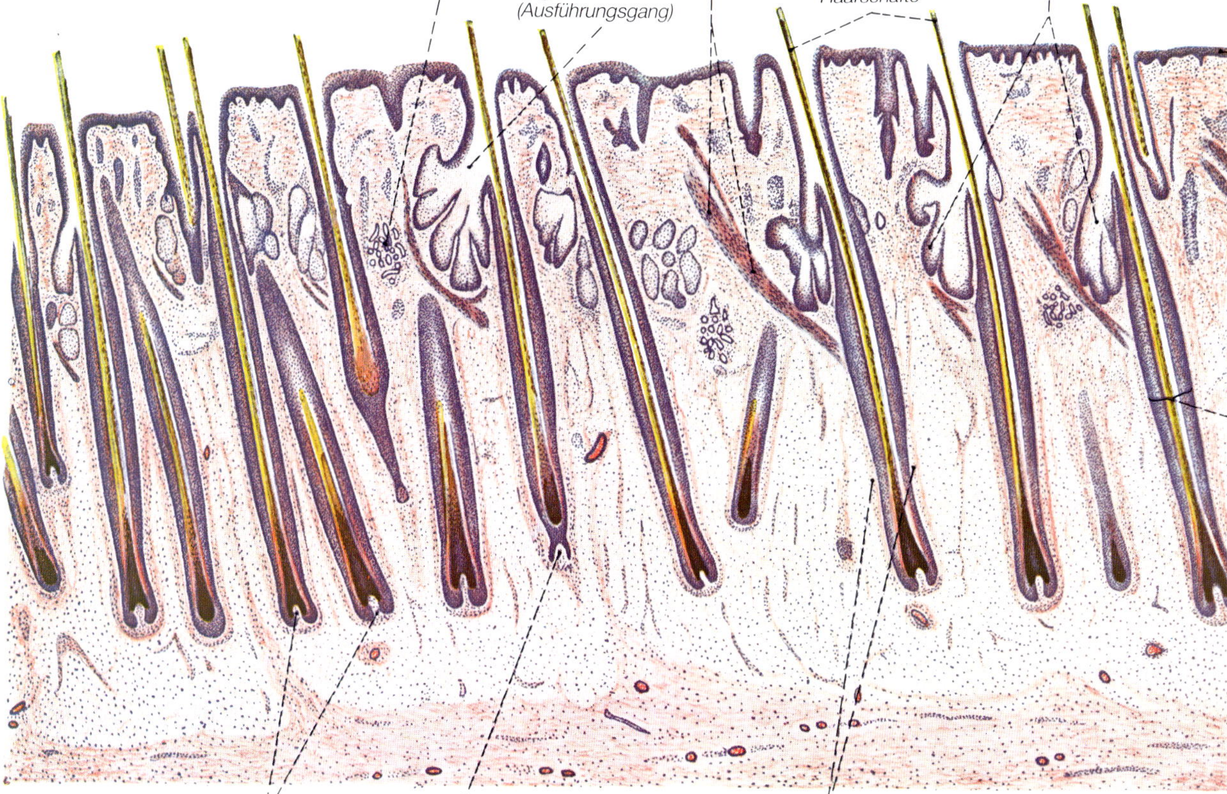

Abb. 483. Auf Längsschnitten durch die Haare (Kopfhaut, Mensch) erkennt man ihren frei über das Epithel hinausragenden „Schaft" sowie die in einer reagenzglasförmigen, epithelialen Hülse steckende „Wurzel". Diese ist außer von der epithelialen Wurzelscheide auch noch von einer bindegewebigen Hülle, dem Haarbalg, umgeben. Färbung: H. E.; Vergr. 40fach.

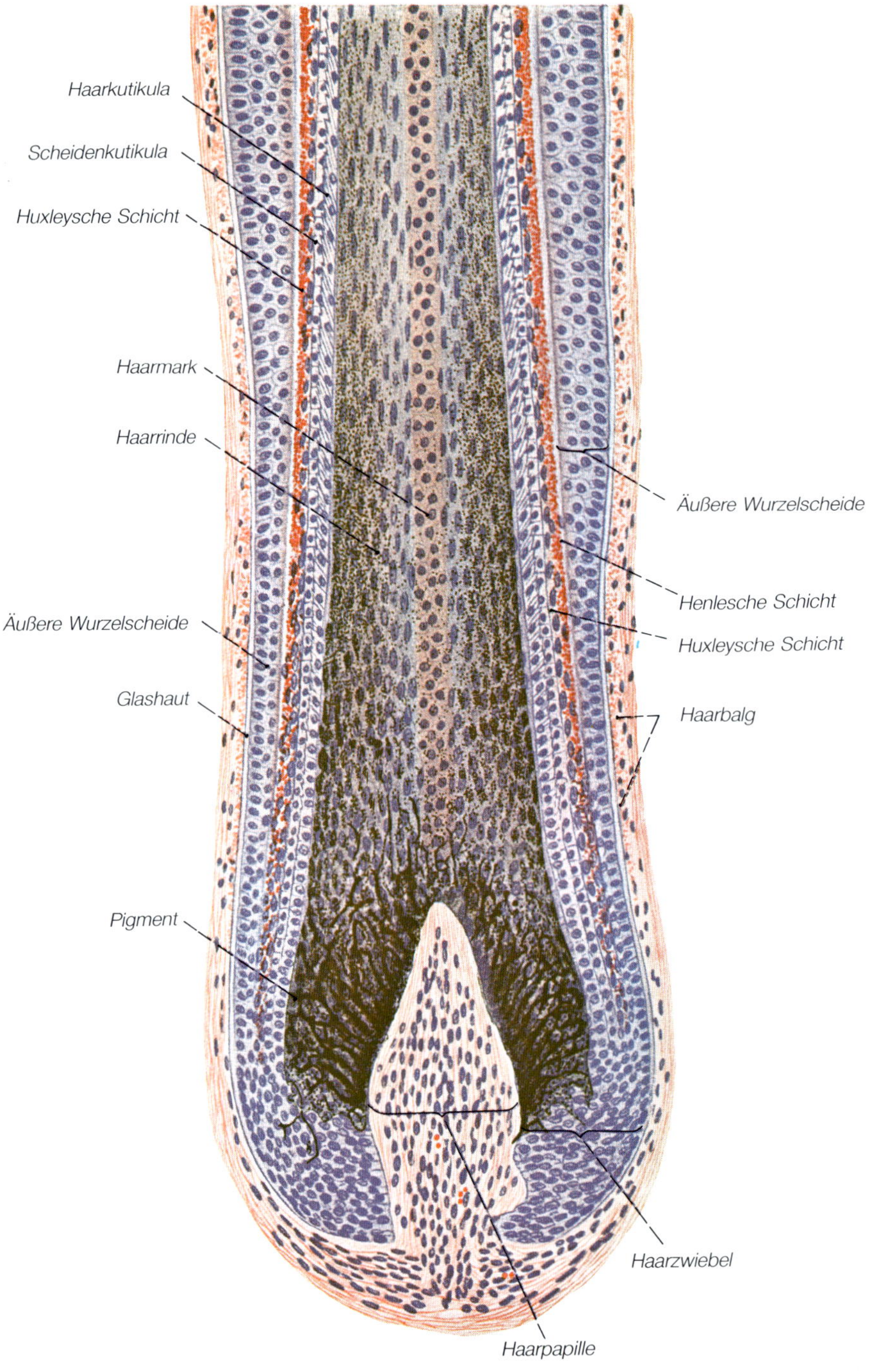

Abb. 484. Bei höherer Vergrößerung zeigt die epitheliale Wurzelscheide eine komplizierte Schichtengliederung in: 1. eine äußere epitheliale und 2. eine dreischichtige innere epitheliale Wurzelscheide. Letztere beginnt innen mit der Scheidenkutikula, die durch Verzahnung mit der Haarkutikula der Befestigung der Haarwurzel in der Scheide dient. Es folgen nach außen die ein- oder zweischichtige Huxleysche und die sehr niedrige Henlesche Zellschicht. Die äußere Wurzelscheide ist ein mehrschichtiges Epithel, das in Höhe des Haartrichters in das Str. germinativum übergeht. Zur Grenze gegen die bindegewebigen Wurzelscheide, den Haarbalg, liegt eine „Glashaut", eine durch Kollagenfibrillen verstärkte Basalmembran. Färbung: H. E.; Vergr. 200fach.

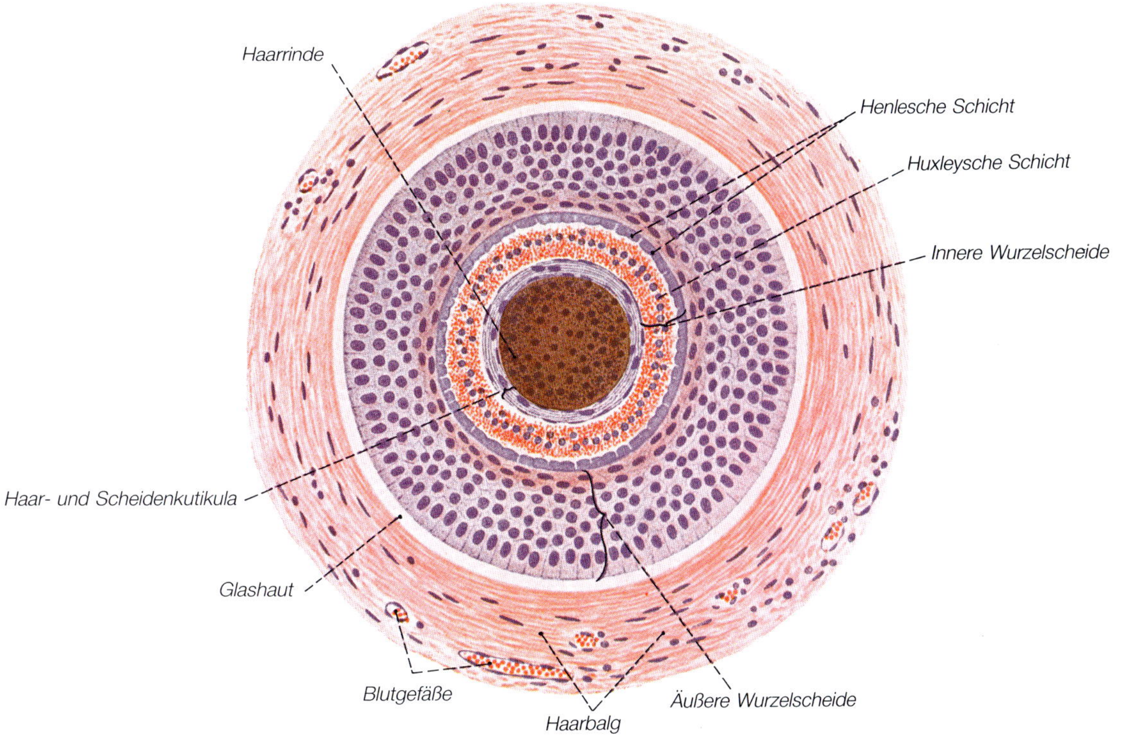

Abb. 485. Querschnitt durch die Haarwurzel mit ihren verschiedenen Hüllschichten (vgl. mit Abb. 484). Färbung: H. E.; Vergr. 300fach.

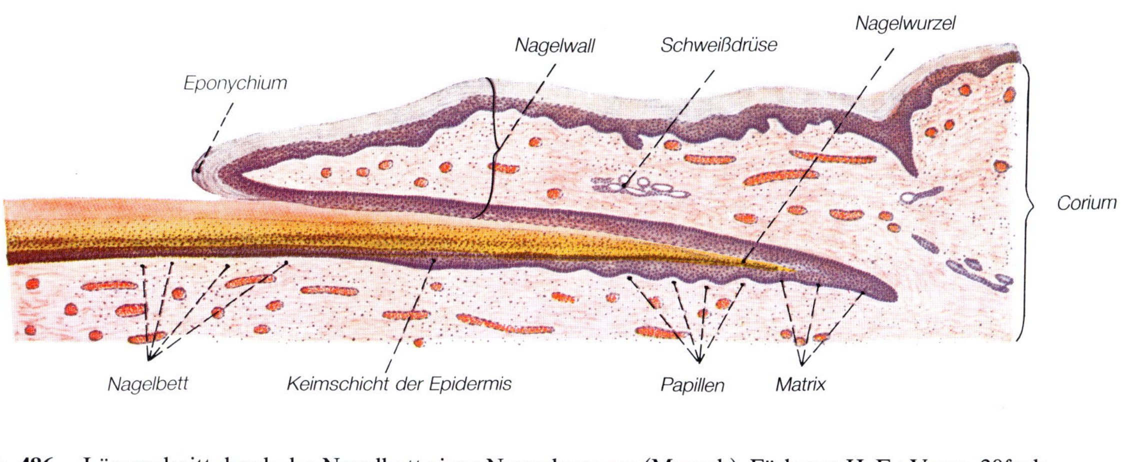

Abb. 486. Längsschnitt durch das Nagelbett eines Neugeborenen (Mensch). Färbung: H. E.; Vergr. 30fach.

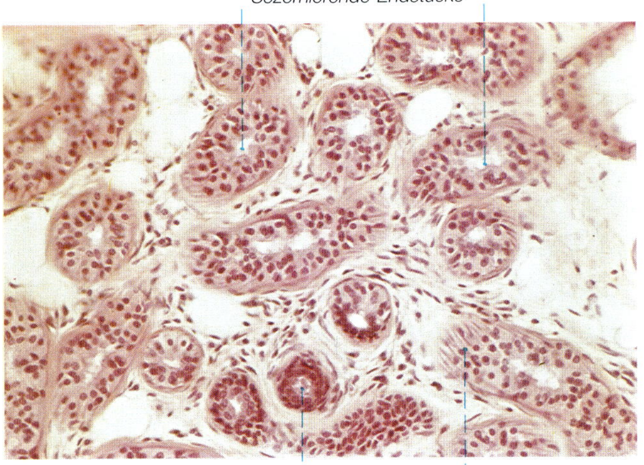

487

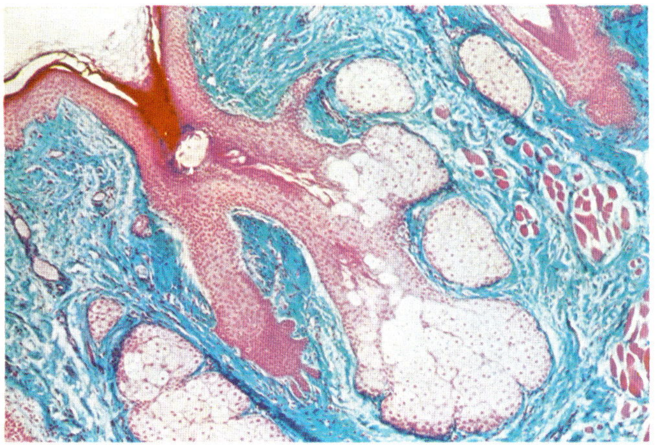

490

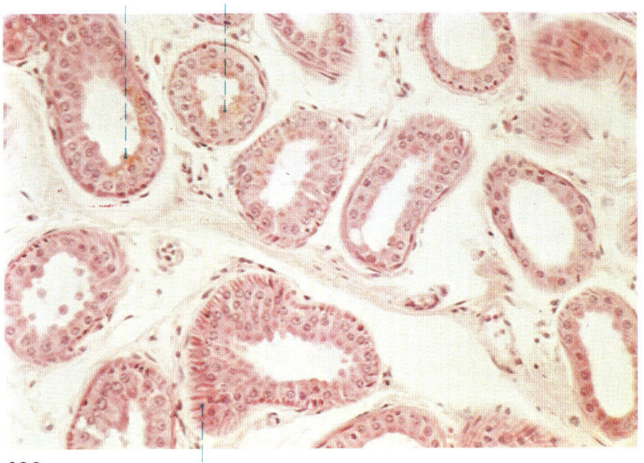

488

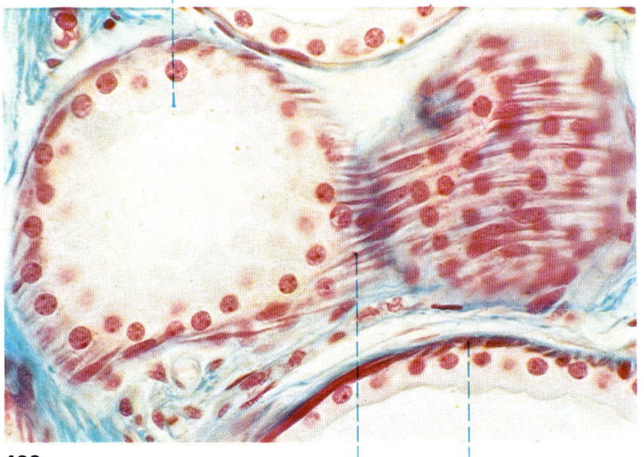

489

Abb. 487. Die ekkrinen Schweißdrüsen sind tubulöse Einzeldrüsen, deren Enden unterschiedlich stark aufgeknäuelt (vgl. auch Abb. 99) und hauptsächlich entlang der Grenze zur Subkutis gelegen sind. Ihre langen Ausführungsgänge zeigen eine engere Lichtung und ein stärker färbbares, meist zweischichtiges Epithel mit dichter stehenden Kernen als die sezernierenden Abschnitte, in denen das Epithel einschichtig prismatisch ist, dessen Kerne aber in unterschiedlicher Höhe liegen können (Fingerbeere, Mensch). Färbung: H. E.; Vergr. 95fach.

Abb. 488. Die verzweigten alveolären Duftdrüsen, auch als apokrine große Schweißdrüsen bezeichnet, kommen nur in bestimmten Hautregionen vor und sind durch die weite Lichtung ihrer sezernierenden Endstücke sowie deren unterschiedlich hohes Epithel charakterisiert. Dieses ist Ausdruck der verschiedenen Stadien eines apokrinen Sekretionsmechanismus einer Drüse (Haut der Achselhöhle, Mensch). Färbung: H. E.; Vergr. 150fach.

Abb. 489. An Flachschnitten durch die Endstücke gerade der apokrinen Duftdrüsen lassen sich die kontraktilen, spindelförmigen Myoepithelzellen besonders gut demonstrieren, ohne deshalb jedoch für diese Drüsenart spezifisch zu sein (Glandulae ceruminosae aus dem äußeren Gehörgang, Mensch, vgl. auch Abb. 487 und 488). Färbung: Azan; Vergr. 380fach.

Abb. 490. Die holokrinen Talgdrüsen sind ebenfalls verzweigte alveoläre Drüsen, deren Lichtungen meist durch die sich allmählich zu Sekret umwandelnden Epithelzellen verlegt und damit im Schnitt nicht erkennbar sind (s. Abb. 60). Färbung: Azan; Vergr. 60fach.

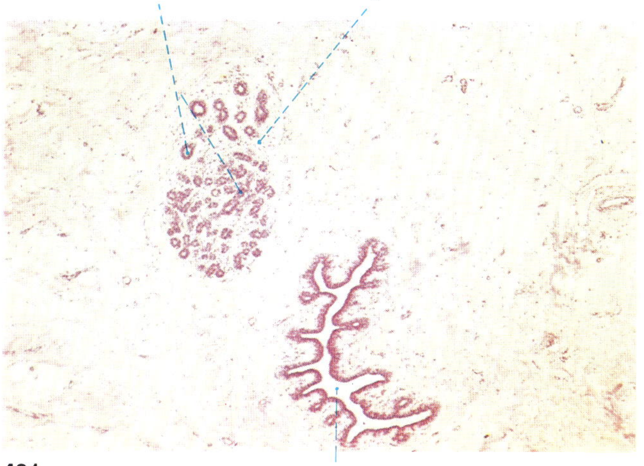

491

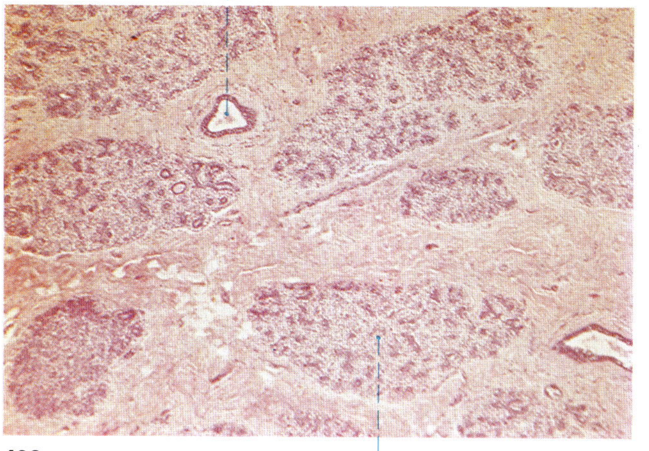

492

Abb. 491. Teilansicht der ruhenden Brustdrüse einer Virgo mit größerem Ausführungsgang und einem kleinen Konglomerat von Drüsenendstücken, die unmittelbar von einem zellreichen Bindegewebe (Mantelgewebe) umgeben werden. Sonst zwischen den Drüsenanlagen faserreiches Bindegewebe. Färbung: H. E.; Vergr. 38fach.

Abb. 492. Proliferierende Brustdrüse einer Schwangeren. Unter dem Einfluß verschiedener Hormone beginnen sich in der Gravidität die vorher nur spärlich vorhandenen Endstücke zu vermehren und zu vergrößern. Sie verdrängen dabei zunehmend das anfänglich weit im Vordergrund stehende Bindegewebe, das schließlich nur noch in Gestalt schmaler, gefäßführender Septen zwischen den Drüsenläppchen erhalten bleibt. Beachte die weitlumigen Ausführungsgänge. Färbung: H. E.; Vergr. 38fach.

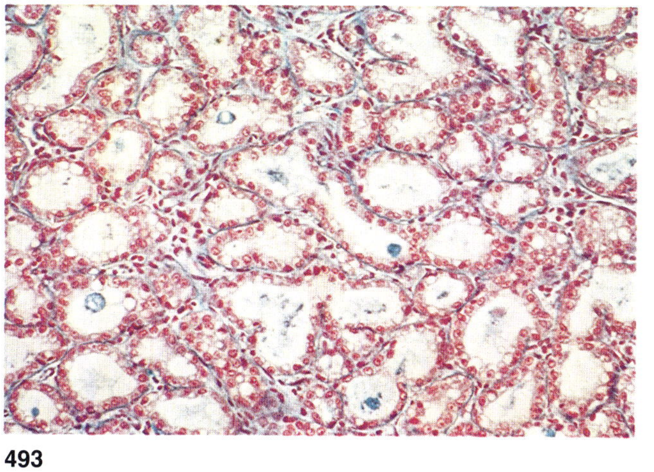

493

Abb. 493. Die Zellen der weitlumigen Endstücke lassen nach Einwirkung der bei den meisten Einbettungen benutzten fettlösenden Zwischenmedien wie Alkohol u. ä. wechselnd große Vakuolen (= herausgelöste Fetttröpfchen) erkennen (Mamma lactans, Mensch). Trotz eines gelegentlich mit dem Kolloid der Schilddrüse zu verwechselnden Inhaltes der Endstücke unterscheiden sich diese immer durch ihre wesentlich unregelmäßigere Gestalt von denen der Glandula thyroidea. Färbung: Azan; Vergr. 150fach.

Abb. 494. Epithelzellen der laktierenden Brustdrüse des Menschen. Beachte die weit in das Drüsenlumen vorgewölbten Zellapices, die Lipideinschlüsse enthalten. Im Drüsenlumen membranbegrenzte Milchfettkugeln (★). Transmissionselektronenmikroskopische Aufnahme; Gesamtvergr. 1900fach.

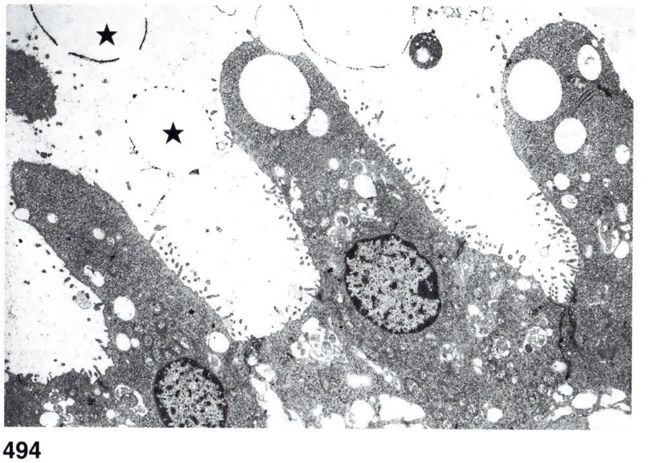

494

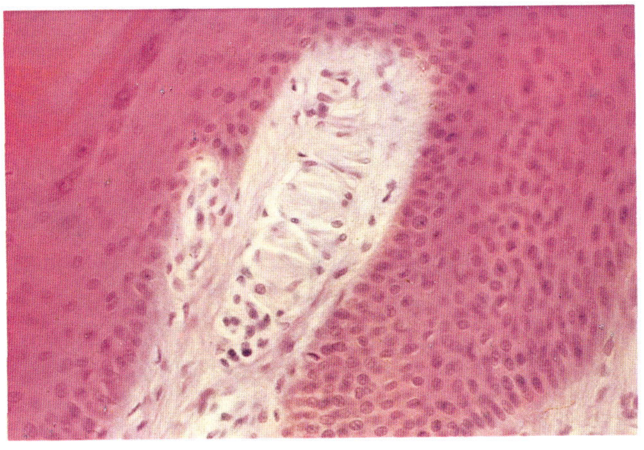

495

Abb. 495. Längsschnitt durch ein Meissnersches Tastkörperchen aus der Fingerbeere des Menschen. Diese in den Bindegewebspapillen des Coriums gelegenen Druckrezeptoren bestehen aus keilförmigen, übereinandergestapelten Zellen, zwischen denen eine afferente Nervenfaser verläuft. Färbung: H. E.; Vergr. 240fach.

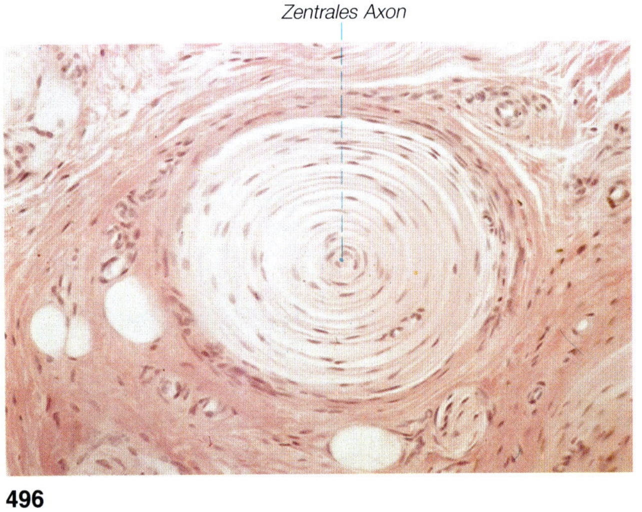

496

Abb. 496. Querschnitt durch ein Vater-Pacinisches Lamellenkörperchen (Fingerbeere, Mensch). Diese durch eine deutliche bindegewebige Kapsel begrenzten, ebenfalls als Mechanorezeptoren fungierenden Sinnesorgane liegen im Bereich der Haut überwiegend innerhalb der Subkutis. Sie bestehen aus einem zentral in ihrer Längsachse verlaufenden sensiblen Nervenzellfortsatz mit konzentrisch darum geschichteten abgeflachten Zellen, die durch flüssigkeitsgefüllte Räume voneinander getrennt sind. Färbung: H. E.; Vergr. 150fach.

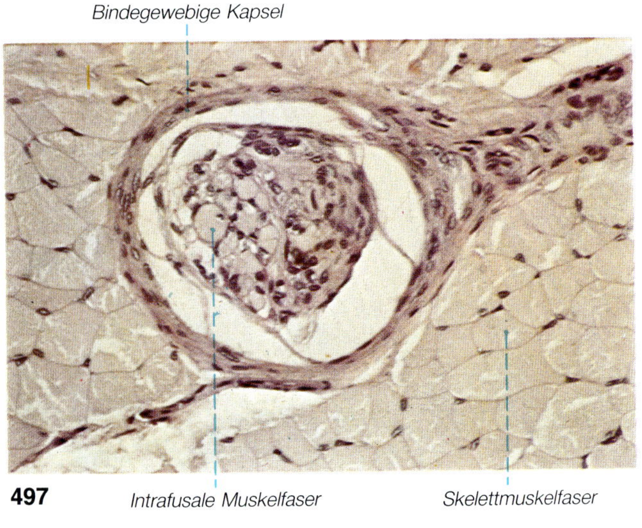

497

Abb. 497. Querschnitt durch eine Muskelspindel aus einem M. lumbricalis (Mensch). Diese durch eine kräftige Bindegewebskapsel begrenzten Rezeptoren (für die Tiefensensibilität) enthalten in ihrem Inneren die intrafusalen Muskelfasern, die parallel zur Arbeitsmuskulatur (extrafusale Fasern) verlaufen. Sie unterscheiden sich von den übrigen Skelettmuskelfasern durch einen kleineren Querschnitt, Fibrillenarmut und eine spezielle sensible und motorische Innervation. Färbung: Hämatoxylin; Vergr. 240fach.

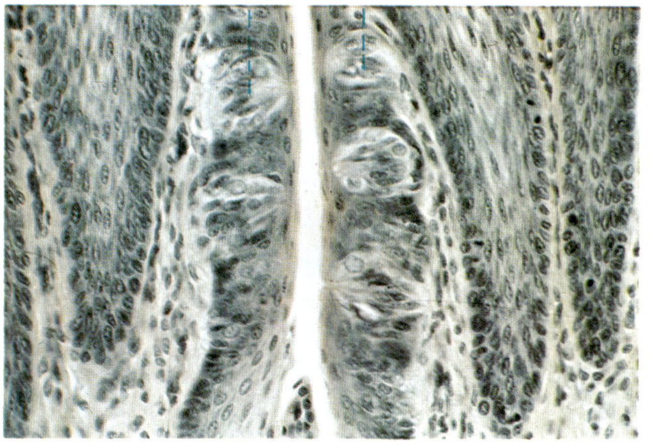

498

Abb. 498. Mehrere Geschmacksknospen im Epithel der Seitenwände der Papillae foliatae (Zunge, Kaninchen), die bei schwächerer Vergrößerung wegen ihrer geringeren Färbbarkeit als beerenförmige Aufhellungen erscheinen (vgl. auch Abb. 293). Färbung: Weigerts EH; Vergr. 240fach.

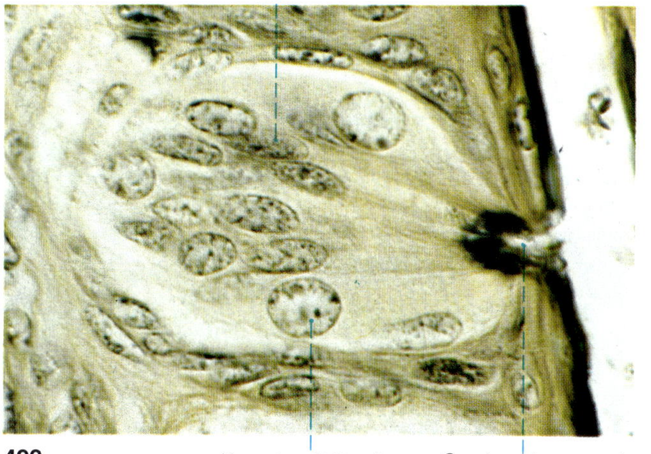

499

Abb. 499. Bei höherer Auflösung lassen sich mittels ihrer unterschiedlich großen und wechselnd gestalteten Kerne zwei verschiedene Zelltypen innerhalb der Geschmacksknospen unterscheiden (Papilla foliata, Kaninchen). Die eine besitzt große, rundliche Kerne, erreicht mit ihrer Oberfläche nicht immer den Geschmacksporus und wird als „Stütz- oder Ersatzzelle" bezeichnet. Die andere Zellsorte, die Sinnes- oder Geschmackszellen, zeigt länglich-schmale Kerne und erreicht immer den grübchenförmigen Geschmacksporus, in den sie mit einem apikalen Fortsatz, dem Geschmacksstiftchen (= Büschel langer Mikrovilli), hineinragt (hier wegen zu großer Schnittdicke nur als homogene Schwärzung erkennbar). Färbung: Heidenhainsches EH; Vergr. 960fach.

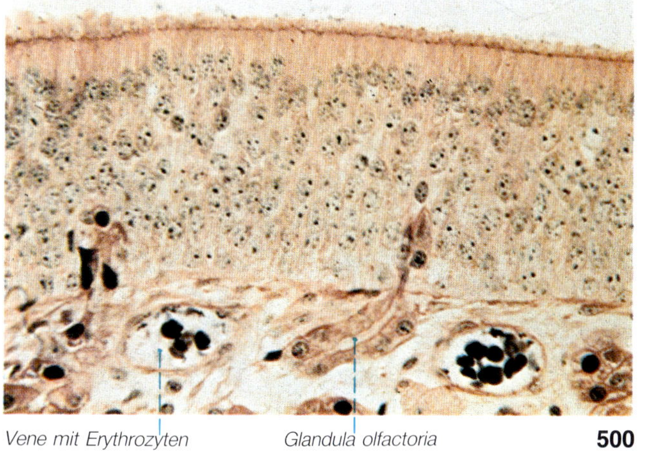

500

Abb. 500. Das mehrreihige Riechepithel (Regio olfactoria, Hund) ist zunächst durch seine größere Höhe und das Fehlen von Becherzellen vom Flimmerepithel der Regio respiratoria zu unterscheiden. Da entsprechendes menschliches Material aus naheliegenden Gründen nur selten in gut erhaltenem Zustand zu gewinnen ist, wird im mikroskopischen Kurs meist die Riechschleimhaut von Tieren als Präparat ausgegeben. Auch hier finden sich wie beim Menschen Stütz- und Sinneszellen; nur sind diese im Routinepräparat schwer voneinander zu differenzieren. Auch Einzelheiten der apikalen Fortsätze dieser bipolaren Nervenzellen, die als mit Sinneshaaren versehene Riechkolben die epitheliale Oberfläche überragen, sind wegen des auflagernden Schleimfilms und einer zu großen Schnittdicke kaum zu erkennen. Färbung: EH-Benzolichtbordeaux; Vergr. 380fach.

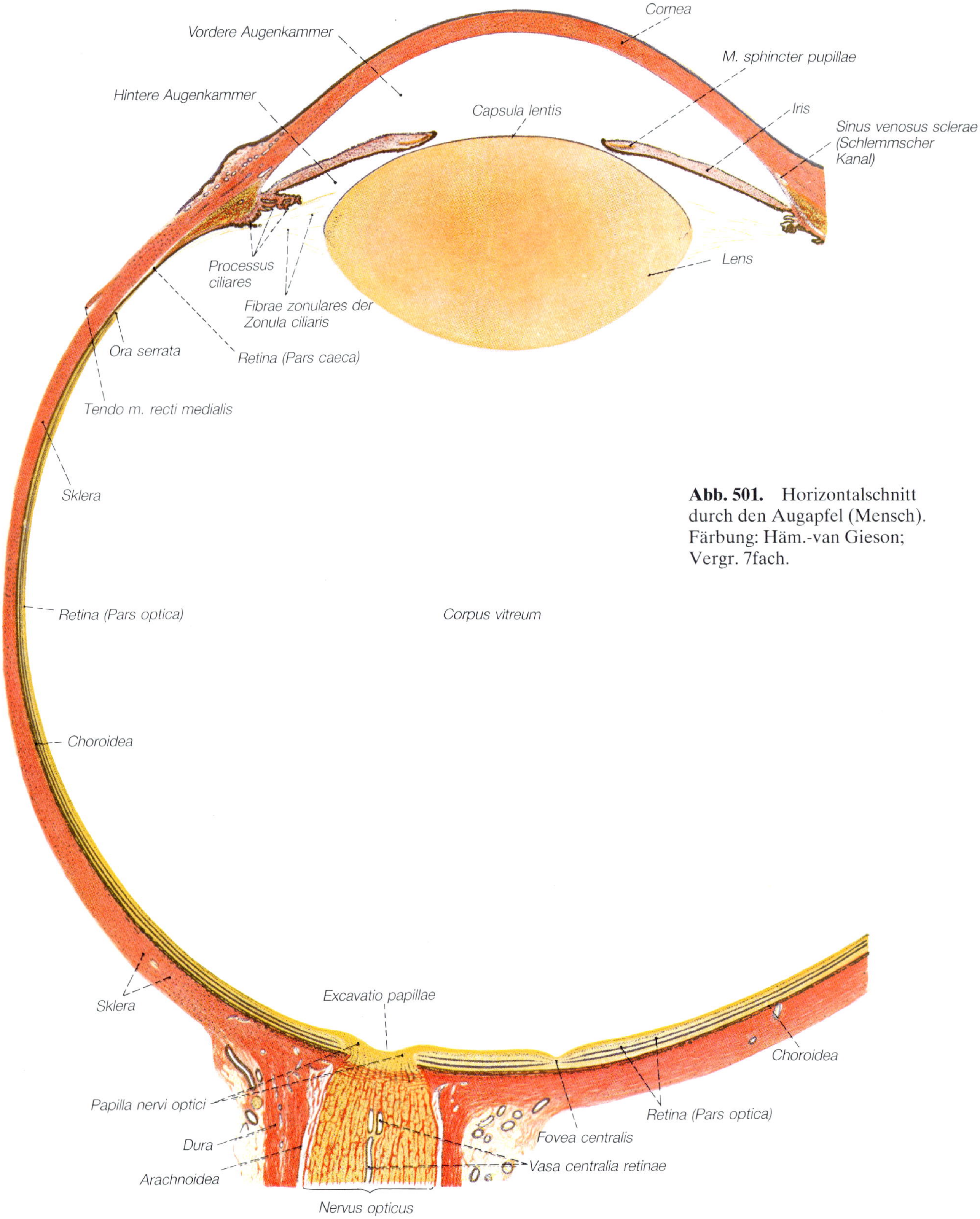

Abb. 501. Horizontalschnitt durch den Augapfel (Mensch). Färbung: Häm.-van Gieson; Vergr. 7fach.

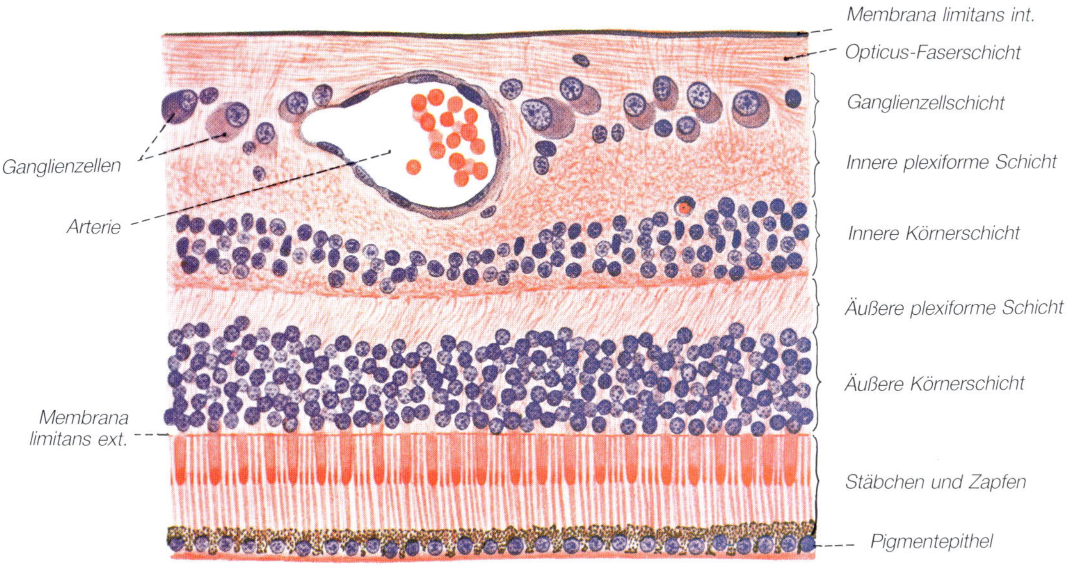

Abb. 502. Die Netzhaut (Retina) zeigt in ihrem lichtempfindlichen Anteil, der Pars optica, einen komplizierten Schichtenbau, der sich am einfachsten durch seine funktionelle Gliederung als eine Kette hintereinandergeschalteter Neurone verstehen läßt. Danach liegt am weitesten außen die Schicht des 1. Neurons, nämlich die der primären Sinneszellen (= Stäbchen und Zapfen). Nach einwärts folgen zwei Nervenzellschichten, die mit ihren Fortsätzen das 2. bzw. 3. Neuron in der gesamten Sehbahn darstellen. Da sowohl die Zellkerne dieser drei Neurone als auch ihre Fortsätze in definierten Zonen gelegen sind, kommt es zu der scheinbar komplizierten Schichtung der Retina. So enthalten die beiden „Körnerschichten" sowie die „Ganglienzellschicht" die kernhaltigen Zelleiber 1. von Stäbchen und Zapfen (= äußere Körnerschicht), 2. von bipolaren Ganglienzellen (= innere Körnerschicht) und 3. von Ganglienzellen des N. opticus (= Ganglienzellschicht). Die beiden „plexiformen" Schichten enthalten die Fortsätze der ihnen jeweils benachbarten Nervenzellen, so daß in der „äußeren plexiformen Schicht" die Neuriten der Stäbchen und Zapfen mit den Dendriten der „Bipolaren" in synaptischen Kontakt treten, während in der „inneren plexiformen Schicht" die Neuriten der „Bipolaren" mit den Dendriten der Ganglienzellen des N. opticus ihre synaptischen Verbindungen eingehen. Zuinnerst folgt dann die Schicht der Neuriten für den N. opticus. Die Membrana limitans interna entsteht durch Verschmelzung fußartig verbreiteter Fortsätze von spezifischen Gliazellen (= Müllerschen Stützzellen), während die Membrana limitans externa das Äquivalent interzellulärer Haftstrukturen zwischen Sinnes- und Müllerschen Stützzellen darstellt. Färbung: H. E.; Vergr. 400fach.

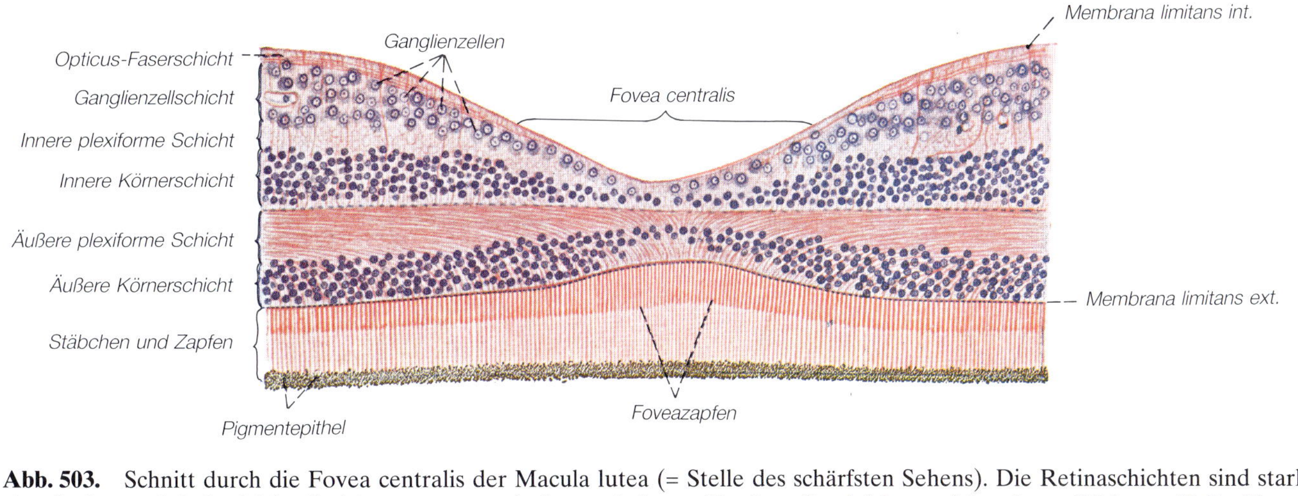

Abb. 503. Schnitt durch die Fovea centralis der Macula lutea (= Stelle des schärfsten Sehens). Die Retinaschichten sind stark abgeflacht, so daß das Licht die hier monosynaptisch verschalteten Zapfenzellen leicht erreichen kann. Färbung: H. E.; Vergr. 175fach.

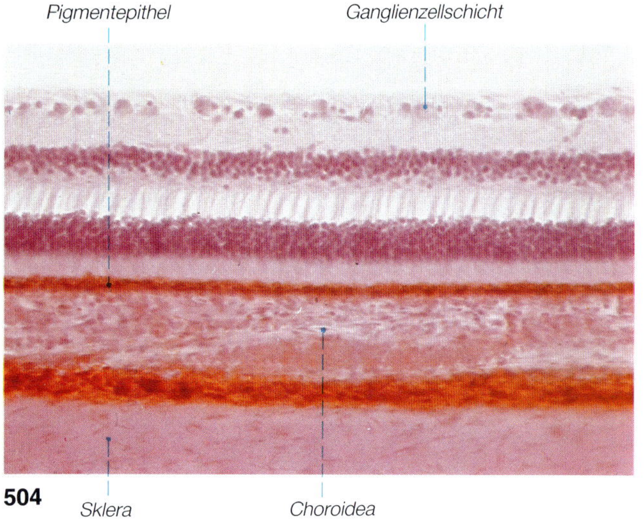

504

Abb. 504. Originalpräparat einer menschlichen Retina in situ mit anschließendem Pigmentepithel, Choroidea und den innersten Anteilen der Sklera. Beachte, daß die Müllerschen Stützzellen im Routinepräparat nicht als solche erkennbar sind. Zur Nomenklatur der einzelnen Schichten vergleiche die Abb. 502 und 503. Färbung: H. E.; Vergr. 240fach.

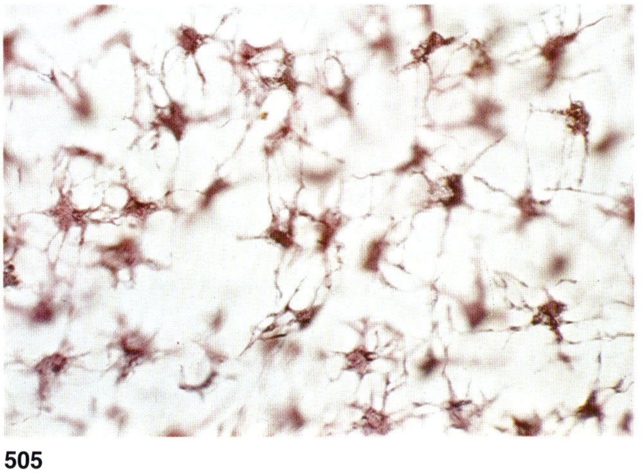

505

Abb. 505. Flächenpräparat von der Hornhaut (Mensch) mit Darstellung der reichverzweigten Fibroblasten (= Cornealzellen) in der Substantia propria durch Imprägnierung der Cornea in toto mit Goldchlorid. Vergr. 240fach (Präparat: Prof. Dr. H. J. Clemens, München).

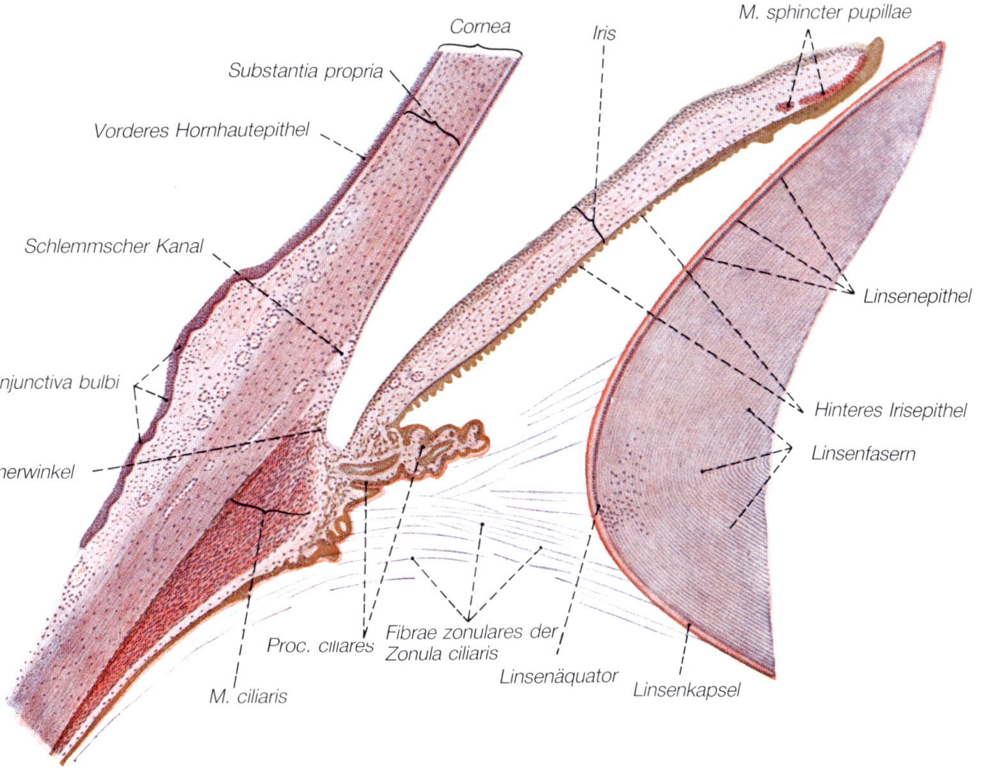

Abb. 506. Linke Hälfte eines Horizontalschnitts durch den vorderen Anteil des Augenbulbus (vgl. mit Abb. 501) mit Corpus ciliare, vorderer und hinterer Augenkammer mit Kammerwinkel, Iris, Linse und Hornhautrand. Schlemmscher Kanal = Sinus venosus sclerae. Neben dem M. sphincter pupillae am freien Rand der Iris kommt der M. dilatator pupillae vor, der aus basalen kontraktilen Ausläufern des pigmentierten Irisepithels aufgebaut ist und der parallel zur Hinterwand der Iris verläuft. Färbung: H.E.; Vergr. 35fach.

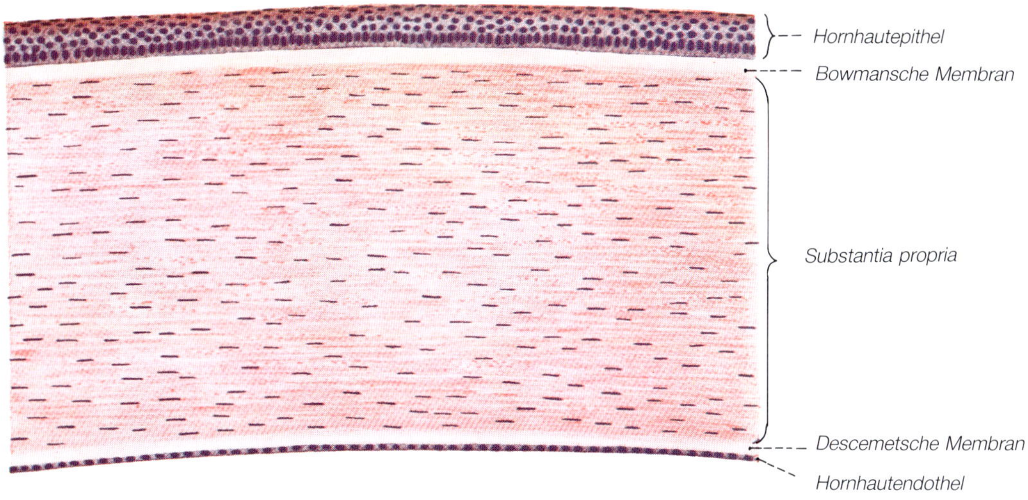

Abb. 507. Hornhaut (Cornea) des Auges bei stärkerer Vergrößerung. Die Cornea ist normalerweise gefäßfrei, und ihr Stroma (= Substantia propria) besteht aus kollagenen Faserbündeln, zwischen denen nur die Kerne der reichverzweigten Hornhautfibrozyten (= Hornhautkörperchen, vgl. Abb. 505) erkennbar sind. Das Corneastroma besteht aus sich rechtwinkling überkreuzenden Schichten von Kollagenfibrillen, Proteoglykanen und einem hohen Gehalt an Wasser. Färbung: H. E.; Vergr. 80fach.

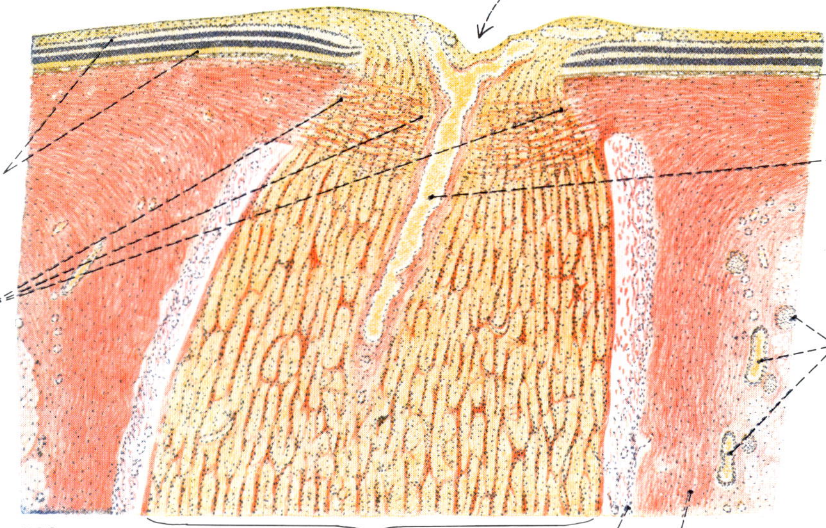

Abb. 508. Längsschnitt durch den Sehnerv und die Papilla nervi optici (= blinder Fleck der Retina) mit der zentralen Excavatio papillae. Färbung: van Gieson; Vergr. 20fach.

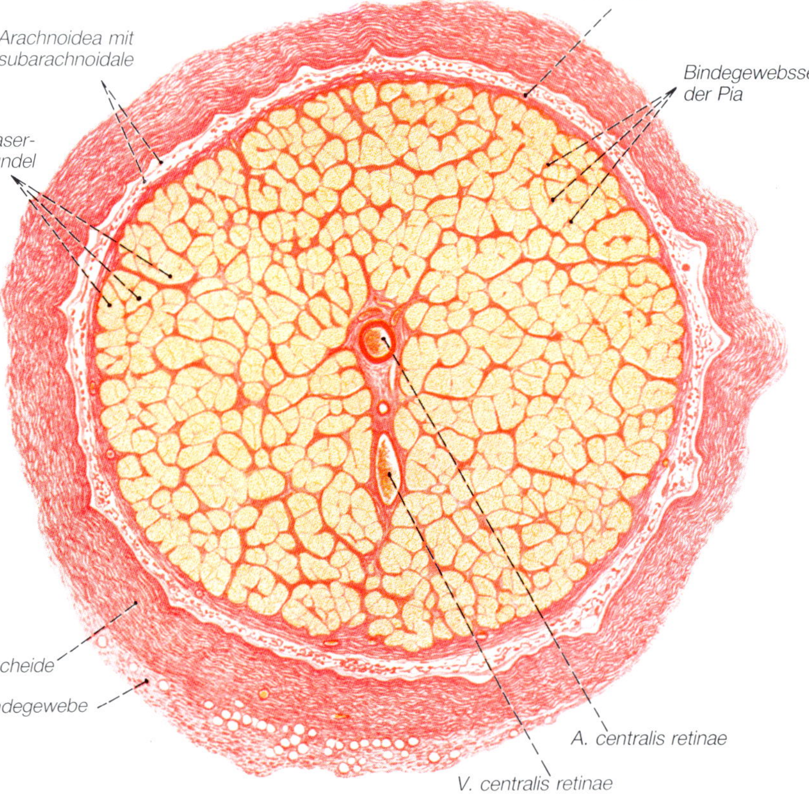

Abb. 509. Querschnitt durch den N. opticus, der als Hirnteil von sämtlichen drei Hirnhäuten umgeben wird, zwischen denen auch ein schmaler, mit Liquor gefüllter Subarachnoidalraum erhalten bleibt. Die für dieses Präparat oft als charakteristisch angegebenen Anschnitte der erst einen (!) Zentimeter vor dem Bulbus in den Sehnerv eintretenden A. und V. centralis retinae fehlen jedoch immer dann, wenn der N. opticus proximal von dieser Eintrittsstelle geschnitten wird. Sie stellen damit also kein unbedingt erforderliches differentialdiagnostisches Kriterium dar. Färbung: van Gieson; Vergr. 22fach.

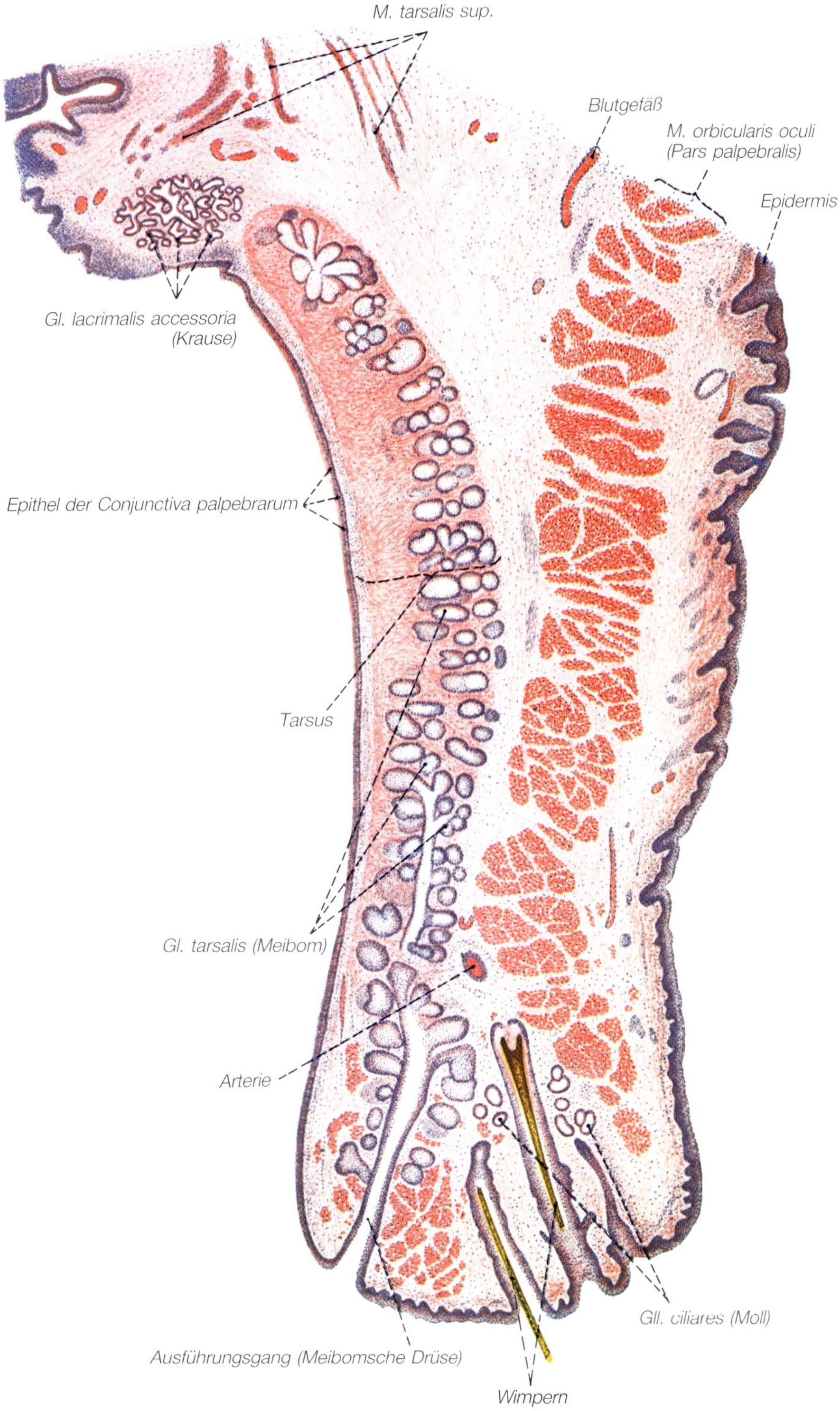

Abb. 510. Sagittalschnitt durch das obere Augenlid des Menschen. Der plattenförmige, aus dichtgelagerten Kollagenfasern aufgebaute Tarsus bildet das Skelett des Lides, in das die in einer Reihe angeordneten länglichen Meibomschen Drüsen (Gll. tarsales) eingelagert sind. Diese Talgdrüsen stehen nicht in Beziehung zu den Wimpern (Zilien). In Nähe der Wimpern, die eigene kleine Talgdrüsen (Zeissche Drüsen) besitzen, finden sich die apokrinen Mollschen Drüsen (Gll. ciliares). An der Oberkante des Tarsus setzt der glattmuskuläre M. tarsalis superior an, der durch seinen Tonus die Lidspalte offenhält. Der M. orbicularis oculi verengt und verschließt die Lidspalte. Färbung: H. E.; Vergr. 17fach.

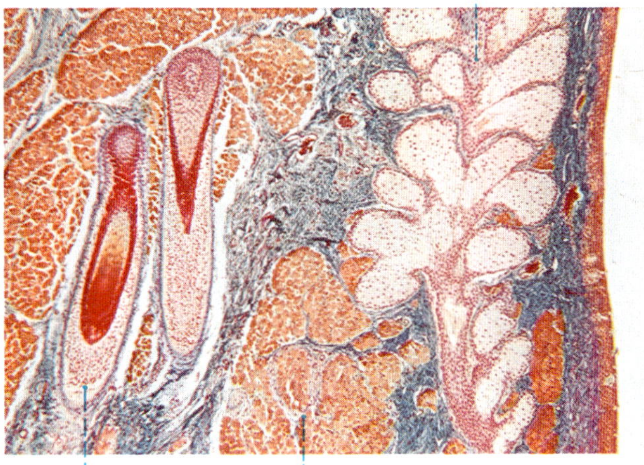

511

Abb. 511. Ausschnittsvergrößerung aus einem Sagittalschnitt des Augenlides in Nähe der Lidkante (Mensch). Rechts im Bild das dem Augenbulbus zugewandte innere Epithel (= mehrschichtig, platt, unverhornt); es folgen Anschnitte einer Meibomschen Drüse, quergetroffene Fasern der Pars palpebralis des M. orbicularis oculi sowie zwei Wimpern. Färbung: Azan; Vergr. 38fach.

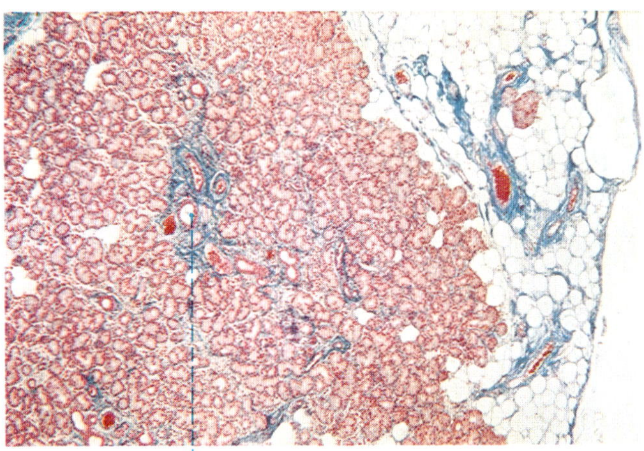

512

Abb. 512. Die menschliche Tränendrüse (Gl. lacrimalis) läßt zum Unterschied zu allen anderen rein serösen Drüsen (Gl. parotis und Pankreas) schon bei Übersichtsvergrößerungen stets deutliche Lichtungen in ihren sezernierenden Endstücken erkennen. Nach dem Bau der letzteren wird sie als verzweigt tubulös bezeichnet und ist außerdem durch das Fehlen (!) eines differenzierten Gangsystems gekennzeichnet. Es finden sich nur intra- und interlobuläre Ausführungsgänge. Zur Differentialdiagnose vgl. Abb. 307–309 und Tabelle 12. Färbung: Azan; Vergr. 38fach.

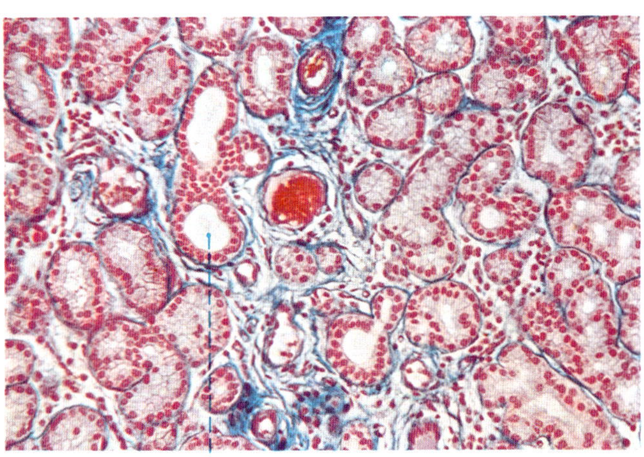

513

Abb. 513. Die sezernierenden Zellen der Endstücke der Tränendrüse besitzen stets rundliche Kerne (ähnlich denen der azinösen Endstücke der Parotis), basal im Epithel treten Myoepithelzellen auf. Im zellreichen interstitiellen Bindegewebe finden sich zahlreiche Lymphozyten und Plasmazellen, von denen letztere oft in kleinere Gruppen zusammengeordnet sind (vgl. dazu Abb. 122 und 133). Färbung: Azan; Vergr. 150fach.

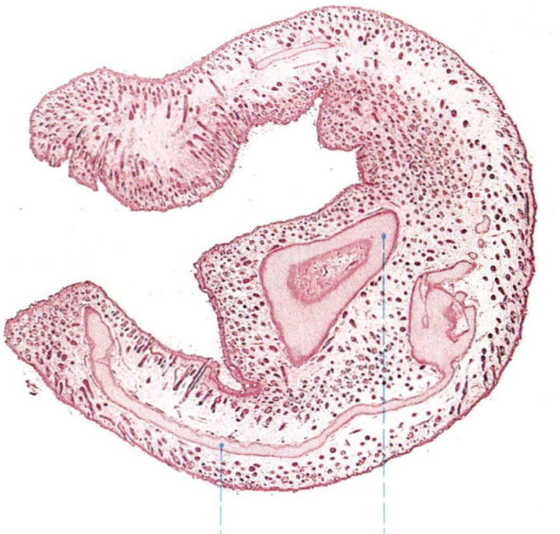

514

Abb. 514. Flachschnitt durch die Ohrmuschel eines menschlichen Foeten (etwa V. Monat). Das Skelett der Ohrmuschel besteht aus einer Platte elastischen Knorpels, allseits bedeckt von einer dünnen Haut, in der man zahlreiche Anlagen von Haaren und Drüsen findet. Färbung: H. E.; Vergr. 18fach.

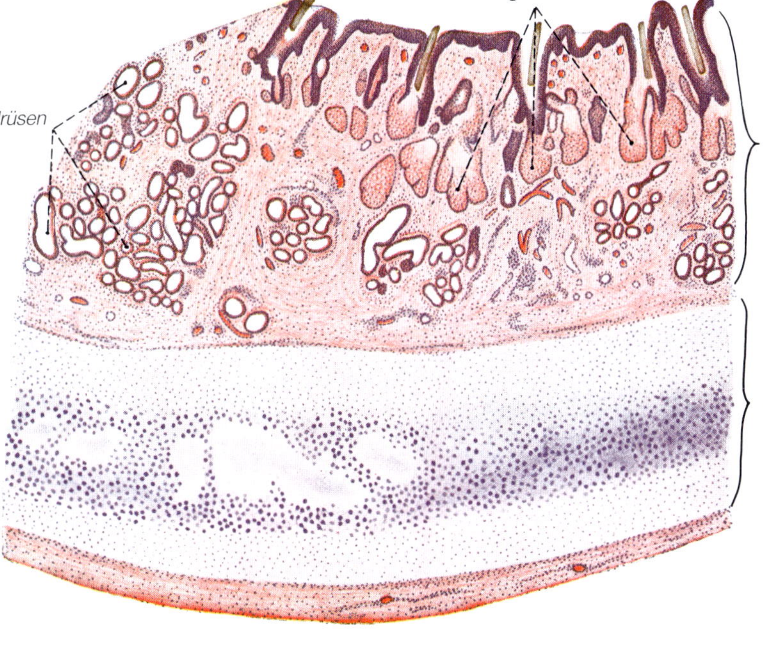

Abb. 515. Sektor eines Querschnitts durch den knorpeligen Teil (Pars cartilaginea) des äußeren Gehörgangs (Mensch). Er wird von der äußeren Haut ausgekleidet, in der sich neben Haaren mit Talgdrüsen zahlreiche Anschnitte der alveolären, apokrinen Ohrschmalzdrüsen (Gll. ceruminosae) finden (Einzelheiten vgl. Abb. 104 u. 489). Färbung: H. E.; Vergr. 16fach.

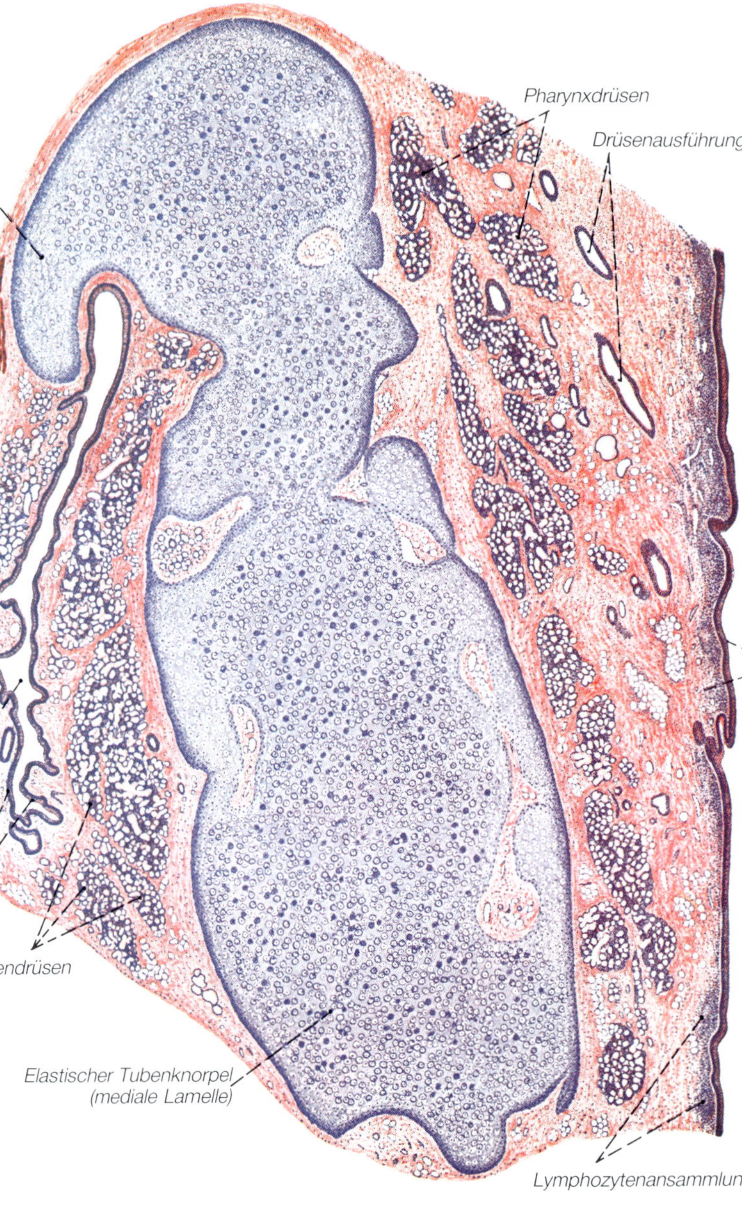

Abb. 516. Querschnitt durch den knorpeligen Teil der Ohrtrompete (Tuba auditiva Eustachii). Die Schleimhaut besteht hier aus einem mehrreihigen, prismatischen Flimmerepithel mit Becherzellen, in dessen Lamina propria vor allem in Richtung auf die Tubenöffnung lymphoretikuläre Ansammlungen eingestreut sind. Die Schleimhautdrüsen (Gl. tubariae) sind seromukös, der Tubenknorpel überwiegend elastisch. Färbung: H. E.; Vergr. 13fach.

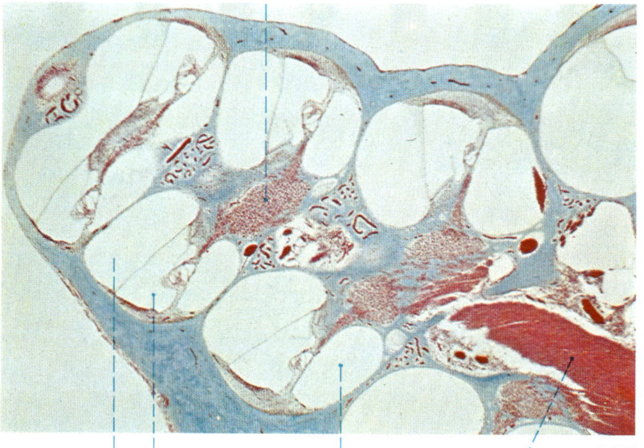

517

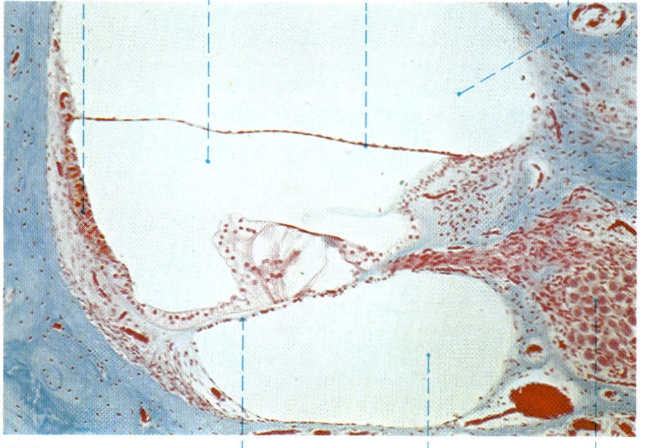

518

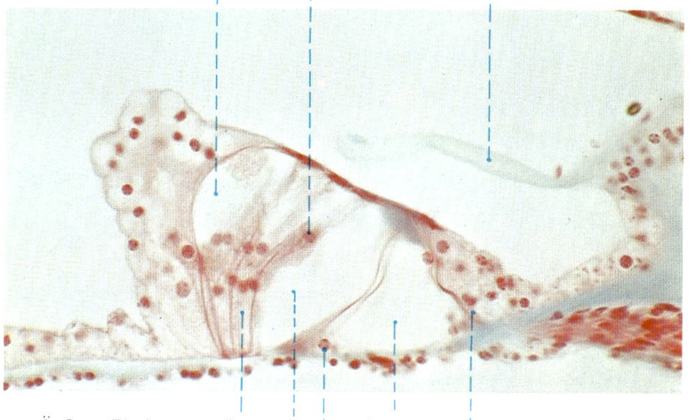

519

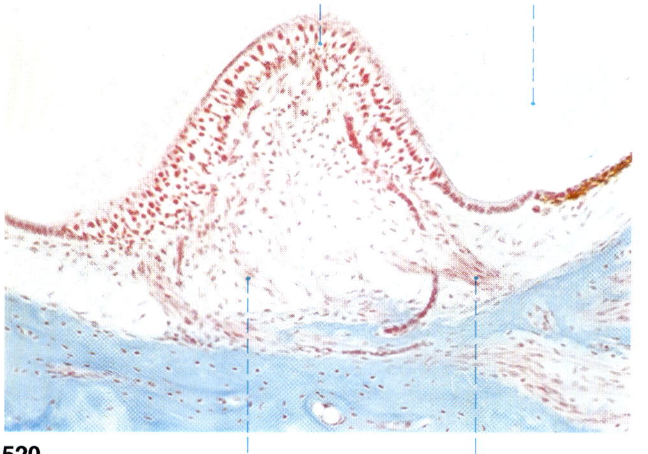

520

Abb. 517. Längsschnitt durch die knöcherne Schnecke (Meerschweinchen), die in mehreren Windungen (beim Menschen zweieinhalb) eine zentrale Achse, den Modiolus, umkreist. In ihm verläuft der Hörnerv mit den in regelmäßigen Abständen beiderseits von ihm gelegenen Anschnitten des Ganglion spirale cochleae (bipolare Neurone), in deren Niveau jeweils eine Knochenlamelle (= Lamina spiralis ossea) gegen das häutige Labyrinth vorspringt. Färbung: Azan; Vergr. 24fach.

Abb. 518. Der Querschnitt durch eine Schneckenwindung (Cochlea, Meerschweinchen) zeigt drei mit Flüssigkeit gefüllte Räume, Scala vestibuli (oben), Ductus cochlearis (Mitte), Scala tympani (unten). Scala vestibuli und tympani sind mit Perilymphe, der Ductus cochlearis ist mit Endolymphe gefüllt. Die Reissnersche Membran (zwei Plattenepithelien und ein schmaler Bindegewebsraum) trennt Scala vestibuli und Ductus cochlearis. Den Boden des Ductus cochlearis bildet die Basilarmembran (Lamina basilaris) mit dem Cortischen Organ. Die laterale Wand des Ductus cochlearis, die Stria vascularis, ist blutkapillarreich und bildet die Endolymphe. Färbung: Azan; Vergr. 96fach.

Abb. 519. Cortisches Organ (Meerschweinchen). Es besteht aus Sinneszellen, den Haarzellen, und verschiedenen Arten von Stützzellen (Pfeiler-, Phalangen-, Hensenschen und Claudiusschen Zellen) und enthält drei kleine Kanäle: den inneren Tunnel, den Nuelschen Raum und den äußeren Tunnel. Innere und äußere Pfeilerzellen begrenzen den inneren Tunnel und färben sich aufgrund eines gut entwickelten Zytoskeletts kräftig an. Medial der inneren Pfeilerzelle liegt eine innere Phalangenzelle, der eine innere Haarzelle aufsitzt. Lateral der äußeren Pfeilerzelle folgen Nuelscher Raum und drei bis fünf äußere Phalangenzellen, denen drei bis fünf äußere Haarzellen aufsitzen und denen der äußere Tunnel folgt. Das Epithel des Limbus spiralis bildet die Membrana tectoria und setzt sich in den Sulcus spiralis internus fort. Färbung: Azan; Vergr. 240fach.

Abb. 520. Crista ampullaris eines Bogengangs (Meerschweinchen). Die Cupula ist nicht vom Schnitt getroffen, jedoch erkennt man das Epithel aus Sinnes- und Stützzellen sowie im Bindegewebe verlaufende Fasern des N. vestibularis. Färbung: Azan; Vergr. 150fach (Präparat. Prof. Dr. med. L. Thorn, Universität München).

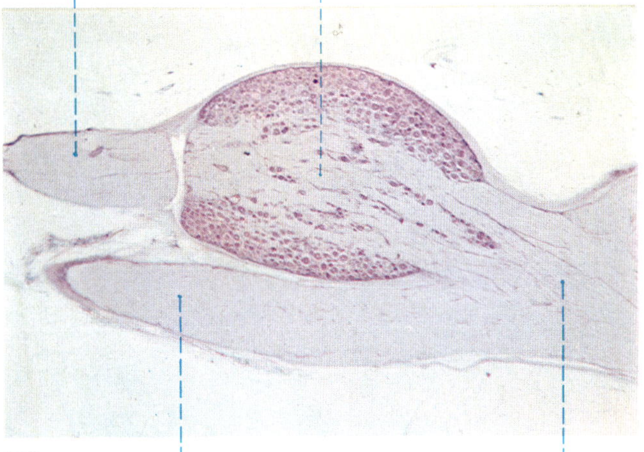

521

Abb. 521. Längsschnitt durch ein Spinalganglion (Hund). Diese peripheren Ansammlungen von Nervenzellen finden sich als zellreiche, von einer derben Bindegewebskapsel umhüllte Knötchen innerhalb der hinteren Wurzel (links im Bild), kurz bevor sich diese mit der motorischen Radix anterior (unten) zum gemischten Spinalnerven (rechts im Bild) vereinigt. Das Ganglion wird zentral von überwiegend längs verlaufenden und in der Hauptmasse markhaltigen Nervenfasern durchzogen. Färbung: Kresylviolett; Vergr. 21fach.

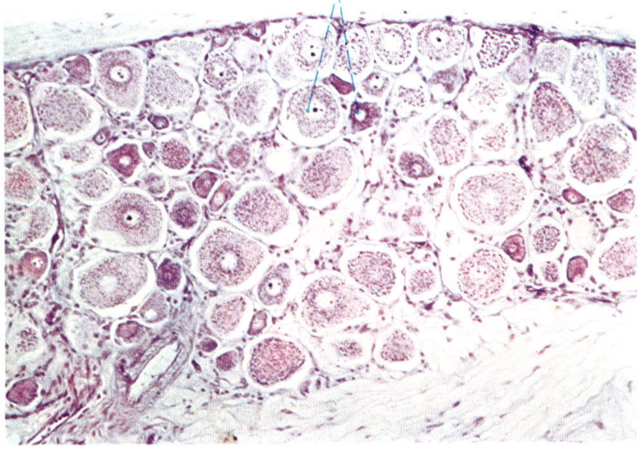

522

Abb. 522. Die Masse der vorwiegend in den Randbezirken gelegenen Ganglienzellen gehört zu den „Pseudounipolaren", deren zentralwärts ziehende Fortsätze die sensible hintere Wurzel des Rückenmarks bilden. Zwischen diesen meist großen, rundlichen Zellen liegen kleinere, dunkler gefärbte Elemente, die lipoidreicher sind und der Fortleitung der protopathischen Sensibilität (u. a. Schmerz- sowie nicht-diskriminierende Druck- und Berührungsempfindungen) dienen sollen (Spinalganglion, Hund). Färbung: Kresylviolett; Vergr. 120fach.

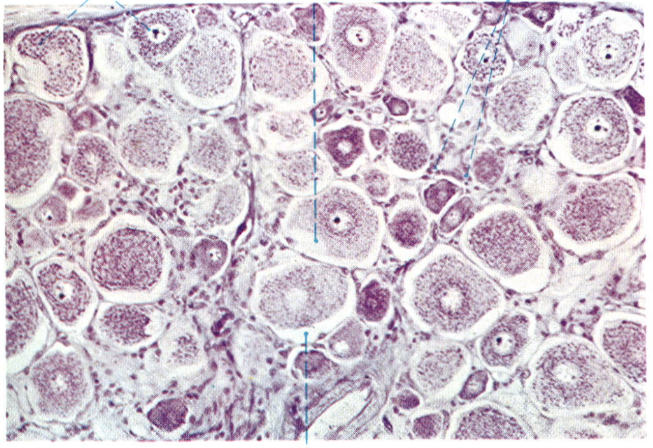

523

Abb. 523. Jede der pseudounipolaren Nervenzellen wird mantelartig von peripheren Gliazellen umhüllt (daher ihr Name „Mantelzellen" oder „Amphizyten"), von denen sie jedoch häufig durch einen Schrumpfspalt getrennt sind (vgl. dagegen Abb. 19). Die Nissl-Substanz ist in den Ganglienzellen nicht schollig, sondern feinkörnig und gleichmäßig im Zelleib verteilt. Beachte die zahlreichen, auffallend großen Ursprungskegel. Färbung: Kresylviolett; Vergr. 150fach.

Abb. 524. Vegetatives Ganglion im Nebennierenmark (Mensch). Diese mikroskopisch kleinen Ansammlungen vegetativer, multipolarer Nervenzellen sind u. a. gerade im Nebennierenmark als einem chromaffinen Paraganglion (vgl. Abb. 467) und Abkömmling von Sympathikoblasten besonders regelmäßig zu finden und hier durch die Größe ihrer Zellen und deren Kerne mit ihrem deutlichen Nukleolus leicht als solche zu identifizieren. Am unteren Bildrand verläuft längsgeschnittene glatte Muskulatur von der Wand einer der für das Nebennierenmark charakteristischen sog. Drosselvenen (vgl. dazu auch Abb. 465). Färbung: Azan; Vergr. 95fach.

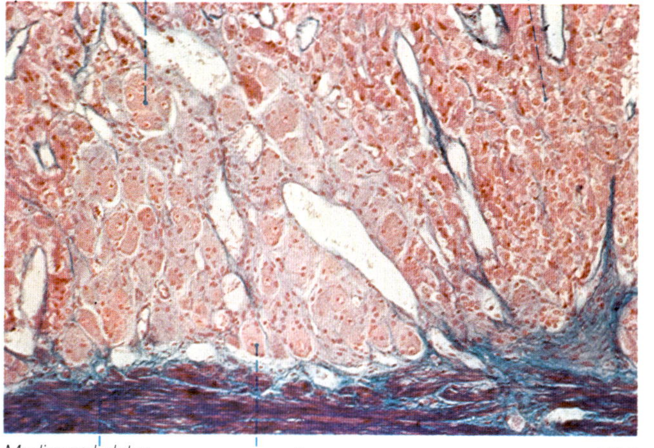

524

Abb. 525. Flächenpräparat des intramuralen, zwischen Ring- und Längsmuskulatur des Darmes gelegenen Plexus myentericus (Auerbach). In den Knotenpunkten dieses aus unterschiedlich dicken Nervenfaserbündeln bestehenden Maschenwerkes finden sich Ansammlungen von Perikaryen vegetativer Nervenzellen (Ganglien). Färbung: supravitale Methylenblaufärbung; Vergr. 95fach.

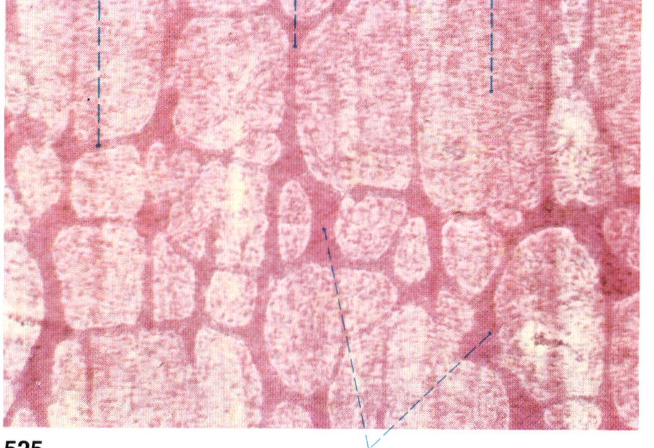

525

Abb. 526. Schnitt durch den Plexus myentericus (Colon, Mensch) mit einigen kleinen, zwischen den marklosen Nervenfasern gelegenen Ganglienzellen (besonders deutlich an der rechten Bildkante zu erkennen). Färbung: Azan; Vergr. 240fach.

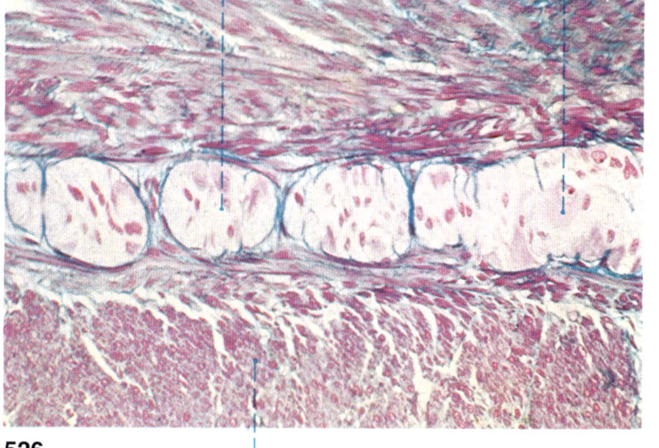

526

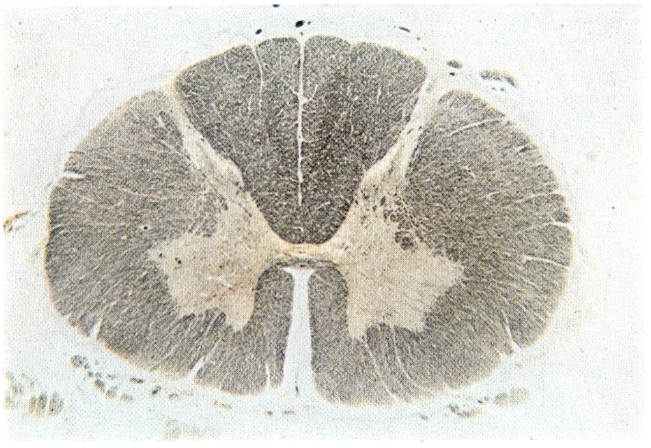

527

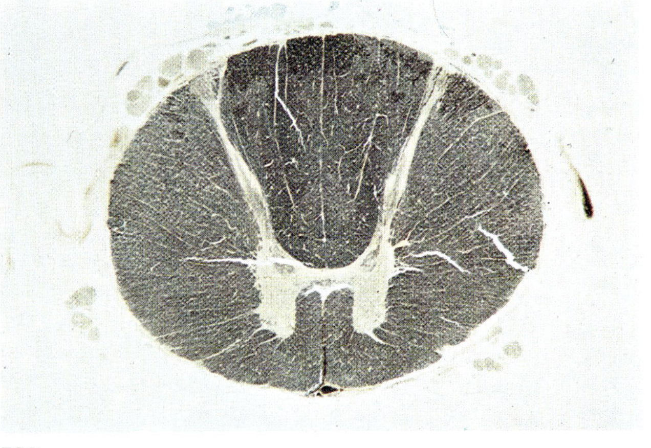

528

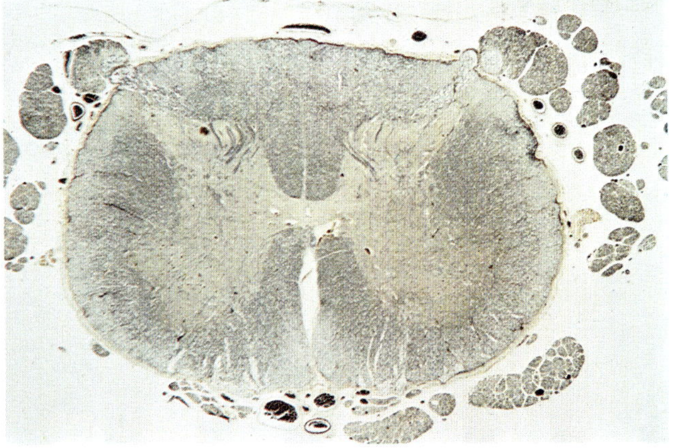

529

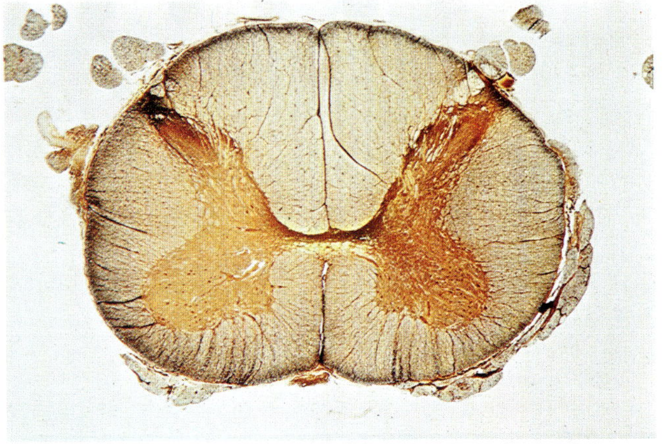

530

Abb. 527–529. Querschnitte des menschlichen Rückenmarks aus dessen Hals-, Brust- und Lendenbereich bei gleicher Färbung (Markscheiden) und Vergrößerung (6fach). Durch Schwärzung der markhaltigen Nervenfasern in der „weißen" Substanz erscheint diese dunkler als die nervenfaserärmere und daher hellere „graue" Substanz. Beachte die Unterschiede in Größe und Gestalt der grauen Substanz sowie das Seitenhorn im Thorakalmark (Abb. 528). Zur Nomenklatur vergleiche mit Abb. 531 u. 533.

Abb. 530. Querschnitt eines menschlichen Halsmarks, mit einer Versilberungstechnik zur Darstellung der Neurofibrillen behandelt. Bei einer Nissl-Färbung mit ausschließlicher Darstellung der Nervenzellen erscheint das gesamte Präparat fast „farblos", wenn man es mit bloßem Auge betrachtet. In diesen Fällen Aufsuchen der zellreichen motorischen Vorderhörner mit der Lupenvergrößerung! Färbung: Versilberung nach Schultze-Stöhr; Vergr. 6fach.

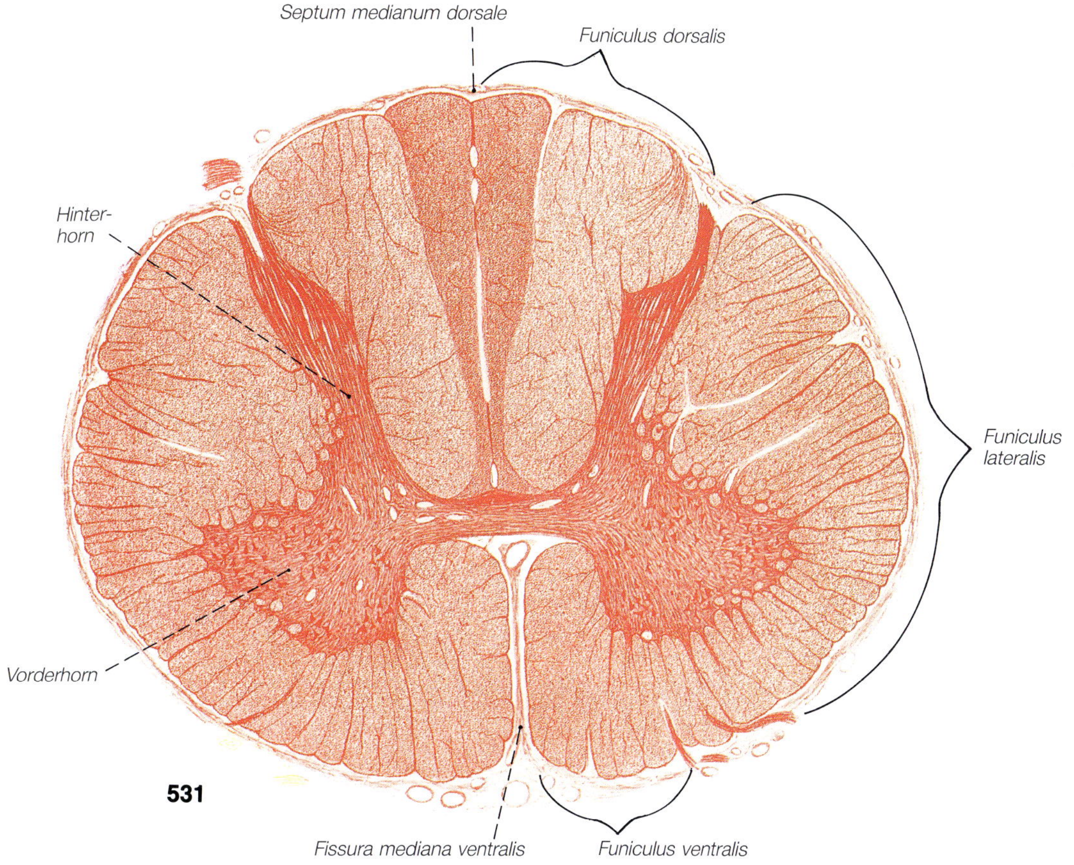

531

Abb. 531. Querschnitt durch die Halsanschwellung (= Intumescentia cervicalis) eines Rückenmarks vom Menschen (s. auch Abb. 533). Die weiße Substanz gliedert sich jederseits in: 1. einen Hinterstrang = Funiculus dorsalis (zwischen dem Hinterhorn und dem Septum medianum dorsale gelegen), 2. einen Seitenstrang = Funiculus lateralis (zwischen den aus- bzw. eintretenden Nervenfasern der vorderen und hinteren Wurzel gelegen) und 3. einen Vorderstrang = Funiculus ventralis (zwischen der Fissura mediana ventralis und dem Vorderhorn bzw. den vorderen Wurzelfasern gelegen). Färbung: Karmin; Vergr. 8fach.

Abb. 532. Querschnitt durch die Medulla oblongata (Mensch) etwa in Höhe des oberen Drittels der Olive. Wegen der Markscheidenfärbung erscheint das sehr zellreiche, aber nervenfaserarme, stark gefältelte Band des Nucleus olivaris inferior annähernd farblos. Beiderseits neben der Mittellinie liegt das mächtige Bündel der Pyramidenbahn (Tractus corticospinalis). Färbung: Markscheiden n. Weigert; Vergr. 6fach.

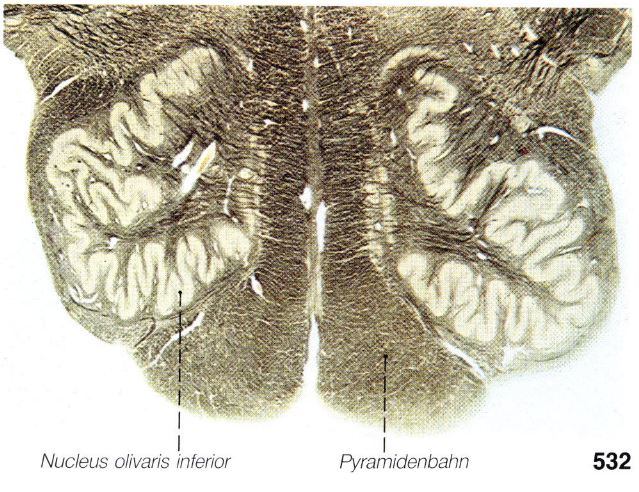

532

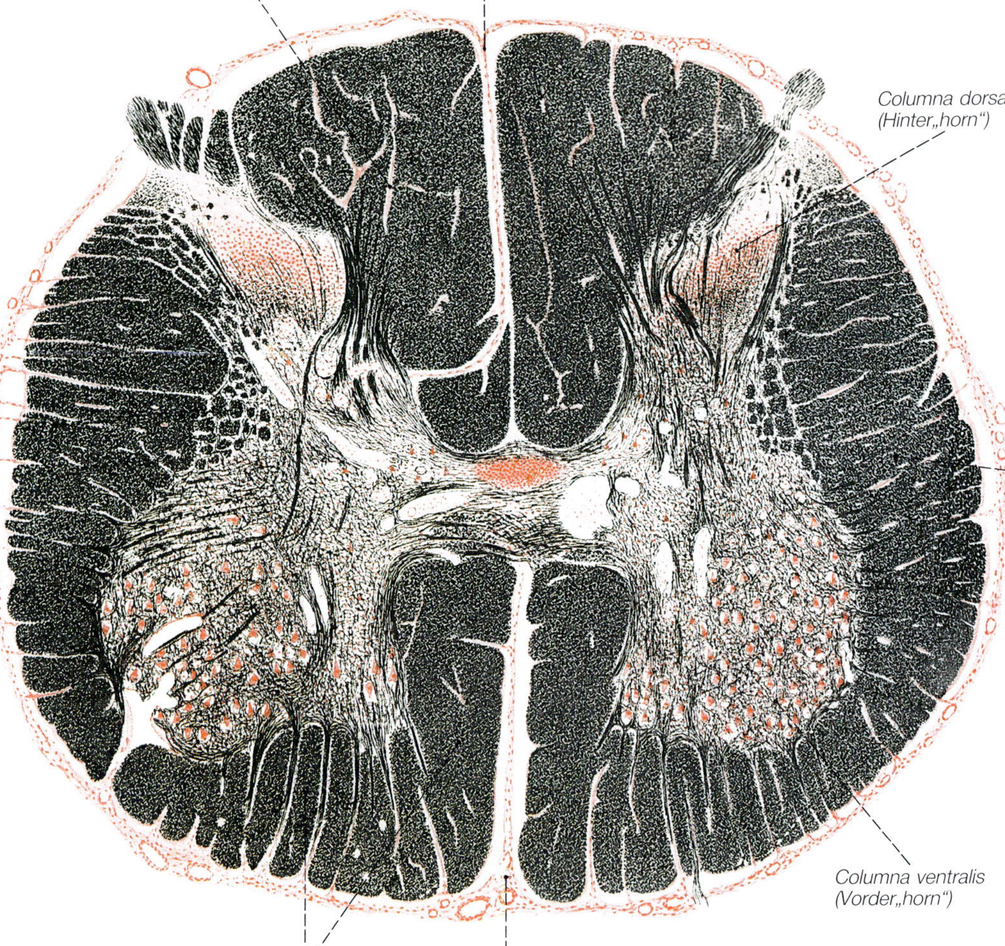

Abb. 533. Querschnitt durch die Lendenanschwellung (Intumescentia lumbalis) eines menschlichen Rückenmarks. Färbung: Karmin, kombiniert mit Weigertscher Markscheidenfärbung; Vergr. 11fach.

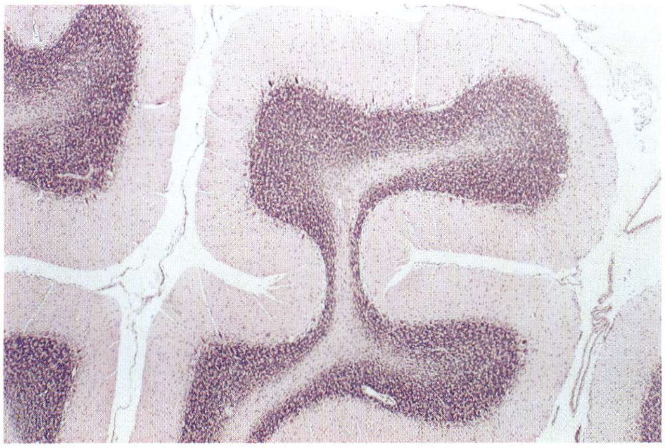

534

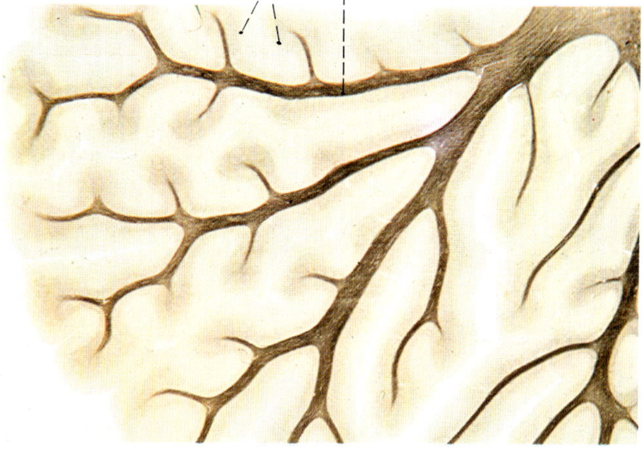

535

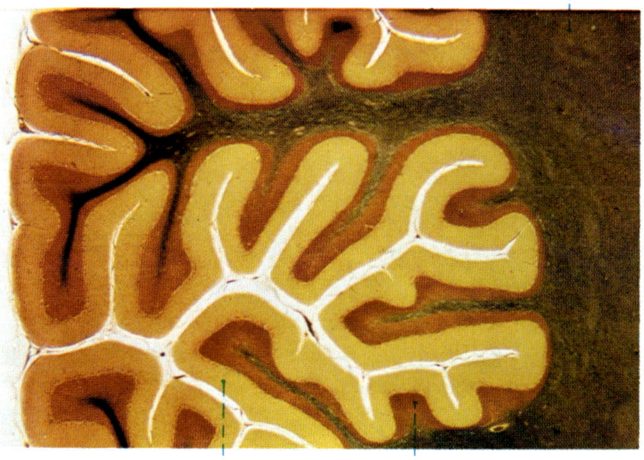

536

Abb. 534–536. Sagittalschnitte durch Rinde (Cortex) und Mark (Medulla) des Kleinhirns (Cerebellum) des Menschen bei verschiedenen Färbungen. Die H. E.-Färbung (Abb. 534) stellt vor allem die Zellkerne der Nerven- und Gliazellen dar und hebt besonders eindringlich die zellreiche Körnerschicht (Stratum granulosum) der Rinde hervor, läßt aber auch eindeutig die Purkinje-Zellen (Stratum gangliosum) erkennen. In der Körnerschicht sind neben den vorherrschenden Körnerzellen größere Golgi- und Lugaro-Zellen sowie inselförmige zellkernfreie Areale erkennbar, die „Glomerula cerebellaria": Synapsenfelder zwischen Moosfasern und Körner- sowie Golgi-Zellen. Insgesamt besteht die Kleinhirnrinde aus drei Schichten: oberflächlich aus der breiten, zellarmen Molekularschicht (Stratum moleculare), in der Mitte aus der Purkinje-Zellschicht (Stratum gangliosum) und in der Tiefe aus der zellreichen Körnerschicht (Stratum granulosum). Die Markscheidenfärbung (hier nach Weigert, Abb. 535) hebt vor allem das sich verästelnde Marklager hervor. Eine kombinierte Zell- und Markscheidenfärbung (Abb. 536) ermöglicht die Analyse aller wesentlichen Bestandteile des Kleinhirns in einem Präparat. Abb. 534 Gesamtvergr. 20fach; Abb. 535 u. 536 Gesamtvergr. 7fach.

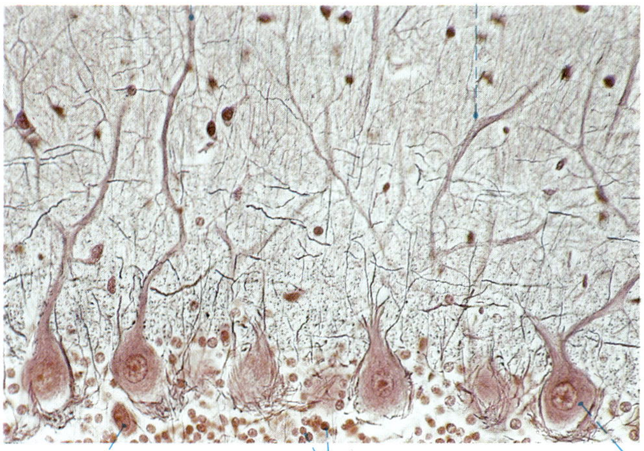

537

Abb. 537. Eine stärkere Vergrößerung der Kleinhirnrinde (Pavian) läßt große Teile der kräftigen, spalierbaumartig verzweigten und bis zur Kleinhirnoberfläche reichenden Dendriten der Purkinje-Zellen erkennen. Der am unteren Zellpol entspringende Neurit zieht durch das Str. granulosum in das Mark und endet in einem der Kleinhirnkerne. Färbung: Versilberung n. Bodian; Vergr. 240fach.

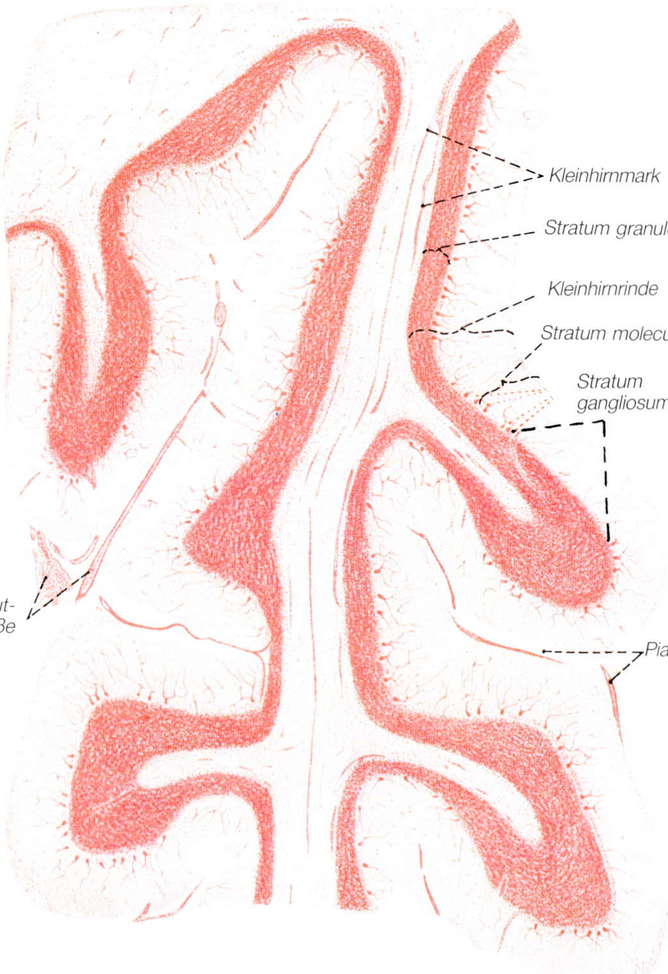

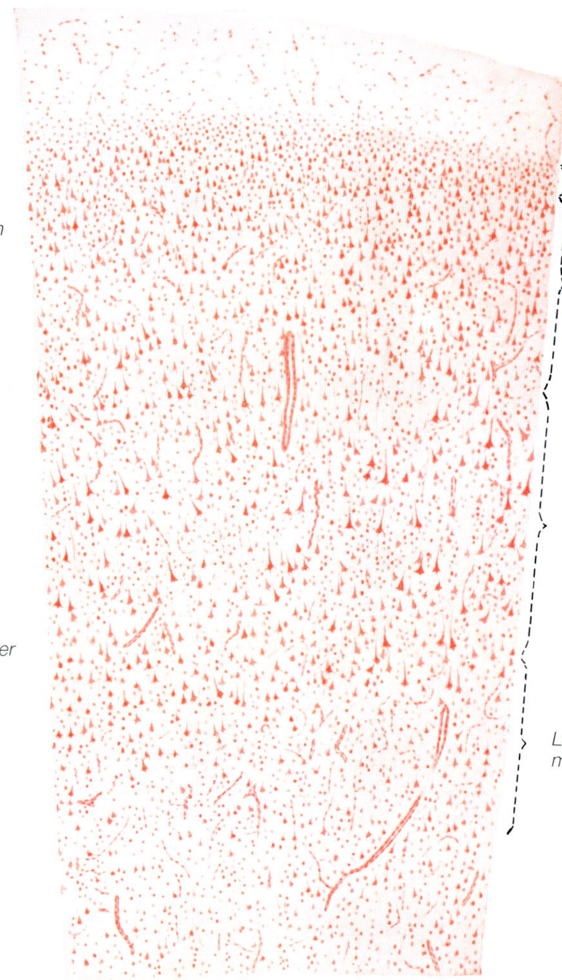

Abb. 538. Übersicht der Gliederung der Kleinhirnrinde (Mensch) bei einfacher Zellfärbung. Färbung: Karmin; Vergr. 20fach.

Abb. 539. Etwas schematisierte Zeichnung der Zellschichten der motorischen Rinde (Mensch), in deren Bereich die innere Körnerschicht (Schicht IV) praktisch fehlt, so daß die beiden Pyramidenschichten das Bild beherrschen (= agranulärer Rindentyp). Siehe auch Abb. 541. Färbung: Karmin; Vergr. 50fach.

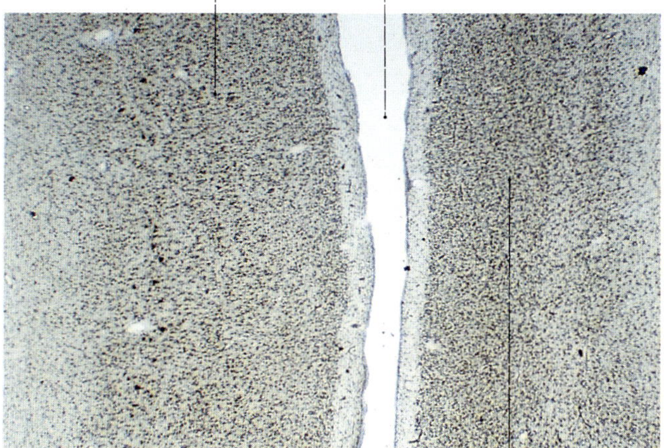

540

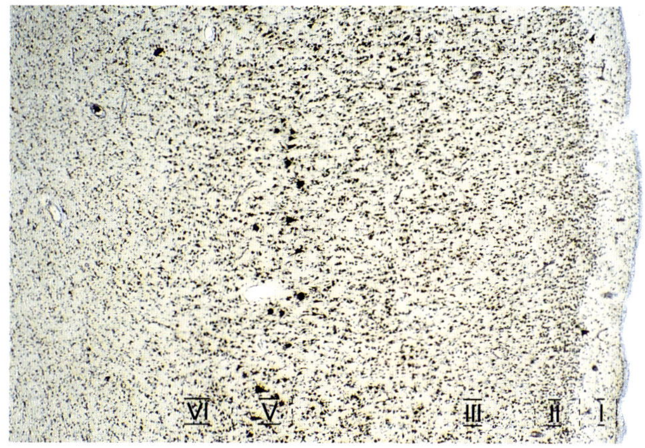

541

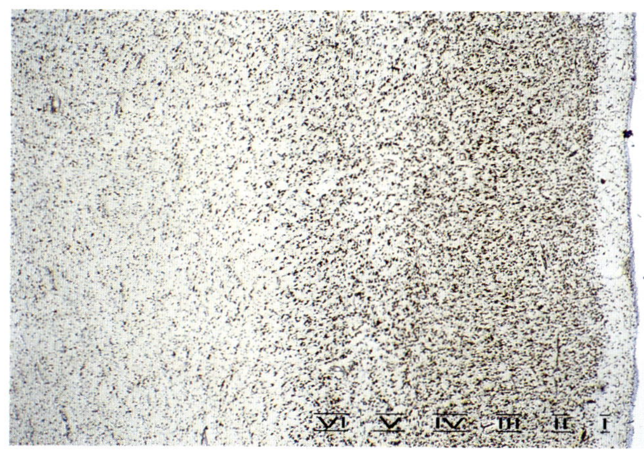

542

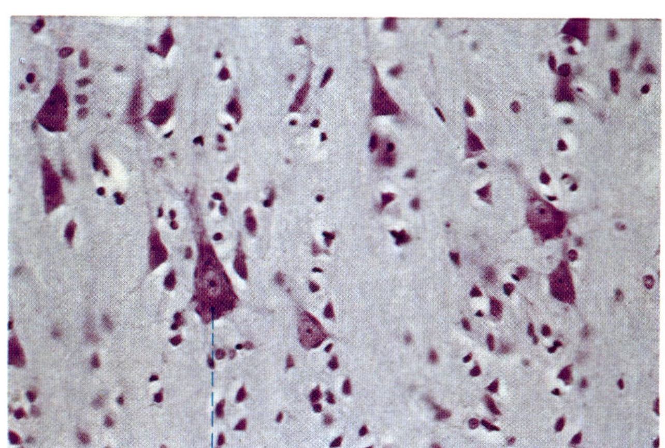

543

Abb. 540. Gegenüberstellung von Gyrus prae- und postcentralis im Endhirn des Menschen. Hier ist in unterschiedlicher Ausprägung ein sechsschichtiger Isocortex ausgebildet. Die beiden Gyri sind durch den Sulcus centralis getrennt. Färbung: Modifizierte Gallyas-Färbung nach Zilles et al.; Gesamtvergr. 10fach.

Abb. 541. Bei höherer Vergrößerung läßt der motorische Cortex den Gyrus praecentralis des Menschen (Area 4) eine Schichtung in sog. Laminae erkennen, deren Zählung von außen nach innen erfolgt: I. Molekularschicht, II. äußere Körnerschicht, III. äußere Pyramidenschicht, IV. innere Körnerschicht (ist im Gyrus praecentralis kaum entwickelt), V. innere Pyramidenschicht (mit auffallend großen pyramidenförmigen Perikaryen, Betzsche Riesenpyramiden); VI. Spindelzellschicht (multiforme Schicht). Neben der Gliederung in Schichten ist die Gliederung des Cortex in radiär zur Oberfläche ziehende Zellsäulen wichtig. Färbung: Modifizierte Gallyas-Färbung nach Zilles et al.; Gesamtvergr. 20fach.

Abb. 542. Höhere Vergrößerung des somatosensorischen Cortex des Gyrus postcentralis des Menschen. Dieser Cortex wird auch als granulär bezeichnet, weil granuläre Neurone (Körnerzellen) überwiegen. Auch hier liegt im Prinzip ein 6schichtiger Cortex vor (I–VI). Das Erkennen aller Schichten ist aber – wie auch im motorischen Cortex – oft schwer. Die Grenze zum Mark ist relativ scharf. Färbung: Modifizierte Gallyas-Färbung nach Zilles et al.; Gesamtvergr. 20fach.

Abb. 543. Betzsche Riesenpyramidenzelle aus der Lamina V der motorischen Rinde (Mensch). Färbung: Kresylviolett; Vergr. 240fach.

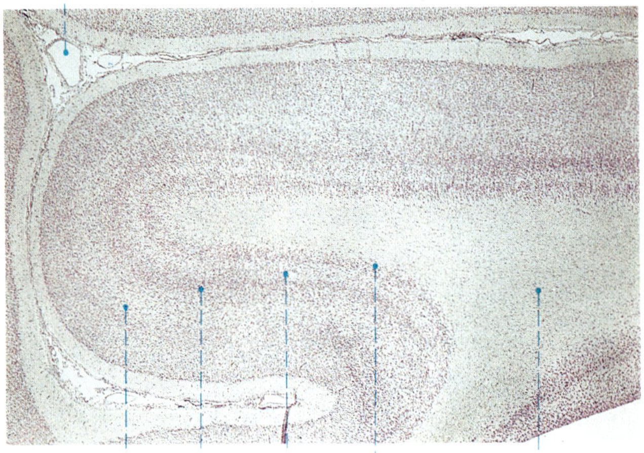

544

545

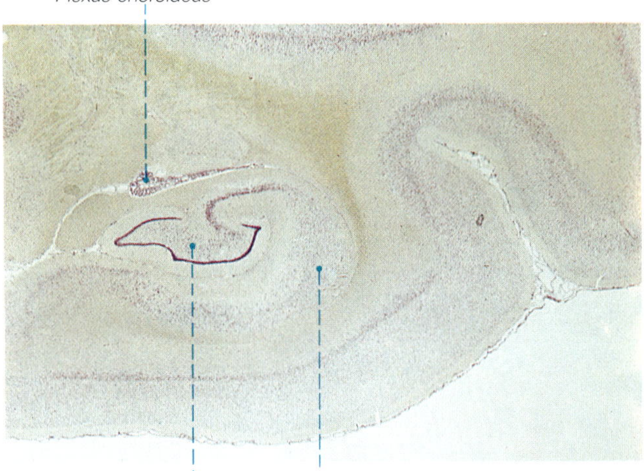

546

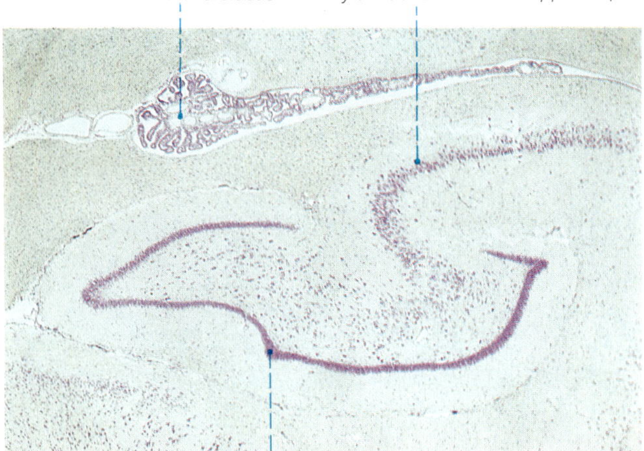

547

Abb. 544. Hirnrinde aus dem Bereich des Sulcus calcarinus, primäre Sehrinde, Area striata. Direkt ans Marklager grenzt die Lamina VI, die durch ihren Zellreichtum hervortritt. Es folgt die zellärmere, daher hellere Lamina V, an die die wieder zellreichere Lamina IVc anschließt. Dann kommt die breite Lamina IVb (= Gennarischer Streifen), an die nach außen die schmale, aber dunklere (zellreichere) Lamina IVa folgt. Die Laminae III und II nehmen den Raum zwischen der Lamina IVa und der äußersten, fast ungefärbten Lamina I ein, sind aber nicht gegeneinander abzugrenzen. Färbung: Nissl; Gesamtvergr. 16fach.

Abb. 545. Area striata des Menschen bei stärkerer Vergrößerung und anderer Färbung. Die zellärmere Schicht V und die charakteristische faserreiche Schicht IVb sind gut erkennbar. Die Schicht IVb enthält markhaltige Nervenfasern und ist oft mit bloßem Auge erkennbar (Gennarischer Streifen). Färbung: Modifizierte Gallyas-Färbung nach Zilles et al.; Gesamtvergr. 40fach.

Abb. 546. Frontalschnitt durch die Hippocampusformation mit Hippocampus, Gyrus dentatus und Plexus choroideus im Unterhorn des Seitenventrikels. Die Orientierung des Schnittes ist derart, daß die Hirnbasis dem unteren und die mediale Hemisphärenfläche dem linken Bildrand entspricht. Der Gyrus dentatus läßt sich leicht an seiner intensiv gefärbten Körnerschicht erkennen. Färbung: Nissl; Vergr. 6fach.

Abb. 547. Eine Ausschnittsvergrößerung der vorhergehenden Abbildung zeigt noch Teile der Pyramidenschicht des Hippocampus und wie diese sich in eine Gruppe locker verteilter Zellen auflöst, die von der Körnerschicht des Gyrus dentatus umschlossen wird. Färbung: Nissl; Vergr. 20fach.

Abb. 548 und 549. Schnitt durch den Plexus choroideus des Seitenventrikels vom Menschen. Diese frei in die Hirnventrikel hineinragenden, sehr gefäßreichen und stark verzweigten Bindegewebslamellen sind gemeinsam mit dem sie überziehenden einschichtigen, isoprismatischen Epithel die Produktionsstätte des Liquor cerebrospinalis. Das Epithel fungiert darüber hinaus als selektive Barriere für den Stofftransport vom Blut in den Liquor und ist damit Bestandteil der Blut-Liquor-Schranke. Bei höherer Vergrößerung können einzelne Zotten (Abb. 549) leicht mit Plazentarzotten (Abb. 550) verwechselt werden. Eine sichere Unterscheidung gründet sich auf das sehr viel lockerere Stroma der Plazentarzotten, deren in der Frühphase zweischichtiges, später sehr flaches einschichtiges Epithel mit den sog. Proliferationsknospen und das stets vorhandene intervillöse Fibrinoid. Vgl. dazu Abb. 550 u. 441–444. Färbung: H. E.; Vergr. 120- bzw. 240fach.

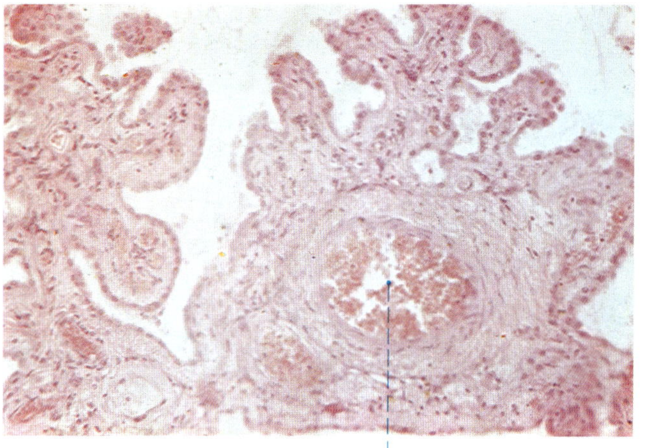

548

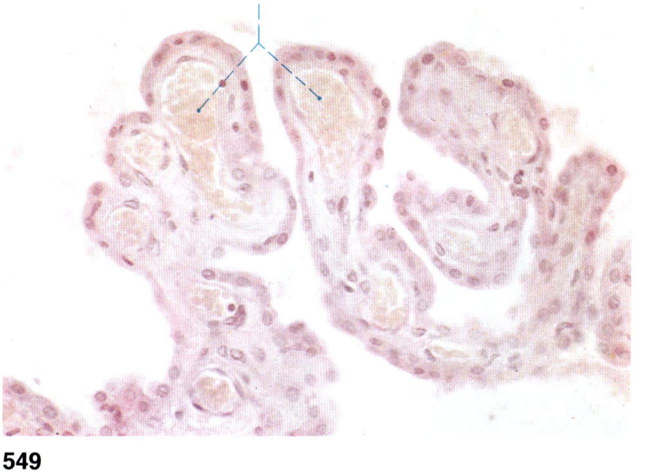

549

Abb. 550. Zottenanschnitte aus einer reifen menschlichen Plazenta. Vergleicht man diese mit den Zotten eines Plexus choroideus, so unterscheiden sich die plazentaren Zotten durch 1. ihr viel lockereres Bindegewebe, 2. eine unregelmäßige Verteilung der Kerne im Oberflächenepithel, da dies ein Synzytium ist, und 3. das regelmäßige Vorkommen von Fibrinoid im intervillösen Raum (vgl. auch Abb. 440 u. 442). Färbung: H. E.; Vergr. 240fach.

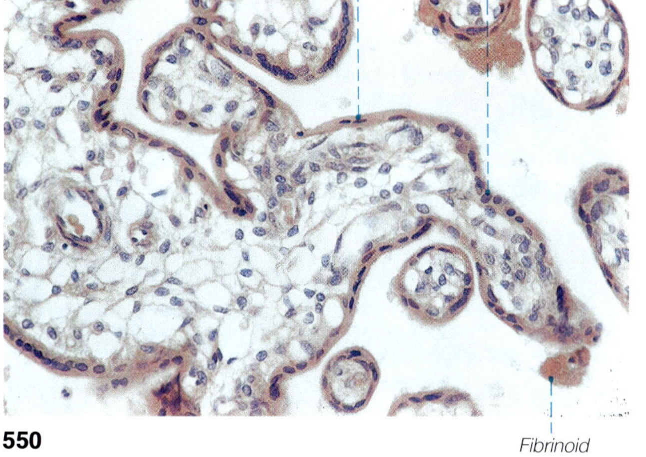

550

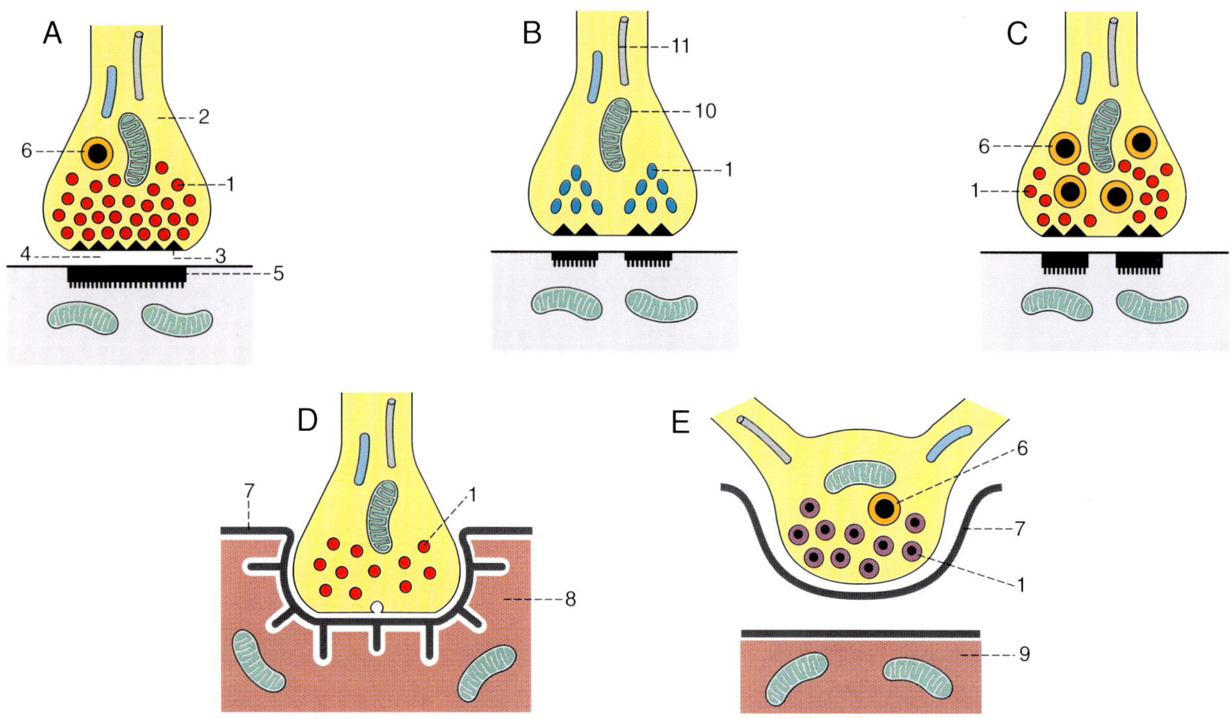

Abb. 551. Schematische Darstellung verschiedener Synapsentypen (nach Leonhardt, 1990). **A:** exzitatorische Synapse, Typ Gray I (breite postsynaptische Verdichtung); **B:** inhibitorische Synapse (schmale postsynaptische Verdichtung); **C:** peptiderge Synapse; **D:** myoneurale Synapse (motorische Endplatte); **E:** Synapse eines vegetativen aminergen Neurons in der Nähe einer glatten Muskelzelle (**9**); diese Synapse entspricht einer Auftreibung (Varikosität) der Nervenfaser (Synapse à distance en passant"). **1** unterschiedlich geformte Transmitterbläschen mit unterschiedlichen Transmittersubstanzen, in den oft kolbenförmig erweiterte präsynaptischen Nervenfaserendigungen (**2**); **3** präsynaptische Membran mit Verdichtungen; **4** synaptischer Spalt; **5** postsynaptische Membran mit Verdichtungen; **6** peptidhaltige Granula; **7** Basalmembran; **8** Skelettmuskelzelle; **10** Mitochondrium; **11** Mikrotubuli („Neurotubuli"). Die Nervenfaserendigungen sind bis auf die synaptische Region von Ausläufern der Schwannschen Zellen bedeckt.

552

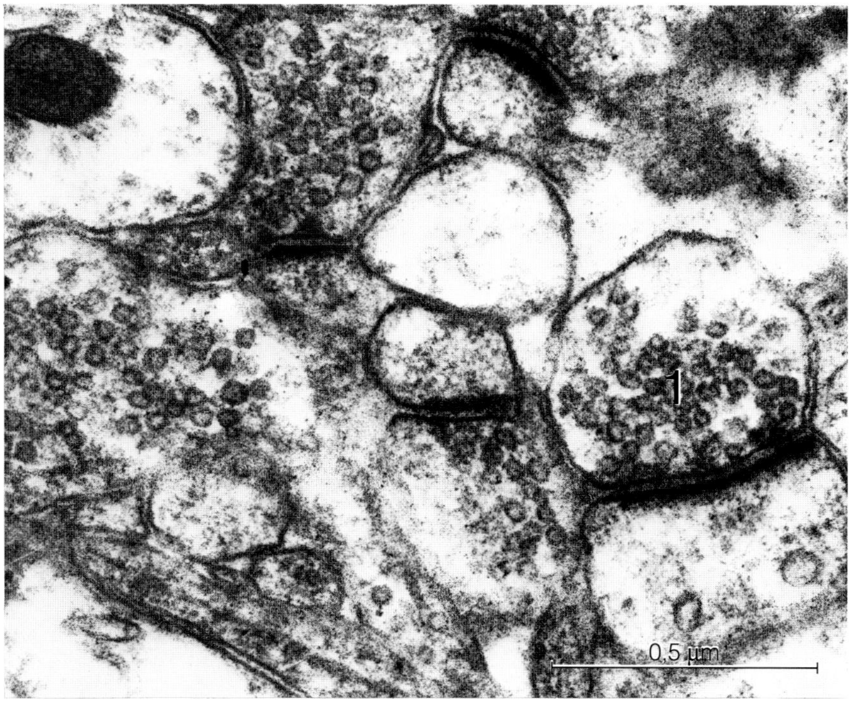

Abb. 552. Hochaufgelöste Aufnahme von mehreren Synapsen aus der Großhirnrinde einer Ratte. Die synaptischen Bläschen (**1**) zeigen einen sehr elektronenhellen Inhalt, was dafür spricht, daß die Überträgersubstanz Azetylcholin sein könnte. Gesamtvergr. 72 000fach.

Tabellen

Tabelle 1. Färbungen.

Färbung	**Kerne**	**Zytoplasma**	**Kollagene Fasern**	**Elastische Fasern**
H.E. = Hämatoxylin-Eosin	blauviolett	rot	rot	ungefärbt bis blaßrosa
Azan = Azokarmin/Anilinblau/ Orange-G	leuchtend rot	blaß-rosarot bis schwach bläulich	blau	ungefärbt (nur in dichten Mengen wie bei elast. Membranen u. Bändern: rot bis rotblau)
Elastika-Färbung (Resorcin-Fuchsin oder Orcein)	—	—	—	schwarzviolett (Resorcin-Fuchsin) rotbraun (Orcein)
van Gieson (Eisenhämatoxylin/ Pikrinsäure/Säurefuchsin)	schwarz	gelb	rot	nicht speziell gefärbt (nur in starken Verdichtungen wie elast. Membranen u. Bändern: gelb)
Trichrom-Färbung n. Masson-Goldner (Eisenhämatoxylin/ Ponceau-Säurefuchsin/ Azophloxin/Lichtgrün)	braunschwarz	ziegelrot	grün	nicht speziell gefärbt
EH = Eisenhämatoxylin nach Heidenhain (besonders geeignet zur Darstellung von Organellen wie auch der Querstreifung der Muskulatur)	blauschwarz	einzelne Komponenten, z. B. Zentriolen, Kinozilien und Intermediärfilamentbündel, treten tiefschwarz hervor	nicht speziell gefärbt	schwach grau

Tabelle 2. Paraplasma.

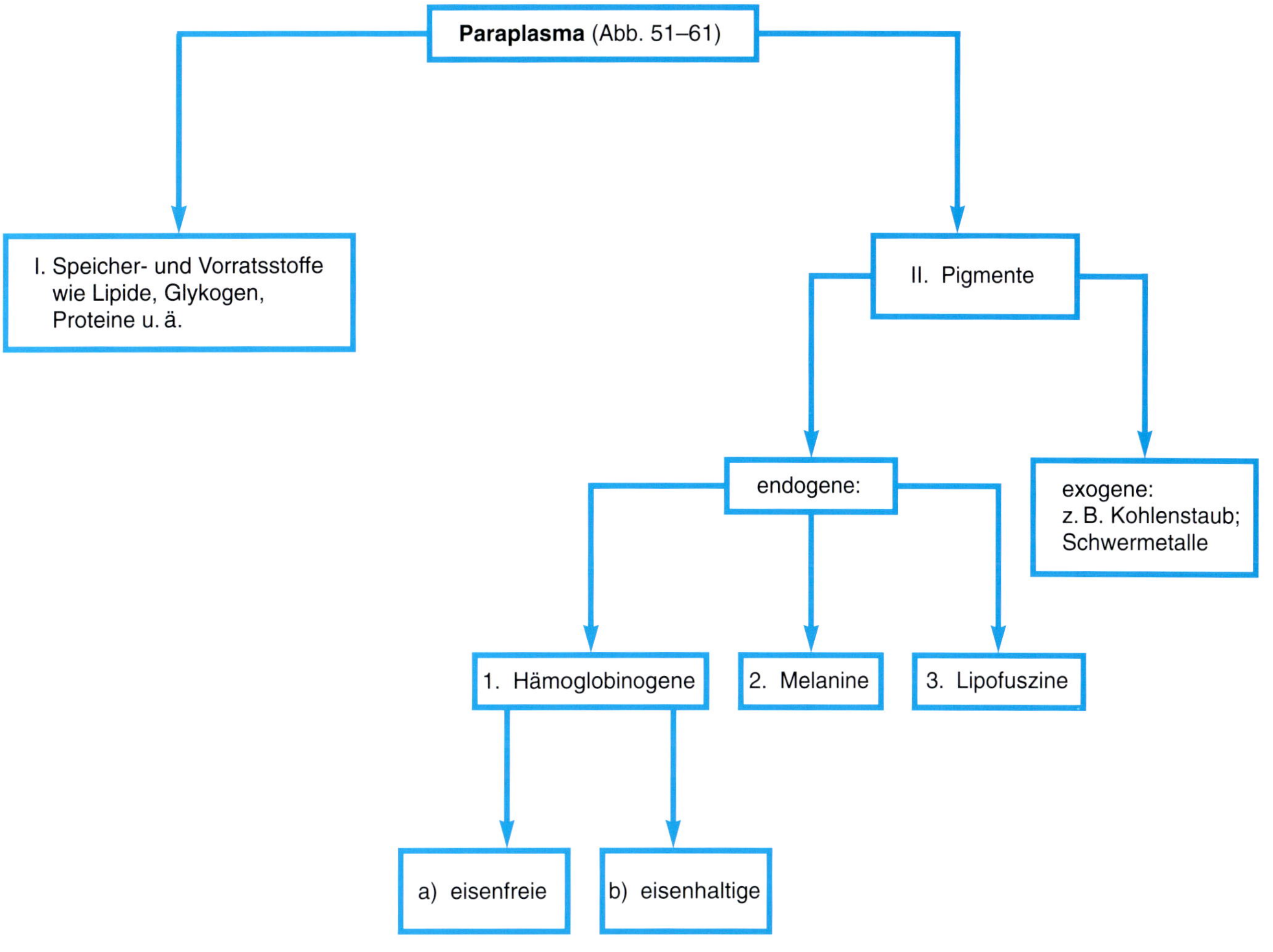

Diese Tabelle ist für die lichtmikroskopische Routinearbeit von praktischem Wert. Unter dem historischen Begriff Paraplasma versteht man unterschiedlich gestaltete Zelleinlagerungen: Speicherprodukte wie Lipide, Glykogen, Proteinaggregate sowie verschiedene endogene und exogene Pigmente. Die Pigmente lassen sich nach heutigem Wissen eigenen Organellen zuordnen, den Melanosomen und dem Lysosomensystem.

Tabelle 3. Formarten und Aggregationstypen der Epithelien (nach H. Petersen, 1924).

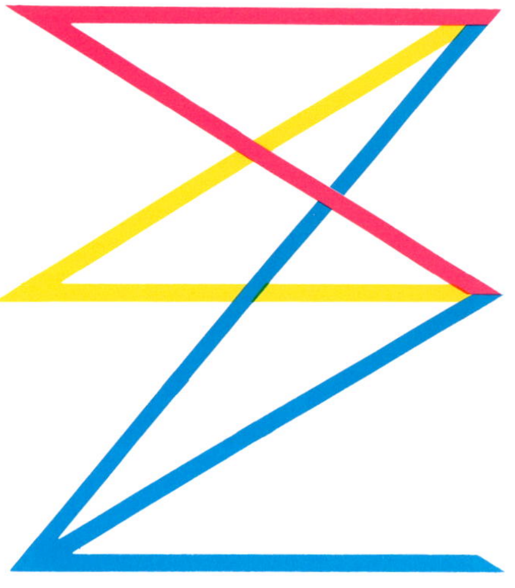

Tabelle 4. Gliederung der verschiedenen Formen von Oberflächenepithelien.

I. platt	1. *einschichtig*	vor allem Meso- und Endothelien, hinteres Corneaepithel u. a.
	2. *mehrschichtig*	a) trockene Form (= verhornt), z. B. äußere Haut b) feuchte Form (= unverhornt), z. B. in der Mundhöhle, Vagina, Cornea, Oesophagus
II. isoprismatisch (= kubisch)	1. *einschichtig*	z. B. in Drüsengängen, Peritonealepithel des Ovars, bestimmten Tubulusabschnitten der Niere u. a.
	2. *mehrschichtig*	Übergangsepithel
III. prismatisch	1. *einschichtig*	a) mit Kinozilien: Tube, Uterus b) ohne Kinozilien: gesamter Magen-Darm-Kanal, *Gallenblase!*
	2. *mehrschichtig*	selten: Fornix conjunctivae, Teile der männlichen und weiblichen Urethra
	3. *mehrreihig*	a) ohne Zilien: bestimmte Abschnitte von Drüsenausführungsgängen (selten) b) mit Kinozilien: Respirationstrakt c) mit Stereozilien: Ductus epididymidis, Ductus deferens

Tabelle 5. Gliederungsprinzipien exokriner Drüsen.

Morphologisches Kriterium	**Klassifizierung**	**Beispiele**
1. nach der Zahl der sezernierenden Zellen:	einzellige Drüsen mehrzellige Drüsen	Becherzellen Speicheldrüsen
2. nach der Lage der sezernierenden Zellen zu ihrem epithelialen Mutterboden:	intraepitheliale Drüsen extraepitheliale Drüsen	Becherzellen alle großen exokrinen Drüsen
3. nach dem Sekretionsmechanismus:	holokrine Drüsen ekkrine Drüsen apokrine Drüsen	Talgdrüsen Schweißdrüsen Duftdrüsen Milchdrüse
4. nach der Art des Sekrets und Morphologie der sezernierenden Zellen:	seröse Drüsen muköse Drüsen mukoide Drüsen	Parotis Teile der Sublingualis Gll. pyloricae
5. nach der Gestalt der sezernierenden Endstücke:	tubulöse Drüsen azinöse Drüsen alveoläre Drüsen Mischformen: tubulo-azinös tubulo-alveolär	Kolonkrypten Gl. parotis Duftdrüsen Gl. submandibularis laktierende Mamma
6. nach Vorkommen und Wuchsform (verzweigt oder nicht) des ausführenden Gangsystems:	einfache Drüsen (jedes Endstück mündet selbständig auf einer epithelialen Oberfläche)	Schweißdrüsen
	verzweigte oder verästelte Drüsen (mehrere Endstücke münden in einen unverzweigten Ausführungsgang)	Pylorusdrüsen
	zusammengesetzte Drüsen (die sezernierenden Endstücke münden in ein reichverzweigtes Gangsystem)	alle großen Speicheldrüsen

Tabelle 6. Zusammenstellung der verschiedenen Formen der Binde- und Stützgewebe. 1.–9. entstammen dem Mesenchym, einem noch nicht differenzierten embryonalen Gewebe des Mesoderms (vor allem des Sklero- und Dermatoms), sowie der Neuralleiste („Mesektoderm").

1. Gallertiges Bindegewebe
   (embryonales Bindegewebe mit Fasern)
2. Spinozelluläres Bindegewebe
   (sehr zellreich, Ovar, Uterus)
3. Retikuläres Bindegewebe
4. Lockeres Bindegewebe
   (wenige Fasern, viel amorphe Grundsubstanz, viele verschiedene Bindegewebszellen)
5. Straffes (dichtes) Bindegewebe
   (überwiegend Kollagenfasern, vorwiegend Fibrozyten, wenige andere Zelltypen);
   a) geflechtartiges straffes Bindegewebe: Sklera, viele Organkapseln u. a.
   b) parallelfaseriges straffes Bindegewebe: Sehnen, Bänder
6. Elastische Bänder
7. Fettgewebe
8. Knorpelgewebe
   a) Hyaliner Knorpel
   b) Elastischer Knorpel
   c) Faserknorpel
9. Knochengewebe
   a) Geflechtknochen
   b) Lamellenknochen
10. Chordagewebe
   Bildet das ursprüngliche Achsenorgan; primär epithelialer Aufbau; Zellen mit glykogen- und flüssigkeitshaltigen großen Vakuolen.

Tabelle 7. Verschiedene biologische, färberische und lichtoptische Eigenschaften der Bindegewebsfasern.

	Kollagene Fasern	**Elastische Fasern**	**Retikuläre (Gitter-)Fasern** Sonderform der Kollagenfasern
Anordnungsweise	Geflechte unterschiedlicher Webformen	echte Netze oder gefensterte Membranen (z. B. Lamina elastica interna der Arterien)	feinste Netze (oft gelegen an der Grenze zwischen lockerem Bindegewebe und den Parenchymzellen eines Organs), typisch für lymphatische Gewebe.
Mikroskopisches Verhalten im frischen Zupfpräparat	gewellter Verlauf paralleler Fasern, geringe Lichtbrechung	glasig homogen, doppelt konturiert, stark lichtbrechend	als solche kaum erkennbar
Polarisations-mikroskopisches Verhalten	stark anisotrop, daher das polarisierte Licht nur in einer Ebene durchlassend (= einachsig positiv doppelbrechend)	in ungedehntem Zustand isotrop (also keine Doppelbrechung), und erst bei zunehmender Dehnung vermehrte Anisotropie	wegen Feinheit und netzartigem Verband kaum zu analysieren
Chemisches Verhalten gegen schwache Säuren	Quellung	keine Veränderung	geringe Quellung
Chemisches Verhalten gegen schwache Basen	Auflösung	keine Veränderung	mäßige Auflösung
Mechanisches Verhalten	zugfest, fast undehnbar	um 150% reversibel dehnbar	ähnlich Kollagenfasern
Färberisches Verhalten bei: H.E.	rot	farblos, in höherer Konzentrierung blaßrosa	wegen Feinheit der Fasern i. a. keine Färbung
Azan	blau	farblos, erst bei höherer örtlicher Konzentrierung wie bei elastischen Membranen orange bis rot	blau
van Gieson	rot	farblos, in höherer Konzentrierung gelb	wegen Feinheit der Fasern i. a. keine Färbung
Versilberung	braun	—	schwarz

Tabelle 8. Oberbegriff: „Faser".

1. **Bindegewebsfasern** (kollagene, elastische und retikuläre): geformte Bestandteile der Interzellularsubstanz.
2. **Sharpeysche Fasern:** die vom Periost in den Knochen einstrahlenden Bindegewebsfasern.
3. **Nervenfasern:** Fortsätze von Nervenzellen mit ihren Hüllen.
4. **Linsenfasern:** die stark in die Länge auswachsenden und später kernlos werdenden apikalen Anteile des äquatorialen Linsenepithels.
5. **Tomessche Fasern:** Zellfortsätze der Odontoblasten in das von ihnen gebildete Dentin; daher auch Dentinfasern genannt.
6. **Herzmuskelfasern:** entweder die makroskopisch präparierbaren Verlaufszüge des Myokards, oder ein einzelner, aus dicht hintereinandergeketteten Herzmuskelzellen bestehender Zellstrang.
7. **Glatte Muskelfasern:** ähnlich wie bei der Herzmuskulatur aus Einzelzellen aufgebaute Züge oder Stränge glatter Muskulatur, die meist geordnet in bestimmten Richtungen verlaufen (z. B. Längs- und Ringmuskulatur des Darmes).
8. **Skelettmuskelfasern:** schlauchförmige, vielkernige Zellen (Synzytien) der Skelettmuskulatur.
9. **Gliafasern:** Fortsätze bestimmter Gliazellen.
10. **Purkinje-Fasern:** feinste Verzweigungen des Erregungsleitungssystems im Herzen.

Tabelle 9. Die immer zu beurteilenden und daher wichtigsten Unterscheidungsmerkmale der verschiedenen Muskelgewebe.

Gewebeart	**Bauelement**	**Kernzahl je Bauelement**	**Lage der Kerne**	**Gestalt der Kerne**	**Größe des Bauelements**	
					Länge	**Durchmesser**
Skelettmuskulatur	vielkernige Zelle	viele Hunderte bis Tausende	randständig	länglich, platt	bis zu mehreren cm!	20–100 µm
Herzmuskulatur	i. a. einkernige Zelle	eine (selten zwei)	zentral mit fibrillenfreiem Hof	plump, rund-oval	50–120 µm	10–20 µm
Glatte Muskulatur	einkernige Zelle	eine	zentral	länglich stabförmig bis elliptisch-schmal	40–200 µm (im graviden Uterus bis 500 µm)	5–10 µm

Anmerkung: Das gleichzeitige Fehlen z. B. von Querstreifung und Glanzstreifen ist für sich allein kein Argument gegen die Diagnose „Myokard“, da diese Strukturen am Präparat lichtmikroskopisch schwer oder überhaupt nicht erkennbar sein können.

Tabelle 10.
Differentialdiagnose der lymphatischen Organe.

	Tonsillen	**Lymphknoten**	**Thymus**	**Milz**
Oberflächenepithel	+	–	–	–
Bindegewebskapsel	–	+	+	+
Mark-Rinden-Gliederung	–	+	+	–
Randsinus	–	+	–	–
Hassallsche Körperchen	–	–	+	–
Malpighische Körperchen	–	–	–	+

Tabelle 11. Tabellarische Übersicht jener Regionen, die gleichzeitig mehrere Oberflächen mit meist unterschiedlichen Epithelien aufweisen.

	Lippe	**Uvula**	**Epiglottis**	**Augenlid**	**Nasenflügel**	**Ohrmuschel**	**Portio vaginalis uteri**
Epithel„wechsel" von:	äußerem Hautepithel mit Anhangsgebilden in unverhorntes Plattenepithel	mehrschichtigem, unverhorntem Plattenepithel in respiratorisches Epithel	mehrschichtigem, unverhorntem Plattenepithel in respiratorisches Epithel	äußerem Hautepithel (ohne Haare) in mehrschichtiges, unverhorntes Plattenepithel	äußerem Hautepithel mit „freien" Talgdrüsen in äußeres Hautepithel mit Haaren (Vibrissae) u. Drüsen, einwärts folgt ein respiratorisches Epithel	kein Epithel„wechsel"; beide Oberflächen zeigen gleiches Epithel (äußeres Hautepithel mit Anhangsgebilden)	unverhorntem, mehrschichtigem Plattenepithel (außen) in einschichtiges prismatisches Epithel (im Zervikalkanal)
Zentraler Gewebssockel, überwiegend bestehend aus:	Skelettmuskulatur (M. orbicularis oris)	Skelettmuskulatur (M. uvulae)	elastischem Knorpel	Skelettmuskulatur (M. orbicularis oculi), Tarsus, Meibomschen Talgdrüsen	hyalinem Knorpel	elastischem Knorpel	glatter Muskulatur

Tabelle 12. Differentialdiagnose verschiedener Speicheldrüsen sowie der Tränendrüse.

Drüse	**Form der sezernierenden Endstücke**	**Ausführendes Gangsystem**	**Sonstige Besonderheiten**
Gl. parotis	rein azinös (serös)	sehr gut entwickelt, auffallend viele Streifenstücke (sicherste Unterscheidung gegen exokrines Pankreas)	zahlreiche Fettzellen und Anschnitte von Ästen des N. facialis
Gl. submandibularis	tubulo-azinös (sero-mukös) mit Überwiegen des serösen (azinösen) Anteils	gut entwickelt	seröse Halbmonde auf den tubulösen (mukösen) Endstücken
Gl. sublingualis	tubulo-azinös (sero-mukös) mit Überwiegen des mukösen (tubulösen) Anteils	Schalt- und Streifenstücke selten	seröse Halbmonde auf den tubulösen (mukösen) Endstücken
Gl. lacrimalis	tubulös, verzweigt (serös)	keine Schalt- und Streifenstücke	im Bindegewebe Ansammlungen freier Zellen, besonders Plasmazellen
Exokrines Pankreas	rein azinös (serös)	keine Streifenstücke, auch sonst viel spärlicher entwickelt als bei der Gl. parotis	zentro-azinäre Zellen

Tabelle 13. Differentialdiagnose der verschiedenen Abschnitte des Magen-Darm-Kanals einschließlich der Gallenblase.

Abschnitt des Magen-Darm-Kanals	**Falten**	**Zotten**	**Krypten**	**Becher-zellen**	**Spezielle Besonderheiten**
Magen, Fundus	wenige und plump	–	–	–	*flache* Foveolae gastricae, *hoher* Drüsenkörper, Haupt- und Belegzellen
Magen, Pars pylorica	selten und plump	–	–	–	*tiefe* Foveolae gastricae, *niedriger* Drüsenkörper, mukoide Zellen
Duodenum	reichlich, hoch	+	+	+	Brunnersche Drüsen in der Submukosa; sie können deshalb auch in den Falten vorkommen
Jejunum	reichlich, hoch	+	+	+	
Ileum	niedriger, weiter auseinander-stehend	+	+	+	Nodi lymphatici aggregati, sog. Peyersche Plaques in Mukosa und Submukosa, Domareale
Kolon	selten und plump	–	+	+	nur Krypten, keine Zotten
Appendix vermiformis	–	–	+	+	große, herdförmige lymphatische Infiltrationen in der Mukosa und Submukosa
Gallenblase	sehr zierliche, sog. anastomosierende Falten	–	–	–	fehlende Zweischichtung der Tunica muscularis (charakteristisches differentialdiagnostisches Kriterium!)

Tabelle 14. Differentialdiagnose verschiedener alveolärer bzw. tubuloalveolärer Drüsen einschließlich der embryonalen Lunge.

Drüse	**Läppchen-gliederung**	**Gangsystem**	**Endstücke**	**Spezielle Besonderheiten**
Prostata	wenig ausgeprägt	15–30 nur große Ausführungsgänge abgrenzbar	weitlumig, die Innenkontur durch Epithelleisten sägeblattähnlich	massenhaft glatte Muskulatur im interstitiellen Bindegewebe (gutes differentialdiagnostisches Kriterium). Mitunter Prostatasteine
Mamma lactans	sehr deutlich	immer Anschnitte größerer Ausführungsgänge im interlobulären Bindegewebe. Sicherstes Unterscheidungsmerkmal gegen die Prostata!	sehr variabel in der Größe, Fettvakuolen in den sezernierenden Zellen, im Lumen Milchfettkugeln und flockige Eiweißansammlungen	
Schilddrüse	deutlich	nicht vorhanden	Follikel sind die größten aller „alveolären Endstücke", aber in Größe und lichter Weite variabel	Follikel mit stark färbbarem Inhalt (Kolloid) gefüllt
Embryonale Lunge	deutlich, auffallend zellreiches Mesenchym	immer deutlich	erscheinen oft als verzweigte röhrenförmige Epithelschläuche	am „Gang"system (Anlagen der Bronchien) findet sich hyaliner Knorpel. Sicherstes differentialdiagnostisches Kriterium

Tabelle 15. Differentialdiagnose von Hohlorganen mit im Schnitt oft „sternförmiger“ Lichtung.

Organ	Epithel	Tunica muscularis	Spezielle Besonderheiten
Oesophagus	platt, mehrschichtig, unverhornt	sehr kräftig, deutlich gegliedert in innere Ring- und äußere Längsmuskelschicht	deutliche Muscularis mucosae, meist kleinere Drüsen in der Submukosa
Ureter	Übergangsepithel	insgesamt locker gebaut, gegliedert in die meist kräftigere mittlere Ringmuskelschicht, der innen und außen Längsmuskelbündel locker angelagert sind	
Urethra	prismatisch, zwei- bis vierreihig, streckenweise auch geschichtet	keine Schichtengliederung mehr erkennbar, sehr locker gebautes Muskelgeflecht	reich entfaltete Venengeflechte in der Lamina propria (Schwellkörper)
Ductus deferens	prismatisch, zweireihig mit Stereozilien	sehr kräftig, deutlich gegliedert in innere Längs-, mittlere Ring- und äußere Längsmuskelschicht	oft mitgeschnitten ist der gesamte Funiculus spermaticus
Tuba uterina	prismatisch, einschichtig mit Kinozilien	relativ dichte, überwiegend zirkulär verlaufende Muskelschicht	schlanke, verästelte Schleimhautfalten, oft Zysten des Gartnerschen Ganges

Sachverzeichnis

A

A-Bande 85, 92–93
Acervulus 200
Achselhaut 208, 212
Acini, seröse 143
Adamantoblasten 135–136
Adenohypophyse 197
Adventitia 126, 128
äußere plexiforme Schicht 217
agranulärer Rindentyp 232
Aktinfilamente 16, 30, 87
Alcianblaufärbung 9
alveoläre Drüsen 58, 60, 243, 251
Alveolarepithel 166
Alveolarmakrophagen 33, 68
Alveolarseptum 166
Alveole
– Lunge 164–165
– Zahn 137
Ammonshorn 234
Amnionepithel 193–194
Amphizyten 226
Ampulla ductus deferentis 183–184
Anaphase 44–45
Anastomosen, arteriovenöse 207
Antrum folliculi 189
Aorta 127
– thoracica 126
apokrine Duftdrüsen 59, 208, 212, 243
apokrine Sekretion 59
Appendix vermiformis 151, 250
Araldit 1
Area striata 234
argyrophile Fasern 63
Artefakte 10–11
Arterien
– elastischer Typ 126
– herznahe 127
– muskulärer Typ 128
Arteriola
– afferens 168–169
Arteriola
– efferens 168–169
Arteriole 130
arteriovenöse Anastomosen 207
Asbestfaserung 74
Astrozyten 108–109
– Kurzstrahler, protoplasmatische 108–109
– Langstrahler 108
Atherosklerose 127
atretische Follikel 188
Auerbachscher Plexus 227
Auflösung 6
Auge 216–220
Augenkammer
– hintere 216
– vordere 216
Augenlid 221–222, 248
Ausführungsgang 8, 158
Autolysosom 26
autophagische Vakuole 26
Axone
– markarme 97
– markhaltige 104
– marklose 106
Azan 240
Azanfärbung 9
azidophile Zellen 198
azinöse Drüsen 58, 60–61, 243

B

Band, elastisches 72, 244
basales Labyrinth 13, 16, 53
Basalkörperchen (Kinetosom) 50, 56–57
Basalmembran
– endotheliale 130
– epitheliale 37
Basalplatte 193
Basilarmembran 225
basophile Zelle 198
Basophileninvasion 199
basophiler Granulozyt 112–113, 115, 119
Becherzellen 50, 56–58, 61, 243
Begleitvenen 128
Belegzellen 149
Betzsche Riesenpyramidenzellen 233
Billrothsche Stränge 122
Bindegewebe 62–65
– gallertiges 62, 196, 244
– lockeres 66–67, 244
– retikuläres 244
– spinozelluläres 244
– straffes 244
Bindegewebsfasern 245–246
Bindegewebstypen 244
Blasenknorpel 76, 78
Blattpapillen 138, 215
Blut 112–113
Blutgefäße, terminale 129, 132–133
Blut-Harn-Schranke 175
Blutkapillaren 129
Blut-Luft-Schranke 165–166
Blutplättchen 112, 117
Blutzellen 112
B-Lymphozyten 124
Bogengang 225
Bowmansche Kapsel 168, 171, 175
Bowmansche Membran 219
braunes Fett 65, 70–71
Bronchiolus 57, 163, 166
– respiratorius 45, 164
– terminalis 164
Bronchus 163, 165
Brunnersche Drüsen 147–148
Brustdrüse 213
– laktierende 187, 213, 251
Bürstensaum 13, 16, 54–55, 148

C

Caveolen 87, 130
Cerebellum 231
Cervix uteri 191
Cervixdrüsen 191
Chondroklasten 76
Chondron 70–71, 73
Chordagewebe 244
Chorionepithel 193–194
Chorionplatte 193–194
Chorionzotten 193
Choroidea 216, 218
chromaffine Zellen, Nebenniere 203–204
Chromatin 38–39
Chromatophoren 64
chromophobe Zelle 198
Clara-Zellen 20, 57, 166
Claudiussche Zellen 225
Cochlea 225
Cohnheimsche Felderung 82
communicating junctions 37
Corium 205–206
Cornea 216, 218–219
Cornealzellen 218
Corpus 149
– albicans 188
– cavernosum penis 186
– luteum 188
– – Katze 189
– spongiosum penis 178, 186
– vitreum 216
Cortisches Organ 225
Crista ampullaris 225
Crusta 53
Cumulus oophorus 189
Cupula 225
Cutis 205
C-Zellen 201

D

Deckknochenbildung 75
Deckzellen, Übergangsepithel 51, 53
Dendriten 101
dense bodies 87
Dentin 136–137
Descemetsche Membran 219

desmale Knochenbildung 75
Desmodontium 137
Desmosomen 13, 36–37, 91
Diaster 44–45
Dickdarm s. Kolon
Differentialblutbild 112
Diktyosomen 22
Diplosom 28
Discus intervertebralis 73–74
Dissescher Raum 63, 153, 156
Dome 147
Doubletten 56–57
Drosselvenen 159
Drüsen
– s.a. Glandula(-ae)
– alveoläre 58, 60, 243, 251
– apokrine 59, 208, 212, 243
– azinöse 58, 60–61, 243
– v. Ebnersche Spüldrüsen 138–139
– ekkrine 212, 243
– exokrine 58, 243
– holokrine 212, 243
– intraepitheliale 58
– Krausesche Drüsen 221
– Mollsche Drüsen 221
– Meibomsche Drüsen 221–222
– muköse 243
– mukoide 243
– seröse 60, 243
– seromuköse 60
– tubulo-alveoläre 243, 251
– tubulo-azinöse 243
– tubulöse 58–60, 243
– Zeissche Drüsen 221
Drüsenendstücke
– exokrine 58
– muköse 143
– seröse 158
– tubulöse 58
Drüsenepithelien 58–60
Drüsengänge 58
Drüsentypen 58
Drumstick 113
Ductulus efferens 179, 182
Ductus
– alveolaris 164
– cochlearis 225
– deferens 55, 179, 183, 252
– epididymidis 54, 179, 182
Duftdrüsen 59, 212, 243
– apokrine 208, 212
– ekkrine 212
– holokrine 212, 243
Duodenum 147–148, 250

E

v. Ebnersche Halbmonde 141–143
v. Ebnersche Spüldrüsen 138–139
Eileiter 50, 54, 190, 252
Einbettung 1–3
Eisenhämatoxylin-Färbung 8, 240
ekkrine Schweißdrüsen 212, 243
Elastica
– externa 128
– interna 128
Elastika-Färbung 9, 240
elastische Fasern 63, 66–67
elastischer Knorpel 73–74
elastisches Band 72, 244
elektrische Koppelung 89
Endokard 50
Endometrium 192
Endoneurium 98–99
endoplasmatisches Retikulum
– glattes 13, 20–21, 85
– rauhes 13, 20–21
Endothel 30–31, 130
Endozytose 13
Endplatte, motorische 94–95, 236
Endstücke s. Drüsenendstücke
Enterozyten 148
eosinophile Myelozyten 119
eosinophiler Granulozyt 113, 115
Epidermis 37, 205, 207–208
Epididymis 182
Epiglottis 160, 248
Epineurium 99
Epiorchium 180
Epiphysenknorpel 76, 78
Epiphysis cerebri 200
Epithel 50
– isoprismatisches 50
– kubisches 50–51
Epithel
– mehrreihiges 52
– – prismatisches 52
– mehrschichtiges, isoprismatisches 51
– – prismatisches 51
– prismatisches 50
– respiratorisches 52, 56–57, 159, 162
– zweireihiges, prismatisches 52
Epithelkörperchen 202
Epitheltypen 242
Epon 1
Ergastoplasma 18
Ersatzknochenbildung 76, 78
Ersatzzahnanlage 135–136
Erythroblasten 119
Erythropoese 118
Erythrozyten 112, 114, 119
Euchromatin 38–41
Excavatio papillae 216, 220
exokrine Drüsen 58, 243

F

Färbungen 1, 4, 240
– Alcianblaufärbung 9
– Azanfärbung 9
– Eisenhämatoxylin-Färbung 8, 240
– Elastikafärbung 9, 240
– Giemsa-Färbung 112
– van Giesson-Färbung 9, 240
– Goldner-Färbung 8, 240
– Hämatoxylin-Eosin(H.E.-)-Färbung 8, 240
– May-Grünwald-Färbung 112
– Orcein 9, 240
– Pappenheim-Färbung 112
– PAS-Färbung 8
– Resorcin-Fuchsin-Färbung 240
– Trichromfärbung nach Masson und Goldner 8, 240
Fasciae adhaerentes 91
Faserknorpel 73–74
Fasern
– argyrophile 63
– elastische 63, 245
– kollagene 63, 245
Fasern
– retikuläre 245
– rote 80
– weiße 80
Fasertypen 246
Fenestrationen 132
Fettgewebe 65, 244
– braunes 65, 70–71
– plurivakuoläres 65
– univakuoläres 65, 70–71
– weißes 65
Fettzellen 65
Fibrinoid 193
– Nitabuchsches 193
– Rohrsches 193–194
fibroblastische Retikulumzellen 123
Fibrozyten 66–67
Fingerbeere 208
Fissura mediana ventralis 229–230
Fixierung 1–3
Flimmerepithel 50, 54, 159
Flimmerhaare 50
Flimmerzellen 57
Flügelzellen 72
Folliculi lymphatici aggregati 147
Follikel
– atretischer 188
– Schilddrüse 201
Fovea centralis 216–217
Foveolae gastricae 146, 150
Fundus 250
Funiculus
– dorsalis 229–230
– lateralis 229–230
– spermaticus 129, 183
– ventralis 229

G

Gallenblase 53, 150–151, 250
Gallencanaliculi 154, 156
Gallengänge 152–153
– interlobuläre 152, 155
Gallenkanälchen 154
Gallenkapillare 154
gallertiges Bindegewebe 196
Ganglienzellschicht 217

Ganglion
- spirale cochleae 225
- vegetatives 227
gap junctions 13, 37, 86–89, 94
Gartnerscher Gang 252
Gaumen, weicher 140
Gaumenmandel 120
Gaumensegel 140
Gefäßpol 168, 171
Gefäßsystem 126–133
Gefrierbruchmethode 4
Gehirn 231–237
Gehörgang 223
Gelbkörper 188–189
Gelenk 78
Gelenkknorpel 78
Gennarischer Streifen 234
Geschmacksknospen 138–139, 215
Geschmacksporus 215
Geschmacksstiftchen 215
Gianuzzische Halbmonde 142
Giemsa-Färbung 112
van Giesson-Färbung 9, 240
Gitterfasern 62, 245
Glandula(-ae)
- s.a. Drüsen
- ceruminosae 59, 223
- ciliares (Mollsche Drüse) 221
- labiales 134
- lacrimalis 144, 222, 249
- oesophageae 145
- olfactoria 215
- palatinae 140
- parathyreoidea 202
- parathyroidea 202
- parotis 59–60, 141–142, 144, 243, 249
- pyloricae 243
- sublingualis 141–142, 249
- submandibularis 8, 53, 60, 141–142, 243, 249
- tarsales (Meibomsche Drüsen) 221
- thyroidea 187
- thyroidea 201, 251
- urethrales 178
Glanzstreifen 81, 83, 88–89, 91
Glashaut 210–211
glatte Muskelzellen 30, 82
glatte Muskulatur 80–81, 86–87
glattes endoplasmatisches Retikulum 13, 20–21, 83
Glia 109
Gliafasern 246
Glissonsche Trias 152–153
Glomerula cerebellaria 231
Glomerulus 168
Glomeruluskapillare 175
Glykogen 13, 32
Glykogenpartikel 34–35
Glykokalix 148
Goldner-Färbung 8, 240
Golgi-Apparat 13, 18, 22–23
Golgi-Zelle 231
Goormaghtighsche Zellen 173
Graafscher Follikel 188–189
Granulomer 117
Granulosaluteinzellen 189
Granulozyten 112
- basophile 112–113, 115, 119
- eosinophile 113, 115, 119
- neutrophile 112–114, 119
Großhirnrinde 232–234
- motorische 232
Großhirnrindenschichten 233
Grünhagensche Räume 11
Gyrus
- dentatus 234
- postcentralis 233
- praecentralis 233

H

Haarbalg 209–211
Haare 209–211
Haarkutikula 210
Haarmark 210
Haarpapille 209–210
Haarrinde 210–211
Haarschaft 209
Haarwurzel 209
Haarzellen 225
Haarzwiebel 210
Hämatoxylin-Eosin(H.E.-)-Färbung 8, 240
Hämozytoblast 119
Häutchenpräparat 12
Haftkomplex 36–37
Haftzotten 193–195
Halbmonde, seröse 142
Halsmark 228
Harnblase 51, 53, 176–177
Harnleiter 176–177
Harnpol 171
Harnröhre 51, 178
Hassallsche Körperchen 125
Hauptstück 168, 171–172
Hauptzellen (Epithelkörperchen) 202
Haut 205, 207–209, 211, 213
- Achselhöhle 208, 212
- Anhangsgebilde 21, 209–211, 213
- Kopfhaut 209
Haversscher Kanal 79
Haverssches System 79
H-Bande 85, 92–93
H. E.-Färbung s. Hämatoxylin-Eosin-Färbung
Hemidesmosomen 13, 36–37
Henlesche Schicht 210–211
Henlesche Schleife 168, 172
Hensensche Zellen 225
Hepatozyten 156
Herzmuskelfasern 246
Herzmuskelzellen 37, 82–83, 88, 91
- Purkinjefasern 84
Herzmuskulatur 80–81, 88–91, 247
Heterochromatin 38–39
Hinterhorn 229–230
Hinterlappen 197, 199
Hinterstrang 229
Hippocampus 234
Hippocampusformation 234
Hirnrinde 232–234
Hirnsand 200
Histiozyten s. Makrophagen
Histologie 7
histologische Technik 1–7
Hoden 179–181
Hodenkanälchen 179
Hörnerv 225
Hofbauer-Zelle 195
Hohlvene 127
holokrine Drüsen 212, 243
holokrine Sekretion 60
Hornhaut 216, 218–219
Hornhautendothel 219
Hornhautepithel 219
Hortega-Zellen 109
Howshipsche Lakunen 75
Hoyer-Grossersches Organ 207
Hülsen 122
Huxleysche Schicht 210–211
hyaliner Knorpel 73
- embryonaler 73–74
Hyalomer 117
Hyaluronsäure 62
Hypophyse 197–199
Hypophysenhinterlappen 197, 199
Hypophysenstiel 197
Hypophysenvorderlappen 198

I

I-Bande 85, 92–93, 147, 250
Infundibulum 197
Innenohr 225
innere plexiforme Schicht 217
Intermediärfilamente 28, 30
Interterritorien 73
Intima 126, 128, 130
intraepitheliale Drüse 58
intrafusale Muskelfaser 214
Intumescentia
- cervicalis 229
- lumbalis 230
Iris 216, 219
isogene Zellgruppe 73
isoprismatisches Epithel 50

J

Jejunum 50, 147, 149, 250
- Schleimhaut 149
juxtaglomerulärer Apparat 173

K

Kammerwinkel 219
Kapillaren 129
- vom fenestrierten Typ 132
- vom kontinuierlichen Typ 130

Kardia 146
Karyokinese 44–45
Kehlkopf 161
Keimdrüsen
- Hoden 179–181
- Ovar 188–189
Keimepithel 181
Keratine 28
Keratinfilamentbündel 37
Keratinfilamente 206
Keratinozyten 206, 208
Keratohyalingranula 206
Keratohyalinkörner 207
Kerckringsche Falten 147
Kern 13, 38–40
Kernhülle 38–39
Kernkörperchen 38–39
Kernmembran 38–39
Kernporen 38–39, 42–43
Kernteilung 44–45
Kinetochor 44–45
Kinetosomen (Basalkörperchen) 50, 56–57
Kinozilien 13, 54, 56–57
Kleinhirn 231
Kleinhirnmark 232
Kleinhirnrinde 231–232
Knochenbälkchen, enchondrales 78
Knochenbildung
- Deckknochen 75
- desmale 75
- Ersatzknochen 78
- perichondrale 76–77
Knochenentwicklung 75–78
Knochengewebe 244
Knochenhöhlchen 79
Knochenkanälchen 79
Knochenmark 118–119
- primäres 76, 78
- rotes 118–119
Knochenschliff 79
Knorpel 70–71, 73
- Blasenknorpel 78
- elastischer 73–74
- Faserknorpel 73–74
- hyaliner 73–74
Knorpelgewebe 244
Knorpelmatrix 70–71
Knorpelzellen 70–71
Körnerschicht
- äußere (Retina) 217

Körnerschicht
- innere (Retina) 217
- (Kleinhirn) 231
Körnerzellen 233
Kollagenfasern 63
Kollagenfibrillen 66
Kolloid 187
- Hypophyse 199
- Schilddrüse 201
Kolon 59, 64, 250
- Schleimhaut 149
Kolonkrypten 59, 243
Kompakta 79
Kontakte, myo-endotheliale 130
Kopfhaut 209
Kopplung, elektrische 88–89
Korbzellen 143, 212
Kotyledonen 194
Krausesche Drüsen 221
Krypten 148–149
kubisches Epithel 50–51
Kupffersche Sternzelle 153–154
Kurzstrahler, protoplasmatische 108

L

Labium minus 196
Lamellenknochen 79
Lamellenkörper (Epidermis) 206
Lamellipodien 68
Lamina
- basilaris 225
- densa 13
- elastica interna 126, 128, 130
- fibrosa 43
- muscularis mucosae 145
- propria 145
Langerhans-Zellen 206
Langerhanssche Insel 132, 158
Langstrahler 108
Larynx 161
Leber 152–157
Leberläppchen 152
- mit Sinusoiden 155
Lebersinusoide 156
Leberzellen 156
Leberzellplatten 152
Lendenmark 230
Lens 216, 219
Leukozyten 112
Leydigsche Zwischenzellen 32, 180–181
Lieberkühnsche Krypten 148
Ligamentum vocale 161
Linse 216, 219
Linsenfasern 219, 246
Linsenkapsel 219
Lipideinschlüsse 34–35
Lipidtropfen 34
Lipofuszine 241
Lipofuszin-Granula 32
Lippe 134, 248
Lippenrot 134
Liquor cerebrospinalis 235
Lobuli testis 179
longitudinales System 85
Lugaro-Zellen 231
Lumbalmark 228
Lunge
- embryonale 187, 251
- fetale 165
Lungenalveolen 164–165
lymphatische Organe 120–125
Lymphgefäße 129, 132
- terminale 133
Lymphkapillaren 132
Lymphknötchen 124
Lymphknoten 33, 124, 247
lymphoepitheliale Organe 120
lymphoretikuläre Organe 120
Lymphozyten 112–113, 116, 119
- B-Lymphozyten 124
- T-Lymphozyten 124
Lymphozytenscheiden 122
- periarterielle 122
Lysosomen 13, 22, 26
- Sekundärlysosomen 26

M

Macula(-ae)
- adhaerentes 37
- densa 168, 171, 173
- lutea 217
Magen 146, 149, 250
- Schleimhaut 149
Magen-Darm-Kanal 145–151
Magenfundus 146
Makrophagen 15, 33, 64, 68, 123
- intraalveoläre 166
Malpighische Körperchen 122
Mamma 213
- lactans 187, 213, 243, 251
Mantelgewebe 213
Mantelzellen 12, 103, 226
Marginalzone 122
Markpapille 170
Markpyramide 170
Markscheiden 97
Marksinus 33, 62, 124
Markstränge 124
Markstrahl 170–172
Mastzellen 9, 63–64, 69
May-Grünwald-Färbung 112
Meckelscher Knorpel 135
Media 126–128
Megakaryozyten 118–119
Meibomsche Drüsen 221–222
Meissnersches Tastkörperchen 206, 214
Melanin 12, 33, 64, 208, 241
Melaningranula 28, 34
Melanosomen 34
Melanozyten 206, 208
Membran
- postsynaptische 236
- präsynaptische 236
Membrana
- granulosa 189
- limitans externa 217
- - interna 217
- praeformativa 136
- tectoria 225
Merkel-Zellen 206
Mesangiumzellen 175
Mesektoderm 62, 244
Mesenchym 62, 244
Metachromasie 64
Metaphase 44–45
Mikrofibrillen 66–67
Mikrofilamente 30
Mikrogliazellen 109
Mikropal 1
mikroskopische Anatomie 7
Mikrotom 2
Mikrotubuli 13, 28, 106
- Thrombozyten 117

Mikrovilli 13, 16, 54–55, 148
Milchdrüse s. Brustdrüse/ Mamma
Milchfettkugeln 213
Milchzahnanlage 135–136
Milz 122–123, 247
Milzbalken 122
Milzkapsel 122
Milzknötchen 122
Milzpulpa
– rote 122–123
– weiße 122
Milzsinus 122–123
Mitochondrien 13, 24
Mitose 43, 45–47
Mitosespindel 44–45
Mittellappen 197, 199
Mittelstück 168, 171–172
M-Linie 85, 92–93
Modiolus 225
Molekularschicht 231
Mollsche Drüsen 221
Monaster 44–45
mononuklear-phagozytierendes System 64
Monozyten 64, 112–113, 116, 119
Moosfasern 231
motorische Endplatte 94–95, 236
motorische Rinde 232
Müllersche Stützzellen 217
muköse Zellen 143
multivesikulärer Körper 13, 26
Muscularis mucosae 146
Musculus(-i)
– arrector pili 209
– ciliares 219
– sphincter pupillae 216
– sphincter pupillae 219
– tarsalis superior 221
– vocalis 161
Muskelfasern
– glatte 246
– intrafusale 214
Muskelgewebe 80–85
– A-Bande 85, 92
– H-Bande 85, 92
– I-Bande 85, 92
– M-Linie 85, 92
– T-Tubuli 85, 92
– Z-Linie 85, 92
Muskelspindel 214
Muskelzellen, glatte 30, 83–84, 87, 94
Muskulatur
– glatte 80–83, 86–87, 94–95, 247
– Herzmuskulatur 80–83, 88–91
– quergestreifte 80–83, 92–93
Myelinscheide 104
Myelozyten
– eosinophile 119
– neutrophile 119
myo-endotheliale Kontakte 130
Myoepithelzellen 59, 212
Myokard 82–83, 88–91
Myometrium 80
M-Zellen 147

N

Nabelschnur 62, 193, 196
Nägel 211
Nagelwall 211
Nagelwurzel 211
Nasenflügel 51, 159, 208, 248
Nasenschleimhaut 52, 56–57, 61, 159
– respiratorisches Epithel 52
Nebenhoden 182
Nebenhodengang 54
Nebenniere 203–204
Nebennierenmark 203
Nebennierenrinde 24, 33, 203
Nebenzellen 149
Nephron 168
Nerven 97
– markhaltige 97, 104
– marklose 106
– periphere 99
– vegetative 98
Nervenfasern 98, 246
– markarme 97
– markhaltige 97
– marklose 97
– markreiche 97
Nervengewebe 96
Nervenzellen 96, 103
– multipolare 101
– pseudounipolare 226
Nervus
– opticus 216, 220
– vestibularis 225
Neurallappen 197
neuro-muskuläre Synapsen 94–95
Neurofilamente 104, 106
Neurohypophyse 197
Neurokeratingerüst 98
Neurotubuli 104, 106
neutrophile Myelozyten 119
neutrophiler Granulozyt 112–114
Nexus 13, 37, 86–87, 94
Niere 168–175
Nierenkelche 170
Nierenkörperchen 171, 173, 175
Nierenmark 170, 172
Nierenrinde 170
Nierentubuli 171, 173
Nissl-Substanz 96
Nitabuchscher Fibrinoidstreifen 193
Normoblasten 118–119
Nucleus olivaris 229
Nuelscher Raum 225
Nukleolonema 40–41
Nukleolus 13, 38–41

O

Oberflächenepithelien 149, 242
– einschichtige 50
– mehrreihige 52
– mehrschichtige 51
Odontoblasten 136
Oesophagus 145, 252
Ohrmuschel 223, 248
Ohrschmalzdrüsen 223
Ohrspeicheldrüse 141
Ohrtrompete 224
Oligodendrozyten 108–109
Omentum majus 63, 65
Ora serrata 216
Orcein 9, 240
Organe
– lymphatische 120–125
– lymphoepitheliale 120
– lymphoretikuläre 120
Ossifikation
– desmale 75
– perichondrale 76–77
Osteoblasten 75
Osteoid 75
Osteoklasten 75
Osteon 79
Osteozyten 75, 79
Ovar 188–189
Ovula Nabothii 191
Owensche Streifen 137
oxyphile Zellen (Epithelkörperchen) 202

P

PALS 122
Panethsche Körnerzellen 22, 149
Pankreas 18, 38–39, 144, 158
– exokrines 249
Pankreasinseln 158
Papilla foliata 215
Papillae
– filiformes 138–139
– foliatae 138
– fungiformes 139
– vallatae 138–139
Papillen 205–206
Papillengefäße 206
Pappenheim-Färbung 112
Paraffin 1
parafollikuläre C-Zellen 201
Paraplasma 32, 241
Parenchym 63
Parodontium 137
Parotis 243
Pars
– distalis 197
– intermedia 197
– nervosa 197
– pylorica 150, 250
– tuberalis 197, 199
PAS-Färbung 8
Penicilli 122
Penis 186
perichondrale Ossifikation 76–77
Perichondrium 76
Perikaryon 101
Perineuralepithel 104, 106

Sachverzeichnis

Perineuralepithelzellen 99
Perineurium 99
Perinuklearzisterne 38–41
Periodontium 137
Peritonealepithel 50
Perizyten 130
Peroxisomen 13, 26
Peyersche Plaques 147
Pfeilerzellen 225
phäochrome Zellen 204
Phalangenzellen 225
Pigmente 241
Pigmentepithel 217–218
Pigmentgranula 33
Pigmentzellen 64
Placenta
– s.a. Plazenta
– fetalis 194
– materna 194
Plasmalemm 15
Plasmamembran 15
Plasmazellen 64, 70, 119
Plattenepithel 50
– mehrschichtiges, unverhorntes 51
– – verhorntes 51
Plazenta 193–195
– s.a. Placenta
Plazentakreislauf 193
Plazentarseptum 193
Plazentazotten 193, 195, 235
Plexus
– choroideus 234–235
– myentericus 145, 227
– pampiniformis 183
Plica vocalis 161
Pneumozyt I 166
Pneumozyt II 57, 166
Podozyten 171, 175
Polkissenzellen 173
Polysomen 13
Portio
– vaginalis cervicis 191
– – uteri 248
postsynaptische Membran 236
präsynaptische Membran 236
Primärfollikel 188–189
Primärlysosomen 26
Primordialfollikel 188–189
prismatisches Epithel 50
Processus ciliares 216, 219
Proerythroblasten 119
Proliferationsphase 192
Promyelozyten 119
Prophase 44
Prostata 185, 187, 251
Prostatasteine 251
Proteoglykane 62
Pseudodeziduazellen 192
Pseudopodien 68
pseudounipolare Nervenzellen 226
Pulpastränge 122
Purkinjefasern 84, 94–95, 246
Purkinje-Zellen 96, 101, 231
Pylorus 146, 150
Pylorusdrüsen 243
Pyramidenbahn 229

Q

quergestreifte Muskulatur 80
Quetschpräparat 12

R

Rachenmandel 120–121
Randsinus 124
Randwall 120
Ranvierscher Schnürring 97
Rasterelektronenmikroskopie 4
Rathkesche Tasche 197, 199
rauhes endoplasmatisches Retikulum 13, 20–21
Reaktionszentrum 120–121, 124
– Sekundärfollikel 151
Regio
– olfactoria 215
– respiratoria 215
Reinkesche Kristalle 32, 181
Reissnersche Membran 225
Renculi 170
Resorcin-Fuchsin-Färbung 240
respiratorisches Epithel 52, 56–57
Rete testis 179, 182
retikuläre Fasern 62–63
retikuläres Bindegewebe 62
Retikulinfasern 62
Retikulozyten 118
Retikulum
– endoplasmatisches, glattes 13, 20–21, 85
– – rauhes 13, 20–21
– sarkoplasmatisches 85, 91–93
Retikulumzellen 62, 123
– faserbildende 124
– fibroblastische 123
Retina 216–218
Ribosomen 20
Riechepithel 215
Riechschleimhaut 215
Riesenpyramidenzelle 233
Rinde, motorische 232
Rindenschichten 233
Rindentyp, agranulärer 232
Rohrsches Fibrinoid 193–194
rote Pulpa 122–123
Rückenmark 228, 230

S

Sacculus laryngis 161
Säulenknorpel 76, 78
Samenbläschen 185
Samenleiter 55, 179, 183, 252
Samenstrang 129, 183
Sammelrohre 50, 168, 171–172
Sarkolemm 85
Sarkomer 85, 92–93
sarkoplasmatisches Retikulum 85, 91–93
Scala
– tympani 225
– vestibuli 225
Schaltlamellen 79
Schaltstück 142, 158
Scheidenkutikula 210
Schicht
– äußere plexiforme 217
– innere plexiforme 217
Schilddrüse 187, 201, 251
Schilddrüsenfollikel 201
Schleimhaut 145
Schlemmscher Kanal 216, 219
Schlitzmembran 175
Schlitzporendiaphragma 175
Schlußleistennetz 36, 53
Schmelz 136
Schmelzepithel 136
– äußeres 135–136
– inneres 135
Schmelzorgan 135–136
Schmelzprismen 136
Schmelzpulpa 135–136
Schmidt-Lantermansche Einkerbungen 97
Schnecke 225
Schneiden 1–2
Schnitte 1–2
– Artefakte 10–11
– Ultradünnschnitte 3
Schnitteffekte 4–5
Schwannsche Scheide 104
Schwannsche Zellen 98, 104
Schweineleber 153
Schweißdrüsen 209, 212, 243
Schwellkörper 178
Segmentkerniger 112
Sehne 72
Sehnenzellen 72
Sehnerv 216, 220
Sehrinde 234
Sekretgranulum 13
Sekretion
– apokrine 59, 208, 212, 243
– ekkrine 243
– holokrine 212, 243
Sekretionsphase 192
Sekretrohr 142
Sekretionsgranula 22
Sekundärfollikel 120, 124, 188
Sekundärlysosomen 26
Septula testis 179
Septum
– medianum dorsale 229
– nasi 56–58
– nuchae 72
seröse Drüsen 60
seröse Endstücke 158
seröse Halbmonde 142
seröse Zellen 143
seromuköse Drüsen 60
Serosa 151
Sertoli-Zellen 179–181
Sexchromatin 43, 113
Sharpeysche Fasern 246
Sinus venosus sclerae 216
Sinusoide 152–154, 156
Skelettmuskelfasern 80–83, 92–93, 246

Skelettmuskulatur 80–81, 92–93, 247
Sklera 216, 218
Somiten 62
Spalt, synaptischer 236
Speicheldrüsen 141–143, 243
Spermatiden 181
Spermatogenese 180–181
Spermatogonien 180–181
Spermatozoen 181
Spermatozyten
– I. Ordnung 180–181
– II. Ordnung 180–181
Spermien 181
Spinalganglienzelle 18, 32
Spinalganglion 226
Spinalnerv 226
Spongiozyten 204
Stachelzellen 207
Stäbchen 217
Stereozilien 52, 54–55, 182
Stiftchenzellen 190
Stratum
– basale 206–207
– corneum 205–206
– gangliosum 231–232
– germinativum 205–206
– granulosum 206–207, 231–232
– intermedium 136
– lucidum 206
– moleculare 231–232
– papillare 205, 208
– reticulare 205, 208
– spinosum 206–207
Streifenstück 53, 142
Streß-Fasern 30
Stria vascularis 225
Stroma 63
Stützgewebe 62–65, 244
Subkutis 205
Substantia granulo-filamentosa 118
Sulcus
– calcarinus 234
– centralis 233
– medianus dorsalis 230
Surfactantbildung 166
Synapse(n)
– a distance en passant 236
– myoneurale 236
– neuro-muskuläre 94–95
Synapsentypen 236
synaptischer Spalt 236
Synzytiotrophoblast 195
System
– longitudinales 85
– transversales 85

T

Talgdrüsen 208–209, 212, 243
Talgdrüsenepithelzellen 34–35
Tarsus 221
Tastkörperchen, Meissnersches 206, 214
Teilungsspindel 44–45
Tela submucosa 145
Telophase 44–45
terminale Blutgefäße 129, 132–133
terminale Lymphgefäße 133
terminales Netz 13, 16
Territorien 73
Tertiärfollikel 188–189
Theca
– folliculi 189
– interna 189
Thekaluteinzellen 189
Thorakalmark 228
Thrombozyten 112, 117
Thymus 125, 247
tight junction 37
T-Lymphozyten 124
Tomessche Fasern 136, 246
Tomesscher Fortsatz 136
Tonofibrillen 28
Tonofilamente 34, 206
Tonsilla
– lingualis 120–121
– palatina 120
– pharyngea 120–121
Tonsillen 120–121, 247
Trabekel 122
Trachea 52, 162
Trachealdrüsen 162
Tränendrüse 222
Transmissionselektronenmikroskopie 4
Transmitterbläschen 236
transversales System 85
Triaden 85, 92–93
Trichrom-Färbung nach Masson-Goldner 8, 240
Trichterlappen 197, 199
Triplets 28
Trophoblastzellen 194
T-Tubuli 85, 91–93
Tuba
– auditiva Eustachii 224
– uterina 50, 54, 190, 252
Tuberalis-Zellen 199
Tubuli seminiferi contorti 179
tubulöse Drüsen 58–60
Tunica
– albuginea 179–180, 186
– muscularis 145
Tunnel
– äußerer 225
– innerer 225

U

Übergangsepithel 51, 53, 177, 242
Überleitungsstück 172
Ultradünnschnitte 3
Ultramikrotom 3
Unterhaut 205
Unterkieferdrüse 141
Unterzungendrüse 141
Ureter 176–177, 252
Urethra 51, 178, 252
Urothel 51, 177
Ursprungskegel 96
Uterus 191–192
Uterusschleimhaut 192
Uvula 140, 248

V

Vagina 51, 196
Vakuole, autophagische 26
Varikosität 236
Vasa vasorum 126–127
Vater-Pacinisches Lamellenkörperchen 205, 214
Vena(-ae)
– cava inferior 127
– centralis 152–154
Venen, herznahe 127
Venole 132
Ventriculus laryngis 161
Verbindungsstück 168
Vergrößerung 6
Vesica
– fellea s. Gallenblase
– urinaria s. Harnblase
Vesicula seminalis 184–185
Vimentin 30
Vorderhorn 96, 229–230
Vorderlappen 197–198
Vorsteherdrüse 185

W

Wallpapillen 138–139
weicher Gaumen 140
weiße Pulpa 122
weißes Fett 65
Whartonsche Sulze 62, 196
Wimpern 221–222
Wurmfortsatz 151
Wurzeldentin 137
Wurzelhaut 137
Wurzelscheide 209
– äußere 210–211
– innere 211

X

X-Chromosom 44

Z

Zähne 135–137
Zäpfchen 140
Zahnanlagen 135
Zahnbein 136
Zahnfleisch 137
Zahnglocke 135
Zahnhals 137
Zahnhalteapparat 137
Zahnkrone 137
Zahnleiste 135–136
Zahnpapille 135–136
Zahnpulpa 137
Zapfen 217
Zeissche Drüsen 221
Zellen
– azidophile 198

Zellen
- basophile 198
- Blutzellen 112
- C-Zellen 201, 225
- chromaffine 203–204
- chromophobe 198
- Clara-Zellen 20, 57, 166
- Claudiussche Zellen 225
- Goormaghtighsche Zellen 173
- Leydigsche Zwischenzellen 180–181
- Lugaro-Zellen 231
- Mantelzellen 12, 103, 226
- Mastzellen 9, 63–64, 69
- Merkel-Zellen 206
- Mesangiumzellen 175
- Mikrogliazellen 109
- Müllersche Stützzellen 217
- muköse 143
- Myoepithelzellen 59, 212

Zellen
- Nebenzellen 149
- oxyphile 202
- Panethsche Körnerzellen 22, 149
- Pfeilerzellen 225
- phäochrome 204
- Phalangenzellen 225
- Plasmazellen 64, 119
- Polkissenzellen 173
- Pseudodeziduazellen 192
- Purkinje-Zellen 96, 101, 231
- Retikulumzellen 62, 123–124
- Riesenpyramidenzellen 233
- Schwannsche Zellen 98, 104
- seröse 143
- Sertoli-Zellen 179–181
- Spinalganglienzellen 18, 32
- Stachelzellen 207
- Stiftchenzellen 190

Zellen
- Trophoblastzellen 194
- zentroazinäre 158

Zellformen 12
Zellgestalt s. Zellformen
Zellkern 13, 38–40
Zellkontakte 36–37
Zellmembran 15
Zellschema 13
Zement 137
Zentralarterien 122
Zentralspindel 44–45
Zentralvenenläppchen 152
Zentriolen 13, 24, 44–45
zentroazinäre Zellen 158
Zentroblastenzone 121
Zentromere 44–45
Zentrosom 28
Zentrozyten 121
Zervix 191
Zervixdrüsen 191
Zirbeldrüse 200
Z-Linien 85, 92–93
Zona
- fasciculata 204
- glomerulosa 203–204
- reticularis 203–204

Zone, parakortikale 124
Zonula
- adhaerens 13, 37
- occludens 13, 15, 36–37

Zotten
- Darm 147, 149
- Plazenta 193, 195, 235

Zunge 138–139
Zungenbälge 121
Zwischenwirbelscheibe 73–74
Zwölffingerdarm s. Duodenum
Zytologie 7
Zytolysosom 26
Zytoskelett 28
Zytotrophoblast 195